中国国家标准汇编

527

GB 28175～28202

（2011年制定）

中国标准出版社　编

中国标准出版社

北　京

图书在版编目(CIP)数据

中国国家标准汇编:2011年制定.527:
GB 28175～28202/中国标准出版社编.—北京:中国
标准出版社,2012
ISBN 978-7-5066-6974-0

Ⅰ.①中… Ⅱ.①中… Ⅲ.①国家标准-汇编-中国
-2011 Ⅳ.①T-652.1

中国版本图书馆CIP数据核字(2012)第197828号

中国标准出版社出版发行
北京市朝阳区和平里西街甲2号(100013)
北京市西城区三里河北街16号(100045)

网址 www.spc.net.cn
总编室:(010)64275323 发行中心:(010)51780235
读者服务部:(010)68523946

中国标准出版社秦皇岛印刷厂印刷
各地新华书店经销

*

开本 880×1230 1/16 印张 42.75 字数 1 164 千字
2012年9月第一版 2012年9月第一次印刷

*

定价 220.00 元

出 版 说 明

1.《中国国家标准汇编》是一部大型综合性国家标准全集。自1983年起，按国家标准顺序号以精装本、平装本两种装帧形式陆续分册汇编出版。它在一定程度上反映了我国建国以来标准化事业发展的基本情况和主要成就，是各级标准化管理机构，工矿企事业单位，农林牧副渔系统，科研、设计、教学等部门必不可少的工具书。

2.《中国国家标准汇编》收入我国每年正式发布的全部国家标准，分为"制定"卷和"修订"卷两种编辑版本。

"制定"卷收入上一年度我国发布的、新制定的国家标准，顺延前年度标准编号分成若干分册，封面和书脊上注明"20××年制定"字样及分册号，分册号一直连续。各分册中的标准是按照标准编号顺序连续排列的，如有标准顺序号缺号的，除特殊情况注明外，暂为空号。

"修订"卷收入上一年度我国发布的、被修订的国家标准，视篇幅分设若干分册，但与"制定"卷分册号无关联，仅在封面和书脊上注明"20××年修订-1，-2，-3，……"字样。"修订"卷各分册中的标准，仍按标准编号顺序排列(但不连续)；如有遗漏的，均在当年最后一分册中补齐。需提请读者注意的是，个别非顺延前年度标准编号的新制定的国家标准没有收入在"制定"卷中，而是收入在"修订"卷中。

读者配套购买《中国国家标准汇编》"制定"卷和"修订"卷则可收齐由我社出版的上一年度我国制定和修订的全部国家标准。

3. 由于读者需求的变化，自1996年起，《中国国家标准汇编》仅出版精装本。

4. 2011年我国制修订国家标准共1 989项。本分册为"2011年制定"卷第527分册，收入国家标准GB 28175～28202的最新版本。

中国标准出版社

2012年8月

目　　录

ICS 35.180
L 73

中华人民共和国国家标准

GB/T 28175—2011

信息技术 通用多八位编码字符集 德宏傣文 通用键盘字母数字区布局

Information technology—Universal multiple-octet coded character set—Universal keyboard layout of the alphanumeric zone for Dehong Dai

2011-12-30 发布 2012-06-01 实施

中华人民共和国国家质量监督检验检疫总局
中国国家标准化管理委员会 发布

前　言

本标准按照 GB/T 1.1—2009 给出的规则起草。

本标准依据 GB 13000《信息技术　通用多八位编码字符集》中德宏傣文编码字符集规定的键盘字母数字区的布局。

请注意本文件的某些内容可能涉及专利。本文件的发布机构不承担识别这些专利的责任。

本标准由全国信息技术标准化技术委员会(SAC/TC 28)提出并归口。

本标准起草单位:中国电子技术标准化研究所、云南省少数民族语文指导工作委员会办公室、云南省德宏州民族语文指导工作委员会、北京北大方正电子有限公司。

本标准主要起草人:唐英敏、和丽峰、宿忠民、郗卫宁、线永明、张建国、陈壮、黄姗姗。

信息技术　通用多八位编码字符集
德宏傣文　通用键盘字母数字区布局

1　范围

本标准规定了面向 GB 13000 中德宏傣文编码字符集的键盘字母数字区布局。

本标准适用于德宏傣文信息系统和其他有关设备的键盘装置。

2　规范性引用文件

下列文件对于本文件的应用是必不可少的。凡是注日期的引用文件，仅注日期的版本适用于本文件。凡是不注日期的引用文件，其最新版本(包括所有的修改单)适用于本文件。

GB 13000　信息技术　通用多八位编码字符集(UCS)(GB 13000—2010，ISO/IEC 10646：2003，IDT)

GB/T 17971.1　信息技术　文本和办公系统的键盘布局　第1部分：指导键盘布局通则(GB/T 17971.1—2010，ISO/IEC 9995-1：2006，IDT)

GB/T 17971.2　信息技术　文本和办公系统的键盘布局　第2部分：字母数字区(GB/T 17971.2—2010，ISO/IEC 9995-2：2002，IDT)

GB/T 17971.3　信息技术　文本和办公系统的键盘布局　第3部分：字母数字区的字母数字分区的补充布局(GB/T 17971.3—2010，ISO/IEC 9995-3：2002，IDT)

3　术语和定义

下列术语和定义适用于本文件。

3.1

字母数字　alphanumeric

定义一个集合。主要包括字母和数字字符，也包含标点符号、特殊符号及间隔字符等。

3.2

控制功能　control function

影响数据的记录、处理、传输或解释的动作。

3.3

控制字符　control character

一种功能字符。将它插在别的字符之间，是为了启动、修改或停止某种控制功能的执行。

注：控制字符由机器解释，它不是图形符号。

3.4

图形字符　graphic character

通常以手写、打印或显示等可视方式表示，不是控制功能的键。

3.5

功能键　function key

输入控制功能的键。

3.6

图形字符键　graphic key

输入一个图形字符或图形字符元素的键。

3.7

德宏傣文编码字符集　Dehong Dai coded character set

GB 13000 中德宏傣文(Tai Le)篇中的字符与缅甸文(Myanmar)篇中的数字部分(U+1 040－U+1 049)的字符的集合。

注：参见附录 A。

4　键盘的字母数字区的布局

4.1　德宏傣文编码字符集字符的分配

德宏傣文编码字符集中的字符分配在键盘的键位上，德宏傣文编码字符集中的字符键位配置如表 1 所示。

表 1　德宏傣文编码字符集字符的键位配置

键位	字型	编码	键位	字型	编码	键位	字型	编码	键位	字型	编码
B01	ᥟ	195F	B09	ᥡ	1961	C07	ᥓ	1953	D04	ᥫ	196B
B02	ᥦ	1966	B10	ᥠ	1960	C08	ᥑ	1951	D05	ᥗ	1957
B03	ᥬ	196C	C01	ᥣ	1963	C09	ᥘ	1958	D06	ᥕ	1955
B04	ᥝ	195D	C02	ᥔ	1954	C10	ᥭ	196D	D07	ᥧ	1967
B05	ᥙ	1959	C03	ᥖ	1956	C11	ᥴ	1974	D08	ᥤ	1964
B06	ᥒ	1952	C04	ᥜ	195C	D01	ᥪ	196A	D09	ᥨ	1968
B07	ᥛ	195B	C05	ᥐ	1950	D02	ᥩ	1969	D10	ᥚ	195A
B08	ᥢ	1962	C06	ᥞ	195E	D03	ᥥ	1965	D11	ᥲ	1972

表 1（续）

键位	字型	编码	键位	字型	编码	键位	字型	编码	键位	字型	编码
D12	ᥳ	1973	E04	၄	1044	E08	၈	1048	E12	ᥱ	1971
E01	၁	1041	E05	၅	1045	E09	၉	1049			
E02	၂	1042	E06	၆	1046	E10	၀	1040			
E03	၃	1043	E07	၇	1047	E11	ᥰ	1970			

4.2 德宏傣文编码字符集字符的键盘布局图

4.2.1 布局图表示方法

4.2.1.1 键位编码

键位按照 GB/T 17971.1 的方法进行编号：

a) 每行用大写拉丁字母标识；

b) 每列用两位数字标识。

4.2.1.2 键图说明

4.2.1.2.1 图形字符键的表示方法

a) 图形字符键使用普通键的表示方法如图 1 所示。

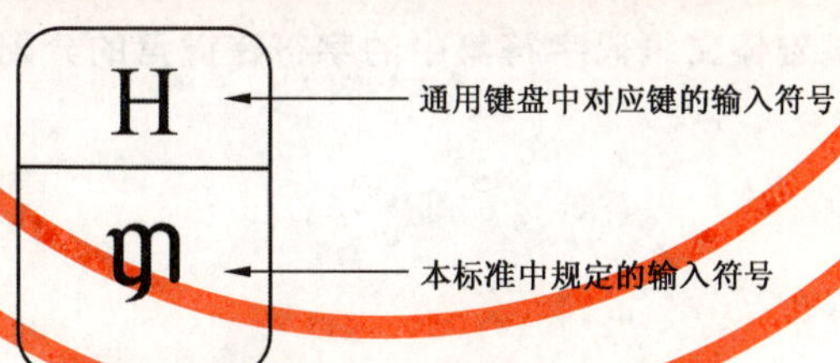

图 1 图形字符键使用普通键的表示方法

b) 图形字符键使用上档键的表示方法如图 2 所示。

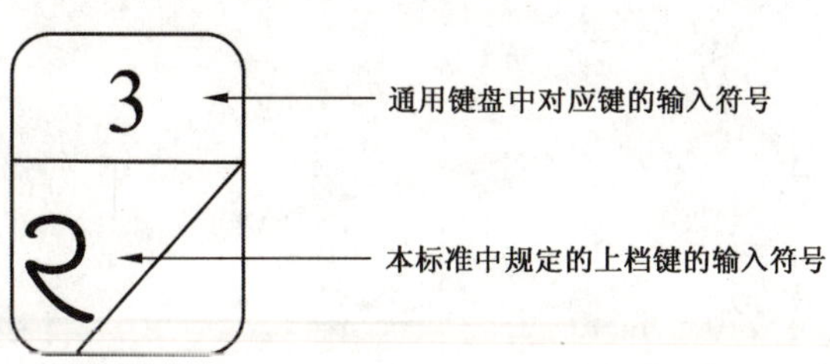

图 2 图形字符键使用上档键的表示方法

4.2.1.2.2 功能键的表示方法

功能键的表示方法如图 3 所示。

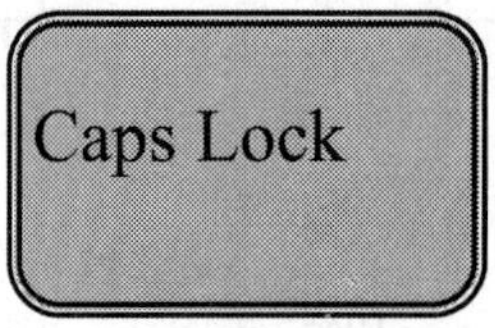

图 3 功能键的表示方法

4.2.2 德宏傣文字符在键盘的分配和排列

德宏傣文编码字符集中的字符在键盘的分配和排列，如图 4 所示。

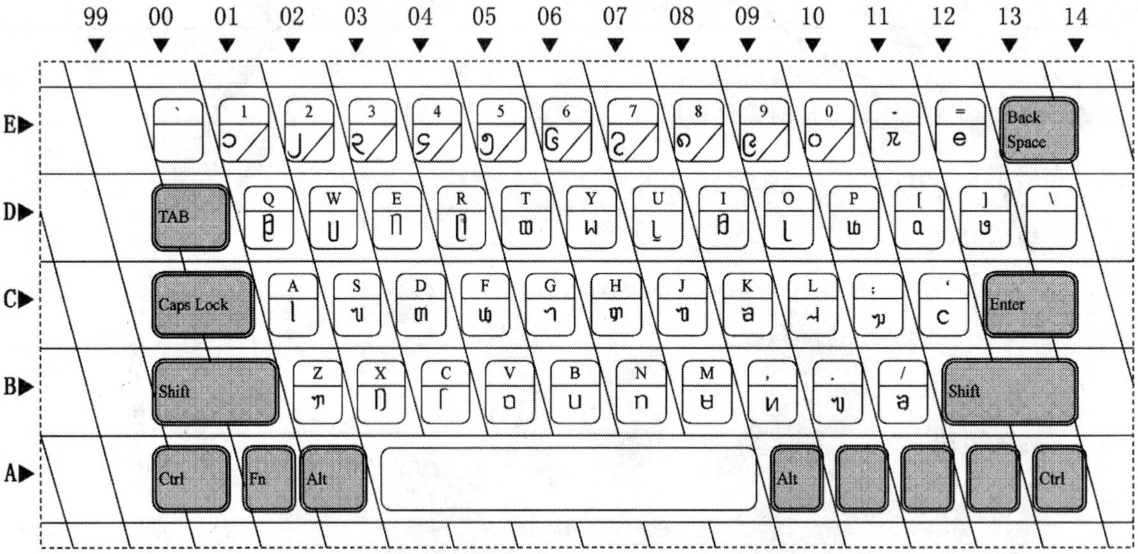

图 4 德宏傣文编码字符集中的字符在键盘的分配和排列

附　录　A
（资料性附录）
德宏傣文编码字符集字符编码表

德宏傣文字符编码表见表 A.1，德宏傣文数字编码表见表 A.2。

表 A.1　德宏傣文字符编码表

	195	196	197
0	ᥐ	ᥠ	ᥰ
1	ᥑ	ᥡ	ᥱ
2	ᥒ	ᥢ	ᥲ
3	ᥓ	ᥣ	ᥳ
4	ᥔ	ᥤ	ᥴ
5	ᥕ	ᥥ	
6	ᥖ	ᥦ	
7	ᥗ	ᥧ	
8	ᥘ	ᥨ	
9	ᥙ	ᥩ	
A	ᥚ	ᥪ	
B	ᥛ	ᥫ	
C	ᥜ	ᥬ	
D	ᥝ	ᥭ	
E	ᥞ		
F	ᥟ		

表 A.2 德宏傣文数字编码表

(缅甸文数字)

	104
0	၀
1	၁
2	၂
3	၃
4	၄
5	၅
6	၆
7	၇
8	၈
9	၉

ICS 35.180
L 73

中华人民共和国国家标准

GB/T 28176—2011

信息技术　通用多八位编码字符集　西双版纳新傣文　通用键盘字母数字区布局

Information technology—Universal multiple-octet coded character set—Universal keyboard layout of the alphanumeric zone for New Xishuang Banna Dai

2011-12-30 发布　　2012-06-01 实施

中华人民共和国国家质量监督检验检疫总局
中国国家标准化管理委员会　发布

前　言

本标准按照 GB/T 1.1—2009 给出的规则起草。

本标准依据 ISO/IEC 10646:2003《信息技术　通用多八位编码字符集(UCS)》/第 6 补篇:2009 中西双版纳新傣文编码字符集规定的键盘字母数字区的布局。

请注意本文件的某些内容可能涉及专利。本文件的发布机构不承担识别这些专利的责任。

本标准由全国信息技术标准化技术委员会(SAC/TC 28)提出并归口。

本标准起草单位:中国电子技术标准化研究所、云南省少数民族语文指导工作委员会办公室、云南省西双版纳州民族语文指导工作委员会、云南省西双版纳报社、北京北大方正电子有限公司。

本标准主要起草人:和丽峰、唐英敏、宿忠民、熊玉有、岩香、玉康龙、张国荣、陈壮、黄姗姗。

信息技术　通用多八位编码字符集
西双版纳新傣文　通用键盘字母数字区布局

1　范围

本标准规定了面向 ISO/IEC 10646:2003/Amd.6:2009 中西双版纳新傣文编码字符集的键盘字母数字区布局。

本标准适用于西双版纳新傣文信息系统和其他有关设备的键盘装置。

2　规范性引用文件

下列文件对于本文件的应用是必不可少的。凡是注日期的引用文件，仅注日期的版本适用于本文件。凡是不注日期的引用文件，其最新版本（包括所有的修改单）适用于本文件。

GB/T 17971.1　信息技术　文本和办公系统的键盘布局　第1部分：指导键盘布局通则（GB/T 17971.1—2010，ISO/IEC 9995-1:2006，IDT）

GB/T 17971.2　信息技术　文本和办公系统的键盘布局　第2部分：字母数字区（GB/T 17971.2—2010，ISO/IEC 9995-2:2002，IDT）

GB/T 17971.3　信息技术　文本和办公系统的键盘布局　第3部分：字母数字区的字母数字分区的补充布局（GB/T 17971.3—2010，ISO/IEC 9995-3:2002，IDT）

ISO/IEC 10646:2003/Amd.6:2009　信息技术　通用多八位编码字符集（UCS）/第6补篇:2009

3　术语和定义

下列术语和定义适用于本文件。

3.1

字母数字　alphanumeric

定义一个集合。主要包括字母和数字字符，也包含标点符号、特殊符号及间隔字符等。

3.2

控制功能　control function

影响数据的记录、处理、传输或解释的动作。

3.3

控制字符　control character

一种功能字符。将它插在别的字符之间，是为了启动、修改或停止某种控制功能的执行。

注：控制字符由机器解释，它不是图形符号。

3.4

图形字符　graphic character

通常以手写、打印或显示等可视方式表示，不是控制功能的键。

3.5

功能键　function key

输入控制功能的键。

3.6

图形字符键　graphic key

输入一个图形字符或图形字符元素的键。

3.7

层　level

键盘对图形字符或图形字符元素的汇集提供访问的逻辑状态。

注 1：这些图形字符或图形字符元素在逻辑上通常归入一类，比如大写字母形式。

注 2：在某些情况下，选出的层也可影响功能键。

3.8

层选　level select

当激活该状态时，将产生已指派层的字符的状态。

3.9

西双版纳新傣文编码字符集　New Xishuang Banna Dai coded character set

ISO/IEC 10646：2003/Amd. 6：2009 中西双版纳新傣文（New Tai Lue）篇中的字符集合。

注：参见附录 A。

4　键盘的分层和表示方法

4.1　键盘的分层

为了在一个键上可以放置和选择几个图形字符，在逻辑上可以将这些字符分成不同的层。传统的换档方式只能选择上下档对应的组，现已扩展为允许选取不同的层。在有用的层中，用户可以使用一种或几种控制状态的方法，选择相应的层，见表 1。

表 1　层的分配

层　　选	激活的层
不用层选（缺省＝层 1）	层 1
层 2 选择	层 2
层 3 选择	层 3

4.2　西双版纳新傣文编码字符的分配

ISO/IEC 10646：2003/Amd. 6：2009 中的西双版纳新傣文（New Tai Lue）篇中的字符，分配在第 1 层键盘（主键盘）、第 2 层键盘（辅助键盘一）和第 3 层键盘（辅助键盘二）上。

西双版纳新傣文编码字符的键盘分层和键位配置如表 2 所示。

表 2　西双版纳新傣文编码字符的键盘分层和键位分配表

键位号	第1层 主键盘		第2层 辅助键盘一		第3层 辅助键盘二		键位号	第1层 主键盘		第2层 辅助键盘一		第3层 辅助键盘二	
	字型	编码	字型	编码	字型	编码		字型	编码	字型	编码	字型	编码
B01	᧞	19DE	᧟	19DF			D04	ᦏ	198F	ᦒ	1992	ᦾ	19BE
B02	ᦃ	1983	ᦆ	1986	ᦧ	19A7	D05	ᦎ	198E	ᦑ	1991		
B03	ᦈ	1988	ᦋ	198B	ᦩ	19A9	D06	ᦊ	198A	ᦍ	198D	ᦻ	19BB
B04	ᦛ	199B	ᦞ	199E	ᧁ	19C1	D07	ᦳ	19B3	ᦴ	19B4	ᦼ	19BC
B05	ᦢ	19A2	ᦥ	19A5	ᧇ	19C7	D08	ᦲ	19B2	ᧀ	19C0	ᦿ	19BF
B06	ᦐ	1990	ᦓ	1993	ᧃ	19C3	D09	ᦷ	19B7	ᦸ	19B8	ᦽ	19BD
B07	ᦖ	1996	ᦙ	1999	ᧄ	19C4	D10	ᦔ	1994	ᦗ	1997		
C01	ᦰ	19B0	ᦱ	19B1	ᦫ	19AB	E00			᧚	19DA		
C02	ᦉ	1989	ᦌ	198C	ᦪ	19AA	E01			᧑	19D1		
C03	ᦡ	19A1	ᦤ	19A4	ᧆ	19C6	E02			᧒	19D2		
C04	ᦚ	199A	ᦝ	199D			E03			᧓	19D3		
C05	ᦄ	1984	ᦇ	1987	ᧂ	19C2	E04			᧔	19D4		
C06	ᦠ	19A0	ᦣ	19A3	ᦦ	19A6	E05			᧕	19D5		
C07	ᦕ	1995	ᦘ	1998	ᦨ	19A8	E06			᧖	19D6		
C08	ᦂ	1982	ᦅ	1985	ᧅ	19C5	E07			᧗	19D7		
C09	ᦜ	199C	ᦟ	199F	ᦺ	19BA	E08			᧘	19D8		
D01	ᦀ	1980	ᦁ	1981			E09			᧙	19D9		
D02	ᧈ	19C8	ᧉ	19C9			E10			᧐	19D0		
D03	ᦵ	19B5	ᦶ	19B6	ᦹ	19B9							

4.3 西双版纳新傣文编码字符的键盘布局图

4.3.1 布局图表示方法

4.3.1.1 键位编码

键位按照 GB/T 17971.1 的方法进行编号：

a) 每行用大写拉丁字母标识；

b) 每列用两位数字标识。

4.3.1.2 键图说明

4.3.1.2.1 图形字符键的表示方法

图形字符键的表示方法如图 1 所示。

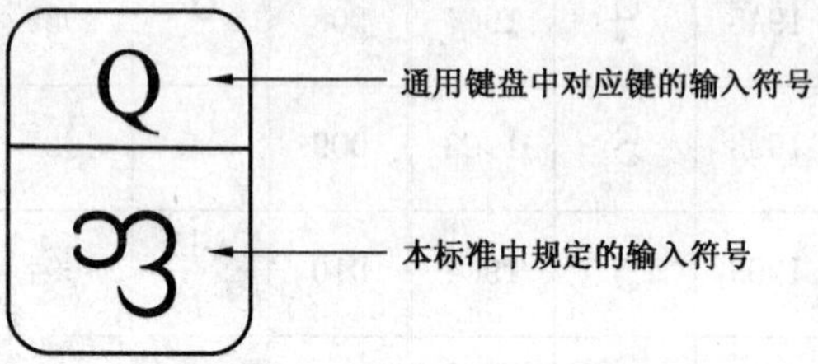

图 1 图形字符键的表示方法

4.3.1.2.2 功能键的表示方法

功能键的表示方法如图 2 所示。

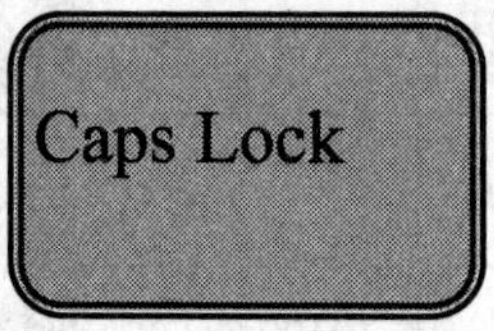

图 2 功能键的表示方法

4.3.2 主键盘上字符的位置

ISO/IEC 10646:2003/Amd.6:2009 中的西双版纳新傣文(New Tai Lue)篇中的部分字符在键盘上各键的分配和排列，分配在第 1 层键盘(主键盘)上，如图 3 所示。

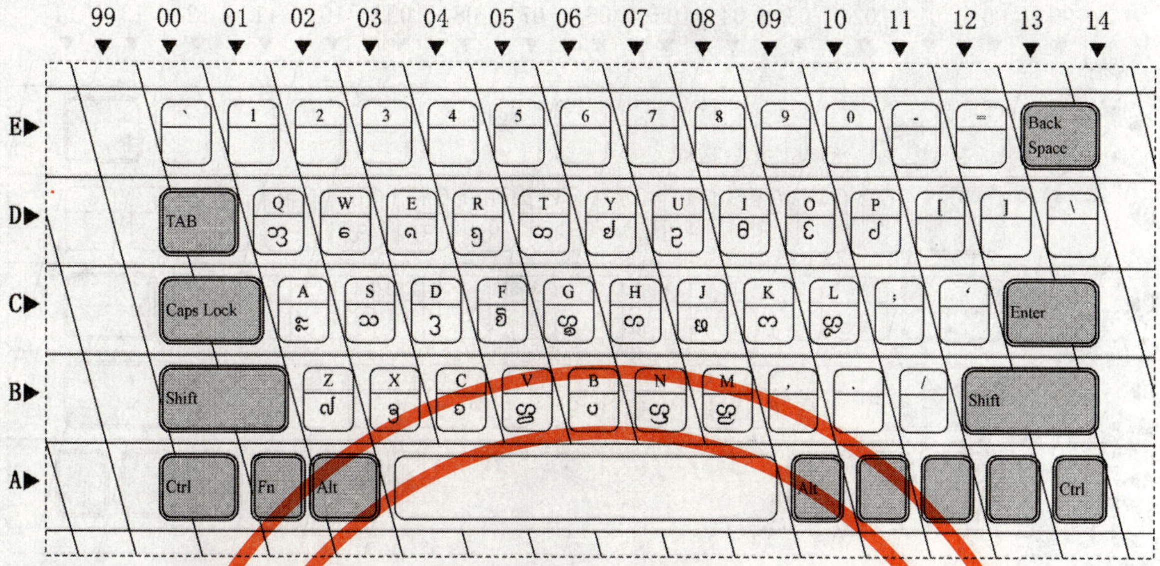

图 3　西双版纳新傣文第 1 层键盘(主键盘)布局

4.3.3　辅助键盘一上字符的位置

ISO/IEC 10646:2003/Amd.6:2009 中的西双版纳新傣文(New Tai Lue)篇中的部分字符在键盘上各键的分配和排列,分配在第 2 层键盘(辅助键盘一)上,如图 4 所示。

图 4　西双版纳新傣文第 2 层键盘(辅助键盘一)布局

4.3.4　辅助键盘二上字符的位置

ISO/IEC 10646:2003/Amd.6:2009 中的西双版纳新傣文(New Tai Lue)篇中的部分字符在键盘上各键的分配和排列,分配在第 3 层键盘(辅助键盘二)上,如图 5 所示。

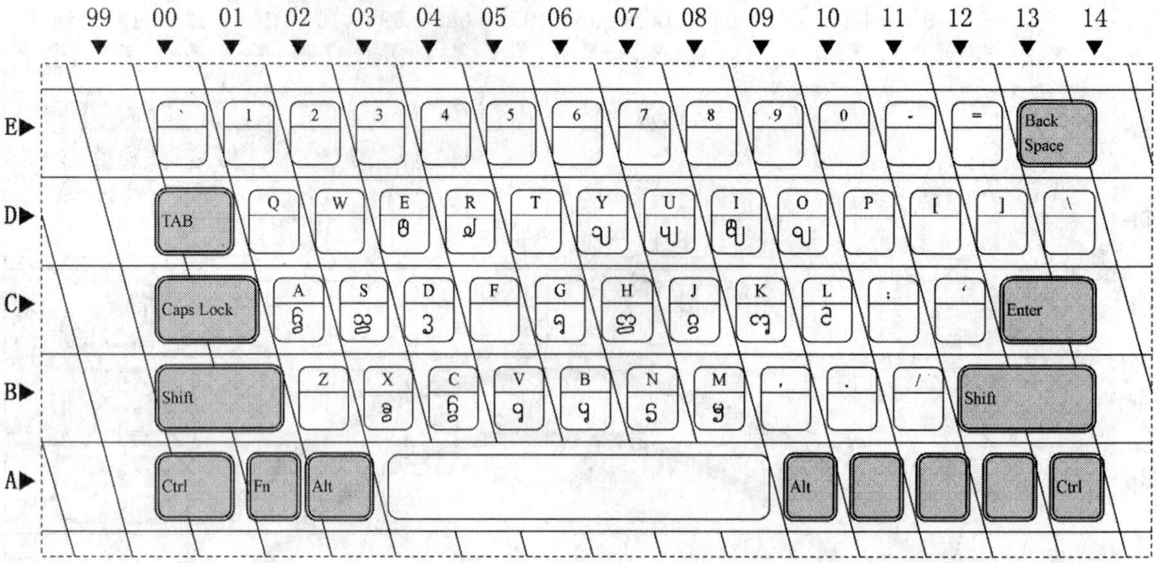

图 5　西双版纳新傣文第 3 层键盘（辅助键盘二）布局

附 录 A
（资料性附录）
西双版纳新傣文编码字符集字符编码表

西双版纳新傣文字符编码表见表 A.1。

表 A.1 西双版纳新傣文字符编码表

	198	199	19A	19B	19C	19D
0	ᦀ	ᦐ	ᦠ	ᦰ	ᧀ	᧐
1	ᦁ	ᦑ	ᦡ	ᦱ	ᧁ	᧑
2	ᦂ	ᦒ	ᦢ	ᦲ	ᧂ	᧒
3	ᦃ	ᦓ	ᦣ	ᦳ	ᧃ	᧓
4	ᦄ	ᦔ	ᦤ	ᦴ	ᧄ	᧔
5	ᦅ	ᦕ	ᦥ	ᦵ	ᧅ	᧕
6	ᦆ	ᦖ	ᦦ	ᦶ	ᧆ	᧖
7	ᦇ	ᦗ	ᦧ	ᦷ	ᧇ	᧗
8	ᦈ	ᦘ	ᦨ	ᦸ	ᧈ	᧘
9	ᦉ	ᦙ	ᦩ	ᦹ	ᧉ	᧙
A	ᦊ	ᦚ	ᦪ	ᦺ		᧚
B	ᦋ	ᦛ	ᦫ	ᦻ		
C	ᦌ	ᦜ		ᦼ		
D	ᦍ	ᦝ		ᦽ		
E	ᦎ	ᦞ		ᦾ		᧞
F	ᦏ	ᦟ		ᦿ		᧟

ICS 35.240.15
L 64

中华人民共和国国家标准

GB/T 28177.1—2011

识别卡 柔性薄卡 第1部分:物理特性

Identification cards—Thin flexible cards—Part 1:Physical characteristics

(ISO/IEC 15457-1:2008,MOD)

2011-12-30 发布 2012-06-01 实施

中华人民共和国国家质量监督检验检疫总局
中国国家标准化管理委员会 发布

前　言

GB/T 28177《识别卡　柔性薄卡》分为三个部分：

——第1部分：物理特性；

——第2部分：磁记录技术；

——第3部分：测试方法。

本部分为GB/T 28177的第1部分。

本部分按照GB/T 1.1—2009给出的规则起草。

本部分使用重新起草法修改采用ISO/IEC 15457-1:2008《识别卡　柔性薄卡　第1部分：物理特性》。

本部分与ISO/IEC 15457-1:2008相比，在结构上增加了引言和缩略语(见3.2)。

本部分与ISO/IEC 15457-1:2008的技术性差异及其原因如下：

——根据目前国内的实际情况，将术语和附录A中的施胶和笔迹因素(sizing and pen writing factor)改为施胶度(sizing value)，它的控制方法改为引用GB/T 460《纸施胶度的测定》，相应将参数修改为大于或等于0.5 mm。

本部分还做了下列编辑性修改：

——增加了引言，将国际标准的范围中对柔性薄卡的用途和采用的记录方法等的描述放在引言中；

——为了便于使用，增加了缩略语；

——由于使用习惯，调整了术语的次序；

——根据标准制定原则，引用文件中增加了ISO 2493、ISO 5636-3、ISO 8226-2三个标准，在参考文献中删除相应文件；

——为了上下文对应关系，将国际标准中8.2.1和8.2.2的位置调换、8.4.2和8.4.3的位置调换。

与本部分中规范性引用的国际文件有一致性对应关系的我国文件如下：

——GB/T 12914—2008　纸和纸板抗张强度的测定(ISO 1924-1:1992,ISO 1924-2:1994,MOD)

——GB/T 742—2008　造纸原料、纸浆、纸和纸板灰分的测定(ISO 2144:1997,MOD)

——GB/T 1543—2005　纸和纸板　不透明度(纸背衬)的测定(漫反射法)(ISO 2471:1998,MOD)

——GB/T 22364—2008　纸和纸板弯曲挺度的测定(ISO 2493:1992,ISO 5629:1983,MOD)

——GB/T 457—2008　纸和纸板耐折度的测定(ISO 5626:1993,MOD)

——GB/T 456—2002　纸和纸板平滑度的测定(别克法)(ISO 5627:1995,IDT)

——GB/T 458—2008　纸和纸板透气度的测定(ISO 5636-2:1984,ISO 5636-3:1992,ISO 5636-5:2003,MOD)

——GB/T 16578.2—2009　塑料　薄膜和薄片　耐撕裂性能的测定　第2部分：埃莱门多夫(Elmendor)法(ISO 6383-2:1983,IDT)

——GB/T 22899.2—2008　纸和纸板　湿膨胀率的测定　第2部分：最大相对湿度增加到86%过程的湿膨胀率(ISO 8226-2:1990,MOD)

——GB/T 17554.1—2006　识别卡　测试方法　第1部分：一般特性(ISO/IEC 10373-1:1998,MOD)

请注意本文件的某些内容可能涉及专利。本文件的发布机构不承担识别这些专利的责任。

本部分由全国信息技术标准化技术委员会(SAC/TC 28)提出并归口。

本部分起草单位:中国电子技术标准化研究所、深圳市华正联实业有限公司、东信和平智能卡股份有限公司、深圳市百得力电子有限公司。

本部分主要起草人:金倩、严金波、黄小鹏、阎学众、高林、冯敬、赵继红、夏蒂娜、乔申杰。

引　言

柔性薄卡(TFC)通常用于货物或服务通行的自动控制,如公共交通、高速公路收费系统、停车场、凭证和储值等。

在这些应用中,数据可被采用不同记录技术的机具写入和/或读出,例如,磁条、光学字符识别(OCR)、条码、非接触技术等。

识别卡 柔性薄卡 第1部分:物理特性

1 范围

GB/T 28177 的本部分规定了在生命周期内的两个时点上柔性薄卡的物理特性:

——装载到卡发行设备时;

——发行给公众时。

本部分考虑了人和机器两个方面的因素并阐明了最低要求。

本部分标识了原始卡尺寸,并且规定了特性和尺寸。

本部分给出了在不同环境条件下卡的存储和使用的指南。

注:ID-1 型卡在 GB/T 14916 中规定,与本范围并不匹配。

2 规范性引用文件

下列文件对于本文件的应用是必不可少的。凡是注日期的引用文件,仅注日期的版本适用于本文件。凡是不注日期的引用文件,其最新版本(包括所有的修改单)适用于本文件。

GB/T 460 纸施胶度的测定(GB/T 460—2008)

ISO 1831 光学字符识别的打印规范(Printing specifications for optical character recognition)

ISO 1924-2 纸和纸板 抗张强度的测定 第2部分:恒速拉伸法(20 mm/min)(Paper and board—Determination of tensile properties—Part 2:Constant rate of elongation method(20 mm/min))

ISO 2144 纸、纸板和纸浆 900 ℃燃烧后残留物(灰分)的测定(Paper,board and pulps—Determination of residue(ash) on ignition at 900 ℃)

ISO 2471 纸和纸板 不透明度(纸背衬)的测定 漫反射法(Paper and board—Determination of opacity(paper backing)—Diffuse reflectance method)

ISO 2493 纸和纸板 弯曲挺度的测定(Paper and board—Determination of resistance to bending)

ISO 5626 纸 耐折度的测定(Paper—Determination of folding endurance)

ISO 5627 纸和纸板 平滑度的测定(别克法)(Paper and board—Determination of smoothness(Bekk method))

ISO 5629 纸和纸板 弯曲挺度的测定 共振法(Paper and board—Determination of bending stiffness—Resonance method)

ISO 5636-3 纸和纸板透气度的测定(Paper and board—Determination of air permeance(medium range)—Part 3:Bendtsen method)

ISO 6383-2 塑料 薄膜和薄片 耐撕裂性能的测定 第2部分:埃莱门多夫(Elmendor)法(Plastics—Film and sheeting—Determination of tear resistance—Part 2:Elmendorf method)

ISO 8226-2 纸和纸板 湿膨胀率的测定 第2部分:最大相对湿度增加到86%过程的湿膨胀率(Paper and board—Measurement of hygroexpansivity—Part 2:Hygroexpansivity up to a maximum relative humidity of 86%)

ISO 8570 塑料 薄膜和薄片 冷裂温度的测定(Plastics—Film and sheeting—Determination of cold-crack temperature)

ISO/IEC 10373-1 识别卡 测试方法 第1部分:一般特性(Identification cards—Test methods—Part 1:General characteristics)

ISO/IEC 10373-6 识别卡 测试方法 第6部分:接近式卡(Identification cards—Test methods—Part 6:Proximity cards)

ISO/IEC 15457-2 识别卡 柔性薄卡 第2部分:磁记录技术(Identification cards—Thin flexible cards—Pgrt 2:Magnetic recording technique)

ISO/IEC 15457-3 识别卡 柔性薄卡 第3部分:测试方法(Identification cards—Thin flexible cards—Part 3:Test methods)

3 术语和定义、缩略语

3.1 术语和定义

下列术语和定义适用于本文件。

3.1.1

正面 front face

卡的参考面(一般是印刷有原始信息和持有人信息的面)。

3.1.2

背面 back face

与正面相反的卡面。

3.1.3

成品卡 finished card

可以对公众发行的卡。

3.1.4

高度 height

平行于卡短边的尺寸。

3.1.5

印刷对比度 print contrast signal

PCS

机器可读印刷标记的印刷对比度,定义如下:

$$PCS=\frac{R_w-R_p}{R_w}$$

式中:

R_p ——印刷标记的反射因数,按照 ISO 1831 中 B900 光谱带测量;

R_w ——印刷标记背景的反射因数,按照 ISO 1831 中 B900 光谱带测量。

3.1.6

记录技术 recording technique

用于在卡上存储数据的技术,如磁条、非接触或光编码等。

3.1.7

参考边 reference edges

尺寸和方向的基准边界,与卡片的正面有一种固定的关系。

3.1.8

常规卡　regular card

没有热敏涂层的卡。

3.1.9

触觉标识　tactile identifier

用于确定卡的方向的特征。

3.1.10

热敏卡　thermal card

有热敏涂层的卡。

3.1.11

宽度　width

平行于卡长边的尺寸。

3.1.12

化学浆纸　wood free paper

采用100%化学浆料制成的纸。

3.1.13

正常使用　normal use

涉及对卡技术而言是适当的设备处理的识别卡使用，以及设备操作之间个人文件的存储。

3.1.14

扭曲　twist

卡片四角产生离轴卷曲导致的不平。

3.1.15

施胶度　sizing value

衡量基材扩散或穿透水性墨水(钢笔墨水)的指标。

3.1.16

连接和拼接　join or splice

连接两段连续的卡(例如忽略一张或多张有缺陷的非接触卡)。

3.1.17

限定使用的卡　limited use card

LUC

符合本部分规定、为非接触应用准备的卡。

3.2 缩略语

TFC：柔性薄卡(Thin Flexible Card)

LUC：限定使用的卡(Limited Use Card)

4 一般特性

4.1 介绍

存在三种卡规格，并且作如下分类以符合其他现有的分类结构：

——TFC.0，规格 66 mm×30 mm；

——TFC.1，规格 85 mm×54 mm 标准厚度(见表 1)；

——特殊 TFC.1，规格 85 mm×54 mm 加厚(见表 1)；

——TFC.5，规格 187 mm×83 mm 或 203 mm×83 mm。

每一种规格的卡的几何和外形特性在本部分的相关章条中分别规定。对所有规格来说都是通用的其他物理特性在本章中规定。

磁条和磁道的特性在 ISO/IEC 15457-2 中规定。

非接触特性在 ISO/IEC 10536、ISO/IEC 14443 或 ISO/IEC 15693 中规定。

对于成品卡或卷筒/包装的卡，应考虑本标准所有部分的所有章条；而某些章条的特性应在卡整个生命周期内考虑。

为了便利和可操作，某些检验可在未完成的卡进行，但应确定这些特性在后续的处理过程期间不会出现大的变化。

4.2 材料

不同厚度的 TFC 的材料在附录 A、附录 B、附录 C 中定义，如表 1 中所示。

表 1 允许的材料及 TFC 尺寸

允许的材料	TFC.0	TFC.1	特殊 TFC.1	TFC.5
纸	A270	A178，A250，A270	A290-680	A178
复合材料	B270	B250	B250，B360，B400-680	未规定
塑料	C270	C250，C270	C250，C270，C290-680	未规定
注 1：表中的数值为附录中给出的规定的材料和常规厚度，例如，A178 表示源于附录 A 的 178 μm 的材料。 注 2：TFC.0 材料并非必须与相同厚度的 TFC.1 材料相同。				

4.3 生产

柔性薄卡可以用不同的方式生产，但应和它们的使用系统要求一致。它们可以是：

——在实现记录技术和机器功能(例如，磁条、定位标记等)之外的区域打印或预打印；

——装载一种或多种记录技术(例如，磁条、光学条码、非接触)。

柔性薄卡不应有凸印。

无论采用何种制作工艺，最后的成品卡应符合本标准的要求。

4.4 TFC 产品的质量

所有卡片不应有妨碍卡性能的缺陷或者影响视觉外观的缺陷，例如，连接、额外的尘埃、切割遗下的碎片、折叠、破损、折痕和大的污点。

由于产品的特性，在卷筒中或者折叠时非接触卡的条可以有 8.4 中定义的连接。

4.5 参考边

所有针对符合本标准的柔性薄卡的规范都应规定一个参考面(正面)和两条参考边，其对应关系见图 1，这样成品卡的所有特性能位于相同的参考框架内。

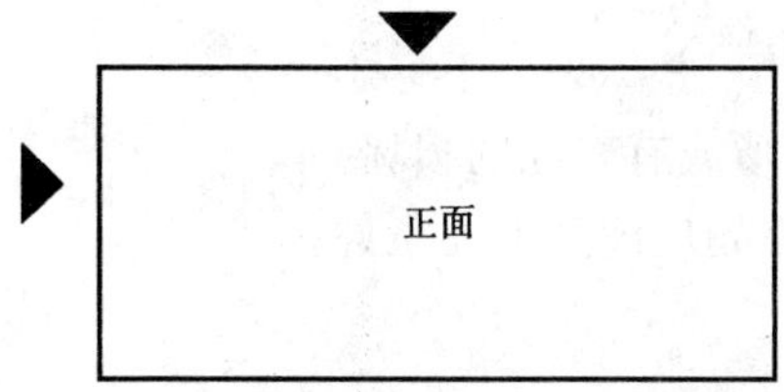

图 1　卡正面和参考边的对应关系

首选的是：卡的正面宜被指定为装载主要打印标识信息(例如系统标识或名称)，当卡被置为两条参考边中的一条在顶端时，在标签正面的视读信息应与之垂直。

一旦指定了卡的正面和参考边，则也适用于本部分规定的其他特性的定位，也适用于本标准的其他部分。

4.6　卡的生命周期

4.6.1　发行前

存储在原始包装中，在 4.7.2 规定的条件下，卡应至少保存一年。

存储在操作设备(例如发行机)中，在 4.7.3 规定的条件下，卡应至少保存两个月。

4.6.2　发行后

存储在 4.7.2 规定的条件下，没有使用的成品卡应至少保存一年。

注：附录 A 中规定的纸材料可以经受 50 个处理周期，附录 B 中规定的复合材料可以经受 500 个处理周期，附录 C 中规定的塑料材料可以经受 2 500 个处理周期。实际寿命不可避免地将受到许多外部因素的影响。

卡片在正常使用条件下应能经受光照和其他环境因素而引起的老化。

非正常条件下的使用可能影响预期的使用寿命，需要考虑选择适合的制卡材料和制造工艺。

4.7　环境条件

4.7.1　测试环境

本标准中规定的每一项特性均应按照 ISO/IEC 15457-3 规定的环境条件进行测量。对大多数特性，这些条件是：温度 23 ℃，相对湿度 50%。

注：在不同的条件下，一些特性将有非偶然性的变化，包括表 A.1、B.1 和 C.1 中列出的尺寸(宽度、高度、厚度)、重量、平整度和许多物理的参数。在极端的操作环境(见 4.7.3)下，这些变化是潜在的，在设计 TFC 处理设备时应考虑这些影响。

4.7.2　存储环境和包装

柔性薄卡应被保存在表 2 规定的条件下。

表 2　存储条件

卡类型	温度/℃	相对湿度/%
常规卡	0～50	30～65
热敏卡	0～40	30～65

包装的目的是保护卡片免受物理的破坏和减少湿度变化的影响。包装应满足以下条件：

——卡片在使用前应保留在原始的包装中；
——包装盒应放置在一个平面上，并标识上下标志；
——包装盒不能有任何明显变形或有其他的损坏。

包装可以由用户来规定，但是首先应满足上述条件。

4.7.3 操作环境

环境的突然变化可能造成卡扭曲。在打开包装前，应保持外部环境的稳定。

卡应符合表 4 的要求，在表 3 规定的环境条件范围下应保持其结构的完整性和可使用性。

表 3 操作条件及卡类型

卡类型	温度[a]/℃	相对湿度/%
标准卡	−35～50	15～85
特殊 TFC.1 卡	−20～50	15～85
[a] 一些应用的温度范围受冷裂温度的限制(见附录 C)。		

5 几何轮廓

表 4 规定了每一种规格 TFC 的量值。

表 4 几何轮廓的量值 单位为毫米，除非另有指明

参数	参数符号	TFC 尺寸		
		TFC.0	TFC.1 和 特殊 TFC.1	TFC.5
宽	W	66.0+1.0/−0.5	85.6+1.0/−0.5	203.20±0.38[a] 187.33±0.38[b]
在测试条件下的高(见 4.7.1)	H	30.0±0.1	53.98±0.2	82.55±0.18
在操作条件下高的变化(见表 3)	H	29.8～30.3	53.6～54.5	82.10～83.25
角	α(图 2、图 3、图 4)	90°±1°	90°±1°	90°±1°
	R(图 4)	3.20±0.05	3.20±0.05	6.35±0.05
	a(图 3、图 4)	3.20±0.10	3.20±0.10	6.35±0.10
	b(图 4)	未规定	3.2±0.5	未规定
	β(图 3)	未规定	45°±1°	未规定
边缘笔直度		±0.05	±0.05	±0.05
不匹配(毛刺)	C	0.1	0.1	0.1
不连续	D	0.1	0.1	0.1
[a] TFC.5 带存根。 [b] TFC.5 不带存根。				

5.1 尺寸

相应规格 TFC 的尺寸见表 4。

5.2 角

角应成直角,斜面角或圆角,如表 4 所示。

角的几何参数在表 4 和图 2、图 3、图 4 中给出。

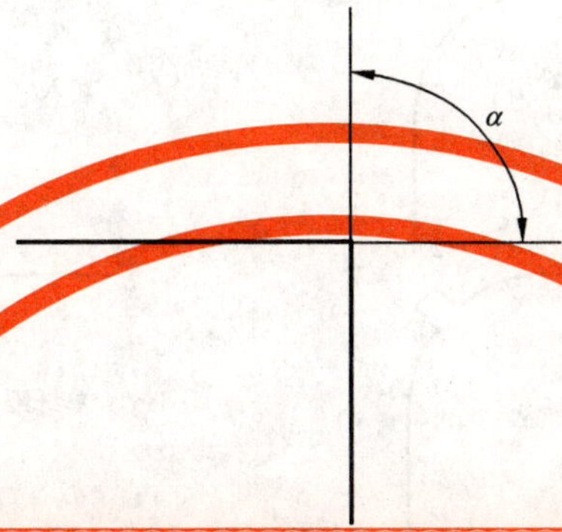

图 2 直角

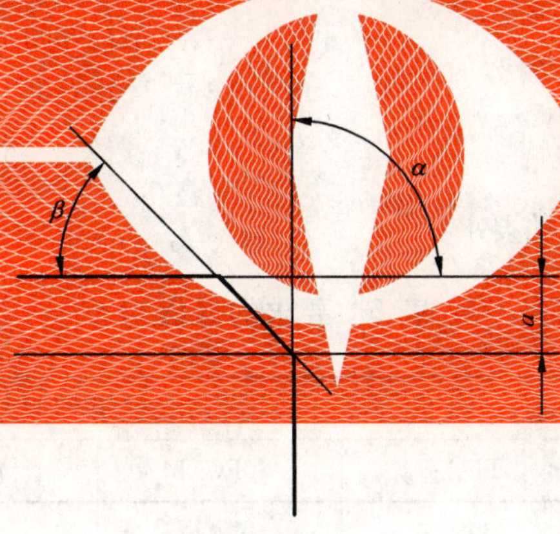

图 3 斜面角

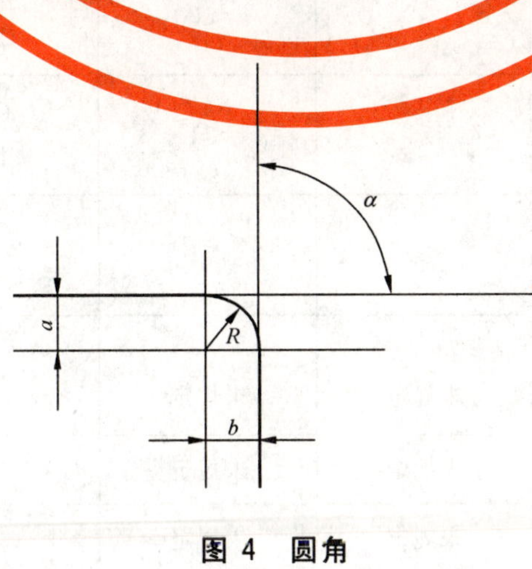

图 4 圆角

5.3 边

每种规格 TFC 的边缘和斜面角应符合表 4 的规定，有圆角的情况除外。

圆角和任一相邻的边的任何缺陷（毛刺）的最大限制数值见表 4。

圆角上的不连续（切入、纤维丛、单纤维，见图 5）的最大限制数值见表 4。

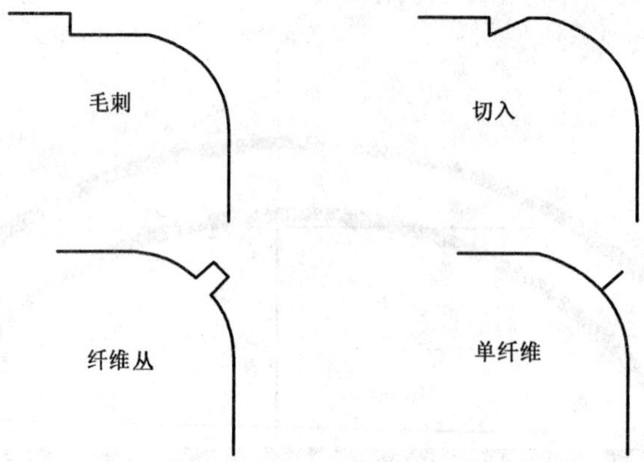

图 5 圆角缺陷举例示意

6 要求

表 5 规定了每一种规格 TFC 的要求。

表 5 要求的量值

单位为毫米，除非另有指明

参数	参数符号或标记	TFC 尺寸			
		TFC.0	TFC.1	特殊 TFC.1	TFC.5
单标签：		允许值	允许值	允许值	允许值
整卡平整度		≤2	≤2	Class 1[a]≤2 Class 2[b]≤5	≤6.35
横向弯曲		≤1	≤1	Class 1≤1 Class 2≤3.5	≤3.04
扭曲		≤1	≤1	Class 1≤1 Class 2≤2.5	≤6.35
分离力： 无折叠	打孔线 *A*	未规定	未规定	未规定	300 N±40 N
无折叠	打孔线 *C*	未规定	未规定	未规定	200 N±40 N
5 次折叠	打孔线 *A*	未规定	未规定	未规定	≥60 N
5 次折叠	打孔线 *C*	未规定	未规定	未规定	≥40 N

表 5(续)

单位为毫米,除非另有指明

参数	参数符号或标记	TFC 尺寸			
		TFC.0	TFC.1	特殊 TFC.1	TFC.5
扇形折叠: 分离力:		未规定	允许值	允许值	允许值
	打孔线	未规定	80 N±15 N	类型 1[c]:80 N±15 N 类型 2[d]:280 N±40 N	未规定
无折叠	桥	未规定	80 N±15 N	类型 1:80 N±15 N 类型 2:280 N±40 N	未规定
1 次折叠	打孔线 桥	未规定 未规定	未规定 未规定	未规定 未规定	80 N±20 N 未规定
5 次折叠	打孔线 桥	未规定 未规定	≥20 N ≥40 N	≥20 N ≥40 N	≥20 N 未规定
卷筒[e]:		允许值	允许值	允许值	允许值
宽	W_r	<32	<56	<56	未规定
直径	D_0	≤280	≤280	≤280	未规定
裁边的末端	α	90°±1°	90°±1°	90°±1°	未规定
塑料轴:		允许值	允许值	允许值	允许值
外直径	D	80±0.5	80±0.5	106±0.5	未规定
内直径	D_i	70±0.1	70±0.1	70±0.1	未规定
宽	W_h	30±0.2	54±0.2	54±0.2	未规定
纸轴:		允许值	允许值	允许值	允许值
外直径	D	80±1	80±1	未规定	未规定
内直径	D_i	70±1	70±1	未规定	未规定
宽	W_h	30+0.1/−0.5	54+0.1/−0.5	未规定	未规定

[a] 种类 1 适用于满足普通 TFC.1 平整度要求的发行系统。

[b] 种类 2 适用于超出普通 TFC.1 平整度要求的发行系统,例如手工发行系统。

[c] 型号 1 的分离力适用于普通 TFC.1 撕开两张连续卡的发行系统。

[d] 型号 2 的分离力适用于还不需要运用牵引就可以分开两张连续卡的发行过程。

[e] TFC 的卷筒和折叠包装不包括任何剪接(专用的非接触 TFC 除外,见第 8 章)。

6.1 单卡

6.1.1 整卡平整度

任 3 个角组成的平面到卡表面任一测量点的最大垂直距离,应满足表 5 的要求。

6.1.2 横向弯曲

测量短边上任意的点到两个相邻角连线的最大垂直距离,应满足表 5 的要求。

6.1.3 扭曲

由任3个角定义的测量平面与任何角的最大垂直距离应满足表5的要求。

6.1.4 穿孔

单卡轮廓内的穿孔线仅适用于TFC.5,按照穿孔线可以分开的部分见图6、图7、图8。

当最长的参考边置于顶端时,卡片两面印刷的文本或图案应是与之垂直的。

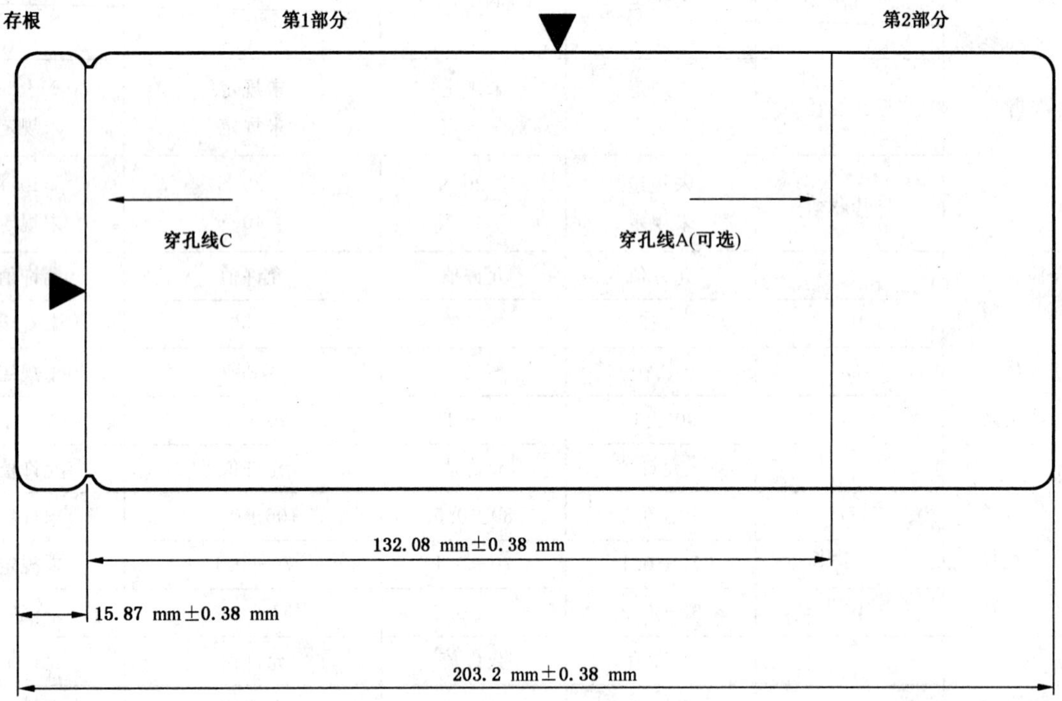

注1:当被发行时,存根的目的是用于卡的装订。使用时卡脱离开存根沿着穿孔线C暴露一条新的边界。随之这条被打孔的线被指定为参考边界和所有卡后续处理的参考数据。

注2:卡片的尺寸以这种方式规定,以避免误差的累积。

图6 具有存根的卡

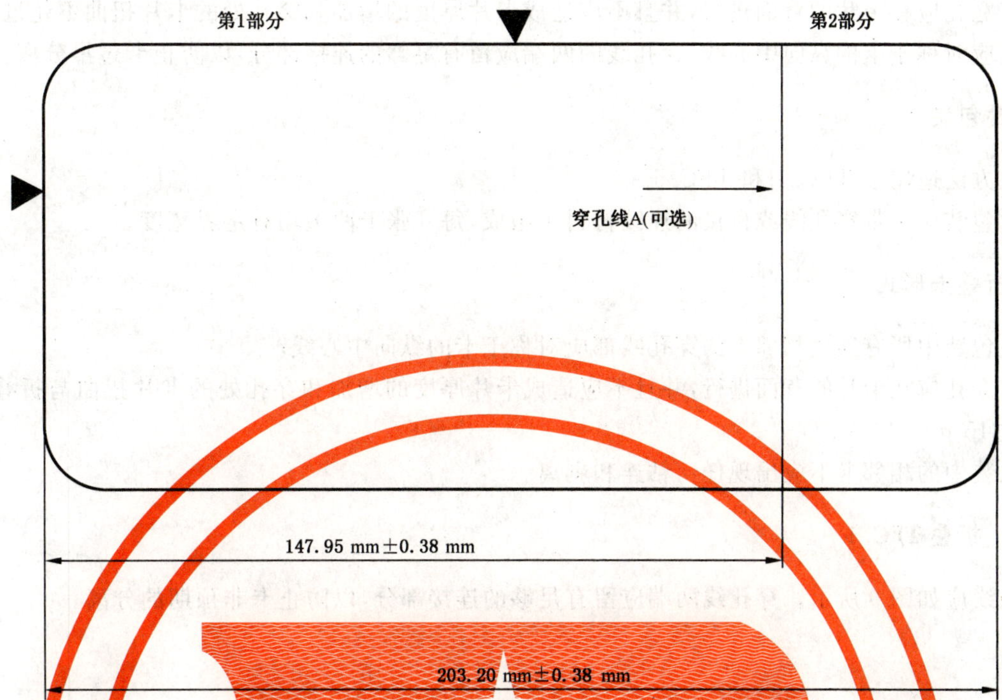

注：卡片的尺寸以这种方式规定，以避免误差的累积。

图 7　没有存根的长卡(第一种情况)

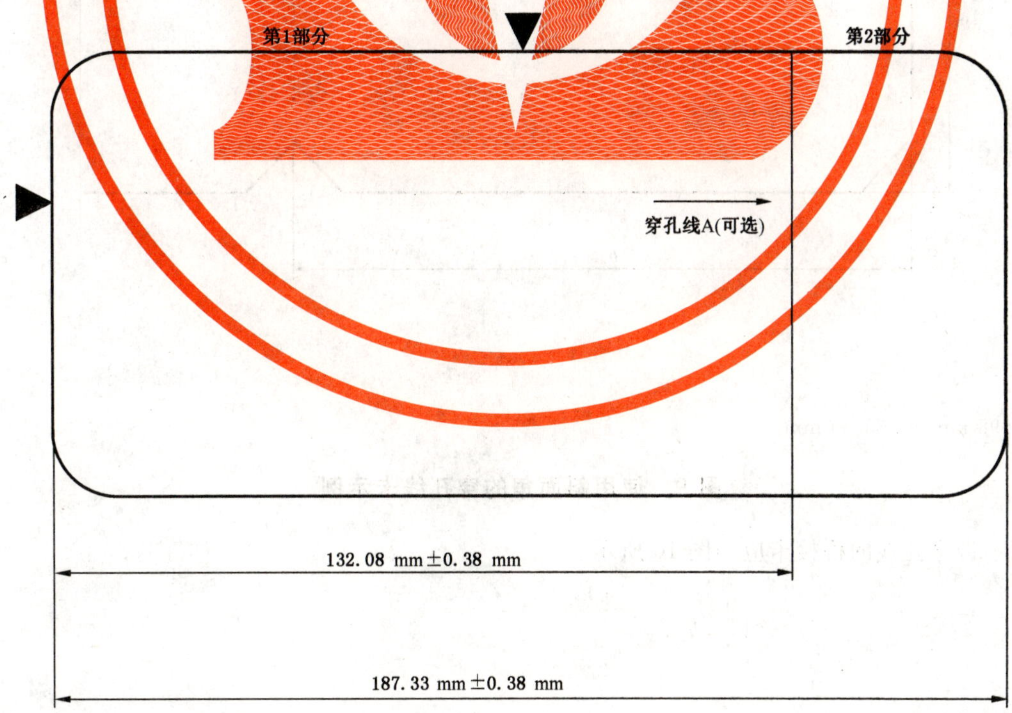

注：卡片的尺寸以这种方式规定，以避免误差的累积。

图 8　没有存根的短卡(第二种情况)

穿孔线 A 和 C 使得用户或操作装置能够分离卡的各部分，分离力应满足表 5 要求。

所有穿孔应在卡片的背面进行，并且不应造成卡片厚度的增加和穿孔处的卡片扭曲不超过 15 μm。

穿孔应对称于卡的纵向中心线，穿孔线的两端应留有足够的连接部分，以防止卡过早分离。

6.2 折叠包装

折叠方法适用于 TFC.1 和 TFC.5。

折叠包装应由带穿孔线或桥接的连续材料带组成，每一张卡两边均有定界宽度。

6.2.1 折叠卡形式

折叠包装中所有连接相邻卡的穿孔线都应对称于卡的纵向中心线。

所有穿孔应在卡片的背面进行，并且不应造成卡片厚度的增加和穿孔处的卡片扭曲与折叠前相比不应超过 15 μm。

在包装中的相邻卡不应出现任何粘连和剥离。

6.2.1.1 折叠 TFC.1

穿孔线应如图 9 所示。穿孔线两端应留有足够的连接部分，以防止卡非预期的分离。

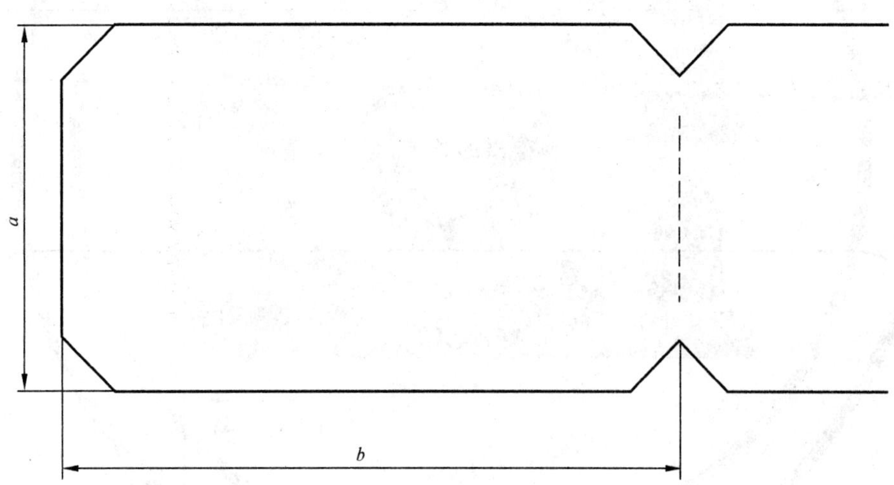

说明：

a=53.98 mm；b=85.60 mm。

图 9 使用斜面角的穿孔线卡示例

带或不带穿孔线的桥接卡应如图 10 所示。

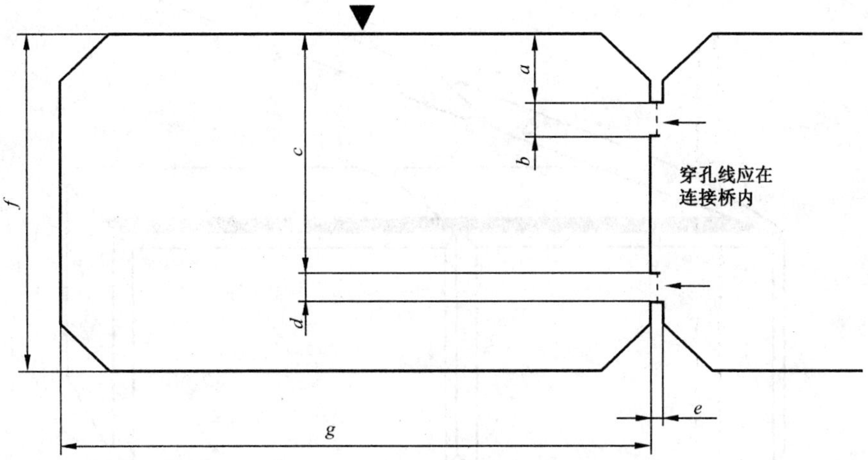

说明：

a=9.00 mm±0.25 mm；b=4.00 mm±0.25 mm；c=40.98 mm±0.25 mm；

d=4.00 mm±0.25 mm；e=1.1 mm±0.2 mm；f=53.98 mm；g=85.60 mm。

图 10 使用斜面角的桥接卡示例

6.2.1.2 折叠 TFC.5

可选的穿孔线 A 和 C、折叠穿孔 B 的位置应如图 11 所示。穿孔线 B 在两个末端应至少有 2 mm 的切割部分。

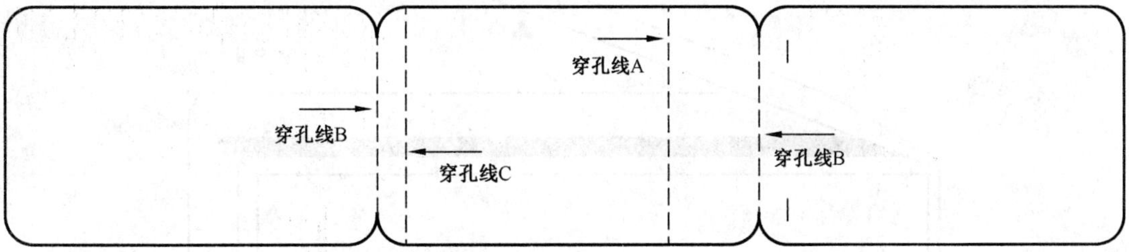

图 11 折叠 TFC.5 穿孔线

6.2.2 折叠包装形式

6.2.2.1 折叠 TFC.1

可对任意数量的卡进行折叠，以短边(横向)作为参考边折叠，由短边放入到包装设备中，如图 12 所示。

注：如果一侧有磁条，则作为定位用，如图 12 所示。

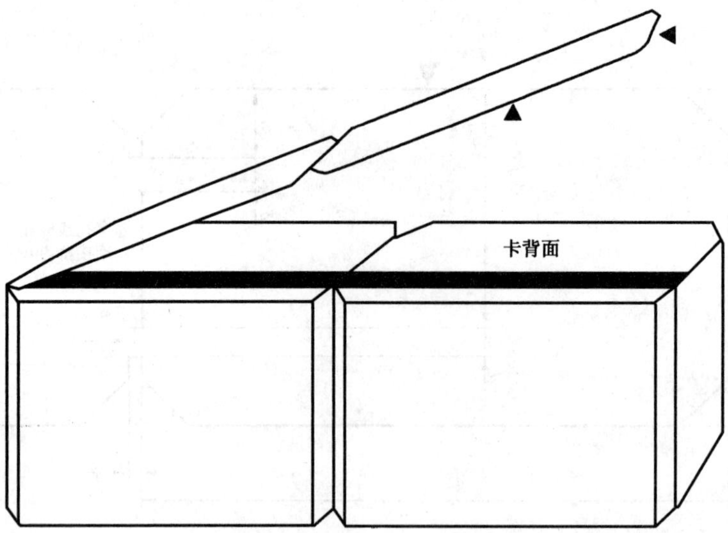

图 12　每叠用两张卡折叠的例子

6.2.2.2　折叠 TFC.5

可对任意数量的卡进行折叠，以短边(横向)作为参考边折叠，由短边放入到包装设备中，如图 13 所示。

注：如果一侧有磁条，则作为定位用，并应如图 13 所示。

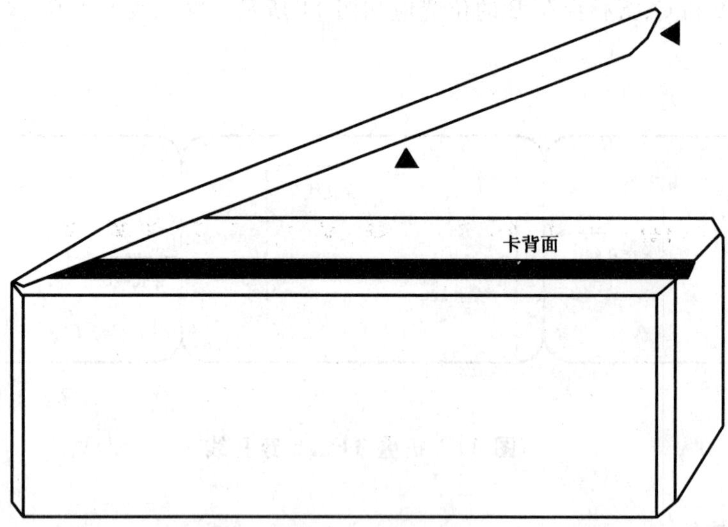

图 13　折叠卡要求

6.2.3　卡平整度

包装中的每一张卡的平整度应满足表 5 中对单卡的要求。

6.2.4　分离力

穿孔线和桥接应能够使用户和发行装置容易将卡分离。每种连接格式类型和相邻卡之间的分离力见表 5。

6.3 卷筒

卷筒应是连续的 TFC 材料带卷绕在一个塑料轴或纸轴上，其尺寸应符合表 5 的要求。

6.3.1 卷筒尺寸

卷筒应该能自由的通过两个由表 5 规定的最大宽度平板组成的平行空间，卷筒的边缘应平滑。

卷筒的内径由所使用的卷轴确定，如表 5 所示。

推荐的尺寸在图 14 中描述。

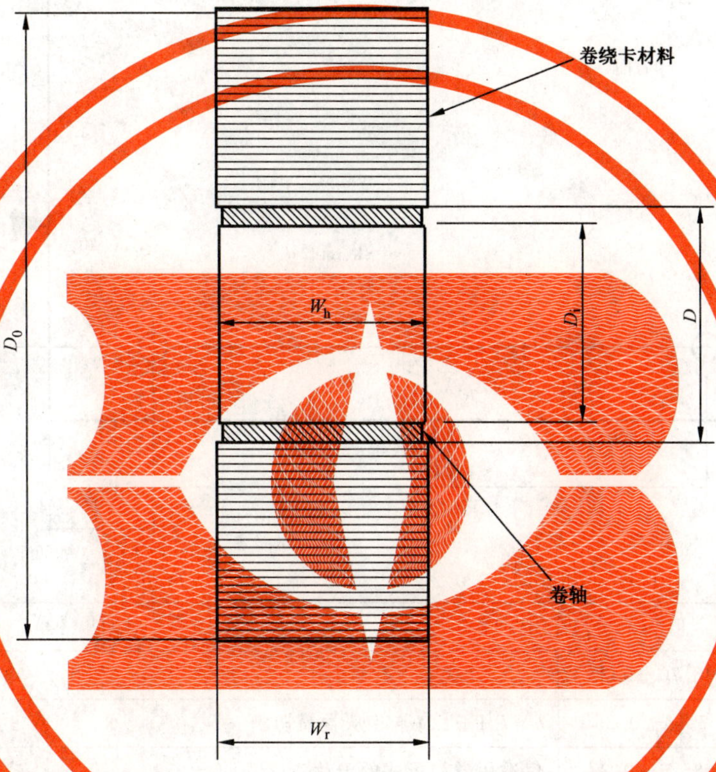

图 14 卷绕尺寸

6.3.2 卷绕

卡的背面向内卷在卷轴的表面上。除非另有要求。

卡的任何部分不应粘附于卷筒中的邻近的卡上，也不应在卷筒中的邻近的卡上留下压痕。

仅用卷筒的边来支撑卡片，使它保持水平，24 h 内对平整度产生的偏差应小于或等于 5 mm。

卷筒材料的末端应以与 TFC 边缘成 90°±1°切除，切除后应提供一个临时性的保护措施，保护措施去除时不应破坏卡片应有的特性，包括磁条（如果存在）。

7 定位特征

当定位特征对应用来说是必需的，则冲孔和打印标记应符合下面的规定。

注：定位特征要求参考边是唯一标识的。

7.1 定位孔冲切

注：当考虑非接触应用时不允许冲孔。

冲孔位置仅针对折叠 TFC.1 规定。

如果需要该特征用于标识位置或制造、发行、处理过程中用于定位卡片，则其尺寸和位置应如图 15 所示。

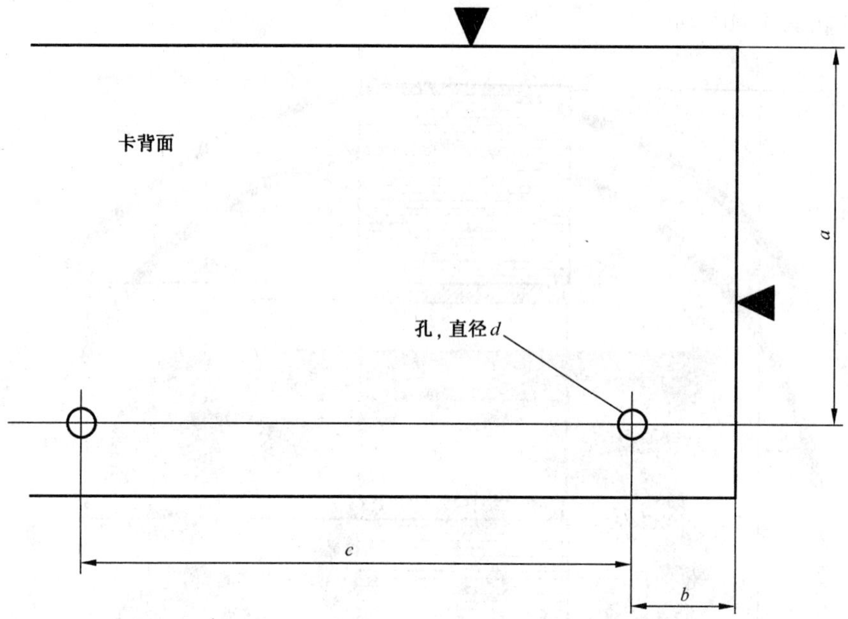

参数	值/mm	注
a	48.70±0.25	
b	7.10±0.25	b=7.1±1.0 卡片从卷筒切割
c	85.6±0.3	仅适用卷筒形式的卡片
d	3.2±0.1	孔的直径可以提高到 4.2±0.1 来补偿纸的湿度引起的变化

图 15 定位孔冲切几何图

7.2 印刷定位标记

印刷定位标记仅适用于 TFC.1。

印刷定位标记应在卡片的背面，其尺寸和位置应符合图 16 的要求。

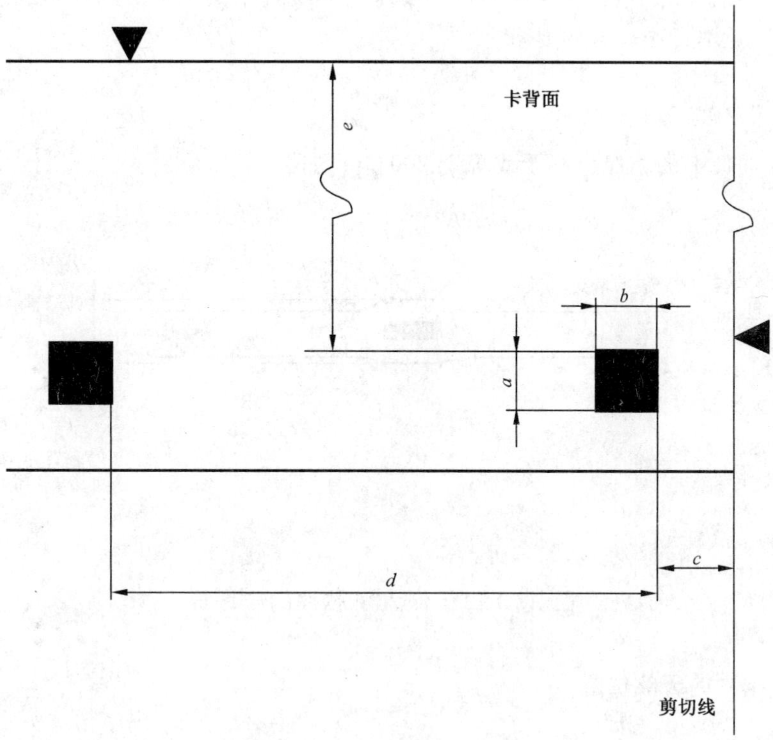

说明：

a=5.0 mm±0.3 mm；b=5.0 mm±0.3 mm；c=5.5 mm±1.0 mm；

d=85.6 mm±0.3 mm；e=46.20 mm±0.25 mm。

注：仅限于卷筒形式的卡。

图 16 定位标记几何图

7.2.1 印刷区域保留

在卡的背面应留有一个连续区域用于印刷定位标记。这个区域的高度不应低于定位标记的高度。

7.2.2 光属性(对比度)

当按照 ISO 1831 中规定的 B900 光谱带测试方法测试时，标记和印刷区域的光学对比度应符合表 6 的规定。

表 6 定位标记的光学属性

光学属性	值
R_w	≥70%
PCS	≥0.71

8 非接触 TFC 的特定属性

本章包含的要求仅针对非接触 TFC，包括限定使用的卡(LUC)，并不适用于不是非接触卡的 TFC。

此外，在非接触 TFC 的情况下，当本章中的特定要求与本文件中其他地方的一个或多个通用 TFC 要求相冲突时，应首先满足本章中包含的要求。

8.1 芯片位置的局部超厚

由于嵌入芯片而使卡的增厚应小于或等于 200 μm，如图 17 所示。

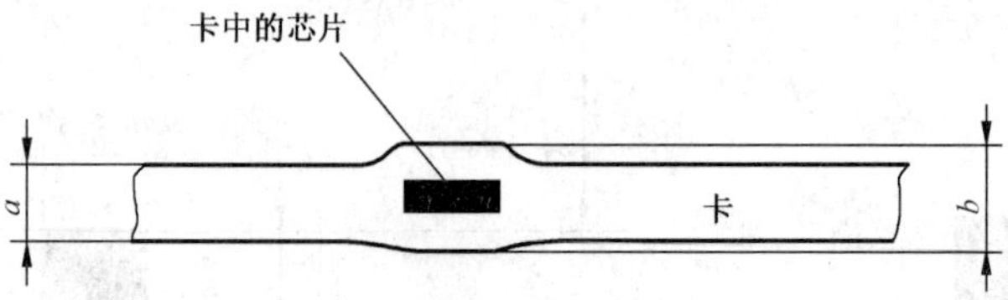

说明：
卡厚度＝a；
增厚＝$b-a$＝200 μm(最大值)。

图 17 由于嵌入了芯片的卡增厚

8.2 特殊 TFC.1 卡中的天线位置

8.2.1 折叠形式的卡

对于折叠形式的卡，天线的放置区域应如图 18 所示。

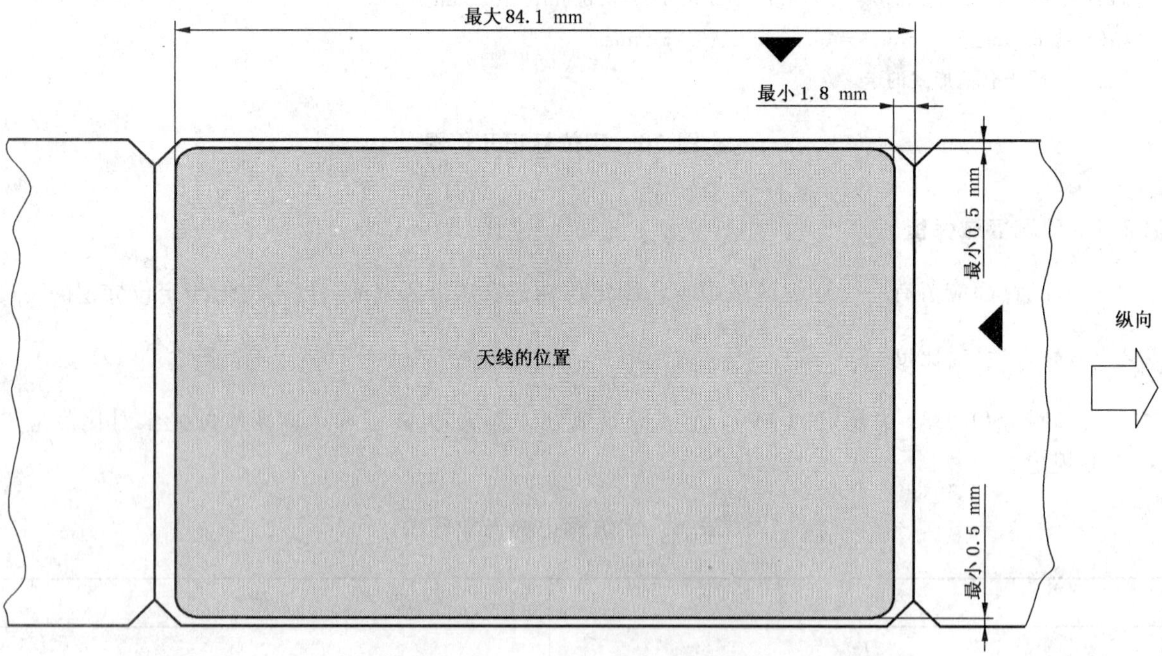

图 18 天线位置的可用区域(折叠形式)

8.2.2 卷筒形式的卡

对于卷筒形式的卡，天线的放置区域应如图 19 所示。

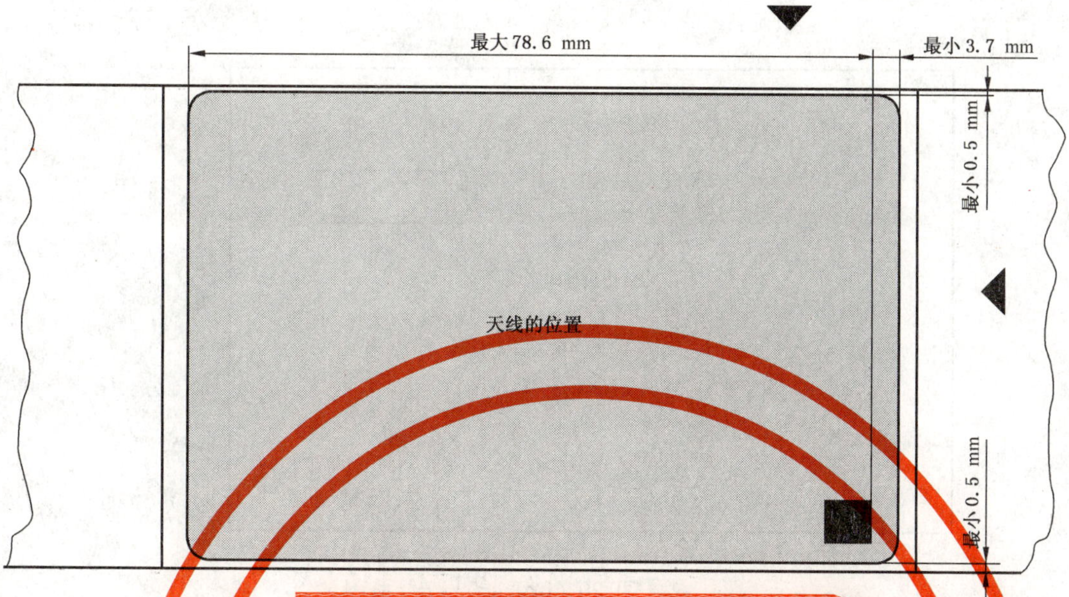

图 19 天线位置的可用区域(卷筒形式)

8.3 芯片位置和禁止热打印区域

卡上的热打印应避开图 20 中标明了"禁止"的区域。

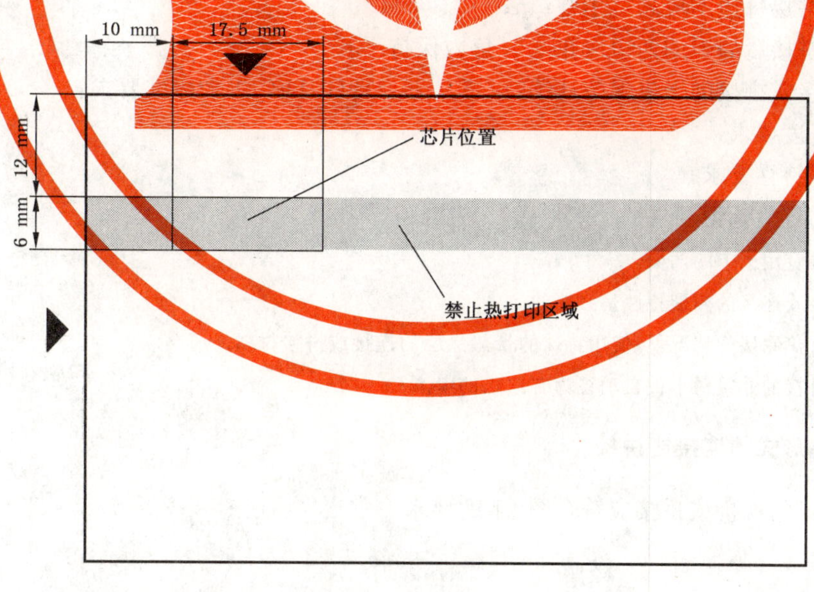

图 20 卡上的芯片位置和禁止热打印区域

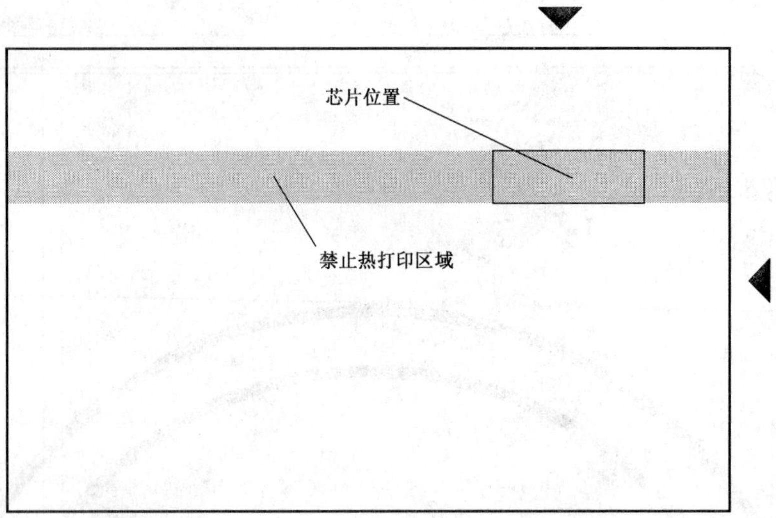

图 20（续）

8.4 连接和拼接

8.4.1 概述

当剪掉一卷或一叠卡中的一部分而需要连接或拼接时，应满足下列通用要求：

——在通用处理和操作中，连接或拼接部分不应断开，供货商和用户之间协商好的除外；

——连接或拼接每边不应超过 100 μm；

——连接或拼接后的卡的两边应在 0.5°角内保持平行；

——存在连接或拼接的卡应保持连续，以遵从下列特殊 TFC.1 卡标准要求：

- 卡高度要求；
- 摩擦特性要求；
- 印刷定位标记要求。

注 1：建议拼接宜用于卡的两面。

注 2：考虑拼接或连接的撕裂特性是必要的。

注 3：在卡带有热涂层的情况下，使用特殊的带热涂层的连接或拼接材料。

注 4：连接或拼接的非接触卡被自动视为有缺陷的卡。

8.4.2 卡上折叠形式的连接或拼接

卡上折叠形式的连接或拼接应符合图 21 的要求。

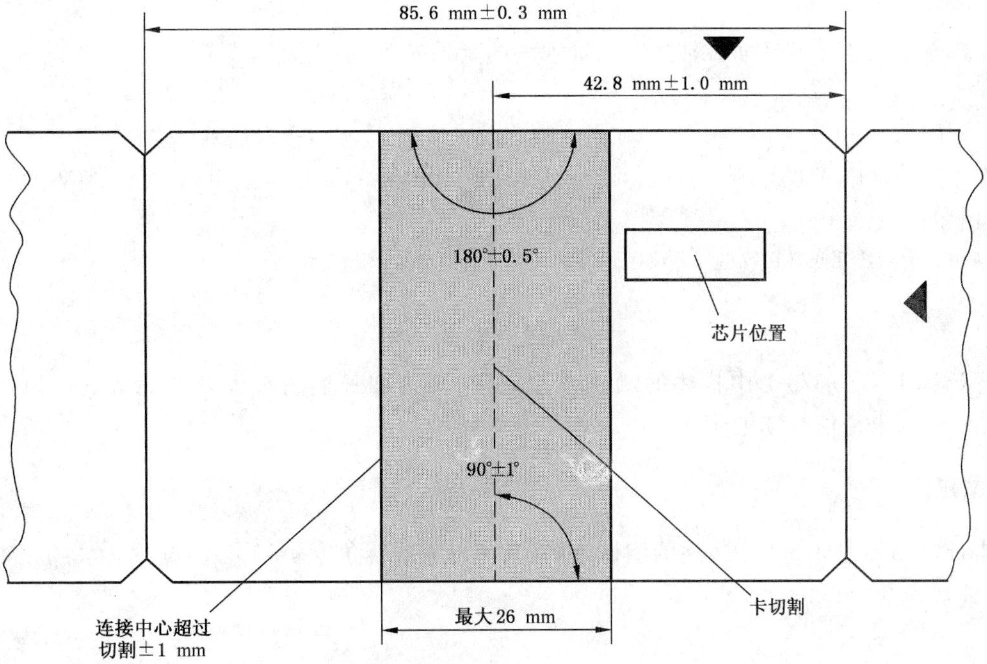

图 21 折叠形式的连接或拼接(从限定使用的卡的背面看过去)

注：斜面角连接可以用于特定应用。

8.4.3 卡上卷筒形式的连接或拼接

卡上卷筒形式的连接或拼接应符合图 22 的要求。

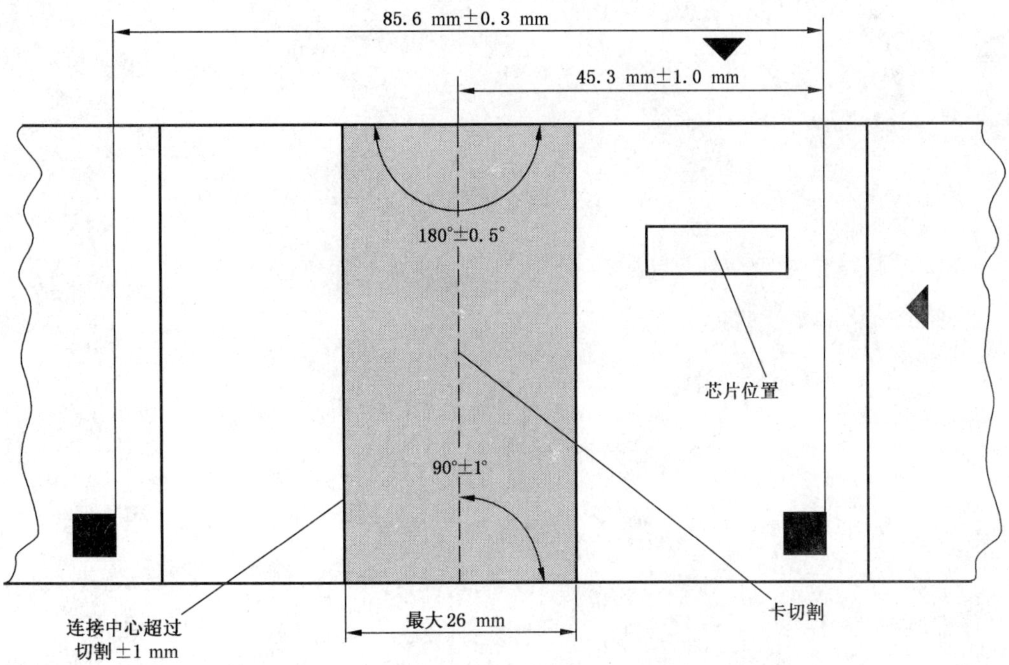

图 22 卷筒形式的连接或拼接(从限定使用的卡的背面看过去)

注：斜面角连接可以用于特定应用。

8.5 紫外光

持续暴露于相当于海平面日常光线总量水平的紫外光后，卡应能继续工作。

8.6 X射线

卡的任何一面曝光0.1 Gy剂量，相当于70 keV～140 keV的中等能量X射线(每年的累积剂量)，不应引起卡的失效。

注：这相当于人每年正常接收的0.05 Gy剂量的两倍。

8.7 动态弯曲

经过ISO/IEC 10373-1中描述的测试方法(其中短边和长边的最大位移为 $h_{wA}=20$ mm，$h_{wB}=10$ mm)测试后，卡应能继续工作。

8.8 动态扭曲

经过ISO/IEC 10373-1中描述的测试方法(其中最大旋转角度 $\alpha=15°$)测试后，卡应能继续工作。

8.9 静电

经过ISO/IEC 10373-6(参考IEC 61000-4-2:1995)中描述的测试方法(其中测试电压为6 kV)测试后，卡应能继续工作。

8.10 工作温度

在0 ℃至50 ℃的环境温度范围内卡应能正常工作。

附 录 A
（规范性附录）
纸质 TFC 材料特性

A.1 纸质 TFC.0

A.1.1 纸质 TFC.0 规格

纸质 TFC.0 应由若干层化学浆纸组成，基材的特性应符合表 A.1 的规定。

表 A.1 纸质 TFC.0 材料特性

特 性	270 μm 厚卡的值	控制方法
厚度	(270±20)μm	ISO/IEC 15457-3
挺度(共振法) 纵向	(11±1.5)mN·m	ISO 5629
耐折度 (Schopper/Lhomargy 方法)： 纵向 横向	lgn ≥3.08 ≥2.78	ISO 5626
可拉伸强度： 纵向 横向	 ≥13 kN/m ≥5 kN/m	ISO 1924-2
灰分含量	≤8%	ISO 2144
湿膨胀率： 纵向 横向	 ≤0.25% ≤0.65%	ISO 8226-2
平滑度(别克法) (两面)	40 s～100 s	ISO 5627
摩擦系数 纸/不锈钢(纵向和横向)	0.23±0.05	ISO/IEC 15457-3
阻光度(700 nm～1 000 nm)	≥1.00	ISO/IEC 15457-3
不透明度(纸背衬)	≥90%	ISO 2471

A.1.2 特殊纸质 TFC.0 例外

A.1.2.1 概述

对于一些应用，材料特性针对表 A.1 中给出的值可以有偏离。

A.1.2.2 热敏纸质 TFC.0

对于热敏纸质 TFC.0,表 A.1 中的值作如下调整:

——灰分含量:不适用;

——正面平滑度(别克法):400 s~1 100 s。

A.1.3 可选附加纸质 TFC.0 规定

某些应用可使用表 A.2 中给出的部分或所有要求。

表 A.2 纸质 TFC.0 可选附加规定

特 性	270 μm 厚卡的值	控制方法
反射因数(B900 光谱带的 R_w)	≥70%	ISO 1831
透气度(Bendtsen 方法)	≤1.8 μm/Pa·s	ISO 5636-3
施胶度	≥0.5mm	GB/T 460

A.2 纸质 TFC.1

A.2.1 纸质 TFC.1 规格

纸质 TFC.1 应由若干层化学浆纸组成,基材的特性应符合表 A.3 的规定。

表 A.3 纸质 TFC.1 材料特性

特 性	178 μm 厚卡的值	250 μm 厚卡的值	270 μm 厚卡的值	290 μm~680 μm 厚卡的值	控制方法
厚度	(178±20) μm	(250±20) μm	(270±20) μm	厚度 =X±40 μm	ISO/IEC 15457-3
挺度(Taber 方法) 纵向	≥40.6 mN	≥71.1 mN	≥77.1 mN	≥77.1 mN	ISO 2493
耐折度 (Schopper/Lhomargy 方法) 纵向 横向	lgn ≥3 ≥2.40	lgn ≥3.08 ≥2.78	lgn ≥3.08 ≥2.78	lgn ≥3.08 ≥2.78	ISO 5626
平滑度(别克法) (两面)	40 s~100 s	40 s~100 s	40 s~100 s	40 s~100 s	ISO 5627
摩擦系数——按照应用要求至少选择一种: a) 纸/不锈钢(纵向和横向) b) 从堆垛中抽出	 0.23±0.05 0.30~0.45	 0.23±0.05 0.30~0.45	 0.23±0.05 0.30~0.45	 0.23±0.05 0.30~0.45	 ISO/IEC 15457-3 ISO/IEC 15457-3
耐撕裂强度(纵向和横向)	≥1 000 mN	≥1 000 mN	≥1 000 mN	≥1 000 mN	ISO 6383-2
阻光度(700 nm~1 000 nm)	≥0.72	≥1.00	≥1.00	≥1.00	ISO/IEC 15457-3
不透明度(纸衬背)	≥90%	≥90%	≥90%	≥90%	ISO 2471

A.2.2 特殊纸质 TFC.1 例外

A.2.2.1 概述

对于一些应用,材料特性针对表 A.3 中给出的值可以有偏离。

A.2.2.2 热敏纸质 TFC.1

对于热敏纸质 TFC.1,表 A.3 中的值作如下调整:
——正面平滑度(别克法):400 s~1 100 s。

A.2.3 可选附加纸质 TFC.1 规定

某些应用可使用表 A.4 中给出的部分或所有规定。

表 A.4 纸质 TFC.1 可选附加规定

特　性	178 μm 厚卡的值	250 μm 厚卡的值	270 μm 厚卡的值	控制方法
反射因数 (B900 光谱带的 R_w)	≥70%	≥70%	≥70%	ISO 1831
透气度(Bendtsen 方法)	≤0.62 μm/Pa·s	≤1.8 μm/Pa·s	≤1.8 μm/Pa·s	ISO 5636-3
施胶度	≥0.5 mm	≥0.5 mm	≥0.5 mm	GB/T 460

A.3 纸质 TFC.5

A.3.1 纸质 TFC.5 规格

纸质 TFC.5 应由若干层化学浆纸组成,成品卡应符合表 A.5 中给出的材料特性。

表 A.5 TFC.5 纸质材料特性

特　性	178 μm 厚卡的值	控制方法
厚度	(178±20)μm	ISO/IEC 15457-3
挺度(Taber 方法) 纵向	40.6 mN	ISO 2493
耐折度 (Schopper/Lhomargy 方法): 纵向 横向	lg*n* ≥3 ≥2.40	ISO 5626
平滑度(别克法) (两面)	40 s~100 s	ISO 5627
摩擦系数——按照应用要求 至少选择一种: a) 纸/不锈钢(纵向和横向) b) 从堆垛中抽出	 0.23±0.05 0.30~0.45	 ISO/IEC 15457-3 ISO/IEC 15457-3
耐撕裂强度(纵向和横向)	≥1 000 mN	ISO 6383 2
阻光度(700 nm~1 000 nm)	0.72	ISO/IEC 15457-3
不透明度(纸背衬)	≥90%	ISO 2471

A.3.2 特殊纸质 TFC.5 例外

A.3.2.1 概述

对于一些应用，材料特性针对表 A.5 中给出的值可以有偏离。

注：TFC.5 例外仅适用于在以卡形式(ATB)使用的国际航空运输中。

A.3.2.2 热敏纸质 TFC.5

对于热敏纸质 TFC.5，表 A.5 中的值作如下调整：

——厚度：185 μm±13 μm；

——正面平滑度(别克法)：400 s～1 100 s。

A.3.3 可选附加纸质 TFC.5 规定

某些应用可使用表 A.6 中给出的部分或所有要求。

表 A.6 纸质 TFC.5 可选附加规定

特　　性	178 μm 厚卡的值	控制方法
反射因数(B900 光谱带的 R_w)	≥70%	ISO 1831
透气度(Bendtsen 方法)	≤0.62 μm/Pa·s	ISO 5636-3
施胶度	≥0.5mm	GB/T 460

附 录 B
（规范性附录）
复合材质 TFC 材料特性

B.1 复合材质 TFC.0

B.1.1 复合材质 TFC.0 规格

复合材质 TFC.0 应由至少两层不同的材料组成，其中至少有一种为纸质。成品卡应符合表 B.1 给出的材料特性。

表 B.1 TFC.0 复合材质特性

特 性	270 μm 厚卡的值	控制方法
厚度	(270±20)μm	ISO/IEC 15457-3
挺度(共振法) 纵向	(8.5±1.0)mN·m	ISO 5629
平滑度(别克法)(两面)	40 s～100 s	ISO 5627
耐撕裂强度(纵向和横向)	≥2 000 mN	ISO 6383-2
抗分层力	≥550 kPa	ISO/IEC 15457-3
摩擦系数 纸/不锈钢(纵向和横向)	0.23±0.05	ISO/IEC 15457-3
阻光度(700 nm～1 000 nm)	≥1.00	ISO/IEC 15457-3
不透明度(纸背衬)	≥90%	ISO 2471

B.1.2 特殊复合材质 TFC.0 例外

B.1.2.1 概述

对于一些应用，材料特性针对表 B.1 中给出的值可以有偏离。

B.1.2.2 热敏复合材质 TFC.0

对于热敏复合材质 TFC.0，表 B.1 中的值作如下调整：

——正面平滑度(别克法)：400 s～1 100 s。

B.1.3 可选附加复合材质 TFC.0 规定

某些应用可使用表 B.2 中给出的部分或所有要求。

表 B.2 复合材质 TFC.0 可选附加规定

特 性	270 μm 厚卡的值	控制方法
反射因数(B900 光谱带的 R_w)	≥70%	ISO 1831
施胶度	≥0.5 mm	GB/T 460

B.2 复合材质 TFC.1

B.2.1 复合材质 TFC.1 规格

复合材质 TFC.1 应由至少两层不同的材料组成,其中至少有一种为纸质。成品卡应符合表 B.3 给出的材料特性。

表 B.3 复合材质 TFC.1 材料特性

特 性	250 μm 厚卡的值	360 μm 厚卡的值	400 μm~680 μm 厚卡的值	控制方法
厚度	(250±25) μm	(360±40) μm	厚度 =X±50 μm	ISO/IEC 15457-3
挺度(Taber 方法) 纵向	≥71.1 mN	≥71.1 mN	≥71.1 mN	ISO 2493
平滑度(别克法) (两面)	≥45 s	≥45 s[a]	≥45 s[a]	ISO 5627
耐撕裂强度(纵向和横向)	≥2 000 mN	≥2 000 mN	≥2 000 mN	ISO 6383-2
抗分层力	≥550 kPa	≥300 kPa	≥300 kPa	ISO/IEC 15457-3
摩擦系数——按照应用要求至少选择一种: a) 纸/不锈钢(纵向和横向) b) 从堆垛中抽出	 0.23±0.05 0.30~0.45	 0.23±0.05 0.30~0.45	 0.23±0.05 0.30~0.45	 ISO/IEC 15457-3 ISO/IEC 15457-3
阻光度(700 nm~1 000 nm)	≥1.00	≥1.00	≥1.00	ISO/IEC 15457-3
不透明度(纸衬背)	≥90%	≥90%	≥90%	ISO 2471
[a] 对于特定应用,该项不是必需的。				

B.2.2 复合材质 TFC.1 例外

B.2.2.1 概述

对于一些应用,材料特性针对表 B.3 中给出的值可以有偏离。

B.2.2.2 热敏复合材质 TFC.1

对于热敏复合材质 TFC.1,表 B.3 中的值作如下调整:

——正面平滑度(别克法):400 s~1 100 s。

B.2.3 可选附加复合材质 TFC.1 规定

某些应用可使用表 B.4 中给出的部分或所有要求。

表 B.4 复合材质 TFC.1 可选附加规定

特　　性	针对所有厚度卡的值	控制方法
反射因数(B900 光谱带的 R_w)	≥70%	ISO 1831
施胶度	≥0.5 mm	GB/T 460

附 录 C
（规范性附录）
塑料 TFC 材料特性

本附录规定了塑料卡的材料特性。这种卡应仅由一层或多层塑料制成。

C.1 塑料 TFC.0

C.1.1 塑料 TFC.0 规格

成品卡应符合表 C.1 给出的材料特性。

表 C.1 塑料 TFC.0 材料特性

特　　性	270 μm 厚卡的值	控制方法
厚度	(270±20)μm	ISO/IEC 15457-3
挺度(共振法) 纵向	(4.5±1.5)mN·m	ISO 5629
平滑度(别克法) (两面)	40 s～100 s	ISO 5627
耐撕裂强度 (埃莱门多夫(Elmendor)法)	≥2 500 mN	ISO 6383-2
摩擦系数——按照应用要求 至少选择一种： a) 纸/不锈钢(纵向和横向) b) 从堆垛中抽出	 0.23±0.05 0.30～0.45	 ISO/IEC 15457-3 ISO/IEC 15457-3
反射系数 (B900 光谱带的 R_w)	≥70%	ISO 1831
施胶度	≥0.5 mm	GB/T 460
冷裂温度(纵向和横向)	≤−35 ℃	ISO 8570
阻光度(700 nm～1 000 nm)	≥1.00	ISO/IEC 15457-3
不透明度(纸背衬)	≥90%	ISO 2471

C.2 塑料 TFC.1

C.2.1 塑料 TFC.1 规格

成品卡应符合表 C.2 给出的材料特性。

表 C.2 塑料 TFC.1 材料特性

特　　性	250 μm 厚卡的值	270 μm 厚卡的值	290 μm～680 μm 厚卡的值	控制方法
厚度	(250±25) μm	(270±20) μm	厚度 =X±50 μm	ISO/IEC 15457-3
挺度(Taber 方法) 纵向	≥71.1 mN	≥77.14 mN	≥77.14 mN	ISO 2493
平滑度(别克法) (两面)	≥45 s	≥45 s	≥45 s[a]	ISO 5627
耐撕裂强度 (埃莱门多夫(Elmendor)法)	≥2 000 mN	≥2 000 mN	≥2 000 mN	ISO 6383-2
摩擦系数——按照应用要求 至少选择一种： a)　纸/不锈钢(纵向和横向) b)　从堆垛中抽出	 0.23±0.05 0.30～0.45	 0.23±0.05 0.30～0.45	 0.23±0.05 0.30～0.45	 ISO/IEC 15457-3 ISO/IEC 15457-3
阻光度(700 nm～1 000 nm)	≥1.00	≥1.00	≥1.00	ISO/IEC 15457-3
不透明度(纸衬背)	≥90%	≥90%	≥90%	ISO 2471

[a] 对于特定应用，该项不是必需的。

C.2.2　可选附加塑料 TFC.1 规定

某些应用可使用表 C.3 中给出的部分或所有要求。

表 C.3 塑料 TFC.1 可选附加规定

特　　性	针对所有厚度卡的值	控制方法
反射因数(B900 光谱带的 R_{∞})	≥70%	ISO 1831
施胶度	≥0.5 mm	GB/T 460
冷裂温度(纵向和横向)	≤−35 ℃	ISO/IEC 8570

附 录 D
（规范性附录）
TFC.1 触觉标识的推荐位置

在需要提供触觉标识以表明一种特殊的卡方向时，触觉标识的推荐位置为角 C，或者在一张卡邻近非参考边的位置上，如图 D.1 中定义的限制范围之内。

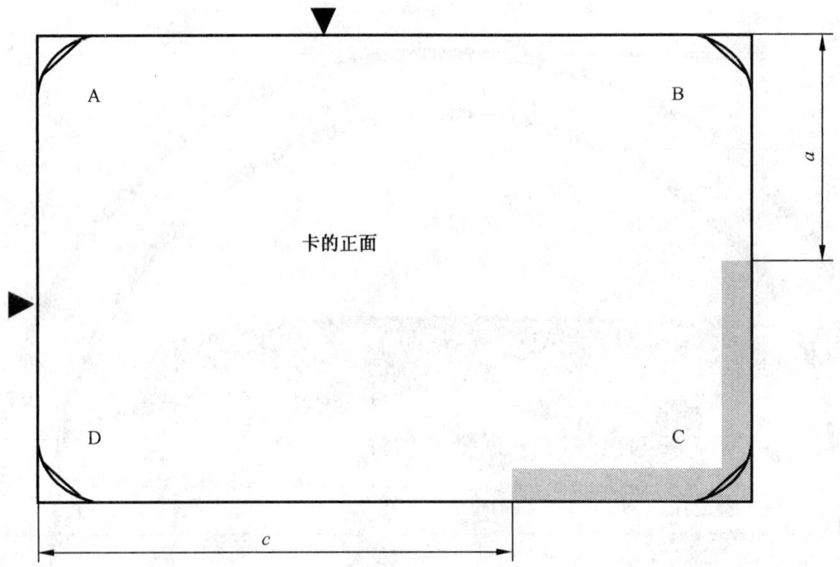

说明：

触摸标识（凹痕）可以存在的位置在卡的部分边缘内。

名义尺寸：a=27 mm；c=57 mm。

注：触觉标识的位置不应危害卡的任何其他操作特性。

图 D.1 触觉标识的允许位置

参 考 文 献

[1] ISO 534, Paper and board—Determination of thickness, density and specific volume

[2] ISO 1184, Plastics—Determination of tensile properties of films

[3] ISO 2758, Paper—Determination of bursting strength

[4] ISO 4593, Plastics—Film and sheeting—Determination of thickness by mechanical scanning

[5] ISO/IEC 7810, Identification cards—Physical characteristics

[6] ISO 8295, Plastics—Film and sheeting—Determination of the coefficients of friction

[7] ISO/IEC 14443 (all parts), Identification cards—Contactless integrated circuit(s) cards—Proximity cards

[8] ISO/IEC 15693-1, Identification cards—Contactless integrated circuit(s) cards—Vicinity cards—Part 1: Physical characteristics

[9] ISO/IEC 15693-2, Identification cards—Contactless integrated circuit cards—Vicinity cards—Part 2: Air interface and initialization

[10] ISO/IEC 15693-3, Identification cards—Contactless integrated circuit(s) cards—Vicinity cards—Part 3: Anticollision and transmission protocol

[11] ISO/IEC 10373-7, Identification cards—Test methods—Part 7: Vicinity cards

[12] ISO/IEC 10536-1, Identification cards—Contactless integrated circuit(s) cards—Close-coupled cards—Part 1: Physical characteristics

[13] ISO/IEC 10536-2, Identification cards—Contactless integrated circuit(s) cards—Part 2: Dimensions and location of coupling areas

[14] ISO/IEC 10536-3, Identification cards—Contactless integrated circuit(s) cards—Part 3: Electronic signals and reset procedures

ICS 35.240.15
L 64

中华人民共和国国家标准

GB/T 28177.2—2011

识别卡　柔性薄卡
第2部分：磁记录技术

Identification cards—Thin flexible cards—
Part 2：Magnetic recording technique

（ISO/IEC 15457-2：2007，MOD）

2011-12-30 发布　　　　2012-06-01 实施

中华人民共和国国家质量监督检验检疫总局
中国国家标准化管理委员会　发布

前 言

GB/T 28177《识别卡 柔性薄卡》分为以下3个部分：

——第1部分：物理特性；

——第2部分：磁记录技术；

——第3部分：测试方法。

本部分为GB/T 28177的第2部分。

本部分按照GB/T 1.1—2009给出的规则起草。

本部分使用重新起草法修改采用ISO/IEC 15457-2:2007《识别卡 柔性薄卡 第2部分：磁记录技术》。

本部分与ISO/IEC 15457-2:2007相比，在结构上增加了引言和缩略语。

本部分还做了下列编辑性修改：

——增加了引言，将国际标准的范围中对柔性薄卡的用途和采用的记录方法等的描述放在引言中；

——为了便于使用，增加了缩略语。

与本部分中规范性引用的国际文件有一致性对应关系的我国文件如下：

——GB/T 3505—2009 产品几何技术规范(GPS) 表面结构 轮廓法 术语、定义及表面结构参数(ISO 4287:1997,IDT)

请注意本文件的某些内容可能涉及专利。本文件的发布机构不承担识别这些专利的责任。

本部分由全国信息技术标准化技术委员会(SAC/TC 28)提出并归口。

本部分起草单位：中国电子技术标准化研究所、深圳市华正联实业有限公司、东信和平智能卡股份有限公司、云南南天电子信息产业股份有限公司、深圳市百得力电子有限公司。

本部分主要起草人：金倩、段霞、严金波、王国升、阎学众、高林、冯敬、赵继红、夏蒂娜、乔申杰。

引　　言

柔性薄卡(TFC)通常用于货物或服务通行的自动控制,如公共交通、高速公路收费系统、停车场、凭证和储值等。

在这些应用中,数据可被采用不同记录技术的机具写入和/或读出,例如磁条、光学字符识别(OCR)、条码、非接触技术等。

识别卡　柔性薄卡
第2部分:磁记录技术

1　范围

GB/T 28177的本部分规定了在生命周期内的两个时点上的柔性薄卡上磁条和编码特性的要求:

——装载到卡发行设备时;

——发行给公众时。

在各种环境条件下存储和使用成品卡(包括磁条卡)的相关指引在ISO/IEC 15457-1中给出。

2　规范性引用文件

下列文件对于本文件的应用是必不可少的。凡是注日期的引用文件,仅注日期的版本适用于本文件。凡是不注日期的引用文件,其最新版本(包括所有的修改单)适用于本文件。

ISO 4287　产品几何技术规范(GPS)　表面结构:轮廓法　术语、定义及表面结构参数(Geometrical Product Specifications(GPS)—Surface texture:Profile method—Terms,definitions and surface texture parameters)

ISO/IEC 7811-2　识别卡　记录技术　第2部分:磁条　低矫顽力(Identification cards—Recording technique—Part 2:Magnetic stripe—Low coercivity)

ISO/IEC 7811-6　识别卡　记录技术　第6部分:磁条　高矫顽力(Identification cards—Recording technique—Part 6:Magnetic stripe—High coercivity)

ISO/IEC 15457-1　识别卡　柔性薄卡　第1部分:物理特性(Identification cards—Thin flexible cards—Part 1:Physical characteristics)

ISO/IEC 15457-3　识别卡　柔性薄卡　第3部分:测试方法(Identification cards—Thin flexible cards—Part 3:Test methods)

3　术语和定义、缩略语

3.1　术语和定义

ISO/IEC 15457-1中界定的以及下列术语和定义适用于本文件。

3.1.1

磁道　track

由单通道磁记录读/写界面编码的数据所占据的磁条表面区域。

3.1.2

中心磁条　central stripe

位于卡横向轴中心的磁条。

3.1.3

旁侧磁条　lateral stripe

任何不位于卡横向轴中心的横向磁条。

3.1.4

重复使用的卡 re-usable card

可从现场(通常由自动设备操作)被恢复和被重复发行的耐用卡。

3.1.5

未编码未使用的卡 unused unencoded card

具有预期用途所要求的全部组件,未进行过任何个人化或测试操作,并且被保存在清洁的环境中,在 5 ℃～30 ℃的温度和 10%～90%的湿度条件下并且暴露在日光下的时间不超过 48 h,也未遭受过热力冲击的卡。

3.1.6

已编码未使用的卡 unused encoded card

根据 3.1.5,为了将来的应用,只是数据已被编码(例如,磁编码、印刷等)的卡。

注:在 ISO 7811-2 中使用的涉及凸印和电子编码的定义没有在本标准中解释。然而,在柔性薄卡的应用中,发行印刷(相对于预印刷)经常伴随磁条编码。

3.1.7

返回的卡 returned card

根据 3.1.6,在它被发放给持卡人后为了测试的目的又返回的卡(如可重复使用的卡被返回以能重复发行)。

注:在柔性薄卡的某些应用中,测试返回的卡的目的是为了确认其是否适合重复发行重复使用。此类测试一般由批量分类/编码设备自动完成。

3.1.8

$\boldsymbol{R_a}$,$\boldsymbol{R_z}$

按 ISO 4287 定义的表面不规则测量值。

3.1.9

最大磁场 maximum field

$\boldsymbol{H_{max}}$

按测试方法描述的被施加的最大磁场强度的绝对值。

3.1.10

矫顽力 coercivity

$\boldsymbol{H_{cM}=H_{cJ}}$

连续作用的磁场把磁性材料从先前的饱和磁化状态,沿相反方向把磁化减小到零时,在与磁条纵轴平行的方向测量到的磁场强度。

3.1.11

纵向矩形比 longitudinal squareness

$\boldsymbol{SQ=M_r/M}$**(当** $\boldsymbol{H_{max}}$**)**

沿磁条纵轴方向测量到的剩磁(M_r)与磁场强度最大值(H_{max})对应的磁化强度(M)的比值。

3.1.12

开关场分布 switch field by derivative

$\boldsymbol{SF_D}$

静态磁化曲线 $M(H)$的微分曲线的半高宽度除以同一曲线上矫顽力的值。

3.1.13

开关场斜率 switch field by slope

$\boldsymbol{SF_S}$

在静态磁化 $M(H)$回路上截取 $M(H)=0.5M_r$ 和 $M(H)=-0.5M_r$ 时的磁场强度的差值,除以矫

顽力。表示如下：$SF_S=(|H_2|-|H_1|)/H'_{cM}$，其中 $M(-|H_1|)=0.5M_r$，$M(-|H_2|)=-0.5M_r$。

3.1.14

记录技术 recording technique

用于在卡上存储数据的技术，如磁编码或光编码。

3.1.15

标称位密度 nominal bit density

D_R

一个磁道上规定的编码密度。

3.1.16

最大测试电流 maximum test current

I_{max}

用于测试 TFC 磁条的两个测试写电流中较大的测试电流。

3.1.17

最大测试密度 maximum test density

D_{max}

用于测试 TFC 磁条的两个测试记录密度中较大的测试密度。

3.1.18

最小测试电流 minimum test current

I_{min}

用于测试 TFC 磁条的两个测试写电流中较小的测试电流。

3.1.19

最小测试密度 minimum test density

D_{min}

用于测试 TFC 磁条的两个测试密度中较小的测试密度。

3.1.20

单个信号幅度 individual signal amplitude

U_i

单个读出信号脉冲的基-峰值幅度。

3.1.21

平均信号幅度 average signal amplitude

U_A

读出波形中出现的多个单信号幅度的绝对值的算术平均值：

$$U_A=\frac{\sum_{k=1}^{n}U_{ik}}{n}$$（n 为单个信号幅度的个数）

3.1.22

调制 modulation

m

由公式 $m=\frac{U_{imax}-U_{imin}}{2\times U_A}$ 定义的读出信号变化范围。式中，U_i 为以 D_{max} 和 I_{max} 条件下记录的单个读出信号幅度，U_A 为相同条件下记录的平均读出信号幅度。

3.2 缩略语

TFC：柔性薄卡（Thin Flexible Card）

NRZ:非归零电平编码(Non-Return to Zero)

4 一般特性

4.1 介绍

TFC.0、TFC.1 和 TFC.5 三种卡的规格在 ISO/IEC 15457-1 中定义。

每种规格的卡的共同物理特性及几何外形特性在 ISO/IEC 15457-1 中规定。

在本部分,每种规格的卡的磁条及磁道的物理特性在单独的章条中规定。共同的特性在第 4 章中规定。允许的磁特性和编码特性在附录中规定。

本标准所有部分的全部条款适用于成品卡或可得到这些卡的卷筒/包装。然而某些条款,如耐久性,是卡的整个生命周期都涉及到的特性。考虑到方便性和实用性,只要能被证明其特性在随后的处理中没有大的变化,某些测试可以在非成品卡上进行。

4.2 对所有规格的共同要求

4.2.1 一般要求

柔性薄卡根据其应用系统要求的不同可以通过不同的方法制成。本部分规定了带有磁条的柔性薄卡。

根据本部分,磁条可以被磁化编码。

磁条和磁条编码的增加不应影响成品卡符合本标准的其他部分。

当卡带有磁条时,应不存在可能会影响使用的缺陷,如连接、不连续、微粒缺失、嵌入碎片、折痕、压痕和严重污染。它们不应与卷筒或包装上相邻的卡胶着或在相邻卡上留下压痕。

4.2.2 参考边

一旦认定卡片符合 ISO/IEC 15457-1 定义的准则,相同卡的正面和参考边将唯一确定,并且贯穿使用于本标准的所有相关部分,包括本部分。

注 1:对于一个中心磁条而言,在参考边和编码信息起始间有一种唯一关系的约束。

注 2:例如,对旁侧磁条而言,参考边和磁条的唯一约束关系见图 1。

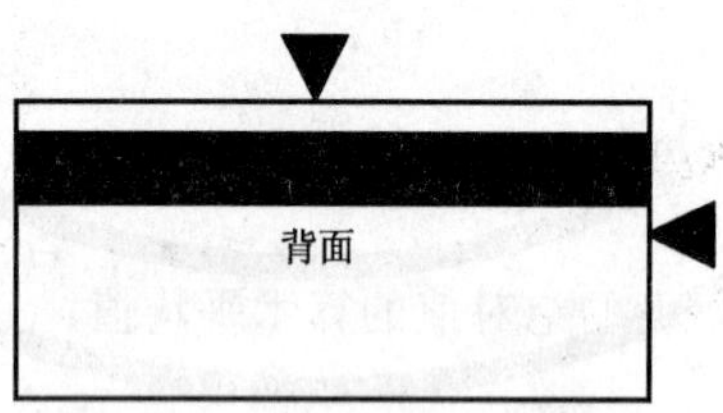

参考边由黑色三角标出。

图 1 旁侧磁条的参考边

4.3 环境条件

4.3.1 测试环境

本部分规定的特性的测试环境在 ISO/IEC 15457-3 中已规定。

4.3.2 存储环境和包装

按照 ISO/IEC 15457-1 规定的存储环境和包装条件进行存储后的磁条应始终符合本部分的规定。

4.3.3 使用环境

在 ISO/IEC 15457-1 规定的使用环境中使用的磁条应保持结构上的可靠性和可用性。

5 磁条的特性

5.1 磁条表面

5.1.1 凸起

为了适应磁条(如磁带)的生产过程,本部分定义了以下两种类型的凸起:

类型 1:基材表面磁条的表面最大凸起应不小于 0 μm 不大于 12 μm。

类型 2:基材表面磁条的表面最大凸起应不小于 0 μm 不大于 25 μm。

类型 2 凸起只允许在纸质或复合材质制成的 TFC.1 卡上存在。

5.1.2 轮廓偏差

穿过大于 3 mm 宽度磁条的直线与磁条轮廓的偏差,应小于 8 μm。

5.1.3 粗糙度

沿与磁条的高度和宽度平行的方向测量到的磁条表面粗糙度应符合表 1 的要求。

表 1 磁条粗糙度

单位为微米

编码密度	R_a(最大)	R_z(最大)
≤3 bit/mm	≤1.6	≤10
>3 bit/mm	≤1.4	≤8

5.1.4 磁条区域翘曲

由于磁条应用导致的卡片材料的最大变形应为:当卡的背面平放在一个平面上,在其正面均匀地施加一个 2.2 N 的力,从磁条上任意一点测量到的与平面间的最大垂直距离不得超过 80 μm。

5.1.5 磁条区域卷曲

卡的正面平放在一个平面上,当在磁条的下边缘和卡的下边缘之间的区域施加一个 4.9 N 的力,单张卡的卷曲不应超过 1 mm(见图 2)。

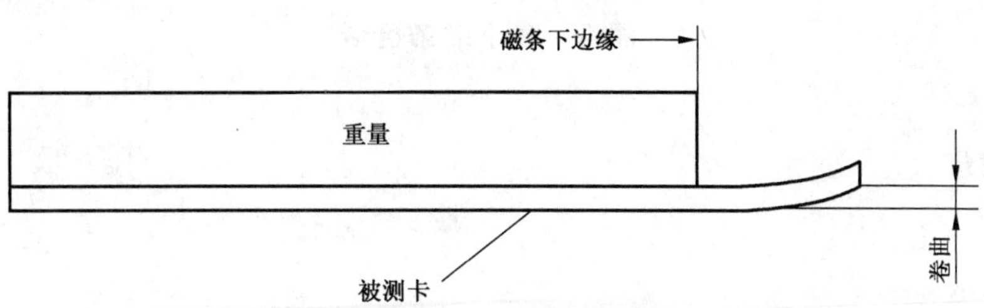

图 2 磁条区域的卷曲

5.2 磁条粘合

在卡的整个生命周期中，磁条都应与卡片材料保持牢固的粘合。

在不剥离部分卡片材料的情况下，磁条不能被去除。

磁条材料与卡片表面的粘合应为：不论使用何种方法，磁条都不能被完整去除。

而且，去除磁条的任何部分都会导致卡片表面肉眼可见的损坏。

5.3 磁条寿命

5.3.1 磁条磨损

经过适当的磨损测试后，磁条被磨损的部分应仍然符合在 A.1 中给出的返回的卡的性能要求。

5.3.2 其他要求

所有磁条，应能抵抗卡在正常使用时暴露于光线及其他可能遇到的环境因素的劣化影响。

对于可能影响到预期寿命的非常规要求条件，在选择合适的材料和制造方法时应予以考虑。

5.4 磁特性

附录 A 规定了磁特性分为三种类型。

类型 L 和类型 H 可用于任何 TFC 规格。

类型 S 只可用于使用 TFC.0 格式的现有应用。

5.5 磁条预留区

磁条区域应延伸到覆盖卡片背面的全部宽度。

磁条的位置和尺寸直接决定可使用的磁道数量(磁道高度和位置在下面的章条中定义)。

除非对卡的规格和磁道位置做出特别声明，磁道高度应覆盖包含所有已使用的磁道的区域，并且覆盖到距离它们上下边界至少 0.8 mm 的位置，如图 3 所示。

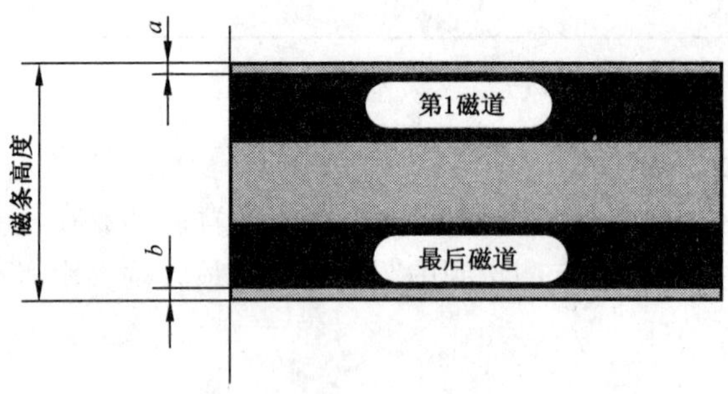

说明：

$a \geqslant 0.8$ mm；$b \geqslant 0.8$ mm。

图 3 最小磁条区域

6 TFC.0 数据记录

6.1 磁道特性

6.2 磁道数量

TFC.0 卡应具有一个中心磁道。

6.2.1 磁道位置

磁道位置应如图 4 所示。磁道应占据磁条的全部高度。

注：实际上，写磁道的高度(也即写头磁道的高度)会大于以上定义的磁条高度。因此，磁道高度由磁条高度决定。

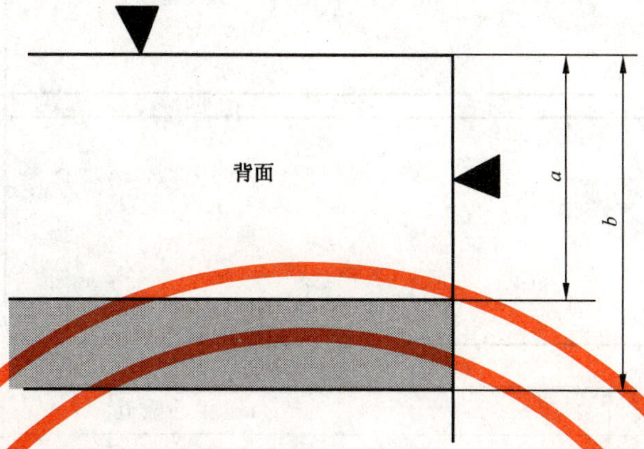

说明：

对于 A 型磁条：a=14.20 mm 最小/14.30 mm 最大；b=15.80 mm 最小/15.90 mm 最大。

对于 B 型磁条：a=12.60 mm 最小/12.90 mm 最大；b=17.60 mm 最小/17.90 mm 最大。

图 4 TFC.0 磁道位置

6.3 编码特性

6.3.1 编码数据

中心磁道具有读和写的功能。

6.3.2 编码方式和位密度

TFC.0 应以 1.35 bit/mm 或 3 bit/mm 的位密度进行编码，采用 F/2F 或分相的编码方式(见附录 B)。

6.3.3 编码区

距离任何卡边缘 1.5 mm 之内的磁条区域不包含在编码区内，此区域应用零进行填充。在其余区，信息应从最靠近卡参考边的位置开始编码。

编码区应允许的记录为：

——至少 8 个前导和后导零位用于同步；

——应用数据。

7 TFC.1 数据记录

7.1 磁道特性

7.1.1 磁道数量

TFC.1 卡应对一个位于中心或旁侧的单一磁道或者最多四个旁侧磁道进行编码。

7.1.2 中心磁道的位置

单一中心磁道的位置应如图 5 所示。

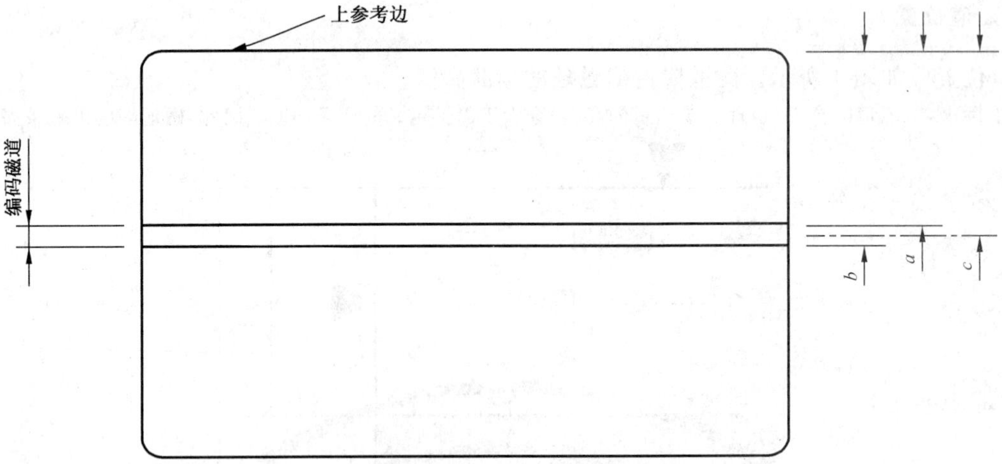

项目	中心磁道
a	最大 25.59 mm
b	最大 28.39 mm
c	标称 26.99 mm

图 5　TFC.1 中心磁道的位置

7.1.3　多磁道的位置

多个旁侧磁道的位置应如图 6 所示。

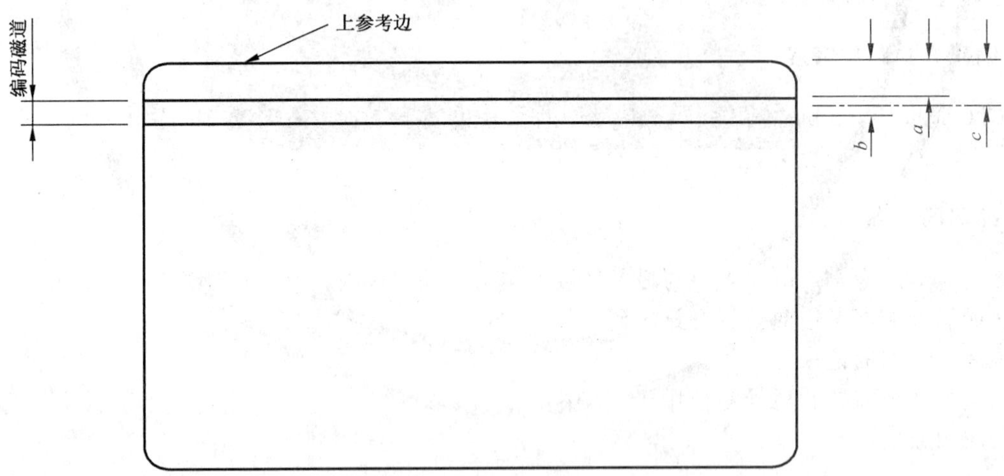

项目	磁道 1	磁道 2	磁道 3	磁道 4
a	最大 5.79 mm	最小 8.33 mm 最大 9.09 mm	最小 11.63 mm 最大 12.65 mm	最小 15.82 mm 最大 16.21 mm
b	最小 8.33 mm 最大 9.09 mm	最小 11.63 mm 最大 12.65 mm	最小 15.19 mm 最大 15.82 mm	最小 18.75 mm 最大 19.51 mm
c	标称 7.06 mm	标称 10.36 mm	标称 13.92 mm	标称 17.48 mm

图 6　TFC.1 卡多个旁侧磁道的位置

7.1.4 单一旁侧磁道的位置

单一旁侧磁道的位置应为图6所示的4个磁道中的任意一个的位置。

7.2 TFC.1特定磁条要求

TFC卡在被公开发行后，其磁条预留区不应被印刷或任何机器处理所干扰。然而，如果有需要，未使用的磁道占据的区域在发行时可被预印刷或印刷。

因此根据磁条区的定义(见7.3)，最小磁条区能够容纳如图7所示的同一张卡上的全部可能的磁道。

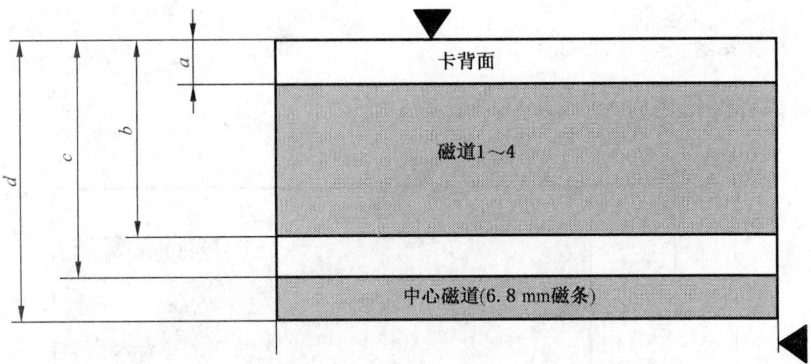

说明：

a=5.39 mm；b=19.68 mm；c=23.59 mm；d=30.59 mm。

注：最小磁条预留区的最大值，为将来的磁道位置(如位于上参考边和旁侧磁道1之间的磁道0)做了充分的准备，从上边缘向下一直扩展到中心磁条的下边界。

图7 TFC.1磁条预留区

7.3 编码特性

7.3.1 编码数据

中心磁道和所有旁侧磁道均具有读和写的功能。

7.3.2 编码方式和编码密度

TFC.1卡上的磁道应以1.35 bit/mm或3 bit/mm的位密度使用F/2F的方式进行编码(见附录B)。同一张卡上不同的磁道允许使用不同的密度进行编码。

7.3.3 编码区

距离任何卡边缘2.9 mm之内的磁条区域不包含在编码区内，此区域应用零进行填充。在其余区，信息应从最靠近卡参考边的位置开始编码。

编码区应允许的记录为：

——至少10个前导和后导零位用于同步；

——应用数据。

作为选择，指定为最大可用位区的磁道部分可被分割为多个独立的编码区，称为“块”。可对这些独立的块进行写入，每个块都应有前导零和后导零。

注：独立块的编码可能会导致伪读出信号被写入块与块之间的空隙。

8 TFC.5 数据记录

8.1 磁道特性

8.1.1 磁道数量

TFC.5 卡最多可有 4 个旁侧磁道。

8.1.2 磁道的位置

磁道的位置如图 6 所示。

8.2 TFC.5 特定磁条要求

当全部 4 个磁道都被使用时，磁条位置应如图 8 所示。

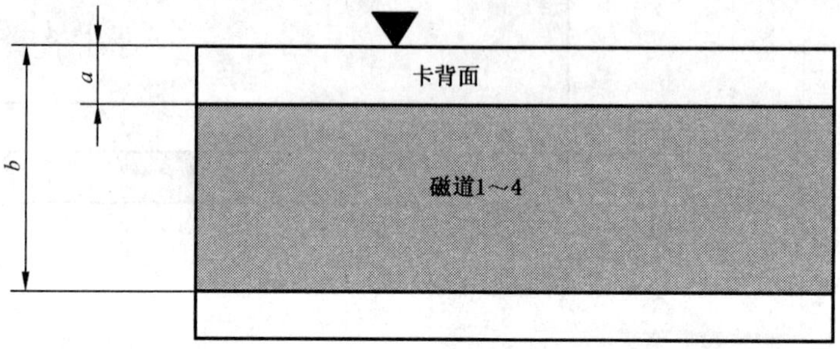

说明：

a=5.39 mm；b=19.68 mm。

图 8 4 个磁道的磁条位置和高度

8.3 编码特性

8.3.1 编码数据

所有 4 个磁道均具有读和写的功能。

8.3.2 编码方式和编码密度

TFC.5 卡上的磁道应以 3 bit/mm、6 bit/mm 或 8.3 bit/mm 的位密度使用 F/2F 的方式进行编码(见附录 B)。同一张卡上不同的磁道允许使用不同的密度进行编码。

8.3.3 编码区

距离任何卡边缘 2.9 mm 以内或者距离穿孔线 A 和 C 1.5 mm 以内的磁条区域，不包含在编码区内，此区域应用零进行填充。在其余的两个区内，对应于卡的第 1 部分和第 2 部分(见 ISO/IEC 15457-1)，信息应从最靠近卡参考边的位置开始编码。

每个编码区的内容应为：

——第 1 部分：在应用数据前和后至少应有 21 个零位用于同步；

——第 2 部分：在应用数据前和后至少应有 21 个零位用于同步。

作为选择，指定为最大可用位区的磁道部分可被分割为多个独立的编码区，称为“块”。可对这些独立的块进行写入，每个块都应有自己的前导零和后导零。

注：独立块的编码可能会导致伪读出信号被写入块与块之间的空隙。

附 录 A
(规范性附录)
磁特性类别

本附录规定了在本标准的分类表中指定的S、L和H类别磁条的磁特性。

类别S只用于支持已有的应用,不宜再用于新的应用。

A.1 信号幅度要求

A.1.1 新的、未编码未使用的卡

新的、未使用、未编码的磁条的信号幅度特性要求见表A.1。

表A.1 信号和噪声要求

符号[a]	测试密度[b]	测试电流[b]	类别S	类别L	类别H
U_{A1}	D_{min}	I_{min}	$0.4U_R \leqslant U_{A1}$ $U_{A1} \leqslant 0.65U_R$	$0.8U_R \leqslant U_{A1}$ $U_{A1} \leqslant 1.3U_R$	$0.8U_R \leqslant U_{A1}$ $U_{A1} \leqslant 1.2U_R$
U_{i1}	D_{min}	I_{min}	$U_{i1} \leqslant 0.7U_R$	$U_{i1} \leqslant 1.36U_R$	$U_{i1} \leqslant 1.26U_R$
U_{A2}	D_{min}	I_{max}	$0.4U_R \leqslant U_{A2}$	$0.8U_R \leqslant U_{A2}$	$0.8U_R \leqslant U_{A2}$
U_{A3}	D_{max}	I_{max}	$0.7U_{A2} \leqslant U_{A3}$	$0.7U_{A2} \leqslant U_{A3}$	$0.7U_{A2} \leqslant U_{A3}$
U_{i2}	D_{max}	I_{max}	$0.33U_R \leqslant U_{i2}$	$0.65U_R \leqslant U_{i2}$	$0.65U_R \leqslant U_{i2}$
M[c]	D_{max}	I_{max}	$\leqslant 0.15$	$\leqslant 0.15$	$\leqslant 0.15$
U_{A4}	0(dc)	I_{min}	$U_{A4} \leqslant 0.02U_R$	$U_{A4} \leqslant 0.03U_R$	$U_{A4} \leqslant 0.03U_R$
U_{i4}	0(dC)	I_{min}	$U_{i4} \leqslant 0.03U_R$	$U_{i4} \leqslant 0.05U_R$	$U_{i4} \leqslant 0.05U_R$
U_{A5}	0(dc)	I_d	无规定	无规定	$0.8U_R \leqslant U_{A5}$
U_{i5}	0(dc)	I_d	无规定	无规定	$0.7U_R \leqslant U_{i5}$
U_{A6}	3(75)	I_{max}	无规定	无规定	无规定
U_{i6}[d]	3(75)	I_{max}	无规定	无规定	$U_{i6} \leqslant 0.07\,U_{A6}$

注:I_{min}和I_{max}之间饱和曲线的斜率不应为正值。

[a] 由符号U代表的测量量值在第3章中定义,但为了完整地理解,它应被相关连的测试方法读出(见ISO/IEC 15457-3)。

[b] 这些量值在测试方法中定义(见ISO/IEC 15457-3)。

[c] 此要求可适用于有需要的应用。这对于ID-1型卡(见ISO/IEC 7811-2和ISO/IEC 7811-6)的相应要求是附加的。

[d] 此要求只适用于塑料基材的TFC卡(见ISO/IEC 15457-1)。对于使用其他材料为基材的卡,建议其限值由客户和供应商进行协商。

A.1.2 已编码未使用的卡

$$0.64U_R \leqslant U_i \leqslant 1.36U_R$$

注：此标准也适用于重复使用的卡，该卡在重复发行点上“刷新”其编码。

A.1.3 返回的卡

$$0.52U_R \leqslant U_i \leqslant 1.36U_R$$

注：上述要求说明对每一个以指定位密度编码的磁道位置上可交换信号的幅度限制。表A.1规定的信号幅度要求反应了在指定记录频率和记录测试电流条件下对磁介质的限制。

A.2 静磁特性

如果应用要求了磁条的静态特性规格，它们应如表A.2所示，或者对于更多的应用要求，参见GB/T 15120.6附录C。

表A.2 静磁特性

量值[a]	类别S	类别L	类别H
矫顽力 H_{CM}/(kA/m)	19～22.5	22.5～32	200～335
矩形比 SQ	≥0.7	≥0.7	≥0.8
开关场 SF_D	≤0.7	≤0.7	≤0.7
开关场 SF_S	无规定	无规定	≤0.5

[a] 这些量值对不同的解释是开放的，并且其数值也会因测试条件和测试方法的不同而不同。为建立此标准的一致性，只能使用在ISO/IEC 15457-3中定义的确切的解释和测量条件。

附 录 B
（规范性附录）
编 码 类 别

本附录定义了主体为本部分的TFC磁条的磁编码方式和特性要求。

B.1 编码方式

TFC磁条应使用以下编码方式中的一种进行编码。

注：对于新的应用建议使用F/2F。

B.1.1 F/2F

一个F/2F位流由一个如下NRZ位流构成，见图B.1：

——在相同位间隔内插入了极性翻转；

——在每位“1”的中间点插入额外的极性翻转。

注：F/2F编码对磁化极性不敏感，即与磁通翻转的方向无关。

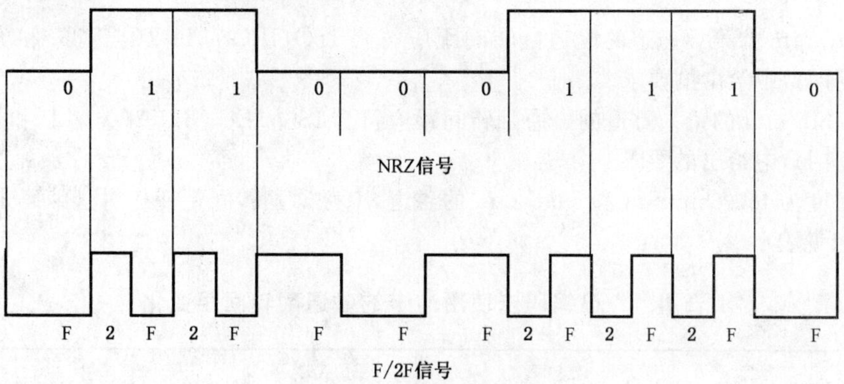

图B.1 F/2F编码

B.1.2 分相

一个分相位流由如下NRZ位流构成，见图B.2：

——插入相同间隔的极性翻转，每位一个，“0”位和“1”位极性相反；

——“位”翻转间的中间必需插入额外的极性翻转。

注：分相编码对磁化极性敏感，即与磁通翻转的方向有关。

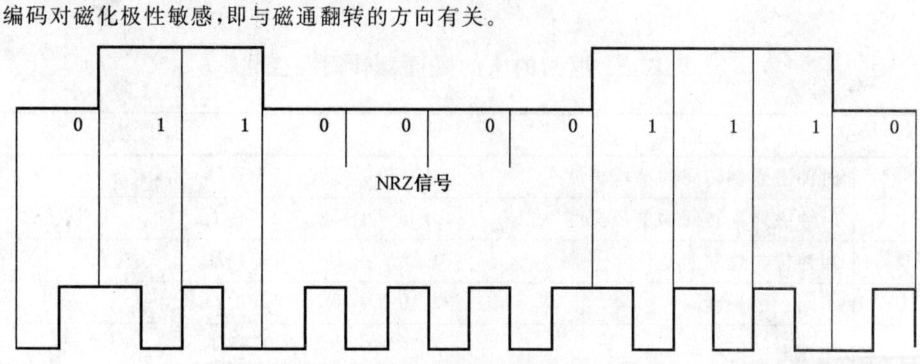

图B.2 分相编码

B.2 编码位密度

TFC 编码位密度应为如下一种：

——1.35 bit/mm(34 bit/in)±5%；

——3 bit/mm(75 bit/in)±5%；

——6 bit/mm(150 bit/in)±5%；

——8.3 bit/mm(210 bit/in)±5%。

B.2.1 磁通翻转角度

已记录的磁通翻转应与卡的横向参考边垂直，角度容差如下：

——平均位密度为 1.35 bit/mm(34 bit/in)：±1.3°；

——平均位密度为 3 bit/mm(75 bit/in)：±0.8°；

——平均位密度为 6 bit/mm(150 bit/in)：±0.5°；

——平均位密度为 8.3 bit/mm(210 bit/in)：±0.5°。

B.2.2 磁通翻转间距

密度为 3 bit/mm 的第 2 磁道的磁通翻转间距应符合 ISO/IEC 7811-2(类别 L 和类别 S)或 ISO/IEC 7811-6(类别 H)中给出的要求。

密度为 8.3 bit/mm 的第 3 磁道的磁通翻转间距应符合 ISO/IEC 7811-2(类别 L 和类别 S)或 ISO/IEC 7811-6(类别 H)中给出的要求。

对标称位密度为 1.35 bit/mm 和 6 bit/mm 的磁道，卡磁通翻转间距变化对已编码未使用的卡见表 B.1，对返回的卡见表 B.2。

表 B.1 已编码未使用的卡的磁通翻转间距变化

术 语	描 述	要 求	变 化
B_a	时钟磁通翻转间的平均长度	$0.95/D_R \leqslant B_a \leqslant 1.05/D_R$	±5%
B_{in}	时钟磁通翻转间的单个长度	$0.93/D_R \leqslant B_{in} \leqslant 1.07/D_R$	±7%
B_{in+1}	相邻位与位间的变化	$0.90B_{in} \leqslant B_{in+1} \leqslant 1.10B_{in}$	±10%
S_{in}	子间距的长度	$0.45/D_R \leqslant S_{in} \leqslant 0.55/D_R$	±10%
S_{in+1}	相邻子间距的长度	$0.44B_{in} \leqslant S_{in+1} \leqslant 0.56B_{in}$	±12%
注：B_{in+1} 或 S_{in+1} 是紧邻 B_{in} 的下一个磁通翻转间的距离。			

表 B.2 返回的卡的磁通翻转间距变化

术 语	描 述	要 求	变 化
B_a	时钟磁通翻转间的平均长度	$0.95/D_R \leqslant B_a \leqslant 1.05/D_R$	±5%
B_{in}	时钟磁通翻转间的单个长度	$0.85/D_R \leqslant B_{in} \leqslant 1.15/D_R$	±15%
B_{in+1}	相邻位与位间的变化	$0.85B_{in} \leqslant B_{in+1} \leqslant 1.15B_{in}$	±15%
S_{in}	子间距的长度	$0.40/D_R \leqslant S_{in} \leqslant 0.60/D_R$	±20%
S_{in+1}	相邻子间距的长度	$0.35B_{in} \leqslant S_{in+1} \leqslant 0.65B_{in}$	±30%
B_{in+1} 或 S_{in+1} 是紧邻 B_{in} 的下一个磁通翻转间的距离。			
注：本表只对具有正常功能的卡做出了限定，并不表示对已发行的卡整个有效期内磁通翻转间距的任何保证。			

参 考 文 献

[1] IEC 50(221),国际电工词汇　第221章:磁性材料和组件

ICS 13.030.30
Z 70

中华人民共和国国家标准

GB/T 28178—2011

极低水平放射性废物的填埋处置

Landfill disposal for very low level radioactive waste

2011-12-30 发布　　2012-06-01 实施

中华人民共和国国家质量监督检验检疫总局
中国国家标准化管理委员会　发布

前言

本标准按照 GB/T 1.1—2009 给出的规则起草。

本标准由中国核工业集团公司提出。

本标准由全国核能标准化技术委员会(SAC/TC 58)归口。

本标准起草单位:核工业标准化研究所。

本标准主要起草人:罗上庚、夏益华、孙东辉、张鑫。

极低水平放射性废物的填埋处置

1 范围

本标准规定了极低水平放射性废物(以下简称极低放废物)填埋处置的基本要求,包括处置原则,填埋处置活度浓度指导值,以及专设填埋场的选址、设计、建造要求和填埋场的运行、关闭要求。

本标准适用于核动力厂、核燃料循环设施的运行和退役以及核技术利用活动所产生的极低放废物的填埋处置。

本标准不适用于铀(钍)矿冶产生的尾矿、废石的处置。

2 规范性引用文件

下列文件对于本文件的应用是必不可少的。凡是注日期的引用文件,仅注日期的版本适用于本文件。凡是不注日期的引用文件,其最新版本(包括所有的修改单)适用于本文件。

GB 18871—2002 电离辐射防护与辐射源安全基本标准

3 术语和定义

下列术语和定义适用于本文件。

3.1

极低放废物 very low level radioactive waste;VLLW

放射性水平极低,可以在浅层废物填埋场处置的固体废物,其所含的人工短寿命放射性核素的活度浓度高于免管水平,但不高于本标准所推荐的活度浓度指导值或监管部门认可的活度浓度值。

3.2

(极低放)废物填埋场 VLLW landfill site

填埋处置极低放废物的填埋场。包括为处置大量极低放废物经监管部门认可(或批准)的专设填埋场或监管部门认可的其他填埋场(如利用废矿井)。

3.3

活度浓度指导值 activity concentration guidelines

一种给定的活度浓度指导值,当固体废物中的放射性活度浓度等于或低于该值时,无需进行逐例评价,经监管部门认可后即可在填埋场进行填埋处置。

3.4

关闭 closure

填埋场运行终了时,对填埋场采取的措施,如回填、设置覆盖层等,使填埋场永久封闭。

3.5

有组织控制 institutional control

由监管部门认可的单位对填埋场进行的控制,包括监测、维护、防侵入和限制土地使用等。

4 极低放废物填埋处置原则

4.1 极低放废物应在保证公众和环境安全的前提下,经济、合理地处置。

4.2 极低放废物应尽可能就近填埋处置。

4.3 极低放废物的填埋处置应根据废物数量和废物特征等因素选择适宜的处置方式，如专设填埋场或利用适当的废矿井。也可以利用工业固体废物填埋场处置极低放废物。

4.4 不得通过故意稀释来达到规定的极低放废物活度浓度指导值。

4.5 极低放废物的填埋处置，如果涉及其他危害(如化学、生物危害等)，还应满足其他相关标准的要求。

4.6 对于含天然放射性核素的极低放废物，只有核设施和核技术利用产生的少量的废物，可以按本标准的要求进行填埋处置。

5 极低放废物填埋处置的活度浓度指导值

5.1 确定活度浓度指导值的辐射防护基础

5.1.1 人工放射性核素

对人工放射性核素活度浓度指导值的推导，是基于确保从填埋操作到场址开放全过程中各照射途径(参见附录 A)所致个人有效剂量均低于审定的公众剂量约束值的要求。本标准中公众剂量约束值取 GB 18871—2002 中 11.4.3.2 规定的剂量约束值范围的下限，即 0.1 mSv/a。

5.1.2 天然放射性核素

对于^{238}U、^{235}U 和^{232}Th 天然放射性衰变系列中的任何一个核素，本标准取国际原子能机构推荐的免管值作为这些天然放射性核素的活度浓度指导值。

5.2 活度浓度指导值

5.2.1 人工放射性核素的活度浓度指导值

含人工放射性核素的极低放废物的填埋处置活度浓度指导值见表 1(推导所用的模式和参数参见附录 A)。对于表 1 中未列出的人工放射性核素，可参考表 1 所列数据提出申请值，报监管部门审批。

5.2.2 天然放射性核素的活度浓度指导值

a) 对于一批废物的总量在一吨以下的含天然放射性核素的极低放废物，^{238}U、^{235}U、^{232}Th 衰变链中任何一个核素的活度浓度指导值为 10 kBq/kg；
b) 对于一批废物的总量超过一吨的含天然放射性核素的极低放废物，每个填埋单元内^{238}U、^{235}U、^{232}Th 衰变链中任何一个核素的平均活度浓度不得大于 1 kBq/kg，单个废物包的平均活度浓度指导值不得大于 10 kBq/kg。

5.2.3 含多种人工放射性核素的活度浓度指导值

含多种人工放射性核素的极低放废物，其中每一种人工放射性核素的活度浓度值与各自的活度浓度指导值的比值之和应不大于 1，即应满足式(1)：

$$\sum_{i=1}^{n} \frac{C_i}{C_{io}} \leqslant 1 \qquad \cdots\cdots (1)$$

式中：

C_i ——极低放废物中核素 i 的活度浓度，单位为千贝克每千克(kBq/kg)；

C_{io} ——核素 i 在极低放废物中的处置活度浓度指导值，单位为千贝克每千克(kBq/kg)；

n ——极低放废物中人工放射性核素的种类数。

表 1 人工放射性核素处置活度浓度指导值(kBq/kg)

核素	半衰期*(a)	主要辐射类型	推算值	IAEA-RS-G-1.7 免管水平	活度浓度 指导值
H-3	12.32	β	1 000	100	1 000
C-14	5 730	β	10	1	10
Na-22	2.602	β,γ	10	0.1	10
Cl-36	3.01×10^{5}	β,低能 γ	100	1	10
Ca-41	1.4×10^{5}	低能 β	1 000		1 000
Fe-55	2.737	低能 β	100 000	1000	100 000
Co-60	5.271 3	β,γ	10	0.1	10
Ni-59	1.01×10^{5}	低能 β	10 000	100	10 000
Ni-63	100.1	低能 β	10 000	100	10 000
Sr-90	28.79	β	100	1	100
Zr-93	1.53×10^{6}	β,低能 γ	100	10	100
Nb-93m	16.13	β,低能 γ	100	10	100
Nb-94	2.03×10^{4}	β,γ	1	0.1	1
Tc-99	2.111×10^{5}	β,低能 γ	10	1	10
Ru-106	1.023 5	低能 β	10	0.1	10
Sb-125	2.758 56	β,γ	10	0.1	10
I-129	1.57×10^{7}	β,低能 γ	0.1	0.01	0.1
Cs-134	2.064 8	β,γ	10	0.1	10
Cs-135	2.3×10^{6}	β,γ	1 000	100	1 000
Cs-137	30.167 1	β,γ	10	0.1	10
Eu-152	13.537	β,γ	10	0.1	10
Eu-154	8.593	β,γ	10	0.1	10
Tl-204	3.78	β	10	1	10
Bi-207	32.9	β,γ	1	0.1	1
Np-237	2.144×10^{6}	α,低能 γ	10	1	1**
Pu-238	87.7	α,γ	10	0.1	0.1**
Pu-239	2.411×10^{4}	α,γ	10	0.1	0.1**
Pu-241	14.35	α,β,γ	1 000	10	1 000
Am-241	432.2	α,低能 γ	10	0.1	0.1**
Cm-244	18.10	α,低能 γ	100	1	100
Cf-252	2.645	α,γ	100	1	100

* 核素半衰期取自 ICRP No-107 号出版物。

** 经国家监管部门批准,专设极低放废物填埋场接收的废物中,长寿命人工放射性核素(Np-237、Pu-238、Pu-239、Am-241)的活度浓度指导值可适当放宽。具体的数值应根据填埋场的工程屏障和天然屏障条件由环境影响评价的结果决定。

5.2.4 含人工和天然放射性核素混合物的活度浓度指导值

对于同时含有人工和天然两类放射性核素的极低放废物,应当同时满足上述5.2.1、5.2.2和5.2.3的要求。

5.3 活度浓度指导值的应用规则

5.3.1 对于活度浓度值不大于表1所给定的活度浓度指导值的极低放废物，均可按规定在满足要求的填埋场进行处置。

5.3.2 对于活度浓度值大于表1所给定的活度浓度指导值的极低放废物，应进行必要的剂量评价，以验证是否满足剂量约束值要求或监管部门确定的其他要求，经监管部门审核后方可进行处置。

5.3.3 对于处置条件明显优于本标准所假定处置条件的填埋场(如深层废矿井等)，通过剂量评价和优化分析，经监管部门批准，可适当提高极低放废物的处置活度浓度。

6 专设极低放废物填埋场选址要求

6.1 专设极低放废物填埋场的场址应满足下列要求：

a) 符合该地区城乡建设规划和(或)单位总体规划的要求。场址应选在交通方便、建造和运行费用低、能保证填埋场正常运行的地方，不应选在工农业发展和居民生活规划区、生态保护区、水源保护区、风景名胜区和需要特殊保护的区域内。

b) 地区地质构造相对简单、稳定，没有活动断层。应避开湿地和低洼汇水处、石灰溶洞发育地带、废矿塌陷区、多滑坡或泥石流地区、高压缩性淤泥或软土区。

c) 在百年一遇洪水标高线以上，并在长远规划中的水库等人工蓄水设施、淹没区和保护区之外。

d) 距地表水体和饮水取水点有适当的距离。不应选在地下水补给区、饮用水源保护区和供水远景规划区内，且下游无集中供水井。

e) 最高地下水位一般应在填埋场基底2 m以下。

6.2 专设极低放废物填埋场的场址确定，一般应经过方案比选。

7 专设极低放废物填埋场的设计与建造

7.1 建设规模

填埋场的建设规模应考虑所在地区或单位现有的和预期运行与退役期间可能产生的极低放废物数量，留有适当发展余地。根据废物产生与废物接收情况可考虑分期建设。

7.2 填埋场宜包括的建(构)筑物与条件

填埋场宜包括以下建(构)筑物与条件：

a) 废物接收间(含必要的监测手段)；

b) 废物填埋区(通常分若干子区)，内设若干处置单元；

c) 遮雨装置；

d) 废物转运和填埋机具；

e) 排洪沟；

f) 辐射监测(含地下水监测)手段；

g) 公用辅助设施；

h) 消防与工业安全卫生器材和必要的办公和生活服务用房。

对于上述f)、g)、h)所列条件，填埋场营运单位应充分利用其已有的设施、设备和仪器，以减少建造和运行成本。

7.3 填埋场类型

填埋场通常有两种类型：平地型（含丘顶平面型）和山谷型（含傍山型），它们在总图布置和填埋区的设计上有许多不同的要求。应特别关注山谷型填埋场的地质、地貌、地震与气象等条件对其稳定性的可能影响，采取必要的工程措施保证安全。

7.4 布置原则

7.4.1 填埋场的填埋区应与其他建筑物保持适当的距离。填埋区与填埋场围墙间的距离、与其他建（构）筑物的距离、沟槽型填埋区之间的距离等，应考虑方便施工、废物运输和填埋作业。

7.4.2 对山谷型填埋场，应把填埋区和其他建（构）筑物布置在不同的高程上，并与公路干线连接。

7.4.3 应在填埋场地下水的上、下游设置必要数量的监测井。

7.5 废物填埋单元

7.5.1 对平地型填埋场，可采用长方条型等沟槽状填埋单元，以方便遮雨装置的移动和已填埋部分的及时覆盖。填埋单元的尺寸应考虑土地的有效利用、地下水位、边坡稳定性、废物运输和工程操作机具的大小及其进出沟槽需要的活动空间，方便覆盖层施工作业等要求。

7.5.2 对山谷型填埋场，视其地形、地貌和开阔面积的大小，可采用沟槽型、平面堆码型或复合型等的填埋单元，甚至筑坝建库。

7.5.3 填埋单元的工程屏障一般包括基础层、防渗层和覆盖层，它们应分别满足下列要求：

a） 基础层应将地基土壤夯实，达到设计要求的密实度，保证废物填埋单元在各种条件下的长期稳定性。

b） 防渗层根据拟填埋废物的特性和场址的岩土特性、当地的气候条件和防渗材料的可获得性，以及技术经济比较，可以采用天然材料（如粘土等）或人工材料（如高密度聚乙烯（High Density Polyethylene，HDPE）膜或膨润土防水毯（Geosynthetic Clay Liner，GCL）等）。防渗层结构示意图参见附录 B。防渗材料的性能参见附录 C。

c） 覆盖层的设计应考虑当地气象条件、人员和动物的活动情况。覆盖层的结构示意图参见附录 B，其使用材料的性能参见附录 C。

7.5.4 填埋单元边坡的工程质量要求应与基础层的要求相同。

7.5.5 遮雨装置设计应充分考虑当地风压的影响。

7.6 填埋场的建造

7.6.1 极低放废物填埋场的建造主要包括：

a） 道路和排洪沟；

b） 地基和边坡；

c） 防渗层；

d） 遮雨装置。

7.6.2 填埋场的建造应符合我国有关工程建设标准（参见附录 D）。

8 极低放废物填埋场的运行与关闭

8.1 废物的包装

8.1.1 为方便搬运和填埋操作，极低放废物宜包装在有一定强度的、柔韧性较好的软包装袋中，防止在搬运或运输过程中出现包装袋破裂或穿孔，而造成废物泄漏和洒落。

8.1.2 对属于极低放废物的大型物件，可以裸运，但应采取措施保证在转运过程不会发生破碎与洒落。

8.2 废物的接收

8.2.1 所接收的极低放废物的活度浓度应满足本标准第5章的规定。

8.2.2 应对送处置的极低放废物中的核素活度浓度进行抽样检查，在保证一批废物的活度浓度平均值满足要求的前提下，单个废物包的最大活度浓度不得超过本标准规定的活度浓度指导值的10倍。

8.2.3 接收的废物中不应含易燃、易爆、易发生激烈反应或易产生有毒气体等可能影响填埋场安全的危险物品。

8.2.4 接收废物时应交接相关废物包的文件，并把全部信息输入数据库保存。

8.3 填埋场的运行

8.3.1 废物的填埋运行应按下列要求进行：

a) 填埋作业通常应分单元进行，不宜在多个作业面同时进行操作。
b) 废物按设计规定送入填埋单元，分层铺设和压实。压实前，在废物包之间可采用现场的沙土填充，平整压实，以利上一层铺设作业的进行。
c) 填埋作业应考虑防雨和防止粉尘飞扬措施。
d) 一个填埋单元填满后，应立即建造覆盖层，把废物覆盖起来。
e) 如发现填埋单元内有积水，应及时排出。

8.3.2 填埋场的日常管理应按下列要求进行：

a) 保持对建(构)筑物、设施和设备的维修和维护；
b) 进行必要的环境监测；
c) 收集和保管运行记录与资料；
d) 按规定向监管部门和公众报告运行情况。

8.4 填埋场的关闭

8.4.1 当填埋场接收的废物达到规定的废物容量或填埋场寿期时，应申请和实施正常关闭。当发现填埋场的选址或设计有严重错误，或发生严重自然灾害，致使填埋场不再满足极低放废物填埋处置要求时，应申请和实施非正常关闭。

8.4.2 填埋场的关闭宜按下列顺序进行：

a) 停止接收废物；
b) 保留关闭后有组织控制期所需要的建(构)筑物、设备、仪器和工器具，拆除其他所有的地面设施；
c) 设立长期标志。

8.5 极低放废物填埋场关闭后的有组织控制

8.5.1 关闭后的有组织控制期为30年。

8.5.2 有组织控制期内的主要工作应包括：

a) 维护填埋区的覆盖层和保留的建筑物；
b) 渗滤液监测和必要的环境监测；
c) 防止外来人员闯入场区；
d) 对整个场址的地表面进行终态监测，达到无条件开放水平，并经监管部门批准后方可终止有组织控制期。

8.5.3 有组织控制期结束后，按有关法规的规定及时拆除原保留的建筑物和公用辅助系统，停止维护活动。拆除标志。

附 录 A
（资料性附录）
极低放废物中人工放射性核素处置活度浓度指导值的推导

A.1 放射性核素的选择

选择核设施和核技术利用所产生的废物中较重要的、其半衰期大于一年的31种人工核素。

A.2 照射情景和照射途径

照射情景和照射途径见表A.1。

表A.1 不同时期的照射情景和照射途径

时期	描 述	受照对象	相关照射途径
填埋期[a] （10 a）	填埋操作人员填埋废物，假定在填埋场运行期（T）内每年按总填埋量的$\frac{1}{T}$速率填埋	填埋人员	填埋场内直接外照射； 填埋场内吸入内照射； 填埋场内直接食入污土内照射； 填埋场内皮肤污染外照射
有组织控制期 （30 a）	填埋场填满后，开始有组织控制期	场外公众	饮地下水内照射； 食地下水灌溉食物、鱼类内照射
场址最终开放	公众可以进入场内生活	进入场内的公众	污土外照射； 污土吸入内照射； 食污土生长食物内照射； 污土食入内照射； 饮水内照射

[a] 填埋期运行期内，由于假定废物是逐年填埋的，在此过程中其最大受照人员是填埋人员，相比之下场外影响较小，因此只考虑填埋人员的剂量，填埋期取为10 a。

A.3 主要模式与参数

A.3.1 填埋期

参考IAEA RS-G-1.7中有关操作人员所受照射的计算模式和参数计算对填埋人员的4种途径照射。

A.3.1.1 填埋操作受照剂量计算模式

在极低放废物填埋场进行填埋操作的人员所受剂量，可分为如下几个途径模式：外照射、吸入、食入和皮肤沾污。

a) 外照射

外照剂量可由式（A.1）估算：

$$E_{ext,C}=\dot{e}_{ext}\cdot t_e\cdot f_d\cdot e^{-\lambda t_1}\frac{1-e^{-\lambda t_2}}{\lambda\cdot t_2}\quad\cdots\cdots(A.1)$$

其中：

$E_{ext,C}$——单位活度浓度外照射个人年有效剂量，单位为微希伏每年每贝克每克[(μSv/a)/(Bq/g)]；

$\dot{e}_{ext}$——各种几何、距离、屏蔽、年龄组人条件下单位活度浓度的平均有效剂量率，单位为微希伏每小时每贝克每克[(μSv/h)/(Bq/g)]；

t_e——受照时间，单位为小时每年(h/a)；

f_d——稀释因子，单位为无量纲；

λ——放射性核素衰变常数，单位为每年；

t_1——情景开始前的衰变时间，单位为年(a)；

t_2——情景期间的衰变时间，单位为年(a)。

b) 吸入

在许多开放场合下会发生吸入污染灰尘的情形，因此，工作场所和一般公众场地需要考虑有代表性的吸入照射剂量贡献。

吸入内照射剂量可由式(A.2)估算：

$$E_{inh,C}=e_{inh}\cdot t_e\cdot f_d\cdot f_c\cdot C_{dust}\cdot\dot{V}\cdot e^{-\lambda t_1}\frac{1-e^{-\lambda t_2}}{\lambda\cdot t_2}\quad\cdots\cdots(A.2)$$

其中：

$E_{inh,C}$——吸入单位活度浓度的个人年有效剂量，单位为微希伏每年每贝克每克[(μSv/a)/(Bq/g)]；

e_{inh}——吸入有效剂量转换系数，单位为微希伏每贝克(μSv/Bq)；

f_d——稀释因子，单位为无量纲；

f_c——核素在可吸入微尘范围内的浓集因子，单位为无量纲；

C_{dust}——空气中有效灰尘浓度，单位为克每立方米(g/m^3)；

$\dot{V}$——呼吸率，单位为立方米每小时(m^3/h)。

c) 食入

食入内照射应当考虑两种途径：一种是无意中的直接灰尘食入；另一种是食入种植在污染土壤中的农作物，核素是通过植物的根进入农作物的。

食入内照射剂量可由式(A.3)估算：

$$E_{ing,C}=e_{ing}\cdot q\cdot f_d\cdot f_c\cdot f_t\cdot e^{-\lambda t_1}\frac{1-e^{-\lambda t_2}}{\lambda\cdot t_2}\quad\cdots\cdots(A.3)$$

其中：

$E_{ing,C}$——食入单位活度浓度的个人年有效剂量，单位为微希伏每年每贝克每克[(μSv/a)/(Bq/g)]；

e_{ing}——食入有效剂量转换系数，单位为微希伏每贝克(μSv/Bq)；

q——年食入量，单位为克每年(g/a)；

f_t——根部转移因子，单位为无量纲。

其他参数解释同上。

d) 皮肤沾污

皮肤沾污照射是在一些重要的扬灰工作场所含有放射性核素灰尘沾污皮肤发生的，这些工作场所主要是填埋场地的废物倾倒处。

皮肤剂量可由式(A.4)估算：

$$E_{skin,C}=\dot{e}_{skin}\cdot t_e\cdot L_{dust}\cdot f_d\cdot f_c\cdot\rho\cdot e^{-\lambda t_1}\frac{1-e^{-\lambda t_2}}{\lambda\cdot t_2}\quad\cdots\cdots(A.4)$$

其中：

$E_{skin,C}$——单位活度浓度β、γ放射性皮肤沾污引起的年皮肤等效剂量，单位为微希伏每年每贝克每克[(μSv/a)/(Bq/g)]；

$\dot{e}_{skin}$——总皮肤等效剂量率因子，单位为微希伏每小时每贝克每平方厘米[(μSv/h)/(Bq/cm²)]；

L_{dust}——皮肤上沾污灰尘层的厚度，单位为厘米(cm)；

ρ——表面灰尘密度，单位为克每立方厘米(g/cm³)。

A.3.1.2 填埋操作期内衰变和浸出对其后初始源项的修正

源项修正因子：

$$A=\frac{1}{B_iT}[1-e^{-B_iT}] \qquad \text{(A.5)}$$

$$B_i=L_i+\lambda_{Ri} \qquad \text{(A.6)}$$

式中：

L_i——核素 i 的浸出率常数，单位为每年(a^{-1})；

λ_{Ri}——核素 i 的放射性衰变常数，单位为每年(a^{-1})；

T——填埋运行期(取10a)。

$$L_i=\frac{I}{\theta\cdot T_0\cdot R_{di}};\ R_{di}=1+\frac{\rho_b\cdot k_{di}}{\theta} \qquad \text{(A.7)}$$

式中：

I——渗水率，单位为米每年(m/a)；

θ——容积含水量(0.2)；

T_0——污染层厚度(5 m)；

k_{di}——核素 i 的分配系数，单位为立方厘米每克(cm³/g)；

ρ_b——土壤整体密度，单位为克每立方厘米(g/cm³)。

填埋人员各受照途径剂量转换因子见表A.2。

表 A.2 填埋人员各受照途径剂量转换因子[a]

核素	外照射 $\frac{(\mu Sv/h)}{(Bq/g)}$	吸入内照/(Sv/Bq)	食入内照/(Sv/Bq)	皮肤外照/(4 mg/cm²) (Sv/a)/(Bq/cm²)
H-3	0.0	2.60×10^{-10}	4.20×10^{-11}	0.0
C-14	0.0	5.80×10^{-9}	5.80×10^{-10}	7.9×10^{-3}
Na-22	3.89×10^{-1}	2.00×10^{-9}	3.20×10^{-9}	2.1×10^{-2}
Cl-36	0.0	5.10×10^{-9}	9.30×10^{-10}	2.20×10^{-2}
Ca-41	0.0	6.70×10^{-10}	1.20×10^{-9}	
Fe-55	0.0	9.20×10^{-10}	3.30×10^{-10}	0.0
Co-60	4.65×10^{-1}	1.70×10^{-8}	3.40×10^{-9}	1.60×10^{-2}
Ni-59	0.0	2.20×10^{-10}	6.30×10^{-11}	0.0
Ni-63	0.0	5.20×10^{-10}	1.50×10^{-10}	1.60×10^{-4}

表 A.2（续）

核素	外照射$\frac{(\mu Sv/h)}{(Bq/g)}$	吸入内照/(Sv/Bq)	食入内照/(Sv/Bq)	皮肤外照/(4 mg/cm²)(Sv/a)/(Bq/cm²)
Sr-90	0.0	7.87×10^{-8}	3.07×10^{-8}	4.50×10^{-2}
Zr-93	6.22×10^{-10}	2.99×10^{-8}	3.99×10^{-10}	2.10×10^{-4}
Nb-93m	6.27×10^{-10}	8.60×10^{-10}	1.20×10^{-10}	0.0
Nb-94	2.77×10^{-1}	2.50×10^{-8}	1.70×10^{-9}	1.90×10^{-2}
Tc-99	4.31×10^{-8}	3.20×10^{-9}	7.80×10^{-10}	1.40×10^{-2}
Ru-106	2.24×10^{-2}	3.50×10^{-8}	7.00×10^{-9}	2.50×10^{-2}
Sb-125	6.86×10^{-2}	3.86×10^{-9}	1.27×10^{-9}	1.80×10^{-2}
I-129	7.15×10^{-5}	5.10×10^{-8}	1.10×10^{-7}	5.70×10^{-3}
Cs-134	2.69×10^{-1}	9.60×10^{-9}	1.90×10^{-8}	1.60×10^{-3}
Cs-135	0.0	9.90×10^{-10}	2.00×10^{-9}	9.60×10^{-3}
Cs-137	1.02×10^{-1}	6.70×10^{-9}	1.30×10^{-8}	2.20×10^{-2}
Eu-152	1.98×10^{-1}	2.70×10^{-8}	1.40×10^{-9}	1.40×10^{-2}
Tl-204	6.46×10^{-5}	6.20×10^{-10}	1.30×10^{-9}	2.10×10^{-2}
Bi-207	2.66×10^{-1}	1.50×10^{-10}	1.30×10^{-9}	1.00×10^{-2}
Np-237	3.10×10^{-2}	1.50×10^{-5}	1.11×10^{-7}	3.00×10^{-2}
Pu-238	9.18×10^{-7}	3.00×10^{-5}	2.30×10^{-7}	9.30×10^{-4}
Pu-239	5.32×10^{-6}	3.20×10^{-5}	2.50×10^{-7}	3.80×10^{-6}
Pu-241	2.64×10^{-5}	1.38×10^{-6}	1.06×10^{-8}	0.0
Am-241	8.93×10^{-4}	2.70×10^{-5}	2.00×10^{-7}	4.80×10^{-4}
Am-244	6.10×10^{-7}	1.71×10^{-5}	1.21×10^{7}	0.0
Cf-252	1.01×10^{-6}	1.30×10^{-5}	9.00×10^{-8}	3.40×10^{-5}
[a] 摘自 IAEA No. RS-G-1.7。				

IAEA“废物分类”(GS-G-1.2009)中明确指出，关于极低放废物接收准则可以采用 IAEA-RS-G-1.7 中采用的通用情景来推导。本标准中，填埋场关闭后公众照射的模式与参数(包括填埋结束后的监管期和监管后的开放)采用核行业标准 EJ/T 1191—2005 所推荐的模式和通用参数；公众有效剂量是利用与美国通用的 RESRAD 程序类似的我国 CARED 程序对所有可能途径进行计算的。这与 IAEA-RS-G-1.7 所采用的环境影响评价模式是一致的。场址特征和食谱相关参数见表 A.3，计算用的基本填埋条件见图 A.1。

表 A.3 主要输入参数

相关参数		南方场址	北方场址
处置层(按粘土层考虑)	面积/m^2	10 000	10 000
	厚度/m	5	5
	密度/(g/cm^3)	1.5	1.5
	消蚀速率/(m/a)	0.001	0.001
	水力传导率/(m/a)	40.5	40.5
	饱和含水量	0.482	0.482
	空隙度	0.2	0.2
平行水力梯度/m		200	200
覆盖层	厚度/m	土壤1,夯实1	土壤1,夯实1
	密度/(g/cm^3)	土壤1.5,夯实1.6	土壤1.5,夯实1.6
	消蚀速率/(m/a)	0.001	0.001
空气湿度/(g/cm^3)		10	5
平均风速/(m/s)		2	5.8
年降雨量/(m/a)		1.6	0.06
径流系数		0.2	0.2
土壤水份蒸发率		0.5	0.5
含水层	厚度/m	8	8
	密度/(g/cm^3)	1.5	1.5
	饱和含水量	0.2	0.2
	空隙度	0.2	0.2
	水力传导率/(m/a)	687	1 600
	水力梯度	0.044	0.008
水源井距离/m		150	150
填埋层底面距地下水距离/m		2	2
地下水流孔隙流速/(m/a)		150	58
横向弥散系数/(m^2/a)		13.5	1.508
纵向弥散系数/(m^2/a)		139.5	92.8
包气带	厚度/m	3	3
	密度/(g/cm^3)	1.5	1.5
	空隙度	0.05	0.05

表 A.3（续）

相关参数		南方场址	北方场址
包气带	饱和含水量	0.2	0.2
	水力传导率/(m/a)	0.031 5	0.031 5
食谱	水果、蔬菜和谷物/(kg/a)	317	290
	叶类蔬菜/(kg/a)	166.5	125
	牛奶/(L/a)	92	92
	肉类家禽/(kg/a)	31	31
	饮水量/(L/a)	350	350
食入份额	植物	0.25×0.01	0.25×0.01
	奶类	0	0
	肉类	0	0
	水产	0.25	0.25
	饮水	0.25	0.25
灌溉份额		0.25	0.25

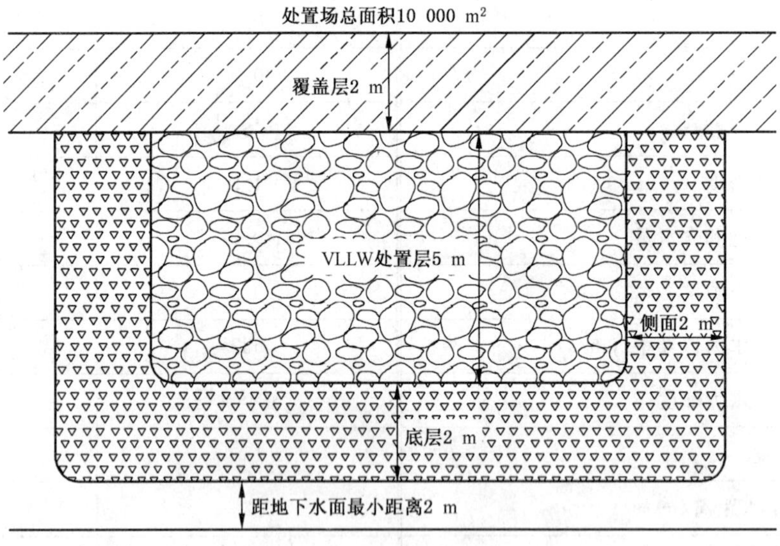

图 A.1 处置条件示意图

A.4 数据的约整

采用 IAEA RS-G-1.7 的约整规则，即若 3×10^{x}＜结果＜$3\times10^{x+1}$则取为 $1\times10^{x+1}$。这样实际值可能会比约整值最多小三倍，或最多大三倍左右。

A.5 上界的确定

对于少数计算结果比 RS-G-1.7 的免管水平大出 100 倍的核素（如^{63}Ni，^{55}Fe 等），以 RS-G-1.7 免管水平的 100 倍作为活度浓度指导值上限。对于极低放废物中含有的人工 α 放射性核素（Np-237、Pu-238、Pu-239 和 Am-241），为安全考虑，取 RS-G-1.7 中的免管水平。

A.6 处置活度浓度指导值的推定

根据上述各个时段内相应公众剂量约束值与单位填埋浓度的极低放废物所致剂量（可能途径之和）之比值，求得该时段内的推导浓度值，找出三个时段推导浓度值中的最小值，再按整约规则求整，再按上、下界取定方法处理后作为该核素在该处置方式的活度浓度指导值。

附 录 B
（资料性附录）
防渗层和覆盖层结构

B.1 防渗层的结构见图 B.1、图 B.2。

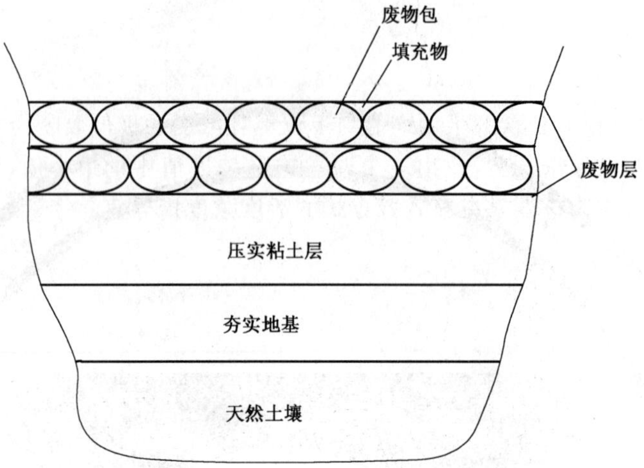

图 B.1 天然材料防渗层的结构示意图

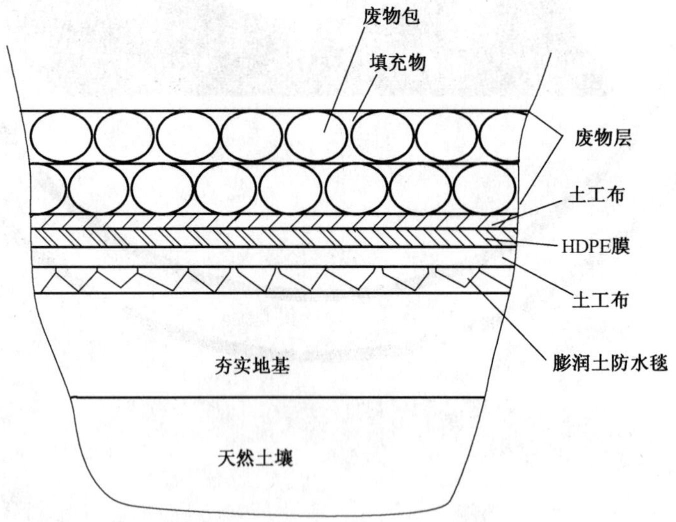

图 B.2 人工材料防渗层的结构示意图

B.2 覆盖层的结构见图 B.3。

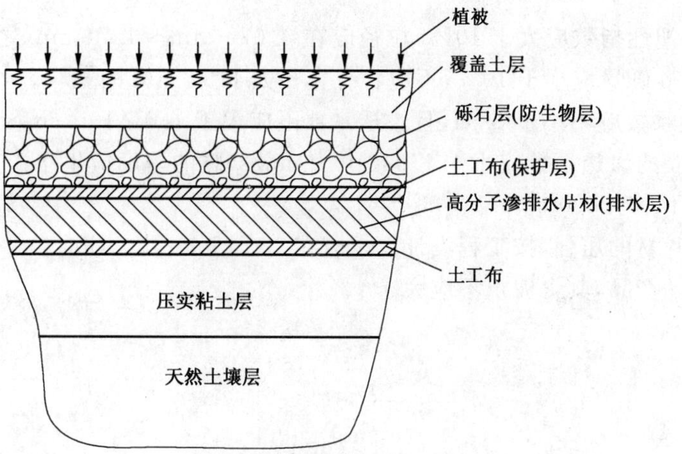

图 B.3 覆盖层结构示意图

附 录 C
（资料性附录）
防渗材料的性能

C.1 黏土层

a) 采用黏土的塑性指数应大于10%，粒径应在0.075 mm～4.74 mm之间，其中至少含有20%的细粒。含砂砾量应小于10%，不应含有直径大于30 mm的土粒。

b) 黏土层压实系数应不小于0.94，且渗透系数不应大于1.0×10^{-7}cm/s。

C.2 高密度聚乙烯膜的渗透系数应小于1.0×10^{-12} cm/s，膜的厚度应不小于1.5 mm。

C.3 土工布的密度不小于600 g/m^2。

C.4 高分子渗排水片材的压强，按工程设计要求应在150 kPa～400 kPa。

C.5 砾石采用当地的产品，其含泥量不应大于1%。

附 录 D
（资料性附录）
极低放废物填埋场设计、建造用的主要工程建设标准目录

D.1 GB/T 17639 土工合成材料长丝纺粘针制非织造土工布

D.2 GBJ 202 地基和基础工程施工及验收规范

D.3 SDJ 213 碾压式土石工具施工技术规范

D.4 SL 260 堤防工程施工规范

D.5 CJJ 112 生活垃圾卫生填埋场封场技术规程

D.6 CJJ 113 生活垃圾卫生填埋场防渗系统工程技术规范

D.7 CJ/T 234 垃圾填埋场用高密度聚乙烯土工膜

D.8 JG/T 193 钠基膨润土防水毯

D.9 GBJ 22 厂矿道路设计规范

D.10 GB 50330 建筑边坡工程技术规范

参 考 文 献

［1］ Application of the Concepts of Exclusion, Exemption and Clearance, Safety Standards Series No. RS-G-1.7.

［2］ EJ/T 1191—2005 推导退役后场址土壤中放射性残存物可接受活度浓度的照射情景、计算模式和参数

ICS 29.020
K 04

中华人民共和国国家标准

GB/T 28179—2011

电工电子产品环境意识设计 环境因素的识别

Environmentally conscious design for electrical and electronic product—Indentification of environmental aspects

2011-12-30 发布　　2012-06-01 实施

中华人民共和国国家质量监督检验检疫总局
中国国家标准化管理委员会 发布

前　言

本标准按照 GB/T 1.1—2009 给出的规则起草。

本标准由全国电工电子产品与系统的环境标准化技术委员会(SAC/TC 297)提出并归口。

本标准起草单位:机械工业北京电工技术经济研究所、常熟开关制造有限公司、深圳市华测检测技术股份有限公司、深圳市安姆特检测技术有限公司、中国电器工业协会、深圳市标准技术研究院、中国质量认证中心、中国家用电器研究院、联想(北京)有限公司、北京 ABB 低压电器有限公司、罗克韦尔自动化(中国)有限公司、通标标准技术服务有限公司。

本标准主要起草人:张亮、陈晨、黄曼雪、郭丽平、王春华、方晓燕、董永升、莫兴波、周建兴、宋伟宏、朱平、朱焰、陶宏芝、刘丽萍、韩奕、李浪舟、李波。

电工电子产品环境意识设计 环境因素的识别

1 范围

本标准规定了识别电工电子产品环境因素以及确定重要环境因素的程序和方法。

本标准适用于对电工电子产品环境因素的识别，以确定产品设计和开发的改进方向。

2 规范性引用文件

下列文件对于本文件的应用是必不可少的。凡是注日期的引用文件，仅注日期的版本适用于本文件。凡是不注日期的引用文件，其最新版本(包括所有的修改单)适用于本文件。

GB/T 23686—2009 电子电气产品的环境意识设计导则

GB/T 26669—2011 电工电子产品环境意识设计 术语

3 术语和定义

GB/T 26669—2011 界定的以及下列术语和定义适用于本文件。

3.1

环境意识设计 environmentally conscious design，ECD

在设计和开发过程中考虑**环境因素**的系统方法，旨在减少产品的负面**环境影响**。

注 1：与环境设计、生态设计、可持续设计、绿色设计、环境友好设计等术语同义。

注 2：改写 GB/T 23686—2009，定义 3.6。

3.2

环境因素 environmental aspect

一个**组织**的活动、产品或服务中能与环境发生相互作用的要素。

注 1：重要环境因素是指具有或能够产生重大影响的环境因素。

注 2：通常针对电工电子产品。

注 3：改写 GB/T 24001—2004，定义 3.6。

3.2.1

直接环境因素 direct environmental aspect

组织可以直接管理和控制的**环境因素**。

3.2.2

间接环境因素 indirect environmental aspect

组织不能直接管理和控制的**环境因素**。

注：组织可以在一定程度上施加影响。

3.3

环境影响 environmental impact

全部或部分地由**组织**的**环境因素**给环境造成的任何有害或有益的变化。

注：GB/T 24001—2004，定义 3.7。

3.4

生命周期　life cycle,LC

产品系统中前后衔接的一系列阶段,从原材料的获取或自然资源的生成,直至最终处置。

注:GB/T 24040—2008,定义 3.8。

3.5

组织　organization

职责、权限和相互关系得到安排的一组人员及设施。

注:GB/T 19000—2000,定义 3.3.1。

4　总则

4.1　识别环境因素与环境意识设计的关系

依据 GB/T 23686,环境意识设计通常包括如下过程:

——分析法规和利益相关方的环境要求;

——识别与评价环境因素和相应环境影响;

——设计和开发;

——评审和持续改进。

识别环境因素是环境意识设计过程中重要的一环,决定产品设计和开发的改进方向。

4.2　识别环境因素的过程

识别环境因素及其相应影响包括以下步骤:

——识别相关的环境因素及其相应影响(见 5.1);

——对识别出的相关环境因素进行评价(见 5.2);

——确定重要环境因素(见 5.3);

——环境因素的更新识别(见 5.4)。

识别环境因素的过程见图 1。

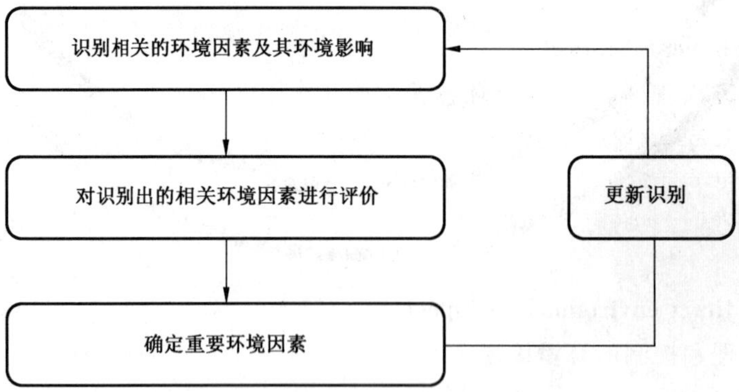

图 1　识别环境因素的过程

5　识别环境因素和重要环境因素的确定

5.1　识别环境因素

组织应以开放、客观、全面的原则对其产品生命周期各个阶段的环境因素进行初步识别。识别环境因素主要是为了对产品环境相关性概况有一个相对全面的了解，并对所有现有环境因素进行相应处理。

在识别产品环境因素的过程中，应考虑、但不限于表1中的环境因素。

表1 环境因素及环境因素示例

环境因素		环境因素示例
能源的使用		电力、化石燃料和再生能源
水资源的使用		
材料的使用		金属、聚合物、生物材料、陶瓷
向空气的排放		二氧化碳、二氧化硫、氧化氮等气体排放、烟尘排放、六氟化硫
向水的排放		无机物、有机物、重金属
向土壤的排放		多氯联苯、重金属、原材料中的有毒有害物质、废弃物的排放
废弃物	固体废弃物	损坏的元器件与组件、报废的产品及部件
	液体废弃物	生产和使用过程中产生的废油和废液
噪声		工业、社会生活和道路交通噪声
振动		产品或设备固有振动和谐波振动
恶臭污染物		氨、三甲胺、硫化氢、甲硫醇、甲硫醚、二甲二硫、二硫化碳、苯乙烯
辐射		电磁辐射、电离辐射、核辐射、热辐射、光辐射
热损耗		
有害物质		铅、汞、镉、六价铬、多溴联苯、多溴二苯醚、多环芳烃、邻苯二甲酸盐、石棉
由于事故或误用对环境造成影响		火灾、泄漏
其他		土地的使用、空间的占用

为了相对全面地识别产品的环境因素，组织宜考虑直接环境因素和间接环境因素，并通过多个途径加以识别(见附录A)。

5.2 评价环境因素及影响

在识别所有相关环境因素之后，应首先根据其产品特性，依据法规和利益相关方的要求等提出评价环境因素的准则，进而对同一类产品的环境因素进行评价、排序。

评价环境因素的准则应包括、但不限于以下各项：

——环境因素与现行环境法律法规的相关度/合规性；

——市场对环境因素的关注度；

——组织对环境因素及其相应影响的可控制程度(例如：可以短期/长期时间内控制的环境影响、不可控制的环境影响)；

——环境因素及其相应影响发生的范围、频度及严重性；

——环境因素对环境的长期累积效应。

附录B给出了评价电工电子产品环境因素的示例。

5.3 确定重要环境因素

依据环境因素的评价结果，结合以下原则，确定重要环境因素：

——不符合有关环保法律法规或标准；

——结合产品特性，评价权重分值较大的环境因素；

——结合企业自身情况，能有效开展环境因素控制和改进的项目。

通过定性或定量的方法对环境因素进行判断及优先排序，从而确定重要环境因素。

如可能，在确定重要环境因素时，组织还应考虑各种可预见的非常规情况。

5.4 环境因素的更新识别

当发生下列情况时，组织应重新识别环境因素：

——法律法规或标准发生变化；

——工艺的改变(新设备、新材料)；

——新建、扩建、改建项目；

——产品服务发生变化；

——产品引入新市场；

——相关方的要求。

即使未发生上述情况，组织也应定期对环境因素进行更新识别。同时，不宜忽视之前被确定为“非重要”的环境因素。

附 录 A
（资料性附录）
直接环境因素和间接环境因素

A.1 直接环境因素

直接环境因素可通过如下途径识别：
——与组织内的相关人员探讨，特别是产品设计和开发人员；
——在产品生产制造现场视察；
——与利益相关方探讨；
——审查文件（如安全数据表，产品证书等）；
——跟踪相关环境法规；
——跟踪生态标志准则及要求；
——从其他相关组织、行业协会等获取信息；
——检查物流路线；
——审议现行环境绩效指标（如能耗）；
——检视组织的基础设施（如供电线路）。

A.2 间接环境因素

间接环境因素的管理和控制与直接环境因素的管理和控制同样重要。仅考虑组织生产制造现场和设施内的环境因素是不够的。

间接环境因素可通过如下途径识别：
——与产品相关的承包商和供应商探讨；
——与客户探讨；
——检视产品使用和处置；
——检视承包商的有关活动；
——跟踪生态标志准则及要求；
——从其他相关组织、行业协会等获取信息；
——审议产品环境信息；
——审查供应商的资质和有关活动。

附 录 B
（资料性附录）
评价电工电子产品环境因素的示例

表 B.1 给出了电工电子产品环境因素的评价表示例，其中提出了电工电子产品生命周期各个阶段的典型环境因素，应依据法规、市场及客户要求，提出环境因素评价准则，对各项环境因素进行综合评价，随后做出优先排序，为实施环境意识设计提供依据。

表 B.1 电工电子产品环境因素评价表（示例）

<table>
<tr><th>生命周期阶段（一级）</th><th>生命周期阶段（二级）</th><th>典型环境因素</th><th>合规性</th><th>影响范围</th><th>影响频度</th><th>影响严重性</th><th>市场关注度</th><th>可控制程度</th><th>评分（用于排序）</th></tr>
<tr><td rowspan="3">原材料获取</td><td rowspan="2">提取原材料</td><td>使用资源</td><td></td><td></td><td></td><td></td><td></td><td></td><td></td></tr>
<tr><td>使用能源</td><td></td><td></td><td></td><td></td><td></td><td></td><td></td></tr>
<tr><td>获取原材料和零部件</td><td>供应商产品的环境绩效</td><td></td><td></td><td></td><td></td><td></td><td></td><td></td></tr>
<tr><td rowspan="9">制造</td><td rowspan="4">生产</td><td>使用材料</td><td></td><td></td><td></td><td></td><td></td><td></td><td></td></tr>
<tr><td>能耗</td><td></td><td></td><td></td><td></td><td></td><td></td><td></td></tr>
<tr><td>有害物质</td><td></td><td></td><td></td><td></td><td></td><td></td><td></td></tr>
<tr><td>占地</td><td></td><td></td><td></td><td></td><td></td><td></td><td></td></tr>
<tr><td rowspan="5">包装和销售</td><td>运输</td><td></td><td></td><td></td><td></td><td></td><td></td><td></td></tr>
<tr><td>包装</td><td></td><td></td><td></td><td></td><td></td><td></td><td></td></tr>
<tr><td>使用燃料</td><td></td><td></td><td></td><td></td><td></td><td></td><td></td></tr>
<tr><td>有害物质</td><td></td><td></td><td></td><td></td><td></td><td></td><td></td></tr>
<tr><td>节能模式</td><td></td><td></td><td></td><td></td><td></td><td></td><td></td></tr>
<tr><td rowspan="7">使用</td><td rowspan="5">使用</td><td>能耗</td><td></td><td></td><td></td><td></td><td></td><td></td><td></td></tr>
<tr><td>水耗</td><td></td><td></td><td></td><td></td><td></td><td></td><td></td></tr>
<tr><td>噪声</td><td></td><td></td><td></td><td></td><td></td><td></td><td></td></tr>
<tr><td>产品寿命</td><td></td><td></td><td></td><td></td><td></td><td></td><td></td></tr>
<tr><td>零部件可替换性</td><td></td><td></td><td></td><td></td><td></td><td></td><td></td></tr>
<tr><td>维护和维修</td><td>使用消耗品</td><td></td><td></td><td></td><td></td><td></td><td></td><td></td></tr>
<tr><td>使用附加产品</td><td>产品生命末期管理</td><td></td><td></td><td></td><td></td><td></td><td></td><td></td></tr>
<tr><td rowspan="3">回收利用</td><td>收集、分类和预处理</td><td>产品/零部件再使用能力</td><td></td><td></td><td></td><td></td><td></td><td></td><td></td></tr>
<tr><td>再使用</td><td>产品/零部件再利用能力</td><td></td><td></td><td></td><td></td><td></td><td></td><td></td></tr>
<tr><td>再利用</td><td></td><td></td><td></td><td></td><td></td><td></td><td></td><td></td></tr>
</table>

表 B.1（续）

生命周期阶段（一级）	生命周期阶段（二级）	典型环境因素	合规性	影响范围	影响频度	影响严重性	市场关注度	可控制程度	评分（用于排序）
回收利用	其他回收利用操作（生物降解、高温分解、化学回收利用）	使用化学品							
		对空气的排放							
		对水的排放							
		对土壤的排放							
处置	收集、分类和预处理	产品生命末期管理							
	非能量回收利用的焚烧	对空气的排放							
	填埋	填埋用地							
		对土壤的排放							
	其他处置操作	有害物质的处置							
		非有害物质的处置							

参考文献

[1] GB/T 24001—2004 环境管理体系 要求及使用指南(ISO 14001:2004,IDT)

[2] GB/T 24004—2004 环境管理体系 原则、体系和支撑技术通用指南(ISO 14004:2004,IDT)

[3] GB/T 24040—2008 环境管理 生命周期评价 原则与框架(ISO 14040:2006,IDT)

[4] GB/T 19000—2000 质量管理体系 基础和术语(ISO 9000:2000,IDT)

ICS 29.020
K 04

中华人民共和国国家标准

GB/T 28180—2011

变压器环境意识设计导则

Guide of eco-design for power and distribution transformers

2011-12-30 发布　　2012-06-01 实施

中华人民共和国国家质量监督检验检疫总局
中国国家标准化管理委员会　发布

前　言

本标准按照GB/T 1.1—2009给出的规定起草。

本标准由全国电工电子产品与系统的环境标准化技术委员会(SAC/TC 297)提出并归口。

本标准起草单位:特变电工沈阳变压器集团有限公司、沈阳变压器研究院股份有限公司、深圳市标准技术研究院、深圳市华测检测技术股份有限公司、中国电器工业协会、机械工业北京电工技术经济研究所、保定天威保变电气股份有限公司、江苏华鹏变压器有限公司、顺特电气设备有限公司、吴江变压器厂有限公司、保定天威集团特变电气有限公司、施耐德电气(中国)投资有限公司、国际铜业专业协会(中国)北京代表处、新华都特种电器股份有限公司。

本标准起草人:张亮、李锋、张栋、邓旭锋、韩红军、张显忠、杨红、林灿华、刘四维、赵峰、温利峰、宋燕、杜佳琳、张凌宇、郭冰、孙华山。

引　言

在整个生命周期中，变压器的使用阶段对环境的影响最为显著，主要表现为：能源消耗、资源消耗、温室气体排放、酸化以及物理效应污染。其次，变压器在制造阶段也会对环境造成较大影响：产生有害废弃物、可挥发性有机物、持久性有机污染物、多环芳烃排放以及富营养化作用。变压器的生命末期，由于变压器中使用矿物油或树脂材料，将产生有害废弃物、特殊排放以及富营养化作用。因此，从变压器设计开发阶段开始，就应引入环境意识。

变压器环境意识设计应将重点放在减少电力损耗、使用替代材料（如冷却/绝缘油）、减少环境影响。

为了有效促进低碳经济的发展，设计者应树立低碳经济的设计理念，从而促进资源合理利用，限制高耗能、高污染、资源利用效率较低的生产工艺和生产方式，最大限度地减少废弃物的排放，达到安全、环保、节材、降耗的目的。同时，通过标准的实施，激励节能技术创新、低排放技术应用、提高能源使用效率。

变压器环境意识设计导则

1 范围

本标准规定了变压器环境意识设计要求与环境因素、材料使用及制造、运输及销售、使用、寿命终止的要求。

本标准适用于 GB 1094.1 所规定范围的变压器以及有关变压器类产品的环境意识设计。

2 规范性引用文件

下列文件对于本文件的应用是必不可少的。凡是注日期的引用文件，仅注日期的版本适用于本文件。凡是不注日期的引用文件，其最新版本(包括所有的修改单)适用于本文件。

GB 1094.1 电力变压器 第1部分：总则

GB 1094.5 电力变压器 第5部分：承受短路的能力

GB/T 1094.7 电力变压器 第7部分：油浸式电力变压器负载导则

GB/T 1094.10 电力变压器 第10部分：声级测定

GB 1094.11 电力变压器 第11部分：干式电力变压器

GB/T 1094.101 电力变压器 第10.1部分：声级测定 应用导则

GB 3096 声环境质量标准

GB/T 10228 干式电力变压器的技术参数和要求

GB/T 13499 电力变压器应用导则

GB 18455 包装回收标志

GB 20052 三相配电变压器能效限定值及节能评价值

GB/T 23686 电子电气产品环境意识设计导则

GB/T 23688—2009 用能产品环境意识设计导则

GB 24790 电力变压器能效限定值及能效等级

GB/T 28179 电工电子产品环境意识设计 环境因素的识别

GB/Z 21274—2007 电子电气产品中限用物质铅、汞、镉检测方法

GB/Z 21275—2007 电子电气产品中限用物质六价铬检测方法

GB/Z 21276—2007 电子电气产品中限用物质多溴联苯(PBBs)、多溴二苯醚(PBDEs)检测方法

GB/Z 21277—2007 电子电气产品中限用物质铅、汞、铬、镉和溴的快速筛选 X射线荧光光谱法

SN/T 2003.1—2005 电子电气产品中铅、汞、镉、铬、溴的测定 第1部分：X射线荧光光谱定性筛选法

SN/T 2004.1—2005 电子电气产品中汞的测定 第1部分：原子荧光光谱法

SN/T 2004.2—2005 电子电气产品中铅、镉、铬的测定 第2部分：火焰原子吸收光谱法

SN/T 2004.3—2005 电子电气产品中六价铬的测定 第3部分：二苯碳酰二肼分光光度法

SN/T 2005.1—2005 电子电气产品中多溴联苯和多溴联苯醚的测定 第1部分：高效液相色谱法

SN/T 2005.2—2005 电子电气产品中多溴联苯和多溴联苯醚的测定 第2部分：气相色谱法—质谱法

DL/T 572　电力变压器运行规程

DL/T 573　电力变压器检修导则

DL/T 985　配电变压器能效技术经济评价导则

JB/T 10088　6 kV～500 kV级电力变压器声级

IEC 60076-12　电力变压器　第12部分：干式电力变压器用负载导则(Power transformers—Part 12：Loading guide for dry-type power transformers)

IEC 60076-14　电力变压器　第14部分：使用高温绝缘材料的液浸式电力变压器设计和应用(Power transformers—Part 14：Design and application of liquid-immersed power transformers using high-temperature insulation materials)

3　术语和定义

下列术语和定义适用于本文件。

3.1

环境因素　environmental aspect

在变压器产品的**生命周期**内，能够与环境发生相互作用的单元和功能(包括元器件与组件)。

注1：重要环境因素是指具有或能够产生重要环境影响的环境因素。

注2：改写 GB/T 23688—2009，定义3.4。

3.2

环境意识设计(ECD)　environmentally conscious design

在**设计和开发**过程中考虑环境因素的系统方法，旨在减少产品的负面**环境影响**。

注：GB/T 23686—2009，定义3.6。

3.3

环境意识设计要求　eco-design requirement

将环境因素融入到产品的设计中，旨在贯穿产品的整个**生命周期**中改善用能产品的环境性能，是用能产品的设计要求之一。在不牺牲产品既定功能的前提下，采用节省资源、低毒性等设计原则，以提高用能产品的环境绩效。

注：GB/T 23688—2009，定义3.13。

3.4

环境影响　environmental impact

全部或部分地由用能产品的**环境因素**给环境造成的任何有害或有益的变化。

注：GB/T 23688—2009，定义3.5。

3.5

设计和开发　design and development

将要求转换为产品、过程或体系的规定的特性或规范的一组过程。

注1：术语“设计”和“开发”有时是同义的，有时用于规定整个设计和开发过程的不同阶段。

注2：设计和开发的性质可使用限定词表示(如产品设计和开发或过程设计和开发)。

注3：GB/T 19000—2008，定义3.4.4。

3.6

生命周期(LC)　life cycle(LC)

产品系统中前后衔接的一系列阶段，从材料的获取到废弃或回收处理的各个相关联的环节或阶段。

注：改写 GB/T 23688—2009，定义3.7。

3.7

生命周期成本(LCC)　life cycle cost(LCC)

产品在其**生命周期**内的累计成本。

注：变压器生命周期成本可包括产品设计开发成本、制造成本、使用成本、废弃处置成本、环境保护成本等。

4　环境意识设计要求与环境因素

4.1　环境意识设计要求

环境意识设计首先应满足 GB 1094.1 的要求；对于干式变压器，还应满足 GB 1094.11 的要求。同时，依据 GB/T 23686 中对环境意识设计基本原则及环境意识设计过程的规定，应运用生命周期思想，在产品的设计和开发过程中考虑整个生命周期的环境因素；在产品设计和开发阶段尽早引入环境意识设计要素，此时改变和改进产品的机会最多，可以影响产品整个生命周期的环境绩效。

变压器环境意识设计还应着重考虑降低其生命周期成本。

4.2　环境因素

依据 GB/T 23688 的相关规定，变压器环境意识设计应重点考虑材料获取、制造、运输、销售、使用及生命末期等生命周期阶段中的主要环境因素如下：

——避免使用含有有害物质的材料；

——预计材料消耗、能源消耗、其他资源消耗(如淡水)；

——预计向空气、水或土壤的排放；

——预计产生的物理效应污染(如噪声、振动、辐射、电磁场方面)；

——预计产生的废物；

——预计材料和(或)能源的回收、再使用和再生利用性。

此外，还应考虑变压器在特殊使用条件下的环境影响。

产品设计和研发人员应了解材料本身的环境特性以及对产品环境性能可能产生的影响，开展针对变压器产品特点的环境因素识别工作。

环境因素的识别方法见 GB/T 28179。

5　材料使用及制造

5.1　材料要求

变压器的组部件材料如含有下列有害物质，其含量应符合国家规定的限值：

——铅；

——镉；

——六价铬；

——汞；

——多溴联苯；

——多溴二苯醚。

由制造厂与客户协商，如需对以上有害物质进行测量，则依据 GB/Z 21274—2007、GB/Z 21275—2007、GB/Z 21276—2007、GB/Z 21277—2007 或 SN/T 2003.1—2005、SN/T 2004.1—2005、SN/T 2004.2—2005、SN/T 2004.3—2005、SN/T 2005.1—2005、SN/T 2005.2—2005 进行检测。

另外，对于变压器中关键部件，所使用的材料应满足其特性要求。否则，一旦变压器发生故障，会导致人身安全事故、丧失产品主要功能、严重影响产品使用性能和降低产品寿命、对环境造成污染，必然引起使用者的申诉。

示例：电工钢带的最大铁损、最小磁感；绕组导体的电阻率、机械强度、尺寸偏差；组合导线和换位导线的短路和断路；变压器油的击穿电压；绝缘纸的电气强度；固体绝缘材料；橡胶密封件与绝缘油的相容性；箱体的机械强度；电容式套管；分接开关；压力释放器等。

同时，宜根据以下角度评估变压器所使用材料的环保性能：

——材料获取和生产期间的能源消耗；

——材料获取和生产期间的废弃物和污染；

——材料获取和生产期间的原材料或工序的毒性或其他影响工人健康因素；

——材料对环境的影响。

5.2 结构设计

5.2.1 总则

变压器的结构设计应考虑安全、环保、节材、降耗。

5.2.2 绕组

变压器绕组主要使用铜和铝两种导体材料。应尽量合理地选用这些材料，以提高变压器能效。

可考虑采用适当的绕组制造技术，提高导体填充量，减小截面间隙，减少导电损耗，例如：

——使用矩形截面的组合导线或换位导线；或

——使用箔材。

电力变压器绕组线要求可参见 GB 1094.5。

应根据适当的损耗要求，选择经济有效的导体材料。

5.2.3 绝缘材料

变压器通常使用液体绝缘和固体绝缘作为绝缘材料。应考虑材料的介电应力、机械特性、运行温度下的寿命时间以及技术可行性等因素，经济合理地选择变压器绝缘材料。

变压器的绝缘材料应与整机相匹配，也可以考虑采用局部混合绝缘、半混合绝缘或混合绝缘等，详见 IEC 60076-14。

5.2.4 铁心

变压器铁心设计和铁心材料的特性对变压器空载损耗及噪声产生影响。

可考虑采用优质电工钢带、冷轧取向电工钢带或高磁导率级取向电工材料，做成叠积式铁心。

对于叠积式的轭柱接缝，需考虑采用多级步进式结构。

对于强调降低损耗的场合，也可考虑采用非晶合金材料作铁心。

5.2.5 噪声

应采用适当设计降低变压器噪声。

示例：选用优质电工带钢，适当降低铁心中的磁通密度，选取低噪声的风机油泵、器身加减震垫、油箱加重（油箱壁加厚等）或加隔音装置等措施都可以降低变压器的噪声。

依据 GB/T 1094.10 和 GB/T 1094.101 对变压器产品测量的噪声限值应符合 JB/T 10088 及相关标准的要求。

对于大型电力变压器，应考虑负载电流的噪声。

对于安装在居民建筑的变压器，其噪声限值及其试验方法应符合 GB 3096 的规定。

5.2.6 电磁兼容

变压器的电磁兼容性能应符合 GB 1094.1 以及有关标准中规定的要求。

5.2.7 箱体及组部件

箱体设计应考虑如下因素：

——箱体应保持一定尺寸，与运输设备装载尺寸相协调；

——变压器带电零部件与箱体之间需要保持必要的绝缘间隙；

——避免箱体与铁心产生共振，以防提高变压器噪声；

——箱体的机械强度；

——箱体的密封性能；

——箱体内外表面及/或相关部件的涂漆性能；

——箱体对变压器散热性能(表面热辐射)的影响。

5.2.8 绝缘液体和绝缘气体

选择变压器冷却绝缘液体和绝缘气体应考虑以下因素：

——化学特性：氧化安定性、抑制成分、水成分、中和值；

——物理特性：粘度、密度、表面张力、倾点；

——电气特性：击穿电压、介质损耗因数、流体带电(油流带电)；

——其他特性：颗粒度、溶解特性等。

上述因素与变压器损耗、寿命等环境表现相关。

应考虑变压器的环境条件，采用适当设计，使变压器的冷却效果与运行环境相匹配，从而提高变压器运行效率。

示例：干式变压器主要采用空气绝缘和冷却介质，其适用的温度等级与其绕组热点温度相关。在产品说明文件中说明干式变压器的使用所适用于温度等级有利于合理匹配。

应考虑变压器的可预期故障，采用适当设计，避免变压器在运行故障时造成冷却、绝缘液体、气体泄漏，导致对空气、水、土壤的污染。

示例 1：作为液浸式变压器绝缘和冷却液体中通常使用电介液(绝缘液体)，设计时还要考虑避免设备运行过程中电介液泄漏。

示例 2：气体绝缘变压器通常使用六氟化硫(SF_6)气体作为其绝缘媒介。采用适当设计，以避免设备运行过程中 SF_6 气体泄漏。

6 运输及销售

变压器设计应便于运输(如外形、尺寸、质量、重心标识等)，以降低运输成本。

鼓励变压器制造商参与变压器运输包装的循环使用机制。

对于包装材料应注意以下方面：

——应限制使用法律法规中规定的有害物质；

——尽量少使用木制材料，如使用木制材料，需要采取消菌措施；

——鼓励使用其他替代材料；

——鼓励使用可再使用、再利用的包装材料；

——应注意包装材料的适当标识，如按照 GB 18455 的标志要求；

——避免运输过程中损坏产品，造成环境影响。

7 使用阶段

7.1 能效

7.1.1 设计能效

产品设计人员应采取适当设计方法，使变压器符合 GB 24790 或 GB 20052 中的能效要求。

7.1.2 使用能效

使用阶段是变压器生命周期中消耗电能的典型阶段，是影响其环境绩效的重要因素。制造商应始终关注变压器在使用阶段提高能效或减少能耗的要求。对于非晶变压器，应避免长期过励磁负载运行。

变压器在使用阶段的能效与能耗主要涉及空载损耗、负载损耗、负载特性、负载率、运行方式等。上述变压器能效相关因素的测量见 GB 1094.1。鼓励制造商与用户共同商议，使产品的性能与负载合理匹配，以使系统达到节能效果。

为使变压器达到最佳运行效率，设计者可依据 GB/T 10228、DL/T 572 和 DL/T 985 的规定，考虑变压器的采购、安装、检修、试验、验收等的经济合理性。其不同负载状态的运行方式应考虑到 GB/T 1094.7 和 IEC 60076-12 的规定。

7.2 寿命

应采用适当设计方案，在满足环保、安全、能效要求的情况下，合理地延长变压器寿命。

寿命损失计算见 GB/T 1094.7、IEC 60076-12 以及相关标准。

变压器的使用寿命受多种因素影响，如过载负荷、起/停周期频次、电能质量以及环境条件(温度、湿度、振动及化学污染等)。应采用产品说明书、电子信息文件等，对变压器的使用、维修及维护提出建议措施，以促进延长变压器寿命。

7.3 维护和维修

变压器维护和维修应考虑引入如下特性：

——使用易于替换的标准零部件，例如保护装置、测温装置及油泵和风扇等需要维修或者更换的部件；

——使用标准化、系列化的零部件；

——应指出产品中可用于翻新和再使用的零部件(如维护用的备用零部件)；

——防止有害物质泄漏。

变压器维护、检修应考虑符合 GB/T 13499、DL/T 573 中的相关要求。

8 寿命终止

应考虑适当设计方案，以便于变压器报废处置：

——对铜、铝等导电金属材料的再利用；

注 1：通过再熔炼、金属加工等手段，变压器中铜、铝材料的可利用率约为 72%。

——对塑料材料的循环利用；

注 2：通过热塑手段，变压器中塑料材料的可利用率约为 1%。

——对油的再使用或再利用；

示例：再利用变压器油可用于注塑工业的脱模剂，也可用于建筑工业的耐腐蚀涂层。

——对有害废弃物的处置。

附录A从环保的角度给出了变压器废弃后零部件的处置方案示例。

9 文件

变压器环境意识设计是一个反复循环的提升过程，应跟踪变压器环境因素的变化并予以记录，包括内部及外部反馈，以便对变压器设计方案进行不断完善和提高。

建议通过不同渠道，以管理文件和用户文件等方式向产品设计人员、用户提供相关环境信息，包括变压器的安装、使用、维护和处置等生命周期阶段。

附　录　A
（资料性附录）
变压器废弃后零部件的处置方案示例

零部件	建议处置方案
铁心	
电工钢、钢制件(夹件、拉板、螺杆)	铁心钢经再加工既可用于制造小型变压器，也可交至金属再循环利用企业
冷却管、绝缘管、垫脚、木垫块等	依据相关法律法规作为油污废弃物处置
绕组	
绕组铜	可交至金属再循环利用企业，但在处置以前应以聚乙烯缠绕，以防运输过程中从绝缘纸中漏油
牛皮纸、电缆纸、皱纹纸	依据相关法律法规作为油污废弃物处置
绝缘纸板、层压纸板	依据相关法律法规作为油污废弃物处置
绕组套管、撑条、垫块	依据相关法律法规作为油污废弃物处置
台架	依据相关法律法规作为油污废弃物处置
绕组联接件	
铜管	依据相关法律法规作为油污废弃物处置高导电铜上的带油污的绝缘纸。然后可交至金属再循环利用企业
铜棒、铜杆或铜条	依据相关法律法规作为油污废弃物处置高导电铜上的带油污的绝缘纸。然后可交至金属再循环利用企业
标准铜缆	可交至金属再循环利用企业，但在处置前应使用聚乙烯材料包裹，以防运输过程中从绝缘纸中泄漏残余油污
牛皮纸、电缆纸	依据相关法律法规作为油污废弃物处置
绝缘筒、绝缘层压纸板、导线夹	依据相关法律法规作为油污废弃物处置
油	
绝缘油	通过测试后可用于其他变压器，或依据相关法律法规交至再循环利用企业
箱体	
钢质箱体	可将钢交至金属再循环利用企业
钢管、加强铁、小车、千斤顶支架	可将钢交至金属再循环利用企业
衬垫、橡胶垫	依据相关法律法规作为油污废弃物处置
硅胶	可以经批准的填埋场所进行填埋
辅件	
套管、分接开关、绕组温度计、控制柜、风扇、泵、散热器、冷却器、油温指示器泻压器件、油流继电器、气体继电器、吸湿器等	参照变压器维护手册进行处置，或联系变压器生产企业、询问安全环保处置这些辅件的方法

ICS 13.310
A 91

中华人民共和国国家标准

GB/T 28181—2011

安全防范视频监控联网系统信息传输、交换、控制技术要求

Security and protection video monitoring network system technical specification for information transport, switch and control

2011-12-30 发布 2012-06-01 实施

中华人民共和国国家质量监督检验检疫总局
中国国家标准化管理委员会 发布

前　言

本标准按照 GB/T 1.1—2009 给出的规则起草。

请注意,本标准的基本内容有可能涉及专利,本标准的发布机构不应承担识别这些专利的责任。

本标准由中华人民共和国公安部提出。

本标准由全国安全防范报警系统标准化技术委员会(SAC/TC 100)归口。

本标准起草单位:公安部第一研究所、浙江公安科技研究所、北京中盾安全技术开发公司、浙江立元通信技术有限公司、杭州海康威视数字技术有限公司、浙江大华技术股份有限公司、杭州华三通信技术有限公司、浙江广信智能建筑研究院、中科院上海微系统研究所、中国电子技术标准研究所。

本标准主要起草人:陈朝武、蒋乐中、房子河、赵问道、张本锋、张跃、何青林、马伯康、陈昆、李福胜、方良、郅晨、李硕、李珊凌、贺静、黄麒麟、王鑫。

安全防范视频监控联网系统
信息传输、交换、控制技术要求

1 范围

本标准规定了安全防范视频监控联网系统(以下简称联网系统)中信息传输、交换、控制的互联结构、通信协议结构,传输、交换、控制的基本要求和安全性要求,以及控制、传输流程和协议接口等技术要求。

本标准适用于安全防范视频监控联网系统及城市监控报警联网系统的方案设计、系统检测、验收以及与之相关的设备研发、生产。其他信息系统可参考采用。

2 规范性引用文件

下列文件对于本文件的应用是必不可少的。凡是注日期的引用文件,仅注日期的版本适用于本文件。凡是不注日期的引用文件,其最新版本(包括所有的修改单)适用于本文件。

GB/T 25724—2010 安全防范监控数字视音频编解码技术要求

ISO/IEC 13818-1:2000 信息技术 运动图像和伴音信息的通用编码 第1部分:系统(Information technology—Generic coding of moving pictures and associated audio information—Part 1:Systems)

ISO/IEC 14496-2:2004 信息技术 视听对象编码 第2部分:视频(Information technology—Coding of audio-visual objects—Part 2:Visual)

ISO/IEC 14496-2:2004/Amd.2:2005 信息技术 视听对象编码 第2部分:视频/修订稿2:简单档次的新级别(Information technology—Coding of audio-visual objects—Part 2:Visual;Technical Corrigendum 2)

ISO/IEC 14496-4:2004 信息技术 视听对象编码 第4部分:一致性测试(Information technology—Coding of audio-visual objects—Part 4:Conformance testing(available in English only)

ISO/IEC 14496-4:2004/Amd.10:2005 信息技术 视听对象编码 第4部分:一致性测试/修订稿10:简单档次中级别L4a、L5的一致性扩展(Information technology—Coding of audio-visual objects—Part 4:Conformance testing(available in English only;Technical Corrigendum 10)

ITU-T Rec. G.711—1988 数字传输系统的通用部分:音频的脉冲编码调制[Pulse code modulation (PCM) of voice frequencies]

ITU-T Rec. G.723.1—1996 数字传输系统的通用部分:5.3和6.3 kbit的多媒体通信传输中的双速率语音编码器(Dual rate speech coder for multimedia communications transmitting at 5.3 and 6.3 kbit/s)

ITU-T Rec. G.729—1996 数字传输系统的通用部分:利用共轭结构代数码激励线形预测的8 kbit/s语音编码[Coding of speech at 8 kbit/s using conjugate-structure algebraic-code-excited linear prediction (CS-ACELP)]

ITU-T Rec. H.264—2005 H系列:音视频和多媒体系统,音视频服务基础 活动视频编码:通用音视频服务的先进视频编码(Advanced video coding for generic audiovisual services)

ITU-T Rec. H.264.1—2005 H系列:音视频和多媒体系统,音视频服务基础 活动视频编码:

H.264 先进视频编码的一致性说明(Conformance specification for H.264 advanced video coding)

IETF RFC 2030 简单网络时间协议(SNTP)第四版(Simple network time protocol (SNTP) version 4 for IPv4,IPv6 and OSI)

IETF RFC 2326 实时流协议[(RTSP)Real Time Streaming Protocol]

IETF RFC 2976 SIP INFO 方法(The SIP INFO Method)

IETF RFC 3261 会话初始协议(SIP:Session Initiation Protocol)

IETF RFC 3263 会话初始协议(SIP):定位 SIP 服务器[Session Initiation Protocol (SIP): Locating SIP Servers]

IETF RFC 3428 会话初始协议(SIP) 即时消息扩展[Session Initiation Protocol (SIP) Extension for Instant Messaging]

IETF RFC 3550 实时传输协议(RTP:A Transport Protocol for Real-Time Applications)

IETF RFC 3725 会话初始协议(SIP)中第三方呼叫控制(3PCC)的当前最佳实现[Best Current Practices for Third Party Call Control (3pcc) in the Session Initiation Protocol (SIP)]

IETF RFC 4566 会话描述协议(Session Description Protocol)

3 术语和定义、缩略语

3.1 术语和定义

下列术语和定义适用于本文件。

3.1.1

安全防范视频监控联网系统 security and protection video monitoring network system

以安全防范为目的,综合应用视音频监控、通信、计算机网络、系统集成等技术,在城市、大型场所范围内构建的具有信息采集、传输、控制、显示、存储、处理等功能的能够实现不同设备及系统间互联、互通、互控的综合网络系统。

3.1.2

联网系统信息 data of network system

联网系统内传输、交换、控制的信息,主要包括报警信息(模拟开关量报警和数据协议型报警)、视频信息(模拟视频信号和数字视频信号)、音频信息(模拟音频信号和数字音频信号)、设备控制信息(串口数据和 IP 网络数据)、设备管理信息(串口数据和 IP 网络数据)等。

3.1.3

前端设备 front end device

联网系统中安装于监控现场的信息采集、编码/处理、存储、传输、安全控制等设备。

3.1.4

监控点 monitoring site

前端设备安装或监控的地点或场所。

3.1.5

监控中心 monitoring center

联网系统内特定的信息汇集、处理、共享节点。

注:监控管理人员在此对联网系统进行集中管理、控制,对监控信息进行使用、处置。

3.1.6

用户终端 user terminal

经联网系统注册并授权的、对系统内的数据和/或设备有操作需求的客户端设备。

3.1.7

数字接入　digital access

前端设备或区域监控报警系统通过数字传输通道将数字视音频信号传送到监控中心的接入方式。

3.1.8

模拟接入　analog access

前端设备或区域监控报警系统通过模拟传输通道将模拟视音频信号传送到监控中心的接入方式。

3.1.9

模数混合型监控系统　analog-digital mixed monitoring system

监控中心中同时存在模拟、数字两种信号控制和处理方式的监控系统。

3.1.10

数字型监控系统　digital monitoring system

监控中心中只存在数字信号控制和处理方式的监控系统。

3.1.11

会话初始协议　SIP：Session Initiation Protocol

由互联网工程任务组（IETF：Internet Engineering Task Force）制定的，用于多方多媒体通信的框架协议。

注：它是一个基于文本的应用层控制协议，独立于底层传输协议，用于建立、修改和终止 IP 网上的双方或多方多媒体会话。

3.1.12

会话控制　session control

建立、修改或结束一个或多个参与者之间通信的过程。

3.1.13

SIP 监控域　SIP monitoring realm

支持本标准规定的通信协议的监控网络，通常由 SIP 服务器和注册在 SIP 服务器上的监控资源、用户终端、网络等组成。

3.1.14

非 SIP 监控域　non-SIP monitoring realm

不支持本标准规定的通信协议的监控资源、用户终端、网络等构成的监控网络。非 SIP 监控域包括模拟接入设备、不支持本标准规定的通信协议的数字接入设备、模数混合型监控系统、不支持本标准规定的 SIP 协议的数字型监控系统。

3.1.15

第三方控制者　the third party controller

一个 SIP 用户代理（UA），能够在另外两个用户代理之间创建会话。第三方控制者一般采用背靠背用户代理（B2BUA）实现。

3.1.16

第三方呼叫控制　the third party call control

第三方控制者在另外两方或者更多方之间发起、建立会话以及释放会话的操作，负责会话方之间的媒体协商。

3.1.17

用户代理　user agent

IETF RFC 3261 规定的 SIP 逻辑终端实体，由用户代理客户端（UAC）和用户代理服务器（UAS）组成，UAC 负责发起呼叫，UAS 负责接收呼叫并作出响应。

3.1.18

代理服务器 proxy server

IETF RFC 3261 规定的 SIP 逻辑实体，通过它把来自用户代理客户端(UAC)的请求转发到用户代理服务端(UAS)，并把 UAS 的响应消息转发回 UAC。

一个请求消息有可能通过若干个代理服务器来传送，每一个代理服务器独立地确定路由；响应消息沿着请求消息相反的方向传递。

3.1.19

注册服务器 registrar server

IETF RFC 3261 规定的 SIP 逻辑实体，是具有接收注册请求、将请求中携带的信息进行保存并提供本域内位置服务的功能服务器。

3.1.20

重定向服务器 redirect server

IETF RFC 3261 规定的 SIP 逻辑实体，负责规划 SIP 呼叫路由。它将获得的呼叫下一跳地址信息告诉呼叫方，以使呼叫方根据此地址直接向下一跳发出请求，此后重定向服务器退出呼叫过程。

3.1.21

背靠背用户代理 back to back user agent

IETF RFC 3261 规定的 SIP 逻辑实体，它作为用户代理服务端(UAS)接收请求消息并处理该消息，同时，为了判决该请求消息如何应答，它也作为用户代理客户端(UAC)来发送请求消息。

注：背靠背用户代理(B2BUA)和代理服务器不同的是，B2BUA 需要维护一个它所创建的对话状态。

3.1.22

功能实体 functional entity

实现一些特定功能的逻辑单元的集合。

注：一个物理设备可以由多个功能实体组成，一个功能实体也可以由多个物理设备组成。

3.1.23

源设备/目标设备 source device/target device

源设备代表主动发起会话的一方，目标设备代表最终响应会话的一方。

3.1.24

SIP 客户端 SIP client

具有注册登记、建立/终止会话连接、接收和播放视音频流等功能，主要包括用户界面、用户代理(UA)、媒体解码模块和媒体通信模块。用户代理应符合 IETF RFC 3261 的规定，用来建立/修改/终止会话连接，是进行会话控制的主要模块，媒体通信模块应能用来实现媒体传输和媒体回放控制。

3.1.25

SIP 设备 SIP device

具有注册、建立/终止会话连接和控制、采集/编解码以及传送视音频流等的功能实体，主要包括用户代理(UA)、媒体采集/编解码模块和媒体通信模块。用户代理应符合 IETF RFC 3261 规定，用来建立/修改/终止会话连接，是进行会话控制的主要模块，媒体通信模块主要用来实现媒体传输和媒体回放控制。

注：联网系统中 SIP 设备的实现形式主要有支持 SIP 协议的网络摄像机、视频编/解码设备、数字硬盘录像机(DVR)和报警设备等。若 SIP 设备具有多路视音频编解码通道，每个通道宜成为一个 SIP 逻辑 UA，具有唯一的 SIP URI，并向 SIP 服务器注册。SIP 设备本身也应具有唯一的 SIP URI，并向 SIP 服务器进行注册。

3.1.26

中心信令控制服务器 center control server

具有向 SIP 客户端、SIP 设备、媒体服务器和网关提供注册、路由选择以及逻辑控制功能，并且提供接口与应用服务器通信。组成中心信令控制的逻辑实体包括代理服务器、注册服务器、重定向服务器、背靠背用户代理等的一种或者几种，是负责核心SIP信令应用处理的SIP服务器。

3.1.27

媒体服务器 media server

提供实时媒体流的转发服务，提供媒体的存储、历史媒体信息的检索和点播服务。媒体服务器接收来自SIP设备、网关或其他媒体服务器等设备的媒体数据，并根据指令，将这些数据转发到其他单个或者多个SIP客户端和媒体服务器。

3.1.28

信令安全路由网关 secure signal routing gateway

具有接收或转发域内外SIP信令功能，并且完成信令安全路由网关间路由信息的传递以及路由信令、信令身份标识的添加和鉴别等功能，是一种具有安全功能的SIP服务器。

3.1.29

级联 cascaded networking

两个信令安全路由网关之间按照上下级关系连接，上级中心信令控制服务器通过信令安全路由网关可调用下级中心信令控制服务器所管辖的监控资源，下级中心信令控制服务器通过信令安全路由网关向上级中心信令控制服务器上传本级中心信令控制服务器所管辖的监控资源或共享上级资源。

3.1.30

互联 Peer-to-Peer networking

两个信令安全路由网关之间按照平级关系连接，中心信令控制服务器之间经授权可相互调用对方中心信令控制服务器的监控资源。

3.2 缩略语

下列缩略语适用于本文件。

AES：高级加密标准(Advanced Encryption Standard)

B2BUA：背靠背用户代理(Back to Back User Agent)

CIF：通用中间格式(Common Intermediate Format)

DES：数据加密标准(Data Encryption Standard)

DNS：域名系统(Domain Name System)

DVR：数字硬盘录像机(Digital Video Recorder)

IP：因特网协议(Internet Protocol)

IPsec：因特网安全协议(Internet Protocol Security)

MANSCDP：监控报警联网系统控制描述协议(Monitoring and Alarming Network System Control Description Protocol)

MANSRTSP：监控报警联网系统实时流协议(Monitoring and Alarming Network System Real-Time Streaming Protocol)

MD5：信息摘要5(Message Digest Algorithm 5)

NAT/FW：网络地址翻译/防火墙(Network Address Translator and Fire Wall)

NTP：网络时间协议(Network Time Protocol)

NVR：网络硬盘录像机(Network Video Recorder)

PS：节目流(Program Stream)

RTCP：实时传输控制协议(Real-time Transport Control Protocol)

RTP：实时传输协议(Real-time Transport Protocol)

RTSP：实时流化协议(Real-time Streaming Protocol)

SDP:会话描述协议(Session Description Protocol)
SHA:安全哈希算法(Secure Hash Algorithm)
SIP:会话初始协议(Session Initiation Protocol)
SVAC:安全防范监控数字视音频编码(Surveillance Video and Audio Coding)
S/MIME:安全多用途网际邮件扩充协议(Secure Multipurpose Internet Mail Extensions)
TCP:传输控制协议(Transmission Control Protocol)
TLS:传输层安全(Transport Layer Security)
UA:用户代理(User Agent)
UAC:用户代理客户端(User Agent Client)
UAS:用户代理服务端(User Agent Server)
UDP:用户数据报协议(User Datagram Protocol)
URI:全局资源标识符(Universal Resource Identifier)
XML:可扩展标记语言(EXtensible Markup Language)

4 互联结构

4.1 SIP 监控域互联结构

4.1.1 概述

联网系统的信息传输、交换、控制方面的 SIP 监控域互联结构见图 1,描述了在单个 SIP 监控域内、不同 SIP 监控域间两种情况下,功能实体之间的连接关系。功能实体之间的通道互联协议分为会话通道协议、媒体(本标准主要指视/音频)流通道协议两种类型,会话通道协议见 4.3.2~4.3.4 的规定,媒体流通道协议见 4.3.5 和 4.3.6 的规定。

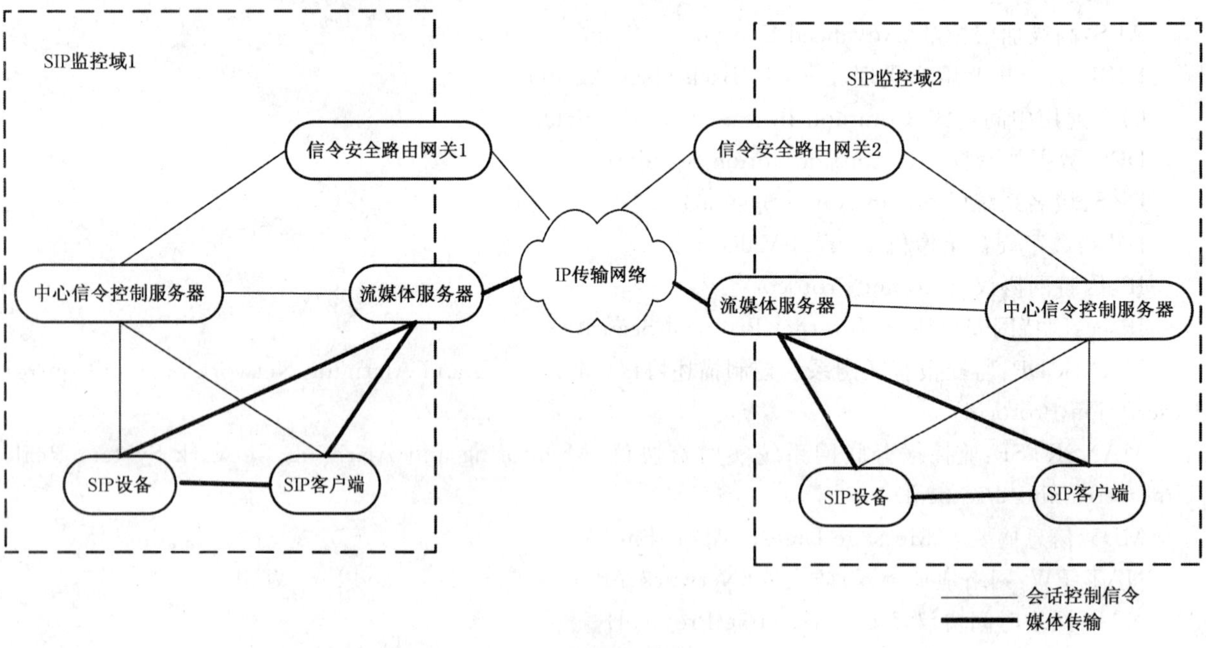

图 1 SIP 监控域互联结构示意图

4.1.2 区域内联网

区域内的 SIP 监控域由 SIP 客户端、SIP 设备、中心信令控制服务器、流媒体服务器和信令安全路由网关等功能实体组成。各功能实体以传输网络为基础，实现SIP监控域内联网系统的信息传输、交换和控制。

4.1.3 跨区域联网

若干个相对独立的SIP或非SIP监控域以信令安全路由网关和流媒体服务器为核心，通过IP传输网络，实现跨区域监控域之间的信息传输、交换、控制。

4.1.4 联网方式

4.1.4.1 级联

两个信令安全路由网关之间是上下级关系，下级信令安全路由网关主动向上级信令安全路由网关发起注册，经上级信令安全路由网关鉴权认证后才能进行系统间通信。

级联方式的多级联网结构示意图如图2、图3所示，信令流都应逐级转发；媒体流宜采用图3所示方式传送，也可跨媒体服务器传送。

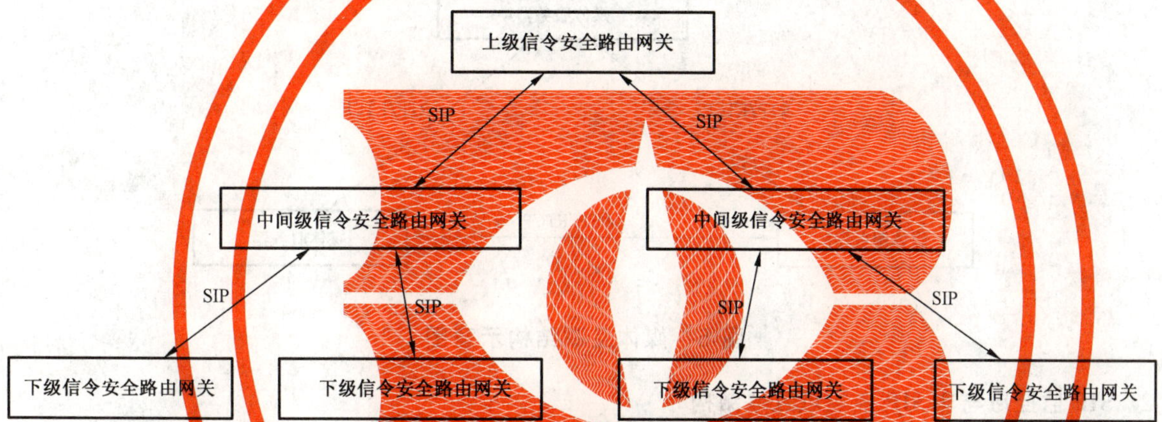

图2 信令级联结构示意图

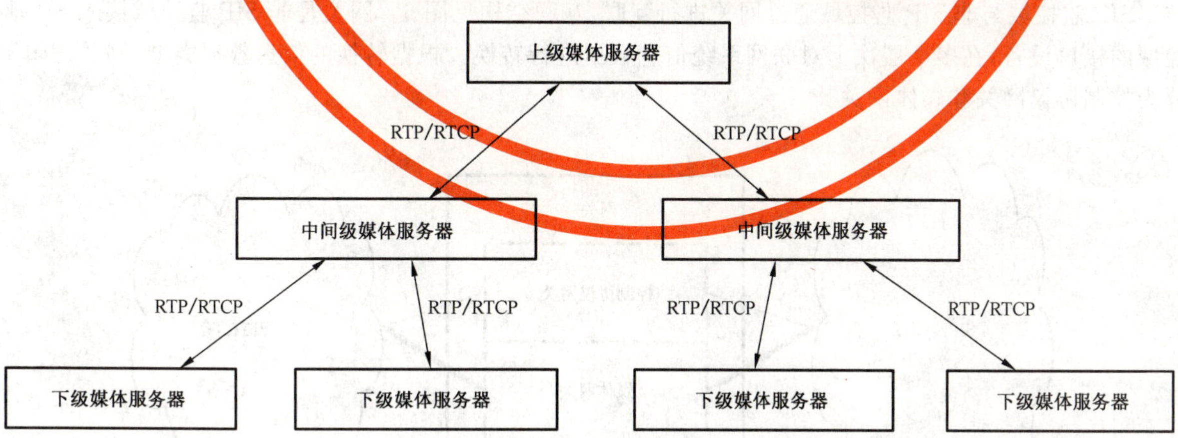

图3 媒体级联结构示意图

4.1.4.2 互联

信令安全路由网关之间是平级关系，需要共享对方SIP监控域的监控资源时，由信令安全路由网关向目的信令安全路由网关发起，经目的信令安全路由网关鉴权认证后方可进行系统间通信。

互联方式的联网结构示意图如图4、图5所示，信令流应通过信令安全路由网关传送，媒体流宜通过媒体服务器传送。

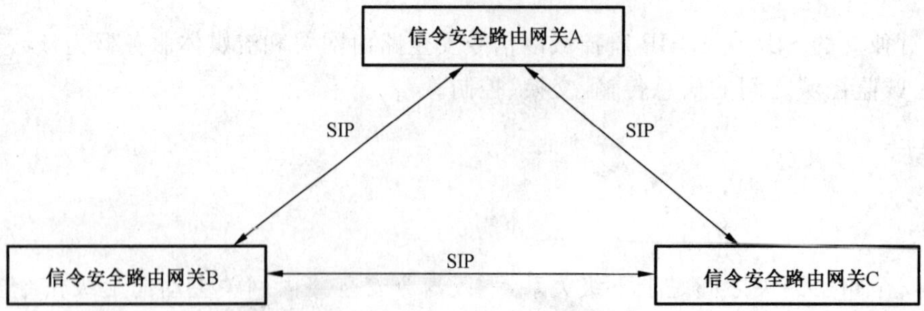

图4 信令互联结构示意图

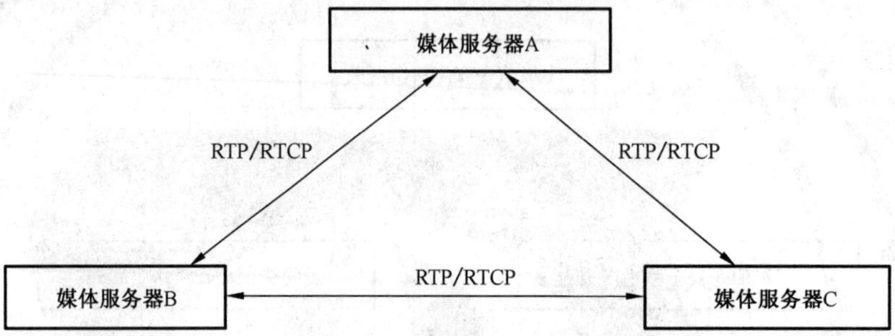

图5 媒体互联结构示意图

4.2 SIP监控域与非SIP监控域互联结构

4.2.1 概述

SIP监控域与非SIP监控域通过网关进行互联，互联结构见图6。网关是非SIP监控域接入SIP监控域的接口设备，在多个层次上对联网系统信息数据进行转换。根据转换的信息数据类型，网关逻辑上分为控制协议网关和媒体网关。

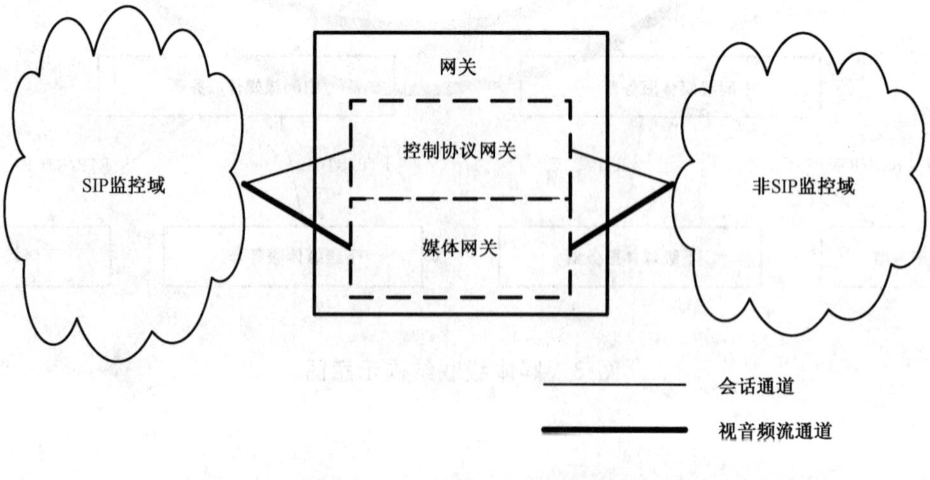

图6 SIP监控域与非SIP监控域互联结构示意图

4.2.2 控制协议网关

控制协议网关在SIP监控域和非SIP监控域的设备之间进行网络传输协议、控制协议、设备地址的转换,具体功能应包括如下的一种或几种：

a) 代理非SIP监控域设备在SIP监控域的SIP服务器上进行注册；

b) 将非SIP监控域的网络传输协议与5.1中规定的网络传输协议进行双向协议转换；

c) 将非SIP监控域的设备控制协议与4.3中规定的会话初始协议、会话描述协议、控制描述协议和媒体回放控制协议进行双向协议转换；

d) 将非SIP监控域的设备地址与6.1中规定的设备地址进行双向地址转换。

4.2.3 媒体网关

媒体网关在SIP监控域和非SIP监控域的设备之间进行媒体传输协议、媒体数据编码格式的转换,具体功能应包括如下的一种或者几种：

a) 将非SIP监控域的媒体传输协议和数据封装格式与5.2规定的媒体传输协议和数据封装格式进行双向协议转换；

b) 将非SIP监控域的媒体数据与6.2中规定的媒体数据压缩编码进行双向转码。

4.3 联网系统通信协议结构

4.3.1 概述

联网系统内部进行视频、音频、数据等信息传输、交换、控制时,应遵循4.3所规定的通信协议,通信协议的结构见图7。

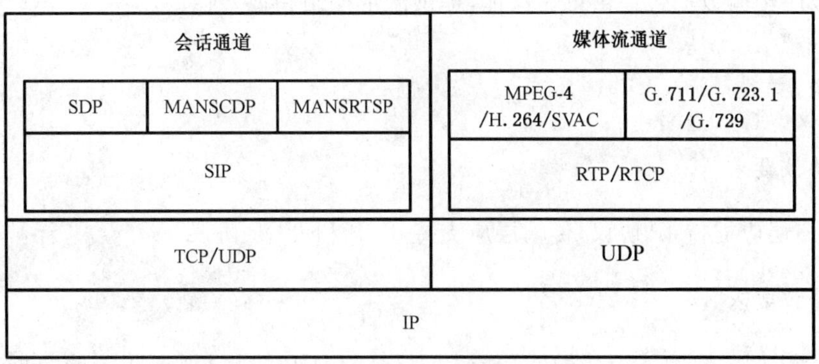

图7 通信协议结构图

联网系统在进行视音频传输及控制时应建立两个传输通道:会话通道和媒体流通道。会话通道用于在设备之间建立会话并传输系统控制命令;媒体流通道用于传输视音频数据,经过压缩编码的视音频流采用流媒体协议RTP/RTCP传输。

4.3.2 会话初始协议

安全注册、实时视音频点播、历史视音频的回放等应用的会话控制采用IETF RFC 3261(SIP)规定的REGISTER、INVITE等请求和响应方法实现,历史视音频回放控制采用SIP扩展协议IETF RFC 2976规定的INFO方法实现,前端设备控制、信息查询、报警事件通知和分发等应用的会话控制采用SIP扩展协议IETF RFC 3428规定的MESSAGE方法实现。

SIP 消息应支持基于 UDP 和 TCP 的传输。

4.3.3 会话描述协议

联网系统有关设备之间会话建立过程的会话协商和媒体协商应采用 IETF RFC 4566(SDP)协议描述，主要内容包括会话描述、媒体信息描述、时间信息描述。会话协商和媒体协商信息应采用 SIP 消息的消息体携带传输。

4.3.4 控制描述协议

联网系统有关前端设备控制、报警信息、设备目录信息等控制命令应采用监控报警联网系统控制描述协议(MANSCDP)描述，见附录 A。联网系统控制命令应采用 SIP 消息 MESSAGE 的消息体携带传输。

4.3.5 媒体回放控制协议

历史视音频的回放控制命令应采用监控报警联网系统实时流协议(MANSRTSP)，协议描述见附录 B，实现设备在端到端之间对视音频流的正常播放、快速、暂停、停止、随机拖动播放等远程控制。历史媒体的回放控制命令采用 SIP 消息 INFO 的消息体携带传输。

4.3.6 媒体传输和媒体编解码协议

媒体流在联网系统 IP 网络上传输时应支持 RTP 传输，RTP 的负载应采用如下两种格式之一：基于 PS 封装的视音频数据或视音频基本流数据，见附录 C。媒体流的传输应采用 IETF RFC 3550 规定的 RTP 协议，提供实时数据传输中的时间戳信息及各数据流的同步；应采用 IETF RFC 3550 规定的 RTCP 协议，为按序传输数据包提供可靠保证，提供流量控制和拥塞控制。

5 传输基本要求

5.1 网络传输协议要求

联网系统网络层应支持 IP 协议，传输层应支持 TCP 和 UDP 协议。

5.2 媒体传输协议要求

视音频流在基于 IP 的网络上传输时应支持 RTP/RTCP 协议；视音频流的数据封装格式应符合 4.3.6 中的要求。

5.3 信息传输延迟时间

当信息(包括视音频信息、控制信息及报警信息等)经由 IP 网络传输时，端到端的信息延迟时间(包括发送端信息采集、编码、网络传输、信息接收端解码、显示等过程所经历的时间)应满足下列要求：

a) 前端设备与信号直接接入的监控中心相应设备间端到端的信息延迟时间应不大于 2 s；

b) 前端设备与用户终端设备间端到端的信息延迟时间应不大于 4 s。

5.4 网络传输带宽

联网系统网络带宽设计应能满足前端设备接入监控中心、监控中心互联、用户终端接入监控中心的带宽要求，并留有余量。前端设备接入监控中心单路的网络传输带宽应不低于 512 kbps，重要场所的前端设备接入监控中心单路的网络传输带宽应不低于 2 Mbps，各级监控中心间网络单路的网络传输带宽应不低于 2.5 Mbps。

5.5 网络传输质量

联网系统 IP 网络的传输质量(如传输时延、包丢失率、包误差率、虚假包率等)应符合如下要求：

a) 网络时延上限值为 400 ms；

b) 时延抖动上限值为 50 ms；

c) 丢包率上限值为 1×10^{-3}；

d) 包误差率上限值为 1×10^{-4}。

5.6 视频帧率

本地录像时可支持的视频帧率应不低于 25 帧/秒；图像格式为 CIF 时，网络传输的视频帧率应不低于 25 帧/秒；图像格式为 4CIF 以上时，网络传输的视频帧率应不低于 15 帧/秒，重要图像信息宜为 25 帧/秒。

6 交换基本要求

6.1 统一编码规则

6.1.1 ID 统一编码规则

联网系统应对前端设备、监控中心设备、用户终端 ID 进行统一编码，该编码具有全局唯一性。编码应采用编码规则 A(20 位十进制数字字符编码)，见 D.1；局部应用系统也可用编码规则 B(18 位十进制数字字符编码)，见 D.2。联网系统管理平台之间的通信、管理平台与其他系统之间的通信应采用本章规定的统一编码标识联网系统的设备和用户。

6.1.2 SIP URI 编码规则

参照 IETF RFC 3261 的规定，联网系统标准设备的 SIP URI 命名宜采用如下格式：

sip[s]：username@domain：port

用户名 username 的命名应保证在同一个 SIP 监控域内具有唯一性，宜采用 6.1.1 规定的 ID 统一编码；domain 宜采用 ID 统一编码的前十位编码；port 宜采用 5060。

6.2 媒体压缩编解码

联网系统中视频压缩编解码和音频编解码应符合附录 E 的相关要求，采用视频编解码标准 H.264 或 MPEG-4，应优先采用 GB/T 25724—2010(简称 SVAC)；音频编解码标准推荐采用 G.711、G.723.1、G.729 或 SVAC。

6.3 媒体存储封装格式

联网系统中，视音频等媒体数据的存储封装格式应为 PS 格式(见 ISO/IEC 13818-1：2000)。

6.4 SDP 定义

联网系统中 SIP 消息体中携带的 SDP 内容应符合 IETF RFC 2327 的相关要求，应有字段见附录 F。

6.5 网络传输协议的转换

应支持将非 SIP 监控域的网络传输协议与 5.1 中规定的网络传输协议进行双向协议转换。

6.6 控制协议的转换

应支持将非 SIP 监控域的设备控制协议与 4.3 中规定的会话初始协议、会话描述协议、控制描述协议和媒体回放控制协议进行双向协议转换。

6.7 媒体传输协议的转换

应支持将非 SIP 监控域的媒体传输协议和数据封装格式与 5.2 中规定的媒体传输协议和数据封装格式进行双向协议转换。

6.8 媒体数据的转换

应支持将非 SIP 监控域的媒体数据转换为符合 6.2 中规定的媒体编码格式的数据。

6.9 与其他系统的数据交换

联网系统通过接入网关提供与综合接处警系统、卡口系统等其他应用系统的接口。接口的基本要求、功能要求、数据规范、传输协议和扩展方式应符合附录 G 的要求，联网系统与其他系统接口的消息格式应符合附录 G 的要求。

7 控制基本要求

7.1 注册

应支持设备或系统进入联网系统时向 SIP 服务器进行注册登记的工作模式。

如果设备或系统注册不成功，宜延迟一定的随机时间后重新注册。

设备或系统注册的会话控制过程见 9.1。

7.2 实时视音频点播

应支持按照指定设备、指定通道进行图像的实时点播，支持多用户对同一图像资源的同时点播；宜支持监控点与监控中心之间、监控中心与监控中心之间的语音实时点播或语音双向对讲。

实时视音频点播的会话控制过程见 9.2，会话描述信息采用 6.4 中规定的格式。

7.3 设备控制

应支持向指定设备发送控制信息，如球机/云台控制、录像控制、报警设备的布防/撤防等，实现对设备的各种动作进行遥控。

设备控制的会话控制过程见 9.3，设备控制命令采用附录 A 规定的 XML 格式。

7.4 报警事件通知和分发

应能实时接收报警源发送来的报警信息，根据报警处置预案将报警信息及时分发给相应的用户终端或系统、设备。

报警信息的接收和分发的会话控制过程见 9.4，报警事件通知命令采用附录 A 规定的 XML 格式。

7.5 设备信息查询

应支持分级查询并获取联网系统中注册设备或系统的目录信息、状态信息等，其中设备目录信息包括设备ID、设备名、设备厂家名称、设备型号、设备地址、设备口令、设备类型、设备状态、设备安装地址、设备归属单位、父设备ID等信息。

设备目录查询的会话控制过程见9.5.2，设备目录查询命令采用附录A规定的XML格式。

应支持查询设备的基本信息，如设备厂商、设备型号、版本、支持协议类型等信息。

设备信息查询的会话控制过程见9.5.2，设备信息查询命令采用附录A规定的XML格式。

7.6 状态信息报送

应支持以主动报送的方式搜集、检测网络内的监控设备、报警设备、相关服务器以及连接的安全防范视频监控联网系统的运行情况。状态信息报送的会话过程见9.6，状态信息报送命令采用附录A规定的XML格式。

7.7 历史视音频文件检索

应支持对指定设备上指定时间段的历史视音频文件进行检索。

历史视音频检索过程见9.7。

7.8 历史视音频回放

应支持对指定设备或系统上指定时间的历史视音频数据进行远程回放，回放过程应支持正常播放、快速播放、慢速播放、画面暂停、随机拖放等媒体回放控制。

历史视音频回放的会话控制和视音频回放控制过程见9.8，会话描述信息采用SDP协议规定的格式，视音频回放控制命令应采用附录B规定的MANSRTSP协议格式。

7.9 历史视音频文件下载

应支持对指定设备指定时间段的历史视音频文件进行下载。

历史视音频下载过程见9.9。

7.10 网络校时

联网系统内的IP网络服务器设备宜支持NTP(见IETF RFC 2030)协议的网络统一校时服务。网络校时设备分为时钟源和客户端，支持客户/服务器的工作模式；时钟源应支持TCP/IP、UDP及NTP协议，能将输入的或自身产生的时间信号以标准的NTP信息包格式输出。

联网系统内的IP网络接入设备应支持SIP信令的统一校时，接入设备应在注册时接受来自SIP服务器通过消息头Date域携带的授时。

7.11 订阅和通知

宜支持订阅和通知机制，支持事件以及目录订阅和通知。具体协议信令流程见9.11。

8 传输、交换、控制安全性要求

8.1 设备身份认证

应对接入系统的所有设备进行统一的编码，设备编码规范见6.1中的规定。接入设备认证应根据不同情况采用不同的认证方式。对于非标准 SIP 设备，宜通过网关进行认证。

在低安全级别应用情况下，应采用基于口令的数字摘要认证方式对设备进行身份认证，认证流程见 9.1 和 IETF RFC 3261 的第 22 章；在高安全级别应用情况下，应采用基于数字证书的认证方式对设备进行身份认证，认证流程见 9.1。

8.2 数据加密

在高安全级别应用情况下，宜在网络层采用 IPSec 或在传输层采用 TLS 对 SIP 消息实现逐跳安全加密；宜在应用层采用 S/MIME 机制的端到端加密（见 IETF RFC 3261 的 23.3），传输过程中宜采用 RSA（1024 位或 2048 位）对会话密钥进行加密，传输内容宜采用 DES、3DES、AES（128）等算法加密。

在高安全级别应用情况下，数据存储宜采用 3DES、AES(128 位)、SM1 等算法进行加密。

8.3 SIP 信令认证

应对 SIP 信令做数字摘要认证，宜支持 MD5、SHA-1、SHA-256 等数字摘要算法。在 SIP 消息头域中，启用 Date 域，增加 Note 域。Note＝(Digest nonce＝"",algorithm＝)，nonce 的值为数字摘要经过 BASE64 编码后的值，algorithm 的值为数字摘要的算法名称。信令认证的流程和方法规定见附录 H。当跨域访问时，若该信令是由本域的用户发起，则信令安全路由网关宜将发送到外域的信令添加 Monitor-User-Identity 头域，其取值为信令安全路由网关 ID 和用户的身份信息；若该信令不是由本域的用户发起，则只在原有 Monitor-User-Identity 域值前添加信令安全路由网关 ID；各段分隔符为“-”。用户的身份为用户 ID 以及用户身份属性信息（用户身份属性信息包括：用户隶属机构属性、用户类别属性和用户职级属性）。

8.4 数据完整性保护

联网系统宜采用数字摘要、数字时间戳及数字水印等技术防止信息的完整性被破坏，即防止恶意篡改系统数据。数字摘要宜采用信息摘要 5(MD5)、安全哈希算法 1(SHA-1)、安全哈希算法 256(SHA-256)等算法。

8.5 访问控制

联网系统应实现统一的用户管理和授权，在身份鉴别的基础上，系统宜采用基于属性或基于角色的访问控制模型对用户进行访问控制。当跨域访问时，宜采用信令 Monitor-User-Identity 携带的用户身份信息进行访问控制。

9 控制、传输流程和协议接口

9.1 注册和注销

9.1.1 注册和注销基本要求

SIP 客户端、网关、SIP 设备、安全防范视频监控联网系统等 SIP 代理（SIP UA）使用 IETF RFC 3261 中定义的方法 REGISTER 进行注册和注销。注册和注销时应进行认证，认证方式应支持数字摘要认证方式，高安全级别的宜支持数字证书的认证方式，数字证书的格式符合附录 I 中的规定。

9.1.2 信令流程

9.1.2.1 基本注册

基本注册即采用IETF RFC 3261规定的基于数字摘要的挑战应答式安全技术进行注册，具体注册流程见图8。

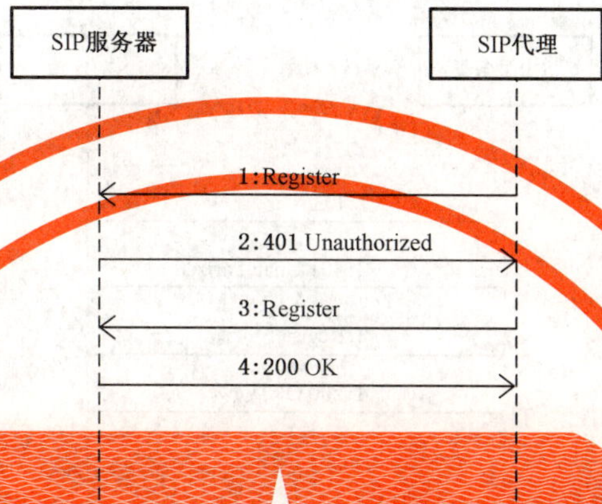

图8 基本注册流程示意图

注册流程描述如下：

a) 1：SIP代理向SIP服务器发送REGISTER请求，请求中未包含Authorization字段；
b) 2：SIP服务器向SIP代理发送响应401，并在响应的消息头WWW_Authenticate字段中给出适合SIP代理的认证体制和参数；
c) 3：SIP代理重新向SIP服务器发送REGISTER请求，在请求的Authorization字段给出信任书，包含认证信息；
d) 4：SIP服务器对请求进行验证，如果检查出SIP代理身份合法，向SIP代理发送成功响应200 OK，如果身份不合法则发送拒绝服务应答。

消息示范见J.1。

9.1.2.2 基于数字证书的双向认证注册

9.1.2.2.1 基于数字证书的双向认证注册说明

SIP代理和SIP服务器进行双向认证。对IETF RFC 3261中定义的方法REGISTER进行如下头域扩展：

a) Authorization的值增加Capability项用来描述编码器的安全能力。当Authorization的值为Capability时，只携带一个参数algorithm，参数algorithm的值分为三部分，中间以逗号分割。第一部分为非对称算法描述，取值为RSA；第二部分为摘要算法描述，取值为MD5/SHA-1/SHA-256中的一个或者多个；第三部分为对称算法的描述，取值为DES/3DES/SM1中的一个或者多个。
b) WWW-Authenticate的值增加Asymmetric项用来携带验证SIP服务器身份的数据。当WWW-Authenticate的值为Asymmetric时，只携带参数nonce和algorithm 。algorithm的

值取安全能力中指明的算法。

c) Authorization 的值增加 Asymmetric 项用来携带验证编码器的数据。当 Authorization 的值为 Asymmetric 时,携带 nonce、response、algorithm 三个参数。

9.1.2.2.2 信令流程

基于数字证书的双向认证注册流程见图 9。

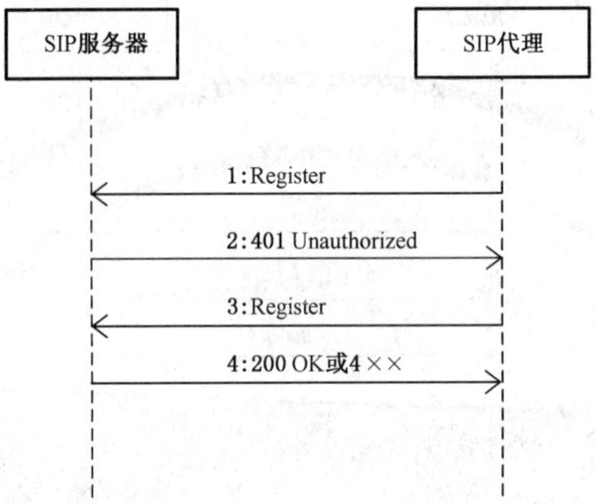

图 9 基于数字证书的双向认证注册流程示意图

信令流程描述如下:

a) 1:SIP UA 向 SIP 服务器发送 REGISTER 请求,消息头域中携带 SIP UA 安全能力。增加 Authorization 头字段,Authorization 的值为 Capability,参数 algorithm 的值分为三部分,中间以逗号分割。第一部分为非对称算法描述,取值为 RSA;第二部分为摘要算法描述,取值为 MD5/SHA-1/SHA-256 中的一个或者多个;第三部分为对称算法的描述,取值为 DES/3DES/SM1 中的一个或者多个。

b) 2:SIP 服务器向 SIP UA 发送一个挑战响应 401,响应的消息头域 WWW-Authenticate 取值为 Asymmetric,参数 nonce 分为 a 和 b 两部分,algorithm 的值取 SIP UA 安全能力中的算法。

c) 3:SIP UA 收到 401 响应后,得到 nonce 中的 a 和 b 两部分。首先用 SIP UA 私钥解密 b,得到结果 c,对结果 c 用 401 响应中 algorithm 指定的算法做摘要,得到结果 d,用 sip 服务器公钥解密 a,得到结果 d',与结果 d 进行匹配,如果相匹配则信任该结果,否则丢弃。SIP UA 重新向 SIP 服务器发送 REGISTER 请求,Authorization 取值为 Asymmetric,参数 nonce 的值与 1.2 中的相同;response 的值为用本消息中 algorithm 指明的算法对[c+nonce]做摘要的结果。

d) 4:SIP 服务器对请求进行验证,如果检查 SIP UA 身份合法,向 SIP UA 发送成功响应 200 OK,如果身份不合法则发送拒绝服务应答。

消息示范见 J.2。

9.1.2.3 注销

注销流程见图 10。

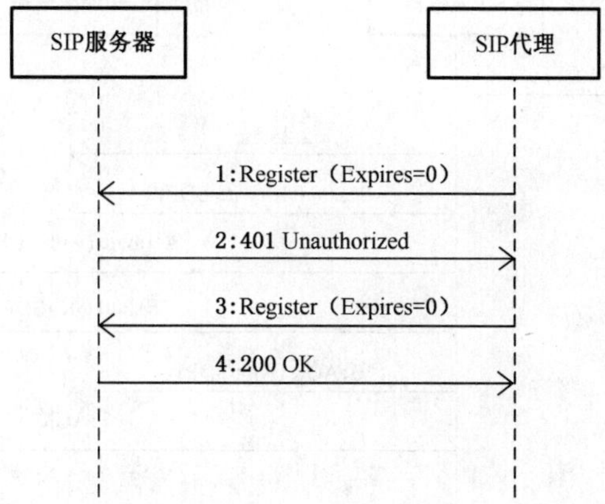

图 10　注销流程示意图

注销流程描述如下：

a） 1:SIP 代理向 SIP 服务器发送 REGISTER 请求，Expires 字段的值为 0，表示 SIP 代理要注销，请求中未包含 Authorization 字段；

b） 2:SIP 服务器向 SIP 代理发送响应 401，并在响应的消息头 WWW_Authenticate 字段中给出适合 SIP 代理的认证体制和参数；

c） 3:SIP 代理重新向 SIP 服务器发送 REGISTER 请求，在请求的 Authorization 字段给出信任书，包含认证信息，Expires 字段的值为 0；

d） 4:SIP 服务器对请求进行验证，如果检查出 SIP 代理身份合法，向 SIP 代理发送成功响应 200 OK，如果身份不合法则发送拒绝服务应答。

消息示范见 J.3。

9.2　实时视音频点播

9.2.1　实时视音频点播基本要求

实时视音频点播的 SIP 消息应通过本域或其他域的 SIP 服务器进行路由、转发，目标设备的实时视音频流宜通过本域内的媒体服务器进行转发。

实时视音频点播采用 SIP 协议(IETF RFC 3261)中的 INVITE 方法实现会话连接，采用 RTP/RTCP 协议(IETF RFC 3550)实现媒体传输。

实时视音频点播的信令流程分为客户端主动发起和第三方呼叫控制两种方式，联网系统可选择其中一种或两种结合的实现方式。第三方呼叫控制的第三方控制者宜采用背靠背用户代理实现，有关第三方呼叫控制见 IETF RFC 3725。

9.2.2　命令流程

9.2.2.1　客户端主动发起

客户端主动发起的实时视音频点播流程见图 11。

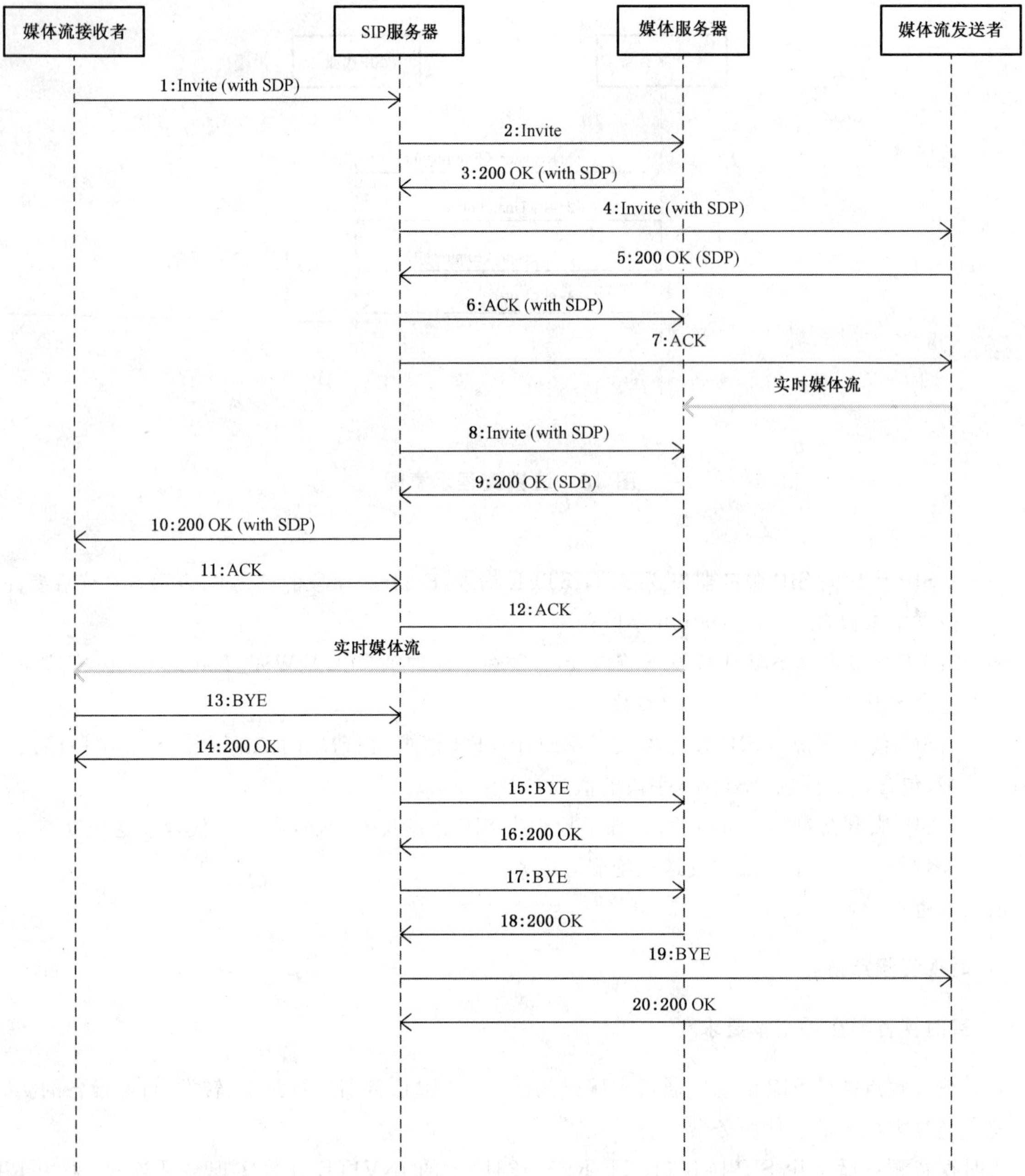

图 11　客户端主动发起的实时视音频点播流程示意图

其中，信令 1、8、9、10、11、12 为 SIP 服务器接收到客户端的呼叫请求后通过 B2BUA 代理方式建立媒体流接收者与媒体服务器之间的媒体流信令过程，信令 2～7 为 SIP 服务器通过三方呼叫控制建立媒体服务器与媒体流发送者之间的媒体流信令过程，信令 13～16 为媒体流接收者断开与媒体服务器之间的媒体流信令过程，信令 17～20 为 SIP 服务器断开媒体服务器与媒体流发送者之间的媒体流信令过程。

命令流程描述如下：

a) 1：媒体流接收者向 SIP 服务器发送 Invite 消息，消息头域中携带 Subject 字段，表明点播的视频源 ID、分辨率、媒体流接收者 ID、接收端媒体流序列号等参数，SDP 消息体中 s 字段为

"Play"代表实时点播。

b) 2:SIP 服务器收到 Invite 请求后,通过三方呼叫控制建立媒体服务器和媒体流发送者之间的媒体连接。向媒体服务器发送 Invite 消息,此消息不携带 SDP 消息体。

c) 3:媒体服务器收到 SIP 服务器的 Invite 请求后,回复 200 OK 响应,携带 SDP 消息体,消息体中描述了媒体服务器接收媒体流的 IP、端口、媒体格式等内容。

d) 4:SIP 服务器收到媒体服务器返回的 200 OK 响应后,向媒体流发送者发送 Invite 请求,请求中携带消息 3 中媒体服务器回复的 200 OK 响应消息体,并且修改 s 字段为"Play"代表实时点播,增加 y 字段描述 SSRC 值,f 字段描述媒体参数。

e) 5:媒体流发送者收到 SIP 服务器的 Invite 请求后,回复 200 OK 响应,携带 SDP 消息体,消息体中描述了媒体流发送者发送媒体流的 IP、端口、媒体格式、SSRC 字段等内容。

f) 6:SIP 服务器收到媒体流发送者返回的 200 OK 响应后,向媒体服务器发送 ACK 请求,请求中携带消息 5 中媒体流发送者回复的 200 OK 响应消息体,完成与媒体服务器的 Invite 会话建立过程。

g) 7:SIP 服务器收到媒体流发送者返回的 200 OK 响应后,向媒体流发送者发送 ACK 请求,请求中不携带消息体,完成与媒体流发送者的 Invite 会话建立过程。

h) 8:完成三方呼叫控制后,SIP 服务器通过 B2BUA 代理方式建立媒体流接收者和媒体服务器之间的媒体连接。在消息 1 中增加 SSRC 值,转发给媒体服务器。

i) 9:媒体服务器收到 Invite 请求,回复 200 OK 响应,携带 SDP 消息体,消息体中描述了媒体服务器发送媒体流的 IP、端口、媒体格式、SSRC 值等内容。

j) 10:SIP 服务器将消息 9 转发给媒体流接收者。

k) 11:媒体流接收者收到 200 OK 响应后,回复 ACK 消息,完成与 SIP 服务器的 Invite 会话建立过程。

l) 12:SIP 服务器将消息 11 转发给媒体服务器,完成与媒体服务器的 Invite 会话建立过程。

m) 13:媒体流接收者向 SIP 服务器发送 BYE 消息,断开消息 1、10、11 建立的同媒体流接收者的 Invite 会话。

n) 14:SIP 服务器收到 BYE 消息后回复 200 OK 响应,会话断开。

o) 15:SIP 服务器收到 BYE 消息后向媒体服务器发送 BYE 消息,断开消息 8、9、12 建立的同媒体服务器的 Invite 会话。

p) 16:媒体服务器收到 BYE 消息后回复 200 OK 响应,会话断开。

q) 17:SIP 服务器向媒体服务器发送 BYE 消息,断开消息 2、3、6 建立的同媒体服务器的 Invite 会话。

r) 18:媒体服务器收到 BYE 消息后回复 200 OK 响应,会话断开。

s) 19:SIP 服务器向媒体流发送者发送 BYE 消息,断开消息 4、5、7 建立的同媒体流发送者的 Invite 会话。

t) 20:媒体流发送者收到 BYE 消息后回复 200 OK 响应,会话断开。

消息示范见 J.4。

9.2.2.2 第三方呼叫控制

第三方呼叫控制的实时视音频点播流程见图 12。

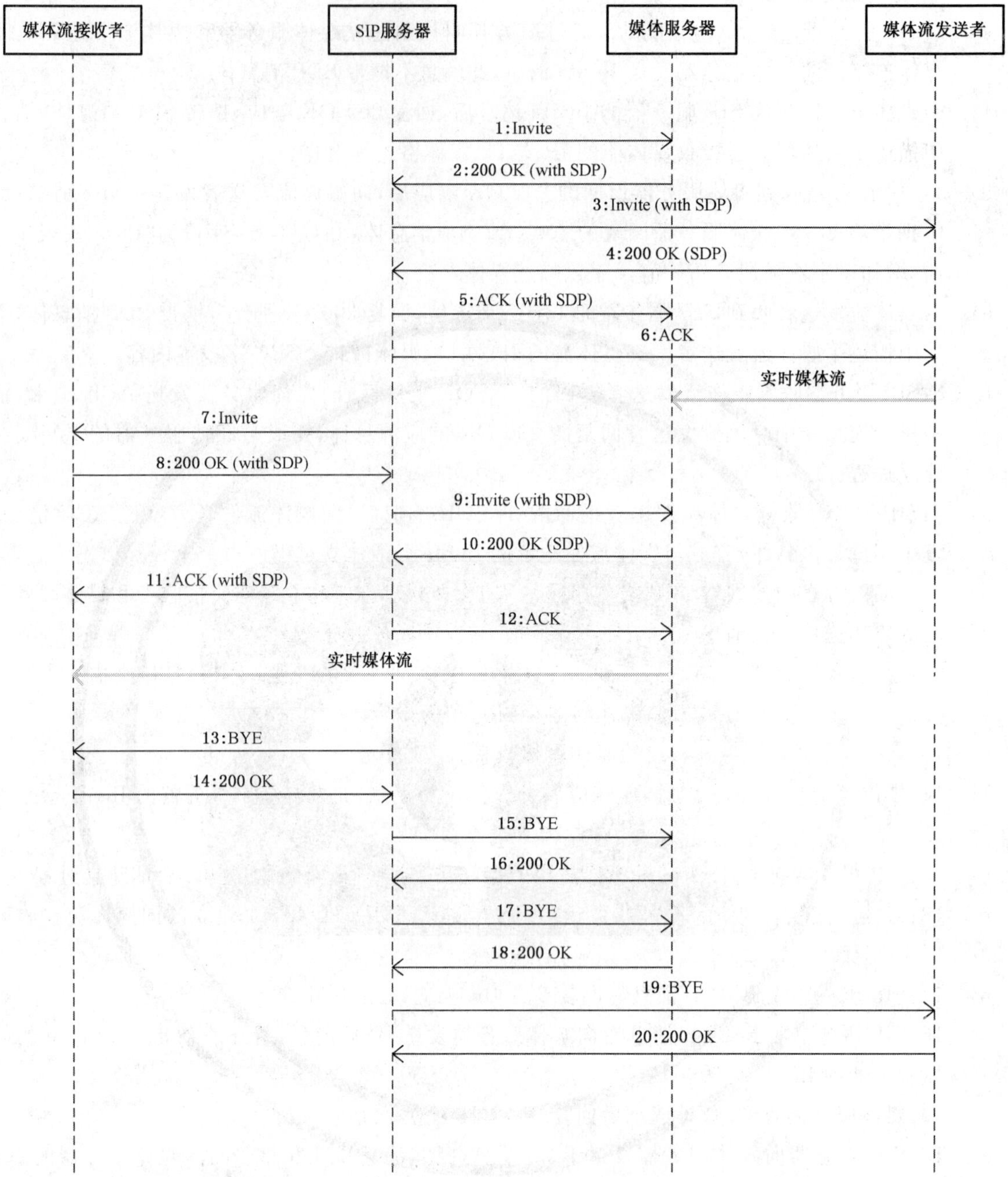

图 12　第三方呼叫控制的实时视音频点播流程示意图

其中,信令 1～6 为 SIP 服务器通过三方呼叫控制建立媒体服务器与媒体流发送者之间的媒体链接信令过程,信令 7～12 为 SIP 服务器通过三方呼叫控制建立媒体流接收者与媒体服务器之间的媒体链接信令过程,信令 13～16 为断开媒体流接收者与媒体服务器之间的媒体链接信令过程,信令 17～20 为断开媒体服务器与媒体流发送者之间的媒体链接信令过程。

命令流程描述如下:

a)　1:SIP 服务器向媒体服务器发送 Invite 消息,此消息不携带 SDP 消息体。

b)　2:媒体服务器收到 SIP 服务器的 Invite 请求后,回复 200 OK 响应,携带 SDP 消息体,消息体中描述了媒体服务器接收媒体流的 IP、端口、媒体格式等内容。

c)　3:SIP 服务器收到媒体服务器返回的 200 OK 响应后,向媒体流发送者发送 Invite 请求,请求中携带消息 2 中媒体服务器回复的 200 OK 响应消息体,并且修改 s 字段为"Play"代表实时点播,增加 y 字段描述 SSRC 值,f 字段描述媒体参数。

d) 4:媒体流发送者收到 SIP 服务器的 Invite 请求后,回复 200 OK 响应,携带 SDP 消息体,消息体中描述了媒体流发送者发送媒体流的 IP、端口、媒体格式、SSRC 字段等内容。

e) 5:SIP 服务器收到媒体流发送者返回的 200 OK 响应后,向媒体服务器发送 ACK 请求,请求中携带消息 4 中媒体流发送者回复的 200 OK 响应消息体,完成与媒体服务器的 Invite 会话建立过程。

f) 6:SIP 服务器收到媒体流发送者返回的 200 OK 响应后,向媒体流发送者发送 ACK 请求,请求中不携带消息体,完成与媒体流发送者的 Invite 会话建立过程。

g) 7:SIP 服务器向媒体流接收者发送 Invite 消息,此消息不携带 SDP 消息体。

h) 8:媒体流接收者收到 SIP 服务器的 Invite 请求后,回复 200 OK 响应,携带 SDP 消息体,消息体中描述了媒体流接收者接收媒体流的 IP、端口、媒体格式等内容。

i) 9:SIP 服务器收到媒体流接收者返回的 200 OK 响应后,向媒体服务器发送 Invite 请求,请求中携带消息 8 中媒体流接收者回复的 200 OK 响应消息体,并且修改 s 字段为"Play"代表实时点播,增加 y 字段描述 SSRC 值。

j) 10:媒体服务器收到 SIP 服务器的 Invite 请求后,回复 200 OK 响应,携带 SDP 消息体,消息体中描述了媒体服务器发送媒体流的 IP、端口、媒体格式、SSRC 字段等内容。

k) 11:SIP 服务器收到媒体服务器返回的 200 OK 响应后,向媒体流接收者发送 ACK 请求,请求中携带消息 10 中媒体服务器回复的 200 OK 响应消息体,完成与媒体流接收者的 Invite 会话建立过程。

l) 12:SIP 服务器收到媒体服务器返回的 200 OK 响应后,向媒体服务器发送 ACK 请求,请求中不携带消息体,完成与媒体服务器的 Invite 会话建立过程。

m) 13:SIP 服务器向媒体流接收者发送 BYE 消息,断开消息 7、8、11 建立的同媒体流接收者的 Invite 会话。

n) 14:媒体流接收者收到 BYE 消息后回复 200 OK 响应,会话断开。

o) 15:SIP 服务器向媒体服务器发送 BYE 消息,断开消息 9、10、12 建立的同媒体服务器的 Invite 会话。

p) 16:媒体服务器收到 BYE 消息后回复 200 OK 响应,会话断开。

q) 17:SIP 服务器向媒体服务器发送 BYE 消息,断开消息 1、2、5 建立的同媒体服务器的 Invite 会话。

r) 18:媒体服务器收到 BYE 消息后回复 200 OK 响应,会话断开。

s) 19:SIP 服务器向媒体流发送者发送 BYE 消息,断开消息 3、4、6 建立的同媒体流发送者的 Invite 会话。

t) 20:媒体流发送者收到 BYE 消息后回复 200 OK 响应,会话断开。

消息示范见 J.5。

9.2.3 协议接口

SIP 消息头域(如 TO,FROM,Cseq,Call-ID,Max-Forwards,Via 等)的详细定义符合相关 SIP 消息的 RFC 文档的规定。

消息头域 Allow 字段应支持 INVITE,ACK,INFO,CANCEL,BYE,OPTIONS,MESSAGE 方法,

不排除支持其他 SIP 和 SIP 扩展方法。

消息头 Content-type 字段应表示消息体采用 SDP 协议格式定义。例如：Content-type：application/sdp。

源设备应在 SDP 协议格式的消息体中包括 t 行(见 IETF RFC 4566 的 5.9),t 行的开始时间和结束时间均设置成 0,表示实时视音频点播。

发送给媒体服务器的消息的消息头应包括 Subject 字段,系统应支持该字段,详细定义见附录 K。实时视频图像点播流程中携带的请求和应答消息体采用 SDP 协议格式定义。有关 SDP 的详细描述见 IETF RFC 4566。

SDP 文本信息包括:会话名称和意图、会话持续时间、构成会话的媒体、有关接收媒体的信息(地址等)。

SDP 协议格式消息体应包括 o 行(见 IETF RFC 4566 的 5.2),o 行中的 username 应为本设备的设备编码,设备编码应符合 6.1.1 的规定;c 行中应包括设备或系统 IP 地址;m 行中应包括媒体接收端口号。

9.3 设备控制

9.3.1 设备控制基本要求

源设备向目标设备发送设备控制命令,控制命令的类型包括球机/云台控制、远程启动、录像控制、报警布防/撤防、报警复位等,设备控制采用 IETF RFC 3428 中的 MESSAGE 方法实现。

源设备包括 SIP 客户端、网关或者安全防范视频监控联网系统,目标设备包括 SIP 设备、网关或者安全防范视频监控联网系统。

源设备向目标设备发送球机/云台控制命令、远程启动命令后,目标设备不发送应答命令,命令流程见 9.3.2.1;源设备向目标设备发送录像控制、报警布防/撤防、报警复位命令后,目标设备应发送应答命令表示执行的结果,命令流程见 9.3.2.2。

9.3.2 命令流程

9.3.2.1 无应答命令流程

无应答设备控制流程见图 13。

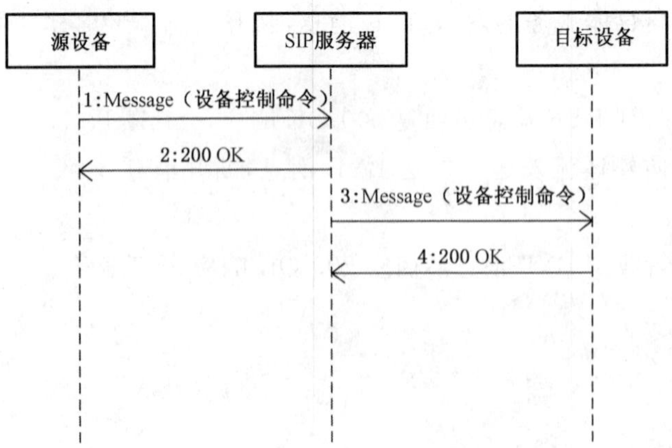

图 13 无应答设备控制流程示意图

命令流程描述如下：

a) 1:源设备向 SIP 服务器发送设备控制命令，设备控制命令采用 MESSAGE 方法携带。

b) 2:SIP 服务器收到命令后返回 200 OK。

c) 3:SIP 服务器向目标设备发送设备控制命令，设备控制命令采用 MESSAGE 方法携带。

d) 4:目标设备收到命令后返回 200 OK。

消息示范见 J.6。

9.3.2.2 有应答命令流程

有应答设备控制流程见图 14。

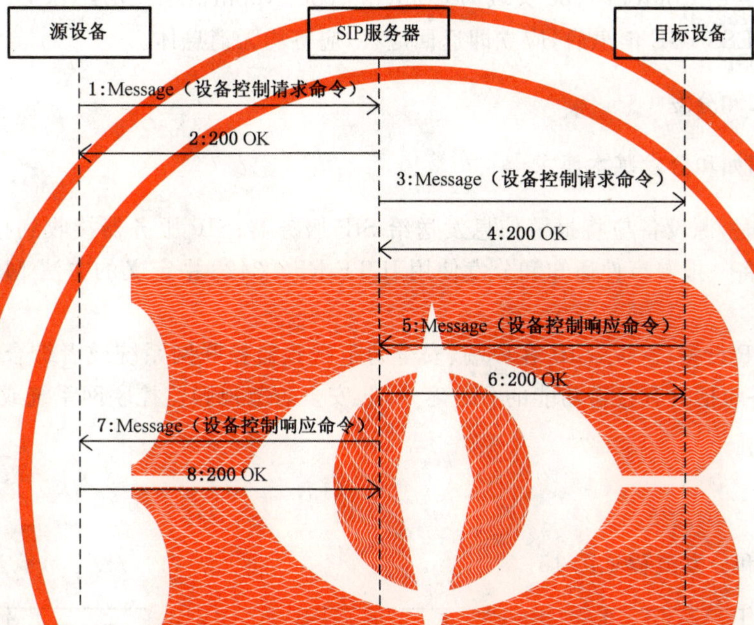

图 14 有应答设备控制流程示意图

命令流程描述如下：

a) 1:源设备向 SIP 服务器发送设备控制命令，设备控制命令采用 MESSAGE 方法携带。

b) 2:SIP 服务器收到命令后返回 200 OK。

c) 3:SIP 服务器向目标设备发送设备控制命令，设备控制命令采用 MESSAGE 方法携带。

d) 4:目标设备收到命令后返回 200 OK。

e) 5:目标设备向 SIP 服务器发送设备控制响应命令，设备控制响应命令采用 MESSAGE 方法携带。

f) 6:SIP 服务器收到命令后返回 200 OK。

g) 7:SIP 服务器向源设备转发设备控制响应命令，设备控制响应命令采用 MESSAGE 方法携带。

h) 8:源设备收到命令后返回 200 OK。

消息示范见 J.7。

9.3.3 协议接口

9.3.3.1 请求命令消息体

MESSAGE 消息头 Content-type 头域为 Content-type:Application/MANSCDP+xml。

设备控制命令采用 MANSCDP 协议格式定义，详细描述见 A.2.3 的控制命令。设备控制命令应包括命令类型(CmdType)、命令序列号(SN)、设备编码(DeviceID)、子命令等，采用 MESSAGE 方法的消息体携带。

设备在收到 MESSAGE 消息后，应立即返回应答，应答均无消息体。

9.3.3.2 应答命令消息体

设备控制应答命令应包括命令类型(CmdType)、命令序列号(SN)、设备编码(DeviceID)、执行结果(Result)，采用 MESSAGE 方法的消息体携带。

设备控制应答命令采用 MANSCDP 协议格式定义，详细描述见 A.2.6 的设备控制应答命令。

MESSAGE 消息头 Content-type 头域为 Content-type：Application/MANSCDP＋xml。

设备在收到 MESSAGE 消息后，应立即返回应答，应答均无消息体。

9.4 报警事件通知和分发

9.4.1 报警事件通知和分发基本要求

发生报警事件时，源设备应将报警信息发送给 SIP 服务器；SIP 服务器接收到报警事件后，将报警信息分发给目标设备。报警事件通知和分发使用 IETF RFC 3428 中定义的方法 MESSAGE 传送报警信息。

源设备包括 SIP 设备、网关、SIP 客户端、安全防范视频监控联网系统或者综合接处警系统以及卡口系统等，目标设备包括具有接警功能的 SIP 客户端、安全防范视频监控联网系统或者综合接处警系统以及卡口系统等。

9.4.2 命令流程

报警事件通知和分发流程见图 15。

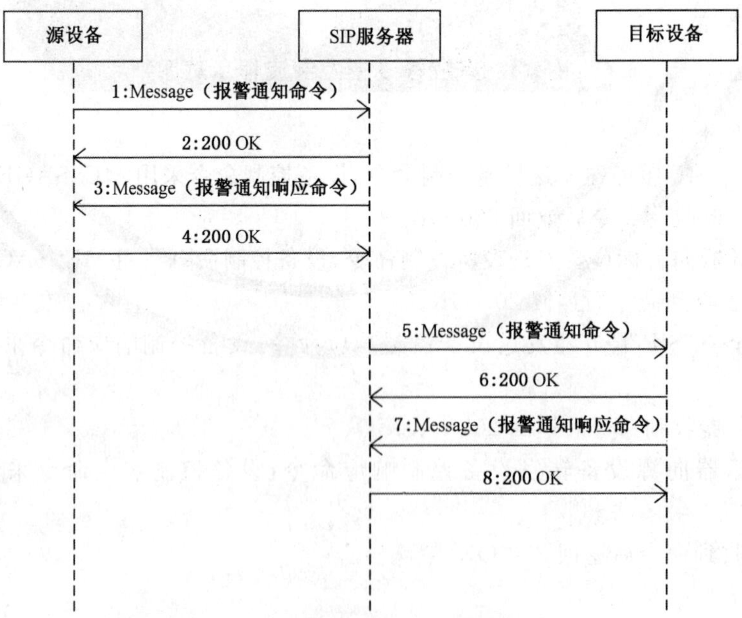

图 15 报警事件通知和分发流程示意图

命令流程描述如下：

a) 1：报警事件产生后，源设备向 SIP 服务器发送报警通知命令，报警通知命令采用 MESSAGE

方法携带。

b) 2：SIP 服务器收到命令后返回 200 OK。

c) 3：SIP 服务器接收到报警事件后，向源设备发送报警事件通知响应命令，报警通知响应命令采用 MESSAGE 方法携带。

d) 4：源设备收到命令后返回 200 OK。

e) 5：SIP 服务器接收到报警事件后，确定需要转发的目标设备，SIP 服务器向目标设备发送报警事件通知命令，报警通知命令采用 MESSAGE 方法携带。

f) 6：目标设备收到命令后返回 200 OK。

g) 7：目标设备接收到报警事件后，向 SIP 服务器发送报警事件通知响应命令，报警通知响应命令采用 MESSAGE 方法携带。

h) 8：SIP 服务器收到命令后返回 200 OK。

消息示范见 J.8。

9.4.3 协议接口

9.4.3.1 请求命令消息体

消息头 Content-type 字段为 Content-type：Application/MANSCDP+xml。

报警事件通知和分发流程中的请求命令采用 MANSCDP 协议格式定义，详细描述见 A.2.5 报警通知。

源设备向 SIP 服务器通知报警、SIP 服务器向目标设备发送报警的通知命令均采用 MESSAGE 方法的消息体携带。报警事件通知命令应包括命令类型(CmdType)、命令序列号(SN)、设备编码(DeviceID)、报警级别(AlarmPriority)、报警时间(AlarmTime)、报警方式(AlarmMethod)、经度(Longitude)、纬度(Latitude)等。

相关设备在收到 MESSAGE 消息后，应立即返回 200 OK 应答，200 OK 应答均无消息体。

9.4.3.2 应答命令消息体

消息头 Content-type 字段为 Content-type：Application/MANSCDP+xml。

报警事件通知和分发流程中的应答命令采用 MANSCDP 协议格式定义，详细描述见 A.2.6 报警通知应答。

SIP 服务器向源设备、目标设备向 SIP 服务器发送报警通知应答命令均采用 MESSAGE 方法的消息体携带。报警事件通知应答命令应包括命令类型(CmdType)、命令序列号(SN)、设备编码(DeviceID)、执行结果(Result)。

相关设备在收到 MESSAGE 消息后，应立即返回 200 OK 应答，200 OK 应答均无消息体。

9.5 网络设备信息查询

9.5.1 网络设备信息查询基本要求

源设备向目标设备发送信息查询命令，目标设备应将结果通过查询应答命令返回给源设备。网络设备信息查询命令包括设备目录查询命令、前端设备信息查询命令、前端设备状态信息查询命令等，信息查询的范围包括本地 SIP 监控域或者跨 SIP 监控域。网络设备信息查询命令和响应均采用 IETF RFC 3428 中定义的方法 MESSAGE 实现。

源设备包括 SIP 客户端、网关或安全防范视频监控联网系统，目标设备包括 SIP 设备、网关或安全防范视频监控联网系统。

9.5.2 命令流程

网络设备信息查询流程见图16。

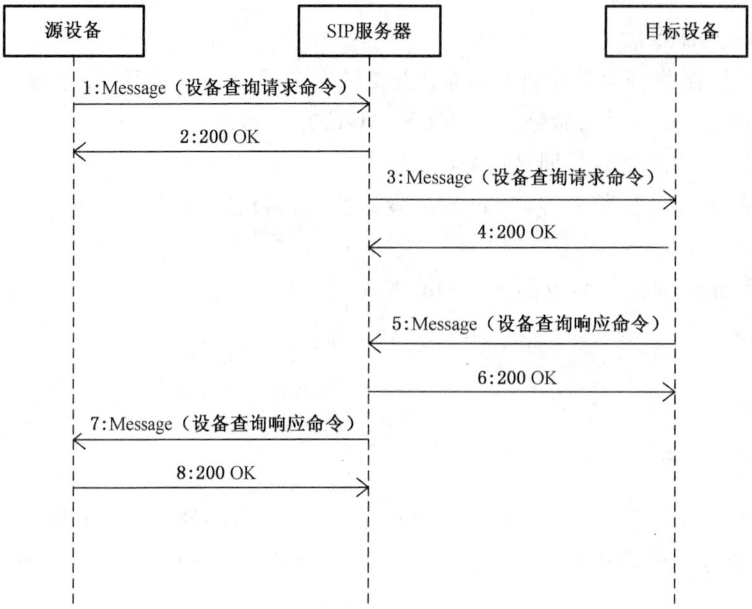

图16 网络设备信息查询流程示意图

命令流程描述如下：

a) 1:源设备向SIP服务器发送设备查询命令,设备查询命令采用MESSAGE方法携带。
b) 2:SIP服务器收到命令后返回200 OK。
c) 3:SIP服务器向目标设备转发设备查询命令,设备查询命令采用MESSAGE方法携带。
d) 4:目标设备收到命令后返回200 OK。
e) 5:目标设备向SIP服务器发送设备查询响应命令,设备查询响应命令采用MESSAGE方法携带。
f) 6:SIP服务器收到命令后返回200 OK。
g) 7:SIP服务器向源设备转发查询响应命令,设备查询响应命令采用MESSAGE方法携带。
h) 8:目标设备收到命令后返回200 OK。

9.5.3 协议接口

9.5.3.1 设备目录查询消息体

9.5.3.1.1 请求命令消息体

MESSAGE消息头Content-type头域为Content-type:Application/MANSCDP+xml。

设备目录查询命令采用MANSCDP协议格式定义,详细描述见A.2.4设备目录信息查询请求。

设备目录查询请求命令应包括命令类型(CmdType)、命令序列号(SN)、设备/区域/系统编码(DeviceID)等,采用IETF RFC 3428的MESSAGE方法的消息体携带。

相关设备在收到MESSAGE消息后,应立即返回200 OK应答,200 OK应答均无消息体。

9.5.3.1.2 应答命令消息体

MESSAGE消息头Content-type头域为Content-type:Application/MANSCDP+xml。

设备目录查询应答命令采用 MANSCDP 协议格式定义，详细描述见 A.2.6 设备目录信息查询应答。

设备目录查询应答命令应包括命令类型(CmdType)、命令序列号(SN)、设备/区域/系统编码(DeviceID)、设备/区域/系统名称(Name)、设备状态(Status)、经度(Longitude)、纬度(Latitude)等，采用 MESSAGE 方法的消息体携带。

相关设备在收到 MESSAGE 消息后，应立即返回 200 OK 应答，200 OK 应答均无消息体。

消息示范见 J.9。

9.5.3.2 设备信息查询消息体

9.5.3.2.1 请求命令消息体

MESSAGE 消息头 Content-type 头域为 Content-type:Application/MANSCDP+xml。

设备信息查询命令采用 MANSCDP 协议格式定义，详细描述见 A.2.4 设备信息查询请求。

设备信息查询请求命令应包括命令类型(CmdType)、命令序列号(SN)、设备编码(DeviceID)，采用 IETF RFC 3428 的 MESSAGE 方法的消息体携带。

相关设备在收到 MESSAGE 消息后，应立即返回应答，应答均无消息体。

9.5.3.2.2 应答命令消息体

MESSAGE 消息头 Content-type 头域为 Content-type:Application/MANSCDP+xml。

设备信息查询应答命令采用 MANSCDP 协议格式定义，详细描述见 A.2.6 设备信息查询应答。

设备信息查询应答命令应包括命令类型(CmdType)、设备编码(DeviceID)、查询结果标志(Result)、厂商信息(Manufacturer)、设备型号(Model)、固件版本(Firmware)、最大支持摄像机个数(Channel)等采用 MESSAGE 方法的消息体携带。

相关设备在收到 MESSAGE 消息后，应立即返回 200 OK 应答，200 OK 应答均无消息体。

消息示范见 J.10。

9.5.3.3 设备状态查询消息体

9.5.3.3.1 请求命令消息体

MESSAGE 消息头 Content-type 头域为 Content-type:Application/MANSCDP+xml。

设备状态查询命令采用 MANSCDP 协议格式定义，详细描述见 A.2.4 设备状态查询请求。

设备状态查询请求命令应包括命令类型(CmdType)、命令序列号(SN)、设备或区域或系统编码(DeviceID)，采用 IETF RFC 3428 的 MESSAGE 方法的消息体携带。

相关设备在收到 MESSAGE 消息后，应立即返回 200 OK 应答，200 OK 应答均无消息体。

9.5.3.3.2 应答命令消息体

MESSAGE 消息头 Content-type 头域为 Content-type:Application/MANSCDP+xml。

设备信息查询应答命令采用 MANSCDP 协议格式定义，详细描述见 A.2.6 设备状态信息查询应答。

设备状态查询应答命令应包括目标设备或区域或系统编码、命令类型(CmdType)、查询结果标志(Result)、是否在线(Online)、是否正常工作(Status)、不正常原因(Reason)、是否编码(Encode)、是否录像(Record)、设备时间和日期(DeviceTime)、报警设备状态列表(Alarmstatus)等，报警设备状态列表应包括报警设备或区域或系统编码(DeviceID)、报警设备状态(DutyStatus)，采用 MESSAGE 方法的消息体携带。

相关设备在收到 MESSAGE 消息后，应立即返回 200 OK 应答，200 OK 应答均无消息体。

消息示范见 J.11。

9.6 状态信息报送

9.6.1 状态消息报送基本要求

当源设备（包括网关、SIP 设备、SIP 客户端或安全防范视频监控联网系统）发现工作异常时，应立即向本 SIP 监控域的 SIP 服务器发送状态信息；无异常时，应定时向本 SIP 监控域的 SIP 服务器发送状态信息。状态信息报送采用 IETF RFC 3428 中定义的方法 MESSAGE 实现。

9.6.2 命令流程

状态信息报送流程见图 17。

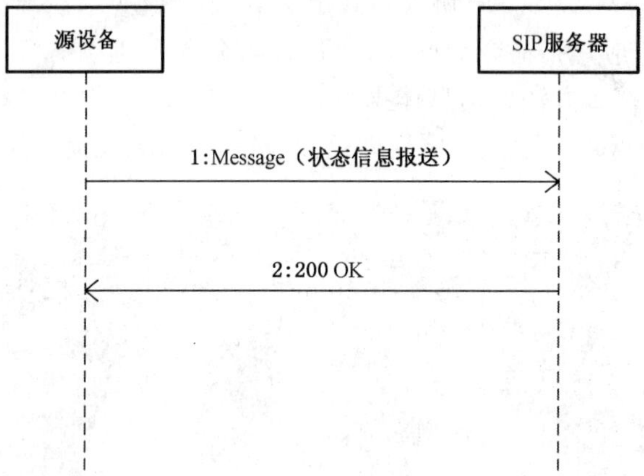

图 17 状态信息报送流程示意图

命令流程描述如下：

a） 1：源设备向 SIP 服务器发送设备状态信息报送命令。设备状态信息报送命令采用 MESSAGE 方法携带。

b） 2：SIP 服务器收到命令后返回 200 OK。

消息示范见 J.12。

9.6.3 协议接口

MESSAGE 消息头 Content-type 头域为 Content-type：Application/MANSCDP＋xml。

状态信息报送命令采用 MANSCDP 协议格式定义，详细描述见 A.2.5 状态信息报送。

状态信息报送命令应包括命令类型（CmdType）、设备/系统编码（DeviceID）、是否正常工作（Status）等，采用 MESSAGE 方法的消息体携带。

MESSAGE 消息的成功和错误应答均无消息体。

9.7 设备视音频文件检索

9.7.1 视音频文件检索基本要求

文件检索主要用区域、设备、录像时间段、录像地点、录像内容为条件进行查询，用 Message 消息发送检索请求和返回查询结果，传送结果的 Message 消息可以发送多条。文件检索请求和应答命令采用 MANSCDP 协议格式定义，详细描述见 A.2.4 文件目录检索请求和 A.2.6 文件目录检索应答。

9.7.2 命令流程

设备视音频文件检索消息流程见图18。

图18 设备视音频文件检索消息流程示意图

信令流程描述如下：

a) 1:目录检索方向目录拥有方发送目录查询请求Message消息,消息体中包含视音频文件检索条件。
b) 2:目录拥有方向目录检索方发送200 OK,无消息体。
c) 3:目录拥有方向目录检索方发送查询结果,消息体中含文件目录,当一条Message消息无法传送完所有查询结果时,采用多条消息传送。
d) 4:目录检索方向目录拥有方发送200 OK,无消息体。

消息示范见J.13。

9.7.3 协议接口

SIP消息头域(如TO,FROM,Cseq,Call-ID,Max-Forwards, Via等)的详细定义按照相关SIP消息的RFC文档的规定。

9.8 历史视音频的回放

9.8.1 历史视音频的回放基本要求

应采用SIP协议(IETF RFC 3261)中的INVITE方法实现会话连接,采用SIP扩展协议(IETF RFC 2976)INFO方法的消息体携带视音频回放控制命令,采用RTP/RTCP协议(IETF RFC 3550)实现媒体传输。媒体回放控制命令引用MANSRTSP协议中的PLAY,PAUSE,TEARDOWN的请求消息和应答消息,具体见附录B。

历史媒体回放的信令流程分为客户端主动发起和第三方呼叫控制两种方式,联网系统可选择其中一种或两种结合的实现方式。第三方呼叫控制的第三方控制者宜采用背靠背用户代理实现,有关第三方呼叫控制见IETF RFC 3725。

媒体流接收者可以是包括SIP客户端、SIP设备(如视频解码器),媒体流发送者可以是SIP设备、网关、媒体服务器。

9.8.2 命令流程

9.8.2.1 客户端主动发起

客户端主动发起的历史媒体回放流程见图19。

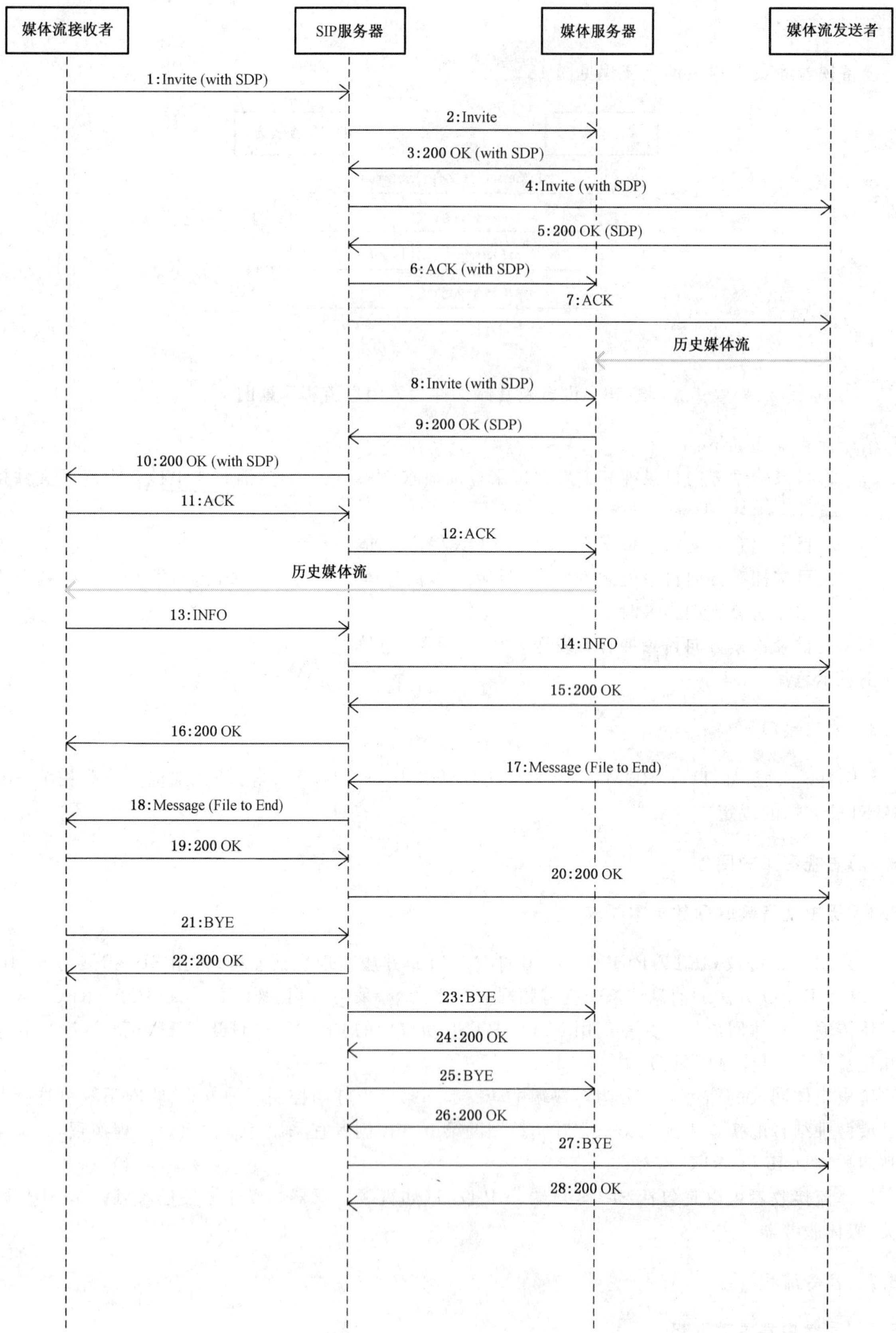

图 19　客户端主动发起的历史视音频回放流程示意图

其中,信令1、8、9、10、11、12为SIP服务器接收到客户端的呼叫请求后通过B2BUA代理方式建立媒体流接受者与媒体服务器之间的媒体链接信令过程,信令2~7为SIP服务器通过三方呼叫控制建立媒体服务器与媒体流之间的媒体链接信令过程,信令13~16为媒体流接收者进行回放控制信令过程,信令17~20为媒体流发送者回放、下载到文件结束向媒体接收者发送通知消息过程,信令21~24为断开媒体流接收者与媒体服务器之间的媒体链接信令过程,信令25~28为SIP服务器断开媒体服务器与媒体流发送者之间的媒体链接信令过程。

命令流程描述如下:

a) 1:媒体流接收者向SIP服务器发送Invite消息,消息头域中携带Subject字段,表明点播的视频源ID、分辨率、媒体流接收者ID、接收端媒体流序列号标识等参数,SDP消息体中s字段为"Playback"代表历史回放,u字段代表回放通道ID和回放类型,t字段代表回放时间段。
b) 2:SIP服务器收到Invite请求后,通过三方呼叫控制建立媒体服务器和媒体流发送者之间的媒体连接。向媒体服务器发送Invite消息,此消息不携带SDP消息体。
c) 3:媒体服务器收到SIP服务器的Invite请求后,回复200 OK响应,携带SDP消息体,消息体中描述了媒体服务器接收媒体流的IP、端口、媒体格式等内容。
d) 4:SIP服务器收到媒体服务器返回的200 OK响应后,向媒体流发送者发送Invite请求,请求中携带消息3中媒体服务器回复的200 OK响应消息体,并且修改s字段为"Playback"代表历史回放,u字段代表回放通道ID和回放类型,t字段代表回放时间段,增加y字段描述SSRC值,f字段描述媒体参数。
e) 5:媒体流发送者收到SIP服务器的Invite请求后,回复200 OK响应,携带SDP消息体,消息体中描述了媒体流发送者发送媒体流的IP、端口、媒体格式、SSRC字段等内容。
f) 6:SIP服务器收到媒体流发送者返回的200 OK响应后,向媒体服务器发送ACK请求,请求中携带消息5中媒体流发送者回复的200 OK响应消息体,完成与媒体服务器的Invite会话建立过程。
g) 7:SIP服务器收到媒体流发送者返回的200 OK响应后,向媒体流发送者发送ACK请求,请求中不携带消息体,完成与媒体流发送者的Invite会话建立过程。
h) 8:完成三方呼叫控制后,SIP服务器通过B2BUA代理方式建立媒体流接收者和媒体服务器之间的媒体连接。在消息1中增加SSRC值,转发给媒体服务器。
i) 9:媒体服务器收到Invite请求,回复200 OK响应,携带SDP消息体,消息体中描述了媒体服务器发送媒体流的IP、端口、媒体格式、SSRC值等内容。
j) 10:SIP服务器将消息9转发给媒体流接收者。
k) 11:媒体流接收者收到200 OK响应后,回复ACK消息,完成与SIP服务器的Invite会话建立过程。
l) 12:SIP服务器将消息11转发给媒体服务器,完成与媒体服务器的Invite会话建立过程。
m) 13:在回放过程中,媒体流接收者通过向SIP服务器发送会话内Info消息进行回放控制,包括视频的暂停、播放、快放、慢放、随机拖放播放等操作,Info消息体见附录B。
n) 14:SIP服务器收到消息13后转发给媒体流发送者。
o) 15:媒体流发送者收到消息14后回复200 OK响应。
p) 16:SIP服务器将消息15转发给媒体流接收者。
q) 17:媒体流发送者在文件回放结束后发送会话内Message消息,通知SIP服务器回放已结束。
r) 18:SIP服务器收到消息17后转发给媒体流接收者。
s) 19:媒体流接收者收到消息18后回复200 OK响应,进行链路断开过程。
t) 20:SIP服务器将消息19转发给媒体流发送者。
u) 21:媒体流接收者向SIP服务器发送BYE消息,断开消息1、10、11建立的同媒体流接收者的Invite会话。
v) 22:SIP服务器收到BYE消息后回复200 OK响应,会话断开。
w) 23:SIP服务器收到BYE消息后向媒体服务器发送BYE消息,断开消息8、9、12建立的同媒体服务器的Invite会话。

x） 24：媒体服务器收到 BYE 消息后回复 200 OK 响应，会话断开。

y） 25：SIP 服务器向媒体服务器发送 BYE 消息，断开消息 2、3、6 建立的同媒体服务器的 Invite 会话。

z） 26：媒体服务器收到 BYE 消息后回复 200 OK 响应，会话断开。

aa） 27：SIP 服务器向媒体流发送者发送 BYE 消息，断开消息 4、5、7 建立的同媒体流发送者的 Invite 会话。

bb） 28：媒体流发送者收到 BYE 消息后回复 200 OK 响应，会话断开。

消息示范见 J.14。

9.8.2.2 第三方呼叫控制

第三方呼叫控制的历史视音频回放流程见图 20。

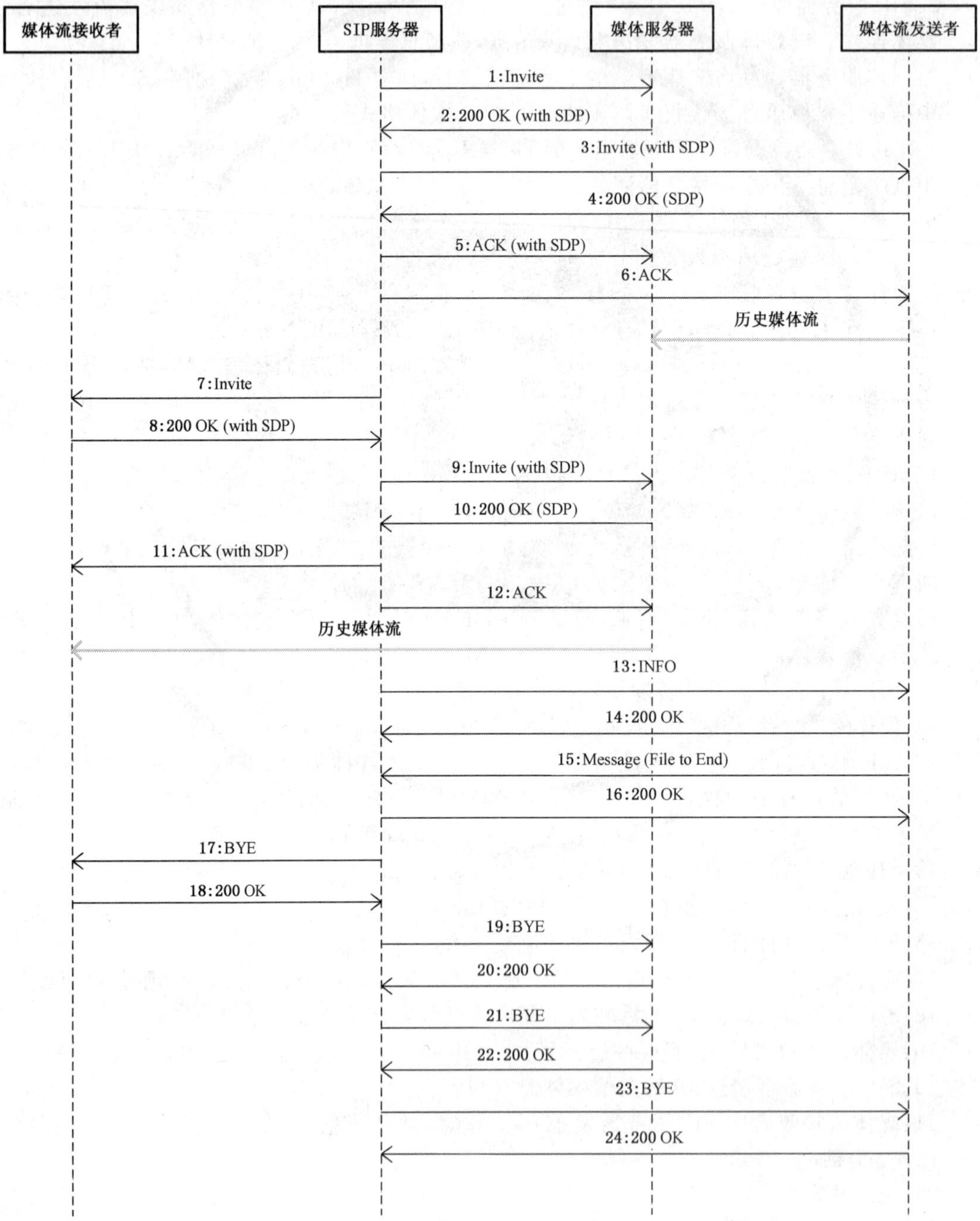

图 20 第三方呼叫控制的历史视音频回放流程示意图

其中,信令1～6为SIP服务器通过三方呼叫控制建立媒体服务器与媒体流发送者之间的媒体链接信令过程,信令7～12为SIP服务器通过三方呼叫控制建立媒体流接收者与媒体服务器之间的媒体链接信令过程,信令13～14为回放控制信令过程,信令15～16为媒体流发送者回放、下载到文件结束向媒体接收者发送的回放结束通知消息,信令17～20为断开媒体流接收者与媒体服务器之间的媒体链接信令过程,信令21～24为断开媒体服务器与媒体流发送者之间的媒体链接信令过程。

命令流程描述如下:

a) 1:SIP服务器向媒体服务器发送Invite消息,此消息不携带SDP消息体;
b) 2:媒体服务器收到SIP服务器的Invite请求后,回复200 OK响应,携带SDP消息体,消息体中描述了媒体服务器接收媒体流的IP、端口、媒体格式等内容;
c) 3:SIP服务器收到媒体服务器返回的200 OK响应后,向媒体流发送者发送Invite请求,请求中携带消息2中媒体服务器回复的200 OK响应消息体,并且修改s字段为“Playback”代表历史回放,u字段代表回放通道ID和回放类型,t字段代表回放时间段,增加y字段描述SSRC值,f字段描述媒体参数;
d) 4:媒体流发送者收到SIP服务器的Invite请求后,回复200 OK响应,携带SDP消息体,消息体中描述了媒体流发送者发送媒体流的IP、端口、媒体格式、SSRC字段等内容;
e) 5:SIP服务器收到媒体流发送者返回的200 OK响应后,向媒体服务器发送ACK请求,请求中携带消息4中媒体流发送者回复的200 OK响应消息体,完成与媒体服务器的Invite会话建立过程;
f) 6:SIP服务器收到媒体流发送者返回的200 OK响应后,向媒体流发送者发送ACK请求,请求中不携带消息体,完成与媒体流发送者的Invite会话建立过程;
g) 7:SIP服务器向媒体流接收者发送Invite消息,此消息不携带SDP消息体;
h) 8:媒体流接收者收到SIP服务器的Invite请求后,回复200 OK响应,携带SDP消息体,消息体中描述了媒体流接收者接收媒体流的IP、端口、媒体格式等内容;
i) 9:SIP服务器收到媒体流接收者返回的200 OK响应后,向媒体服务器发送Invite请求,请求中携带消息8中媒体流接收者回复的200 OK响应消息体,并且修改s字段为“Playback”代表历史回放,增加y字段描述SSRC值;
j) 10:媒体服务器收到SIP服务器的Invite请求后,回复200 OK响应,携带SDP消息体,消息体中描述了媒体服务器发送媒体流的IP、端口、媒体格式、SSRC字段等内容;
k) 11:SIP服务器收到媒体服务器返回的200 OK响应后,向媒体流接收者发送ACK请求,请求中携带消息10中媒体服务器回复的200 OK响应消息体,完成与媒体流接收者的Invite会话建立过程;
l) 12:SIP服务器收到媒体服务器返回的200 OK响应后,向媒体服务器发送ACK请求,请求中不携带消息体,完成与媒体服务器的Invite会话建立过程;
m) 13:在回放过程中,SIP服务器通过向媒体流发送者发送Info消息进行回放控制,包括视频的暂停、播放、定位、快放、慢放等操作,Info消息体见附录B;
n) 14:媒体流发送者收到Info消息后回复200 OK响应;
o) 15:媒体流发送者在文件回放结束后发送会话内Message消息,通知SIP服务器回放已结束;
p) 16:SIP服务器收到Message消息后回复200 OK响应,进行链路断开过程;
q) 17:SIP服务器向媒体流接收者发送BYE消息,断开消息7、8、11建立的同媒体流接收者的Invite会话;
r) 18:媒体流接收者收到BYE消息后回复200 OK响应,会话断开;
s) 19:SIP服务器向媒体服务器发送BYE消息,断开消息9、10、12建立的同媒体服务器的Invite会话;

t) 20:媒体服务器收到 BYE 消息后回复 200 OK 响应,会话断开;
u) 21:SIP 服务器向媒体服务器发送 BYE 消息,断开消息 1、2、5 建立的同媒体服务器的 Invite 会话;
v) 22:媒体服务器收到 BYE 消息后回复 200 OK 响应,会话断开;
w) 23:SIP 服务器向媒体流发送者发送 BYE 消息,断开消息 3、4、6 建立的同媒体流发送者的 Invite 会话;
x) 24:媒体流发送者收到 BYE 消息后回复 200 OK 响应,会话断开。

消息示范见 J.15。

9.8.3 协议接口

9.8.3.1 会话控制协议

SIP 消息头域(如 TO,FROM,Cseq,Call-ID,Max-Forwards,Via 等)的详细定义符合相关 SIP 消息的 RFC 文档的规定。

消息头域 Allow 字段应支持 INVITE,ACK,INFO,CANCEL,BYE,OPTIONS,MESSAGE 方法,不排除支持其他 SIP 和 SIP 扩展方法。

消息头 Content-type 字段为 Content-type:application/sdp。

历史视音频回放流程中携带消息体的请求和响应的消息体应采用 SDP 协议格式定义。有关 SDP 的详细描述见 IETF RFC 4566。

SDP 文本信息包括:会话名称和意图,会话持续时间,构成会话的媒体,有关接收媒体的信息(地址等)。INVITE 请求以时间段方式获取历史图像。

定位历史视音频数据的信息在 SDP 协议格式的消息体中携带,应包含设备名和时间段信息,规定如下:

a) 媒体流接收者应在 SDP 协议格式的消息体中包括 u 行(见 IETF RFC 4566 的 5.5),u 行应填写产生历史媒体的媒体源(如某个摄像头)的设备 URI,应符合 6.1.2 的规定。设备 URI 应包含媒体源设备编码,媒体源设备编码成为检索历史媒体数据的设备名信息。
b) 媒体流接收者应在 SDP 协议格式的消息体中包括 t 行(见 IETF RFC 4566 的 5.9),t 行的开始时间和结束时间组成检索历史媒体数据的时间段信息。

9.8.3.2 视音频回放控制协议

视音频回放控制流程是采用 SIP 消息 INFO 实现视音频播放、暂停、进/退和停止等视音频回放控制命令的过程。视音频回放控制请求消息在 INFO 方法的消息体中携带,回放控制请求消息应符合 MANSRTSP 协议的请求消息的部分定义,包括 PLAY、PAUSE、TEARDOWN;视音频回放控制应答消息可在 INFO 方法的 200 OK 响应消息体中携带,回放控制应答消息应符合 MANSRTSP 协议的应答消息定义。有关视音频回放控制命令的详细描述见附录 B。

携带 MANSRTSP 请求和应答命令的 INFO 消息头 Content-type 字段为 Content-type: Application/MANSRTSP。

9.9 视音频文件下载

9.9.1 视音频文件下载基本要求

SIP 服务器接收到媒体接收者发送的视音频文件下载请求后向媒体流发送者发送媒体文件下载命令,媒体流发送者采用 RTP 将视频流传输给媒体流接收者,媒体流接收者直接将视频流保存为媒体文件。媒体流接收者可以是用户客户端或安全防范视频监控联网系统,媒体流发送者可以是媒体设备或安全防范视频监控联网系统。

9.9.2 命令流程

9.9.2.1 客户端主动发起

客户端主动发起的媒体文件下载流程见图 21。

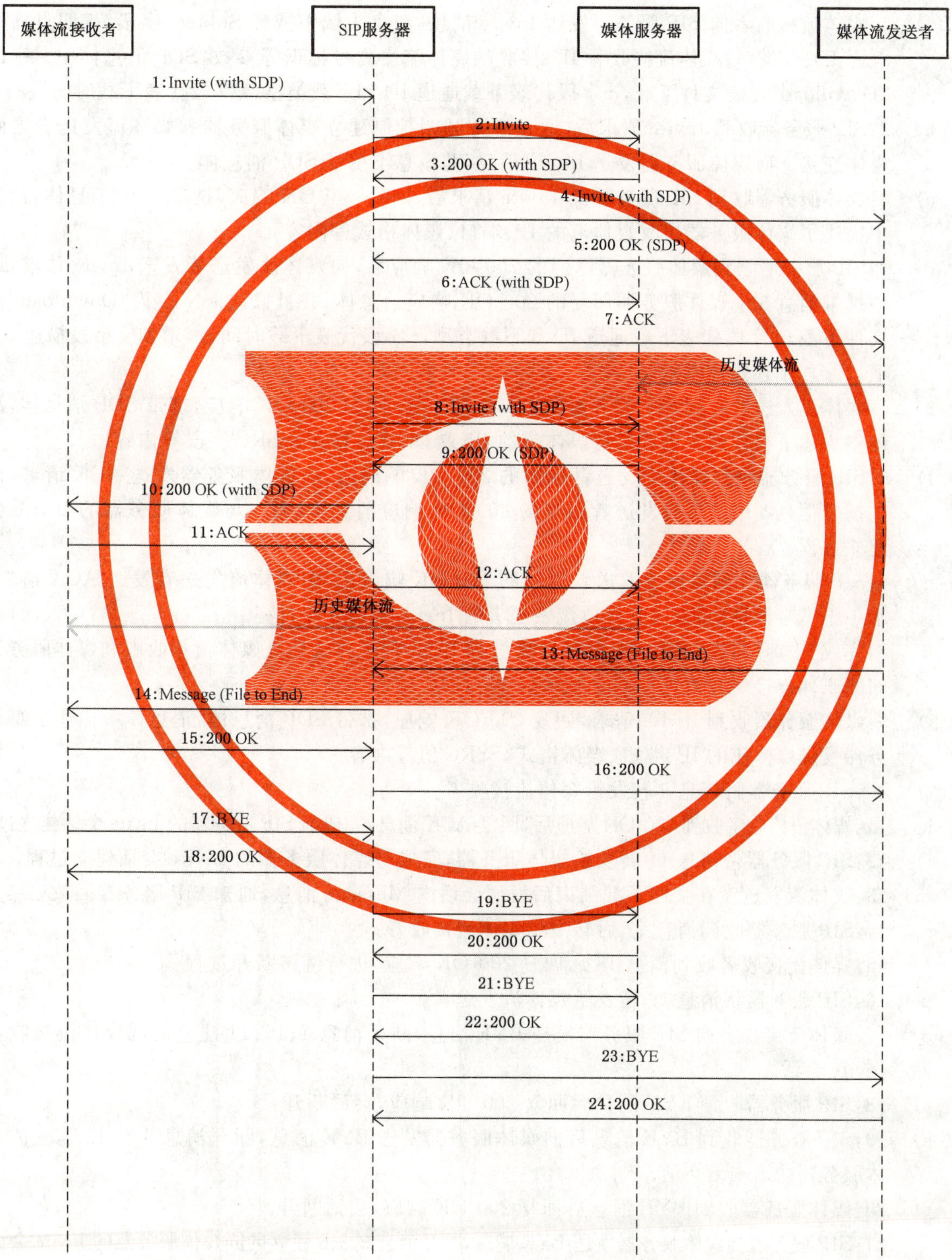

图 21　客户端主动发起的视音频文件下载流程示意图

其中,信令1、8、9、10、11、12为SIP服务器接收到客户端的呼叫请求后通过B2BUA代理方式建立媒体流接受者与媒体服务器之间的媒体链接信令过程,信令2～7为SIP服务器通过三方呼叫控制建立媒体服务器与媒体流之间的媒体链接信令过程,信令13～16为媒体流发送者回放、下载到文件结束向媒体接收者发送下载完成的通知消息过程,信令17～20为断开媒体流接收者断开与媒体服务器之间的媒体链接信令过程,信令21～24为SIP服务器断开媒体服务器与媒体流发送者之间的媒体链接信令过程。

命令流程描述如下:

a) 1:媒体流接收者向SIP服务器发送Invite消息,消息头域中携带Subject字段,表明点播的视频源ID、分辨率、媒体流接收者ID、接收端媒体流序列号标识等参数,SDP消息体中s字段为“Download”代表文件下载,u字段代表下载通道ID和下载类型,t字段代表下载时间段。
b) 2:SIP服务器收到Invite请求后,通过三方呼叫控制建立媒体服务器和媒体流发送者之间的媒体连接。向媒体服务器发送Invite消息,此消息不携带SDP消息体。
c) 3:媒体服务器收到SIP服务器的Invite请求后,回复200 OK响应,携带SDP消息体,消息体中描述了媒体服务器接收媒体流的IP、端口、媒体格式等内容。
d) 4:SIP服务器收到媒体服务器返回的200 OK响应后,向媒体流发送者发送Invite请求,请求中携带消息3中媒体服务器回复的200 OK响应消息体,并且修改s字段为“Download”代表文件下载,u字段代表下载通道ID和下载类型,t字段代表下载时间段,增加y字段描述SSRC值,f字段描述媒体参数。
e) 5:媒体流发送者收到SIP服务器的Invite请求后,回复200 OK响应,携带SDP消息体,消息体中描述了媒体流发送者发送媒体流的IP、端口、媒体格式、SSRC字段等内容。
f) 6:SIP服务器收到媒体流发送者返回的200 OK响应后,向媒体服务器发送ACK请求,请求中携带消息5中媒体流发送者回复的200 OK响应消息体,完成与媒体服务器的Invite会话建立过程。
g) 7:SIP服务器收到媒体流发送者返回的200 OK响应后,向媒体流发送者发送ACK请求,请求中不携带消息体,完成与媒体流发送者的Invite会话建立过程。
h) 8:完成三方呼叫控制后,SIP服务器通过B2BUA代理方式建立媒体流接收者和媒体服务器之间的媒体连接。在消息1中增加SSRC值,转发给媒体服务器。
i) 9:媒体服务器收到Invite请求,回复200 OK响应,携带SDP消息体,消息体中描述了媒体服务器发送媒体流的IP、端口、媒体格式、SSRC值等内容。
j) 10:SIP服务器将消息9转发给媒体流接收者。
k) 11:媒体流接收者收到200 OK响应后,回复ACK消息,完成与SIP服务器的Invite会话建立过程。
l) 12:SIP服务器将消息11转发给媒体服务器,完成与媒体服务器的Invite会话建立过程。
m) 13:媒体流发送者在文件下载结束后发送会话内Message消息,通知SIP服务器回放已结束。
n) 14:SIP服务器收到消息17后转发给媒体流接收者。
o) 15:媒体流接收者收到消息18后回复200 OK响应,进行链路断开过程。
p) 16:SIP服务器将消息19转发给媒体流发送者。
q) 17:媒体流接收者向SIP服务器发送BYE消息,断开消息1、10、11建立的同媒体流接收者的Invite会话。
r) 18:SIP服务器收到BYE消息后回复200 OK响应,会话断开。
s) 19:SIP服务器收到BYE消息后向媒体服务器发送BYE消息,断开消息8、9、12建立的同媒体服务器的Invite会话。
t) 20:媒体服务器收到BYE消息后回复200 OK响应,会话断开。
u) 21:SIP服务器向媒体服务器发送BYE消息,断开消息2、3、6建立的同媒体服务器的Invite会话。
v) 22:媒体服务器收到BYE消息后回复200 OK响应,会话断开。
w) 23:SIP服务器向媒体流发送者发送BYE消息,断开消息4、5、7建立的同媒体流发送者的

Invite 会话。

x) 24:媒体流发送者收到 BYE 消息后回复 200 OK 响应,会话断开。

消息示范见 J.16。

9.9.2.2 第三方呼叫控制

第三方呼叫控制的媒体文件下载流程见图 22。

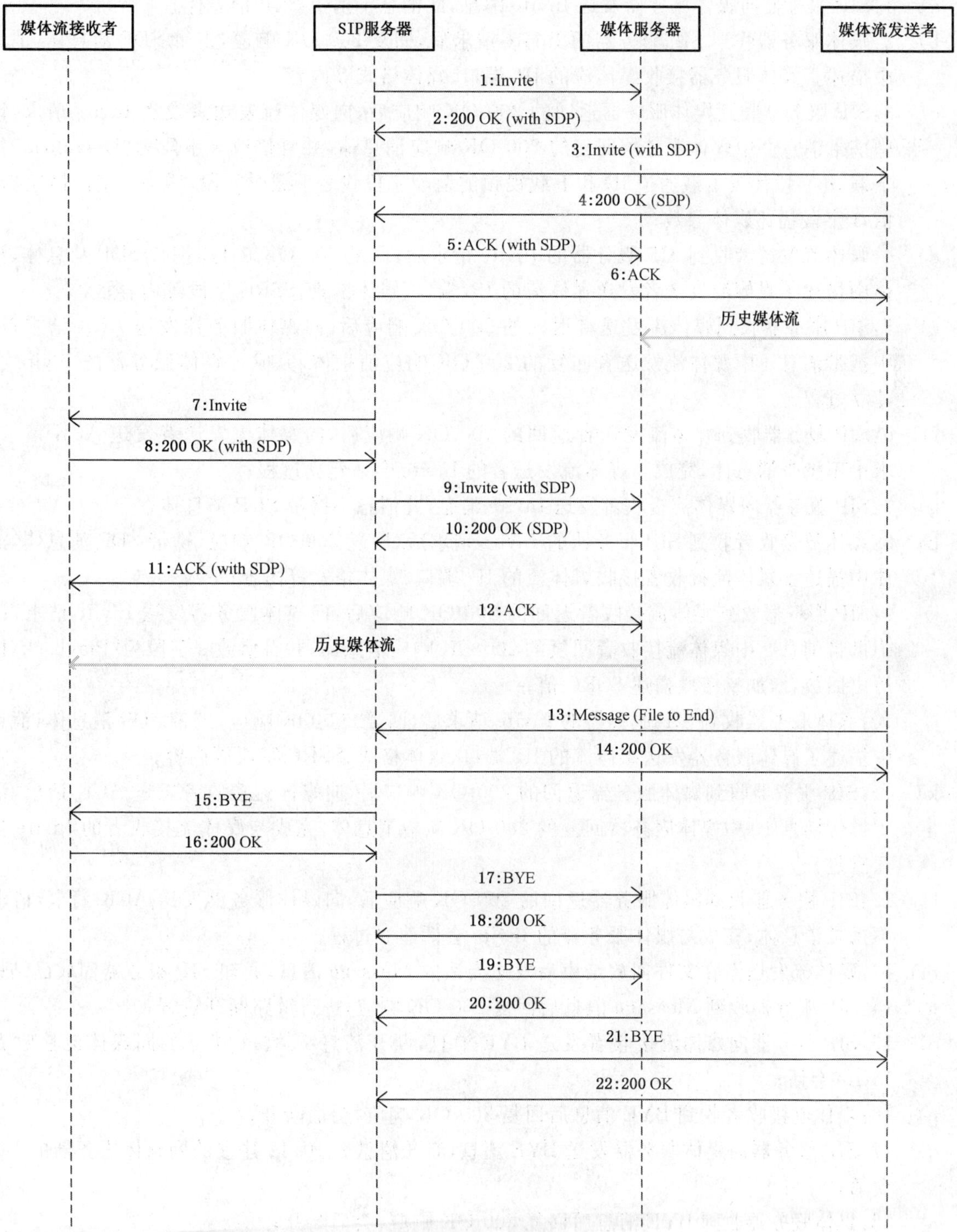

图 22 第三方呼叫控制的视音频文件下载流程示意图

其中，信令 1～6 为 SIP 服务器通过三方呼叫控制建立媒体服务器与媒体流发送者之间的媒体链接信令过程，信令 7～12 为 SIP 服务器通过三方呼叫控制建立媒体流接收者与媒体服务器之间的媒体链接信令过程，信令 13～14 为媒体流发送者回放、下载到文件结束向媒体接收者发送下载完成通知消息，信令 15～18 为断开媒体流接收者与媒体服务器之间的媒体链接信令过程，信令 19～22 为断开媒体服务器与媒体流发送者之间的媒体链接信令过程。

命令流程描述如下：

a) 1：SIP 服务器向媒体服务器发送 Invite 消息，此消息不携带 SDP 消息体；
b) 2：媒体服务器收到 SIP 服务器的 Invite 请求后，回复 200 OK 响应，携带 SDP 消息体，消息体中描述了媒体服务器接收媒体流的 IP、端口、媒体格式等内容；
c) 3：SIP 服务器收到媒体服务器返回的 200 OK 响应后，向媒体流发送者发送 Invite 请求，请求中携带消息 2 中媒体服务器回复的 200 OK 响应消息体，并且修改 s 字段为“Download”代表下载，u 字段代表下载通道 ID 和下载视频类型，t 字段代表下载时间段，增加 y 字段描述 SSRC 值，f 字段描述媒体参数；
d) 4：媒体流发送者收到 SIP 服务器的 Invite 请求后，回复 200 OK 响应，携带 SDP 消息体，消息体中描述了媒体流发送者发送媒体流的 IP、端口、媒体格式、SSRC 字段等内容；
e) 5：SIP 服务器收到媒体流发送者返回的 200 OK 响应后，向媒体服务器发送 ACK 请求，请求中携带消息 4 中媒体流发送者回复的 200 OK 响应消息体，完成与媒体服务器的 Invite 会话建立过程；
f) 6：SIP 服务器收到媒体流发送者返回的 200 OK 响应后，向媒体流发送者发送 ACK 请求，请求中不携带消息体，完成与媒体流发送者的 Invite 会话建立过程；
g) 7：SIP 服务器向媒体流接收者发送 Invite 消息，此消息不携带 SDP 消息体；
h) 8：媒体流接收者收到 SIP 服务器的 Invite 请求后，回复 200 OK 响应，携带 SDP 消息体，消息体中描述了媒体流接收者接收媒体流的 IP、端口、媒体格式等内容；
i) 9：SIP 服务器收到媒体流接收者返回的 200 OK 响应后，向媒体服务器发送 Invite 请求，请求中携带消息 8 中媒体流接收者回复的 200 OK 响应消息体，并且修改 s 字段为“Playback”代表历史回放，增加 y 字段描述 SSRC 值；
j) 10：媒体服务器收到 SIP 服务器的 Invite 请求后，回复 200 OK 响应，携带 SDP 消息体，消息体中描述了媒体服务器发送媒体流的 IP、端口、媒体格式、SSRC 字段等内容；
k) 11：SIP 服务器收到媒体服务器返回的 200 OK 响应后，向媒体流接收者发送 ACK 请求，请求中携带消息 10 中媒体服务器回复的 200 OK 响应消息体，完成与媒体流接收者的 Invite 会话建立过程；
l) 12：SIP 服务器收到媒体服务器返回的 200 OK 响应后，向媒体服务器发送 ACK 请求，请求中不携带消息体，完成与媒体服务器的 Invite 会话建立过程；
m) 13：媒体流发送者在文件回放结束后发送会话内 Message 消息，通知 SIP 服务器回放已结束；
n) 14：SIP 服务器收到 Message 消息后回复 200 OK 响应，进行链路断开过程；
o) 15：SIP 服务器向媒体流接收者发送 BYE 消息，断开消息 7、8、11 建立的同媒体流接收者的 Invite 会话；
p) 16：媒体流接收者收到 BYE 消息后回复 200 OK 响应，会话断开；
q) 17：SIP 服务器向媒体服务器发送 BYE 消息，断开消息 9、10、12 建立的同媒体服务器的 Invite 会话；
r) 18：媒体服务器收到 BYE 消息后回复 200 OK 响应，会话断开；
s) 19：SIP 服务器向媒体服务器发送 BYE 消息，断开消息 1、2、5 建立的同媒体服务器的 Invite 会话；

t) 20:媒体服务器收到 BYE 消息后回复 200 OK 响应,会话断开;

u) 21:SIP 服务器向媒体流发送者发送 BYE 消息,断开消息 3、4、6 建立的同媒体流发送者的 Invite 会话;

v) 22:媒体流发送者收到 BYE 消息后回复 200 OK 响应,会话断开。

消息示范见 J.17。

9.9.3 协议接口

SIP 消息头域(如 TO,FROM,Cseq,Call-ID,Max-Forwards, Via 等)的详细定义符合相关 SIP 消息的 RFC 文档的规定。

消息头域 Allow 字段应支持 INVITE,ACK,INFO,CANCEL,BYE,OPTIONS,MESSAGE 方法,不排除支持其他 SIP 和 SIP 扩展方法。

消息头 Content-type 字段为 Content-type:application/sdp。

历史媒体下载流程中携带消息体的请求和响应的消息体应采用 SDP 协议格式定义。有关 SDP 的详细描述见 IETF RFC 4566。

SDP 文本信息包括:会话名称和意图,会话持续时间,构成会话的媒体,有关接收媒体的信息(地址等)。INVITE 请求以时间段方式获取历史图像。

定位历史媒体数据的信息在 SDP 协议格式的消息体中携带,应包含设备名和时间段信息,规定如下:

a) 媒体流接收者应在 SDP 协议格式的消息体中包括 u 行(见 IETF RFC 4566 的 5.5),u 行表明视音频文件的 URI,具体定义见附录 F;

b) 媒体流接收者应在 SDP 协议格式的消息体中包括 t 行(见 IETF RFC 4566 的 5.9),t 行的开始时间和结束时间组成检索历史媒体数据的时间段信息。

9.10 校时

9.10.1 校时基本要求

联网内设备支持基于 SIP 方式或 NTP 方式的网络校时功能,标准时间为北京时间。

SIP 方式校时见本节具体描述;NTP(见 IETF RFC 2030)协议的网络统一校时服务,网络校时设备分为时钟源和客户端,支持客户/服务器的工作模式,时钟源应支持 TCP/IP、UDP 及 NTP 协议,将输入的或是自身产生的时间信号以标准的 NTP 信息包格式输出。

系统运行时可根据配置使用具体校时方式。

9.10.2 命令流程

SIP 校时在注册过程中完成,信令流程同注册信令流程见 9.1.2,消息示范见 J.1 和 J.2。

9.10.3 协议接口

在注册成功情况下,注册流程的最后一个 SIP 应答消息 200 OK 中的 Date 头域中携带时间信息。中心采用的格式为 XML 标准格式:Date:yyyy-MM-dd'T'HH:mm:ss.SSS。

9.11 订阅和通知

9.11.1 事件订阅

9.11.1.1 事件订阅基本要求

事件源接受事件订阅时,事件源向事件观察者发送确认消息。事件订阅使用 IETF RFC 3265 中定义的 SUBSCRIBE 方法。事件源可以是安全防范视频监控联网系统、SIP 服务器、报警设备以及被集成的卡口系统等可以触发事件的系统或设备，事件观察者也可以是安全防范视频监控联网系统、SIP 服务器、客户端等可以接收报警事件的系统或设备。

9.11.1.2 命令流程

事件订阅流程见图 23。

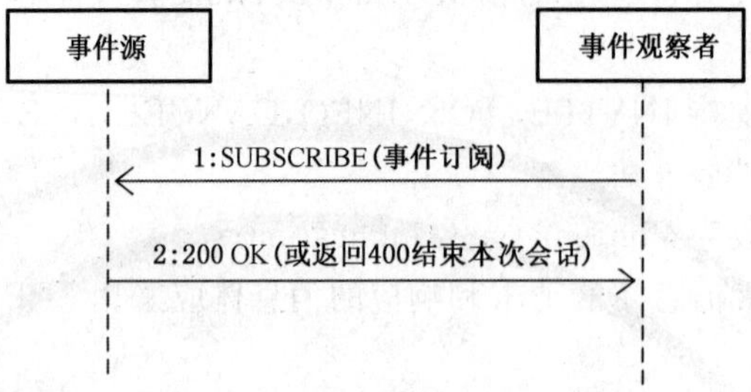

图 23 事件订阅流程示意图

事件订阅流程示意描述如下：

a) 1：事件观察者向事件源发送 SUBSCRIBE 请求，SUBSCRIBE 请求的消息体应包括表示是事件订阅的设备/区域编码、报警级别、报警方式等，详细见 A.2.4 报警查询；
b) 2：事件源应将订阅成功与否的响应消息返回给该事件观察者；在订阅成功的确认响应消息的消息体中应包含设备/区域编码等，详细见 A.2.6 报警通知应答。

消息示范见 J.18。

9.11.1.3 协议接口

消息头 Content-type 字段为 Content-type：Application/MANSCDP＋xml。

报警事件订阅流程中的请求命令采用 MANSCDP 协议格式定义，详细描述见 A.2.4 报警查询和 A.2.6 报警通知应答。

9.11.2 事件通知

9.11.2.1 事件通知基本要求

事件源接受事件订阅后，在事件触发后要立即通知事件观察者事件的发生，事件观察者要向事件源发送事件收到的确认消息。事件通知使用 IETF RFC 3265 中定义的 NOTIFY 方法。

事件源可以是安全防范视频监控联网系统、SIP 服务器、报警设备以及被集成的卡口系统等可以触发事件的系统或设备，事件观察者也可以是安全防范视频监控联网系统、SIP 服务器、客户端等可以接收报警事件的系统或设备。

9.11.2.2 命令流程

事件通知流程见图 24。

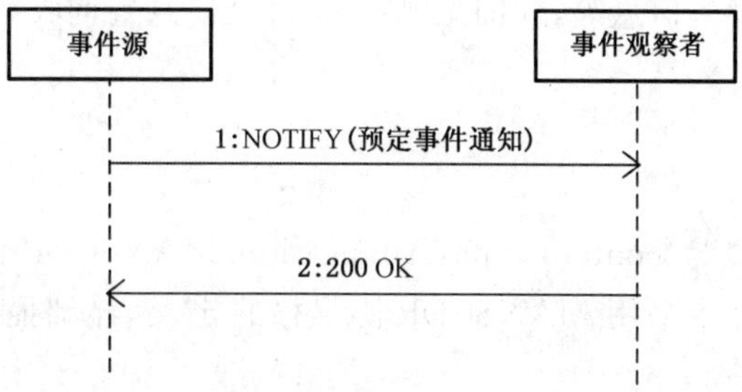

图 24　事件通知流程示意图

事件通知流程示意描述如下：

a) 1：在订阅事件触发后事件源向事件观察者发送 NOTIFY 消息，NOTIFY 的消息体应包括设备编码、警情级别、报警方式、报警发生时间、报警内容等，具体见 A.2.5 报警通知；
b) 2：事件源应将通知的响应消息返回给该事件观察者；消息体中携带内容具体见 A.2.6 报警通知应答。

消息示范见 J.19。

9.11.2.3　协议接口

消息头 Content-type 字段为 Content-type：Application/MANSCDP＋xml。

报警事件通知流程中的请求命令采用 MANSCDP 协议格式定义，详细描述见 A.2.5 报警通知和 A.2.6 报警通知应答。

9.11.3　目录订阅

9.11.3.1　目录订阅基本要求

目录拥有者接受目录订阅后，要向目录订阅者发送请求确认消息。目录订阅使用 IETF RFC 3265 中定义的 SUBSCRIBE 方法。

目录拥有者可以是安全防范视频监控联网系统、有子设备的设备以及代理设备网关等，目录接收者也可以是安全防范视频监控联网系统、有子设备的设备以及代理设备网关等。

9.11.3.2　命令流程

目录订阅流程见图 25。

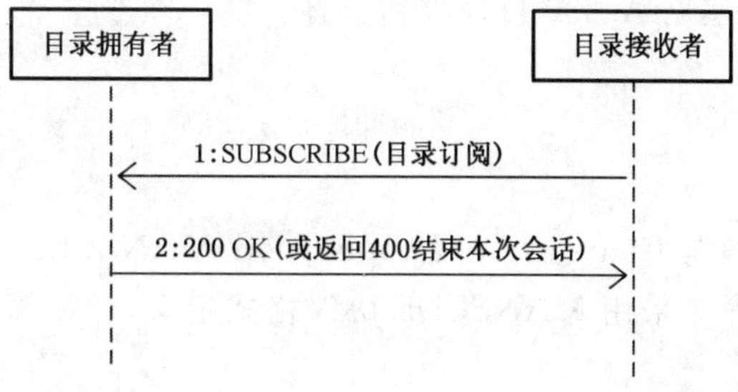

图 25　目录订阅流程示意图

目标订阅流程示意描述如下：

a) 1：目录接收者向目录拥有者发送 SUBSCRIBE 请求，SUBSCRIBE 请求的消息体应包括订阅的目录类型、添加设备起始时间等，详细描述见 A.2.4 的设备目录查询；
b) 2：目录拥有者应将订阅成功与否的响应消息返回给目录接收者；在订阅成功的确认响应消息

的消息体中应包含设备信息等，详细见 A.2.6 目录信息查询收到应答。

消息示范见 J.20。

9.11.3.3 协议接口

消息头 Content-type 字段为 Content-type：Application/MANSCDP+xml。

目录订阅流程中的请求命令采用 MANSCDP 协议格式定义，详细描述见 A.2.4 设备目录查询和 A.2.6 目录信息查询收到应答。

9.11.4 目录通知

9.11.4.1 目录通知基本要求

目录拥有者接受目录订阅后，当目录发生变化时要立即通知目录接收者，目录接收者要向目录拥有者发送目录收到的确认消息。目录通知使用 IETF RFC 3265 中定义的 NOTIFY 方法。

目录拥有者可以是安全防范视频监控联网系统、有子设备的设备以及代理设备网关等，目录接收者也可以是安全防范视频监控联网系统、有子设备的设备以及代理设备网关等。

9.11.4.2 命令流程

目录通知流程见图 26。

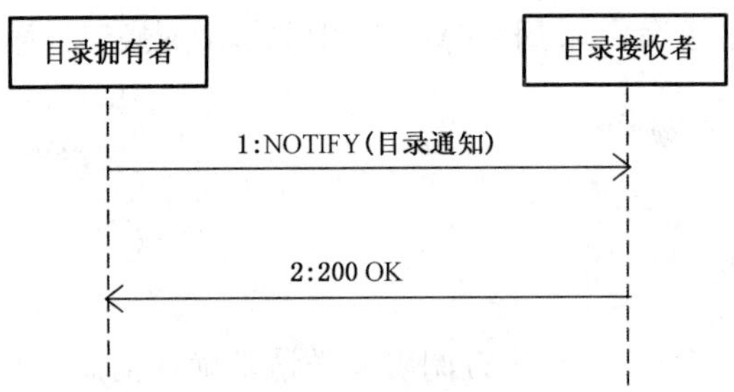

图 26 目录通知流程示意图

目标通知流程示意描述如下：

a) 1：在目录变化后目录拥有者向目录接收者发送 NOTIFY 请求；详细描述见 A.2.6 目录查询应答。
b) 2：目录接收者应将目录传送成功与否的响应消息返回给该目录拥有者；消息体携带目录接收结果标志等，详细描述见 A.2.6 目录收到应答。

消息示范见 J.21。

9.11.4.3 协议接口

消息头 Content-type 字段为 Content-type：Application/MANSCDP+xml。

目录通知流程中的请求命令采用 MANSCDP 协议格式定义，详细描述见 A.2.6 目录查询应答和 A.2.6 目录收到应答。

附　录　A
（规范性附录）
监控报警联网系统控制描述协议(MANSCDP)命令集

A.1　命令的名称和说明

应用流程中命令的名称和说明如表 A.1 所示。

表 A.1　功能名称及其说明

分　　类	名　　称	说　　明
请求命令	Control	表示一个控制的动作
	Query	表示一个查询的动作
	Notify	表示一个通知的动作
应答命令	Response	表示一个请求动作的应答

A.2　命令定义

A.2.1　全局数据类型定义

本标准声明的全局数据类型如表 A.2 所示,全局数据类型是指 XML Schema 类型或是 Schema 元素的直接子项,可以在不同位置被多次引用。

表 A.2　全局类型名称及其说明

名　　称	说　　明
deviceIDType	设备编码类型
statusType	状态类型
resultType	结果类型
PTZType	控制码类型
recordType	录像控制类型
guardType	布防/撤防控制类型
itemType	设备目录项类型
itemFileType	文件目录项类型

全局类型规定如下:

a)　设备编码类型

```
〈simpleType name="deviceIDType"〉
  〈restriction base="ID"〉
    〈pattern value="\d{20}"/〉
  〈/restriction〉
```

```
〈/simpleType〉
```

b) 状态类型

```
〈simpleType name="statusType"〉
  〈restriction base="string"〉
      〈enumeration value="ON"/〉
      〈enumeration value="OFF"/〉
  〈/restriction〉
  〈/simpleType〉
```

c) 结果类型

```
〈simpleType name="resultType"〉
  〈restriction base="string"〉
      〈enumeration value="OK"/〉
      〈enumeration value="ERROR"/〉
  〈/restriction〉
〈/simpleType〉
```

d) 控制码类型

```
〈simpleType name="PTZType"〉
            〈restriction base="string"〉
                〈length value="8"/〉
            〈/restriction〉
〈/simpleType〉
```

e) 录像控制类型

```
〈simpleType name="recordType"〉
            〈restriction base="string"〉
                〈enumeration value="Record"/〉
                〈enumeration value="StopRecord"/〉
            〈/restriction〉
〈/simpleType〉
```

f) 布防/撤防控制类型

```
〈simpleType name="guardType"〉
            〈restriction base="string"〉
                〈enumeration value="SetGuard"/〉
                〈enumeration value="ResetGuard"/〉
            〈/restriction〉
〈/simpleType〉
```

g) 设备目录项类型

```
〈complexType name="itemType"〉
    〈sequence〉
        〈! -- 设备/区域/系统编码(必选) --〉
        〈element name="DeviceID" type="tg:deviceIDType"/〉
        〈! -- 设备/区域/系统名称(必选) --〉
        〈element name="Name" type="string"/〉
        〈! -- 当为设备时,设备厂商(必选) --〉
```

```
〈element name="Manufacturer" type="string"/〉
〈! -- 当为设备时,设备型号(必选) --〉
〈element name="Model" type="string"/〉
〈! -- 当为设备时,设备归属(必选) --〉
〈element name="Owner" type="string"/〉
〈! -- 行政区域(必选) --〉
〈element name="CivilCode" type="string"/〉
〈! -- 警区(可选) --〉
〈element name="Block" type="string"/〉
〈! -- 当为设备时,安装地址(必选) --〉
〈element name="Address" type="string"/〉
〈! -- 当为设备时,是否有子设备(必选)1有,0没有 --〉
〈element name="Parental" type="integer" minInclusive value="0"/〉
〈! -- 父设备/区域/系统ID(可选,有父设备需要填写) --〉
〈element name="ParentID" type="string"/〉
〈! -- 信令安全模式(可选)缺省为0; 0:不采用;2:S/MIME签名方式;3:S/MIME加密签名同时采用方式;4:数字摘要方式--〉
〈element name="SafetyWay " type="integer" minInclusive value="0"/〉
〈! -- 注册方式(必选)缺省为1; 1: 符合sip3261标准的认证注册模式;2: 基于口令的双向认证注册模式;3: 基于数字证书的双向认证注册模式--〉
〈element name="RegisterWay" type="integer" minInclusive value="1"/〉
〈! -- 证书序列号(有证书的设备必选) --〉
〈element name="CertNum" type="string"/〉
〈! -- 证书有效标识(有证书的设备必选)缺省为0;证书有效标识: 0:无效 1:有效--〉
〈element name="Certifiable" type="integer" minInclusive value="0"/〉
〈! -- 无效原因码(有证书切证书无效的设备必选) --〉
〈element name="ErrCode" type="integer" minInclusive value="1"/〉
〈! -- 证书终止有效期(有证书的设备必选) --〉
〈element name="EndTime" type="dateTime"/〉
〈! -- 保密属性(必选)缺省为0;0:不涉密,1:涉密--〉
〈element name="Secrecy" type="integer" minInclusive value="1"/〉
〈! -- 设备/区域/系统IP地址(可选)--〉
〈element name="IPAddress" type="string"/〉
〈! -- 设备/区域/系统端口(可选)--〉
〈element name="Port" type="integer"/〉
〈! -- 设备口令(可选)--〉
〈element name="Password" type="string"/〉
〈! -- 设备状态(必选) --〉
〈element name="Status" type="tg:statusType"/〉
〈! -- 经度(可选) --〉
〈element name="Longitude" type="double" minOccurs="0"/〉
〈! -- 纬度(可选) --〉
```

```
        〈element name="Latitude"    type="double" minOccurs="0"/〉
    〈/sequence〉
〈/complexType〉
```

h） 文件目录项类型

```
〈complexType name="itemFileType"〉
    〈sequence〉
        〈! --  设备/区域编码(必选) --〉
        〈element name="DeviceID" type="tg:deviceIDType"/〉
        〈! --  设备/区域名称(必选) --〉
        〈element name="Name" type="string"/〉
        〈! --  文件路径名 (可选)--〉
        〈element name="FilePath" type="string"/〉
        〈! --  录像地址(可选) --〉
        〈element name="Address" type="string"/〉
        〈! --  录像开始时间(可选)--〉
        〈element name="StartTime" type="dateTime"/〉
        〈! --  录像结束时间(可选)--〉
        〈element name="EndTime" type="dateTime"/〉
        〈! --  保密属性(必选)缺省为 0;0:不涉密,1:涉密--〉
        〈element name="Secrecy" type="integer" minInclusive value="1"/〉
        〈! --  录像产生类型(可选)time 或 alarm 或 manual 或 all --〉
        〈element name="Type" type="string"/〉
        〈! --  录像触发者 ID(可选)--〉
        〈element name="RecorderID" type="string"/〉
    〈/sequence〉
〈/complexType〉
```

A.2.2 命令结构头文件定义

a） 请求命令结构头文件定义

```
〈schema xmlns="http://www.w3.org/2001/XMLSchema"
targetNamespace="http://www.w3.org/namespace/"
xmlns:tg="http://www.w3.org/namespace/"〉
〈choice  maxOccurs="unbounded"〉
    〈element ref="tg:Control"/〉
    〈element ref="tg:Query"/〉
    〈element ref="tg:Notify"/〉
〈/choice〉
〈/schema〉
```

b） 应答命令结构头文件定义

```
〈schema xmlns="http://www.w3.org/2001/XMLSchema"
targetNamespace="http://www.w3.org/namespace/"
xmlns:tg="http://www.w3.org/namespace/"〉
〈element ref="tg:Response"/〉
```

```
〈/schema〉
```

A.2.3 控制命令

```
〈element name="Control"〉
〈complexType〉
〈sequence〉
〈! -- 控制请求命令序列如下--〉
〈/sequence〉
〈/complexType〉
〈/element〉
```

a) 控制命令

```
〈! -- 命令类型:设备控制(必选) --〉
〈element name="CmdType" fixed="DeviceControl"/〉
〈! -- 命令序列号(必选) --〉
〈element name="SN" type="integer" minInclusive value="1"/〉
〈! -- 目标设备编码(必选) --〉
〈element name="DeviceID" type="tg:deviceIDType"/〉
〈! -- 球机/云台控制命令(可选,控制码应符合附录 A 中的 A.3 中的规定) --〉
〈element name="PTZCmd " type="tg:PTZType"/〉
〈! -- 远程启动控制命令(可选) --〉
〈element name="TeleBoot" minOccurs="0"〉
        〈restriction base="string"〉
            〈enumeration value="Boot"/〉
        〈/restriction〉
〈/element〉
〈! -- 录像控制命令(可选) --〉
〈element name="RecordCmd " type="tg:recordType" minOccurs="0"/〉
〈! -- 报警布防/撤防命令(可选) --〉
〈element name="GuardCmd " type="tg:guardType" minOccurs="0"/〉
〈! -- 报警复位命令(可选) --〉
〈element name="AlarmCmd" minOccurs="0"〉
        〈restriction base="string"〉
            〈enumeration value="ResetAlarm"/〉
        〈/restriction〉
〈/element〉
〈! -- 扩展信息,可多项 --〉
〈element name="Info" minOccurs="0" maxOccurs="unbounded"〉
        〈restriction base="string"〉
            〈maxLength value="1024"/〉
        〈/restriction〉
〈/element〉
```

A.2.4 查询命令

```
〈element name="Query"〉
```

〈complexType〉

〈sequence〉

〈! -- 查询请求命令序列如下 --〉

〈/sequence〉

〈/complexType〉

〈/element〉

a) 设备状态查询请求

〈! -- 命令类型:设备状态查询(必选) --〉

〈element name="CmdType" fixed="DeviceStatus"/〉

〈! -- 命令序列号(必选) --〉

〈element name="SN" type="integer" minInclusive value="1"/〉

〈! -- 目标设备的设备/区域、安全防范视频监控联网系统编码(必选) --〉

〈element name="DeviceID" type="tg:deviceIDType"/〉

b) 设备目录信息查询请求

〈! -- 命令类型:设备目录查询(必选) --〉

〈element name="CmdType" fixed="Catalog"/〉

〈! -- 命令序列号(必选) --〉

〈element name="SN" type="integer" minInclusive value="1"/〉

〈! -- 目标设备的设备/区域/安全防范视频监控联网系统/区域编码(必选) --〉

〈element name="DeviceID" type="tg:deviceIDType"/〉

〈! -- 增加设备的起始时间(可选)空表示不限 --〉

〈element name="StartTime" type="dateTime"/〉

〈! -- 增加设备的终止时间(可选)空表示到当前时间--〉

〈element name="EndTime" type="dateTime"/〉

c) 设备信息查询请求

〈! -- 命令类型:设备信息查询(必选) --〉

〈element name="CmdType" fixed="DeviceInfo"/〉

〈! -- 命令序列号(必选) --〉

〈element name="SN" type="integer" minInclusive value="1"/〉

〈! -- 目标设备的设备编码(必选) --〉

〈element name="DeviceID" type="tg:deviceIDType"/〉

d) 文件目录检索请求

〈! -- 命令类型:设备信息查询(必选) --〉

〈element name="CmdType" fixed="RecordInfo"/〉

〈! -- 命令序列号(必选) --〉

〈element name="SN" type="integer" minInclusive value="1"/〉

〈! -- 目录设备/安全防范视频监控联网系统/区域编码(必选) --〉

〈element name="DeviceID" type="tg:deviceIDType"/〉

〈! -- 录像起始时间(可选)空表示不限 --〉

〈element name="StartTime" type="dateTime"/〉

〈! -- 增加录像终止时间(可选)空表示到当前时间--〉

〈element name="EndTime" type="dateTime"/〉

〈! -- 增加录像终止时间(可选)空表示到当前时间--〉

〈element name="EndTime" type="dateTime"/〉
〈! -- 文件路径名 (可选)--〉
〈element name="FilePath" type="string"/〉
〈! -- 录像地址(可选 支持不完全查询) --〉
〈element name="Address" type="string"/〉
〈! -- 保密属性(可选)缺省为 0;0:不涉密,1:涉密--〉
〈element name="Secrecy" type="integer" minInclusive value="1"/〉
〈! -- 录像产生类型(可选)time 或 alarm 或 manual 或 all --〉
〈element name="Type" type="string"/〉
〈! -- 录像触发者 ID(可选)--〉
〈element name="RecorderID" type="string"/〉

e) 报警查询

〈! -- 命令类型:报警查询(必选) --〉
〈element name="CmdType" fixed="Alarm"/〉
〈! -- 命令序列号(必选) --〉
〈element name="SN" type="integer" minInclusive value="1"/〉
〈! -- 报警设备编码或报警中心编码(10 位)(必选)--〉
〈element name="DeviceID" type="tg:deviceIDType"/〉
〈! -- 报警起始级别(可选),0 为全部,1 为一级警情,2 为二级警情,3 为三级警情,4 为四级警情--〉
〈element name="StartAlarmPriority" type="string" /〉
〈! -- 报警终止级别(可选),0 为全部,1 为一级警情,2 为二级警情,3 为三级警情,4 为四级警情--〉
〈element name="EndAlarmPriority" type="string" /〉
〈! -- 报警方式条件(可选),取值 0 为全部,1 为电话报警,2 为设备报警,3 为短信报警,4 为GPS 报警,5 为视频报警,6 为设备故障报警,7 其他报警;可以为直接组合如 12 为电话报警或设备报警--〉
〈element name="AlarmMethod" type="string"/〉
〈! --报警发生起止时间(可选)--〉
〈element name="StartAlarmTime" type="dateTime"/〉
〈element name="EndAlarmTime" type="dateTime"/〉

A.2.5 通知命令

〈element name="Notify"〉
〈complexType〉
〈sequence〉
〈! -- 通知请求的命令序列如下 --〉
〈/sequence〉
〈/complexType〉
〈/element〉

a) 设备状态信息报送

〈! -- 命令类型:设备状态信息报送(必选) --〉
〈element name="CmdType" fixed="Keepalive"/〉

```
<!-- 命令序列号(必选)-->
<element name="SN" type="integer" minInclusive value="1"/>
<!-- 源设备的设备/系统编码(必选)-->
<element name="DeviceID" type="tg:deviceIDType"/>
<!-- 是否正常工作(必选)-->
<element name="Status" type="tg:resultType"/>
```

b) 报警通知

```
<!-- 命令类型:报警通知(必选)-->
<element name="CmdType"  fixed="Alarm"/>
<!-- 命令序列号(必选)-->
<element name="SN" type="integer" minInclusive value="1"/>
<!-- 报警设备编码或报警中心编码(10 位)(必选)-->
<element name="DeviceID" type="tg:deviceIDType"/>
<!-- 报警级别(必选),1 为一级警情,2 为二级警情,3 为三级警情,4 为四级警情-->
<element name="AlarmPriority" type="string"  />
<!-- 报警方式(必选),取值 1 为电话报警,2 为设备报警,3 为短信报警,4 为 GPS 报警,5 为
视频报警,6 为设备故障报警,7 其他报警-->
<element name="AlarmMethod" type="string"/>
<!--报警时间(必选)-->
<element name="AlarmTime" type="dateTime"/>
<!--报警内容描述(可选)-->
<element name="AlarmDescription" type="string"/>
<!-- 经纬度信息可选 -->
<element name="Longitude" type="double" minOccurs="0"/>
<element name="Latitude" type="double" minOccurs="0"/>
<!-- 扩展信息,可多项 -->
<element name="Info" minOccurs="0" maxOccurs="unbounded">
  <restriction base="string">
  <maxLength value="1024"/>
  </restriction>
</element>
```

A.2.6 应答命令

```
<element name="Response">
  <complexType>
    <sequence>
      <!-- 查询请求的应答信息如下-->
    </sequence>
  </complexType>
</element>
```

a) 设备控制应答

```
<!-- 命令类型:设备控制(必选)-->
<element name="CmdType" fixed="DeviceControl"/>
```

```
〈! -- 命令序列号(必选) --〉
〈element name="SN" type="integer" minInclusive value="1"/〉
〈! -- 目标设备/区域/系统编码(必选) --〉
〈element name="DeviceID" type="tg:deviceIDType"/〉
〈! -- 执行结果标志(必选) --〉
〈element name="Result" type="tg:resultType"/〉
```

b) 报警通知应答

```
〈! -- 命令类型:报警通知(必选) --〉
〈element name="CmdType" fixed="Alarm"/〉
〈! -- 命令序列号(必选) --〉
〈element name="SN" type="integer" minInclusive value="1"/〉
〈! -- 目标设备/区域/系统编码(必选) --〉
〈element name="DeviceID" type="tg:deviceIDType"/〉
〈! -- 执行结果标志(必选) --〉
〈element name="Result" type="tg:resultType"/〉
```

c) 设备目录信息查询应答

```
〈! -- 命令类型:设备目录查询(必选) --〉
〈element name="CmdType" fixed="Catalog"/〉
〈! -- 命令序列号(必选) --〉
〈element name="SN" type="integer" minInclusive value="1"/〉
〈! -- 目标设备/区域/系统的编码(必选) --〉
〈element name="DeviceID" type="tg:deviceIDType"/〉
〈! -- 查询结果总数(必选) --〉
〈element name="SumNum " type="integer"/〉
〈! -- 设备目录项列表,Num 表示目录项个数 --〉
〈element name="DeviceList"〉
  〈attribute name="Num" type="integer"/〉
    〈choice minOccurs="0" maxOccurs="unbounded "〉
        〈element name="Item" type="tg:itemType"/〉
    〈/choice〉
〈/element〉
〈! -- 扩展信息,可多项 --〉
〈element name="Info" minOccurs="0" maxOccurs="unbounded"〉
  〈restriction base="string"〉
      〈maxLength value="1024"/〉
  〈/restriction〉
〈/element〉
```

d) 设备目录信息查询收到应答

```
〈! -- 命令类型:设备目录查询(必选) --〉
〈element name="CmdType" fixed="Catalog"/〉
〈! -- 命令序列号(必选) --〉
〈element name="SN" type="integer" minInclusive value="1"/〉
〈! -- 目标设备/区域/系统编码(必选) --〉
```

```
〈element name="DeviceID" type="tg:deviceIDType"/〉
〈! -- 执行结果标志(必选) --〉
〈element name="Result" type="tg:resultType"/〉
```

e) 设备目录收到应答

```
〈! -- 命令类型:设备目录查询(必选) --〉
〈element name="CmdType" fixed="Catalog"/〉
〈! -- 命令序列号(必选) --〉
〈element name="SN" type="integer" minInclusive value="1"/〉
〈! -- 目标设备/区域/系统编码(必选) --〉
〈element name="DeviceID" type="tg:deviceIDType"/〉
〈! -- 执行结果标志(必选) --〉
〈element name="Result" type="tg:resultType"/〉
```

f) 设备信息查询应答

```
〈! -- 命令类型:设备信息查询(必选) --〉
〈element name="CmdType" fixed="DeviceInfo"/〉
〈! -- 命令序列号(必选) --〉
〈element name="SN" type="integer" minInclusive value="1"/〉
〈! -- 目标设备/区域/系统的编码(必选) --〉
〈element name="DeviceID" type="tg:deviceIDType"/〉
〈! -- 查询结果(必选) --〉
〈element name="Result" type="tg:resultType"/〉
〈! -- 设备生产商(可选) --〉
〈element name="Manufacturer" type="normalizedString" minOccurs="0"/〉
〈! -- 设备型号(可选) --〉
〈element name="Model" type="string" minOccurs="0"/〉
〈! -- 设备固件版本(可选) --〉
〈element name="Firmware" type="string" minOccurs="0"/〉
〈! -- 视频输入通道数(可选) --〉
〈element name="Channel" type="integer" minInclusive value="0" minOccurs="0"/〉
〈! -- 扩展信息,可多项 --〉
〈element name="Info" minOccurs="0" maxOccurs="unbounded"〉
    〈restriction base="string"〉
    〈maxLength value="1024"/〉
    〈/restriction〉
〈/element〉
```

g) 设备状态信息查询应答

```
〈! -- 命令类型:设备状态查询(必选) --〉
〈element name="CmdType" fixed="DeviceStatus"/〉
〈! -- 命令序列号(必选) --〉
〈element name="SN" type="integer" minInclusive value="1"/〉
〈! -- 目标设备/区域/系统的编码(必选) --〉
〈element name="DeviceID" type="tg:deviceIDType"/〉
〈! -- 查询结果标志(必选) --〉
```

```
〈element name="Result" type="tg:resultType"/〉
〈! -- 是否在线(必选) --〉
〈element name="Online"〉
    〈restriction base="string"〉
        〈enumeration value="ONLINE"/〉
        〈enumeration value="OFFLINE"/〉
    〈/restriction〉
〈/element〉
〈! -- 是否正常工作(必选) --〉
〈element name="Status" type="tg:relultType"/〉
〈! -- 不正常工作原因(可选) --〉
〈element name="Reason" type="string" minOccurs="0"/〉
〈! -- 是否编码(可选) --〉
〈element name="Encode" type="tg:statusType" minOccurs="0"/〉
〈! -- 是否录像(可选) --〉
〈element name="Record" type="tg:statusType" minOccurs="0"/〉
〈! -- 设备时间和日期(可选) --〉
〈element name="DeviceTime" type="dateTime" minOccurs="0"/〉
〈! -- 报警设备状态列表,num 表示列表项个数(可选) --〉
〈element name="Alarmstatus" minOccurs="0"〉
  〈attribute name="Num" type="integer"/〉
  〈element name="Item" minOccurs="0" maxOccurs="unbounded "〉
    〈simpleType〉
      〈sequence〉
        〈! -- 报警设备编码(必选) --〉
        〈element name="DeviceID" type="tg:deviceIDType " minOccurs="0"/〉
        〈! -- 报警设备状态(必选) --〉
        〈element name="Status" minOccurs="0"〉
          〈restriction base="string"〉
            〈enumeration value="ONDUTY"/〉
            〈enumeration value="OFFDUTY"/〉
            〈enumeration value="ALARM"/〉
          〈/restriction〉
        〈/element〉
      〈/sequence〉
    〈/simpleType〉
  〈/element〉
〈/element〉
〈! -- 扩展信息,可多项 --〉
〈element name="Info" minOccurs="0" maxOccurs="unbounded"〉
  〈restriction base-"string"〉
    〈maxLength value="1024"/〉
  〈/restriction〉
```

```
</element>
```

h) 文件目录检索应答

```
<!-- 命令类型:文件目录查询(必选) -->
<element name="CmdType" fixed="RecordInfo"/>
<!-- 命令序列号(必选) -->
<element name="SN" type="integer" minInclusive value="1"/>
<!-- 设备/区域编码(必选) -->
<element name="DeviceID" type="tg:deviceIDType"/>
<!-- 设备/区域名称(必选) -->
<element name="Name" type="string"/>
<!-- 查询结果总数(必选) -->
<element name="SumNum " type="integer"/>
<!-- 文件目录项列表,Num 表示目录项个数 -->
<element name="RecordList">
  <attribute name="Num" type="integer"/>
  <choice minOccurs="0" maxOccurs="unbounded ">
      <element name="Item" type="tg:itemFileType"/>
  </choice>
</element>
<!-- 扩展信息,可多项 -->
<element name="Info" minOccurs="0" maxOccurs="unbounded">
  <restriction base="string">
      <maxLength value="1024"/>
  </restriction>
</element>
```

A.3 前端设备控制协议

A.3.1 指令格式

指令格式见表 A.3。

表 A.3 指令格式

字节	字节 1	字节 2	字节 3	字节 4	字节 5	字节 6	字节 7	字节 8
含义	A5H	组合码 1	地址	指令	数据 1	数据 2	组合码 2	校验码

各字节定义如下:

字节 1:指令的首字节为 A5H。

字节 2:组合码 1,高 4 位是版本信息,低 4 位是校验位。本标准的版本号是 1.0,版本信息为 0H;校验位=(字节 1 的高 4 位+字节 1 的低 4 位+字节 2 的高 4 位)%16。

字节 3:地址的低 8 位。

字节 4:指令码。

字节 5、6:数据 1 和数据 2。

字节 7:组合码 2,高 4 位是数据 3,低 4 位是地址的高 4 位;在后续叙述中,没有特别指明的高 4 位,表示该 4 位与所指定的功能无关。

字节 8:校验码,为前面的第 1～7 字节的算术和的低 8 位,即算术和对 256 取模后的结果。

字节 8=(字节 1+字节 2+字节 3+字节 4+字节 5+字节 6+字节 7)%256。

地址范围 000H～FFFH(即 0～4095),其中 000H 地址作为广播地址。

A.3.2 PTZ 指令

PTZ 指令见表 A.4。其中 Bit5 和 Bit4 不应同时为 1,Bit3 和 Bit2 不应同时为 1,Bit1 和 Bit0 不应同时为 1。镜头变倍指令、云台上下指令、云台左右指令三者可以组合。

表 A.4 PTZ 指令

字节	位							
	Bit7	Bit6	Bit5	Bit4	Bit3	Bit2	Bit1	Bit0
字节 4	0	0	镜头变倍(Zoom)		云台垂直方向控制(Tilt)		云台水平方向控制(Pan)	
			缩小(OUT)	放大(IN)	上(Up)	下(Down)	左(Left)	右(Right)
字节 5	水平控制速度相对值							
字节 6	垂直控制速度相对值							
字节 7	变倍控制速度相对值				地址高 4 位			

注 1:字节 4 中的 Bit5、Bit4 分别控制镜头变倍的缩小和放大,字节 4 中的 Bit3、Bit2、Bit1、Bit0 位分别控制云台上、下、左、右方向的转动,相应 Bit 位置 1 时,启动云台向相应方向转动,相应 Bit 位清 0 时,停止云台相应方向的转动。云台的转动方向以监视器显示图像的移动方向为准。

注 2:字节 5 控制水平方向速度,速度范围由慢到快为 00H～FFH;字节 6 控制垂直方向速度,速度范围由慢到快为 00H～FFH。

注 3:字节 7 的高 4 位为变倍速度,速度范围由慢到快为 0H～FH;低 4 位为地址的高 4 位。

PTZ 指令举例见表 A.5。

表 A.5 PTZ 指令举例

序号	字节 4	字节 5	字节 6	字节 7 高 4 位	功能描述
1	20H	××	××	0H～FH	镜头以字节 7 高 4 位的数值变倍缩小
2	10H	××	××	0H～FH	镜头以字节 7 高 4 位的数值变倍放大
3	08H	00H～FFH	××	×	云台以字节 6 给出的速度值向上方向运动
4	04H	00H～FFH	××	×	云台以字节 6 给出的速度值向下方向运动
5	02H	××	00H～FFH	×	云台以字节 5 给出的速度值向左方向运动
6	01H	××	00H～FFH	×	云台以字节 5 给出的速度值向右方向运动
7	00H	××	××	×	PTZ 的所有操作均停止
8	29H	00H～FFH	00H～FFH	0H～FH	这是一个 PTZ 组合指令的示例: 云台以字节 5 给出的速度值向右方向运动,同时以字节 6 给出的速度值向上方向运动,实际上是斜向右上方向运行;与此同时,镜头以字节 7 高 4 位的数值变倍缩小

A.3.3 FI 指令

FI 指令见表 A.6,其中 Bit3 和 Bit2 不应同时为 1,Bit1 和 Bit0 不应同时为 1;光圈控制和聚焦控制的指令可以组合。

表 A.6 FI 指令

<table>
<tr><td rowspan="2">字节</td><td colspan="8">位</td></tr>
<tr><td>Bit7</td><td>Bit6</td><td>Bit5</td><td>Bit4</td><td>Bit3</td><td>Bit2</td><td>Bit1</td><td>Bit0</td></tr>
<tr><td rowspan="2">字节 4</td><td rowspan="2">0</td><td rowspan="2">1</td><td rowspan="2">0</td><td rowspan="2">0</td><td colspan="2">光圈(Iris)</td><td colspan="2">聚焦(Focus)</td></tr>
<tr><td>缩小</td><td>放大</td><td>近</td><td>远</td></tr>
<tr><td>字节 5</td><td colspan="8">聚焦速度</td></tr>
<tr><td>字节 6</td><td colspan="8">光圈速度</td></tr>
<tr><td>字节 7</td><td>0</td><td>0</td><td>0</td><td>0</td><td colspan="4">地址高 4 位</td></tr>
<tr><td colspan="9">注 1:字节 4 中的 Bit3 为 1 时,光圈缩小;Bit2 为 1 时,光圈放大。Bit1 为 1 时,聚焦近;Bit0 为 1 时,聚焦远。Bit3～Bit0 的相应位清 0,则相应控制操作停止动作。
注 2:字节 5 表示聚焦速度,速度范围由慢到快为 00H～FFH。
注 3:字节 6 表示光圈速度,速度范围由慢到快为 00H～FFH。</td></tr>
</table>

FI 指令举例见表 A.7。

表 A.7 FI 指令举例

序号	字节 4	字节 5	字节 6	字节 7 高 4 位	功能描述
1	48H	××	00H～FFH	0H	镜头以字节 6 的数值缩小光圈
2	44H	××	00H～FFH	0H	镜头以字节 6 的数值放大光圈
3	42H	00H～FFH	××	0H	镜头以字节 5 的数值聚焦近
4	41H	00H～FFH	××	0H	镜头以字节 5 的数值聚焦远
5	40H	××	××	0H	镜头停止 FI 的所有动作
6	49H	00H～FFH	00H～FFH	0H	这是一个 FI 组合指令的示例;镜头以字节 6 的数值缩小光圈,同时以字节 5 的数值聚焦远

A.3.4 预置位指令

预置位指令见表 A.8。其中预置位数目最大为 255,0 号预留。

表 A.8 预置位指令

序号	字节 4	字节 5	字节 6	功能描述
1	81H	00H	01H～FFH	设置预置位
2	82H	00H	01H～FFH	调用预置位
3	83H	00H	01H～FFH	删除预置位

A.3.5 巡航指令

巡航指令见表 A.9。

表 A.9 巡航指令

序号	字节 4	字节 5	字节 6	字节 7 高 4 位	功能描述
1	84H	00H～FFH	01H～FFH	×	加入巡航点
2	85H	00H～FFH	01H～FFH	×	删除一个巡航点
3	86H	00H～FFH	01H～FFH	0H～FH	设置巡航速度
4	87H	00H～FFH	01H～FFH	0H～FH	设置巡航停留时间
5	88H	00H～FFH	00H	×	开始巡航

注 1：字节 5 表示巡航组号，字节 6 表示预置位号。

注 2：序号 2 中，字节 6 为 00H 时，删除对应的整条巡航；序号 3、4 中字节 6 表示数据的低 8 位，字节 7 的高 4 位表示数据的高 4 位。

注 3：巡航停留时间的单位是秒。

注 4：停止巡航用 PTZ 指令中的字节 4 的各 Bit 位均为 0 的停止指令。

A.3.6 扫描指令

扫描指令见表 A.10。

表 A.10 扫描指令

序号	字节 4	字节 5	字节 6	字节 7 高 4 位	功能描述
1	89H	00H～FFH	00H	×	开始自动扫描
2	89H	00H～FFH	01H	×	设置自动扫描左边界
3	89H	00H～FFH	02H	×	设置自动扫描右边界
4	8AH	00H～FFH	01H～FFH	0H～FH	设置自动扫描速度

注 1：字节 5 表示扫描组号。

注 2：:序号 4 中，字节 6 表示数据的低 8 位，字节 7 的高 4 位表示数据的高 4 位。

注 3：停止自动扫描用 PTZ 指令中的字节 4 的各 Bit 位均为 0 的停止指令。

注 4：自动扫描开始时，整体画面从右向左移动。

附 录 B
（规范性附录）
监控报警联网系统实时流协议(MANSRTSP)命令集

B.1 命令的名称和说明

媒体回放控制命令由客户端到服务器的请求消息和由服务器到客户端的应答消息完成，请求和应答引用RTSP(IETF RFC 2326)协议中的部分请求和应答消息格式。

消息包括一起始行、一个或多个消息头(message header)、一个表示标题头结束的空行(即CRLF前没有内容的行)和一个消息体(可选)。

message=start-line

message header

CRLF

[message body]

消息有请求和应答两种，在每对请求-应答消息中，应包含相同的CSeq头域，具体描述如下：

a) 请求

请求消息的起始行格式为Method SP RTSP-Version CRLF。

其中Method：请求命令；SP：空白符；RTSP-Version：协议版本号；CR：回车；LF：换行。

请求命令包括：PLAY，PAUSE，TEARDOWN。

b) 应答

应答消息的起始行格式为Status-Line=RTSP-Version SP Status-Code SP Reason-Phrase CRLF。

其中RTSP-Version：协议版本号；Status-Code：3位状态码，用于回应请求时表示主机状态；Reason-Phrase：是与状态码对应的文本解释。

B.2 命令定义

B.2.1 媒体播放命令

客户端发送PLAY请求消息，请求服务器发送媒体。应支持Range头，在Range头中给出播放时间范围，播放指定时间段的媒体，见IETF RFC 2326的12.29；时间范围应支持npt，smpte相对时间戳范围。服务器的响应消息中给出RTP-Info头信息，见IETF RFC 2326的12.33。

B.2.2 暂停播放命令

客户端发送PAUSE请求消息，请求服务器暂停发送媒体，但不释放资源。见IETF RFC 2326的10.6。

B.2.3 快进/慢进命令

在客户端发送的PLAY请求消息中，应使用Scale头来控制播放的快慢，见IETF RFC 2326的12.34。Scale等于1时，为正常播放；Scale不等于1时，为正常播放速率的倍数；Scale等于负数时，为倒放。应支持Range头，在Range头中给出npt格式的播放时间范围。

B.2.4 随机拖放命令

在客户端发送的 PLAY 请求消息中，应支持 Range 头域，使用 smpte 相对时间戳范围，实现随机拖放播放。

B.2.5 停止命令

客户端发送 TEARDOWN 请求消息，停止发送指定流，结束会话，并释放资源。

B.2.6 应答命令

客户端、服务器端应支持应答命令的状态码 200，4xx 以及 5xx。见 IETF RFC 2326。

附 录 C
（规范性附录）
基于 RTP 的视音频数据封装

C.1 基于 RTP 的视音频数据 PS 封装

基于 RTP 的 PS 封装首先按照 ISO/IEC 13818-1:2000 将视音频流封装成 PS 包，再将 PS 包以负载的方式封装成 RTP 包。PS 包的主要参数设置针对本文档规定的几种视音频格式，PS 包中的流类型(stream_type)的取值如下：

a) MPEG-4 视频流：0x10；

b) H.264 视频流：0x1B；

c) SVAC 视频流：0x80；

d) G.711 音频流：0x90；

e) G.722.1 音频流：0x92；

f) G.723.1 音频流：0x93；

g) G.729 音频流：0x99；

h) SVAC 音频流：0x9B。

PS 包的 RTP 封装格式参照 IETF RFC 2250，RTP 的主要参数设置如下：

a) 负载类型(payload type)：96；

b) 编码名称(encoding name)：PS；

c) 时钟频率(clock rate)：90 kHz；

d) SDP 描述中"m"字段的"media"项：video。

C.2 基于 RTP 的视音频基本流封装

该方式直接将视音频数据以负载的方式封装成 RTP 包。

C.2.1 MPEG-4 视频流的 RTP 封装

MPEG-4 视频流的 RTP 封装格式应符合 IETF RFC 3016 协议中的相关规定。

MPEG-4 视频流 RTP 包的负载类型(Payload Type)标识号选定：从 IETF RFC 3551 协议的表 5 中的动态范围(96～127)中选择，建议定为 97。

C.2.2 H.264 视频流的 RTP 封装

H.264 视频流 RTP 包的负载类型(Payload Type)标识号选定：从 IETF RFC 3551 协议的表 5 中的动态范围(96～127)中选择，建议定为 98。

C.2.3 SVAC 视频流的 RTP 封装

SVAC 视频流 RTP 包的负载类型(Payload Type)标识号选定：从 IETF RFC 3551 协议的表 5 中的动态范围(96～127)中选择，建议定为 99。

C.2.4 音频流的 RTP 封装

语音比特流宜采用标准的 RTP 协议进行打包。

在一个 RTP 包中，音频载荷数据应为整数个音频编码帧，且时间长度在 20 ms～180 ms 之间。

a) G.711 的主要参数

G.711 A 律语音编码 RTP 包的负载类型(Payload Type)的参数规定如下(见 IETF RFC 3551 中的表 4)：

1) 负载类型(PT)：8；
2) 编码名称(encoding name)：PCMA；
3) 时钟频率(clock rate)：8 kHz；
4) 通道数：1；
5) SDP 描述中"m"字段的"media"项：audio。

b) SVAC 音频的主要参数

SVAC 语音编码 RTP 包的负载类型(Payload Type)的参数规定如下：

1) 负载类型(PT)：20；
2) 编码名称(encoding name)：SVACA；
3) 时钟频率(clock rate)：8 kHz；
4) 通道数：1；
5) SDP 描述中"m"字段的"media"项：audio。

c) G.723.1 的主要参数

G.723.1 语音编码 RTP 包的负载类型(Payload Type)的参数规定参照 IETF RFC 3551 的表 4 中的 G.723，具体如下：

1) 负载类型(PT)：4；
2) 编码名称(encoding name)：G723；
3) 时钟频率(clock rate)：8 kHz；
4) 通道数：1；
5) SDP 描述中"m"字段的"media"项：audio。

d) G.729 的主要参数

G.729 语音编码 RTP 包的负载类型(Payload Type)的参数规定如下(见 IETF RFC 3551 中的表 4)：

1) 负载类型(PT)：18；
2) 编码名称(encoding name)：G729；
3) 时钟频率(clock rate)：8 kHz；
4) 通道数：1；
5) SDP 描述中"m"字段的"media"项：audio。

e) G.722.1 的主要参数

G.722.1 语音编码 RTP 包的负载类型(Payload Type)的参数规定参照 IETF RFC 3551 的表 4 中的 G.722，具体如下：

1) 负载类型(PT)：9；
2) 编码名称(encoding name)：G722；
3) 时钟频率(clock rate)：8 kHz；
4) 通道数：1；
5) SDP 描述中"m"字段的"media"项：audio。

附 录 D
（规范性附录）
统一编码规则

D.1 编码规则 A

编码规则 A 由中心编码(8 位)、行业编码(2 位)、类型编码(3 位)和序号(7 位)四个码段共 20 位十进制数字字符构成,即系统编码＝中心编码＋行业编码＋类型编码＋序号。

编码规则 A 的详细说明见表 D.1。其中,中心编码指用户或设备所归属的监控中心的编码,按照监控中心所在地的行政区划代码确定,当不是基层单位时空余位为 0。行政区划代码采用 GB/T 2260—2007 规定的行政区划代码表示。行业编码是指用户或设备所归属的行业,行业编码对照表见 D.3。类型编码指定了设备或用户的具体类型,其中的前端设备包含公安系统和非公安系统的前端设备,终端用户包含公安系统和非公安系统的终端用户。

表 D.1 编码规则 A 的详细编码规则

码段	码位	含义	取值说明	
中心编码	1、2	省级编号	由监控中心所在地的行政区划代码确定,符合 GB/T 2260—2007 的要求	
	3、4	市级编号		
	5、6	区级编号		
	7、8	基层接入单位编号		
行业编码	9、10	行业编码	行业编码对照表见 D.3	
类型编码	11、12、13	111～130 表示类型为前端主设备	111	DVR 编码
			112	视频服务器编码
			113	编码器编码
			114	解码器编码
			115	视频切换矩阵编码
			116	音频切换矩阵编码
			117	报警控制器编码
			118	网络视频录像机(NVR)编码
			119～130	扩展的前端主设备类型
		131～199 表示类型为前端外围设备	131	摄像机编码
			132	网络摄像机(IPC)编码
			133	显示器编码
			134	报警输入设备编码(如红外、烟感、门禁等报警设备)
			135	报警输出设备编码(如警灯、警铃等设备)

表 D.1（续）

码段	码位	含义	取值说明	
类型编码	11、12、13	131～199 表示类型为前端外围设备	136	语音输入设备编码
			137	语音输出设备
			138	移动传输设备编码
			139	其他外围设备编码
			140～199	扩展的前端外围设备类型
		200～299 表示类型为平台设备	200	中心信令控制服务器编码
			201	Web 应用服务器编码
			202	媒体分发服务器编码
			203	代理服务器编码
			204	安全服务器编码
			205	报警服务器编码
			206	数据库服务器编码
			207	GIS 服务器编码
			208	管理服务器编码
			209	接入网关编码
			210	媒体存储服务器编码
			211	信令安全路由网关编码
			212～299	扩展的平台设备类型
		300～399 表示类型为中心用户	300	中心用户
			301～343	行业角色用户
			344～399	扩展的中心用户类型
		400～499 表示类型为终端用户	400	终端用户
			401～443	行业角色用户
			444～499	扩展的终端用户类型
		500～999 为扩展类型	500～999	扩展类型
网络标识	14	网络标识编码	0、1、2、3、4 为监控报警专网，5 为公安网，6 为政务网，7 为 Internet 网，8、9 预留	
序号	15～20	设备、用户序号		

D.2 编码规则 B

编码规则 B 由中心编码(8 位)、行业编码(2 位)、序号(4 位)和类型编码(2 位)四个码段构成，即系统编码＝中心编码＋行业编码＋序号＋类型编码。

表 D.2 编码规则 B 的详细编码规则

<table>
<tr><th>码段</th><th>码位</th><th>含义</th><th colspan="2">取值说明</th></tr>
<tr><td rowspan="4">中心编码</td><td>1、2</td><td>省级编号</td><td colspan="2" rowspan="4">由监控中心所在地的行政区划代码确定,符合 GB/T 2260—2007 的要求</td></tr>
<tr><td>3、4</td><td>市级编号</td></tr>
<tr><td>5、6</td><td>区级编号</td></tr>
<tr><td>7、8</td><td>基层接入单位编号</td></tr>
<tr><td>行业编码</td><td>9、10</td><td>行业编码</td><td colspan="2">行业编码对照表见 D.3</td></tr>
<tr><td>序号</td><td>11～16</td><td>设备、用户序号</td><td colspan="2"></td></tr>
<tr><td rowspan="26">类型编码</td><td rowspan="26">17、18</td><td rowspan="4">数字视音频设备类型码为“00”～“19”</td><td>00</td><td>数字视频编码设备(不带本地存储)</td></tr>
<tr><td>01</td><td>数字视频录像设备(带本地存储)</td></tr>
<tr><td>02</td><td>数字视频解码设备</td></tr>
<tr><td>03～19</td><td>预留 1(数字视音频设备)</td></tr>
<tr><td rowspan="5">服务器设备类型码为“20”～“39”</td><td>20</td><td>监控联网管理服务器</td></tr>
<tr><td>21</td><td>视频代理服务器</td></tr>
<tr><td>22</td><td>Web 接入服务器</td></tr>
<tr><td>23</td><td>录像管理服务器</td></tr>
<tr><td>24～39</td><td>预留 2(服务器设备)</td></tr>
<tr><td rowspan="10">其他数字设备类型码为“40”～“59”,模拟视音频设备类型码为“60”～“74”,其他模拟设备类型码为“75”～“89”</td><td>40</td><td>网络数字矩阵</td></tr>
<tr><td>41</td><td>网络控制器</td></tr>
<tr><td>42</td><td>网络报警主机</td></tr>
<tr><td>43～59</td><td>预留 3(其他数字设备)</td></tr>
<tr><td>60</td><td>模拟摄像机</td></tr>
<tr><td>61</td><td>视频模拟矩阵</td></tr>
<tr><td>62～74</td><td>预留 4(模拟视音频设备)</td></tr>
<tr><td>75</td><td>模拟控制器</td></tr>
<tr><td>76</td><td>模拟报警主机</td></tr>
<tr><td>77～89</td><td>预留 4(其他模拟设备)</td></tr>
<tr><td rowspan="7">90～99 表示用户类型</td><td>90</td><td>系统管理员</td></tr>
<tr><td>91</td><td>子系统管理员</td></tr>
<tr><td>92</td><td>高级用户</td></tr>
<tr><td>93</td><td>普通用户</td></tr>
<tr><td>94</td><td>浏览用户</td></tr>
<tr><td>95</td><td>权限组用户</td></tr>
<tr><td>96～98</td><td>预留</td></tr>
</table>

D.3 行业编码对照表

行业编码对照表见表 D.3。

表 D.3 行业编码对照表

接入类型码	名称	建设主体	备注
00	社会治安路面接入	政府机关	包括城市路面、商业街、公共区域、重点区域等
01	社会治安社区接入		包括社区、楼宇、网吧等
02	社会治安内部接入		包括公安办公楼、留置室等
03	社会治安其他接入		
04	交通路面接入		包括城市主要干道、国道、高速交通状况监视
05	交通卡口接入		包括交叉路口、"电子警察"、关口、收费站等
06	交通内部接入		包括交管办公楼等
07	交通其他接入		
08	城市管理接入		
09	卫生环保接入		
10	商检海关接入		
11	教育部门接入		
12～39			预留 1
40	农林牧渔业接入	企业/事业单位	
41	采矿企业接入		
42	制造企业接入		
43	冶金企业接入		
44	电力企业接入		
45	燃气企业接入		
46	建筑企业接入		
47	物流企业接入		
48	邮政企业接入		
49	信息企业接入		
50	住宿和餐饮业接入		
51	金融企业接入		
52	房地产业接入		
53	商务服务业接入		
54	水利企业接入		
55	娱乐企业接入		
56～79			预留 2
80～89		居民自建	预留 3
90～99		其他主体	预留 4

附 录 E
（规范性附录）
视音频编/解码技术要求

联网系统中，对视音频编/解码的技术要求包括编/解码的档次和级别、工具选项、码流语法的规定以及比特流和解码器的一致性测试等。具体要求如下：

视频编码应支持H.264、SVAC或MPEG-4视频编码标准，视频解码应同时支持H.264、SVAC和MPEG-4视频解码标准。

音频编码应支持G.711、G.723.1、G.729或SVAC音频编码标准，音频解码应同时支持G.711、G.723.1、G.729和SVAC音频解码标准，可扩展支持G.722.1音频解码标准。

E.1 基于H.264的视频编、解码技术要求

E.1.1 H.264的档次和级别

采用H.264标准的视频编码应至少支持ITU-T Rec. H.264—2005中的基本档次(Baseline Profile)，级别(Level)应至少支持到Level 1.3，标清应用宜扩展支持到Level 3，高清应用宜扩展支持到Level 4；视频解码所支持的档次和级别应不低于编码支持的最高档次和级别，至少应支持到H.264视频标准基本档次的Level 3；视频解码宜扩展支持H.264主档次(Main Profile)中的隔行扫描和B帧工具，且相邻两P帧间的B帧个数不大于2。

E.1.1.1 H.264基本档次的选项和工具

H.264基本档次支持的选项和工具主要有：

a) I片和P片(Slice)；

b) 基于内容自适应的变长编码CAVLC；

c) 容错工具：FMO，ASO，RS；

d) 去块效应滤波器(Deblocking Filter)；

e) 多参考帧编码。

采用H.264编码标准的视频流应为H.264 Baseline视频流，编码应支持上述Baseline选项和工具中的部分或全部，可不支持容错工具；H.264的解码至少应支持上述除容错工具外的全部选项和工具。

多参考帧编码时，P片的参考帧数一般不大于两帧。

为了保证码流解析的效率，比特流中应当在每个I帧之前都出现相应的SPS和PPS；

E.1.1.2 H.264级别的限制

H.264级别(Level 1～4)的限制如表E.1所示，表中“-”表示未做相应的限制。

表 E.1　H.264 级别(Level 1～4)的限制

级别	最大宏块处理速率 MaxMBPS (宏块数/秒)	最大帧尺寸 MaxFS (宏块数)	最大解码图像缓冲区 MaxDPB (4:2:0 视频以 1024 字节为单位)	最大视频比特率 MaxBR (1 000 bits/s 或 1 200 bits/s)	最大编码图像缓冲区 MaxCPB (1 000 bits 或 12 00 bits)	垂直运动矢量构成范围 MaxVmvR (亮度帧采样)	最小压缩比率 MinCR	两个连续宏块的最大运动矢量数 MaxMvsPer2Mb
1	1 485	99	148.5	64	175	[−64,+63.75]	2	—
1.1	3 000	396	337.5	192	500	[−128,+127.75]	2	—
1.2	6 000	396	891.0	384	1 000	[−128,+127.75]	2	—
1.3	11 880	396	891.0	768	2 000	[−128,+127.75]	2	—
2	11 880	396	891.0	2 000	2 000	[−128,+127.75]	2	—
2.1	19 800	792	1 782.0	4 000	4 000	[−256,+255.75]	2	—
2.2	20 250	1 620	3 037.5	4 000	4 000	[−256,+255.75]	2	—
3	40 500	1 620	3 037.5	10 000	10 000	[−256,+255.75]	2	32
3.1	108 000	3 600	6 750.0	14 000	14 000	[−512,+511.75]	4	16
3.2	216 000	5 120	7 680.0	20 000	20 000	[−512,+511.75]	4	16
4	245 760	8 192	12 288.0	20 000	25 000	[−512,+511.75]	4	16

注:"—"表示未做相应的限制。

E.1.1.3　H.264 基本档次各级别的参数限制

H.264 基本档次各级别的参数限制如表 E.2 所示。

表 E.2　H.264 基本档次各级别的参数限制

级别	最大子宏块尺寸(采样点数)
1	576
1.1	576
1.2	576
1.3	576
2	576
2.1	576
2.2	576
3	576
3.1	—
3.2	—
4	—

E.1.1.4 H.264 各级别的最大帧率限制

H.264 中 CIF、4CIF、720p HD、1080p HD 各级别(Level)的最大帧率限制如表 E.3 所示。其他分辨率各级别的最大帧率限制见 ITU-T Rec. H.264—2005 中的规定。

表 E.3 H.264 各级别的最大帧率限制

级别	最大帧尺寸(宏块)	最大宏块速率(宏块数/秒)	最大帧尺寸(采样点数)	最大采样率(样点/秒)	格式	CIF	4CIF	720p HD	1080p HD
					亮度宽度	352	704	720	1 088
					亮度高度	288	576	1 280	1 920
					总宏块数	396	1 584	3 600	8 160
					亮度采样点数	101 376	405 504	921 600	2 088 960
1	99	1 485	25 344	380 160	—	—	—		
1b	99	1 485	25 344	380 160	—	—	—		
1.1	396	3 000	101 376	768 000	—	7.6	—		
1.2	396	6 000	101 376	1 536 000	—	15.2	—		
1.3	396	11 880	101 376	3 041 280	—	30.0	—		
2	396	11 880	101 376	3 041 280	—	30.0	—		
2.1	792	19 800	202 752	5 068 800	—	50.0	—		
2.2	1 620	20 250	414 720	5 184 000		51.1	12.8		
3	1 620	40 500	414 720	10 368 000	—	102.3	25.6		
3.1	3 600	108 000	921 600	27 648 000		172.0	68.2	30.0	
3.2	5 120	216 000	1 310 720	55 296 000		172.0	136.4	60.0	
4	8 192	245 760	2 097 152	62 914 560		172.0	155.2	68.3	30.1
注:"—"表示未做相应的限制。									

E.1.2 H.264 基本档次的码流语法

H.264 码流应为符合 Baseline Profile 的码流,码流语法等同采用 ITU-T Rec. H.264—2005。

H.264 基本档次的码流语法如下:

a) 码流的档次标识 profile_idc 等于 66;

b) NAL 单元流中,nal_unit_type 的取值不包括 2,3,4;

c) 序列参数集(Sequence parameter sets)中的 frame_mbs_only_flag 等于 1;

d) 序列参数集中不应出现下列句法元素:chroma_format_idc,bit_depth_luma_minus8,bit_depth_chroma_minus8,qpprime_y_zero_transform_bypass_flag,seq_scaling_matrix_present_flag;

e) 图像参数集(Picture parameter sets)中的 weighted_pred_flag 和 weighted_bipred _idc 均等于 0;

f) 图像参数集中的 entropy_coding_mode_flag 等于 0；
g) 图像参数集中 num_slice_groups_minus1 的取值范围为 0～7 之间，包括 0 和 7；
h) 图像参数集中不应出现下列句法元素：transform_8x8_mode_flag，pic_scaling_matrix_present_flag，second_chroma_qp_index_offset；
i) 句法元素 level_prefix 不应大于 15。

基本档次某一特定级别的解码器应该能解码所有满足 profile_idc=66 或 constraint_set0_flag=1 的比特流，其中 level_idc 应为一个小于或等于指定级别的级别。

E.1.3 H.264 的一致性测试

H.264 的一致性测试包括比特流一致性测试和解码器一致性测试。

E.1.3.1 比特流一致性测试

比特流一致性描述见 ITU-T Rec. H.264—2005 附录 C 中 C3 的规定。

H.264 的一致性比特流(Conformance bitstream)应满足如下测试：当使用解码软件对 H.264 视频比特流进行解码时，不应出现任何由比特流引起的错误或不一致。

注：测试中不考虑由于传输而产生的错误。

比特流一致性的进一步测试还包括虚拟参考解码器 HRD 的一致性测试(基于 ITU-T Rec. H.264—2005)等，见 ITU-T Rec. H.264.1—2005。

上述验证比特流一致性用到的解码软件可用 ITU-T Rec. H.264.2—2005 中指定的软件。

E.1.3.2 解码器一致性测试

解码器一致性描述见 ITU-T Rec. H.264—2005 附录 J 中 C4 的规定。

H.264 解码器的一致性测试见 ITU-T Rec. H.264.1—2005 中的方法，验证解码器一致性用到的软件可用 ITU-T Rec. H.264.2—2005 中指定的软件。

满足特定档次和级别的 H.264 视频解码器应能正确解码相应档次和级别的 H.264 一致性比特流。

E.2 基于 MPEG-4 的视频编、解码技术要求

E.2.1 MPEG-4 的档次和级别

采用 MPEG-4 标准的视频编码应至少支持 ISO/IEC 14496-2:2004 中简单档次(Simple Profile)的级别 L5(ISO/IEC 14496-2:2004/Amd.2:2005)，即 MPEG-4 SP@L5。采用 MPEG-4 标准的视频解码所支持的档次和级别不应低于编码支持的最高档次和级别，宜扩展支持 MPEG-4 先进简单档次(Advanced Simple Profile)中的隔行扫描和 B 帧工具。

E.2.1.1 MPEG-4 简单档次的工具

MPEG-4 简单档次的工具包括：

a) Basic：基本工具，又包括以下几种工具：
   1) I-VOP：帧内编码的矩形视频对象平面，逐行扫描的视频格式；
   2) P-VOP：帧间编码的矩形视频对象平面，逐行扫描的视频格式；
   3) AC/DC Prediction：AC/DC 预测；
   4) 4-MV：每个宏块可以有 4 个运动矢量；
   5) Unrestricted MV：不受限制的运动矢量。

b) Error Resilience：容错工具，又包括以下 3 种工具：

1) Slice Resynchronization：片重同步；

2) Data Partitioning：数据划分；

3) Reversible VLC：可逆的变长编码。

c) Short Header：短头工具。

MPEG-4 视频编码应支持上述简单档次的部分或全部工具，可不支持容错和短头工具；视频解码至少应支持除容错工具外的简单档次的全部工具。

E.2.1.2 MPEG-4 简单档次各级别的参数限制

MPEG-4 视频编、解码应至少支持简单档次的 L5 级别，参数限制如表 E.4 所示。简单档次其他各级别的参数限制见 ISO/IEC 14496-2：2004 及 ISO/IEC 14496-2：2004/Amd. 2：2005 中的相关规定。

表 E.4 MPEG-4 简单档次 L2、L3、L5 级别的参数限制

级别	L2	L3	L5
典型分辨率	CIF (352×288)	CIF (352×288)	720×576
最大对象数	4	4	4
每种类型的最大对象数	4 个简单对象	4 个简单对象	4 个简单对象
最大唯一量化表	1	1	1
最大视频内容验证(VMV)缓冲区(宏块组)	792	792	3 240
最大视频复杂度验证(VCV)缓冲区(宏块)	396	396	1 620
视频复杂度验证(VCV)解码速率(宏块/秒)	5 940	11 880	40 500
视频复杂度验证(VCV)边界宏块解码速率(宏块/秒)	不适用	不适用	不适用
最大视频缓冲验证(VBV)缓冲区总和(16 384 bits)	40	40	112
最大视频对象层(VOL)视频缓冲验证(VBV)缓冲区总和(16 384 bits)	40	40	112
最大视频包长度(bits)	4 096	8 192	16 384
最大目标呈现尺寸(宏块数)	不适用	不适用	不适用
小波限制	不适用	不适用	不适用
最大比特率(kbit/s)	128	384	8 000
单对象最大增强层数	不适用	不适用	不适用

E.2.2 MPEG-4 的码流语法

为实现联网系统中视频流的互通，采用 MPEG-4 标准的视频码流语法应符合 ISO/IEC 14496-2：2004 中的规定。

MPEG-4 中简单档次不同级别的相应标识码见表 E.5（见 ISO/IEC 14496-2：2004 中的表 G-1 和 ISO/IEC 14496-2：2004/Amd. 2：2005 中的规定）。

表 E.5　MPEG-4 简单档次各级别的标识码

档次/级别	标识码
保留	00000000
简单档次/级别 1	00000001
简单档次/级别 2	00000010
简单档次/级别 3	00000011
简单档次/级别 4a	00000100
简单档次/级别 5	00000101
保留	00000110～00000111
简单档次/级别 0	00001000

E.2.3　MPEG-4 的一致性测试

包括比特流一致性测试和解码器的一致性测试。

E.2.3.1　比特流一致性测试

MPEG-4 的一致性比特流(compliant bitstream)是指实现了 ISO/IEC 14496-2:2004 在通用语法中定义的所有限制的比特流,包括 ISO/IEC 14496-2:2004 中第 9 章关于档次和级别的限制。

MPEG-4 的一致性比特流应满足如下测试:当使用解码软件对 MPEG-4 视频比特流进行解码时,不应出现任何由比特流引起的错误或不一致。

注:测试中不考虑由于传输而产生的错误。

MPEG-4 的比特流一致性测试的附加测试见 ISO/IEC 14496-4:2004 中的描述。

上述验证比特流一致性用到的解码软件可用 ISO/IEC 14496-5:2001 中指定的软件。

E.2.3.2　解码器的一致性测试

MPEG-4 的视频解码器通常指某一特定档次和级别的解码器。

MPEG-4 视频解码器的一致性测试见 ISO/IEC 14496-4:2004 中的规定,其中简单档次 L5 级别的视频解码器一致性测试见 ISO/IEC 14496-4:2004/Amd.10:2005 的规定。验证解码器一致性用到的软件可参考 ISO/IEC 14496-5:2001 中指定的软件。

满足特定档次和级别的 MPEG-4 视频解码器应能正确解码相应档次和级别的 MPEG-4 一致性比特流。

E.3　音频编、解码总体要求

在联网系统中,音频编码应支持 G.711、G.723.1 或 G.729 等音频编码标准,可扩展支持 G.722.1 音频编码标准;音频解码应同时支持 G.711、G.723.1 和 G.729 音频解码标准,可扩展支持 G.722.1 音频解码标准。

E.4　G.711 格式

应至少支持 ITU-T Rec.G.711—1988 中定义的 A 律。

G.711 解码实现的正确性和精度应符合 ITU-T Rec. G.711—1998 中相应测试序列的验证要求。

E.5 G.723.1 格式

应支持 ITU-T Rec. G.723.1—1996 中定义的 5.3kbit 和 6.3kbit 语音编、解码模式，宜扩展支持 ITU-T Rec. G.723.1—1996 附件 Annex A 中的 VAD/CNG 模式。

G.723.1 解码实现的正确性和精度应符合 ITU-T Rec. G.723.1—1996 相应测试序列的验证要求。

E.6 G.729 格式

应支持 ITU-T Rec. G.729—1996 中定义的语音编、解码模式，宜扩展支持 ITU-T Rec. G.729—1996 附件 Annex B 中定义的静音压缩模式。

G.729 解码实现的正确性和精度应符合 ITU-T Rec. G.729—1996 相应测试序列的验证要求。

附 录 F
（规范性附录）
SDP 定义

SDP 定义

联网系统中 SIP 消息体中携带的 SDP 内容应符合 IETF RFC 2327 的相关要求。应有如下字段：

Session description：

v=(protocol version)

o=(owner/creator and session identifier).

s=(session name)

u= *(URI of description)

c= *(connection information-not required if included in all media)

Time description：

t=(time the session is active)

Media description

m=(media name and transport address)

c= *(connection information-optional if included at session-level)

b= *(bandwidth information)

a= *(zero or more media attribute lines)

y= *(SSRC)

f= *(媒体描述)

说明：

a 字段：启用 IETF RFC 4566 中对 a 字段的定义【a=rtpmap:〈payload type〉〈encoding name〉/〈clock rate〉[/〈encoding parameters〉] 中的〈encoding name〉，利用该属性携带编码器厂商名称(如：大华或海康编码名称 DAHUA 或 HIKVISION)。该属性表明该流为某厂商编码器编码且是不符合本标准规定的媒体流，符合本标准规定的媒体流无需该属性。

例如：a=rtpmap:96 DAHUA/90000；

a=rtpmap:96 HIKVISION/90000。

s 字段：使用 s 字段标识请求媒体流的操作类型。"Play"代表实时点播；"Playback"代表历史回放；"Download"代表文件下载。

u 字段：u 行应填写视音频文件的 URI。该 URI 取值有两种方式：简捷方式和普通方式。简捷方式直接采用产生该历史媒体的媒体源(如某个摄像头)的设备 ID(应符合 6.1.2 的规定)以及相关参数，参数用":"分隔；普通方式采用 http://存储设备 ID[/文件夹] * /文件名，[/文件夹] * 为 0～N 级文件夹。

t 字段：当回放或下载时，t 行值为开始时间和结束时间，用" "分隔，时间格式见 IETF RFC 4566 的 5.9，开始时间和结束时间均为要回放或下载的音视频文件录制时间段中的某个时刻。

y 字段：为十进制整数字符串，表示 SSRC 值。格式如下：Dddddddddd(第一位为历史或实时媒体流的标识位，1 为历史，0 为实时)。

f 字段：f=v/编码格式/分辨率/帧率/码率类型/码率大小 a/编码格式/码率大小/采样率

各项具体含义：

——v：后续参数为视频的参数；各参数间以"/"分割；

——编码格式(十进制整数字符串表示):

1:MPEG-4;2:H.264;3:SVAC;4:3GP。

——分辨率(十进制整数字符串表示):

1:QCIF;2:CIF;3:4CIF;4:D1;5:720P;6:1080P/I。

——帧率(十进制整数字符串表示):0~99

——码率类型(十进制整数字符串表示):

1:固定码率(CBR);2:可变码率(VBR)。

——码率大小(十进制整数字符串表示):0~100000(如1表示1 kbps)

——a:后续参数为音频的参数;各参数间以"/"分割;

——编码格式(十进制整数字符串表示):

1:G.711;2:G.723.1;3:G.729;4:G.722.1。

——码率大小(十进制整数字符串):

音频编码码率:1:5.3 kbps(G.723.1中使用);

2:6.3 kbps(G.723.1中使用);

3:8 kbps(G.729中使用);

4:16 kbps(G.722.1中使用);

5:24 kbps(G.722.1中使用);

6:32 kbps(G.722.1中使用);

7:48 kbps(G.722.1中使用);

8:64 kbps(G.711中使用)。

——采样率(十进制整数字符串表示):

1:8 kHz(G.711、G.723.1或G.729中使用);

2:14 kHz(G.722.1中使用);

3:16 kHz(G.722.1中使用);

4:32 kHz(G.722.1中使用)。

注1:字符串说明

本节中使用的"十进制整数字符串"的含义为"0"~"4294967296"之间的十进制数字字符串。

注2:参数分割标识

各参数间以"/"分割,参数间的分割符"/"不能省略;若两个分割符"/"间的某参数为空时(即两个分割符"/"直接将相连时)表示无该参数值;

注3:f字段说明

使用f字段时,应保证视频和音频参数的结构完整性,即在任何时候,f字段的结构都应是完整的结构:

f=v/编码格式/分辨率/帧率/码率类型/码率大小a/编码格式/码率大小/采样率

若只有视频时,音频中的各参数项可以不填写,但应保持"a///"的结构:

f=v/编码格式/分辨率/帧率/码率类型/码率大小a///

若只有音频时也类似处理,视频中的各参数项可以不填写,但应保持"v/////"的结构:

f=v/////a/编码格式/码率大小/采样率

f字段中视、音频参数段之间不需空格分割。

注4:SSRC的使用

SIP服务器产生SSRC值,并在发往视频输出(解码器)的Invite中携带这个值,视频输出(解码器)返回的200 OK中带回该值。如下图所示:

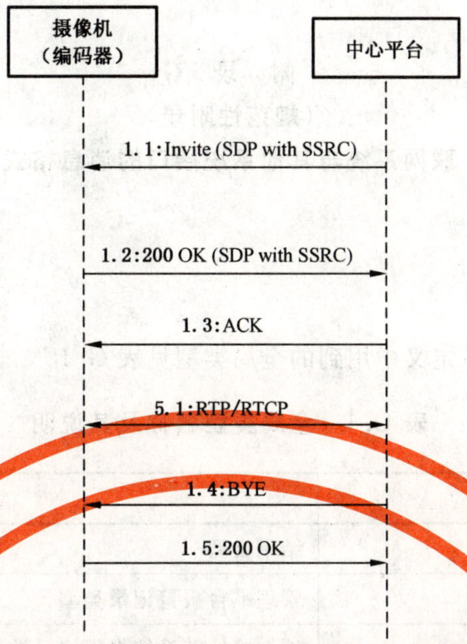

图 F.1 点播、回放、下载的流程示意图

注 5：错误响应补充说明

当设备收到无法满足的 SDP 时，向发送的 Invite 请求方发送 488 错误响应消息；当设备不能满足更多的呼叫请求时，向发送的 Invite 请求方发送 486 错误响应消息。

附 录 G
（规范性附录）
联网系统与其他系统接口的消息格式

G.1 全局类型定义

联网与其他系统接口的消息定义中用到的全局类型见表 G.1。

表 G.1 全局类型名称及其说明

名 称	说 明
resultType	结果类型
MPAlarmRecordType	管理平台报警记录类型
ECSAlarmRecordType	综合接处警系统报警记录类型
TGSAlarmRecordType	"卡口"系统报警记录类型
MPAlarmRecordListType	管理平台报警记录列表类型
ECSAlarmRecordListType	综合接处警系统报警记录列表类型
TGSAlarmRecordListType	"卡口"系统报警记录列表类型

全局类型规定如下：

a） 结果类型

```
<simpleType name="resultType">
  <restriction base="string">
    <enumeration value="OK"/>
    <enumeration value="ERROR"/>
  </restriction>
</simpleType>
```

b） 管理平台报警记录类型

```
<complexType name="MPAlarmRecordType">
  <sequence>
      <! -- 报警序号 -->
      <element name="AlarmNO" type="string"/>
      <! -- 报警时间 -->
      <element name="AlarmTime" type="dateTime"/>
      <! -- 报警源 -->
      <element name="DeviceID" type="string"/>
      <! -- 报警类别 -->
      <element name="AlarmClass" type="string " minOccurs="0"/>
      <! -- 报警级别 -->
      <element name="AlarmPriority" type="string"/>
      <! -- 报警方式 -->
```

```
    〈element name="AlarmMethod" type="string"/〉
    〈! -- 经纬度信息可选 --〉
    〈element name="Longitude" type="Double" minOccurs="0"/〉
    〈element name="Latitude" type="Double" minOccurs="0"/〉
    〈! -- 以下信息全部可选 --〉
    〈! -- 案发地址 --〉
    〈element name="AlarmAddress" type="string" minOccurs="0"/〉
    〈! -- 报警人或报警单位地址 --〉
    〈element name="Address"type="string" minOccurs="0"/〉
    〈! -- 报警人姓名或报警单位名称 --〉
    〈element name="Name" type="string" minOccurs="0"/〉
    〈! -- 报警人性别 --〉
    〈element name="Sex" type="string" minOccurs="0"/〉
    〈! -- 报警人联系方式 --〉
    〈element name="Contact" type="string" minOccurs="0"/〉
    〈! -- 车辆牌号,可多项--〉
    〈element name="CarPlate" type="string" minOccurs="0" maxOccurs="unbounded"〉
    〈! -- 号牌种类,可多项--〉
    〈element name="PlateType" type="string" minOccurs="0" maxOccurs="unbounded"〉
    〈! -- 受伤害对象,可多项 --〉
    〈element name="Victim" type="string"  minOccurs="0" maxOccurs="unbounded"〉
    〈! -- 原始报警序号--〉
    〈element name="OriginalNO" type="string"/〉
    〈! -- 原始报警信息--〉
    〈element name="OriginalInfo" type="string"/〉
    〈! -- 报警发送者--〉
    〈element name="Sender" type="string"/〉
    〈! -- 接警员--〉
    〈element name="Processor" type="string"/〉
    〈! -- 警情级别--〉
    〈element name="AlarmLevel" type="string"/〉
    〈! -- 处理信息--〉
    〈element name="Disposal" type="string"/〉
    〈! -- 警情描述--〉
    〈element name="Alarminfo" type="string"/〉
    〈! -- 其他信息,可多项 --〉
    〈element name="Info" type="string" minOccurs="0" maxOccurs="unbounded"〉
  〈/sequence〉
〈/complexType〉
```

c) 综合接处警系统报警记录类型

```
〈complexType name="ECSAlarmRecordType "〉
  〈sequence〉
```

```
〈! -- 报警序号 --〉
〈element name="AlarmNO" type="string"/〉
〈! -- 报警时间 --〉
〈element name="AlarmTime" type="dateTime"/〉
〈! -- 报警级别 --〉
〈element name="AlarmPriority" type="string"/〉
〈! -- 报警类别 --〉
〈element name="AlarmClass" type="string"/〉
〈! -- 案发地址 --〉
〈element name="AlarmAddress" type="string"/〉
〈! -- 报警方式 --〉
〈element name="AlarmMethod" type="string"/〉
〈! -- 报警电话 --〉
〈element name="AlarmTelephone" type="string"/〉
〈! -- 经纬度信息可选 --〉
〈element name="Longitude" type="Double" minOccurs="0"/〉
〈element name="Latitude" type="Double" minOccurs="0"/〉
〈! -- 以下信息全部可选 --〉
〈! -- 报警人姓名或报警单位名称 --〉
〈element name="Name" type="string" minOccurs="0"/〉
〈! -- 报警人或报警单位地址 --〉
〈element name="Address"type="string" minOccurs="0"/〉
〈! -- 报警人联系方式 --〉
〈element name="Contact" type="string" minOccurs="0"/〉
〈! -- 报警人性别 --〉
〈element name="Sex" type="string" minOccurs="0"/〉
〈! -- 车辆牌号,可多项--〉
〈element name="CarPlate" type="string" minOccurs="0" maxOccurs="unbounded"/〉
〈! -- 号牌种类,可多项--〉
〈element name="PlateType" type="string" minOccurs="0" maxOccurs="unbounded"/〉
〈! -- 受伤害对象,可多项 --〉
〈element name="Victim" type="string" minOccurs="0" maxOccurs="unbounded"/〉
〈! -- 接警员编号--〉
〈element name="Processor" type="string"/〉
〈! -- 接警员姓名--〉
〈element name="SrecipientName" type="string"/〉
〈! -- 案件状态 --〉
〈element name="NsStatus" type="string"/〉
〈! -- 案件类型 --〉
〈element name="NCallType" type="string"/〉
〈! -- 案件描述--〉
〈element name="Alarminfo" type="string"/〉
〈! -- 其他信息,可多项 --〉
```

```
      〈element name="Info" type="string" minOccurs="0" maxOccurs="unbounded"/〉
    〈/sequence〉
  〈/complexType〉
```

d) “卡口”系统报警记录类型

```
〈complexType name="TGSAlarmRecordType"/〉
  〈sequence〉
    〈! -- 报警时间 --〉
    〈element name="AlarmTime" type="dateTime"/〉
    〈! -- 卡口编号 --〉
    〈element name="TollgateID" type="string "〉
    〈! -- 车牌号码 --〉
    〈element name="CarPlate" type="string"/〉
    〈! -- 号牌种类 --〉
    〈element name="PlateType" type="string"/〉
    〈! -- 布控类别 --〉
    〈element name="DefenceType" type="string"/〉
    〈! -- 以下信息全部可选 --〉
    〈! -- 图片路径 --〉
    〈element name="ImageURL" type="string" minOccurs="0"/〉
    〈! -- 行驶方向 --〉
    〈element name="Direction" type="string" minOccurs="0"/〉
    〈! -- 车辆速度 --〉
    〈element name="VehicleSpeed " type="int" minOccurs="0"/〉
    〈! -- 经过时刻 --〉
    〈element name="PassTime" type="dateTime" minOccurs="0"/〉
  〈/sequence〉
〈/complexType〉
```

e) 管理平台报警记录列表类型

```
〈complexType name="MPAlarmRecordListType"〉
  〈sequence〉
    〈! -- 约定重复的次数为元素 SendRecordNum 所定义的值 --〉
    〈! -- 管理平台报警记录 --〉
    〈element name="AlarmRecord" type="MPAlarmRecordType"/〉
  〈/sequence〉
〈/complexType〉
```

f) 综合接处警系统报警记录列表类型

```
〈complexType name="ECSAlarmRecordListType"〉
  〈sequence〉
    〈! -- 约定重复的次数为元素 SendRecordNum 所定义的值 --〉
    〈! -- 综合接处警系统报警记录 --〉
```

```
    〈element name="AlarmRecord" type="ECSAlarmRecordType"/〉
  〈/sequence〉
〈/complexType〉
```

g) "卡口"系统报警记录列表类型

```
〈complexType name="TGSAlarmRecordListType"〉
  〈sequence〉
    〈! -- 约定重复的次数为元素 SendRecordNum 所定义的值 --〉
    〈! --  "卡口"系统报警记录  --〉
    〈element name="AlarmRecord" type="TGSAlarmRecordType"/〉
  〈/sequence〉
〈/complexType〉
```

G.2 通知消息

```
  〈schema xmlns="http://www.w3.org/2001/XMLSchema"
  targetNamespace="http://www.w3.org/namespace/"
  xmlns="http://www.w3.org/namespace/"〉
〈! --  Notify 表示通知消息  --〉
    〈element name="Notify"〉
      〈complexType content="elementOnly"〉
        〈sequence〉
            〈! --  通知请求的命令序列,如下面 6 种信息传递 --〉
          〈/sequence〉
        〈/complexType〉
    〈/element〉
  〈/schema〉
```

a) 管理平台向综合接处警系统发送报警通知

```
〈element name="CmdType"  fixed="MPAlarm"/〉
〈! --  命令序列号(必选)--〉
〈element name="SN" type="integer" minInclusive value="1"/〉
〈! --  管理平台报警记录  --〉
〈element name="AlarmContent" type="MPAlarmRecordType"/〉
```

b) 管理平台向其他城市信息系统发送报警通知

```
〈element name="CmdType"  fixed="MPAlarm"/〉
〈! --  命令序列号(必选)--〉
〈element name="SN" type="integer" minInclusive value="1"/〉
〈! --  管埋平台报警记录  --〉
〈element name="AlarmContent" type="MPAlarmRecordType"/〉
```

c) 综合接处警系统向管理平台发送报警通知

〈element name="CmdType" fixed="ECSAlarm"/〉
〈! -- 命令序列号(必选) --〉
〈element name="SN" type="integer" minInclusive value="1"/〉
〈! -- 综合接处警系统报警记录 --〉
〈element name="AlarmContent" type=" ECSAlarmRecordType"/〉

d) "卡口"系统向管理平台发送报警通知

〈element name="CmdType" fixed="TGSAlarm"/〉
〈! -- 命令序列号(必选) --〉
〈element name="SN" type="integer" minInclusive value="1"/〉
〈! -- "卡口"系统报警记录 --〉
〈element name="AlarmContent" type="TGSAlarmRecordType"/〉

e) 管理平台向"卡口"系统发送布控/撤控通知

〈element name="CmdType" fixed="ConfigDefence"/〉
〈! -- 命令序列号(必选) --〉
〈element name="SN" type="integer" minInclusive value="1"/〉
〈! -- 操作类型:true 表示布控、false 表示撤控--〉
〈element name="Type" type="boolean"/〉
〈! -- 卡口编号 --〉
〈element name="TollgateID" type="string"〉
〈! -- 布控/撤控的车辆号牌--〉
〈element name="CarPlate" type="string"/〉
〈! -- 号牌种类--〉
〈element name="PlateType" type="string"/〉
〈! -- 布控类别--〉
〈element name="DefenceType" type="string"/〉
〈! -- 布控/撤控的开始时间--〉
〈element name="DefenceTime" type="dateTime"/〉

G.3 查询消息

〈schema xmlns="http://www.w3.org/2001/XMLSchema"
targetNamespace="http://www.w3.org/namespace/"
xmlns="http://www.w3.org/namespace/"〉
〈! -- Query 表示查询消息 --〉
〈element name="Query"〉
〈complexType content="elementOnly"〉
〈sequence〉
〈! -- 查询请求命令序列,具体包括下面 5 种请求--〉
〈/sequence〉
〈/complexType〉

```
〈/element〉
〈/schema〉
```

a) 综合接处警系统检索管理平台的报警记录

```
〈element name="CmdType"  fixed="MPAlarmRecordList"/〉
〈! -- 命令序列号(必选)--〉
〈element name="SN" type="integer" minInclusive value="1"/〉
〈! -- 以下信息全部可选 --〉
〈! -- 时间范围 --〉
〈element name="BeginTime" type="dateTime" minOccurs="0"/〉
〈element name="EndTime" type="dateTime" minOccurs="0"/〉
〈! -- 报警类别 --〉
〈element name="AlarmClass" type="string"/〉
〈! -- 报警源地域范围 --〉
〈element name="AlarmDeviceRange" type="string" minOccurs="0"/〉
〈! -- 报警级别 --〉
〈element name="AlarmPriority" type="string " minOccurs="0"/〉
〈! -- 报警方式 --〉
〈element name="AlarmMethod" type="string " minOccurs="0"/〉
```

b) 其他城市信息系统检索管理平台的报警记录

```
〈element name="CmdType"  fixed="MPAlarmRecordList"/〉
〈! -- 命令序列号(必选)--〉
〈element name="SN" type="integer" minInclusive value="1"/〉
〈! -- 以下信息全部可选 --〉
〈! -- 时间范围 --〉
〈element name="BeginTime" type="dateTime" minOccurs="0"/〉
〈element name="EndTime" type="dateTime" minOccurs="0"/〉
〈! -- 报警类别 --〉
〈element name="AlarmClass" type="string"/〉
〈! -- 报警源地域范围 --〉
〈element name="AlarmDeviceRange" type="string" minOccurs="0"/〉
〈! -- 报警级别 --〉
〈element name="AlarmPriority" type="string " minOccurs="0"/〉
〈! -- 报警方式 --〉
〈element name="AlarmMethod" type="string " minOccurs="0"/〉
```

c) 管理平台检索综合接处警系统的报警记录

```
〈element name="CmdType"  fixed="ECSAlarmRecordList"/〉
〈! -- 命令序列号(必选)--〉
〈element name="SN" type="integer" minInclusive value="1"/〉
〈! -- 以下信息全部可选 --〉
〈! -- 时间范围 --〉
```

```
〈element name="BeginTime" type="dateTime" minOccurs="0"/〉
〈element name="EndTime" type="dateTime" minOccurs="0"/〉
〈! -- 案发地域范围 --〉
〈element name="AlarmAddressRange" type="string" minOccurs="0"/〉
〈! -- 报警级别 --〉
〈element name="AlarmPriority" type="string " minOccurs="0"/〉
〈! -- 报警方式 --〉
〈element name="AlarmMethod" type="string " minOccurs="0"/〉
〈! -- 报警类别 --〉
〈element name="AlarmClass" type="string" minOccurs="0"/〉
```

d) 管理平台检索“卡口”系统的报警记录

```
〈element name="CmdType" fixed="TGSAlarmRecordList"/〉
〈! -- 命令序列号(必选) --〉
〈element name="SN" type="integer" minInclusive value="1"/〉
〈! -- 以下信息全部可选 --〉
〈! -- 时间范围 --〉
〈element name="BeginTime" type="dateTime" minOccurs="0"/〉
〈element name="EndTime" type="dateTime" minOccurs="0"/〉
〈! -- 卡口编号 --〉
〈element name="TollgateID" type="string " minOccurs="0"/〉
〈! -- 车牌号码 --〉
〈element name="CarPlate" type="string" minOccurs="0"/〉
〈! -- 号牌种类--〉
〈element name="PlateType" type="string"/〉
```

G.4 查询消息的应答消息

```
〈schema xmlns="http://www.w3.org/2001/XMLSchema"
  targetNamespace="http://www.w3.org/namespace/"
  xmlns="http://www.w3.org/namespace/"〉
〈! -- Response 表示应答消息 --〉
      〈element name="Response"〉
        〈complexType content="elementOnly"〉
          〈sequence〉
            〈! -- 查询请求的应答信息,如下面 5 种应答--〉
          〈/sequence〉
        〈/complexType〉
      〈/element〉
〈/schema〉
```

a) 综合接处警系统检索管理平台的报警记录的应答消息

```
〈element name="CmdType" fixed="MPAlarmRecordList"/〉
```

〈! -- 命令序列号(必选) --〉
〈element name="SN" type="integer" minInclusive value="1"/〉
〈! -- 响应结果 --〉
〈element name="Result" type="resultType"/〉
〈! -- 检索到的记录总数 --〉
〈element name="RealRecordNum" type="integer"/〉
〈! -- 实际发送的记录数 --〉
〈element name="SendRecordNum" type="integer"/〉
〈! -- 检索到的管理平台报警记录列表 --〉
〈element name="RecordList" type="MPAlarmRecordListType"/〉

b) 其他城市信息系统检索管理平台的报警记录的应答消息
〈element name="CmdType" fixed="MPAlarmRecordList"/〉
〈! -- 命令序列号(必选) --〉
〈element name="SN" type="integer" minInclusive value="1"/〉
〈! -- 响应结果 --〉
〈element name="Result" type="resultType"/〉
〈! -- 检索到的记录总数 --〉
〈element name="RealRecordNum" type="integer"/〉
〈! -- 实际发送的记录数 --〉
〈element name="SendRecordNum" type="integer"/〉
〈! -- 检索到的管理平台报警记录列表 --〉
〈element name="RecordList" type="MPAlarmRecordListType"/〉

c) 管理平台检索综合接处警系统的报警记录的应答消息
〈element name="CmdType" fixed="ECSAlarmRecordList"/〉
〈! -- 命令序列号(必选) --〉
〈element name="SN" type="integer" minInclusive value="1"/〉
〈! -- 响应结果 --〉
〈element name="Result" type="resultType"/〉
〈! -- 检索到的记录总数 --〉
〈element name="RealRecordNum" type="integer"/〉
〈! -- 实际发送的记录数 --〉
〈element name="SendRecordNum" type="integer"/〉
〈! -- 检索到的综合接处警系统报警记录列表 --〉
〈element name="RecordList" type="ECSAlarmRecordListType"/〉

d) 管理平台检索“卡口”系统的报警记录的应答消息
〈element name="CmdType" fixed="TGSAlarmRecordList"/〉
〈! -- 命令序列号(必选) --〉
〈element name="SN" type="integer" minInclusive value="1"/〉
〈! -- 响应结果 --〉
〈element name="Result" type="resultType"/〉

```
〈! --  检索到的记录总数 --〉
〈element name="RealRecordNum" type="integer"/〉
〈! --  实际发送的记录数 --〉
〈element name="SendRecordNum" type="integer"/〉
〈! --  检索到的“卡口”系统报警记录列表 --〉
〈element name="RecordList" type="TGSAlarmRecordListType"/〉
```

G.5 通知消息的应答消息

```
〈schema xmlns="http://www.w3.org/2001/XMLSchema"
targetNamespace="http://www.w3.org/namespace/"
xmlns="http://www.w3.org/namespace/"〉
〈! -- Response 表示应答消息  --〉
  〈element name="Response"〉
    〈complexType content="elementOnly"〉
      〈sequence〉
          〈! --  通知请求的应答信息,如下面 6 种信息 --〉
        〈/sequence〉
      〈/complexType〉
  〈/element〉
〈/schema〉
```

a) 管理平台向综合接处警系统发送报警通知的应答

```
〈element name="CmdType"  fixed="MPAlarm"/〉
〈! --  命令序列号(必选) --〉
〈element name="SN" type="integer" minInclusive value="1"/〉
〈! --  执行结果标志(必选) --〉
〈element name="Result" type="tg:resultType"/〉
```

b) 管理平台向其他城市信息系统发送报警通知的应答

```
〈element name="CmdType"  fixed="MPAlarm"/〉
〈! --  命令序列号(必选) --〉
〈element name="SN" type="integer" minInclusive value="1"/〉
〈! --  执行结果标志(必选) --〉
〈element name="Result" type="tg:resultType"/〉
```

c) 综合接处警系统向管理平台发送报警通知的应答

```
〈element name="CmdType"  fixed="ECSAlarm"/〉
〈! --  命令序列号(必选) --〉
〈element name="SN" type="integer" minInclusive value="1"/〉
〈! --  执行结果标志(必选) --〉
〈element name="Result" type="tg:resultType"/〉
```

d） “卡口”系统向管理平台发送报警通知的应答

〈element name="CmdType" fixed="TGSAlarm"/〉
〈! -- 命令序列号(必选) --〉
〈element name="SN" type="integer" minInclusive value="1"/〉
〈! -- 执行结果标志(必选) --〉
〈element name="Result" type="tg:resultType"/〉

e） 管理平台向“卡口”系统发送布控/撤控通知的应答

〈element name="CmdType" fixed="ConfigDefence"/〉
〈! -- 命令序列号(必选) --〉
〈element name="SN" type="integer" minInclusive value="1"/〉
〈! -- 执行结果标志(必选) --〉
〈element name="Result" type="tg:resultType"/〉
〈! -- 扩展信息,可多项 --〉
〈element name="Info" minOccurs="0" maxOccurs="unbounded"〉
  〈restriction base="string"〉
    〈maxLength value="1024"/〉
  〈/restriction〉
〈/element〉

附 录 H
（规范性附录）
数字摘要信令认证过程和方法

H.1 数字摘要信令认证说明

注册成功后，信令发送方与信令接收方进行交互时，采用数字摘要方式保障信令来源安全。对除REGISTER消息以外的每一条消息都做数字摘要。启用了Date字段，扩展了信令消息的头域，在头域中增加Note字段（值为Digest，有两个参数nonce，algorithm）。Note=（Digest nonce="",algorithm=），nonce的值为algorithm[From+to+CallID+Date+seed+消息体]数字摘要经过BASE64编码后的值，algorithm的值为数字摘要的算法名称，“+”为字符串连接运算。

Date比对有效时间范围可设，初设值为10分钟，应在校时精度范围内。Date精确到秒。

H.2 数字摘要信令认证流程

数字摘要信令认证会话的流程如图H.1所示。

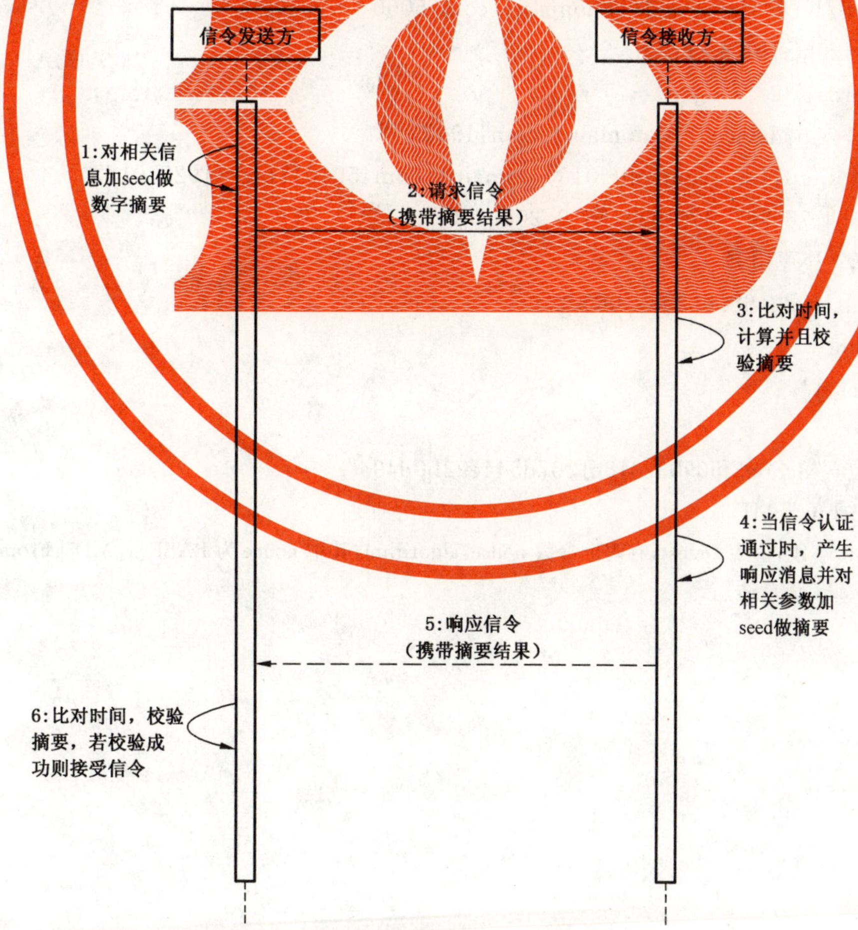

图H.1 数字摘要信令认证交互流程

命令流程描述如下：

a) 1：信令发送方发送信令前，需要对信令消息头域中的From、To、Call-ID，Date、seed和消息体做摘要，得到结果1，并将结果1作为Note字段的参数nonce的值，本次使用的摘要算法作为Note字段的参数algorithm的值。

b) 2：信令发送方将信令发至信令接收方。

c) 3：信令接收方接收信令，比对date与当前时间，如果时间之差在有效区间内则提取From、To、Call-ID，Date、消息体、结果1、摘要算法，使用摘要算法对From、To、Call-ID，Date、seed和消息体做摘要，得到结果1'，匹配结果1和结果1'。如果匹配成功，则信令认证通过，否则认证失败，丢弃该信令并终止该信令会话过程。

d) 4：若信令接收方对收到的信令认证通过，则生成响应信令，并将即将发出的信令消息中的From、To、Call-ID，Date、seed、消息体做数字摘要，得到结果2。

e) 5：得到结果2作为Note字段的参数nonce的值，本次使用的摘要算法作为Note字段的参数algorithm的值，将响应信令发送给信令发送方。

f) 6：信令发送方接收到响应信令，提取From、To、Call-ID，Date、消息体、结果2，比对date与当前时间，如果时间之在差在有效区间内，则将这些参数和seed一起做数字摘要，得到结果2'，匹配结果2和2'，如果匹配成功，则信令认证通过，否则失败，丢弃该信令。

信令认证SIP信令举例：

```
INVITE sip:device01@ domain1. com:1902 SIP/2.0
Via:SIP/2.0/UDP sipserver10@domain1. com:5060
址;branch=z9hG4bKnashds8
Max-Forwards:70
To:device01<sip:device01@ domain1. com:1902>
From:controller01<sip:controller01@ domain1. com:5060>;tag=1928301774
Call-ID:a84b4c76e66710@192.168.9.205
CSeq:314159 INVITE
Contact:<sip:192.168.9.205:5060
Content-Length:0
Date:2008040112:20
Note:Digest
    nonce="8c56a3f50903e318e1267d544e92b9d49a"
    algorithm=MD5
```

注：增加Note字段，值为Digest，有两个参数nonce，algorithm，其中nonce为BASE64[MD5[From+to+CallID+Date+seed+消息体]]。

附 录 I
（规范性附录）
证书格式和证书撤销列表格式

I.1 证书格式基本要求

应支持 X.509 V3 标准证书，并支持所有 X.509 V3 标准定义的扩展。应支持 X.509 V2 证书撤销列表(CRL)。统一的用户证书格式、设备证书格式见 I.2 和 I.3；统一的 CRL 格式见 I.4。

I.2 用户证书格式

用户证书格式见表 I.1。

表 I.1 用户证书格式定义

<table>
<tr><th>序号</th><th colspan="2">数据项名称</th><th>数据类型</th><th>数据长度</th><th>采用标准</th><th>说明</th></tr>
<tr><td>1</td><td colspan="2">版本号</td><td>整型</td><td>1 字节</td><td>IETF RFC 3280</td><td>证书格式版本号，目前为 3</td></tr>
<tr><td>2</td><td colspan="2">序列号</td><td>字符型</td><td>32 字节</td><td>IETF RFC 3280</td><td>证书序列号，用于证书管理，每一 CA 系统中，应为唯一值</td></tr>
<tr><td>3</td><td colspan="2">签名算法</td><td>字符型</td><td>16 字节</td><td>IETF RFC 3280</td><td>CA 中心签名该证书使用的算法</td></tr>
<tr><td rowspan="5">4</td><td rowspan="5">签发单位</td><td>名称(CN)</td><td>字符型</td><td>8 字节</td><td></td><td rowspan="5">签发该证书的 CA 中心的信息</td></tr>
<tr><td>区/县(L)</td><td>字符型</td><td>2 字节</td><td>GB/T 2260—2007</td></tr>
<tr><td>地市(L)</td><td>字符型</td><td>2 字节</td><td>GB/T 2260—2007</td></tr>
<tr><td>省份(S)</td><td>字符型</td><td>2 字节</td><td>GB/T 2260—2007</td></tr>
<tr><td>国家(C)</td><td>字符型</td><td>2 字节</td><td>GB/T 2659—2000</td></tr>
<tr><td rowspan="2">5</td><td rowspan="2">有效期</td><td>生效日期</td><td>字符型</td><td>19 字节</td><td>GB/T 7408—2005</td><td>证书生效日期，格式例如：2007-08-12 12:23:34</td></tr>
<tr><td>失效日期</td><td>字符型</td><td>19 字节</td><td>GB/T 7408—2005</td><td>证书失效日期，格式例如：2007-08-18 12:23:34</td></tr>
<tr><td rowspan="5">6</td><td rowspan="5">证书持有者信息</td><td>用户名称(CN)</td><td>字符型</td><td>48 字节</td><td></td><td>姓名
身份证号码</td></tr>
<tr><td>区/县(L)</td><td>字符型</td><td>2 字节</td><td>GB/T 2260—2007</td><td></td></tr>
<tr><td>地市(L)</td><td>字符型</td><td>2 字节</td><td>GB/T 2260—2007</td><td></td></tr>
<tr><td>省份(S)</td><td>字符型</td><td>2 字节</td><td>GB/T 2260—2007</td><td></td></tr>
<tr><td>国家(C)</td><td>字符型</td><td>2 字节</td><td>GB/T 2659—2000</td><td></td></tr>
<tr><td>7</td><td colspan="2">证书持有者公钥信息</td><td>字符型</td><td>1 024 位</td><td>IETF RFC 3280</td><td>持证人的公开密钥信息</td></tr>
</table>

表 I.1(续)

序号	数据项名称		数据类型	数据长度	采用标准	说明
8	扩展项	CRL 分布点	字符型	128 字节	IETF RFC 3280	
		证书持有者密钥标识符	字符型	20 字节	IETF RFC 3280	
		签发单位的密钥标识符	字符型	20 字节	IETF RFC 3280	
		密钥用途	字符型	64 字节	IETF RFC 3280	
		预留	字符型	128 字节		待以后扩充
9	签名项		字符型	1 024 位	IETF RFC 3280	CA 中心对该证书的签名

I.3 设备证书格式

设备证书格式见表 I.2。

表 I.2 设备证书格式定义

序号	数据项名称		数据类型	数据长度	采用标准	说明
1	版本号		整型	1 字节	IETF RFC 3280	证书格式版本号,目前为 3
2	序列号		字符型	32 字节	IETF RFC 3280	证书序列号,用于证书管理,每一 CA 系统中,应为唯一值
3	签名算法		字符型	16 字节	IETF RFC 3280	CA 中心签名该证书使用的算法
4	签发单位	名称(CN)	字符型	8 字节		签发该证书的 CA 中心的信息
		区/县(L)	字符型	2 字节	GB/T 2260—2007	
		地市(L)	字符型	2 字节	GB/T 2260—2007	
		省份(S)	字符型	2 字节	GB/T 2260—2007	
		国家(C)	字符型	2 字节	GB/T 2659—2000	
5	有效期	生效日期	字符型	19 字节	GB/T 7408—2005	证书生效日期,格式例如:2007-08-12 12:23:34
		失效日期	字符型	19 字节	GB/T 7408—2005	证书失效日期,格式例如:2007-08-18 12:23:34
6	证书持有者信息	设备名称(CN)	字符型	48 字节		
		区/县(L)	字符型	2 字节	GB/T 2260—2007	
		地市(L)	字符型	2 字节	GB/T 2260—2007	
		省份(S)	字符型	2 字节	GB/T 2260—2007	
		国家(C)	字符型	2 字节	GB/T 2659—2000	

表 I.2（续）

序号	数据项名称		数据类型	数据长度	采用标准	说明
7	证书持有者公钥信息		字符型	1 024 位	IETF RFC 3280	持证人的公开密钥信息
8	扩展项	CRL 分布点	字符型	128 字节	IETF RFC 3280	
		证书持有者密钥标识符	字符型	20 字节	IETF RFC 3280	
		签发单位的密钥标识符	字符型	20 字节	IETF RFC 3280	
		密钥用途	字符型	64 字节	IETF RFC 3280	
		预留	字符型	128 字节		以后扩充
9	签名项		字符型	1 024 位	IETF RFC 3280	CA 中心对该证书的签名

I.4 X.509 V2 证书撤销列表 CRL 格式

X.509 V2 证书撤销列表 CRL 格式见表 I.3。

表 I.3 X.509 V2 证书撤销列表 CRL 格式

序号	数据项名称		数据类型	数据长度	采用标准	说明
1	版本号		整型	1 字节	IETF RFC 3280	CRL 的版本号
2	签发单位	名称(CN)	字符型	8 字节		CRL 签发者的信息，CRL 的签发者为签发该类公钥证书的相应 CA 中心
		区/县(L)	字符型	2 字节	GB/T 2260—2007	
		地市(L)	字符型	2 字节	GB/T 2260—2007	
		省份(S)	字符型	2 字节	GB/T 2260—2007	
		国家(C)	字符型	2 字节	GB/T 2659—2000	
3	发布时间	生效时间	字符型	19 字节	GB/T 7408—2005	该 CRL 发布的时间，格式例如：2007-08-12 12:23:34
		下次更新的时间	字符型	19 字节	GB/T 7408—2005	下一 CRL 发布时间，格式例如：2007-08-18 12:23:34
4	签名算法		字符型	16 字节	IETF RFC 3280	CA 中心签名该 CRL 使用的算法
5	扩展项	签发单位的密钥标识符	字符型	20 字节	IETF RFC 3280	签发单位的密钥标识符
		CRL 分布点	字符型	128 字节	IETF RFC 3280	CRL 分布点

表 I.3（续）

<table>
<tr><th>序号</th><th colspan="2">数据项名称</th><th>数据类型</th><th>数据长度</th><th>采用标准</th><th>说明</th></tr>
<tr><td rowspan="3">6</td><td rowspan="3">吊销列表（包括吊销证书1～N个）</td><td>撤销证书的序列号</td><td>字符型</td><td>32字节</td><td>IETF RFC 3280</td><td></td></tr>
<tr><td>证书吊销日期</td><td>字符型</td><td>19字节</td><td>GB/T 7408—2005</td><td>该证书被吊销的时间，格式例如：2007-08-12 12:23:34</td></tr>
<tr><td>证书注销原因</td><td>整型</td><td>1字节</td><td>IETF RFC 3280</td><td>证书注销原因见表B.2</td></tr>
<tr><td>7</td><td colspan="2">签名项</td><td>字符型</td><td>1 024位</td><td>IETF RFC 3280</td><td>CA中心对该CRL的签名</td></tr>
</table>

I.5 X.509 V2 证书撤销列表 CRL 格式的证书注销原因编码

X.509 V2 证书撤销列表 CRL 格式中证书注销原因编码见表 I.4。

表 I.4 证书注销原因编码表

证书注销原因名称	证书注销原因编码
未指明原因	0
密钥泄密	1
CA泄密	2
从属关系改变	3
证书被取代	4
操作终止	5
证书冻结	6

附 录 J
（规范性附录）
信令消息示范

J.1 注册信令消息示范

J.1.1 REGISTER sip:SIP 服务器编码@目的域名或 IP 地址端口 SIP/2.0

Via:SIP/2.0/UDP 源域名或 IP 地址端口
From:〈sip:SIP 设备编码@源域名〉;tag=185326220
To:〈sip:SIP 设备编码@源域名〉
Call-ID:ms1214-322164710-681262131542511620107-0@172.18.16.3
CSeq:1 REGISTER
Contact:〈sip:SIP 设备编码@源 IP 地址端口〉
Authorization: Capability algorithm="A:RSA/ECB/PKCS1,RSA/CBC/PKCS1;H:SHA1,MD5,SHA256;S:DES/ECB/PKCS5,DES/CBC/PKCS5,3DES/ECB/PKCS5,3DES/CBC/PKCS5,SCB2"
Max-Forwards:70
Expires:3600
Content-Length:0

J.1.2 SIP/2.0 401 Unauthorized

To:sip:SIP 设备编码@源域名
Content-Length:0
CSeq:1 REGISTER
Call-ID:ms1214-322164710-681262131542511620107-0@172.18.16.3
From:〈sip:SIP 设备编码@源域名〉;tag=185326220
Via:SIP/2.0/UDP 源域名或 IP 地址端口
WWW-Authenticate:Digest realm="64010000",nonce="6fe9ba44a76be22a"

J.1.3 REGISTER sip:SIP 服务器编码@目的域名或 IP 地址端口 SIP/2.0

Via:SIP/2.0/UDP 源域名或 IP 地址端口
From:〈sip:SIP 设备编码@源域名〉;tag=185326220
To:〈sip:SIP 设备编码@源域名〉
Call-ID:ms1214-322164710-681262131542511620107-0@172.18.16.3
CSeq:2 REGISTER
Contact:〈sip:SIP 设备编码@源 IP 地址端口〉
Authorization: Digest username="64010000002020000001", realm="64010000", nonce="6fe9ba44a76be22a", uri="sip:64010000002000000001@172.18.16.5:5060", response="9625d92d1 bddea7a911926e0db054968",algorithm=MD5
Max-Forwards:70

Expires:3600
Content-Length:0

J.1.4 SIP/2.0 200 OK

To:〈sip:SIP 设备编码@源域名〉;tag=69113a2a
Contact:sip:SIP 设备编码@源 IP 地址端口
Content-Length:0
CSeq:2 REGISTER
Call-ID:ms1214-322164710-681262131542511620107-0@172.18.16.3
From:〈sip:SIP 设备编码@源域名〉;tag=185326220
Via:SIP/2.0/UDP 源域名或 IP 地址端口
Date:2010-11-02T15:01:26.115
Expires:3600

J.2 基于数字证书的双向认证注册消息示范

J.2.1 REGISTER sip:SIP 服务器编码@目的域名或 IP 地址端口 SIP/2.0

Via:SIP/2.0/UDP 源域名或 IP 地址端口
From:〈sip:SIP 设备编码@源域名〉;tag=185326220
To:〈sip:SIP 设备编码@源域名〉
Call-ID:ms1214-322164710-681262131542511620107-0@172.18.16.3
CSeq:1 REGISTER
Contact:〈sip:SIP 设备编码@源 IP 地址端口〉
Authorization: Capability
algorithm="A:RSA/ECB/PKCS1,RSA/CBC/PKCS1;H:SHA1,MD5,SHA256;S:DES/ECB/PKCS5,DES/CBC/PKCS5,3DES/ECB/PKCS5,3DES/CBC/PKCS5,SCB2"
Max-Forwards:70
Expires:3600
Content-Length:0

J.2.2 SIP/2.0 401 Unauthorized

To:sip:SIP 设备编码@源域名
Content-Length:0
CSeq:1 REGISTER
Call-ID:ms1214-322164710-681262131542511620107-0@172.18.16.3
From:〈sip:SIP 设备编码@源域名〉;tag=185326220
Via:SIP/2.0/UDP 源域名或 IP 地址端口
WWW-Authenticate: Asymmetric
nonce="EUiG7xqPhJwSyD7lBgMGCUtzp2AObEdeRVn0cao0JaWPC8VcVBrrHif4+n0mXsHBXFnDGJ43DYWPnPx9XjwEHfl6iN+5SFu0JMa/cQ/VV8Quf8GE3hK7m5c6rGN+Mi61bl Twh-kI40+vI7ifFnRXbZM5iKynPz7XA1gr9lWd/7hY=&CXUUHOL6RctO4bfTA86EEZ8gxVxek+1f5jw3cleu0vU5kwıII6MG+Vc3cdxaKNL4G8Eo8PLtYDcrBwwYJHKUbSSL3D9mKmbVB6hjQ9cltXVKqQ6lKjPNf4x9b9Z2zGl5VuVsaY9PtQhWO2WHUvZDrFY4focaCYFAZCmZVUwzrfDE="algorithm="A:RSA/ECB/PKCS1&SHA1"

J.2.3 REGISTER sip:SIP 服务器编码@目的域名或 IP 地址端口 SIP/2.0

Via:SIP/2.0/UDP 源域名或 IP 地址端口
From:〈sip:SIP 设备编码@源域名〉;tag=185326220
To:〈sip:SIP 设备编码@源域名〉
Call-ID:ms1214-322164710-681262131542511620107-0@172.18.16.3
CSeq:2 REGISTER
Contact:〈sip:SIP 设备编码@源 IP 地址端口〉
Authorization: Asymmetric nonce="EUiG7xqPhJwSyD7lBgMGCUtzp2AObEdeRVn0cao0JaWPC8VcVBrrHif4+n0mXsHBXFnDGJ43DYWPnPx9XjwEHfl6iN+5SFu0JMa/cQ/VV8Quf8GE3hK7m5c6rGN+Mi61blTwhkI40+vI7ifFnRXbZM5iKynPz7XA1gr9lWd/7hY=&CXUUHOL6RctO4bfTA86EEZ8gxVxeK+1f5jw3cLeu0vU5kWrH6MG+Vc3cdxaKNL4G8Eo8PLtYDcrBwwYJHKUBSSL3D9mKmbVB6hjQ9cltXvKqQ6lKjPNf4x9b9Z2zGl5VuVsaY9PtQhWO2WHUvZDrFY4focaCYFAZCmZVUwzrfDE=",response="9625d92d1bddea7a911926e0db054968",algorithm=SHA1
Max-Forwards:70
Expires:3600
Content-Length:0

J.2.4 SIP/2.0 200 OK

To:〈sip:SIP 设备编码@源域名〉;tag=69113a2a
Contact:sip:SIP 设备编码@源 IP 地址端口
Content-Length:0
CSeq:2 REGISTER
Call-ID:ms1214-322164710-681262131542511620107-0@172.18.16.3
From:〈sip:SIP 设备编码@源域名〉;tag=185326220
Via:SIP/2.0/UDP 源域名或 IP 地址端口
Date:2010-11-02T15:01:26.115
Expires:3600

J.3 注销消息示范

J.3.1 REGISTER sip:SIP 服务器编码@目的域名或 IP 地址端口 SIP/2.0

Via:SIP/2.0/UDP 源域名或 IP 地址端口
From:〈sip:SIP 设备编码@源域名〉;tag=185326220
To:〈sip:SIP 设备编码@源域名〉
Call-ID:ms1214-322164710-681262131542511620107-0@172.18.16.3
CSeq:1 REGISTER
Contact:〈sip:SIP 设备编码@源 IP 地址端口〉
Authorization: Capability algorithm="A:RSA/ECB/PKCS1,RSA/CBC/PKCS1;H:SHA1,MD5,SHA256;S:DES/ECB/PKCS5,DES/CBC/PKCS5,3DES/ECB/PKCS5,3DES/CBC/PKCS5,SCB2"
Max-Forwards:70
Expires:0

Content-Length：0

J.3.2 SIP/2.0 401 Unauthorized

To：sip：SIP 设备编码@源域名
Content-Length：0
CSeq：1 REGISTER
Call-ID：ms1214-322164710-681262131542511620107-0@172.18.16.3
From：〈sip：SIP 设备编码@源域名〉；tag=185326220
Via：SIP/2.0/UDP 源域名或 IP 地址端口
WWW-Authenticate：Digest realm="64010000"，nonce="6fe9ba44a76be22a"

J.3.3 REGISTER sip：SIP 服务器编码@目的域名或 IP 地址端口 SIP/2.0

Via：SIP/2.0/UDP 源域名或 IP 地址端口
From：〈sip：SIP 设备编码@源域名〉；tag=185326220
To：〈sip：SIP 设备编码@源域名〉
Call-ID：ms1214-322164710-681262131542511620107-0@172.18.16.3
CSeq：2 REGISTER
Contact：〈sip：SIP 设备编码@源 IP 地址端口〉
Authorization：Digest username = " 64010000002020000001 ", realm = " 64010000 ", nonce = "6fe9ba44a76be22a", uri = " sip：64010000002000000001 @ 172.18.16.5：5060 ", response = "9625d92d1bddea7a911926e0db054968", algorithm=MD5
Max-Forwards：70
Expires：0
Content-Length：0

J.3.4 SIP/2.0 200 OK

To：〈sip：SIP 设备编码@源域名〉；tag=69113a2a
Contact：sip：SIP 设备编码@源 IP 地址端口
Content-Length：0
CSeq：2 REGISTER
Call-ID：ms1214-322164710-681262131542511620107-0@172.18.16.3
From：〈sip：SIP 设备编码@源域名〉；tag=185326220
Via：SIP/2.0/UDP 源域名或 IP 地址端口
Date：2010-11-02T15：01：26.115
Expires：0

J.4 客户端发起的实时点播消息示范

J.4.1 INVITE sip：媒体流发送者设备编码@目的域名或 IP 地址端口 SIP/2.0

To：sip：媒体流发送者设备编码@目的域名
Content-Length：消息实体的字节长度
Contact：〈sip：媒体流接收者设备编码@源 IP 地址端口〉
CSeq：1 INVITE
Call-ID：wlss-f7c53b46-eea27828118c3b50449185980f4bfdf0@172.20.16.4

Via:SIP/2.0/UDP 源域名或 IP 地址

From:〈sip:媒体流接收者设备编码@源域名〉;tag=e3719a0b

Subject:媒体流发送者设备编码:发送端媒体流序列号,媒体流接收者设备编码:接收端媒体流序列号

Content-Type:application/sdp

Max-Forwards:70

v=0

o=64010600002020000001 0 0 IN IP4 172.20.16.3

s=Play

c=IN IP4 172.20.16.3

t=0 0

m=video 6000 RTP/AVP 96 98 97

a=recvonly

a=rtpmap:96 PS/90000

a=rtpmap:98 H264/90000

a=rtpmap:97 MPEG4/90000

J.4.2 INVITE sip:媒体服务器编码@目的域名或 IP 地址端口 SIP/2.0

To:sip:媒体服务器编码@目的域名

Content-Length:消息实体的字节长度

Contact:〈sip:SIP 服务器编码@源 IP 地址端口〉

CSeq:1 INVITE

Call-ID:wlss-11df50d7-730beb6350a5506aa8316d9dc100cf6b@172.18.16.5

Via:SIP/2.0/UDP 源域名或 IP 地址端口

From:〈sip:SIP 服务器编码@源域名〉;tag=1ad9931d

Subject:媒体流发送者设备编码:发送端媒体流序列号,媒体流接收者设备编码:接收端媒体流序列号

Max-Forwards:70

J.4.3 SIP/2.0 200 OK

Via:SIP/2.0/UDP 源域名或 IP 地址

From:〈sip:SIP 服务器编码@源域名〉;tag=1ad9931d

To:〈sip:媒体服务器编码@目的域名〉;tag=3094947605

Call-ID:wlss-11df50d7-730beb6350a5506aa8316d9dc100cf6b@172.18.16.5

CSeq:1 INVITE

Contact:〈sip:媒体服务器编码@目的域名或 IP 地址端口〉

Content-Type:application/sdp

Content-Length:消息实体的字节长度

v=0

o=64010000002020000001 0 0 IN IP4 172.18.16.3

s=##ms20091214

c=IN IP4 172.18.16.3

t=0 0

m=video 6000 RTP/AVP 96 98 97

a=recvonly

a=rtpmap:96 PS/90000

a=rtpmap:98 H264/90000

a=rtpmap:97 MPEG4/90000

J.4.4 INVITE sip:媒体流发送者设备编码@目的域名或 IP 地址端口 SIP/2.0

To:sip:媒体流发送者设备编码@目的域名

Content-Length:消息实体的字节长度

Contact:〈sip:SIP 服务器编码@源 IP 地址端口〉

CSeq:1 INVITE

Call-ID:wlss-e680b2c1-730beb6350a5506aa8316d9dc100cf6b@172.18.16.5

Via:SIP/2.0/UDP 源域名或 IP 地址

From:〈sip:SIP 服务器编码@源域名〉;tag=f569d024

Content-Type:application/sdp

Subject:媒体流发送者设备编码:发送端媒体流序列号,媒体流接收者设备编码:接收端媒体流序列号

Max-Forwards:70

v=0

o=64010000002020000001 0 0 IN IP4 172.18.16.3

s=Play

c=IN IP4 172.18.16.3

t=0 0

m=video 6000 RTP/AVP 96 98 97

a=recvonly

a=rtpmap:96 PS/90000

a=rtpmap:98 H264/90000

a=rtpmap:97 MPEG4/90000

y=0100000001

J.4.5 SIP/2.0 200 OK

Via:SIP/2.0/UDP 源域名或 IP 地址

From:〈sip:SIP 服务器编码@源域名〉;tag=f569d024

To:〈sip:媒体流发送者设备编码@目的域名〉;tag=32128

Call-ID:wlss-e680b2c1-730beb6350a5506aa8316d9dc100cf6b@172.18.16.5

CSeq:1 INVITE

Contact:〈sip:媒体流发送者设备编码@目的 IP 地址端口〉

Content-Type:application/sdp

Content-Length:消息实体的字节长度

v=0
o=64010000041110000044 0 0 IN IP4 172.24.18.44
s=Embedded Net DVR
c=IN IP4 172.24.18.44
t=0 0
m=video 8412 RTP/AVP 96 98
a=sendonly
a=rtpmap:96 PS/90000
a=rtpmap:98 H264/90000
a=username:64010000041110000044
a=password:12345678
y=100000001

J.4.6 ACK sip:媒体服务器编码@目的域名或 IP 地址端口 SIP/2.0

To:〈sip:媒体服务器编码@目的域名〉;tag=3094947605
Content-Length:消息实体的字节长度
CSeq:1 ACK
Call-ID:wlss-11df50d7-730beb6350a5506aa8316d9dc100cf6b@172.18.16.5
Via:SIP/2.0/UDP 源域名或 IP 地址
From:〈sip:SIP 服务器编码@源域名〉;tag=1ad9931d
Content-Type:application/sdp
Max-Forwards:70

v=0
o=64010000041110000044 0 0 IN IP4 172.24.18.44
s=Embedded Net DVR
c=IN IP4 172.24.18.44
t=0 0
m=video 8412 RTP/AVP 96
a=sendonly
a=rtpmap:96 PS/90000
a=username:64010000041110000044
a=password:12345678
y=100000001

J.4.7 ACK sip:媒体流发送者设备编码@目的域名或 IP 地址端口 SIP/2.0

To:〈sip:媒体流发送者设备编码@目的域名〉;tag=32128
Content-Length:消息实体的字节长度
CSeq:1 ACK
Call-ID:wlss-e680b2c1-730beb6350a5506aa8316d9dc100cf6b@172.18.16.5
Via:SIP/2.0/UDP 源域名或 IP 地址
From:〈sip:SIP 服务器编码@源域名〉;tag=f569d024
Max-Forwards:70

J.4.8 INVITE sip:媒体服务器编码@目的域名或 IP 地址端口 SIP/2.0

```
To:sip:媒体服务器编码@目的域名
Content-Length:消息实体的字节长度
Contact:〈sip:SIP 服务器编码@源 IP 地址端口〉
CSeq:1 INVITE
Call-ID:wlss-294c2c6e-eea27828118c3b50449185980f4bfdf0@172.18.16.5
Via:SIP/2.0/UDP 源域名或 IP 地址
From:〈sip:SIP 服务器编码@源域名〉;tag=02f283d7
Subject:媒体流发送者设备编码:发送端媒体流序列号,媒体流接收者设备编码:接收端媒体流序列号
Content-Type:application/sdp
Max-Forwards:70

v=0
o=64010600002020000001 0 0 IN IP4 172.18.16.3
s=Play
c=IN IP4 172.18.16.3
t=0 0
m=video 6000 RTP/AVP 96 98 97
a=recvonly
a=rtpmap:96 PS/90000
a=rtpmap:98 H264/90000
a=rtpmap:97 MPEG4/90000
y=0100000001
```

J.4.9 SIP/2.0 200 OK

```
Via:SIP/2.0/UDP 源域名或 IP 地址
From:〈sip:SIP 服务器编码@源域名〉;tag=02f283d7
To:〈sip:媒体服务器编码@目的域名〉;tag=994072228
Call-ID:wlss-294c2c6e-eea27828118c3b50449185980f4bfdf0@172.18.16.5
CSeq:1 INVITE
Contact:〈sip:媒体服务器编码@目的网单元 IP 地址端口〉
Content-Type:application/sdp
Content-Length:消息实体的字节长度

v=0
o=64010000002020000001 0 0 IN IP4 172.18.16.1
s=##ms20090428 log-restart-callid-ssrc-reinvite
c=IN IP4 172.18.16.1
t=0 0
m=video 6000 RTP/AVP 96 98 97
a=sendonly
```

a=rtpmap:96 PS/90000
a=rtpmap:98 H264/90000
a=rtpmap:97 MPEG4/90000
y=0100000001

J.4.10 SIP/2.0 200 OK

To:〈sip:媒体流发送者设备编码@目的域名〉;tag=949c43d7
Contact:〈sip:媒体流发送者设备编码@目的 IP 地址端口〉
Content-Length:消息实体的字节长度
CSeq:1 INVITE
Call-ID:wlss-f7c53b46-eea27828118c3b50449185980f4bfdf0@172.20.16.4
Via:SIP/2.0/UDP 源域名或 IP 地址
From:〈sip:媒体流接收者设备编码@源域名〉;tag=e3719a0b
Content-Type:application/sdp

v=0
o=64010000002020000001 0 0 IN IP4 172.18.16.1
s=##ms20090428 log-restart-callid-ssrc-reinvite
c=IN IP4 172.18.16.1
t=0 0
m=video 6000 RTP/AVP 96 98 97
a=sendonly
a=rtpmap:96 PS/90000
a=rtpmap:98 H264/90000
a=rtpmap:97 MPEG4/90000
y=0100000001

J.4.11 ACK sip:媒体流发送者设备编码@目的域名或 IP 地址端口 SIP/2.0

To:〈sip:媒体流发送者设备编码@目的域名〉;tag=949c43d7
Content-Length:消息实体的字节长度
CSeq:1 ACK
Call-ID:wlss-f7c53b46-eea27828118c3b50449185980f4bfdf0@172.20.16.4
Via:SIP/2.0/UDP 源域名或 IP 地址
From:〈sip:媒体流接收者设备编码@源域名〉;tag=e3719a0b
Max-Forwards:70

J.4.12 ACK sip:媒体服务器编码@目的域名或 IP 地址端口 SIP/2.0

To:〈sip:媒体服务器编码@目的域名〉;tag=994072228
Content-Length:消息实体的字节长度
CSeq:1 ACK
Call-ID:wlss-294c2c6c-eea27828118c3b50449185980f4bfdf0@172.18.16.5
Via:SIP/2.0/UDP 源域名或 IP 地址
From:〈sip:SIP 服务器编码@源域名〉;tag=02f283d7

Max-Forwards:70

J.4.13 BYE sip:媒体流发送者设备编码@目的域名或IP地址端口 SIP/2.0

To:〈sip:媒体流发送者设备编码@目的域名〉;tag=949c43d7
Content-Length:消息实体的字节长度
CSeq:2 BYE
Call-ID:wlss-f7c53b46-eea27828118c3b50449185980f4bfdf0@172.20.16.4
Via:SIP/2.0/UDP 源域名或IP地址
From:〈sip:媒体流接收者设备编码@源域名〉;tag=e3719a0b
Max-Forwards:70

J.4.14 SIP/2.0 200 OK

Via:SIP/2.0/UDP 源域名或IP地址
From:〈sip:媒体流接收者设备编码@源域名〉;tag=e3719a0b
To:〈sip:媒体流发送者设备编码@目的域名〉;tag=949c43d7
Call-ID:wlss-f7c53b46-eea27828118c3b50449185980f4bfdf0@172.20.16.4
CSeq:2 BYE
Content-Length:消息实体的字节长度

J.4.15 BYE sip:媒体服务器编码@目的域名或IP地址端口 SIP/2.0

Via:SIP/2.0/UDP 源域名或IP地址
From:〈sip:SIP服务器编码@源域名〉;tag=02f283d7
To:〈sip:媒体服务器编码@目的域名〉;tag=994072228
Call-ID:wlss-294c2c6e-eea27828118c3b50449185980f4bfdf0@172.18.16.5
Content-Length:消息实体的字节长度
CSeq:2 BYE
Max-Forwards:70

J.4.16 SIP/2.0 200 OK

Via:SIP/2.0/UDP 源域名或IP地址
From:〈sip:SIP服务器编码@源域名〉;tag=02f283d7
To:〈sip:媒体服务器编码@目的域名〉;tag=994072228
Call-ID:wlss-294c2c6e-eea27828118c3b50449185980f4bfdf0@172.18.16.5
CSeq:2 BYE
Content-Length:消息实体的字节长度

J.4.17 BYE sip:媒体服务器编码@目的域名或IP地址端口 SIP/2.0

To:〈sip:媒体服务器编码@目的域名〉;tag=3094947605
Content-Length:消息实体的字节长度
CSeq:2 BYE
Call-ID:wlss-11df50d7-730beb6350a5506aa8316d9dc100cf6b@172.18.16.5
Via:SIP/2.0/UDP 源域名或IP地址
From:〈sip:SIP服务器编码@源域名〉;tag=1ad9931d

Max-Forwards:70

J.4.18 SIP/2.0 200 OK

Via:SIP/2.0/UDP 源域名或 IP 地址
From:〈sip:SIP 服务器编码@源域名〉;tag=1ad9931d
To:〈sip:媒体服务器编码@目的域名〉;tag=3094947605
Call-ID:wlss-11df50d7-730beb6350a5506aa8316d9dc100cf6b@172.18.16.5
CSeq:2 BYE
Content-Length:消息实体的字节长度

J.4.19 BYE sip:媒体流发送者设备编码@目的域名或 IP 地址端口 SIP/2.0

To:〈sip:媒体流发送者设备编码@目的域名〉;tag=32128
Content-Length:消息实体的字节长度
CSeq:2 BYE
Call-ID:wlss-e680b2c1-730beb6350a5506aa8316d9dc100cf6b@172.18.16.5
Via:SIP/2.0/UDP 源域名或 IP 地址
From:〈sip:SIP 服务器编码@源域名〉;tag=f569d024
Max-Forwards:70

J.4.20 SIP/2.0 200 OK

Via:SIP/2.0/UDP 源域名或 IP 地址
From:〈sip:SIP 服务器编码@源域名〉;tag=f569d024
To:〈sip:媒体流发送者设备编码@目的域名〉;tag=32128
Call-ID:wlss-e680b2c1-730beb6350a5506aa8316d9dc100cf6b@172.18.16.5
CSeq:2 BYE
Content-Length:消息实体的字节长度

J.5 第三方呼叫实时点播消息示范

J.5.1 INVITE sip:媒体服务器编码@目的域名或 IP 地址端口 SIP/2.0

To:sip:媒体服务器编码@目的域名
Content-Length:消息实体的字节长度
Contact:〈sip:SIP 服务器编码@源 IP 地址端口〉
CSeq:1 INVITE
Call-ID:wlss-11df50d7-730beb6350a5506aa8316d9dc100cf6b@172.18.16.5
Via:SIP/2.0/UDP 源域名或 IP 地址
From:〈sip:SIP 服务器编码@源域名〉;tag=1ad9931d
Subject:媒体流发送者设备编码:发送端媒体流序列号,媒体流接收者设备编码:接收端媒体流序列号
Max-Forwards:70

J.5.2 SIP/2.0 200 OK

Via:SIP/2.0/UDP 源域名或 IP 地址

From:〈sip:SIP 服务器编码@源域名〉;tag=1ad9931d
To:〈sip:媒体服务器编码@目的域名〉;tag=3094947605
Call-ID:wlss-11df50d7-730beb6350a5506aa8316d9dc100cf6b@172.18.16.5
CSeq:1 INVITE
Contact:〈sip:媒体服务器编码@目的域名或 IP 地址端口〉
Content-Type:application/sdp
Content-Length:消息实体的字节长度

v=0
o=64010000002020000001 0 0 IN IP4 172.18.16.3
s=##ms20091214
c=IN IP4 172.18.16.3
t=0 0
m=video 6000 RTP/AVP 96 98 97
a=recvonly
a=rtpmap:96 PS/90000
a=rtpmap:98 H264/90000
a=rtpmap:97 MPEG4/90000

J.5.3 INVITE sip:媒体流发送者设备编码@目的域名或 IP 地址端口 SIP/2.0

To:sip:媒体流发送者设备编码@目的域名
Content-Length:消息实体的字节长度
Contact:〈sip:SIP 服务器编码@源 IP 地址端口〉
CSeq:1 INVITE
Call-ID:wlss-e680b2c1-730beb6350a5506aa8316d9dc100cf6b@172.18.16.5
Via:SIP/2.0/UDP 源域名或 IP 地址
From:〈sip:SIP 服务器编码@源域名〉;tag=f569d024
Content-Type:application/sdp
Subject:媒体流发送者设备编码:发送端媒体流序列号,媒体流接收者设备编码:接收端媒体流序列号
Max-Forwards:70

v=0
o=64010000002020000001 0 0 IN IP4 172.18.16.3
s=Play
c=IN IP4 172.18.16.3
t=0 0
m=video 6000 RTP/AVP 96 98 97
a=recvonly
a=rtpmap:96 PS/90000
a=rtpmap:98 H264/90000
a=rtpmap:97 MPEG4/90000
y=0100000001

J.5.4 SIP/2.0 200 OK

Via:SIP/2.0/UDP 源域名或 IP 地址
From:〈sip:SIP 服务器编码@源域名〉;tag=f569d024
To:〈sip:媒体流发送者设备编码@目的域名〉;tag=32128
Call-ID:wlss-e680b2c1-730beb6350a5506aa8316d9dc100cf6b@172.18.16.5
CSeq:1 INVITE
Contact:〈sip:媒体流发送者设备编码@目的 IP 地址端口〉
Content-Type:application/sdp
Content-Length:消息实体的字节长度

v=0
o=64010000041110000044 0 0 IN IP4 172.24.18.44
s=Embedded Net DVR
c=IN IP4 172.24.18.44
t=0 0
m=video 8412 RTP/AVP 96 98
a=sendonly
a=rtpmap:96 PS/90000
a=rtpmap:98 H264/90000
a=username:64010000041110000044
a=password:12345678
y=100000001

J.5.5 ACK sip:媒体服务器编码@目的域名或 IP 地址端口 SIP/2.0

To:〈sip:媒体服务器编码@目的域名〉;tag=3094947605
Content-Length:消息实体的字节长度
CSeq:1 ACK
Call-ID:wlss-11df50d7-730beb6350a5506aa8316d9dc100cf6b@172.18.16.5
Via:SIP/2.0/UDP 源域名或 IP 地址
From:〈sip:SIP 服务器编码@源域名〉;tag=1ad9931d
Content-Type:application/sdp
Max-Forwards:70

v=0
o=64010000041110000044 0 0 IN IP4 172.24.18.44
s=Embedded Net DVR
c=IN IP4 172.24.18.44
t=0 0
m=video 8412 RTP/AVP 96
a=sendonly
a=rtpmap:96 PS/90000
a=username:64010000041110000044

a=password:12345678

y=100000001

J.5.6 ACK sip:媒体流发送者设备编码@目的域名或 IP 地址端口 SIP/2.0

To:〈sip:媒体流发送者设备编码@目的域名〉;tag=32128

Content-Length:消息实体的字节长度

CSeq:1 ACK

Call-ID:wlss-e680b2c1-730beb6350a5506aa8316d9dc100cf6b@172.18.16.5

Via:SIP/2.0/UDP 源域名或 IP 地址

From:〈sip:SIP 服务器编码@源域名〉;tag=f569d024

Max-Forwards:70

J.5.7 INVITE sip:媒体流接收者设备编码@目的域名或 IP 地址端口 SIP/2.0

To:sip:媒体流接收者设备编码@目的域名

Content-Length:消息实体的字节长度

Contact:〈sip:SIP 服务器编码@源 IP 地址端口〉

CSeq:1 INVITE

Call-ID:wlss-e862d62c-72ff1e2e1d0f2ceaf8d07cf1e3a87f09@172.18.16.5

Via:SIP/2.0/UDP 源域名或 IP 地址

From:〈sip:SIP 服务器编码@源域名〉;tag=8338d6ac

Subject:媒体流发送者设备编码:发送端媒体流序列号,媒体流接收者设备编码:接收端媒体流序列号

Max-Forwards:70

J.5.8 SIP/2.0 200 OK

Via:SIP/2.0/UDP 源域名或 IP 地址

From:〈sip:SIP 服务器编码@源域名〉;tag=8338d6ac

To:〈sip:媒体流接收者设备编码@目的域名〉;tag=41

Call-ID:wlss-e862d62c-72ff1e2e1d0f2ceaf8d07cf1e3a87f09@172.18.16.5

CSeq:1 INVITE

Contact:〈sip:媒体流接收者设备编码@目的 IP 地址端口〉

Content-Type:application/sdp

Content-Length:消息实体的字节长度

v=0

o=64010000003001000001 0 0 IN IP4 172.18.16.126

s=Play

c=IN IP4 172.18.16.126

t=0 0

m=video 9010 RTP/AVP 96

a=recvonly

a=rtpmap:96 H264/90000

J.5.9 INVITE sip:媒体服务器编码@目的域名或 IP 地址端口 SIP/2.0

To:sip:媒体服务器编码@目的域名
Content-Length:消息实体的字节长度
Contact:〈sip:SIP 服务器编码@源 IP 地址端口〉
CSeq:1 INVITE
Call-ID:wlss-19677597-72ff1e2e1d0f2ceaf8d07cf1e3a87f09@172.18.16.5
Via:SIP/2.0/UDP 源域名或 IP 地址
From:〈sip:SIP 服务器编码@源域名〉;tag=39a741c5
Content-Type:application/sdp
Subject:媒体流发送者设备编码:发送端媒体流序列号,媒体流接收者设备编码:接收端媒体流序列号
Max-Forwards:70

v=0
o=64010000003001000001 0 0 IN IP4 172.18.16.126
s=Play
c=IN IP4 172.18.16.126
t=0 0
m=video 9010 RTP/AVP 96
a=recvonly
a=rtpmap:96 PS/90000
y=0100000001

J.5.10 SIP/2.0 200 OK

Via:SIP/2.0/UDP 源域名或 IP 地址
From:〈sip:SIP 服务器编码@源域名〉;tag=39a741c5
To:〈sip:媒体服务器编码@目的域名〉;tag=3243635917
Call-ID:wlss-19677597-72ff1e2e1d0f2ceaf8d07cf1e3a87f09@172.18.16.5
CSeq:1 INVITE
Contact:〈sip:媒体服务器编码@目的域名或 IP 地址端口〉
Content-Type:application/sdp
Content-Length:消息实体的字节长度

v=0
o=64010000002020000001 0 0 IN IP4 172.18.16.3
s=##ms20091214
c=IN IP4 172.18.16.3
t=0 0
m=video 6000 RTP/AVP 96 98 97
a=sendonly
a=rtpmap:96 PS/90000
a=rtpmap:98 H264/90000

a=rtpmap:97 MPEG4/90000
y=0100000001

J.5.11 ACK sip:媒体流接收者设备编码@目的域名或IP地址端口 SIP/2.0

To:〈sip:媒体流接收者设备编码@目的域名〉;tag=41
Content-Length:消息实体的字节长度
CSeq:1 ACK
Call-ID:wlss-e862d62c-72ff1e2e1d0f2ceaf8d07cf1e3a87f09@172.18.16.5
Via:SIP/2.0/UDP 源域名或IP地址
From:〈sip:SIP服务器编码@源域名〉;tag=8338d6ac
Content-Type:application/sdp
Max-Forwards:70

v=0
o=64010000002020000001 0 0 IN IP4 172.18.16.3
s=Play
c=IN IP4 172.18.16.3
t=0 0
m=video 6000 RTP/AVP 96
a=sendonly
a=rtpmap:96 PS/90000
y=0100000001

J.5.12 ACK sip:媒体服务器编码@目的域名或IP地址端口 SIP/2.0

To:〈sip:媒体服务器编码@目的域名〉;tag=3243635917
Content-Length:消息实体的字节长度
CSeq:1 ACK
Call-ID:wlss-19677597-72ff1e2e1d0f2ceaf8d07cf1e3a87f09@172.18.16.5
Via:SIP/2.0/UDP 源域名或IP地址
From:〈sip:SIP服务器编码@源域名〉;tag=39a741c5
Max-Forwards:70

J.5.13 BYE sip:媒体流接收者设备编码@目的域名或IP地址端口 SIP/2.0

To:〈sip:媒体流接收者设备编码@目的域名〉;tag=41
Content-Length:消息实体的字节长度
CSeq:2 BYE
Call-ID:wlss-e862d62c-72ff1e2e1d0f2ceaf8d07cf1e3a87f09@172.18.16.5
Via:SIP/2.0/UDP 源域名或IP地址
From:〈sip:SIP服务器编码@源域名〉;tag=8338d6ac
Max-Forwards:70

J.5.14 SIP/2.0 200 OK

Via:SIP/2.0/UDP 源域名或IP地址

From:〈sip:SIP 服务器编码@源域名〉;tag=8338d6ac
To:〈sip:媒体流接收者设备编码@目的域名〉;tag=41
Call-ID:wlss-e862d62c-72ff1e2e1d0f2ceaf8d07cf1e3a87f09@172.18.16.5
CSeq:2 BYE
Content-Length:消息实体的字节长度

J.5.15 BYE sip:媒体服务器编码@目的域名或 IP 地址端口 SIP/2.0

To:〈sip:媒体服务器编码@目的域名〉;tag=3243635917
Content-Length:消息实体的字节长度
CSeq:2 BYE
Call-ID:wlss-19677597-72ff1e2e1d0f2ceaf8d07cf1e3a87f09@172.18.16.5
Via:SIP/2.0/UDP 源域名或 IP 地址
From:〈sip:SIP 服务器编码@源域名〉;tag=39a741c5
Max-Forwards:70

J.5.16 SIP/2.0 200 OK

Via:SIP/2.0/UDP 源域名或 IP 地址
From:〈sip:SIP 服务器编码@源域名〉;tag=39a741c5
To:〈sip:媒体服务器编码@目的域名〉;tag=3243635917
Call-ID:wlss-19677597-72ff1e2e1d0f2ceaf8d07cf1e3a87f09@172.18.16.5
CSeq:2 BYE
Content-Length:消息实体的字节长度

J.5.17 BYE sip:媒体服务器编码@目的域名或 IP 地址端口 SIP/2.0

To:〈sip:媒体服务器编码@目的域名〉;tag=3094947605
Content-Length:消息实体的字节长度
CSeq:2 BYE
Call-ID:wlss-11df50d7-730beb6350a5506aa8316d9dc100cf6b@172.18.16.5
Via:SIP/2.0/UDP 源域名或 IP 地址
From:〈sip:SIP 服务器编码@源域名〉;tag=1ad9931d
Max-Forwards:70

J.5.18 SIP/2.0 200 OK

Via:SIP/2.0/UDP 源域名或 IP 地址
From:〈sip:SIP 服务器编码@源域名〉;tag=1ad9931d
To:〈sip:媒体服务器编码@目的域名〉;tag=3094947605
Call-ID:wlss-11df50d7-730beb6350a5506aa8316d9dc100cf6b@172.18.16.5
CSeq:2 BYE
Content-Length:消息实体的字节长度

J.5.19 BYE sip:媒体流发送者设备编码@目的域名或 IP 地址端口 SIP/2.0

To:〈sip:媒体流发送者设备编码@目的域名〉;tag=32128
Content-Length:消息实体的字节长度

CSeq:2 BYE
Call-ID:wlss-e680b2c1-730beb6350a5506aa8316d9dc100cf6b@172.18.16.5
Via:SIP/2.0/UDP 源域名或 IP 地址
From:〈sip:SIP 服务器编码@源域名〉;tag=f569d024
Max-Forwards:70

J.5.20 SIP/2.0 200 OK

Via:SIP/2.0/UDP 源域名或 IP 地址
From:〈sip:SIP 服务器编码@源域名〉;tag=f569d024
To:〈sip:媒体流发送者设备编码@目的域名〉;tag=32128
Call-ID:wlss-e680b2c1-730beb6350a5506aa8316d9dc100cf6b@172.18.16.5
CSeq:2 BYE
Content-Length:消息实体的字节长度

J.6 设备控制消息示范

J.6.1 MESSAGE sip:目的设备编码@目的域名或 IP 地址端口 SIP/2.0

To:sip:目的设备编码@目的域名
Content-Length:消息实体的字节长度
CSeq:1 MESSAGE
Call-ID:a84b4c76e66710
Via:SIP/2.0/UDP 源域名或 IP 地址
From:〈sip:源设备编码@源域名〉;tag=237f57dc
Content-Type:Application/MANSCDP+xml
Max-Forwards:69

〈?xml version="1.0"?〉
〈Control〉
〈CmdType〉DeviceControl〈/CmdType〉
〈SN〉11〈/SN〉
〈DeviceID〉64010000041310000345〈/DeviceID〉
〈PTZCmd〉A50F4D1000001021〈/PTZCmd〉
〈Info〉
〈ControlPriority〉5〈/ControlPriority〉
〈/Info〉
〈/Control〉

J.6.2 SIP/2.0 200 OK

Via:SIP/2.0/UDP 源域名或 IP 地址
From:〈sip:源设备编码@源域名〉;tag=237f57dc
To:〈sip:目的设备编码@目的域名〉;tag=13057
Call-ID:a84b4c76e66710
CSeq:1 MESSAGE

Content-Length:0

J.6.3 MESSAGE sip:目的设备编码@目的域名或 IP 地址端口 SIP/2.0

To:sip:目的设备编码@目的域名
Content-Length:消息实体的字节长度
CSeq:1 MESSAGE
Call-ID:wlss-f304376c-264c72115264900e8257eca1e15b0ae3@172.18.16.5
Via:SIP/2.0/UDP 源域名或 IP 地址
From:〈sip:源设备编码@源域名〉;tag=237f57dc
Content-Type:Application/MANSCDP+xml
Max-Forwards:69

〈?xml version="1.0"?〉
〈Control〉
〈CmdType〉DeviceControl〈/CmdType〉
〈SN〉11〈/SN〉
〈DeviceID〉64010000041310000345〈/DeviceID〉
〈PTZCmd〉A50F4D1000001021〈/PTZCmd〉
〈Info〉
〈ControlPriority〉5〈/ControlPriority〉
〈/Info〉
〈/Control〉

J.6.4 SIP/2.0 200 OK

Via:SIP/2.0/UDP 源域名或 IP 地址
From:〈sip:源设备编码@源域名〉;tag=237f57dc
To:〈sip:目的设备编码@目的域名〉;tag=13057
Call-ID:wlss-f304376c-264c72115264900e8257eca1e15b0ae3@172.18.16.5
CSeq:1 MESSAGE
Content-Length:0

J.7 有应答设备控制消息示范

J.7.1 MESSAGE sip:目的设备编码@目的域名或 IP 地址端口 SIP/2.0

To:〈sip:目的设备编码@目的域名〉;tag=852843529
Content-Length:消息实体的字节长度
CSeq:2 MESSAGE
Call-ID:a84b4c76e66710
Via:SIP/2.0/UDP 源域名或 IP 地址
From:〈sip:源设备编码@源域名〉;tag=e40807c0
Content-Type:Application/MANSCDP+xml
Max-Forwards:70

〈? xml version="1.0"?〉
〈Control〉
〈CmdType〉DeviceControl〈/CmdType〉
〈SN〉17〈/SN〉
〈DeviceID〉64010000002020000001〈/DeviceID〉
〈RecordCmd〉Record 〈/RecordCmd〉
〈/Control〉

J.7.2 SIP/2.0 200 OK

Via:SIP/2.0/UDP 源域名或 IP 地址
From:〈sip:源设备编码@源域名〉;tag=e40807c0
To:〈sip:目的设备编码@目的域名〉;tag=852843529
Call-ID:a84b4c76e66710
CSeq:2 MESSAGE
Content-Length:0

J.7.3 MESSAGE sip:目的设备编码@目的域名或 IP 地址端口 SIP/2.0

To:〈sip:目的设备编码@目的域名〉;tag=852843529
Content-Length:消息实体的字节长度
CSeq:2 MESSAGE
Call-ID:wlss-3a65dfb6-7ee86970ea84c5b2284ad158b3d4fdee@172.18.16.5
Via:SIP/2.0/UDP SIP 服务器域名或 IP 地址
From:〈sip:源设备编码@源域名〉;tag=e40807c0
Content-Type:Application/MANSCDP+xml
Max-Forwards:70

〈? xml version="1.0"?〉
〈Control〉
〈CmdType〉DeviceControl〈/CmdType〉
〈SN〉17〈/SN〉
〈DeviceID〉64010000002020000001〈/DeviceID〉
〈RecordCmd〉Record〈/RecordCmd〉
〈/Control〉

J.7.4 SIP/2.0 200 OK

Via:SIP/2.0/UDP SIP 服务器域名或 IP 地址
From:〈sip:源设备编码@源域名〉;tag=e40807c0
To:〈sip:目的设备编码@目的域名〉;tag=852843529
Call-ID:wlss-3a65dfb6-7ee86970ea84c5b2284ad158b3d4fdee@172.18.16.5
CSeq:2 MESSAGE
Content-Length:0

J.7.5 MESSAGE sip:目的设备编码@目的域名或 IP 地址端口 SIP/2.0

Via:SIP/2.0/UDP 目的域名或 IP 地址
From:〈sip:目的设备编码@目的域名〉;tag=852843529
To:〈sip:源设备编码@源域名〉;tag=e40807c0
Call-ID:de432gtf51u870
CSeq:2 MESSAGE
Max-Forwards:70
Content-Type:Application/MANSCDP+xml
Content-Length:消息实体的字节长度

〈?xml version="1.0"?〉
〈Response〉
〈CmdType〉DeviceControl〈/CmdType〉
〈SN〉17〈/SN〉
〈DeviceID〉64010000002020000001〈/DeviceID〉
〈Result〉OK〈/Result〉
〈/Response〉

J.7.6 SIP/2.0 200 OK

To:〈sip:源设备编码@源域名〉;tag=e40807c0
Content-Length:0
CSeq:2 MESSAGE
Call-ID:de432gtf51u870
Via:SIP/2.0/UDP 目的域名或 IP 地址
From:〈sip:目的设备编码@目的域名〉;tag=852843529

J.7.7 MESSAGE sip:目的设备编码@目的域名或 IP 地址端口 SIP/2.0

Via:SIP/2.0/UDP SIP 服务器域名或 IP 地址
From:〈sip:目的设备编码@目的域名〉;tag=852843529
To:〈sip:源设备编码@源域名〉;tag=e40807c0
Call-ID:wlss-dc907ta2-7ee86970ea84c5b2284ad158b3d4fdee@172.18.16.5
CSeq:2 MESSAGE
Max-Forwards:70
Content-Type:Application/MANSCDP+xml
Content-Length:消息实体的字节长度

〈?xml version="1.0"?〉
〈Response〉
〈CmdType〉DeviceControl〈/CmdType〉
〈SN〉17〈/SN〉
〈DeviceID〉64010000002020000001〈/DeviceID〉
〈Result〉OK〈/Result〉

</Response>

J.7.8 SIP/2.0 200 OK

To:<sip:源设备编码@源域名>;tag=e40807c0
Content-Length:0
CSeq:2 MESSAGE
Call-ID:wlss-dc907ta2-7ee86970ea84c5b2284ad158b3d4fdee@172.18.16.5
Via:SIP/2.0/UDP SIP 服务器域名或 IP 地址
From:<sip:目的设备编码@目的域名>;tag=852843529

J.8 报警事件通知和分发消息示范

J.8.1 MESSAGE sip:目的设备编码@目的域名或 IP 地址端口 SIP/2.0

To:<sip:SIP 服务器编码@SIP 服务器域名>;tag=852843529
Content-Length:消息实体的字节长度
CSeq:2 MESSAGE
Call-ID:a84b4c76e66710
Via:SIP/2.0/UDP 源域名或 IP 地址
From:<sip:源设备编码@源域名>;tag=e40807c0
Content-Type:Application/MANSCDP+xml
Max-Forwards:70

<?xml version="1.0"?>
<Notify>
<CmdType>Alarm</CmdType>
<SN>1</SN>
<DeviceID>64010000001340000101</DeviceID>
<AlarmPriority>4</AlarmPriority>
<AlarmTime>2009-12-04T16:23:32</AlarmTime>
<AlarmMethod>2</AlarmMethod>
</Notify>

J.8.2 SIP/2.0 200 OK

Via:SIP/2.0/UDP 源域名或 IP 地址
From:<sip:源设备编码@源域名>;tag=e40807c0
To:<sip:SIP 服务器编码@SIP 服务器域名>;tag=852843529
Call-ID:a84b4c76e66710
CSeq:2 MESSAGE
Content-Length:0

J.8.3 MESSAGE sip:目的设备编码@目的域名或 IP 地址端口 SIP/2.0

Via:SIP/2.0/UDP SIP 服务器域名或 IP 地址
From:<sip:SIP 服务器编码@SIP 服务器域名>;tag=852843529

To:〈sip:源设备编码@源域名〉;tag=e40807c0
Call-ID:wlss-3a65dfb6-7ee86970ea84c5b2284ad158b3d4fdee@172.18.16.5
CSeq:2 MESSAGE
Max-Forwards:70
Content-Type:Application/MANSCDP+xml
Content-Length:消息实体的字节长度

〈?xml version="1.0"?〉
〈Response〉
〈CmdType〉Alarm〈/CmdType〉
〈SN〉1〈/SN〉
〈DeviceID〉64010000001340000101〈/DeviceID〉
〈Result〉OK〈/Result〉
〈/Response〉

J.8.4 SIP/2.0 200 OK

To:〈sip:源设备编码@源域名〉;tag=e40807c0
Content-Length:0
CSeq:2 MESSAGE
Call-ID:wlss-3a65dfb6-7ee86970ea84c5b2284ad158b3d4fdee@172.18.16.5
Via:SIP/2.0/UDP SIP 服务器域名或 IP 地址
From:〈sip:SIP 服务器编码@SIP 服务器域名〉;tag=852843529

J.8.5 MESSAGE sip:目的设备编码@目的域名或 IP 地址端口 SIP/2.0

To:〈sip:目的设备编码@目的域名〉;tag=852843529
Content-Length:消息实体的字节长度
CSeq:2 MESSAGE
Call-ID:wlss-dc907ta2-7ee86970ea84c5b2284ad158b3d4fdee@172.18.16.5
Via:SIP/2.0/UDP SIP 服务器域名或 IP 地址
From:〈sip:SIP 服务器编码@SIP 服务器域名〉;tag=e40807c0
Content-Type:Application/MANSCDP+xml
Max-Forwards:70

〈?xml version="1.0"?〉
〈Notify〉
〈CmdType〉Alarm〈/CmdType〉
〈SN〉1〈/SN〉
〈DeviceID〉64010000001340000101〈/DeviceID〉
〈AlarmPriority〉4〈/AlarmPriority〉
〈AlarmTime〉2009-12-04T16:23:32〈/AlarmTime〉
〈AlarmMethod〉2〈/AlarmMethod〉
〈/Notify〉

J.8.6 SIP/2.0 200 OK

Via:SIP/2.0/UDP SIP 服务器域名或 IP 地址
From:〈sip:SIP 服务器编码@SIP 服务器域名〉;tag=e40807c0
To:〈sip:目的设备编码@目的域名〉;tag=852843529
Call-ID:wlss-dc907ta2-7ee86970ea84c5b2284ad158b3d4fdee@172.18.16.5
CSeq:2 MESSAGE
Content-Length:0

J.8.7 MESSAGE sip:目的设备编码@目的域名或 IP 地址端口 SIP/2.0

Via:SIP/2.0/UDP 目的域名或 IP 地址
From:〈sip:目的设备编码@目的域名〉;tag=852843529
To:〈sip:SIP 服务器编码@SIP 服务器域名〉;tag=e40807c0
Call-ID:de432gtf51u870
CSeq:2 MESSAGE
Max-Forwards:70
Content-Type:Application/MANSCDP+xml
Content-Length:消息实体的字节长度

〈? xml version="1.0"?〉
〈Response〉
〈CmdType〉Alarm〈/CmdType〉
〈SN〉1〈/SN〉
〈DeviceID〉64010000001340000101〈/DeviceID〉
〈Result〉OK〈/Result〉
〈/Response〉

J.8.8 SIP/2.0 200 OK

To:〈sip:SIP 服务器编码@SIP 服务器域名〉;tag=e40807c0
Content-Length:0
CSeq:2 MESSAGE
Call-ID:de432gtf51u870
Via:SIP/2.0/UDP 目的域名或 IP 地址
From:〈sip:目的设备编码@目的域名〉;tag=852843529

J.9 设备目录查询消息示范

J.9.1 MESSAGE sip:目的设备编码@目的域名或 IP 地址端口 SIP/2.0

To:〈sip:目的设备编码@目的域名〉;tag=852843529
Content-Length:消息实体的字节长度
CSeq:2 MESSAGE
Call-ID:a84b4c76e66710
Via:SIP/2.0/UDP 源域名或 IP 地址

From:〈sip:源设备编码@源域名〉;tag=e40807c0
Content-Type:Application/MANSCDP+xml
Max-Forwards:70

〈?xml version="1.0"?〉
〈Query〉
〈CmdType〉 Catalog 〈/CmdType〉
〈SN〉17430〈/SN〉
〈DeviceID〉64010000001110000001〈/DeviceID〉
〈/Query〉

J.9.2 SIP/2.0 200 OK

Via:SIP/2.0/UDP 源域名或 IP 地址
From:〈sip:源设备编码@源域名〉;tag=e40807c0
To:〈sip:目的设备编码@目的域名〉;tag=852843529
Call-ID:a84b4c76e66710
CSeq:2 MESSAGE
Content-Length:0

J.9.3 MESSAGE sip:目的设备编码@目的域名或 IP 地址端口 SIP/2.0

To:〈sip:目的设备编码@目的域名〉;tag=852843529
Content-Length:消息实体的字节长度
CSeq:2 MESSAGE
Call-ID:wlss-3a65dfb6-7ee86970ea84c5b2284ad158b3d4fdee@172.18.16.5
Via:SIP/2.0/UDP SIP 服务器域名或 IP 地址
From:〈sip:源设备编码@源域名〉;tag=e40807c0
Content-Type:Application/MANSCDP+xml
Max-Forwards:70

〈?xml version="1.0"?〉
〈Query〉
〈CmdType〉 Catalog 〈/CmdType〉
〈SN〉17430〈/SN〉
〈DeviceID〉64010000001110000001〈/DeviceID〉
〈/Query〉

J.9.4 SIP/2.0 200 OK

Via:SIP/2.0/UDP SIP 服务器域名或 IP 地址
From:〈sip:源设备编码@源域名〉;tag=e40807c0
To:〈sip:目的设备编码@目的域名〉;tag=852843529
Call-ID:wlss-3a65dfb6-7ee86970ea84c5b2284ad158b3d4fdee@172.18.16.5
CSeq:2 MESSAGE
Content-Length:0

J.9.5 MESSAGE sip:目的设备编码@目的域名或 IP 地址端口 SIP/2.0

```
Via:SIP/2.0/UDP 目的域名或 IP 地址
From:〈sip:目的设备编码@目的域名〉;tag=852843529
To:〈sip:源设备编码@源域名〉;tag=e40807c0
Call-ID:de432gtf51u870
CSeq:2 MESSAGE
Max-Forwards:70
Content-Type:Application/MANSCDP+xml
Content-Length:消息实体的字节长度

〈?xml version="1.0"?〉
〈Response〉
〈CmdType〉Catalog〈/CmdType〉
〈SN〉17430〈/SN〉
〈DeviceID〉64010000001110000001〈/DeviceID〉
〈SumNum〉100〈/SumNum〉
〈DeviceList Num="2"〉
  〈Item〉
    〈DeviceID〉64010000001330000001〈/DeviceID〉
    〈Name〉Camera1〈/Name〉
    〈Manufacturer〉Manufacturer 1〈/Manufacturer〉
    〈Model〉Model 1〈/Model〉
    〈Owner〉Owner 1〈/Owner〉
    〈CivilCode〉CivilCode 1〈/CivilCode〉
    〈Block〉Block 1〈/Block〉
    〈Address〉Address 1〈/Address〉
    〈Parental〉1〈/Parental〉
    〈ParentID〉64010000001110000001〈/ParentID〉
    〈SafetyWay〉0〈/SafetyWay〉
    〈RegisterWay〉1〈/RegisterWay〉
    〈CertNum〉CertNum 1〈/CertNum〉
    〈Certifiable〉0〈/Certifiable〉
    〈ErrCode〉400〈/ErrCode〉
    〈EndTime〉2010-11-11T19:46:17〈/EndTime〉
    〈Secrecy〉0〈/Secrecy〉
    〈IPAddress〉192.168.3.81〈/IPAddress〉
    〈Port〉5060〈/Port〉
    〈Password〉Password 1〈/Password〉
    〈Status〉Status 1〈/Status〉
    〈Longitude〉171.3〈/Longitude〉
    〈Latitude〉34.2〈/Latitude〉
  〈/Item〉
```

〈Item〉
〈DeviceID〉64010000001330000002〈/DeviceID〉
〈Name〉 Camera2 〈/Name〉
〈Manufacturer〉 Manufacturer 2 〈/Manufacturer〉
〈Model〉 Model 2 〈/Model〉
〈Owner〉 Owner 2 〈/Owner〉
〈CivilCode〉 CivilCode 2 〈/CivilCode〉
〈Block〉 Block2 〈/Block〉
〈Address〉 Address2 〈/Address〉
〈Parental〉 1 〈/Parental〉
〈ParentID〉64010000001110000001 〈/ParentID〉
〈SafetyWay〉 0 〈/SafetyWay〉
〈RegisterWay〉 1 〈/RegisterWay〉
〈CertNum〉 CertNum 1 〈/CertNum〉
〈Certifiable〉 0 〈/Certifiable〉
〈ErrCode〉 400 〈/ErrCode〉
〈EndTime〉 2010-11-11T19:46:17 〈/EndTime〉
〈Secrecy〉 0 〈/Secrecy〉
〈IPAddress〉 192. 168. 3. 81 〈/IPAddress〉
〈Port〉 5060 〈/Port〉
〈Password〉 Password 1 〈/Password〉
〈Status〉 Status 1 〈/Status〉
〈Longitude〉 171. 4〈/Longitude〉
〈Latitude〉 34. 2 〈/Latitude〉
〈/Item〉
〈/DeviceList〉
〈/Response〉

J. 9. 6 SIP/2. 0 200 OK

To:〈sip:源设备编码@源域名〉;tag=e40807c0
Content-Length:0
CSeq:2 MESSAGE
Call-ID:de432gtf51u870
Via:SIP/2. 0/UDP 目的域名或 IP 地址
From:〈sip:目的设备编码@目的域名〉;tag=852843529

J. 9. 7 MESSAGE sip:目的设备编码@目的域名或 IP 地址端口 SIP/2. 0

Via:SIP/2. 0/UDP SIP 服务器域名或 IP 地址
From:〈sip:目的设备编码@目的域名〉;tag=852843529
To:〈sip:源设备编码@源域名〉;tag=e40807c0
Call-ID:wlss dc907ta2-7ee86970ea84c5b2284ad158b3d4fdee@172. 18. 16. 5
CSeq:2 MESSAGE
Max-Forwards:70

Content-Type:Application/MANSCDP+xml

Content-Length:消息实体的字节长度

〈? xml version="1.0"?〉
〈Response〉
〈CmdType〉 Catalog 〈/CmdType〉
〈SN〉17430〈/SN〉
〈DeviceID〉64010000001110000001〈/DeviceID〉
〈SumNum〉100〈/SumNum〉
〈DeviceList Num="2"〉
  〈Item〉
    〈DeviceID〉64010000001330000001〈/DeviceID〉
    〈Name〉 Camera1 〈/Name〉
    〈Manufacturer〉 Manufacturer 1 〈/Manufacturer〉
    〈Model〉 Model 1 〈/Model〉
    〈Owner〉 Owner 1 〈/Owner〉
    〈CivilCode〉 CivilCode 1 〈/CivilCode〉
    〈Block〉 Block 1 〈/Block〉
    〈Address〉 Address 1 〈/Address〉
    〈Parental〉 1 〈/Parental〉
    〈ParentID〉64010000001110000001 〈/ParentID〉
    〈SafetyWay〉 0 〈/SafetyWay〉
    〈RegisterWay〉 1 〈/RegisterWay〉
    〈CertNum〉 CertNum 1 〈/CertNum〉
    〈Certifiable〉 0 〈/Certifiable〉
    〈ErrCode〉 400 〈/ErrCode〉
    〈EndTime〉 2010-11-11T19:46:17 〈/EndTime〉
    〈Secrecy〉 0 〈/Secrecy〉
    〈IPAddress〉 192.168.3.81 〈/IPAddress〉
    〈Port〉 5060 〈/Port〉
    〈Password〉 Password 1 〈/Password〉
    〈Status〉 Status 1 〈/Status〉
    〈Longitude〉 171.3〈/Longitude〉
    〈Latitude〉 34.2 〈/Latitude〉
  〈/Item〉
  〈Item〉
    〈DeviceID〉64010000001330000002〈/DeviceID〉
    〈Name〉 Camera2 〈/Name〉
    〈Manufacturer〉 Manufacturer 2 〈/Manufacturer〉
    〈Model〉 Model 2 〈/Model〉
    〈Owner〉 Owncr 2 〈/Owner〉
    〈CivilCode〉 CivilCode 2 〈/CivilCode〉
    〈Block〉 Block2 〈/Block〉

〈Address〉 Address2 〈/Address〉
〈Parental〉 1 〈/Parental〉
〈ParentID〉64010000001110000001 〈/ParentID〉
〈SafetyWay〉 0 〈/SafetyWay〉
〈RegisterWay〉 1 〈/RegisterWay〉
〈CertNum〉 CertNum 1 〈/CertNum〉
〈Certifiable〉 0 〈/Certifiable〉
〈ErrCode〉 400 〈/ErrCode〉
〈EndTime〉 2010-11-11T19:46:17 〈/EndTime〉
〈Secrecy〉 0 〈/Secrecy〉
〈IPAddress〉 192.168.3.81 〈/IPAddress〉
〈Port〉 5060 〈/Port〉
〈Password〉 Password 1 〈/Password〉
〈Status〉 Status 1 〈/Status〉
〈Longitude〉 171.4〈/Longitude〉
〈Latitude〉 34.2 〈/Latitude〉
〈/Item〉
〈/DeviceList〉
〈/Response〉

J.9.8 SIP/2.0 200 OK

To:〈sip:源设备编码@源域名〉;tag=e40807c0
Content-Length:0
CSeq:2 MESSAGE
Call-ID:wlss-dc907ta2-7ee86970ea84c5b2284ad158b3d4fdee@172.18.16.5
Via:SIP/2.0/UDP SIP 服务器域名或 IP 地址
From:〈sip:目的设备编码@目的域名〉;tag=852843529

J.10 设备信息查询消息示范

J.10.1 MESSAGE sip:目的设备编码@目的域名或 IP 地址端口 SIP/2.0

To:〈sip:目的设备编码@目的域名〉;tag=852843529
Content-Length:消息实体的字节长度
CSeq:2 MESSAGE
Call-ID:a84b4c76e66710
Via:SIP/2.0/UDP 源域名或 IP 地址
From:〈sip:源设备编码@源域名〉;tag=e40807c0
Content-Type:Application/MANSCDP+xml
Max-Forwards:70

〈?xml version="1.0"?〉
〈Query〉
〈CmdType〉DeviceInfo〈/CmdType〉

<SN>17430</SN>
<DeviceID>64010000001110000001</DeviceID>
</Query>

J.10.2 SIP/2.0 200 OK

Via:SIP/2.0/UDP 源域名或 IP 地址
From:<sip:源设备编码@源域名>;tag=e40807c0
To:<sip:目的设备编码@目的域名>;tag=852843529
Call-ID:a84b4c76e66710
CSeq:2 MESSAGE
Content-Length:0

J.10.3 MESSAGE sip:目的设备编码@目的域名或 IP 地址端口 SIP/2.0

To:<sip:目的设备编码@目的域名>;tag=852843529
Content-Length:消息实体的字节长度
CSeq:2 MESSAGE
Call-ID:wlss-3a65dfb6-7ee86970ea84c5b2284ad158b3d4fdee@172.18.16.5
Via:SIP/2.0/UDP SIP 服务器域名或 IP 地址
From:<sip:源设备编码@源域名>;tag=e40807c0
Content-Type:Application/MANSCDP+xml
Max-Forwards:70

<?xml version="1.0"?>
<Query>
<CmdType>DeviceInfo</CmdType>
<SN>17430</SN>
<DeviceID>64010000001110000001</DeviceID>
</Query>

J.10.4 SIP/2.0 200 OK

Via:SIP/2.0/UDP SIP 服务器域名或 IP 地址
From:<sip:源设备编码@源域名>;tag=e40807c0
To:<sip:目的设备编码@目的域名>;tag=852843529
Call-ID:wlss-3a65dfb6-7ee86970ea84c5b2284ad158b3d4fdee@172.18.16.5
CSeq:2 MESSAGE
Content-Length:0

J.10.5 MESSAGE sip:目的设备编码@目的域名或 IP 地址端口 SIP/2.0

Via:SIP/2.0/UDP 目的域名或 IP 地址
From:<sip:目的设备编码@目的域名>;tag=852843529
To:<sip:源设备编码@源域名>;tag=e40807c0
Call-ID:de432gtf51u870
CSeq:2 MESSAGE

Max-Forwards:70

Content-Type:Application/MANSCDP+xml

Content-Length:消息实体的字节长度

〈?xml version="1.0"?〉
〈Response〉
〈CmdType〉DeviceInfo〈/CmdType〉
〈SN〉17430〈/SN〉
〈DeviceID〉64010000001110000001〈/DeviceID〉
〈Result〉OK〈/Result〉
〈DeviceType〉DVR〈/DeviceType〉
〈Manufacturer〉Tiandy〈/Manufacturer〉
〈Model〉TC-2808AN-HD〈/Model〉
〈Firmware〉V2.1,build 091111〈/Firmware〉
〈MaxCamera〉8〈/MaxCamera〉
〈MaxAlarm〉16〈/MaxAlarm〉
〈/Response〉

J.10.6 SIP/2.0 200 OK

To:〈sip:源设备编码@源域名〉;tag=e40807c0

Content-Length:0

CSeq:2 MESSAGE

Call-ID:de432gtf51u870

Via:SIP/2.0/UDP 目的域名或 IP 地址

From:〈sip:目的设备编码@目的域名〉;tag=852843529

J.10.7 MESSAGE sip:目的设备编码@目的域名或 IP 地址端口 SIP/2.0

Via:SIP/2.0/UDP SIP 服务器域名或 IP 地址

From:〈sip:目的设备编码@目的域名〉;tag=852843529

To:〈sip:源设备编码@源域名〉;tag=e40807c0

Call-ID:wlss-dc907ta2-7ee86970ea84c5b2284ad158b3d4fdee@172.18.16.5

CSeq:2 MESSAGE

Max-Forwards:70

Content-Type:Application/MANSCDP+xml

Content-Length:消息实体的字节长度

〈?xml version="1.0"?〉
〈Response〉
〈CmdType〉DeviceInfo〈/CmdType〉
〈SN〉17430〈/SN〉
〈DeviceID〉64010000001110000001〈/DeviccID〉
〈Result〉OK〈/Result〉
〈DeviceType〉DVR〈/DeviceType〉

〈Manufacturer〉Tiandy〈/Manufacturer〉
〈Model〉TC-2808AN-HD〈/Model〉
〈Firmware〉V2.1,build 091111〈/Firmware〉
〈MaxCamera〉8〈/MaxCamera〉
〈MaxAlarm〉16〈/MaxAlarm〉
〈/Response〉

J.10.8 SIP/2.0 200 OK

To:〈sip:源设备编码@源域名〉;tag=e40807c0
Content-Length:0
CSeq:2 MESSAGE
Call-ID:wlss-dc907ta2-7ee86970ea84c5b2284ad158b3d4fdee@172.18.16.5
Via:SIP/2.0/UDP SIP 服务器域名或 IP 地址
From:〈sip:目的设备编码@目的域名〉;tag=852843529

J.11 设备状态查询消息示范

J.11.1 MESSAGE sip:目的设备编码@目的域名或 IP 地址端口 SIP/2.0

To:〈sip:目的设备编码@目的域名〉;tag=852843529
Content-Length:消息实体的字节长度
CSeq:2 MESSAGE
Call-ID:a84b4c76e66710
Via:SIP/2.0/UDP 源域名或 IP 地址
From:〈sip:源设备编码@源域名〉;tag=e40807c0
Content-Type:Application/MANSCDP+xml
Max-Forwards:70

〈?xml version="1.0"?〉
〈Query〉
〈CmdType〉DeviceStatus〈/CmdType〉
〈SN〉248〈/SN〉
〈DeviceID〉34020000001110000001〈/DeviceID〉
〈/Query〉

J.11.2 SIP/2.0 200 OK

Via:SIP/2.0/UDP 源域名或 IP 地址
From:〈sip:源设备编码@源域名〉;tag=e40807c0
To:〈sip:目的设备编码@目的域名〉;tag=852843529
Call-ID:a84b4c76e66710
CSeq:2 MESSAGE
Content-Length:0

J.11.3 MESSAGE sip:目的设备编码@目的域名或IP地址端口 SIP/2.0

```
To:〈sip:目的设备编码@目的域名〉;tag=852843529
Content-Length:消息实体的字节长度
CSeq:2 MESSAGE
Call-ID:wlss-3a65dfb6-7ee86970ea84c5b2284ad158b3d4fdee@172.18.16.5
Via:SIP/2.0/UDP SIP服务器域名或IP地址
From:〈sip:源设备编码@源域名〉;tag=e40807c0
Content-Type:Application/MANSCDP+xml
Max-Forwards:70

〈?xml version="1.0"?〉
〈Query〉
〈CmdType〉DeviceStatus〈/CmdType〉
〈SN〉248〈/SN〉
〈DeviceID〉34020000001110000001〈/DeviceID〉
〈/Query〉
```

J.11.4 SIP/2.0 200 OK

```
Via:SIP/2.0/UDP SIP服务器域名或IP地址
From:〈sip:源设备编码@源域名〉;tag=e40807c0
To:〈sip:目的设备编码@目的域名〉;tag=852843529
Call-ID:wlss-3a65dfb6-7ee86970ea84c5b2284ad158b3d4fdee@172.18.16.5
CSeq:2 MESSAGE
Content-Length:0
```

J.11.5 MESSAGE sip:目的设备编码@目的域名或IP地址端口 SIP/2.0

```
Via:SIP/2.0/UDP 目的域名或IP地址
From:〈sip:目的设备编码@目的域名〉;tag=852843529
To:〈sip:源设备编码@源域名〉;tag=e40807c0
Call-ID:de432gtf51u870
CSeq:2 MESSAGE
Max-Forwards:70
Content-Type:Application/MANSCDP+xml
Content-Length:消息实体的字节长度

〈?xml version="1.0"?〉
〈Response〉
〈CmdType〉DeviceStatus〈/CmdType〉
〈SN〉248〈/SN〉
〈DeviceID〉34020000001130000001〈/DeviceID〉
〈Result〉OK〈/Result〉
〈Online〉ONLINE〈/Online〉
```

〈Status〉OK〈/Status〉
〈Encode〉ON〈/Encode〉
〈Record〉OFF〈/Record〉
〈DeviceTime〉2010-11-11T19:46:17〈/DeviceTime〉
〈Alarmstatus Num="2"〉
〈Item〉
　〈DeviceID〉34020000001340000001〈/DeviceID〉
　〈DutyStatus〉OFFDUTY〈/DutyStatus〉
〈/Item〉
〈Item〉
　〈DeviceID〉34020000001340000002〈/DeviceID〉
　〈DutyStatus〉OFFDUTY〈/DutyStatus〉
〈/Item〉
〈/Alarmstatus〉
〈/Response〉

J.11.6 SIP/2.0 200 OK

To:〈sip:源设备编码@源域名〉;tag=e40807c0
Content-Length:0
CSeq:2 MESSAGE
Call-ID:de432gtf51u870
Via:SIP/2.0/UDP 目的域名或 IP 地址
From:〈sip:目的设备编码@目的域名〉;tag=852843529

J.11.7 MESSAGE sip:目的设备编码@目的域名或 IP 地址端口 SIP/2.0

Via:SIP/2.0/UDP SIP 服务器域名或 IP 地址
From:〈sip:目的设备编码@目的域名〉;tag=852843529
To:〈sip:源设备编码@源域名〉;tag=e40807c0
Call-ID:wlss-dc907ta2-7ee86970ea84c5b2284ad158b3d4fdee@172.18.16.5
CSeq:2 MESSAGE
Max-Forwards:70
Content-Type:Application/MANSCDP+xml
Content-Length:消息实体的字节长度

〈?xml version="1.0"?〉
〈Response〉
〈CmdType〉DeviceStatus〈/CmdType〉
〈SN〉248〈/SN〉
〈DeviceID〉34020000001130000001〈/DeviceID〉
〈Result〉OK〈/Result〉
〈Online〉ONLINE〈/Online〉
〈Status〉OK〈/Status〉
〈Encode〉ON〈/Encode〉

〈Record〉OFF〈/Record〉
〈DeviceTime〉2010-11-11T19:46:17〈/DeviceTime〉
〈Alarmstatus Num="2"〉
〈Item〉
〈DeviceID〉34020000001340000001〈/DeviceID〉
〈DutyStatus〉OFFDUTY〈/DutyStatus〉
〈/Item〉
〈Item〉
〈DeviceID〉34020000001340000002〈/DeviceID〉
〈DutyStatus〉OFFDUTY〈/DutyStatus〉
〈/Item〉
〈/Alarmstatus〉
〈/Response〉

J.11.8 SIP/2.0 200 OK

To:〈sip:源设备编码@源域名〉;tag=e40807c0
Content-Length:0
CSeq:2 MESSAGE
Call-ID:wlss-dc907ta2-7ee86970ea84c5b2284ad158b3d4fdee@172.18.16.5
Via:SIP/2.0/UDP SIP 服务器域名或 IP 地址
From:〈sip:目的设备编码@目的域名〉;tag=852843529

J.12 设备状态信息报送消息示范

J.12.1 MESSAGE sip:目的设备编码@目的域名或 IP 地址端口 SIP/2.0

To:〈sip:目的设备编码@目的域名〉;tag=852843529
Content-Length:消息实体的字节长度
CSeq:2 MESSAGE
Call-ID:wlss-3a65dfb6-7ee86970ea84c5b2284ad158b3d4fdee@172.18.16.5
Via:SIP/2.0/UDP 源域名或 IP 地址
From:〈sip:源设备编码@源域名〉;tag=e40807c0
Content-Type:Application/MANSCDP+xml
Max-Forwards:70

〈?xml version="1.0"?〉
〈Notify〉
〈CmdType〉Keepalive〈/CmdType〉
〈SN〉43〈/SN〉
〈DeviceID〉64010000001110000001〈/DeviceID〉
〈Status〉OK〈/Status〉
〈/Notify〉

J.12.2 SIP/2.0 200 OK

Via:SIP/2.0/UDP 源域名或 IP 地址
From:〈sip:源设备编码@源域名〉;tag=e40807c0
To:〈sip:目的设备编码@目的域名〉;tag=852843529
Call-ID:wlss-3a65dfb6-7ee86970ea84c5b2284ad158b3d4fdee@172.18.16.5
CSeq:2 MESSAGE
Content-Length:0

J.13 设备视音频文件检索消息示范

J.13.1 MESSAGE sip:目的设备编码@目的域名或 IP 地址端口 SIP/2.0

To:〈sip:目的设备编码@目的域名〉;tag=852843529
Content-Length:消息实体的字节长度
CSeq:2 MESSAGE
Call-ID:wlss-3a65dfb6-7ee86970ea84c5b2284ad158b3d4fdee@172.18.16.5
Via:SIP/2.0/UDP 源域名或 IP 地址
From:〈sip:源设备编码@源域名〉;tag=e40807c0
Content-Type:Application/MANSCDP+xml
Max-Forwards:70

〈?xml version="1.0"?〉
〈Query〉
〈CmdType〉 RecordInfo 〈/CmdType〉
〈SN〉17430〈/SN〉
〈DeviceID〉64010000001310000001〈/DeviceID〉
〈StartTime〉2010-11-11T19:46:17〈/StartTime〉
〈EndTime〉2010-11-12T19:46:17〈/EndTime〉
〈FilePath〉64010000002100000001〈/FilePath〉
〈Address〉 Address 1〈/Address〉
〈Secrecy〉0〈/Secrecy〉
〈Type〉time〈/Type〉
〈RecorderID〉64010000003000000001〈/RecorderID〉
〈/Query〉

J.13.2 SIP/2.0 200 OK

Via:SIP/2.0/UDP 源域名或 IP 地址
From:〈sip:源设备编码@源域名〉;tag=e40807c0
To:〈sip:目的设备编码@目的域名〉;tag=852843529
Call-ID:wlss-3a65dfb6-7ee86970ea84c5b2284ad158b3d4fdee@172.18.16.5
CSeq:2 MESSAGE
Content-Length:0

J.13.3 MESSAGE sip:目的设备编码@目的域名或 IP 地址端口 SIP/2.0

```
Via:SIP/2.0/UDP 目的域名或 IP 地址
From:〈sip:目的设备编码@目的域名〉;tag=852843529
To:〈sip:源设备编码@源域名〉;tag=e40807c0
Call-ID:wlss-dc907ta2-7ee86970ea84c5b2284ad158b3d4fdee@172.18.16.5
CSeq:2 MESSAGE
Max-Forwards:70
Content-Type:Application/MANSCDP+xml
Content-Length:消息实体的字节长度

〈?xml version="1.0"?〉
〈Response〉
〈CmdType〉 RecordInfo 〈/CmdType〉
〈SN〉17430〈/SN〉
〈DeviceID〉64010000001310000001〈/DeviceID〉
〈Name〉Camera1〈/Name〉
〈SumNum〉100〈/SumNum〉
〈RecordList Num="2"〉
 〈Item〉
   〈DeviceID〉64010000001310000001〈/DeviceID〉
   〈Name〉 Camera1 〈/Name〉
   〈FilePath〉 64010000002100000001 〈/FilePath〉
   〈Address〉 Address 1 〈/Address〉
   〈StartTime〉 2010-11-12T10:10:00 〈/StartTime〉
   〈EndTime〉 2010-11-12T10:20:00 〈/EndTime〉
   〈Secrecy〉 0 〈/Secrecy〉
   〈Type〉 time 〈/Type〉
   〈RecorderID〉 64010000003000000001 〈/RecorderID〉
 〈/Item〉
 〈Item〉
   〈DeviceID〉64010000001310000001〈/DeviceID〉
   〈Name〉 Camera1 〈/Name〉
   〈FilePath〉 64010000002100000001 〈/FilePath〉
   〈Address〉 Address 1 〈/Address〉
   〈StartTime〉 2010-11-12T10:20:00 〈/StartTime〉
   〈EndTime〉 2010-11-12T10:30:00 〈/EndTime〉
   〈Secrecy〉 0 〈/Secrecy〉
   〈Type〉 time 〈/Type〉
   〈RecorderID〉 64010000003000000001 〈/RecorderID〉
 〈/Item〉
〈/RecordList〉
〈/Response〉
```

J.13.4 SIP/2.0 200 OK

To:〈sip:源设备编码@源域名〉;tag=e40807c0
Content-Length:0
CSeq:2 MESSAGE
Call-ID:wlss-dc907ta2-7ee86970ea84c5b2284ad158b3d4fdee@172.18.16.5
Via:SIP/2.0/UDP 目的域名或 IP 地址
From:〈sip:目的设备编码@目的域名〉;tag=852843529

J.14 客户端主动发起的历史媒体回放消息示范

J.14.1 INVITE sip:媒体流发送者设备编码@目的域名或 IP 地址端口 SIP/2.0

To:sip:媒体流发送者设备编码@目的域名
Content-Length:消息实体的字节长度
Contact:〈sip:媒体流接收者设备编码@源 IP 地址端口〉
CSeq:1 INVITE
Call-ID:wlss-f7c53b46-eea27828118c3b50449185980f4bfdf0@172.20.16.4
Via:SIP/2.0/UDP 源域名或 IP 地址
From:〈sip:媒体流接收者设备编码@源域名〉;tag=e3719a0b
Subject:媒体流发送者设备编码:发送端媒体流序列号,媒体流接收者设备编码:接收端媒体流序列号
Content-Type:application/sdp
Max-Forwards:70

v=0
o=64010600002020000001 0 0 IN IP4 172.20.16.3
s=Playback
u=64010000041310000345:3
c=IN IP4 172.20.16.3
t=1288625085 1288625871
m=video 6000 RTP/AVP 96 98 97
a=recvonly
a=rtpmap:96 PS/90000
a=rtpmap:98 H264/90000
a=rtpmap:97 MPEG4/90000

J.14.2 INVITE sip:媒体服务器编码@目的域名或 IP 地址端口 SIP/2.0

To:sip:媒体服务器编码@目的域名
Content-Length:消息实体的字节长度
Contact:〈sip:SIP 服务器编码@源 IP 地址端口〉
CSeq:1 INVITE
Call-ID:wlss-11df50d7-730beb6350a5506aa8316d9dc100cf6b@172.18.16.5
Via:SIP/2.0/UDP 源域名或 IP 地址

From:〈sip:SIP 服务器编码@源域名〉;tag=1ad9931d
Subject:媒体流发送者设备编码:发送端媒体流序列号,媒体流接收者设备编码:接收端媒体流序列号
Max-Forwards:70

J.14.3 SIP/2.0 200 OK

Via:SIP/2.0/UDP 源域名或 IP 地址
From:〈sip:SIP 服务器编码@源域名〉;tag=1ad9931d
To:〈sip:媒体服务器编码@目的域名〉;tag=3094947605
Call-ID:wlss-11df50d7-730beb6350a5506aa8316d9dc100cf6b@172.18.16.5
CSeq:1 INVITE
Contact:〈sip:媒体服务器编码@目的域名或 IP 地址端口〉
Content-Type:application/sdp
Content-Length:消息实体的字节长度

v=0
o=64010000002020000001 0 0 IN IP4 172.18.16.3
s=##ms20091214
c=IN IP4 172.18.16.3
t=0 0
m=video 6000 RTP/AVP 96 98 97
a=recvonly
a=rtpmap:96 PS/90000
a=rtpmap:98 H264/90000
a=rtpmap:97 MPEG4/90000

J.14.4 INVITE sip:媒体流发送者设备编码@目的域名或 IP 地址端口 SIP/2.0

To:sip:媒体流发送者设备编码@目的域名
Content-Length:消息实体的字节长度
Contact:〈sip:SIP 服务器编码@源 IP 地址端口〉
CSeq:1 INVITE
Call-ID:wlss-e680b2c1-730beb6350a5506aa8316d9dc100cf6b@172.18.16.5
Via:SIP/2.0/UDP 源域名或 IP 地址
From:〈sip:SIP 服务器编码@源域名〉;tag=f569d024
Content-Type:application/sdp
Subject:媒体流发送者设备编码:发送端媒体流序列号,媒体流接收者设备编码:接收端媒体流序列号
Max-Forwards:70

v=0
o=64010000002020000001 0 0 IN IP4 172.18.16.3
s=Playback
u=64010000041310000345:3

c=IN IP4 172.18.16.3
t=1288625085 1288625871
m=video 6000 RTP/AVP 96 98 97
a=recvonly
a=rtpmap:96 PS/90000
a=rtpmap:98 H264/90000
a=rtpmap:97 MPEG4/90000
y=0100000001

J.14.5 SIP/2.0 200 OK

Via:SIP/2.0/UDP 源域名或 IP 地址
From:〈sip:SIP 服务器编码@源域名〉;tag=f569d024
To:〈sip:媒体流发送者设备编码@目的域名〉;tag=32128
Call-ID:wlss-e680b2c1-730beb6350a5506aa8316d9dc100cf6b@172.18.16.5
CSeq:1 INVITE
Contact:〈sip:媒体流发送者设备编码@目的 IP 地址端口〉
Content-Type:application/sdp
Content-Length:消息实体的字节长度

v=0
o=64010000041110000044 0 0 IN IP4 172.24.18.44
s=Embedded Net DVR
c=IN IP4 172.24.18.44
t=0 0
m=video 8412 RTP/AVP 96 98
a=sendonly
a=rtpmap:96 PS/90000
a=rtpmap:98 H264/90000
a=username:64010000041110000044
a=password:12345678
y=100000001

J.14.6 ACK sip:媒体服务器编码@目的域名或 IP 地址端口 SIP/2.0

To:〈sip:媒体服务器编码@目的域名〉;tag=3094947605
Content-Length:消息实体的字节长度
CSeq:1 ACK
Call-ID:wlss-11df50d7-730beb6350a5506aa8316d9dc100cf6b@172.18.16.5
Via:SIP/2.0/UDP 源域名或 IP 地址
From:〈sip:SIP 服务器编码@源域名〉;tag=1ad9931d
Content-Type:application/sdp
Max-Forwards:70

v=0
o=64010000041110000044 0 0 IN IP4 172.24.18.44
s=Embedded Net DVR
c=IN IP4 172.24.18.44
t=0 0
m=video 8412 RTP/AVP 96
a=sendonly
a=rtpmap:96 PS/90000
a=username:64010000041110000044
a=password:12345678
y=100000001

J.14.7 ACK sip:媒体流发送者设备编码@目的域名或IP地址端口 SIP/2.0

To:〈sip:媒体流发送者设备编码@目的域名〉;tag=32128
Content-Length:消息实体的字节长度
CSeq:1 ACK
Call-ID:wlss-e680b2c1-730beb6350a5506aa8316d9dc100cf6b@172.18.16.5
Via:SIP/2.0/UDP 源域名或IP地址
From:〈sip:SIP服务器编码@源域名〉;tag=f569d024
Max-Forwards:70

J.14.8 INVITE sip:媒体服务器编码@目的域名或IP地址端口 SIP/2.0

To:sip:媒体服务器编码@目的域名
Content-Length:消息实体的字节长度
Contact:〈sip:SIP服务器编码@源IP地址端口〉
CSeq:1 INVITE
Call-ID:wlss-294c2c6e-eea27828118c3b50449185980f4bfdf0@172.18.16.5
Via:SIP/2.0/UDP 源域名或IP地址
From:〈sip:SIP服务器编码@源域名〉;tag=02f283d7
Subject:媒体流发送者设备编码:发送端媒体流序列号,媒体流接收者设备编码:接收端媒体流序列号
Content-Type:application/sdp
Max-Forwards:70

v=0
o=64010600002020000001 0 0 IN IP4 172.18.16.3
s=Play
c=IN IP4 172.18.16.3
t=0 0
m=video 6000 RTP/AVP 96 98 97
a=recvonly
a=rtpmap:96 PS/90000

a=rtpmap:98 H264/90000
a=rtpmap:97 MPEG4/90000
y=0100000001

J.14.9 **SIP/2.0 200 OK**

Via:SIP/2.0/UDP 源域名或 IP 地址
From:〈sip:SIP 服务器编码@源域名〉;tag=02f283d7
To:〈sip:媒体服务器编码@目的域名〉;tag=994072228
Call-ID:wlss-294c2c6e-eea27828118c3b50449185980f4bfdf0@172.18.16.5
CSeq:1 INVITE
Contact:〈sip:媒体服务器编码@目的网单元 IP 地址端口〉
Content-Type:application/sdp
Content-Length:消息实体的字节长度

v=0
o=64010000002020000001 0 0 IN IP4 172.18.16.1
s=##ms20090428 log-restart-callid-ssrc-reinvite
c=IN IP4 172.18.16.1
t=0 0
m=video 6000 RTP/AVP 96 98 97
a=sendonly
a=rtpmap:96 PS/90000
a=rtpmap:98 H264/90000
a=rtpmap:97 MPEG4/90000
y=0100000001

J.14.10 **SIP/2.0 200 OK**

To:〈sip:媒体流发送者设备编码@目的域名〉;tag=949c43d7
Contact:〈sip:媒体流发送者设备编码@目的 IP 地址端口〉
Content-Length:消息实体的字节长度
CSeq:1 INVITE
Call-ID:wlss-f7c53b46-eea27828118c3b50449185980f4bfdf0@172.20.16.4
Via:SIP/2.0/UDP 源域名或 IP 地址
From:〈sip:媒体流接收者设备编码@源域名〉;tag=e3719a0b
Content-Type:application/sdp

v=0
o=64010000002020000001 0 0 IN IP4 172.18.16.1
s=##ms20090428 log-restart-callid-ssrc-reinvite
c=IN IP4 172.18.16.1
t=0 0
m=video 6000 RTP/AVP 96 98 97
a=sendonly

a=rtpmap:96 PS/90000
a=rtpmap:98 H264/90000
a=rtpmap:97 MPEG4/90000
y=0100000001

J.14.11 ACK sip:媒体流发送者设备编码@目的域名或 IP 地址端口 SIP/2.0

To:〈sip:媒体流发送者设备编码@目的域名〉;tag=949c43d7
Content-Length:消息实体的字节长度
CSeq:1 ACK
Call-ID:wlss-f7c53b46-eea27828118c3b50449185980f4bfdf0@172.20.16.4
Via:SIP/2.0/UDP 源域名或 IP 地址
From:〈sip:媒体流接收者设备编码@源域名〉;tag=e3719a0b
Max-Forwards:70

J.14.12 ACK sip:媒体服务器编码@目的域名或 IP 地址端口 SIP/2.0

To:〈sip:媒体服务器编码@目的域名〉;tag=994072228
Content-Length:消息实体的字节长度
CSeq:1 ACK
Call-ID:wlss-294c2c6e-eea27828118c3b50449185980f4bfdf0@172.18.16.5
Via:SIP/2.0/UDP 源域名或 IP 地址
From:〈sip:SIP 服务器编码@源域名〉;tag=02f283d7
Max-Forwards:70

J.14.13 INFO sip:媒体流发送者设备编码@目的域名或 IP 地址端口 SIP/2.0

To:〈sip:媒体流发送者设备编码@目的域名〉;tag=949c43d7
Contact:〈sip:媒体流接收者设备编码@源 IP 地址端口〉
Call-ID:wlss-f7c53b46-eea27828118c3b50449185980f4bfdf0@172.20.16.4
Via:SIP/2.0/UDP 源域名或 IP 地址
From:〈sip:媒体流接收者设备编码@源域名〉;tag=e3719a0b
Content-Length:消息实体的字节长度
CSeq:6 INFO
Content-Type:Application/MANSRTSP
Max-Forwards:70

PLAY MANSRTSP/1.0
CSeq:5
Scale:1.0
Range:npt=196-

J.14.14 INFO sip:媒体流发送者设备编码@目的域名或 IP 地址端口 SIP/2.0

To:〈sip:媒体流发送者设备编码@目的域名〉;tag=32128
Content-Length:消息实体的字节长度

CSeq:6 INFO
Call-ID:wlss-e680b2c1-730beb6350a5506aa8316d9dc100cf6b@172.18.16.5
Via:SIP/2.0/UDP 源域名或 IP 地址
From:〈sip:SIP 服务器编码@源域名〉;tag=f569d024
Content-Type:Application/MANSRTSP
Max-Forwards:70

PLAY MANSRTSP/1.0
CSeq:5
Scale:1.0
Range:npt=196-

J.14.15 SIP/2.0 200 OK

Via:SIP/2.0/UDP 源域名或 IP 地址
From:〈sip:SIP 服务器编码@源域名〉;tag=f569d024
To:〈sip:媒体流发送者设备编码@目的域名〉;tag=32128
Call-ID:wlss-e680b2c1-730beb6350a5506aa8316d9dc100cf6b@172.18.16.5
CSeq:6 INFO
Content-Length:消息实体的字节长度

J.14.16 SIP/2.0 200 OK

Via:SIP/2.0/UDP 源域名或 IP 地址
From:〈sip:媒体流接收者设备编码@源域名〉;tag=e3719a0b
To:〈sip:媒体流发送者设备编码@目的域名〉;tag=949c43d7
Call-ID:wlss-f7c53b46-eea27828118c3b50449185980f4bfdf0@172.20.16.4
CSeq:6 INFO
Contact:〈sip:媒体流接收者设备编码@源 IP 地址端口〉
Content-Length:消息实体的字节长度

J.14.17 MESSAGE sip:SIP 服务器编码@目的域名或 IP 地址端口 SIP/2.0

To:〈sip:SIP 服务器编码@目的域名〉;tag=32128
Content-Length:消息实体的字节长度
CSeq:7 Message
Call-ID:wlss-e680b2c1-730beb6350a5506aa8316d9dc100cf6b@172.18.16.5
Via:SIP/2.0/UDP 源域名或 IP 地址
From:〈sip:媒体流发送者设备编码@源域名〉;tag=f569d024
Max-Forwards:70

〈?xml version="1.0"?〉
〈Notify〉
〈CmdType〉MediaStatus〈/CmdType〉
〈SN〉8〈/SN〉
〈DeviceID〉64010000041310000345〈/DeviceID〉

<NotifyType>121</NotifyType>
</Notify>

J.14.18 MESSAGE sip:媒体流接收者设备编码@目的 IP 地址端口 SIP/2.0

From:<sip:SIP 服务器编码@源域名>;tag=e3719a0b
Contact:<sip:SIP 服务器编码@源 IP 地址端口>
Call-ID:wlss-f7c53b46-eea27828118c3b50449185980f4bfdf0@172.20.16.4
Via:SIP/2.0/UDP 源域名或 IP 地址
To:<sip:媒体流接收者设备编码@目的域名>;tag=949c43d7
Content-Length:消息实体的字节长度
CSeq:7 Message
Max-Forwards:70

<?xml version="1.0"?>
<Notify>
<CmdType>MediaStatus</CmdType>
<SN>8</SN>
<DeviceID>64010000041310000345</DeviceID>
<NotifyType>121</NotifyType>
</Notify>

J.14.19 SIP/2.0 200 OK

From:<sip:SIP 服务器编码@源域名>;tag=e3719a0b
Contact:<sip:媒体流接收者设备编码@目的 IP 地址端口>
Call-ID:wlss-f7c53b46-eea27828118c3b50449185980f4bfdf0@172.20.16.4
Via:SIP/2.0/UDP 源域名或 IP 地址
To:<sip:媒体流接收者设备编码@目的域名>;tag=949c43d7
CSeq:7 Message
Content-Length:消息实体的字节长度

J.14.20 SIP/2.0 200 OK

Via:SIP/2.0/UDP 源域名或 IP 地址
From:<sip:媒体流发送者设备编码@源域名>;tag=f569d024
To:<sip:SIP 服务器编码@目的域名>;tag=32128
Call-ID:wlss-e680b2c1-730beb6350a5506aa8316d9dc100cf6b@172.18.16.5
CSeq:7 Message
Content-Length:消息实体的字节长度

J.14.21 BYE sip:媒体流发送者设备编码@目的域名或 IP 地址端口 SIP/2.0

To:<sip:媒体流发送者设备编码@目的域名>;tag=949c43d7
Content-Length:消息实体的字节长度
CSeq:2 BYE

Call-ID:wlss-f7c53b46-eea27828118c3b50449185980f4bfdf0@172.20.16.4
Via:SIP/2.0/UDP 源域名或 IP 地址
From:〈sip:媒体流接收者设备编码@源域名〉;tag=e3719a0b
Max-Forwards:70

J.14.22 SIP/2.0 200 OK

Via:SIP/2.0/UDP 源域名或 IP 地址
From:〈sip:媒体流接收者设备编码@源域名〉;tag=e3719a0b
To:〈sip:媒体流发送者设备编码@目的域名〉;tag=949c43d7
Call-ID:wlss-f7c53b46-eea27828118c3b50449185980f4bfdf0@172.20.16.4
CSeq:2 BYE
Content-Length:消息实体的字节长度

J.14.23 BYE sip:媒体服务器编码@目的域名或 IP 地址端口 SIP/2.0

Via:SIP/2.0/UDP 源域名或 IP 地址
From:〈sip:SIP 服务器编码@源域名〉;tag=02f283d7
To:〈sip:媒体服务器编码@目的域名〉;tag=994072228
Call-ID:wlss-294c2c6e-eea27828118c3b50449185980f4bfdf0@172.18.16.5
Content-Length:消息实体的字节长度
CSeq:2 BYE
Max-Forwards:70

J.14.24 SIP/2.0 200 OK

Via:SIP/2.0/UDP 源域名或 IP 地址
From:〈sip:SIP 服务器编码@源域名〉;tag=02f283d7
To:〈sip:媒体服务器编码@目的域名〉;tag=994072228
Call-ID:wlss-294c2c6e-eea27828118c3b50449185980f4bfdf0@172.18.16.5
CSeq:2 BYE
Content-Length:消息实体的字节长度

J.14.25 BYE sip:媒体服务器编码@目的域名或 IP 地址端口 SIP/2.0

To:〈sip:媒体服务器编码@目的域名〉;tag=3094947605
Content-Length:消息实体的字节长度
CSeq:2 BYE
Call-ID:wlss-11df50d7-730beb6350a5506aa8316d9dc100cf6b@172.18.16.5
Via:SIP/2.0/UDP 源域名或 IP 地址
From:〈sip:SIP 服务器编码@源域名〉;tag=1ad9931d
Max-Forwards:70

J.14.26 SIP/2.0 200 OK

Via:SIP/2.0/UDP 源域名或 IP 地址
From:〈sip:SIP 服务器编码@源域名〉;tag=1ad9931d
To:〈sip:媒体服务器编码@目的域名〉;tag=3094947605

Call-ID:wlss-11df50d7-730beb6350a5506aa8316d9dc100cf6b@172.18.16.5
CSeq:2 BYE
Content-Length:消息实体的字节长度

J.14.27 BYE sip:媒体流发送者设备编码@目的域名或 IP 地址端口 SIP/2.0

To:〈sip:媒体流发送者设备编码@目的域名〉;tag=32128
Content-Length:消息实体的字节长度
CSeq:2 BYE
Call-ID:wlss-e680b2c1-730beb6350a5506aa8316d9dc100cf6b@172.18.16.5
Via:SIP/2.0/UDP 源域名或 IP 地址
From:〈sip:SIP 服务器编码@源域名〉;tag=f569d024
Max-Forwards:70

J.14.28 SIP/2.0 200 OK

Via:SIP/2.0/UDP 源域名或 IP 地址
From:〈sip:SIP 服务器编码@源域名〉;tag=f569d024
To:〈sip:媒体流发送者设备编码@目的域名〉;tag=32128
Call-ID:wlss-e680b2c1-730beb6350a5506aa8316d9dc100cf6b@172.18.16.5
CSeq:2 BYE
Content-Length:消息实体的字节长度

J.15 第三方呼叫控制的历史媒体回放消息示范

J.15.1 INVITE sip:媒体服务器编码@目的域名或 IP 地址端口 SIP/2.0

To:sip:媒体服务器编码@目的域名
Content-Length:消息实体的字节长度
Contact:〈sip:SIP 服务器编码@源 IP 地址端口〉
CSeq:1 INVITE
Call-ID:wlss-11df50d7-730beb6350a5506aa8316d9dc100cf6b@172.18.16.5
Via:SIP/2.0/UDP 源域名或 IP 地址
From:〈sip:SIP 服务器编码@源域名〉;tag=1ad9931d
Subject:媒体流发送者设备编码:发送端媒体流序列号,媒体流接收者设备编码:接收端媒体流序列号
Max-Forwards:70

J.15.2 SIP/2.0 200 OK

Via:SIP/2.0/UDP 源域名或 IP 地址
From:〈sip:SIP 服务器编码@源域名〉;tag=1ad9931d
To:〈sip:媒体服务器编码@目的域名〉;tag=3094947605
Call-ID:wlss-11df50d7-730beb6350a5506aa8316d9dc100cf6b@172.18.16.5
CSeq:1 INVITE
Contact:〈sip:媒体服务器编码@目的域名或 IP 地址端口〉
Content-Type:application/sdp
Content-Length:消息实体的字节长度

v=0
o=64010000002020000001 0 0 IN IP4 172.18.16.3
s=##ms20091214
c=IN IP4 172.18.16.3
t=0 0
m=video 6000 RTP/AVP 96 98 97
a=recvonly
a=rtpmap:96 PS/90000
a=rtpmap:98 H264/90000
a=rtpmap:97 MPEG4/90000

J.15.3 INVITE sip:媒体流发送者设备编码@目的域名或IP地址端口 SIP/2.0

To:sip:媒体流发送者设备编码@目的域名
Content-Length:消息实体的字节长度
Contact:<sip:SIP服务器编码@源IP地址端口>
CSeq:1 INVITE
Call-ID:wlss-e680b2c1-730beb6350a5506aa8316d9dc100cf6b@172.18.16.5
Via:SIP/2.0/UDP 源域名或IP地址
From:<sip:SIP服务器编码@源域名>;tag=f569d024
Content-Type:application/sdp
Subject:媒体流发送者设备编码:发送端媒体流序列号,媒体流接收者设备编码:接收端媒体流序列号
Max-Forwards:70

v=0
o=64010000002020000001 0 0 IN IP4 172.18.16.3
s=Playback
u=64010000041310000345:3
c=IN IP4 172.18.16.3
t=1288625085 1288625871
m=video 6000 RTP/AVP 96 98 97
a=recvonly
a=rtpmap:96 PS/90000
a=rtpmap:98 H264/90000
a=rtpmap:97 MPEG4/90000
y=1100000000

J.15.4 SIP/2.0 200 OK

Via:SIP/2.0/UDP 源域名或IP地址
From:<sip:SIP服务器编码@源域名>;tag=f569d024
To:<sip:媒体流发送者设备编码@目的域名>;tag=32128
Call-ID:wlss-e680b2c1-730beb6350a5506aa8316d9dc100cf6b@172.18.16.5

CSeq:1 INVITE
Contact:〈sip:媒体流发送者设备编码@目的IP地址端口〉
Content-Type:application/sdp
Content-Length:消息实体的字节长度

v=0
o=64010000041110000044 0 0 IN IP4 172.24.18.44
s=Embedded Net DVR
c=IN IP4 172.24.18.44
t=0 0
m=video 9412 RTP/AVP 96 98
a=sendonly
a=rtpmap:96 PS/90000
a=rtpmap:98 H264/90000
a=username:64010000041110000044
a=password:12345678
y=1100000000

J.15.5 ACK sip:媒体服务器编码@目的域名或IP地址端口 SIP/2.0

To:〈sip:媒体服务器编码@目的域名〉;tag=3094947605
Content-Length:消息实体的字节长度
CSeq:1 ACK
Call-ID:wlss-11df50d7-730beb6350a5506aa8316d9dc100cf6b@172.18.16.5
Via:SIP/2.0/UDP 源域名或IP地址
From:〈sip:SIP服务器编码@源域名〉;tag=1ad9931d
Content-Type:application/sdp
Max-Forwards:70

v=0
o=64010000041110000044 0 0 IN IP4 172.24.18.44
s=Embedded Net DVR
c=IN IP4 172.24.18.44
t=0 0
m=video 9412 RTP/AVP 96
a=sendonly
a=rtpmap:96 PS/90000
a=username:64010000041110000044
a=password:12345678
y=1100000000

J.15.6 ACK sip:媒体流发送者设备编码@目的域名或IP地址端口 SIP/2.0

To:〈sip:媒体流发送者设备编码@目的域名〉;tag=32128
Content-Length:消息实体的字节长度

CSeq:1 ACK
Call-ID:wlss-e680b2c1-730beb6350a5506aa8316d9dc100cf6b@172.18.16.5
Via:SIP/2.0/UDP 源域名或 IP 地址
From:〈sip:SIP 服务器编码@源域名〉;tag=f569d024
Max-Forwards:70

J.15.7 INVITE sip:媒体流接收者设备编码@目的域名或 IP 地址端口 SIP/2.0

To:sip:媒体流接收者设备编码@目的域名
Content-Length:消息实体的字节长度
Contact:〈sip:SIP 服务器编码@源 IP 地址端口〉
CSeq:1 INVITE
Call-ID:wlss-e862d62c-72ff1e2e1d0f2ceaf8d07cf1e3a87f09@172.18.16.5
Via:SIP/2.0/UDP 源域名或 IP 地址
From:〈sip:SIP 服务器编码@源域名〉;tag=8338d6ac
Subject:媒体流发送者设备编码:发送端媒体流序列号,媒体流接收者设备编码:接收端媒体流序列号
Max-Forwards:70

J.15.8 SIP/2.0 200 OK

Via:SIP/2.0/UDP 源域名或 IP 地址
From:〈sip:SIP 服务器编码@源域名〉;tag=8338d6ac
To:〈sip:媒体流接收者设备编码@目的域名〉;tag=41
Call-ID:wlss-e862d62c-72ff1e2e1d0f2ceaf8d07cf1e3a87f09@172.18.16.5
CSeq:1 INVITE
Contact:〈sip:媒体流接收者设备编码@目的 IP 地址端口〉
Content-Type:application/sdp
Content-Length:消息实体的字节长度

v=0
o=64010000003001000001 0 0 IN IP4 172.18.16.126
s=Play
c=IN IP4 172.18.16.126
t=0 0
m=video 9010 RTP/AVP 96
a=recvonly
a=rtpmap:96 PS/90000

J.15.9 INVITE sip:媒体服务器编码@目的域名或 IP 地址端口 SIP/2.0

To:sip:媒体服务器编码@目的域名
Content-Length:消息实体的字节长度
Contact:〈sip:SIP 服务器编码@源 IP 地址端口〉
CSeq:1 INVITE
Call-ID:wlss-19677597-72ff1e2e1d0f2ceaf8d07cf1e3a87f09@172.18.16.5

Via:SIP/2.0/UDP 源域名或 IP 地址
From:〈sip:SIP 服务器编码@源域名〉;tag=39a741c5
Content-Type:application/sdp
Subject:媒体流发送者设备编码:发送端媒体流序列号,媒体流接收者设备编码:接收端媒体流序列号
Max-Forwards:70

v=0
o=64010000003001000001 0 0 IN IP4 172.18.16.126
s=Play
c=IN IP4 172.18.16.126
t=0 0
m=video 9010 RTP/AVP 96
a=recvonly
a=rtpmap:96 PS/90000
y=1100000000

J.15.10 SIP/2.0 200 OK

Via:SIP/2.0/UDP 源域名或 IP 地址
From:〈sip:SIP 服务器编码@源域名〉;tag=39a741c5
To:〈sip:媒体服务器编码@目的域名〉;tag=3243635917
Call-ID:wlss-19677597-72ff1e2e1d0f2ceaf8d07cf1e3a87f09@172.18.16.5
CSeq:1 INVITE
Contact:〈sip:媒体服务器编码@目的域名或 IP 地址端口〉
Content-Type:application/sdp
Content-Length:消息实体的字节长度

v=0
o=64010000002020000001 0 0 IN IP4 172.18.16.3
s=##ms20091214
c=IN IP4 172.18.16.3
t=0 0
m=video 6000 RTP/AVP 96 98 97
a=sendonly
a=rtpmap:96 PS/90000
a=rtpmap:98 H264/90000
a=rtpmap:97 MPEG4/90000
y=1100000000

J.15.11 ACK sip:媒体流接收者设备编码@目的域名或 IP 地址端口 SIP/2.0

To:〈sip:媒体流接收者设备编码@目的域名〉;tag=41
Content-Length:消息实体的字节长度
CSeq:1 ACK

Call-ID:wlss-e862d62c-72ff1e2e1d0f2ceaf8d07cf1e3a87f09@172.18.16.5
Via:SIP/2.0/UDP 源域名或 IP 地址
From:〈sip:SIP 服务器编码@源域名〉;tag=8338d6ac
Content-Type:application/sdp
Max-Forwards:70

v=0
o=64010000002020000001 0 0 IN IP4 172.18.16.3
s=Playback
c=IN IP4 172.18.16.3
t=0 0
m=video 6000 RTP/AVP 96
a=sendonly
a=rtpmap:96 PS/90000
y=1100000000

J.15.12 ACK sip:媒体服务器编码@目的域名或 IP 地址端口 SIP/2.0

To:〈sip:媒体服务器编码@目的域名〉;tag=3243635917
Content-Length:消息实体的字节长度
CSeq:1 ACK
Call-ID:wlss-19677597-72ff1e2e1d0f2ceaf8d07cf1e3a87f09@172.18.16.5
Via:SIP/2.0/UDP 源域名或 IP 地址
From:〈sip:SIP 服务器编码@源域名〉;tag=39a741c5
Max-Forwards:70

J.15.13 INFO sip:媒体流发送者设备编码@目的域名或 IP 地址端口 SIP/2.0

To:〈sip:媒体流发送者设备编码@目的域名〉;tag=32128
Content-Length:消息实体的字节长度
CSeq:6 INFO
Call-ID:wlss-e680b2c1-730beb6350a5506aa8316d9dc100cf6b@172.18.16.5
Via:SIP/2.0/UDP 源域名或 IP 地址
From:〈sip:SIP 服务器编码@源域名〉;tag=f569d024
Content-Type:Application/MANSRTSP
Max-Forwards:70

PLAY MANSRTSP/1.0
CSeq:5
Scale:1.0
Range:npt=196-

J.15.14 SIP/2.0 200 OK

Via:SIP/2.0/UDP 源域名或 IP 地址

From:〈sip:SIP 服务器编码@源域名〉;tag=f569d024
To:〈sip:媒体流发送者设备编码@目的域名〉;tag=32128
Call-ID:wlss-e680b2c1-730beb6350a5506aa8316d9dc100cf6b@172.18.16.5
CSeq:6 INFO
Content-Length:消息实体的字节长度

J.15.15 MESSAGE sip:SIP 服务器编码@源域名或 IP 地址端口 SIP/2.0

To:〈sip:SIP 服务器编码@源域名〉;tag=32128
Content-Length:消息实体的字节长度
CSeq:7 Message
Call-ID:wlss-e680b2c1-730beb6350a5506aa8316d9dc100cf6b@172.18.16.5
Via:SIP/2.0/UDP 源域名或 IP 地址
From:〈sip:媒体流发送者设备编码@目的域名〉;tag=f569d024
Max-Forwards:70

〈?xml version="1.0"?〉
〈Notify〉
〈CmdType〉MediaStatus〈/CmdType〉
〈SN〉8〈/SN〉
〈DeviceID〉64010000041310000345〈/DeviceID〉
〈NotifyType〉121〈/NotifyType〉
〈/Notify〉

J.15.16 SIP/2.0 200 OK

Via:SIP/2.0/UDP 源域名或 IP 地址
From:〈sip:媒体流发送者设备编码@目的域名〉;tag=f569d024
To:〈sip:SIP 服务器编码@源域名〉;tag=32128
Call-ID:wlss-e680b2c1-730beb6350a5506aa8316d9dc100cf6b@172.18.16.5
CSeq:7 Message
Content-Length:消息实体的字节长度

J.15.17 BYE sip:媒体流接收者设备编码@目的域名或 IP 地址端口 SIP/2.0

To:〈sip:媒体流接收者设备编码@目的域名〉;tag=41
Content-Length:消息实体的字节长度
CSeq:2 BYE
Call-ID:wlss-e862d62c-72ff1e2e1d0f2ceaf8d07cf1e3a87f09@172.18.16.5
Via:SIP/2.0/UDP 源域名或 IP 地址
From:〈sip:SIP 服务器编码@源域名〉;tag=8338d6ac
Max-Forwards:70

J.15.18 SIP/2.0 200 OK

Via:SIP/2.0/UDP 源域名或 IP 地址
From:〈sip:SIP 服务器编码@源域名〉;tag=8338d6ac

To:〈sip:媒体流接收者设备编码@目的域名〉;tag=41
Call-ID:wlss-e862d62c-72ff1e2e1d0f2ceaf8d07cf1e3a87f09@172.18.16.5
CSeq:2 BYE
Content-Length:消息实体的字节长度

J.15.19 BYE sip:媒体服务器编码@目的域名或IP地址端口 SIP/2.0

To:〈sip:媒体服务器编码@目的域名〉;tag=3243635917
Content-Length:消息实体的字节长度
CSeq:2 BYE
Call-ID:wlss-19677597-72ff1e2e1d0f2ceaf8d07cf1e3a87f09@172.18.16.5
Via:SIP/2.0/UDP 源域名或IP地址
From:〈sip:SIP服务器编码@源域名〉;tag=39a741c5
Max-Forwards:70

J.15.20 SIP/2.0 200 OK

Via:SIP/2.0/UDP 源域名或IP地址
From:〈sip:SIP服务器编码@源域名〉;tag=39a741c5
To:〈sip:媒体服务器编码@目的域名〉;tag=3243635917
Call-ID:wlss-19677597-72ff1e2e1d0f2ceaf8d07cf1e3a87f09@172.18.16.5
CSeq:2 BYE
Content-Length:消息实体的字节长度

J.15.21 BYE sip:媒体服务器编码@目的域名或IP地址端口 SIP/2.0

To:〈sip:媒体服务器编码@目的域名〉;tag=3094947605
Content-Length:消息实体的字节长度
CSeq:2 BYE
Call-ID:wlss-11df50d7-730beb6350a5506aa8316d9dc100cf6b@172.18.16.5
Via:SIP/2.0/UDP 源域名或IP地址
From:〈sip:SIP服务器编码@源域名〉;tag=1ad9931d
Max-Forwards:70

J.15.22 SIP/2.0 200 OK

Via:SIP/2.0/UDP 源域名或IP地址
From:〈sip:SIP服务器编码@源域名〉;tag=1ad9931d
To:〈sip:媒体服务器编码@目的域名〉;tag=3094947605
Call-ID:wlss-11df50d7-730beb6350a5506aa8316d9dc100cf6b@172.18.16.5
CSeq:2 BYE
Content-Length:消息实体的字节长度

J.15.23 BYE sip:媒体流发送者设备编码@目的域名或IP地址端口 SIP/2.0

To:〈sip:媒体流发送者设备编码@目的域名〉;tag=32128
Content-Length:消息实体的字节长度
CSeq:2 BYE

Call-ID:wlss-e680b2c1-730beb6350a5506aa8316d9dc100cf6b@172.18.16.5
Via:SIP/2.0/UDP 源域名或 IP 地址
From:〈sip:SIP 服务器编码@源域名〉;tag=f569d024
Max-Forwards:70

J.15.24 SIP/2.0 200 OK

Via:SIP/2.0/UDP 源域名或 IP 地址
From:〈sip:SIP 服务器编码@源域名〉;tag=f569d024
To:〈sip:媒体流发送者设备编码@目的域名〉;tag=32128
Call-ID:wlss-e680b2c1-730beb6350a5506aa8316d9dc100cf6b@172.18.16.5
CSeq:2 BYE
Content-Length:消息实体的字节长度

J.16 客户端主动发起的历史媒体下载消息示范

J.16.1 INVITE sip:媒体流发送者设备编码@目的域名或 IP 地址端口 SIP/2.0

To:sip:媒体流发送者设备编码@目的域名
Content-Length:消息实体的字节长度
Contact:〈sip:媒体流接收者设备编码@源 IP 地址端口〉
CSeq:1 INVITE
Call-ID:wlss-f7c53b46-eea27828118c3b50449185980f4bfdf0@172.20.16.4
Via:SIP/2.0/UDP 源域名或 IP 地址
From:〈sip:媒体流接收者设备编码@源域名〉;tag=e3719a0b
Subject:媒体流发送者设备编码:发送端媒体流序列号,媒体流接收者设备编码:接收端媒体流序列号
Content-Type:application/sdp
Max-Forwards:70

v=0
o=64010600002020000001 0 0 IN IP4 172.20.16.3
s=Download
u=64010000041310000345:3
c=IN IP4 172.20.16.3
t=1288625085 1288625871
m=video 6000 RTP/AVP 96 98 97
a=recvonly
a=rtpmap:96 PS/90000
a=rtpmap:98 H264/90000
a=rtpmap:97 MPEG4/90000

J.16.2 INVITE sip:媒体服务器编码@目的域名或 IP 地址端口 SIP/2.0

To:sip:媒体服务器编码@目的域名
Content-Length:消息实体的字节长度

Contact:〈sip:SIP 服务器编码@源 IP 地址端口〉
CSeq:1 INVITE
Call-ID:wlss-11df50d7-730beb6350a5506aa8316d9dc100cf6b@172.18.16.5
Via:SIP/2.0/UDP 源域名或 IP 地址
From:〈sip:SIP 服务器编码@源域名〉;tag=1ad9931d
Subject:媒体流发送者设备编码:发送端媒体流序列号,媒体流接收者设备编码:接收端媒体流序列号
Max-Forwards:70

J.16.3 SIP/2.0 200 OK

Via:SIP/2.0/UDP 源域名或 IP 地址
From:〈sip:SIP 服务器编码@源域名〉;tag=1ad9931d
To:〈sip:媒体服务器编码@目的域名〉;tag=3094947605
Call-ID:wlss-11df50d7-730beb6350a5506aa8316d9dc100cf6b@172.18.16.5
CSeq:1 INVITE
Contact:〈sip:媒体服务器编码@目的域名或 IP 地址端口〉
Content-Type:application/sdp
Content-Length:消息实体的字节长度

v=0
o=64010000002020000001 0 0 IN IP4 172.18.16.3
s=##ms20091214
c=IN IP4 172.18.16.3
t=0 0
m=video 6000 RTP/AVP 96 98 97
a=recvonly
a=rtpmap:96 PS/90000
a=rtpmap:98 H264/90000
a=rtpmap:97 MPEG4/90000

J.16.4 INVITE sip:媒体流发送者设备编码@目的域名或 IP 地址端口 SIP/2.0

To:sip:媒体流发送者设备编码@目的域名
Content-Length:消息实体的字节长度
Contact:〈sip:SIP 服务器编码@源 IP 地址端口〉
CSeq:1 INVITE
Call-ID:wlss-e680b2c1-730beb6350a5506aa8316d9dc100cf6b@172.18.16.5
Via:SIP/2.0/UDP 源域名或 IP 地址
From:〈sip:SIP 服务器编码@源域名〉;tag=f569d024
Content-Type:application/sdp
Subject:媒体流发送者设备编码:发送端媒体流序列号,媒体流接收者设备编码:接收端媒体流序列号
Max-Forwards:70

v=0
o=64010000002020000001 0 0 IN IP4 172.18.16.3
s=Download
u=64010000041310000345:3
c=IN IP4 172.18.16.3
t=1288625085 1288625871
m=video 6000 RTP/AVP 96 98 97
a=recvonly
a=rtpmap:96 PS/90000
a=rtpmap:98 H264/90000
a=rtpmap:97 MPEG4/90000
y=0100000001

J.16.5 SIP/2.0 200 OK

Via:SIP/2.0/UDP 源域名或 IP 地址
From:〈sip:SIP 服务器编码@源域名〉;tag=f569d024
To:〈sip:媒体流发送者设备编码@目的域名〉;tag=32128
Call-ID:wlss-e680b2c1-730beb6350a5506aa8316d9dc100cf6b@172.18.16.5
CSeq:1 INVITE
Contact:〈sip:媒体流发送者设备编码@目的 IP 地址端口〉
Content-Type:application/sdp
Content-Length:消息实体的字节长度

v=0
o=64010000041110000044 0 0 IN IP4 172.24.18.44
s=Embedded Net DVR
c=IN IP4 172.24.18.44
t=0 0
m=video 8412 RTP/AVP 96 98
a=sendonly
a=rtpmap:96 PS/90000
a=rtpmap:98 H264/90000
a=username:64010000041110000044
a=password:12345678
y=100000001

J.16.6 ACK sip:媒体服务器编码@目的域名或 IP 地址端口 SIP/2.0

To:〈sip:媒体服务器编码@目的域名〉;tag=3094947605
Content-Length:消息实体的字节长度
CSeq:1 ACK
Call-ID:wlss-11df50d7-730beb6350a5506aa8316d9dc100cf6b@172.18.16.5
Via:SIP/2.0/UDP 源域名或 IP 地址
From:〈sip:SIP 服务器编码@源域名〉;tag=1ad9931d

Content-Type:application/sdp
Max-Forwards:70

v=0
o=64010000041110000044 0 0 IN IP4 172.24.18.44
s=Embedded Net DVR
c=IN IP4 172.24.18.44
t=0 0
m=video 8412 RTP/AVP 96
a=sendonly
a=rtpmap:96 PS/90000
a=username:64010000041110000044
a=password:12345678
y=100000001

J.16.7 ACK sip:媒体流发送者设备编码@目的域名或 IP 地址端口 SIP/2.0

To:〈sip:媒体流发送者设备编码@目的域名〉;tag=32128
Content-Length:消息实体的字节长度
CSeq:1 ACK
Call-ID:wlss-e680b2c1-730beb6350a5506aa8316d9dc100cf6b@172.18.16.5
Via:SIP/2.0/UDP 源域名或 IP 地址
From:〈sip:SIP 服务器编码@源域名〉;tag=f569d024
Max-Forwards:70

J.16.8 INVITE sip:媒体服务器编码@目的域名或 IP 地址端口 SIP/2.0

To:sip:媒体服务器编码@目的域名
Content-Length:消息实体的字节长度
Contact:〈sip:SIP 服务器编码@源 IP 地址端口〉
CSeq:1 INVITE
Call-ID:wlss-294c2c6e-eea27828118c3b50449185980f4bfdf0@172.18.16.5
Via:SIP/2.0/UDP 源域名或 IP 地址
From:〈sip:SIP 服务器编码@源域名〉;tag=02f283d7
Subject:媒体流发送者设备编码:发送端媒体流序列号,媒体流接收者设备编码:接收端媒体流序列号
Content-Type:application/sdp
Max-Forwards:70

v=0
o=64010600002020000001 0 0 IN IP4 172.18.16.3
s=Play
c=IN IP4 172.18.16.3
t=0 0
m=video 6000 RTP/AVP 96 98 97

a=recvonly

a=rtpmap:96 PS/90000

a=rtpmap:98 H264/90000

a=rtpmap:97 MPEG4/90000

y=0100000001

J.16.9 SIP/2.0 200 OK

Via:SIP/2.0/UDP 源域名或 IP 地址

From:〈sip:SIP 服务器编码@源域名〉;tag=02f283d7

To:〈sip:媒体服务器编码@目的域名〉;tag=994072228

Call-ID:wlss-294c2c6e-eea27828118c3b50449185980f4bfdf0@172.18.16.5

CSeq:1 INVITE

Contact:〈sip:媒体服务器编码@目的网单元 IP 地址端口〉

Content-Type:application/sdp

Content-Length:消息实体的字节长度

v=0

o=64010000002020000001 0 0 IN IP4 172.18.16.1

s=##ms20090428 log-restart-callid-ssrc-reinvite

c=IN IP4 172.18.16.1

t=0 0

m=video 6000 RTP/AVP 96 98 97

a=sendonly

a=rtpmap:96 H264/90000

a=rtpmap:98 H264/90000

a=rtpmap:97 MPEG4/90000

y=0100000001

J.16.10 SIP/2.0 200 OK

To:〈sip:媒体流发送者设备编码@目的域名〉;tag=949c43d7

Contact:〈sip:媒体流发送者设备编码@目的 IP 地址端口〉

Content-Length:消息实体的字节长度

CSeq:1 INVITE

Call-ID:wlss-f7c53b46-eea27828118c3b50449185980f4bfdf0@172.20.16.4

Via:SIP/2.0/UDP 源域名或 IP 地址

From:〈sip:媒体流接收者设备编码@源域名〉;tag=e3719a0b

Content-Type:application/sdp

v=0

o=64010000002020000001 0 0 IN IP4 172.18.16.1

s=##ms20090428 log-restart-callid-ssrc-reinvite

c=IN IP4 172.18.16.1

t=0 0
m=video 6000 RTP/AVP 96 98 97
a=sendonly
a=rtpmap:96 H264/90000
a=rtpmap:98 H264/90000
a=rtpmap:97 MPEG4/90000
y=0100000001

J.16.11 ACK sip:媒体流发送者设备编码@目的域名或IP地址端口 SIP/2.0

To:〈sip:媒体流发送者设备编码@目的域名〉;tag=949c43d7
Content-Length:消息实体的字节长度
CSeq:1 ACK
Call-ID:wlss-f7c53b46-eea27828118c3b50449185980f4bfdf0@172.20.16.4
Via:SIP/2.0/UDP 源域名或IP地址
From:〈sip:媒体流接收者设备编码@源域名〉;tag=e3719a0b
Max-Forwards:70

J.16.12 ACK sip:媒体服务器编码@目的域名或IP地址端口 SIP/2.0

To:〈sip:媒体服务器编码@目的域名〉;tag=994072228
Content-Length:消息实体的字节长度
CSeq:1 ACK
Call-ID:wlss-294c2c6e-eea27828118c3b50449185980f4bfdf0@172.18.16.5
Via:SIP/2.0/UDP 源域名或IP地址
From:〈sip:SIP服务器编码@源域名〉;tag=02f283d7
Max-Forwards:70

J.16.13 MESSAGE sip:SIP服务器编码@目的域名或IP地址端口 SIP/2.0

To:〈sip:SIP服务器编码@目的域名〉;tag=32128
Content-Length:消息实体的字节长度
CSeq:7 Message
Call-ID:wlss-e680b2c1-730beb6350a5506aa8316d9dc100cf6b@172.18.16.5
Via:SIP/2.0/UDP 源域名或IP地址
From:〈sip:媒体流发送者设备编码@源域名〉;tag=f569d024
Max-Forwards:70

```
<?xml version="1.0"?>
<Notify>
<CmdType>MediaStatus</CmdType>
<SN>8</SN>
<DeviceID>64010000041310000345</DeviceID>
<NotifyType>121</NotifyType>
</Notify>
```

J.16.14 MESSAGE sip:媒体流接收者设备编码@目的 IP 地址端口 SIP/2.0

From:〈sip:SIP 服务器编码@源域名〉;tag=e3719a0b
Contact:〈sip:SIP 服务器编码@源 IP 地址端口〉
Call-ID:wlss-f7c53b46-eea27828118c3b50449185980f4bfdf0@172.20.16.4
Via:SIP/2.0/UDP 源域名或 IP 地址
To:〈sip:媒体流接收者设备编码@目的域名〉;tag=949c43d7
Content-Length:消息实体的字节长度
CSeq:7 Message
Max-Forwards:70

〈?xml version="1.0"?〉
〈Notify〉
〈CmdType〉MediaStatus〈/CmdType〉
〈SN〉8〈/SN〉
〈DeviceID〉64010000041310000345〈/DeviceID〉
〈NotifyType〉121〈/NotifyType〉
〈/Notify〉

J.16.15 SIP/2.0 200 OK

From:〈sip:SIP 服务器编码@源域名〉;tag=e3719a0b
Contact:〈sip:媒体流接收者设备编码@目的 IP 地址端口〉
Call-ID:wlss-f7c53b46-eea27828118c3b50449185980f4bfdf0@172.20.16.4
Via:SIP/2.0/UDP 源域名或 IP 地址
To:〈sip:媒体流接收者设备编码@目的域名〉;tag=949c43d7
CSeq:7 Message
Content-Length:消息实体的字节长度

J.16.16 SIP/2.0 200 OK

Via:SIP/2.0/UDP 源域名或 IP 地址
From:〈sip:媒体流发送者设备编码@源域名〉;tag=f569d024
To:〈sip:SIP 服务器编码@目的域名〉;tag=32128
Call-ID:wlss-e680b2c1-730beb6350a5506aa8316d9dc100cf6b@172.18.16.5
CSeq:7 Message
Content-Length:消息实体的字节长度

J.16.17 BYE sip:媒体流发送者设备编码@目的域名或 IP 地址端口 SIP/2.0

To:〈sip:媒体流发送者设备编码@目的域名〉;tag=949c43d7
Content-Length:消息实体的字节长度
CSeq:2 BYE
Call-ID:wlss-f7c53b46-eea27828118c3b50449185980f4bfdf0@172.20.16.4
Via:SIP/2.0/UDP 源域名或 IP 地址
From:〈sip:媒体流接收者设备编码@源域名〉;tag=e3719a0b

Max-Forwards:70

J.16.18 SIP/2.0 200 OK

Via:SIP/2.0/UDP 源域名或 IP 地址
From:〈sip:媒体流接收者设备编码@源域名〉;tag=e3719a0b
To:〈sip:媒体流发送者设备编码@目的域名〉;tag=949c43d7
Call-ID:wlss-f7c53b46-eea27828118c3b50449185980f4bfdf0@172.20.16.4
CSeq:2 BYE
Content-Length:消息实体的字节长度

J.16.19 BYE sip:媒体服务器编码@目的域名或 IP 地址端口 SIP/2.0

Via:SIP/2.0/UDP 源域名或 IP 地址
From:〈sip:SIP 服务器编码@源域名〉;tag=02f283d7
To:〈sip:媒体服务器编码@目的域名〉;tag=994072228
Call-ID:wlss-294c2c6e-eea27828118c3b50449185980f4bfdf0@172.18.16.5
Content-Length:消息实体的字节长度
CSeq:2 BYE
Max-Forwards:70

J.16.20 SIP/2.0 200 OK

Via:SIP/2.0/UDP 源域名或 IP 地址
From:〈sip:SIP 服务器编码@源域名〉;tag=02f283d7
To:〈sip:媒体服务器编码@目的域名〉;tag=994072228
Call-ID:wlss-294c2c6e-eea27828118c3b50449185980f4bfdf0@172.18.16.5
CSeq:2 BYE
Content-Length:消息实体的字节长度

J.16.21 BYE sip:媒体服务器编码@目的域名或 IP 地址端口 SIP/2.0

To:〈sip:媒体服务器编码@目的域名〉;tag=3094947605
Content-Length:消息实体的字节长度
CSeq:2 BYE
Call-ID:wlss-11df50d7-730beb6350a5506aa8316d9dc100cf6b@172.18.16.5
Via:SIP/2.0/UDP 源域名或 IP 地址
From:〈sip:SIP 服务器编码@源域名〉;tag=1ad9931d
Max-Forwards:70

J.16.22 SIP/2.0 200 OK

Via:SIP/2.0/UDP 源域名或 IP 地址
From:〈sip:SIP 服务器编码@源域名〉;tag=1ad9931d
To:〈sip:媒体服务器编码@目的域名〉;tag=3094947605
Call-ID:wlss-11df50d7-730beb6350a5506aa8316d9dc100cf6b@172.18.16.5
CSeq:2 BYE
Content-Length:消息实体的字节长度

J.16.23 **BYE sip:媒体流发送者设备编码@目的域名或 IP 地址端口 SIP/2.0**

To:〈sip:媒体流发送者设备编码@目的域名〉;tag=32128
Content-Length:消息实体的字节长度
CSeq:2 BYE
Call-ID:wlss-e680b2c1-730beb6350a5506aa8316d9dc100cf6b@172.18.16.5
Via:SIP/2.0/UDP 源域名或 IP 地址
From:〈sip:SIP 服务器编码@源域名〉;tag=f569d024
Max-Forwards:70

J.16.24 **SIP/2.0 200 OK**

Via:SIP/2.0/UDP 源域名或 IP 地址
From:〈sip:SIP 服务器编码@源域名〉;tag=f569d024
To:〈sip:媒体流发送者设备编码@目的域名〉;tag=32128
Call-ID:wlss-e680b2c1-730beb6350a5506aa8316d9dc100cf6b@172.18.16.5
CSeq:2 BYE
Content-Length:消息实体的字节长度

J.17 第三方呼叫控制的历史媒体下载消息示范

J.17.1 **INVITE sip:媒体服务器编码@目的域名或 IP 地址端口 SIP/2.0**

To:sip:媒体服务器编码@目的域名
Content-Length:消息实体的字节长度
Contact:〈sip:SIP 服务器编码@源 IP 地址端口〉
CSeq:1 INVITE
Call-ID:wlss-11df50d7-730beb6350a5506aa8316d9dc100cf6b@172.18.16.5
Via:SIP/2.0/UDP 源域名或 IP 地址
From:〈sip:SIP 服务器编码@源域名〉;tag=1ad9931d
Subject:媒体流发送者设备编码:发送端媒体流序列号,媒体流接收者设备编码:接收端媒体流序列号
Max-Forwards:70

J.17.2 **SIP/2.0 200 OK**

Via:SIP/2.0/UDP 源域名或 IP 地址
From:〈sip:SIP 服务器编码@源域名〉;tag=1ad9931d
To:〈sip:媒体服务器编码@目的域名〉;tag=3094947605
Call-ID:wlss-11df50d7-730beb6350a5506aa8316d9dc100cf6b@172.18.16.5
CSeq:1 INVITE
Contact:〈sip:媒体服务器编码@目的域名或 IP 地址端口〉
Content-Type:application/sdp
Content-Length:消息实体的字节长度

v=0
o=64010000002020000001 0 0 IN IP4 172.18.16.3
s=##ms20091214
c=IN IP4 172.18.16.3
t=0 0
m=video 6000 RTP/AVP 96 98 97
a=recvonly
a=rtpmap:96 PS/90000
a=rtpmap:98 H264/90000
a=rtpmap:97 MPEG4/90000

J.17.3 INVITE sip:媒体流发送者设备编码@目的域名或IP地址端口 SIP/2.0

To:sip:媒体流发送者设备编码@目的域名
Content-Length:消息实体的字节长度
Contact:〈sip:SIP服务器编码@源IP地址端口〉
CSeq:1 INVITE
Call-ID:wlss-e680b2c1-730beb6350a5506aa8316d9dc100cf6b@172.18.16.5
Via:SIP/2.0/UDP 源域名或IP地址
From:〈sip:SIP服务器编码@源域名〉;tag=f569d024
Content-Type:application/sdp
Subject:媒体流发送者设备编码:发送端媒体流序列号,媒体流接收者设备编码:接收端媒体流序列号
Max-Forwards:70

v=0
o=64010000002020000001 0 0 IN IP4 172.18.16.3
s=Download
u=64010000041310000345:3
c=IN IP4 172.18.16.3
t=1288625085 1288625871
m=video 6000 RTP/AVP 96 98 97
a=recvonly
a=rtpmap:96 PS/90000
a=rtpmap:98 H264/90000
a=rtpmap:97 MPEG4/90000
y=1100000000

J.17.4 SIP/2.0 200 OK

Via:SIP/2.0/UDP 源域名或IP地址
From:〈sip:SIP服务器编码@源域名〉;tag=f569d024
To:〈sip:媒体流发送者设备编码@目的域名〉;tag=32128
Call-ID:wlss-e680b2c1-730beb6350a5506aa8316d9dc100cf6b@172.18.16.5
CSeq:1 INVITE
Contact:〈sip:媒体流发送者设备编码@目的IP地址端口〉

Content-Type:application/sdp
Content-Length:消息实体的字节长度

v=0
o=64010000041110000044 0 0 IN IP4 172.24.18.44
s=Embedded Net DVR
c=IN IP4 172.24.18.44
t=0 0
m=video 9412 RTP/AVP 96 98
a=sendonly
a=rtpmap:96 PS/90000
a=rtpmap:98 H264/90000
a=username:64010000041110000044
a=password:12345678
y=1100000000

J.17.5 ACK sip:媒体服务器编码@目的域名或 IP 地址端口 SIP/2.0

To:<sip:媒体服务器编码@目的域名>;tag=3094947605
Content-Length:消息实体的字节长度
CSeq:1 ACK
Call-ID:wlss-11df50d7-730beb6350a5506aa8316d9dc100cf6b@172.18.16.5
Via:SIP/2.0/UDP 源域名或 IP 地址
From:<sip:SIP 服务器编码@源域名>;tag=1ad9931d
Content-Type:application/sdp
Max-Forwards:70

v=0
o=64010000041110000044 0 0 IN IP4 172.24.18.44
s=Embedded Net DVR
c=IN IP4 172.24.18.44
t=0 0
m=video 9412 RTP/AVP 96
a=sendonly
a=rtpmap:96 PS/90000
a=username:64010000041110000044
a=password:12345678
y=1100000000

J.17.6 ACK sip:媒体流发送者设备编码@目的域名或 IP 地址端口 SIP/2.0

To:<sip:媒体流发送者设备编码@目的域名>;tag=32128
Content-Length:消息实体的字节长度
CSeq:1 ACK
Call-ID:wlss-e680b2c1-730beb6350a5506aa8316d9dc100cf6b@172.18.16.5

Via:SIP/2.0/UDP 源域名或 IP 地址
From:〈sip:SIP 服务器编码@源域名〉;tag=f569d024
Max-Forwards:70

J.17.7 INVITE sip:媒体流接收者设备编码@目的域名或 IP 地址端口 SIP/2.0

To:sip:媒体流接收者设备编码@目的域名
Content-Length:消息实体的字节长度
Contact:〈sip:SIP 服务器编码@源 IP 地址端口〉
CSeq:1 INVITE
Call-ID:wlss-e862d62c-72ff1e2e1d0f2ceaf8d07cf1e3a87f09@172.18.16.5
Via:SIP/2.0/UDP 源域名或 IP 地址
From:〈sip:SIP 服务器编码@源域名〉;tag=8338d6ac
Subject:媒体流发送者设备编码:发送端媒体流序列号,媒体流接收者设备编码:接收端媒体流序列号
Max-Forwards:70

J.17.8 SIP/2.0 200 OK

Via:SIP/2.0/UDP 源域名或 IP 地址
From:〈sip:SIP 服务器编码@源域名〉;tag=8338d6ac
To:〈sip:媒体流接收者设备编码@目的域名〉;tag=41
Call-ID:wlss-e862d62c-72ff1e2e1d0f2ceaf8d07cf1e3a87f09@172.18.16.5
CSeq:1 INVITE
Contact:〈sip:媒体流接收者设备编码@目的 IP 地址端口〉
Content-Type:application/sdp
Content-Length:消息实体的字节长度

v=0
o=64010000003001000001 0 0 IN IP4 172.18.16.126
s=Play
c=IN IP4 172.18.16.126
t=0 0
m=video 9010 RTP/AVP 96
a=recvonly
a=rtpmap:96 PS/90000

J.17.9 INVITE sip:媒体服务器编码@目的域名或 IP 地址端口 SIP/2.0

To:sip:媒体服务器编码@目的域名
Content-Length:消息实体的字节长度
Contact:〈sip:SIP 服务器编码@源 IP 地址端口〉
CSeq:1 INVITE
Call-ID:wlss 19677597-72ff1e2e1d0f2ceaf8d07cf1e3a87f09@172.18.16.5
Via:SIP/2.0/UDP 源域名或 IP 地址
From:〈sip:SIP 服务器编码@源域名〉;tag=39a741c5

Content-Type:application/sdp
Subject:媒体流发送者设备编码:发送端媒体流序列号,媒体流接收者设备编码:接收端媒体流序列号
Max-Forwards:70

v=0
o=64010000003001000001 0 0 IN IP4 172.18.16.126
s=Play
c=IN IP4 172.18.16.126
t=0 0
m=video 9010 RTP/AVP 96
a=recvonly
a=rtpmap:96 PS/90000
y=1100000000

J.17.10 SIP/2.0 200 OK

Via:SIP/2.0/UDP 源域名或 IP 地址
From:〈sip:SIP 服务器编码@源域名〉;tag=39a741c5
To:〈sip:媒体服务器编码@目的域名〉;tag=3243635917
Call-ID:wlss-19677597-72ff1e2e1d0f2ceaf8d07cf1e3a87f09@172.18.16.5
CSeq:1 INVITE
Contact:〈sip:媒体服务器编码@目的域名或 IP 地址端口〉
Content-Type:application/sdp
Content-Length:消息实体的字节长度

v=0
o=64010000002020000001 0 0 IN IP4 172.18.16.3
s=##ms20091214
c=IN IP4 172.18.16.3
t=0 0
m=video 6000 RTP/AVP 96 98 97
a=sendonly
a=rtpmap:96 PS/90000
a=rtpmap:98 H264/90000
a=rtpmap:97 MPEG4/90000
y=1100000000

J.17.11 ACK sip:媒体流接收者设备编码@目的域名或 IP 地址端口 SIP/2.0

To:〈sip:媒体流接收者设备编码@目的域名〉;tag=41
Content-Length:消息实体的字节长度
CSeq:1 ACK
Call-ID:wlss-e862d62c-72ff1e2e1d0f2ceaf8d07cf1e3a87f09@172.18.16.5
Via:SIP/2.0/UDP 源域名或 IP 地址

From:〈sip:SIP 服务器编码@源域名〉;tag=8338d6ac
Content-Type:application/sdp
Max-Forwards:70

v=0
o=64010000002020000001 0 0 IN IP4 172.18.16.3
s=Download
c=IN IP4 172.18.16.3
t=0 0
m=video 6000 RTP/AVP 96
a=sendonly
a=rtpmap:96 PS/90000
y=1100000000

J.17.12 ACK sip:媒体服务器编码@目的域名或 IP 地址端口 SIP/2.0

To:〈sip:媒体服务器编码@目的域名〉;tag=3243635917
Content-Length:消息实体的字节长度
CSeq:1 ACK
Call-ID:wlss-19677597-72ff1e2e1d0f2ceaf8d07cf1e3a87f09@172.18.16.5
Via:SIP/2.0/UDP 源域名或 IP 地址
From:〈sip:SIP 服务器编码@源域名〉;tag=39a741c5
Max-Forwards:70

J.17.13 MESSAGE sip:SIP 服务器编码@源域名或 IP 地址端口 SIP/2.0

To:〈sip:SIP 服务器编码@源域名〉;tag=32128
Content-Length:消息实体的字节长度
CSeq:7 Message
Call-ID:wlss-e680b2c1-730beb6350a5506aa8316d9dc100cf6b@172.18.16.5
Via:SIP/2.0/UDP 源域名或 IP 地址
From:〈sip:媒体流发送者设备编码@目的域名〉;tag=f569d024
Max-Forwards:70

〈?xml version="1.0"?〉
〈Notify〉
〈CmdType〉MediaStatus〈/CmdType〉
〈SN〉8〈/SN〉
〈DeviceID〉64010000041310000345〈/DeviceID〉
〈NotifyType〉121〈/NotifyType〉
〈/Notify〉

J.17.14 SIP/2.0 200 OK

Via:SIP/2.0/UDP 源域名或 IP 地址
From:〈sip:媒体流发送者设备编码@目的域名〉;tag=f569d024

To:〈sip:SIP 服务器编码@源域名〉;tag=32128
Call-ID:wlss-e680b2c1-730beb6350a5506aa8316d9dc100cf6b@172.18.16.5
CSeq:7 Message
Content-Length:消息实体的字节长度

J.17.15 BYE sip:媒体流接收者设备编码@目的域名或 IP 地址端口 SIP/2.0

To:〈sip:媒体流接收者设备编码@目的域名〉;tag=41
Content-Length:消息实体的字节长度
CSeq:2 BYE
Call-ID:wlss-e862d62c-72ff1e2e1d0f2ceaf8d07cf1e3a87f09@172.18.16.5
Via:SIP/2.0/UDP 源域名或 IP 地址
From:〈sip:SIP 服务器编码@源域名〉;tag=8338d6ac
Max-Forwards:70

J.17.16 SIP/2.0 200 OK

Via:SIP/2.0/UDP 源域名或 IP 地址
From:〈sip:SIP 服务器编码@源域名〉;tag=8338d6ac
To:〈sip:媒体流接收者设备编码@目的域名〉;tag=41
Call-ID:wlss-e862d62c-72ff1e2e1d0f2ceaf8d07cf1e3a87f09@172.18.16.5
CSeq:2 BYE
Content-Length:消息实体的字节长度

J.17.17 BYE sip:媒体服务器编码@目的域名或 IP 地址端口 SIP/2.0

To:〈sip:媒体服务器编码@目的域名〉;tag=3243635917
Content-Length:消息实体的字节长度
CSeq:2 BYE
Call-ID:wlss-19677597-72ff1e2e1d0f2ceaf8d07cf1e3a87f09@172.18.16.5
Via:SIP/2.0/UDP 源域名或 IP 地址
From:〈sip:SIP 服务器编码@源域名〉;tag=39a741c5
Max-Forwards:70

J.17.18 SIP/2.0 200 OK

Via:SIP/2.0/UDP 源域名或 IP 地址
From:〈sip:SIP 服务器编码@源域名〉;tag=39a741c5
To:〈sip:媒体服务器编码@目的域名〉;tag=3243635917
Call-ID:wlss-19677597-72ff1e2e1d0f2ceaf8d07cf1e3a87f09@172.18.16.5
CSeq:2 BYE
Content-Length:消息实体的字节长度

J.17.19 BYE sip:媒体服务器编码@目的域名或 IP 地址端口 SIP/2.0

To:〈sip:媒体服务器编码@目的域名〉;tag=3094947605
Content-Length:消息实体的字节长度
CSeq:2 BYE

Call-ID: wlss-11df50d7-730beb6350a5506aa8316d9dc100cf6b@172.18.16.5
Via: SIP/2.0/UDP 源域名或 IP 地址
From: 〈sip: SIP 服务器编码@源域名〉; tag=1ad9931d
Max-Forwards: 70

J.17.20 SIP/2.0 200 OK

Via: SIP/2.0/UDP 源域名或 IP 地址
From: 〈sip: SIP 服务器编码@源域名〉; tag=1ad9931d
To: 〈sip: 媒体服务器编码@目的域名〉; tag=3094947605
Call-ID: wlss-11df50d7-730beb6350a5506aa8316d9dc100cf6b@172.18.16.5
CSeq: 2 BYE
Content-Length: 消息实体的字节长度

J.17.21 BYE sip: 媒体流发送者设备编码@目的域名或 IP 地址端口 SIP/2.0

To: 〈sip: 媒体流发送者设备编码@目的域名〉; tag=32128
Content-Length: 消息实体的字节长度
CSeq: 2 BYE
Call-ID: wlss-e680b2c1-730beb6350a5506aa8316d9dc100cf6b@172.18.16.5
Via: SIP/2.0/UDP 源域名或 IP 地址
From: 〈sip: SIP 服务器编码@源域名〉; tag=f569d024
Max-Forwards: 70

J.17.22 SIP/2.0 200 OK

Via: SIP/2.0/UDP 源域名或 IP 地址
From: 〈sip: SIP 服务器编码@源域名〉; tag=f569d024
To: 〈sip: 媒体流发送者设备编码@目的域名〉; tag=32128
Call-ID: wlss-e680b2c1-730beb6350a5506aa8316d9dc100cf6b@172.18.16.5
CSeq: 2 BYE
Content-Length: 消息实体的字节长度

J.18 事件订阅消息示范

J.18.1 SUBSCRIBE sip: 事件源编码@事件源域名或 IP 地址 SIP/2.0

Via: SIP/2.0/UDP 事件观察者域名或 IP 地址
Max-Forwards: 70
From: 显示名〈sip: 事件观察者编码@事件观察者域名或 IP 地址〉; tag=BK32B1U8DKDrB
To: 显示名〈sip: 事件源编码@事件源域名或 IP 地址〉
Call-ID: 17250
CSeq: 1 SUBSCRIBE
Expires: 90
Event: presence
Content-type: Application/MANSCDP+XML
Content-Length: 消息实体的字节长度

```
〈?xml version="1.0"?〉
〈Query〉
〈CmdType〉Alarm〈/CmdType〉
〈SN〉17430〈/SN〉
〈DeviceID〉64010000001340000001〈/DeviceID〉
〈StartAlarmPriority〉1〈/StartAlarmPriority〉
〈EndAlarmPriority〉4〈/EndAlarmPriority〉
〈AlarmMethod〉0〈/AlarmMethod〉
〈StartTime〉2010-11-11T00:00:00〈/StartTime〉
〈EndTime〉2010-12-11T00:00:00〈/EndTime〉
〈/Query〉
```

J.18.2 200 OK

```
Via:SIP/2.0/UDP 事件观察者域名或 IP 地址
From:显示名〈sip:事件观察者编码@事件观察者域名或 IP 地址〉;tag=BK32B1U8DKDrB
To:显示名〈sip:事件源编码@事件源域名或 IP 地址〉
Call-ID:17250
CSeq:1 SUBSCRIBE
Expires:90
Event:presence
Content-type:Application/MANSCDP+XML
Content-Length:消息实体的字节长度

〈?xml version="1.0"?〉
〈Response〉
〈CmdType〉Alarm〈/CmdType〉
〈SN〉17430〈/SN〉
〈DeviceID〉64010000001340000001〈/DeviceID〉
〈Result〉OK〈/Result〉
〈/Response〉
```

J.19 事件通知消息示范

J.19.1 NOTIFY sip:事件观察者地址@事件观察者域名或 IP 地址 SIP/2.0

```
Via:SIP/2.0/UDP  事件源域名或 IP 地址
Max-Forwards:70
From:显示名〈sip:事件源编码@事件源域名或 IP 地址〉;tag=BK32B1U8DKDrB
To:显示名〈sip:事件观察者编码@事件观察者域名或 IP 地址〉
Call-ID:17250
CSeq:1 NOTIFY
Subscription-State:active;expires=90;retry-after=0
Event:presence
```

Content-type:Application/MANSCDP+XML
Content-Length:消息实体的字节长度

```
<?xml version="1.0"?>
<Notify>
<CmdType>Alarm</CmdType>
<SN>1</SN>
<DeviceID>64010000001340000001</DeviceID>
<AlarmPriority>4</AlarmPriority>
<AlarmMethod>2</AlarmMethod>
<AlarmTime>2009-12-04T16:23:32</AlarmTime>
<AlarmDescription>警情描述</AlarmDescription>
<Longitude> 171.3</Longitude>
<Latitude> 34.2 </Latitude>
</Notify>
```

J.19.2 200 OK

Via:SIP/2.0/UDP 事件源域名或 IP 地址
From:显示名<sip:事件源编码@事件源域名或 IP 地址>;tag=BK32B1U8DKDrB
To:显示名<sip:事件观察者编码@事件观察者域名或 IP 地址>
Call-ID:17250
CSeq:1 NOTIFY
Content-type:Application/MANSCDP+XML
Content-Length:消息实体的字节长度

```
<?xml version="1.0"?>
<Response>
<CmdType> Alarm </CmdType>
<SN>1</SN>
<DeviceID>64010000001340000001</DeviceID>
<Result>OK</Result>
</Response>
```

J.20 目录订阅消息示范

J.20.1 SUBSCRIBE sip:目录拥有者编码@目录拥有者域名或 IP 地址 SIP/2.0

Via:SIP/2.0/UDP 目录接收者域名或 IP 地址
Max-Forwards:70
From:显示名<sip:目录接收者编码@目录接收者域名或 IP 地址>;tag=BK32B1U8DKDrB
To:显示名<sip:目录拥有者编码@目录拥有者域名或 IP 地址>
Call-ID:17250
CSeq:1 SUBSCRIBE
Expires:90

Event:presence
Content-type:Application/
Content-Length:消息实体的字节长度

```
<?xml version="1.0"?>
<Query>
<CmdType> Catalog </CmdType>
<SN>17430</SN>
<DeviceID>64010000001110000001</DeviceID>
<StartTime>2010-11-11T00:00:00</StartTime>
<EndTime>2010-12-11T00:00:00</EndTime>
</Query>
```

J.20.2 200 OK

Via:SIP/2.0/UDP 目录接收者域名或 IP 地址
From:显示名<sip:目录接收者编码@目录接收者域名或 IP 地址>;tag=BK32B1U8DKDrB
To:显示名<sip:目录拥有者编码@目录拥有者域名或 IP 地址>
Call-ID:17250
CSeq:1 SUBSCRIBE
Expires:90
Event:presence
Content-type:Application/MANSCDP+XML
Content-Length:消息实体的字节长度

```
<?xml version="1.0"?>
<Response>
<CmdType> Catalog </CmdType>
<SN>17430</SN>
<DeviceID>64010000001110000001</DeviceID>
<Result>OK</Result>
</Response>
```

J.21 目录通知消息示范

J.21.1 NOTIFY sip:目录接收者编码@目录接收者域名或 IP 地址 SIP/2.0

Via:SIP/2.0/UDP 目录拥有者域名或 IP 地址
Call-ID:17520
From:<sip:目录拥有者编码@目录拥有者域名或 IP 地址>;tag=BK32B1U8DKDrB
To:<sip:目录接收者编码@目录接收者域名或 IP 地址>;tag=12345
CSeq:1 NOTIFY
Max-Forwards:70
Subscription-State:active;expires=90;retry-after=0
Event:presence

Content-Length:消息实体的字节长度

〈? xml version="1.0"?〉
〈Response〉
〈CmdType〉Catalog〈/CmdType〉
〈SN〉17430〈/SN〉
〈DeviceID〉64010000001110000001〈/DeviceID〉
〈SumNum〉100〈/SumNum〉
〈DeviceList Num="2"〉
〈Item〉
〈DeviceID〉64010000001310000001〈/DeviceID〉
〈Name〉Camera1〈/Name〉
〈Manufacturer〉Manufacturer 1〈/Manufacturer〉
〈Model〉Model 1〈/Model〉
〈Owner〉Owner 1〈/Owner〉
〈CivilCode〉CivilCode 1〈/CivilCode〉
〈Block〉Block 1〈/Block〉
〈Address〉Address 1〈/Address〉
〈Parental〉1〈/Parental〉
〈ParentID〉64010000001110000001〈/ParentID〉
〈SafetyWay〉0〈/SafetyWay〉
〈RegisterWay〉1〈/RegisterWay〉
〈CertNum〉CertNum 1〈/CertNum〉
〈Certifiable〉0〈/Certifiable〉
〈ErrCode〉400〈/ErrCode〉
〈EndTime〉2010-11-11T19:46:17〈/EndTime〉
〈Secrecy〉0〈/Secrecy〉
〈IPAddress〉192.168.3.81〈/IPAddress〉
〈Port〉5060〈/Port〉
〈Password〉Password 1〈/Password〉
〈Status〉Status 1〈/Status〉
〈Longitude〉171.3〈/Longitude〉
〈Latitude〉34.2〈/Latitude〉
〈/Item〉
〈Item〉
〈DeviceID〉64010000001310000002〈/DeviceID〉
〈Name〉Camera2〈/Name〉
〈Manufacturer〉Manufacturer 2〈/Manufacturer〉
〈Model〉Model 2〈/Model〉
〈Owner〉Owner 2〈/Owner〉
〈CivilCode〉CivilCode 2〈/CivilCode〉
〈Block〉Block2〈/Block〉
〈Address〉Address2〈/Address〉

〈Parental〉 1 〈/Parental〉
〈ParentID〉64010000001110000001 〈/ParentID〉
〈SafetyWay〉 0 〈/SafetyWay〉
〈RegisterWay〉 1 〈/RegisterWay〉
〈CertNum〉 CertNum 1 〈/CertNum〉
〈Certifiable〉 0 〈/Certifiable〉
〈ErrCode〉 400 〈/ErrCode〉
〈EndTime〉 2010-11-11T19:46:17 〈/EndTime〉
〈Secrecy〉 0 〈/Secrecy〉
〈IPAddress〉 192.168.3.81 〈/IPAddress〉
〈Port〉 5060 〈/Port〉
〈Password〉 Password 1 〈/Password〉
〈Status〉 Status 1 〈/Status〉
〈Longitude〉 171.4〈/Longitude〉
〈Latitude〉 34.2 〈/Latitude〉
〈/Item〉
〈/DeviceList〉
〈/Response〉

J.21.2 200 OK

Via:SIP/2.0/UDP 目录拥有者域名或 IP 地址
Call-ID:17520
From:〈sip:目录拥有者编码@目录拥有者域名或 IP 地址〉;tag=BK32B1U8DKDrB
To:〈sip:目录接收者编码@目录接收者域名或 IP 地址〉;tag=12345
CSeq:1 NOTIFY
Content-Length:0

〈?xml version="1.0"?〉
〈Response〉
〈CmdType〉 Catalog 〈/CmdType〉
〈SN〉17430〈/SN〉
〈DeviceID〉64010000001110000001〈/DeviceID〉
〈Result〉OK〈/Result〉
〈/Response〉

附 录 K
（规范性附录）
Subject 头域定义

Subject 头域携带媒体流发起域产生的媒体流标识，媒体流拥有者可以将该域值作为媒体流标识。

Subject 字段的格式如下：

Subject：媒体流发送者 ID：发送方媒体流序列号，媒体流接收者 ID：接收方媒体流序列号

各字段定义如下：

媒体流发送者 ID：为符合附录 D 定义的媒体流发送者的 ID 编码。

发送方媒体流序列号：发送方媒体流序列号为不超过 20 位的字符串，同一媒体流发起者保证在同一时刻使用的标识唯一；当请求为实时视频时，首位取值为 0；当请求的媒体流为历史视频时，首位取值为 1。

媒体流接收者 ID：为符合附录 D 定义的媒体流接收者的 ID 编码。

接收方媒体流序列号：为媒体流接收者接收到的媒体流的标识序列号，在同一时刻该序列号在媒体流接收者端为不重复的字符串。当接收者为客户端时，可以作为窗口的标识符。

参 考 文 献

[1] RFC 2633 S/MIME Version 3 Message Specification

[2] RFC 2634 Enhanced Security Services for S/MIME

[3] RFC 2778 A Model for Presence and Instant Messaging

[4] RFC 2779 Instant Messaging/Presence Protocol Requirements

[5] RFC 3016 用于MPEG-4音频/视频流的RTP负载格式

[6] RFC 3265 Session Initiation Protocol (SIP)-Specific Event Notification

[7] RFC 3329 Security Mechanism Agreement for the Session Initiation Protocol (SIP)

[8] RFC 3665 Session Initiation Protocol (SIP) Basic Call Flow Examples

[9] RFC 3903 Session Initiation Protocol (SIP) Extension for Event State Publication

[10] RFC 4826 Extensible Markup Language (XML) Formats for Representing Resource Lists

[11] YD/T 1522.1—2006 会话初始协议(SIP)技术要求 第1部分:基本的会话初始协议

[12] GA/T 647—2006 视频安防监控系统 前端设备控制协议V1.0

[13] GA/T 669.1—2008 城市监控报警联网系统 技术标准 第1部分:通用技术要求

[14] GA/T 669.2—2008 城市监控报警联网系统 技术标准 第2部分:安全技术要求

[15] GA/T 669.4—2008 城市监控报警联网系统 技术标准 第4部分:视音频编、解码技术要求

[16] GA/T 669.5—2008 城市监控报警联网系统 技术标准 第5部分:信息传输、交换、控制技术要求

[17] GA/T 669.6—2008 城市监控报警联网系统 技术标准 第6部分:视音频显示、存储、播放技术要求

[18] GA/T 669.7—2008 城市监控报警联网系统 技术标准 第7部分:管理平台技术要求

[19] ISO/IEC 14496-5:2001 信息技术 视听对象编码 第5部分:参考软件

[20] YD/T 1171—2001 IP网络技术要求网络性能参数与指标(NEQ ITU-T Y.1540,NEQ ITU-T Y.1541,NEQ IETF RFC 2330)

ICS 29.080.99
K 49

中华人民共和国国家标准

GB/T 28182—2011

额定电压 52 kV 及以下带串联间隙避雷器

Surge arresters containing series gapped structures with rated voltage 52 kV and less

(IEC 60099-6:2002,Surge arresters containing both series and paralled gapped structures—Rated 52 kV and less,MOD)

2011-12-30 发布　　　　2012-06-01 实施

中华人民共和国国家质量监督检验检疫总局
中国国家标准化管理委员会　发布

前　言

本标准按照 GB/T 1.1—2009 给出的规则起草。

本标准修改采用 IEC 60099-6:2002《额定电压 52 kV 及以下带串联和并联间隙避雷器》(英文版)。

在附录 I 中列出了本标准章条编号与 IEC 60099-6:2002 章条编号的对照一览表。

考虑到我国避雷器的应用情况，在采用 IEC 60099-6:2002 时，本标准做了一些修改和补充。有关技术性差异已编入正文并在它们所涉及的条款的页边空白处用垂直单线标识。在附录 J 中给出了这些技术性差异及其原因的一览表以供参考。

对 IEC 60099-6，本标准主要修改如下：

a) 由于本标准中未涉及“并联间隙避雷器”的内容，故去掉标准名称中的“并联”二字。

b) 根据我国的国情，本标准中增补了我国国内已习惯使用，而 IEC 60099-6 中未包含的技术内容，如直流参考电压试验、直流泄漏电流试验等。

c) 在标准中增加了附录 D，根据我国具体情况增列了典型带串联间隙避雷器特性参数。

d) 在标准中增加了附录 G，根据我国产品制造和应用现状增加了产品的包装、运输及保管。

本标准还做了下列编辑性修改：

a) “IEC 60099 本部分”一词改为“本标准”；

b) 用小数点“.”代替作为小数点的逗号“,”；

c) 删除 IEC 60099-6:2002 的前言、引言。

本标准由中国电器工业协会提出。

本标准由全国避雷器标准化技术委员会(SAC/TC 81)归口。

本标准主要起草单位：西安高压电器研究院有限责任公司、宁波市镇海国创高压电器有限公司、西安神电电器有限公司。

本标准主要起草人：程文怡、张益民、张辑宁、李凡、李向军、杨筱安、黄勇。

额定电压 52 kV 及以下带串联间隙避雷器

1 总则

1.1 范围

本标准适用于为限制交流电力系统过电压而设计的带内部串联间隙的瓷外套和复合外套金属氧化物避雷器。

本标准规定了额定电压 52 kV 及以下带内部串联间隙避雷器(以下简称避雷器)的技术要求、试验方法和检验规则等内容。

下列类型和额定值的避雷器当前还在研究之中,本标准未予述及。直到确切地获得各项问题的更多信息之后,本标准才能述及这部分内容。

——额定电压大于 52 kV 的带串联间隙避雷器;

——所有额定电压带外部间隙的避雷器;

——所有额定电压带并联间隙的避雷器;

——2 级、3 级、4 级和 5 级线路放电避雷器。

1.2 规范性引用文件

下列文件对于本文件的应用是必不可少的。凡是注日期的引用文件,仅注日期的版本适用于本文件。凡是不注日期的引用文件,其最新版本(包括所有的修改单)适用于本文件。

GB/T 191—2008 包装储运图示标志(ISO 780:1997,MOD)

GB 311.1 高压输变电设备的绝缘配合 (IEC 60071-1:2010,MOD)

GB/T 775.1—2006 绝缘子试验方法 第 1 部分:一般试验方法

GB/T 775.3—2006 绝缘子试验方法 第 3 部分:机械试验方法

GB/T 7354—2003 局部放电测量(IEC 60270:2000,IDT)

GB 11032—2010 交流无间隙金属氧化物避雷器(IEC 60099-4:2006,MOD)

GB/T 16927.1—1997 高电压试验技术 第 1 部分:一般试验要求(eqv IEC 60060-1:1989)

GB/T 16927.2—1997 高电压试验技术 第 2 部分:测量系统(eqv IEC 60060-2:1994)

GB/T 20639—2006 有间隙阀式避雷器人工污秽试验(IEC/TR 60099-3:1990,IDT)

JB/T 9673—1999 绝缘子 产品包装

2 术语和定义

下列术语和定义适用于本文件。

2.1

无间隙金属氧化物避雷器 metal-oxide surge arrester without gaps

由非线性金属氧化物电阻片串联和(或)并联组成且无并联或串联放电间隙的避雷器。

2.2

非线性金属氧化物电阻片 non-linear metal-oxide resistor

避雷器的主要工作部件。由于其具有非线性伏安特性,在过电压时呈低电阻,从而限制避雷器端子间的电压,而在正常工频电压下呈现高电阻。

2.3

避雷器的内部均压系统　internal grading system of an arrester

并联于一片或一组非线性金属氧化物电阻片上的均压阻抗，尤指均压电容器，以控制沿金属氧化物电阻片柱上的电压分布。

2.4

避雷器的均压环　grading ring of an arrester

一种金属部件，通常是圆环形，用以改善静电场下避雷器的电压分布。

2.5

避雷器的比例单元　section of an arrester

组装好的避雷器的一个完整部分，对于特定试验其必须代表完整避雷器的性能。

注：避雷器比例单元不一定是避雷器元件。

2.6

避雷器的元件　unit of an arrester

避雷器完整组装的一部分，可与其他元件串联和(或)并联，组成更高电压和(或)更高电流额定值的避雷器。

注：避雷器元件不一定是避雷器比例单元。

2.7

避雷器的压力释放装置　pressure relief device of an arrrester

用于释放避雷器内部压力的装置，并防止外套由于避雷器的故障电流或内部闪络时间延长而发生爆炸。

2.8

避雷器的额定电压　rated voltage of an arrester

U_r

施加到避雷器端子间的最大允许工频电压有效值，按照此电压所设计的避雷器，能在所规定的动作负载试验中确定的暂时过电压下正确地工作，见7.5。

注1：额定电压用来做运行特性的技术规范的参考参数。

注2：本标准所定义的额定电压值是动作负载试验中大电流之后的10 s工频电压值。在IEC 60099系列标准及某些国家的标准中，用来确定额定电压的试验包括施加工频电压时标称冲击电流下多次冲击的施加。应注意的事实是，这两种确定额定电压的方法不一定给出等效的数值(该差异的解决方法还在研究中)。

2.9

避雷器的持续运行电压　continuous operating voltage of an arrester

U_c

按照7.5，持续运行电压是指允许连续施加在避雷器两端的工频电压有效值。

2.10

避雷器额定频率　rated frequency of an arrester

避雷器设计用于电力系统的频率。

2.11

破坏性放电　disruptive discharge

在电场下与绝缘破坏(包括电压的突降和电流的导通)有关的现象。

注1：本术语适用于固体、液体、气体介质及其组合介质的电气击穿。

注2：在固体介质中的破坏性放电将导致电气强度永久性丧失，而在液体或气体介质中电气强度之丧失可能是暂时的。

2.12

击穿　puncture (breakdown)

通过固体的一种击穿放电。

2.13

闪络 flashover

固体介质表面上的击穿放电。

2.14

冲击 impulse

一种无明显振荡的单极性电压或电流波，它迅速上升到最大值，然后通常较缓慢地下降到零，即使带有反极性振荡，其幅值也很小。

注：定义冲击电流和冲击电压的参数是：极性、峰值、波前时间和波尾半峰值的时间。

2.15

冲击波形的表示 designation of an impulse shape

两数值的组合，第一个表示视在波前的时间(T_1)，第二个表示视在波尾半峰值的时间(T_2)，时间单位均为 μs，写作 T_1/T_2，符号"/"无数学意义。

2.16

陡波冲击电流 steep current impulse

视在波前时间为 1 μs 的一种冲击电流。因为设备调整的限制，实测值为 0.9 μs～1.1 μs；视在波尾半峰值时间不大于 20 μs。

注：波尾半峰值时间是不重要的，在残压试验中可有任意偏差，见 7.3.1。

2.17

雷电冲击电流 lightning current impulse

一种 8/20 波形的冲击电流。因为设备调整的限制，视在波前时间的测量值为 7 μs～9 μs；视在波尾半峰值时间为 18 μs～22 μs。

注：波尾半峰值时间是不重要的，在残压型式试验中可以有任意偏差，见 7.3.1。

2.18

长持续时间冲击电流 long duration current impulse

一种方波冲击，其迅速上升到最大值，在规定的时间内大体保持恒定，然后迅速降至零。定义方波冲击电流的参数为：极性、峰值、视在峰值持续时间和视在总持续时间。

2.19

冲击峰值 peak (crest) value of an impulse

冲击电压或冲击电流的最大值。

注：叠加的振荡可忽略不计(见 7.4.2c)和 7.5.3.2e))。

2.20

冲击波前 front of an impulse

冲击波峰值以前的部分。

2.21

冲击波尾 tail of an impulse

冲击波峰值以后的部分。

2.22

冲击波的视在原点 virtual origin of an impulse

在电压对时间或电流对时间的曲线上，通过冲击波前上两个参考点所画直线与零值电压或零值电流的时间轴相交所确定的点。

注 1：对于冲击电流，两个参考点为峰值的 10%及 90%。

注 2：此定义只适用于纵坐标和横坐标的标度为线性时。

注 3：如果在波前出现振荡时，10%和 90%的参考点应在通过振荡的平均曲线上取值。

2.23

冲击电流视在波前时间　virtual front time of a current impulse

T_1

以 μs 表示的时间，等于电流峰值的 10%增加到 90%的时间(单位 μs)乘以 1.25 倍。

注：如果在波前出现振荡时，10%和 90%的参考点应在通过振荡的平均曲线上取值。

2.24

冲击波前的视在陡度　virtual steepness of the front of an impulse

冲击波峰值与视在波前时间之商。

2.25

冲击波尾半峰值的视在时间　virtual time to half value on the tail of an impulse

T_2

视在原点与电压或电流降至峰值一半的时间间隔，该时间用 μs 表示。

2.26

方波冲击的视在峰值持续时间　virtual duration of the peak of a rectangular impulse

冲击波幅值大于其峰值 90%的时间。

2.27

方波冲击的视在总持续时间　virtual total duration of a rectangular impulse

方波的幅值大于其峰值 10%的时间。

注：如果波前存在小的振荡，应画出平均曲线，以确定达到 10%峰值的时间。

2.28

冲击波反极性峰值　peak (crest) value of opposite polarity of an impulse

冲击电压或电流波在达到永久零值前绕零值振荡时的反极性最大幅值。

2.29

避雷器的放电电流　discharge current of an arrester

流过避雷器的冲击电流。

2.30

避雷器的标称放电电流　nominal discharge current of an arrester

I_n

用来划分避雷器等级的、具有 8/20 波形的雷电冲击电流峰值(见 2.17 和表 1)。

2.31

避雷器的大电流冲击　high current impulse of an arrester

冲击波形为 4/10 的放电电流峰值，用于试验避雷器在直击雷时的稳定性。

2.32

避雷器的操作冲击电流　switching current impulse of an arrester

视在波前时间大于 30 μs 但小于 100 μs，视在波尾半峰值时间约为视在波前时间 2 倍的放电电流峰值。

2.33

避雷器的持续电流　continuous current of an arrester

持续电流是施加持续运行电压时流过避雷器的电流，可用有效值或峰值表示。

注：持续电流由阻性和容性分量组成，可随温度、杂散电容和外部污秽影响而变化。因此，试品的持续电流可不同于整只避雷器的持续电流。

2.34

串联金属氧化物电阻片柱的参考电流　reference current of the main series metal-oxide resistors

参考电流分为工频参考电流和直流参考电流。

2.34.1

串联金属氧化物电阻片柱的工频参考电流　power-frequency reference current of the main series metal-oxide resistors

用于确定串联金属氧化物电阻片柱的工频参考电压的工频电流阻性分量的峰值(如果电流是非对称的,取两个极性中较高的峰值)。

注1:工频参考电流应足够大,使杂散电容对所测避雷器或元件(带有所设计的均压系统)的参考电压的影响可以忽略,该值由制造厂规定。

注2:工频参考电流取决于避雷器的标称放电电流及(或)线路放电等级。对单柱避雷器,参考电流值的典型范围为每平方厘米电阻片面积 0.05 mA～1.0 mA。

2.34.2

串联金属氧化物电阻片柱的直流参考电流　direct-current reference current of the main series metal-oxide resistors

用于确定串联金属氧化物电阻片柱的直流参考电压的直流电流平均值。

2.35

串联金属氧化物电阻片柱的参考电压　reference voltage of the main series metal-oxide resistors

参考电压分为工频参考电压和直流参考电压。

注:多元件避雷器的参考电压是每个元件串联金属氧化物电阻片柱参考电压之和。

2.35.1

串联金属氧化物电阻片柱的工频参考电压　power-frequency reference voltage of the main series metal-oxide resistors

通过工频参考电流时,测出避雷器的串联金属氧化物电阻片柱上的工频电压峰值除以$\sqrt{2}$。

2.35.2

串联金属氧化物电阻片柱的直流参考电压　DC reference voltage of the main series metal-oxide resistors

通过直流参考电流时,测出避雷器的串联金属氧化物电阻片柱的直流电压平均值,如果电压与极性有关,取低值。

2.36

避雷器残压　residual voltage of an arrester

U_{res}

放电电流通过避雷器时其端子间的电压峰值。

2.37

避雷器工频电压耐受时间特性(暂时过电压,TOV)　power frequency withstand voltage versus time characteristic of an arrester (temporary overvoltage, TOV)

在 5.9 规定的条件下,对避雷器施加工频电压,而不使其损坏,或热不稳定时所对应的最大持续时间。

2.38

回路预期电流　prospective current of a circuit

在回路给定点,用可忽略的阻抗导体短接时,在该处流过的电流。

2.39

避雷器保护特性　protective characteristics of an arrester

由以下各项组合:

a)　按 7.3.2 和 7.3.6.2 规定的陡波冲击电流残压和波前放电电压。

b)　按 7.3.3 和 7.3.7.2 规定的残压与雷电冲击放电电流特性和 1.2/50 冲击放电电压。

c) 按7.3.4和7.3.8.2规定的操作冲击电流残压和操作冲击放电电压。

2.40

避雷器的热崩溃 thermal runaway of an arrester

是描述当避雷器承受的持续功率损耗超过外套和连接件的散热能力而引起非线性电阻片温度累积升高,最终导致避雷器损坏的过程。

2.41

避雷器的热稳定 thermal stability of an arrester

避雷器在动作负载试验引起温度上升之后,在规定的环境条件下对避雷器施加规定的持续运行电压,电阻片温度随时间而下降,则称此避雷器是热稳定的。

2.42

避雷器脱离器 arrester disconnector

避雷器损坏时,使避雷器与系统断开以排除系统持续故障,并给出事故避雷器可见标志的一种装置。

注:该装置不需要切断避雷器故障电流。

2.43

型式试验(设计试验) type tests(design tests)

完成一种新的避雷器设计开发时所做的试验,以确定代表性的性能,并证明符合有关标准。

注:除非为改进性能而更改设计,这些试验曾经做过就无需再做。这种情况下,仅需重做相关的试验。

2.44

例行试验 routine tests

按照需要,对每只避雷器或部件及材料进行的试验,以保证产品符合设计规范。

2.45

验收试验 acceptance tests

经供需双方协商,对订购的避雷器或代表性试品所做的试验。

2.46

避雷器的击穿放电 sparkover of an arrester

避雷器间隙电极之间的击穿放电。

2.47

避雷器续流 follow current of an arrester

来源于电源并在放电电流通过之后流过避雷器的电流。

2.48

平均放电电压 average sparkover voltage

可以分为以下两种:

2.48.1

工频放电电压 power frequency sparkover voltage

至少5次连续的工频放电电压的平均值。

2.48.2

雷电冲击放电电压 lightning impulse sparkover voltage

为至少5次连续的雷电冲击放电电压平均值。

2.49

避雷器冲击放电电压 impulse sparkover voltage of an arrester

当给定波形和极性的冲击电压加到避雷器端子上时,在避雷器放电之前电压所达到的最大值。

2.50

避雷器波前冲击放电电压　front-of-wave sparkover voltage of an arrester

在与时间成线性增加的电压波前，所得到的冲击放电电压。

2.51

避雷器标准雷电冲击放电电压　standard lightning impulse sparkover voltage of an arrester

在每次将标准雷电冲击电压加到避雷器上，都能引起放电的最低预期峰值。

2.52

避雷器的预放电时间　time to sparkover of an arrester

从视在原点到避雷器放电瞬间之间的时间，用 μs 表示。

2.53

冲击放电伏-秒特性曲线　impulse sparkover voltage-time curve

冲击放电电压与放电时间的关系曲线。

2.54

均压电流　grading current

施加工频电压时流过避雷器的电流峰值。

2.55

带间隙结构的金属氧化物避雷器　metal-oxide surge arrester with gapped structures

具有非线性金属氧化物电阻片，与任何内部或外部间隙进行串联和/或并联的避雷器。

2.56

工频放电电压　power frequency sparkover voltage

施加在避雷器两端引起放电的工频电压峰值除以$\sqrt{2}$。

2.57

线路避雷器　line arrester

通常适用于电力线路以降低瞬态雷电冲击时绝缘子闪络危险的一种避雷器。

注：通常不用于保护绝缘子免受其他的暂态过电压，如操作过电压。除线路绝缘子，它也不用于保护其他任何设备。

2.58

冲击保护水平　impulse protective levels

可分为以下三种：

2.58.1

波前保护水平　fast front protective level

陡波冲击电流(I_n)下的残压值或波前冲击放电电压值，两者之间取较高值。

2.58.2

标准雷电冲击保护水平　standard lightning impulse protective level

标称雷电冲击电流(I_n)下的残压值或 1.2/50 雷电冲击放电电压值，两者之间取较高值。

2.58.3

操作冲击保护水平　switching impulse protective level

规定的操作冲击电流下的最大残压值或规定的操作冲击放电电压值，两者之间取较高值。

2.59

串联金属氧化物电阻片柱　main series metal-oxide resistors

电阻片在冲击时承担能量，不应与隔离均压间隙的电阻相混淆。

注：测量参考电压是必要的，它用于在动作负载试验中选择合适的试品。见 6.2。

2.60

串联间隙 series gap

有意设置的空气间隙，间隙电极与一只或多只金属氧化物电阻片相串联，间隙承担全部或部分避雷器端子电压。

2.61

并联间隙 shunt gap

有意设置的空气间隙，间隙电极与一只或多只金属氧化物电阻片并联。

2.62

操作冲击电压 switching voltage impulse

视在波前时间大于 30 μs 的冲击电压。

2.63

瓷外套避雷器 porcelain housed arrester

用瓷作外套封装材料，并带附件和密封系统的避雷器。

2.64

复合外套避雷器 polymer housed arrester

用聚合物和复合材料作外套封装材料，并带附件和密封系统的避雷器。

2.65

定期试验 periodic test

制造厂在特殊情况下或规定的年限内而进行的产品质量监督检验。

2.66

抽样试验 sample test

对产品主要元件，按批次以一定比例抽取试品进行抽样检查以控制产品质量的试验。

2.67

避雷器的泄漏电流 leakage current of an arrester

对带串联间隙避雷器施加规定的直流电压时，流过避雷器的电流。

3 标志和分类

3.1 避雷器标志

避雷器应以下述最少资料永久地标志在避雷器铭牌上：

——持续运行电压；

——额定电压；

——额定频率，仅当不同于标准频率之一时，见 4.2；

——标称放电电流；

——额定短路耐受电流，kA 有效值(用于具有短路耐受额定值的避雷器)；

——制造厂名或商标，避雷器型号与编号；

——元件装配位置的标识(仅限于多元件避雷器)；

——制造年月。

3.2 避雷器分类

避雷器按照其标称放电电流进行分类，并最少应满足表 5 规定的试验和性能的要求。

表 1　避雷器分类

标称放电电流	10 000 A	5 000 A	2 500 A	1 500 A
额定电压/kV(r. m. s)	$3\leqslant U_r\leqslant 52$	$3\leqslant U_r\leqslant 52$	$3\leqslant U_r\leqslant 52$	$2\leqslant U_r\leqslant 52$
使用场所	电站用避雷器	配电用避雷器 电站用避雷器 发电机用避雷器	电动机用避雷器	电机中性点用避雷器
注：表 1 给出通常按使用场所分类的避雷器，供避雷器设计和采购商选型使用。				

4　标准额定值

4.1　标准额定电压

避雷器额定电压标准值/kV(r. m. s.)在规定的电压范围内以相等的电压级差列于表 2。

表 2　额定电压级差

单位为 kV(有效值)

额定电压	额定电压级差
2～30	1
30～52	3
注：其他额定值是可以接受的，但仍要符合本标准。	

4.2　标准额定频率

标准额定频率为 50 Hz 和 60 Hz。

4.3　标称放电电流

标称放电电流为：10 000 A、5 000 A、2 500 A 和 1 500 A。

4.4　运行条件

4.4.1　正常运行条件

符合本标准的避雷器在下述正常运行条件下应能正常运行：

a)　环境大气温度范围在－40 ℃～＋40 ℃之间；

b)　太阳辐射；

注：太阳最大辐射($1.1\ kW/m^2$)的影响已通过型式试验中把试品预热的方法加以考虑。如果在避雷器附近还有其他热源，避雷器的使用需经供需双方协商。

c)　海拔高度不超过 1 000 m；

d)　交流电源的频率不小于 48 Hz，不大于 62 Hz；

e)　长期施加在避雷器端子间的工频电压应不超过避雷器的持续运行电压；

f)　机械条件(在考虑中)；

g)　垂直安装；

h)　风速≤35 m/s；

i) 地震烈度7度及以下地区；

j) 覆冰厚度不大于20 mm。

4.4.2 异常运行条件

避雷器在正常的使用或运行条件以外工作时，可能需要特殊的设计、制造或应用。如要在非正常运行条件下使用本标准，须经供需双方协商。可能的异常运行条件见附录A。

5 技术要求

5.1 避雷器外套的绝缘耐受

避雷器外套的绝缘耐受电压应根据避雷器使用的标称系统电压按GB 311.1中对高压电器外绝缘的规定进行绝缘耐受试验。

GB 311.1中高压电器外绝缘未规定的，按以下要求对避雷器外套进行绝缘耐受试验。

根据7.2进行试验时，避雷器外套应能耐受下述电压：

——雷电耐受电压等于1.3倍避雷器的雷电冲击保护水平；

注：系数1.3包括大气条件的变化及放电电流高于正常值。

——对于户外用避雷器外套应进行湿工频电压耐受试验；对于户内用避雷器外套应进行干工频电压耐受试验。

1 500 A、2 500 A及5 000 A的避雷器外套应耐受1 min工频电压，其电压峰值等于0.88倍雷电冲击保护水平。

10 000 A的避雷器外套应耐受1 min工频电压，其电压峰值等于1.06倍操作冲击保护水平。

5.2 参考电压

每个串联金属氧化物电阻片柱的参考电压应在制造商选定的参考电流下由制造商测量，见7.11。在型式试验报告中，应给出串联金属氧化物电阻片本体比例单元的参考电压最小值。

5.3 冲击保护水平

避雷器冲击保护水平是其最大冲击放电电压值与残压值两者中的最大值，其中最大冲击放电电压通过规定的波形（见7.3.6、7.3.7、7.3.8）的试验来确定，最大的残压值通过规定的波形（见7.3.2、7.3.3、7.3.4）的试验来确定。

5.4 局部放电量

当要求时，避雷器在1.05倍的持续运行电压下的局部放电量应不超过10 pC（见8.1和8.2.1c））。

5.5 密封泄漏

密封有气体介质的避雷器元件应满足8.1的气体泄漏率要求。复合外套避雷器应进行湿气浸入试验，见7.8。

5.6 热稳定性

经供需双方协商，可按8.2.2进行特殊的热稳定试验。

5.7 长持续时间冲击电流耐受

对于10 000 A系列避雷器，应按用户规定的线路放电等级进行线路放电试验（见7.4.2）以验证长持续时间的耐受。

对于 5 000 A、2 500 A 和 1 500 A 系列避雷器，应通过方波电流冲击试验验证长持续时间冲击电流耐受能力，见 7.4.3。

试品满足下列要求即被认为通过了试验：

a) 标称放电电流残压的变化率不大于 5%；

b) 工频放电电压平均值或标准雷电冲击放电电压平均值的变化率不大于 5%；

c) 如果制造商宣称可取出电阻片，那么，试验后观查试品应无击穿、闪络、裂纹，且金属氧化物电阻片和间隙也没有其他明显的损伤。否则，仅对外部零部件做外观检查。为了检查内部零部件的完好性，在试品冷却到室温后再做一次长持续时间冲击电流以验证未发生损坏。如果试品耐受住了第 19 次长持续时间冲击电流而无损坏（用示波器记录检查），则认为试品通过了试验。

5.8 动作负载

避雷器应能耐受运行过程中出现的各种组合的动作负载试验，见 7.5。这些负载不应引起损坏或热崩溃。

对于 1 500 A、2 500 A、5 000 A 和 10 000 A 的线路放电为 1 级避雷器，用大电流冲击动作负载试验验证，见 7.5.3 和表 11。

如果符合以下条件，则避雷器通过试验：

a) 残压变化率不大于 5%；

b) 工频放电电压平均值或标准雷电冲击放电电压平均值的变化率不大于 5%；

c) 如果制造商宣称可取出内部零部件，那么，试验后观察试品应无击穿、闪络、裂纹，且金属氧化物电阻片和间隙也没有其他明显的损伤。否则，仅对外部零部件做外观检查。

d) 在施加 U_r 之后又施加 30 min U_c 的过程中，功率损耗、泄漏电流和温度应是逐渐降低的；

e) 续流的遮断不应超过冲击施加后的 1/2 个周波。在随后的半周内，试品不应有放电。

5.9 避雷器工频电压耐受时间特性

制造厂应提供避雷器在预热到 60 ℃并分别经受大电流或线路放电等级能量动作负载后，允许施加在避雷器的工频电压的持续时间及相应的工频电压值，而不发生损坏或热崩溃的数据。

提供的资料应为工频电压与时间的曲线，包括初始温度，在曲线上应标明施加工频电压前的冲击能量吸收。

注 1：该曲线对于选择避雷器额定电压是必要的。避雷器额定电压由当地系统条件，诸如雷电、操作和暂时过电压决定。

注 2：该曲线也可以计算确定。

注 3：暂时过电压曲线应包括时间范围从 0.1 s～20 min。对于使用在无清除接地故障装置的中性点不接地系统或谐振接地系统，时间应扩大到 24 h。

是否验证工频电压时间曲线由供需双方协商，试验程序按附录 C 的叙述进行。

5.10 短路耐受

当避雷器具有短路耐受能力时，其应能通过 GB 11032—2010 中 8.7 规定的所有短路电流耐受试验。在试验中，间隙结构和电阻片应被熔丝短路，选用无间隙金属氧化物避雷器的试验程序进行该试验。

5.11 脱离器

5.11.1 脱离器耐受

当避雷器装有脱离器或与脱离器相连时，脱离器应耐受下列各项试验而不动作：

——长持续时间电流冲击试验，见 7.6.2.1；

——动作负载试验，见 7.6.2.2。

5.11.2 脱离器动作特性

对中性点有效接地系统，脱离器按照 GB 11032—2010 中 8.6.3 的要求，在 20 A、200 A、800 A 三种工频电流值下，确定脱离器的动作时间。

对中性点非有效接地系统，脱离器按照 GB 11032—2010 中 8.6.3 的要求，在 100 mA、1 A、20 A 三种工频电流值下，确定脱离器的动作时间。

脱离器应有有效的和永久脱离的清晰标志。

5.12 内部和外部均压元件的要求

在研究中。

5.13 工频放电

带间隙避雷器应进行工频放电试验，发生放电时电流应小于 1 A(r.m.s)。避雷器的最小工频放电电压应由制造商规定。

5.14 均压电流

制造商应测量避雷器在额定电压下的均压电流。

5.15 气候老化试验

按照表 13 规定所设计的避雷器，应能通过 GB 11032—2010 中 10.8.14 规定的气候老化试验。

该试验验证避雷器耐受规定气候条件的能力。户内使用的复合外套避雷器不进行该试验。

避雷器应耐受 1 000 h 气候老化试验。经供需双方协议，可进行 5 000 h 气候老化试验。

5.16 避雷器的机械负荷

避雷器应能耐受制造商宣称的弯曲负荷值，在 $2.5(F_1+F_2/2)$ 下述机械负荷共同作用下耐受 10 s 而不损坏，并可靠运行。

5.16.1 避雷器顶端承受导线的最大允许水平拉力 F_1，其值按表 3 规定。

表 3 最大允许水平拉力

避雷器额定电压/kV(r.m.s.)	2～25	42～52
最大允许水平拉力/N	147	294

5.16.2 作用于避雷器上的风压力 F_2(N)应按下式计算：

$$F_2=\frac{v_0}{16}\alpha S\times 9.8$$

式中：

v_0——最大风速，单位为米每秒(m/s)；

S——避雷器的迎风面积(应考虑表面覆冰厚度 20 mm)，单位为平方米(m^2)；

α——空气动力系数，它依风速大小而定。当 $v_0 \leqslant 35$ m/s 时，$\alpha = 0.8$。

经供需双方协商，可以按 GB 11032—2010 附录 M.5 进行风弯矩计算。

5.16.3 避雷器拉伸负荷

当避雷器悬挂使用时，应进行拉伸负荷试验。

避雷器应能耐受制造厂宣称的拉伸负荷值，避雷器的额定拉伸负荷至少为避雷器自重的 15 倍；其他要求供需双方协商。

型式试验时，避雷器应耐受额定拉伸负荷 1 min 试验而不损坏。

例行试验时，避雷器应能耐受 50%的额定拉伸负荷 10 s 试验而不损坏。

5.17 避雷器复合外套外观要求

复合外套表面单个缺陷面积(如缺胶、杂质及凸起等)不应超过 25 mm^2，深度不大于 1 mm，凸起表面与合缝应清理平整，凸起高度不得超过 0.8 mm，粘接缝凸起高度不应超过 1.2 mm，总缺陷面积不应超过复合外套总表面积的 0.2%。

5.18 避雷器的耐污秽性能

避雷器外套的最小公称爬电比距应符合以下要求：

Ⅰ级轻污秽地区　　17 mm/kV；

Ⅱ级中等污秽地区　　20 mm/kV；

Ⅲ级重污秽地区　　25 mm/kV；

Ⅳ级特重污秽地区　　31 mm/kV。

Ⅲ级及以上重污秽地区用避雷器应做污秽试验，污秽等级划分及人工污秽试验方法参见 GB 11032—2010 中 8.13 和 GB/T 20639—2006。

5.19 湿气侵入试验

该试验验证避雷器在承受规定机械应力之后抵御湿气侵入的能力。

热机试验时，避雷器应耐受冷热循环试验，试验时，施加的负荷为额定负荷的 50%。

浸水试验时，避雷器在沸腾的去离子水中煮 42 h，水中 NaCl 的含量为 1 kg/m^3。

注：仅适用于复合外套避雷器。

5.20 避雷器直流泄漏电流要求

避雷器在表 4 规定的直流电压下，泄漏电流应不大于 20 μA。

表 4 避雷器泄漏电流试验时施加的直流电压

避雷器额定电压/kV(r.m.s.)	直流试验电压/kV
3.8	3
7.6	6
12.7	10
42	35
注：其他额定电压等级避雷器施加直流试验电压值按 0.8 倍额定电压取值。	

6 一般试验规程

6.1 测量设备和精度

测量设备应满足 GB/T 16927.2—1997 的要求，所测数值精度应符合有关试验条款要求。

除另有规定外，所有工频电压试验用交流电压频率应限定在 48 Hz～62 Hz 之间，且近似于正弦波。

6.2 参考电压的测量

避雷器金属氧化物电阻片柱的参考电压（见 2.35）应对其比例单元及所要求的元件在参考电流（见 2.34）下进行测量。测量过程中环境温度在 20 ℃±15 K 之内，并应记录这个温度。

注：阻性电流的峰值可能恰好是电压峰值瞬间所对应的电流值，这样的近似是可以接受的。

6.3 试品

除另有规定，全部试验应在相同的避雷器、避雷器比例单元或避雷器元件上进行。试品应是新的、干净的、装配完整的（如有均压环应装配上），并且尽可能模拟运行条件布置。这就意味着在避雷器放电电压试验期间，避雷器应被安装在与通常预期的运行场所距离地面近似相同的高度。（除非有证据显示，更低的高度能给出同样的放电值）。另外，在避雷器旁边应放置接地金属墙，其距离为制造商规定的相对地净距的最小距离。接地墙的高度至少是避雷器长度加上避雷器底座与地面的距离。

当试验在比例单元上进行时，比例单元对于规定的试验必须能代表制造厂公差范围内所有可能的避雷器性能。

选择进行动作负载试验(7.5)的试品，在考虑了制造商宣称的变化范围后，应能代表最重要的设计特性，为此目的，应遵从以下规定：

a) 整只避雷器额定电压与比例单元的额定电压之比定义为 n。试品所用的电阻片的体积应不大于整只避雷器所用的所有电阻片的最小体积除以 n。比例单元的等价热特性应是避雷器中最不利热等价部分的等价热特性。电压梯度应是发生在避雷器所有部分中最大的。

试品的系数 n 将在试验报告中记录。

b) 比例单元的干工频放电电压平均值不得高于整只避雷器最小的工频放电电压平均值除以 n。最小的工频放电电压是由以 U_r 为系列的被试避雷器中的最低放电电压确定。U_r 下均压电流的测量值应是试验中避雷器的最小值。同一试品不必都具备这些特性，除非被试系列避雷器中在某些点上可能证明其在同一时刻具有两者组合的特性。比例单元的间隙数量不应大于整只避雷器间隙的最小数量除以 n，除非试品里的间隙最小数量是一只。如果还不能满足这些要求，间隙的数量由供需双方协商确定。

c) 比例单元的参考电压等于 kU_r/n，其中 k 是避雷器的最小参考电压与其额定电压之比。当所选用试品的 $U_{ref}>kU_r/n$ 时，系数 n 必须相应减小（当 $U_{ref}<kU_r/n$ 时，避雷器可能吸收过多的能量，这种比例单元只有在制造厂同意后方能采用）。

7 型式试验（设计试验）

7.1 总则

新产品投产前应进行型式试验，型式试验按表 5 规定进行。当设计或工艺有所变更对产品性能有影响时，必须对有关项目进行试验。

7.2 避雷器外套的绝缘耐受试验

7.2.1 总则

电压耐受试验是为了验证避雷器外套的外绝缘电压耐受能力。

该试验在一定条件下进行，试验电压按 5.1 的规定且下面有复述。绝缘外套外表面经过仔细清洁，并除去内部部件或让其在试验中不起作用。

7.2.2 避雷器外套的试验

试验时，避雷器外套的外表面应清洁干燥，避雷器内部电阻片及其他元件应除去。具体试验要求及方法应符合 5.1 规定和 GB 311.1、GB/T 16927.1—1997 中的有关规定。

7.2.3 试验时环境大气条件

耐受试验时施加的电压值等于规定的耐受电压乘以考虑空气密度和湿度的校正系数，参见 GB/T 16927.1—1997 中 4.4 规定。

湿试验时不做湿度修正。

7.2.4 湿试验程序

户外避雷器的外绝缘应按 GB/T 16927.1—1997 中 4.5 给出的试验程序进行湿耐受试验。

7.2.5 标准雷电冲击电压试验

避雷器应按 GB/T 16927.1—1997 中规定进行干状态下标准雷电冲击电压试验。

每种极性连续施加 15 次冲击试验电压，如果内部不发生击穿放电，且每 15 次冲击中外部击穿放电不超过 2 次，则认为避雷器通过了该试验。

如果干弧距离或干弧距离之和大于试验电压除以 500 kV/m，则本试验可以免做。

7.2.6 工频电压耐受试验

户外用避雷器外套应在湿条件下进行工频电压试验，户内用避雷器外套应在干条件下进行工频电压试验。并尽可能按实际运行情况安装。

7.3 冲击保护水平试验

冲击保护水平测量的目的是为了得到给定设计类型在所有规定的电流和电压波形下的最大保护水平。

一般试验程序如下：

a) 施加预期的冲击电压波，测量避雷器峰值电压并与适当的残压水平相比较；
b) 当施加这些预期冲击电压得到的最大避雷器电压小于避雷器残压水平时，该波形下的保护水平为避雷器的残压水平；
c) 否则，应进行放电电压试验，并且该波形的保护水平为最大放电电压值。冲击保护水平由波前放电、1.2/50 冲击放电和操作冲击放电等试验确定。

7.3.1 残压试验

型式试验中残压试验的目的是为了获得必要的残压数据以推导出最大残压。这包括在规定冲击电流下电压与在例行试验中所检验的电压水平的比值，后者残压可用标称电流或者在(0.01～2)倍标称放电电流范围内任一适当的雷电冲击电流下残压，该电流值可由制造商在例行试验程序中选择。

在制造商的资料中必须规定并公布例行试验用雷电冲击电流下最大残压值。设计的最大残压值是在所有规定的电流和波形下所测得的比例单元残压试验数据乘以所公布的例行试验电流下最大残压与在相同电流下所测比例单元残压之比。

所有的残压试验应在相同的3只整只避雷器或避雷器比例单元上进行。两次放电的时间间隔应允许试品表面温度返回到与周围环境温差5 ℃以内。

7.3.2 陡波冲击电流残压试验

一种陡波冲击电流，符合2.16定义的规定，其峰值与避雷器标称放电电流(偏差±5%)相等，应施加在3只试品的每一只试品上，并且应记录3只试品的电压峰值。残压值按5.3确定。其中最大值被确定为避雷器陡波冲击电流残压。电压测量回路的部分响应时间T不应超过20 ns(参见GB/T 16927.2—1997中第12章的规定)。避雷器快速波前保护水平取决于陡波冲击电流残压和波前冲击放电电压两者的最高值。

7.3.3 雷电冲击残压试验

一种雷电冲击电流，符合2.17定义的规定，应对3只试品的每一只试品施加3种幅值的雷电冲击电流，其幅值分别约为避雷器标称放电电流的0.5倍、1倍和2倍。视在波前时间在7 μs～9 μs之间，半峰值时间(无严格要求)可有任意偏差。残压值按5.3确定。对确定的残压最大值将绘成残压与放电电流曲线。避雷器的雷电冲击保护水平取决于在该曲线上读取的标称放电电流下的残压值或避雷器雷电冲击放电电压值两者中的最高值。

注：如果一个完整避雷器例行试验无法进行上述电流的任何一项时，则应另外对型式试验试品进行(0.01～0.25)倍标称放电电流范围内试验并同完整避雷器进行比较。

表5 避雷器型式试验项目

序号	试验项目名称		试验依据	试验方法	试品数量	试验要求			
						10 000 A	5 000 A	2 500 A	1 500 A
						电站型避雷器	电站用避雷器 配电用避雷器 发电机用避雷器	电动机用避雷器	电机中性点用避雷器
1	外观检查(仅对复合外套型)		5.17	7.14	3只避雷器	要求	要求	要求	要求
2	爬电比距检查		5.18	7.15	3只避雷器	要求	要求	要求	要求
3	工频放电电压试验		5.13	7.7	3只避雷器	要求	要求	要求	要求
4	放电电压试验 a. 波前冲击放电电压试验; b. 雷电冲击放电电压试验; c. 操作冲击放电电压试验		5.3	7.3	3只避雷器	要求 要求 要求	要求 要求 —	要求 要求 —	要求 要求 —
5	均压电流试验		5.14	7.10	3只避雷器	要求	要求	要求	要求
6	局部放电试验		5.4	8.2.1c)	3只避雷器	要求	要求	要求	要求
7	密封试验		5.5	7.12	3只避雷器	要求	要求	要求	要求
8	参考电压试验		5.2	7.11	3只避雷器本体	要求	要求	要求	要求
9	直流泄漏电流试验		5.20	7.17	3只避雷器	要求	要求	要求	要求
10	残压试验 a. 陡波冲击电流残压试验; b. 雷电冲击残压试验; c. 操作冲击残压试验		5.3	7.3	3只避雷器或比例单元	要求 要求 要求	要求 要求 —	要求 要求 —	要求 要求 —
11	长持续时间冲击电流耐受试验	线路放电	5.7	7.4	3只避雷器或比例单元	要求	—	—	—
		方波冲击	5.7	7.4	3只避雷器或比例单元	—	要求	要求	要求

表 5（续）

序号	试验项目名称	试验依据	试验方法	试品数量	试验要求			
					10 000 A	5 000 A	2 500 A	1 500 A
					电站型避雷器	电站用避雷器 配电用避雷器 发电机用避雷器	电动机用避雷器	电机中性点用避雷器
12	动作负载试验	5.8	7.5	3 只避雷器或比例单元	要求	要求	要求	要求
13	工频电压耐受时间特性试验	5.9	附录 C	3 只避雷器或比例单元	要求	要求	要求	要求
14	外套绝缘耐受试验	5.1	7.2	额定电压 42 kV 及以上避雷器外套 1 只，其余 3 只	要求	要求	要求	要求
15	机械负荷试验	5.16	7.13	额定电压 42 kV 及以上避雷器 1 只，其余 3 只	要求			
16	短路电流试验 a. 额定短路电流试验； b. 小短路电流试验	5.10	7.16	3 只避雷器(或元件) 1 只避雷器(或元件)	要求 要求	要求 要求	— —	要求 要求
17	脱离器试验	5.11	7.6	按要求	当避雷器带有脱离器要求时			
18	湿气侵入试验(仅对复合外套型)	5.19	7.8	1 只避雷器	要求	要求	要求	要求
19	气候老化试验(仅对复合外套型)	5.15	7.9	2 只避雷器或电器元件	要求	要求	要求	要求
20	人工污秽试验	5.18	7.18	1 只避雷器	Ⅲ级以上重污秽地区使用的产品要求			

注：序号 1～9 项试验为同一试品，其余各项均为新试品。

7.3.4 操作冲击残压试验

一种操作冲击电流，符合2.32定义的规定，按表6中规定的幅值对3只试品中的每一只试品施加操作冲击电流，其峰值按表6的规定，且偏差在±5%之内。残压值按5.3确定。在3个电压中最大值被确定为避雷器操作冲击电流残压。避雷器操作冲击保护水平取决于按上述规定所做的操作冲击残压和避雷器操作冲击放电电压值的最大者。

表6 操作冲击残压试验的电流峰值

避雷器类型	电流峰值/A
10 000 A，1级线路放电	125和500

7.3.5 放电电压试验

放电电压试验应对每一额定电压的3只完整的避雷器试品进行。设计相同而额定电压与试品相差在±20%以内（或3 kV，取较大者）的其他额定电压的产品的特性由额定电压比例调整电压水平而确定。由于间隙放电与温度有关，因此试验应在20 ℃～25 ℃进行，并且另一项试验在升高的温度下进行（最好40 ℃～50 ℃），如果在结果之间有差异，两结果中的较高者用于随后试验和比较。

7.3.6 波前保护水平

本试验确定避雷器的波前雷电冲击是否超出它的陡波冲击电流残压。

7.3.6.1 波前冲击放电试验要求

本试验用正极性和负极性冲击进行，试验波形的预期幅值至少是避雷器陡波冲击电流残压值的1.2倍。每种极性的放电最少测量5次。试验波前的标称上升速率对每千伏避雷器额定电压为8.33 kV/μs。

把5次正极性和5次负极性冲击所记录的最大电压与陡波冲击电流残压进行比较。如果陡波冲击电流残压大于上述冲击试验所测量的电压值，则陡波冲击电流残压作为波前保护水平，并不需用该波形做进一步的试验。如果冲击试验所测量的电压大于陡波冲击电流残压，则应按7.3.6.2确定波前保护水平。

7.3.6.2 波前冲击放电试验

试验使用正极性和负极性冲击。试验波形的预期电压峰值应高到足以使避雷器放电发生在电压达到试验波形峰值的90%之前。记录每种极性下最少5次放电电压值，记录中最高的峰值作为被试避雷器的最大波前放电电压值予以报告，并且作为波前保护水平。试验波的标称上升速率应与7.3.6.1描述的相同。

7.3.7 标准雷电冲击保护水平试验

本试验主要确定避雷器标准雷电冲击放电电压是否超过表5中所示的8/20冲击标称放电电流的残压值。

7.3.7.1 标准雷电冲击放电试验要求

本试验采用不少于5次正极性和5次负极性波形，最小预期幅值为表5所示的避雷器标称放电电流下的残压值乘以1.2倍，记录下5次正极性和5次负极性下标准雷电冲击电压值，其中最大值与表5

所示的标称放电电流下残压值进行比较。如果标称放电电流下残压值大于较前所述的标准雷电冲击放电电压测量值，则标称放电电流下残压值作为标准雷电冲击保护水平并且不再进一步用这个波形进行试验。如果标准雷电冲击电压测量值大于标称放电电流下残压值，则按7.3.7.2进行标准雷电冲击放电电压试验，以确定标准冲击保护水平。

7.3.7.2 标准雷电冲击放电试验

本试验的目的是确定放电时间大于3 μs避雷器能耐受而不放电的最大标准雷电冲击电压。

对于每种极性，试验过程如下：

a) 按照下面注释所描述的方法确定发生器基本充电电压V_G，并记录为建立V_G所进行的20次冲击的每次放电的电压峰值和时间(放电发生的时刻)。

注：建立V_G的过程如下：首先施加冲击预期电压峰值要比避雷器的预期放电电压低一些，随后的冲击要将发生器的充电电压按约5%的步幅升高直到放电发生，然后施加20次冲击系列，每次放电后按5%减少预期电压峰值，每次耐受(未放电)后按5%增加预期电压峰值，V_G是20次冲击系列所得的发生器充电电压的平均值。

b) 用发生器充电电压不大于1.05 V_G的冲击电压施加5次，并记录电压峰值和放电时间。如果5次冲击的每一次都不在视在原点之后的3 μs以内放电，以不大于0.05 V_G的增幅升高发生器充电电压，直到5次冲击的每一次放电都发生在视在原点之后的3.0 μs以内。冲击发生器充电电压不变，施加连续5次冲击得到5次放电，任意极性较高的电压峰值应确定为避雷器的标准雷电冲击保护水平。

7.3.8 操作冲击保护水平试验

该试验系列用来确定特定的避雷器的操作冲击放电电压是否超出表6所列的分类电流下的操作冲击残压。

7.3.8.1 操作冲击放电试验要求

每种波形的操作冲击放电电压幅值是按表5所规定的操作冲击电流下避雷器残压值的1.2倍之中的最小值。试验包括施加不少于5次正极性和5次负极性波形，每次冲击预期冲击电压的视在波前时间如下：

——30 μs～60 μs；

——150 μs～300 μs；

——1 000 μs～2 000 μs。

波尾半峰值时间应大于视在波前时间，准确值不是很重要。

把每一种操作冲击波形的5次正极性和5次负极性冲击的最大电压与操作冲击残压进行比较，如果操作冲击残压值大于前面的规定的操作冲击放电电压测量值，操作冲击分类电流下的残压便作为操作冲击保护水平并且不需进行进一步的试验。如果任一操作冲击试验的电压测量值大于分类电流下残压值，则按7.3.8.2仅在该波形下或被证明操作冲击电压更高的波形下进行放电电压试验。

7.3.8.2 操作冲击放电电压-时间特性

放电试验将采用以下试验波形(但不必按给出的顺序)，视在波前时间为：

——30 μs～60 μs；

——150 μs～300 μs；

——1 000 μs～2 000 μs。

波尾半峰值时间应大致是视在波前时间的两倍，但准确值不是很重要。

对每种极性，要在含避雷器的试验回路上检查试验电压的波形，5次试验至少有一次避雷器不放电。

对于每种波形和极性,试验程序如下:

a) 按照7.3.7.2描述的方法确定发生器基本充电电压 V_G,并记录为建立 V_G 所进行的20次冲击的每次放电的电压峰值和时间(放电发生的部位)。

b) 发生器充电电压为1.2倍 V_G 时,施加10次冲击,并记录电压峰值和放电时间。

c) 发生器充电电压为1.4倍 V_G 时,施加10次冲击,并记录电压峰值和放电时间。

试验中所记录的放电时间大于30 μs的最大的电压峰值被认为是被试避雷器的最大操作冲击放电电压,并作为操作冲击保护水平。

7.4 长持续时间冲击电流耐受试验

7.4.1 总则

试验前,为了评估的目的应测量每个试品的标称放电电流下的雷电冲击残压和干工频放电电压平均值或标准雷电冲击放电电压平均值。

每个长持续时间冲击电流耐受试验应按6.3和7.1,在3只新的完整避雷器、避雷器比例单元、电阻片或带间隙的电阻片上进行,且试品之前除了上述特定的为了评估的目的而做的试验之外未经任何别的试验。非线性金属氧化物电阻片和间隙在试验期间可以敞开放置在静止空气温度为20 ℃±15 K的空气中。如果避雷器额定电压不小于3 kV,试品的额定电压至少为3 kV,但也不必超过6 kV。若避雷器的脱离器与所研究的避雷器设计成一体时,这些试验应按运行条件带脱离器进行,见7.6。

每个长持续时间冲击电流试验包含18次放电动作,每三次一组,共分成6组。在每两次放电之间间隔50 s～60 s,每组之间应使试品冷却至与环境温度相差5 ℃以内。

长持续时间冲击电流试验后,在试品冷却至接近环境温度时,则试品被认为通过了试验。如果:

a) 残压变化率不大于5%;

b) 工频放电电压平均值或标准雷电冲击放电平均值变化率不大于±5%;

c) 假如制造商声称可将内部元件取出,试验后观察试品应无击穿、闪络、裂纹,且金属氧化物电阻片和间隙零部件也无其他显著的损伤。否则,仅对外部零部件进行检查。试验前与试验后的残压示波图应作为内部损伤与否的证据加以比较。

7.4.2 10 000 A避雷器线路放电试验要求

该试验是对试品施加电流冲击,以模拟预先充好电的线路通过它而放电,表7的参数对线路加以规定。

表7　线路放电试验参数(10 000 A避雷器)

避雷器分类 A	线路放电等级	线路波阻抗 Z Ω	峰值视在持续时间 T μs	充电电压 U_L kV(d.c.)
10 000	1	4.9 U_r[a]	2 000	3.2 U_r
[a] U_r 是试品的额定电压,kV(r.m.s.)。				

注入试品的能量 W 取决于表7中的参数,由下式表达:

$$W = U_{res} \times (U_L - U_{res}) \times 1/Z \times T$$

式中 U_{res} 是3只试品中按表6规定的低电流下的操作冲击残压测量值的最低值。

试验可在满足下列要求的任一冲击发生器上进行:

a) 冲击电流峰值的视在持续时间在表7规定值的100%至120%之间;

b) 冲击电流的视在总持续时间不超过峰值视在持续时间的150%;

c) 振荡或起始过冲应不超过电流峰值的10%。若有振荡发生，应画一条平均曲线以确定峰值；

d) 每只被试试品每次冲击承受的能量规定为：第1次冲击应为上述计算值的90%～110%，其余各次冲击应为计算值的100%～110%。

电流发生器应在电流过零后在冲击电流的视在总持续时间的1倍至2倍间与试品断开。

在GB 11032—2010附录I中描绘了一种适用的试验回路的例子。

7.4.3 5 000 A、2 500 A和1 500 A避雷器长持续时间冲击电流的要求

本试验所用发生器产生的冲击电流应满足下列要求：

a) 峰值视在持续时间应为表7规定值的100%～120%；

b) 视在总持续时间应不超过峰值视在持续时间的150%；

c) 振荡或起始过冲应不超过电流峰值的10%，若有振荡发生，应画一条平均曲线以确定峰值；

d) 第1次冲击的电流峰值应为表8规定值的90%～110%，对其余各次冲击应为规定值的100%～110%。

表8 避雷器长持续时间冲击电流(方波冲击电流)试验要求

避雷器等级	避雷器适用场合	避雷器额定电压 kV(r.m.s.)	电流冲击 2 000 μs方波电流 A(峰值)
5 000 A	电站用避雷器	3.8～42	150
	配电用避雷器	3.8～12.7	75
	发电机用避雷器	3.8～12.7	400
2 500 A	电动机用避雷器	3.8～12.7	200
1 500 A	电机中性点用避雷器	2.3～7.6	200

7.5 动作负载试验

7.5.1 总则

如5.8所述，这个试验是对避雷器施加规定次数的规定冲击，并同时施加规定的电压和频率的工频电源以模拟运行条件。按GB 11032—2010的规定，电压的测量精度应为1%，并且要求电压峰值从空载到满载的变化不允许大于1%，电压峰值与有效值之比与$\sqrt{2}$的偏差不大于2%，在动作负载试验期间，工频电压与规定值的偏差应不大于1%。

注1：如制造商同意，可以用更高的电压以保证对最低电压的要求。

选择电源的阻抗使续流通过时避雷器端部工频电压峰值的测量值不至于降低到小于规定试验电压的峰值。

通过这项试验的主要要求是，避雷器在施加工频电压时能够逐渐冷却，即不出现热崩溃，并且，间隙在承受了雷电冲击电流及开关操作引起的电流冲击之后能够恢复正常。因此，要求被试避雷器比例单元的暂态及稳态热耗散能力等于或小于整只避雷器的热耗散能力，见7.5.3.3。

试验顺序包括：

——初始测量；

——预备性试验；

——施加冲击；

——测量和检查。

该顺序见表 12 说明。

试验在 3 只试品上进行，热等价特性与 6.2、6.3 和 7.1 的最长的避雷器元件的最不利者相当，环境温度 20 ℃±15 K。试品的额定电压不小于 3 kV，但不必超过 12 kV。若避雷器的脱离器与避雷器设计成一体时，该试验必须按运行条件带脱离器进行，见 7.6。

对于额定电压 12 kV 以上的避雷器，由于现有试验设备的限制，通常需要在避雷器比例单元上进行，重要的是施加在试品上的电压和通过试品的工频电流应尽可能代表整只避雷器的条件。

避雷器成功地通过动作负载试验的关键参数是电阻片的功率损耗和间隙切断续流的能力。因此动作负载试验应在新的电阻片和间隙的组件上进行，并升高试验电压 U_c^* 和 U_r^*，以使新的电阻片和间隙的组件在 U_c^* 和 U_r^* 给出的功率损耗相同于已老化的电阻片和间隙分别在持续运行电压和额定电压下的功率损耗。升高的试验电压按 7.5.2.2 中规定的加速老化试验程序确定。

施加在试验避雷器比例单元上的工频试验电压应为整只避雷器的持续运行电压(定义 2.9)和额定电压(定义 2.8)除以等同避雷器比例单元的总数 n，见 6.3。这些电压，U_{sc} 等于 U_c/n，U_{sr} 等于 U_r/n，应按照 7.5.2.2 修正为升高的试验电压 U_c^* 和 U_r^*。

注 2：表 12 和表 14 规定的预热温度 60 ℃±3 K 是加权平均温度，它包括了环境温度、太阳辐射和避雷器外套污秽的影响。

7.5.2 加速老化程序

本试验程序用以确定在动作负载试验中所使用的电压值 U_c^* 和 U_r^*(见表 12)，这使随后的试验允许在新的电阻片和间隙的组件上进行。表 9 规定了各种避雷器设计类型必须依照的试验。

表 9 避雷器设计和老化试验要求

避雷器设计类型			试 验
外套材料	间隙位置	有否均压元件	内部零件的加速老化试验
瓷外套	内部	有	7.5.2
瓷外套	内部	无	不要求
复合外套	内部	有	7.5.2
复合外套	内部	无	不要求

7.5.2.1 试验程序

用测量装置测量在 40 ℃时电阻片和间隙组件上的电压 U_{ct} 的电压分布，或者，使单个组件通过的电流峰值与整个组件在 U_c 下所测量的相同，测量其电压来确定电压分布。

电压表的阻抗应足够高，不至于影响电压分布的测量，在电阻片和间隙组件上的 U_{ct} 值应被调整到可反映按上述电压分布试验确定的元件上的真实电压。

3 只电阻片和间隙的组件试品所施加的电压等于已校正的最大持续运行电压 U_{ct}，时间 1 000 h，期间应控制电阻片和间隙组件的表面温度在 115 ℃±4 K，所有与电阻片直接接触的材料(固体或液体)，对于老化试验而言，应代表整只避雷器的相同设计。

在加速老化试验期间，电阻片和间隙的组件的周围介质应与避雷器内所用的一样，在这种情况下，老化试验应在处于封闭容器内的一组电阻片和间隙的组件上进行，容器的体积应至少是电阻片和间隙组件体积的 2 倍，并且容器内介质密度不能低于避雷器中介质密度。

注 1：如果制造商能够证明在敞开的空气中进行该试验等价于在实际介质中进行的试验，则老化试验可以在敞开空气中进行。

注 2：在避雷器的正常寿命期间，包括内部间隙放电的影响在内，避雷器电阻片周围的介质可能会发生变化，适合于这种变化的试验程序正在考虑中。

注 3：用于该试验程序中的相应的电压是校正后的最大持续运行电压 U_{ct}，该电压包括电压分布不均匀的影响，由避雷器内的电阻片承担，应由下式确定：

$$U_{ct}=U_c(1+1.15L)$$

其中：L 为避雷器总高度，单位为 m。

如果制造商要求低于上式值时，必须由电压分布测量和计算来证实。或者，若已通过测量或计算确定了多元件避雷器中每个元件的电压分布，则在电压分布最大的元件上使用该公式。

注 4：当使用不同于上述公式的程序时，确定电压分布所选用的程序细节需经供需双方协商，并要考虑避雷器在运行中可能的安装布置。

上述老化试验程序应在 3 只典型的电阻片与间隙的组件上进行，试品的参考电压应满足 6.3 的要求，工频电压应满足动作负载试验所述的要求，见 7.5.1。

7.5.2.2 升高的额定电压和持续运行电压的确定

3 只试品应加热到 115 ℃±4 K，在施加电压后 1 h～2 h 之间测量在 U_{ct} 电压下整只试品的功率损耗 P_{1ct}。在第一次测量 P_{1ct} 后，每隔 100 h 测量一次整只试品的功率损耗，最终，老化试验 1 000 h(0 h+100 h)之后，在相同条件下测量整只试品的功率损耗 P_{2ct}。在试验期间试品偶然断电总时间不超过24 h是可以允许的，断电时间在试验中不予计算。最后的测量应在持续通电不少于 100 h 以后进行。在允许的温度范围内，所有测量应在相同的温度±1 K 进行。至少每隔 100 h 的测量值之中的最小功率损耗值称作 P_{3ct}。

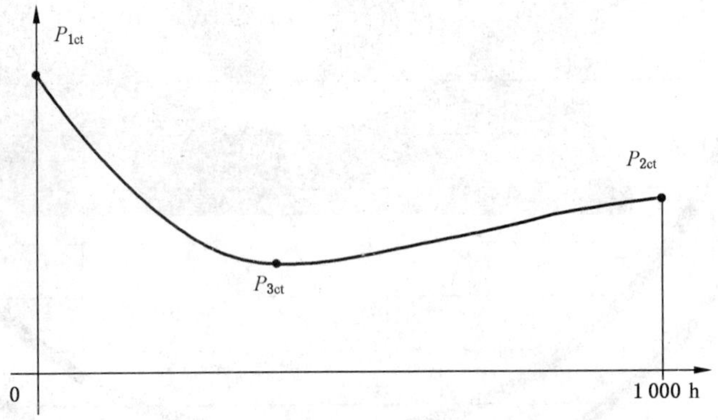

图 1 避雷器在温度升高下的功率损耗和时间的关系

——如果 P_{2ct} 等于或小于 1.1 倍 P_{3ct}，则试验应按 7.5.3.2 在新试品上进行；

——如果 P_{2ct} 等于或小于 P_{1ct}，则可不加任何修正地使用 U_{sc} 和 U_{sr}；

——如果 P_{2ct} 大于 P_{1ct}，则应对每个试品确定比值 P_{2ct}/P_{1ct}。

在这 3 个比值中最高的称为 K_{ct}，在环境温度下对 3 只新试品分别测量在 U_{sc} 和 U_{sr} 下的功率损耗 P_{1c} 和 P_{1r}，然后，提高电压，使相应的功率损耗 P_{2c} 和 P_{2r} 满足下列关系：

$$P_{2c}/P_{1c}=K_{ct} \qquad P_{2r}/P_{1r}=K_{ct}$$

U_c^* 和 U_r^* 为该 3 个提高了的电压中的最高者。

另一种选择，老化过的试品在供需双方协商同意后也可用于试验。

——如果 P_{2ct} 大于 1.1 倍 P_{3ct}，则老化过的试品用于 7.5.3.2 的试验。也可用校正值 U_c^* 和 U_r^* 在新试品上试验，但只允许在供需双方协商同意后才能进行，并且假定 P_{2ct} 大于或等于 P_{1ct}。根据定义，老化过的电阻片是指电阻片经过了 7.5.2.1 的试验程序。

表 10 确定升高的额定电压和持续运行电压

测得的功率损耗	动作负载试验的试品和试验电压
$P_{2ct} \leqslant 1.1P_{3ct}$ 并且 $P_{2ct} \leqslant P_{1ct}$	新试品，在 $U_{sc}{}^{*}$ 和 $U_{sr}{}^{*}$ 下
$P_{2ct} \leqslant 1.1P_{3ct}$ 并且 $P_{2ct} > P_{1ct}$	新试品，在 $U_{sc}{}^{*}$ 和 $U_{sr}{}^{*}$ 下
$P_{2ct} > 1.1P_{3ct}$ 并且 $P_{2ct} < P_{1ct}$	老化过试品，在 U_{sc} 和 U_{sr} 下
$P_{2ct} > 1.1P_{3ct}$ 并且 $P_{2ct} \geqslant P_{1ct}$	在 U_{sc} 和 U_{sr} 下老化过的试品（或在 $U_{sc}{}^{*}$ 和 $U_{sr}{}^{*}$ 下的新试品，须供需双方协商同意后）

在用老化过的试品进行动作负载试验的情况下，推荐老化试验后和动作负载试验开始之间的时间间隔应在 24 h 以内。

注：现场中电阻片与间隙周围介质的可能变化，在最后一种情况下，能使功率损耗显著增大。

测量时间应足够短，以避免因加热而使功率损耗增加。

7.5.2.3 避雷器比例单元要求

本条规定了一个避雷器比例单元的热模型，当要求热等价时应遵循：

a） 模型在电性能和热性能上应能代表避雷器中最长元件的最不利的部分。

b） 外套应满足下列要求：

1） 材料应与避雷器外套相同；

2） 内径与避雷器内径相同（±5%）；

3） 外套总重量应不大于被模拟避雷器比例单元外套重量平均值的 10%；

4） 外套应足够长，以封装避雷器的比例单元，且两端的热绝缘总量应调整到能满足附录 B 中所规定的热要求。

c） 试品内用于电气连接的导线直径尺寸不大于 3 mm 铜线。

7.5.3 大电流冲击动作负载试验

本试验适用于 1 500 A、2 500 A、5 000 A 和 10 000 A 线路放电等级为 1 级的避雷器。

完整的试验顺序如表 12 中所述。

在进行预备性试验之前，如同动作负载试验的第一部分，要在环境温度下测量 3 只试品的每一只（电阻片和间隙的组件）标称放电电流下的雷电冲击残压值，干工频放电电压平均值和标准雷电冲击放电电压平均值，见 7.3。

7.5.3.1 预备性试验

试品应经受包含 20 次按 2.17 定义的 8/20 雷电冲击电流的预备性试验，并且冲击电流的峰值等于避雷器标称放电电流。施加冲击时，试品上应施加 $U_r{}^{*}$ 工频电压值。20 次冲击分为四组，每组 5 次冲击，两次冲击间隔时间 50 s～60 s，两组之间间隔为 25 min～30 min。在两组冲击间试品不需要施加工频电压。冲击电流极性应与施加此冲击时的工频电压半波极性相同，并且施加冲击的时刻对续流而言应最苛刻。第一次冲击应在工频电压峰值前 60°±15°内进行。之后，以约 10°步幅向电压峰值处延时。对其余各组的冲击，按照第一组调节出的相对续流而言最苛刻的整定时间进行试验。

注：这种调时方式是为了找到最苛刻的时刻。如果上述方法不能产生效果，则将延时步幅减小为 5°。

施加冲击后续流应在不迟于半周期结束前切断。试品在随后的任何半周内没有进一步放电。

如果内部部件不直接与固体材料相接触，预备性试验可以在静止空气温度为 20 ℃±15 K 的敞开空气中对电阻片和间隙元件进行。在其他情况下，预备性试验应在静止空气温度 20 ℃±15 K 下对比例单元进行。冲击电流峰值的测量值应在规定峰值的 90%～110%之间。在预备性试验之后，电阻片和间隙应予贮存以备进行动作负载试验时使用，见表 12。

7.5.3.2 施加冲击

在动作负载试验刚开始时，完整的比例单元温度为 20 ℃±15 K。

比例单元经受峰值和波形如表 11 规定的 2 次大电流冲击。

表 11 大电流冲击要求

避雷器分类 A	电流峰值(4/10) kA
10 000	100
5 000	65
2 500	25
1 500	10

两次冲击之间的比例单元应在烘箱内预热，使得在第 2 次冲击时试品的温度为 60 ℃±3 K，试验时的环境温度为 20 ℃±15 K。

如果由于严重污秽或非正常运行条件认为必须用更高的温度时，经供需双方协商试验可使用更高的温度。

设备调整的容许偏差应使冲击电流的测量值在下列的限度内：

a) 规定峰值的 90%～110%；

b) 视在波前时间 3.5 μs～4.5 μs；

c) 波尾半峰值视在时间 9 μs～11 μs；

d) 任何反极性电流波峰值应该小于 20%冲击电流峰值；

e) 允许冲击波上有小振荡，但其峰值应小于峰值的 5%，在这种情况下，为了测量，可用一条平均曲线确定峰值。

预备性试验和随后的大电流冲击应施加相同的极性。

GB 11032—2010 附录 H 叙述了可供使用的典型试验回路。

在最后一次大电流冲击后，应尽可能快且不超过 100 ms 内向试品施加 10 s 升高的额定电压 U_r^*，再接着施加 30 min 升高的持续电压 U_c^*（见 7.5.2.2），以证明热稳定或热崩溃。

注 1：正在研究是否在第二次冲击期间给试品加电以说明间隙能够在这种情况下成功切断电流。

在施加冲击后不迟于半周波内应切断续流，试品在随后的任何半周内不再进一步放电。

每一次冲击都应对电流和电压进行记录，并且同一电阻片的电流记录应无表示击穿或闪络的差异。

在施加升高的持续运行电压 U_c^* 期间，应连续记录该工频电压下的电流值。

在施加工频电压期间，应监视电阻片温度或电流阻性分量或功率损耗，以证明热稳定或热崩溃，见 7.5.3.3。

注 2：当试验资源不具备在工频电压下按表 11 叠加大电流冲击时，可采用另一种试验步骤。首先，用一个单独的试验确定大电流冲击注入试品的能量。为了验证设计的绝缘耐受，该试验必须在具有真实避雷器模型外套的电阻片和串联间隙上进行。所选则的电流冲击，其幅值至少是表 11 标称放电电流峰值的 2 倍，其持续时间足够长以使试品承受的能量等同于大电流冲击的能量。然后，在大电流动作负载试验中用该电流去替代表 11 所给定的电流。

在完成了试验程序之后，试品冷却到接近环境温度后，按 5.8 的规定进行评估。

7.5.3.3 动作负载试验热稳定评价

避雷器比例单元在动作负载程序中，至少在施加 U_c^* 的最后 15 min 期间内，如果泄漏电流的阻性分量峰值或功率损耗及电阻片温度稳定地降低，则认为是热稳定的，并且通过了该试验。

施加电压的稳定性和环境温度的变化对泄漏电流阻性分量的峰值具有强烈影响，因此，在某些情况下，当施加电压 U_c^* 结束时，仍不能明确地判断避雷器是否热稳定。如果出现这种情况，U_c^* 电压的施加时间应延长，直到能够清楚地确认电流或功率损耗及温度在稳定降低为止。如果在施加电压 3 h 后，电流或功耗及温度未观察到明显增加的趋势，则认为比例单元是稳定的。

表 12 大电流动作负载试验程序(见 7.5.3)

10 000 A，线路放电等级 1 级，5 000 A、2 500 A 和 1 500 A 避雷器	
初始测量	8/20，I_n 下残压和工频或雷电冲击放电电压见 7.5.3
	时间间隔不作规定
预备性试验	预备性试验，在 U_r^* 工频电压下施加 20 次，分为 4 组，每组 5 次冲击，见 7.5.3.1
	时间间隔不作规定，20 ℃±15 K
大电流试验	4/10 大电流冲击， 预热到 60 ℃±3 K 4/10 大电流冲击， 见 7.5.3.2
	时间间隔尽可能短，不超过 100 ms
	升高的额定电压 U_r^*，10 s
	升高的持续运行电压 U_c^*，30 min
	冷却到环境温度 20 ℃±15 K
测量和检查	8/20，I_n 下残压和工频或雷电冲击放电电压见 7.5.3
	外观检查

7.6 避雷器脱离器试验

7.6.1 总则

如 5.11 所述，该试验应在装有避雷器脱离器的避雷器上进行。设计的脱离器在正常安装位置时不至于受到避雷器邻近零件发热的影响时，可对脱离器装置单独进行试验。

试品应按制造商推荐的方法安装，连接线须采用推荐的最大尺寸和刚性以及推荐的最短长度。在没有推荐时，导线应为冷拔裸铜线，直径约为 5 mm，长度约 30 cm，安装时能使得脱离器在动作时自由移动。

7.6.2 电流冲击和动作负载耐受试验

如 7.4 和 7.5 所述，对于内装式脱离器，试验应与避雷器试验同时进行。如果脱离器设计成避雷器的附件或者作为附件插接在导线与/或地线上，试验可单独进行或与避雷器试品同时进行。脱离器对下述每项试验应能耐受而不发生动作。每项试验均使用 3 只新试品。

7.6.2.1 长持续时间冲击电流试验

试验应按7.4进行，试验电流峰值应是脱离器设计所能配用最高等级的避雷器，见表7和表8。

7.6.2.2 动作负载试验

试验应按7.5进行。脱离器试品与避雷器比例单元试品串联，其中被试避雷器比例单元是设计使用脱离器的各种避雷器中参考电流最大的那种设计。

7.6.3 脱离器动作

7.6.3.1 时间-电流曲线试验

时间-电流曲线的数据应按7.6.1要求的试品上流过三种不同的对称起始电流水平得出。对中性点有效接地系统电流为20 A、200 A和800 A工频电流有效值±10%，对中性点非有效接地系统电流为100 mA、1 A和20 A工频电流有效值±10%。

对于受所连接避雷器内部发热影响的脱离器试验，应将非线性电阻片和间隙结构用直径0.08 mm～0.13 mm的裸铜线旁路，以引发内部电弧。

对于不受所连接避雷器动作影响的脱离器试验，如果避雷器是被用来安装脱离器的，则应将非线性电阻片和间隙结构用尺寸足够大的导线旁路或代替，以确保导线在试验时不会熔断。

试验电压可以是任何适当值，只要足以维持全电流以电弧形式流过避雷器元件，并且足以引起和保持脱离器赖以动作的任何间隙的燃弧。但试验电压不应大于设计带有脱离器的避雷器最低的额定电压。

首先应调整试验回路的参数，试品用阻抗可忽略不计的导线短路，以产生所需要的电流值。合闸开关应整定在电压峰值附近的几个电气角度内接通回路，以产生近似对称电流。可以设置分闸开关，以备调整流过试品的电流时间，当持续时间不需要准确控制时，分闸开关可省去。试验回路参数调整好后，短路试品的导线即可拆除。

电流值应保持在所要求的数值，直到脱离器发生动作为止。对三种电流数值中的每一种，至少应试验5只新试品。

对于所有被试试品，应以流过试品的电流有效值和对应的脱离器开始脱离的时间绘制成曲线。脱离器的时间-电流特性曲线是由以最大脱离时间的各点画成的光滑曲线构成。

对于具有明显的动作时延的脱离器，在做时间-电流曲线试验时应控制电流流经试品的时间，以确定3种电流值中的每一种电流下都能导致使脱离器成功动作的最小持续时间。时间-电流上所采用的点，在5次正式试验中，必须每次都能成功动作。如果5次正式试验中仅有1次未成功动作，允许用同样电流值及持续时间再加试5次试验，并应成功动作。

7.6.3.2 脱离器性能评价

该装置应能给出有效和永久脱离的明显证据。如果装置对此不能明确的表示，则对脱离器施加等于1.2倍设计带有脱离器的避雷器的最高额定电压的工频电压1 min，流过脱离器的电流不应超过1 mA (r. m. s.)。

7.7 工频放电电压试验

干和湿试验在每种额定电压的3只整只避雷器上进行测试。对设计相同而额定电压在±20%(或3 kV，两者中较大者)的其他额定电压等级的避雷器放电特性，可以通过按额定电压的比例来调节放电电压水平。施加在避雷器上的电压应在很低的电压下接通以避免避雷器因操作过电压而放电，并且迅速以均匀速率升高这个电压，直到串联间隙发生放电。超出避雷器额定电压的持续时间应在 2 s～5 s 之间，因为当试验避雷器采用均压电阻时，电阻可能由于施加的电压超过额定电压的时间太长而过热损坏。放电之后，试验电压应尽可能地迅速断开，最好采用自动切除，并在任何情况下都小于 0.5 s。

装有高导电性非线性均压电阻的避雷器成为回路的负载将产生谐波，试验回路应具有足够低的阻抗，以保持加于试品电压的波形在 GB/T 16927.1—1997 中的第 6 章和 GB/T 16927.2—1997 中的第 8 章所规定的范围内。

电压施加应不少于 5 次，在连续施加过程中每次时间间隔约 10 s。

工频放电电压为 5 次试验放电电压的平均值，做为其他型式试验的前后对比之用。

7.8 湿气浸入试验

试验方法应按照 GB 11032—2010 中 10.8.13 的规定，并增加下面的合格性要求：

——工频放电电压平均值或标准雷电冲击放电电压的平均值变化率不大于±5%。

7.9 气候老化试验

表 13 规定的避雷器设计类型应通过 GB 11032—2010 中 10.8.14 规定的气候老化试验。

表 13 气候老化试验选择

避雷器设计类型		试 验	
外套材料	间隙位置	有无均压元件	气候老化试验
瓷外套	内部	有	不要求
瓷外套	内部	无	不要求
复合外套	内部	有	7.9
复合外套	内部	无	7.9

试验的方法应按照 GB 11032—2010 中 10.8.14 的规定，并增加下面的合格性要求：

——工频放电电压平均值或标准雷电冲击放电电压平均值变化率不大于±5%。

7.10 均压电流试验

型式试验应在整只避雷器上进行，对试品施加额定电压，测量通过试品的均压电流。如果在避雷器的元件上进行时，所施加的额定电压按整只避雷器的额定电压与元件额定电压的比例计算。

试验环境温度为 20 ℃±15 K。

7.11 参考电压试验

参考电压分为工频参考电压和直流参考电压。

7.11.1 直流参考电压试验

对避雷器（或避雷器元件）串联的金属氧化物电阻片柱施加一直流电压，当通过试品的电流等于直流参考电流时，测出试品上的直流电压值。如参考电压与极性有关时，取低值。

直流电压脉动部分应不超过±1.5%。

试验环境温度为 20 ℃±15 K。

7.11.2 工频参考电压试验

对避雷器（或避雷器元件）施加工频电压，当通过试品的阻性电流等于工频参考电流时，测出试品上的工频电压峰值。参考电压等于该工频电压峰值除以$\sqrt{2}$，如参考电压与极性有关时，取低值。试验环境温度为20 ℃±15 K。

注：可近似认为，试验电压峰值处对应的全电流瞬时值为阻性电流分量的峰值。

7.12 密封试验

试验方法应按照GB 11032—2010中8.11和10.8.11的规定，并增加下面的合格性要求：

——工频放电电压平均值变化率不大于±5%。

7.13 机械负荷试验

试验方法应按照GB 11032—2010中8.9和10.8.15的规定，具体的试验方法应符合GB/T 775.3—2006中第4章和第5章的规定，并增加下面的合格性要求：

——工频放电电压平均值变化率不大于±5%。

7.14 外观检查

检查复合外套表面的缺陷（如缺胶、杂质、凸起等），缺陷面积应符合5.17规定。

7.15 爬电比距检查

避雷器绝缘部分爬电距离的测量应符合GB/T 775.1—2006中4.2的规定。

爬电比距＝爬电距离/系统最高电压

7.16 短路电流试验

试验方法应按照GB 11032—2010中8.7的规定。

7.17 直流泄漏电流试验

在避雷器两端施加规定的直流电压，测取通过避雷器的直流电流。直流电压脉动部分应不超过±1.5%，泄漏电流值应不大于20 μA。

7.18 避雷器污秽试验

人工污秽试验方法见GB 11032—2010中8.13。

8 例行试验、验收试验、定期试验和抽样试验

8.1 例行试验

出厂的每只避雷器应按表14的规定进行试验。如果避雷器不满足表14中所规定的任何一项要求时，则认为此避雷器不合格。

表14 例行试验项目

序号	试验项目名称	试验依据	试验方法	试品数量
1	残压试验	5.3	7.3	避雷器
2	局部放电试验	5.4	8.2.1c)	避雷器
3	密封试验	5.5	7.12	避雷器

表 14（续）

序号	试验项目名称	试验依据	试验方法	试品数量
4	工频放电电压试验	5.13	7.7	避雷器
5	均压电流试验	5.14	7.10	避雷器

8.2 验收试验

8.2.1 标准验收试验

当采购商在订货协议中规定有验收试验时，则应抽取与供货避雷器数量立方根最接近的较小整数的避雷器进行下列试验：

a) 整只避雷器或避雷器元件(见 7.3)的雷电冲击残压试验，如有可能则用标称放电电流试验，否则按 7.3 选择试验电流值，在这种情况下波尾的半峰值视在时间不太重要也不要求相符。

注：整只避雷器残压采用各个避雷器元件残压的总和。整只避雷器残压不能高于制造商规定的数值。

b) 工频放电电压平均值或标准雷电冲击放电电压平均值应进行测量。

c) 局部放电试验。在整只避雷器或避雷器元件上施加工频电压，并使其增加到额定电压，在不超过 10 s 之后，将之降到 1.05 倍持续运行电压。在这个电压下，按照 GB/T 7354—2003 测量局部放电水平，内部局部放电测量值应不大于 10 pC。

试品数量或试验类型的任何改变应由制造商和采购商进行协商。

8.2.2 特殊热稳定性试验

以下试验要求应由制造商和采购商另行协商，并且在避雷器装配开始之前进行，见 5.6。

试验将在 3 只完全不同的试验比例单元上进行，试验比例单元包括从当前例行生产中抽取的金属氧化物电阻片和间隙结构，具有与被试避雷器一样的尺寸和特性。试验由相应类型避雷器动作负载试验的一部分构成，如表 15 表示。

在施加工频电压期间，应监测金属氧化物电阻片的温度或阻性电流或功率损耗以证明热稳定。如果 3 只试品全部达到热稳定，见 7.5.3.3，则试验合格。如果有一只试品未通过，进一步的试验协议由制造商和采购商协商达成。

表 15 特殊热稳定性试验程序

对 10 000 A 线路放电等级为 1 级，5 000 A、2 500 A 和 1 500 A 避雷器，见 8.2.2
预热至 60 ℃±3 K，大电流冲击，4/10，见 7.5.3.2
时间间隔尽可能短，不超过 100 ms，见 7.5.3.2
升高的额定电压 U_r^*，10 s
升高的持续运行电压 U_c^*，30 min

8.3 定期试验

为了控制产品质量，对于生产的产品必须 3 年做一次定期试验，长期停产后恢复生产时应做定期试验。定期试验是从正常生产的产品中抽取试品，按表 16 的规定进行试验。试验方法均按相应的型式试验方法进行。定期试验后的试品不得出厂。

表 16　定期试验项目

序号	试验项目名称	试验依据	试验方法	试品数量
1	残压试验	5.3	7.3	3只比例单元或避雷器
2	长持续时间冲击电流耐受试验	5.7	7.4	3只比例单元或避雷器
3	动作负载试验	5.8	7.5	3只比例单元或避雷器
4	工频电压耐受时间特性试验	5.9	附录C	比例单元或避雷器

8.4　抽样试验

抽样试验主要对电阻片进行，应按批次以一定比例抽取直流参考电压最高的试品。试验项目及试品数量见表17。抽样试验用的试品不得装入避雷器。

表 17　抽样试验项目

序号	试验项目名称	试验依据	抽取试品数量	试品方法
1	方波冲击电流耐受试验	5.7	1.0%(不少于5片)	7.4
2	大电流冲击耐受试验	5.8	5片	7.5.3
3	加速老化试验	5.8	3只比例单元	7.5

注1：制造商应至少半年进行一次加速老化试验及大电流冲击耐受试验。

注2：加速老化试验中 K_{ct} 值应不大于型式试验中加速老化试验所得的 K_{ct} 值。若大于时，应重做动作负载试验。

附 录 A
（规范性附录）
异常运行条件

下述是避雷器典型的异常运行条件，在避雷器制造和使用时需特殊考虑，应引起制造商注意：

a) 环境温度高于+40 ℃或低于-40 ℃；
b) 使用海拔高度超过 1 000 m；
c) 能引起绝缘表面或安装金具劣化的烟气或蒸汽；
d) 因烟气、灰尘、盐雾或其他导电物引起的严重污秽；
e) 过度暴露在潮气、湿气、降水或蒸汽中；
f) 避雷器带电冲洗；
g) 粉尘、煤气或烟气的易爆性混合物；
h) 异常的机械条件（地震、振动、强风速、厚覆冰、高弯曲应力）；
i) 异常运输或贮存；
j) 标称频率低于 48 Hz 或高于 62 Hz；
k) 避雷器附近热源，见 4.4.1b)；
l) 风速>35 m/s；
m) 地震烈度大于 7 级，参见 GB 11032—2010 中 M.2；
n) 非垂直安装使用；
o) 避雷器的扭转负荷；
p) 避雷器用于机械支撑。

附　录　B
（规范性附录）
验证整只避雷器和避雷器比例单元间的热等价试验

试验应按下述程序或供需双方协商的其他程序进行。

将整只避雷器或多元件避雷器中单位长度装有电阻片最多的那一节元件置于静止空气温度 20 ℃±15 K 的环境中，环境温度应保持在±3 K 偏差内。热电偶和（或）其他传感器，例如使用光纤技术测温，贴在电阻片上。检验点必须足够多以便计算出平均温度，或者制造厂仅选择位于距顶部为避雷器长度的 1/2～1/3 的某一点作为测温点，后者将给出保守的结果，因此证明是一种简化的方法。

通过施加幅值大于工频参考电压的工频电压，使电阻片温度加热到大约 120 ℃。如果测几只电阻片的温度时，该温度应是平均值；若只检验 1/2～1/3 的某一点时，该温度就应该是该点值。如果随后加热试验比例单元所用的时间大致与之相同，则加热时间不再关键。根据电源容量，加热时间可以是几分钟到几小时。当达到预定温度时应切断电源，并且确定不少于 2 h 的冷却时间曲线，在测量几个点时，应画出平均温度曲线。

随后试验比例单元，用与整只避雷器相同的方法在静止空气温度 20 ℃±15 K 的环境中进行试验，环境温度必须保持在±3 K 偏差内，施加工频电压使电阻片与整只避雷器一样加热到比环境温度高的相同温升。电压幅值的选择应使加热时间与整只避雷器加热时间相近，通过测量几片电阻片的温度，确定平均温度，或者只测位于比例单元顶部 1/2～1/3 间的一片电阻片的温度。当试验比例单元达到预定温度时，应切断电源，并且确定不少于 2 h 的冷却时间曲线。

比较整只避雷器和试验比例单元的冷却曲线，或者使用平均温度或者使用一片电阻片温度。对较低的曲线用增加环境温差的方法将冷却曲线调整到相同的环境温度。

为了证明热等价性，试验比例单元在冷却期间各时刻的温度等于或高于整只避雷器的温度。

附 录 C
（规范性附录）
验证避雷器工频电压耐受时间特性试验程序

当制造商和采购商协商一致需要试验验证制造商提供的工频电压时间特性曲线时，按表12规定的动作负载试验的最后部分，根据避雷器的类型，在施加电压 U_c^* 前改变所加工频电压的水平和持续时间，曲线上的3个点被认为足以验证。

注：试验中的电压的变化必须保持在很小，以使试验取得较好数据，推荐其准确度为±1%。

对于5 000 A、2 500 A、1 500 A以及10 000 A线路放电等级为1级的避雷器，试验程序开始时应使试品预热到60 ℃±3 K，随后在工频电压施加之前进行一次大电流能量冲击。试验程序如下：

a） 预热到60 ℃±3 K；

b） 4/10大电流冲击，见7.5.3.2；

c） 时间间隔尽可能短，但不超过100 ms，见7.5.3.2；

d） 宣称的电压和持续时间；

e） 升高的持续运行电压 U_c^*，30 min。

附 录 D
（规范性附录）
典型的带串联间隙避雷器特性参数

表 D.1 典型的电站和配电用避雷器参数

系统额定电压 kV（有效值）	避雷器额定电压 U_r kV（有效值）	避雷器持续运行电压 U_c kV（有效值）	波前冲击放电的波前陡度 kV/μs	电站避雷器					配电避雷器				
				工频放电电压 kV（有效值）不小于	1.2/50 μs 冲击放电电压 kV（峰值）不大于	波前冲击放电电压 kV（峰值）	标称放电电流 5 kA 等级		工频放电电压 kV（有效值）不小于	1.2/50 μs 冲击放电电压 kV（峰值）不大于	波前冲击放电电压 kV（峰值）不大于	标称放电电流 5 kA 等级	
							陡波冲击电流残压	雷电冲击电流残压				陡波冲击电流残压	雷电冲击电流残压
							（峰值）不大于					（峰值）不大于	
3	3.8	3.0	32.0	9.0	20.0	25.0	13.8	12.0	9.0	21.0	26.3	17.2	15.0
6	7.6	6.1	63.0	16.0	30.0	37.5	27.6	24.0	16.0	35.0	43.8	31.0	27.0
10	12.7	10.2	106.0	26.0	45.0	56.5	47.2	41.0	26.0	50.0	62.5	51.8	45.0
35	42	33.6	350.0	80.0	134.0	168.0	142.6	124.0	—	—	—	—	—

表 D.2 典型的电机用避雷器参数

电机额定电压 kV（有效值）	避雷器额定电压 U_r kV（有效值）	避雷器持续运行电压 U_c kV（有效值）	波前冲击放电的波前陡度 kV/μs	工频放电电压 kV（有效值）不小于	1.2/50 μs 冲击放电电压 kV（峰值）不大于	波前冲击放电电压 kV（峰值）不大于	标称放电电流 5 kA 等级		标称放电电流 2.5 kA 等级	
							发电机用避雷器		电动机用避雷器	
							陡波冲击电流残压	雷电冲击电流残压	陡波冲击电流残压	雷电冲击电流残压
							kV（峰值）不大于			
3.15	3.8	3.0	32.0	7.5	9.5	11.7	10.7	9.5	10.7	9.5
6.3	7.6	6.1	63.0	15.0	18.7	23.4	21.0	18.7	21.0	18.7
10.5	12.7	10.2	106.0	25.0	31.0	38.8	34.7	31.0	34.7	31.0

附 录 E
(资料性附录)
询价和投标应提供的典型信息

E.1 询价应提供的信息

E.1.1 系统数据

——最高系统电压；
——频率；
——在系统故障条件最大对地电压或接地故障因数或中性点接地系统；
——接地故障最大持续时间；
——最大暂时过电压值及其最大持续时间(接地故障、甩负荷、铁磁谐振)；
——被保护设备的绝缘水平；
——避雷器安装点的系统短路电流。

E.1.2 运行条件

正常条件见4.4.1。
异常条件：
a) 环境条件,见4.4.2和附录A
——自然污秽水平,参见GB 311.2—2002。
b) 系统
——发电机过速的可能性(电压与时间特性)；
——标称频率低于48 Hz或高于62 Hz；
——甩负荷同时有接地故障。在通常的中性点有效接地系统内,故障时使系统的一部分形成中性点绝缘；
——不完全接地故障电流补偿。

E.1.3 避雷器负载

a) 与系统连接
——相对地；
——中性点对地；
——相对相。
b) 被保护设备类型
——变压器(直接与线路或经由电缆连接)；
——旋转电机(直接与线路或经由变压器连接)；
——电抗器；
——高频电抗器；
——变电站其他设备；
——气体绝缘变电站(GIS)；
——电容器组；

——电缆(型号和长度)等。

c) 被保护设备与避雷器之间高压连线之间的最大长度(保护距离)。

E.1.4 避雷器特性

——持续运行电压;
——额定电压;
——波前保护水平;
——标准标称放电电流和标准雷电保护水平;
——操作冲击保护水平;
——10 000 A 避雷器相应的长持续时间放电等级,见 7.4.2;
——短路耐受水平等级,见 5.10;
——避雷器外套爬电距离长度和形状,根据实际区域内避雷器或其他类型设备的运行经验选择。

E.1.5 其他设备和安装

——金属封闭避雷器;
——安装形式如座式、箍夹式、悬挂式(在某位置)等,以及是否需要绝缘底座安装放电计数器。对于箍夹式安装的避雷器箍夹接地与否;
——如非垂直安装,安装方向;
——如需要时,接地连接脱离器;
——连接引线的截面。

E.1.6 任何特殊的异常条件

例如非常频繁地动作。

E.2 投标应提供的信息

——E.1.4 和 E.1.5 的全部内容。
另外附加:
——工频电压与时间特性,见附录 C;
——在 0.5 倍、1 倍和 2 倍标称放电电流下雷电冲击残压。如果在上述电流下不能进行整只避雷器验收试验时,应另行给出在 0.01～0.25 倍标称放电电流的某一电流下的残压,见 5.3 和 7.3;
——压力释放性能;
——净距、安装规范;
——安装可能性、钻孔图、绝缘底座、箍夹;
——避雷器端子型式及允许的导线尺寸;
——尺寸与重量;
——抗弯强度。

附 录 F
（资料性附录）
典型的最高保护水平

表 F.1　10 000 A、5 000 A、2 500 A 和 1 500 A 避雷器单位额定电压下典型的最高保护水平

额定电压 kV(r. m. s.)	10 000 A U_r/kV(峰值)			5 000 A U_r/kV(峰值)		2 500 A 和 1 500 A U_r/kV(峰值)	
	波前[a]	雷电[b]	操作[c]	波前[a]	雷电[b]	波前[a]	雷电[b]
2～29	2.6～4	2.3～3.6	2.0～2.9	2.7～4.0	2.4～3.6	4.0	3.6
30～52	2.6～3.7	2.3～3.3	2.0～2.6	2.7～3.7	2.7～3.7	4.0	3.6
注：表中给出的最高保护水平范围是最常用的。							

[a] 波前保护水平见 7.3.6。
[b] 标准雷电冲击保护水平见 7.3.7。
[c] 操作冲击保护水平见 7.3.8。

附 录 G
（资料性附录）
包装、运输及保管

G.1 包装

G.1.1 避雷器的包装必须保证在运输中不因包装不良而使产品损坏。避雷器的包装应符合JB/T 9673—1999的规定，在包装箱上应标明：

a） 制造厂名、产品名称及型号；

b） 发货单位、收货单位及详细地址；

c） 产品净重、毛重、体积等；

d） “小心轻放”、“向上”、“防潮”等字样和标记，字样和标记应符合GB/T 191—2008的要求。

G.2 随产品提供的技术文件

a） 包装清单；

b） 产品出厂合格证明书；

c） 安装、使用说明书（每组避雷器附1份）。

G.3 运输和保管

整只产品或分别运输的部件和包装，都要适用运输、装卸的要求。如果产品对运输、装卸和保管有其他特殊要求时，制造厂应在包装箱上明确标志。

复合外套避雷器在运输时严禁与酸碱等腐蚀性物品放在同一车厢内运输。保管时不应与酸碱等腐蚀性物品放在同一库房中。

附 录 H
（资料性附录）
本标准章条编号与 IEC 60099-6:2002 章条编号对照

表 H.1 给出了本标准章条编号与 IEC 60099-6:2002 章条编号对照一览表。

表 H.1 本标准章条编号与 IEC 60099-6:2002 章条编号对照

本标准章条编号	对应的 IEC 60099-6:2002 章条编号
2.34	—
2.34.1	2.34
2.34.2	—
2.35	—
2.35.1	2.35
2.35.2	—
2.63～2.67	—
5.16～5.20	—
7.2.2	7.2.3
7.2.3	7.2.4
7.2.4	7.2.5
7.2.5	7.2.6
7.2.6	7.2.7
7.10～7.18	—
8.3～8.4	—
附录 D	—
附录 G	—
注：表中章条以外的本标准其他章条编号与 IEC 60099-6:2002 其他章条编号均相同且内容相对应。	

附 录 I
（资料性附录）
本标准与IEC 60099-6:2002技术性差异及其原因

表I.1给出了本标准与IEC 60099-6:2002的技术性差异及其原因的一览表。

表I.1 本标准与IEC 60099-6:2002技术性差异及其原因

本标准章条编号	技术性差异	原 因
封面	删去封面标准名称中的“并联”二字	国际标准中未涉及“并联间隙避雷器”的内容
1.1	将原国际标准的第二段“本标准适用于瓷外套和复合外套带间隙的金属氧化物避雷器”并入第一段中	避免繁琐
1.1	修改原国际标准第4段内容，将“大于54 kV串联间隙避雷器”改为“大于52 kV串联间隙避雷器”	与本标准的电压等级保持一致
1.2	增加如下5个引用标准： GB/T 191—2008 包装储运图示标志(ISO 780:1997,MOD)； GB 311.1 高压输变电设备的绝缘配合； GB/T 775.1—2006 绝缘子试验方法 第1部分:一般试验方法； GB/T 775.3—2006 绝缘子试验方法 第3部分:机械试验方法； JB/T 9673—1999 绝缘子 产品包装	适应国内产品制造和应用现状
1.2	删去引用标准IEC 60099-4的两个修改件及脚注内容	目前国家标准GB 11032—2010修改采用IEC 60099-4:2006版
1.2	将引用标准“IEC 60099-1”移至参考文献中	标准中未具体引用
2.34	修改原国际标准2.34“避雷器的参考电流”为“串联金属氧化物电阻片柱的参考电流”	适应国内产品制造和应用现状
2.34.1	保留原国际标准2.34的内容	适应国内产品制造和应用现状
2.34.2	增加的术语和定义	适应国内产品制造和应用现状
2.35	修改原国际标准2.35“串联金属氧化物电阻片本体的参考电压”为“串联金属氧化物电阻片本体的参考电压”	适应国内产品制造和应用现状
2.35.1	保留原国际标准2.35的内容	适应国内产品制造和应用现状
2.35.2	增加的术语和定义	适应国内产品制造和应用现状
2.36	删去本条的注	避免造成误解
2.63～2.67	增加的术语和定义	适应国内产品制造和应用现状

表 I.1（续）

本标准章条编号	技术性差异	原　因
3.2	修改原国际标准表 1:“避雷器分类和试验”为“避雷器分类”	根据我国产品制造和应用现状而规定，便于产品考核和验收。并与 GB 11032—2010 保持一致
4.1	将原国际标准表 2 中额定电压“3～30”改为“2～30”	适应国内产品制造和应用现状
4.4.1	删去原国际标准 g)的内容，增加了 4 项要求： g)　垂直安装； h)　风速≤35 m/s； i)　地震烈度 7 度及以下地区； j)　覆冰厚度不大于 20 mm	适应国内产品制造和应用现状
5.1	增加两段内容：“避雷器外套的绝缘耐受电压应根据避雷器使用的标称系统电压按 GB 311.1 中对高压电器外绝缘的规定进行绝缘耐受试验。 GB 311.1 中高压电器外绝缘未规定的，按以下要求对避雷器外套进行绝缘耐受试验”	与 GB 11032—2010 保持一致
5.11.2	删去原国际标准的内容，采用 GB 11032—2010 中 6.12.2 的内容：“对中性点有效接地系统，脱离器按照 GB 11032—2010 中 8.6.3 的要求，在 20 A、200 A、800 A 三种工频电流值下，确定脱离器的动作时间。 对中性点非有效接地系统，脱离器按照 GB 11032—2010 中 8.6.3 的要求，在 100 mA、1 A、20 A 三种工频电流值下，确定脱离器的动作时间。 脱离器应有有效的和永久脱离的清晰标志”	与 GB 11032—2010 保持一致
5.15	本条中增加一些内容：“该试验验证避雷器耐受规定气候条件的能力。户内使用的复合外套避雷器不进行该试验。 避雷器应耐受 1 000 h 气候老化试验。经供需双方协议，可进行 5 000 h 气候老化试验”	根据我国产品制造和应用现状而规定
5.16～5.20	增加的条款	根据我国产品制造和应用现状而规定
6.3	增加了一项规定 c)“比例单元的参考电压等于 kU_r/n，其中 k 是避雷器的最小参考电压与其额定电压之比。当所选用试品的 $U_{ref}>kU_r/n$ 时，系数 n 必须相应减小(当 $U_{ref}<kU_r/n$ 时，避雷器可能吸收过多的能量，这种比例单元只有在制造厂同意后方能采用)”	与 GB 11032—2010 保持一致
7.1	删去原国际标准的内容，将原国际标准中型式试验项目改为列表	根据我国产品制造和应用现状而规定，便于产品考核和验收

表 I.1（续）

本标准章条编号	技术性差异	原　　因
7.2.2	删去原国际标准 7.2.2	与 GB 11032—2010 保持一致
7.2.2	（原国际标准 7.2.3）删去原国际标准“在研究中。”采用 GB 11032—2010 中 8.2.3 的内容	与 GB 11032—2010 保持一致
7.2.5	（原国际标准 7.2.6）删去原国际标准第 2 段最后一句：“试验电压等于避雷器标准雷电冲击保护水平乘以 1.3 倍”	与 GB 11032—2010 保持一致
7.2.6	（原国际标准 7.2.7）删去最后两段的内容	与 GB 11032—2010 保持一致
7.4.3	删去原国际标准表 5 的内容，重新起草（本标准中表 8）	根据我国产品制造和应用现状而规定
7.5.2	删去原国际标准表 9 中外部间隙的内容	本标准中未涉及外部间隙的内容
7.9	删去原国际标准表 13 中外部间隙的内容	本标准中未涉及外部间隙的内容
7.10～7.18	增加的条款	根据我国产品制造和应用现状而规定
8	增加定期试验和抽样试验	根据我国产品制造和应用现状而增加的要求，便于产品考核和验收
8.1	删去原国际标准中的例行试验项目内容改为列表	与 GB 11032—2010 保持一致
8.3～8.4	增加的条款	根据我国产品制造和应用现状而增加的要求，便于产品考核和验收
附录 A	在附录 A 中增加了下述异常运行条件： l) 风速＞35 m/s； m) 地震烈度大于 7 级，参见 GB 11032—2010 中 M.2； n) 非垂直安装使用； o) 避雷器的扭转负荷； p) 避雷器用于机械支撑	适应国内产品制造和应用现状
附录 D	增加的规范性附录。本附录用表的形式列出了典型的带串联间隙避雷器的特性参数	根据我国产品制造和应用现状而增加的要求，便于产品考核和验收
附录 G	增加的资料性附录，增加了包装、运输及保管	根据我国产品制造和应用现状而规定，指导产品包装、运输及保管

参 考 文 献

[1] IEC 60071-1:1993 绝缘配合 第1部分:定义、准则和方法
[2] IEC 60071-2:1996 绝缘配合 第2部分:高压输变电设备的绝缘配合 使用导则
[3] IEC 60099-1:1991 避雷器 第1部分:交流系统用有间隙阀式避雷器
[4] IEC 60099-5:1996 避雷器 第5部分:选择和使用导则
[5] IEC 60815:1986 污秽条件下绝缘子的选择指南
[6] IEEE C62.11.1999 交流电力系统(>1 kV)金属氧化物避雷器

ICS 27.070
K 82

中华人民共和国国家标准

GB/T 28183—2011

客车用燃料电池发电系统测试方法

Test methods of fuel cell power system for bus

2011-12-30 发布　　2012-06-01 实施

中华人民共和国国家质量监督检验检疫总局
中国国家标准化管理委员会　发布

前　言

本标准按照 GB/T 1.1—2009 给出的规则起草。

本标准由中国电器工业协会提出。

本标准由全国燃料电池标准化技术委员会(SAC/TC 342)归口。

本标准起草单位:清华大学、机械工业北京电工技术经济研究所、上海神力科技有限公司、同济大学、上海攀业氢能科技有限公司、北京清能华通科技发展有限公司、上汽汽车集团股份有限公司、武汉理工大学、新源动力股份有限公司等。

本标准主要起草人:裴普成、衣宝廉、李晶晶、卢琛钰、张若谷、侯永平、董辉、张禾、赵景辉、詹志刚、侯中军等。

客车用燃料电池发电系统测试方法

1 范围

本标准规定了客车用燃料电池发电系统测试方面的术语和定义、技术要求、燃料电池发电系统的测试项目指标、试验过程及测试方法、燃料电池发电系统绝缘性测试、质量测试、试验结果整理和试验报告。

本标准规定的测试内容包括:燃料电池发电系统密封性测试、常温起动性能测试、工况法性能测试、绝缘性测试和质量测量。

本标准适用于客车用质子交换膜燃料电池发电系统。

2 规范性引用文件

下列文件对于本文件的应用是必不可少的。凡是注日期的引用文件,仅注日期的版本适用于本文件。凡是不注日期的引用文件,其最新版本(包括所有的修改单)适用于本文件。

GB/T 7445—1995 纯氢、高纯氢和超纯氢

GB/T 18384.3—2001 电动汽车 安全要求 第3部分:人员触电防护

GB/T 20042.1 质子交换膜燃料电池 术语

GB/T 23645—2009 乘用车用燃料电池发电系统测试方法

GB/T 25319—2010 汽车用燃料电池发电系统 技术条件

3 术语和定义

GB/T 20042.1、GB/T 23645—2009 和 GB/T 25319—2010 界定的以及下列术语和定义适用于本文件。

3.1

燃料电池发电系统工况 operating condition of fuel cell system

燃料电池发电系统工作状态,以功率为标志。

3.2

负荷率 loading rate of power

燃料电池发电系统输出功率与额定功率之比,单位%。

4 技术要求

4.1 对被测对象完整性要求

被测试的燃料电池发电系统是电池堆和辅助系统的集成,在外接氢源和起动电源条件下能够正常工作。辅助系统包括氢气供给系统(不包括气瓶至一级减压阀部分)、空气给排系统(包括专用于空压机或鼓风机的 DC/DC、DC/AC 变换器)、水/热管理系统、控制系统和安全保障系统等。在水/热管理系统中,把散热器及其风机定为燃料电池发电系统部件,但不计入燃料电池发电系统的质量和体积。

4.2 通讯要求

要求被测燃料电池发电系统给测试平台提供和接受以下信息:

a) 电池堆工作温度；

b) 电池堆和燃料电池发电系统的电压和电流；

c) 能接受起停信号；

d) 能接受功率给定信号；

e) 能够给出故障码。

4.3 试验条件

4.3.1 实验室，具备必要的安全措施，包括氢泄漏检测报警措施、通风措施、空间上部电器防爆密封措施。

4.3.2 测试系统平台，电压传感器精度0.5%，电流传感器精度0.5%，温度传感器精度±1 ℃，压力传感器精度1%，氢气质量流量计精度1%。

4.3.3 称重衡器，精度0.5%。

4.3.4 供给氢气，应满足GB/T 7445—1995的要求。

4.3.5 燃料电池发电系统起动电源。

4.3.6 高压氮气。

4.4 测试和检查项目

测试和检查项目包括以下内容：

a) 气密性检查；

b) 燃料电池发电系统常温起动性能测试；

c) 燃料电池发电系统工况法性能测试；

d) 燃料电池发电系统绝缘性测试；

e) 燃料电池发电系统质量测量。

5 燃料电池发电系统的测试项目指标

测试项目指标及其单位见表1。

表1 测试项目指标及单位

测试项目指标	单位
起动时间	s
冷机加载负荷率	%
怠速工况单位时间氢气消耗量	g/h
额定功率	kW
过载功率	kW
额定工况下氢气消耗率	g/kW·h
30%负荷率下氢气消耗率	g/kW·h
额定工况下燃料电池发电系统效率[a]	%
30%负荷率下燃料电池发电系统效率	%
输出工作电压范围	V
燃料电池发电系统最大质量比功率	W/kg
电堆正负极与发电系统支架之间的绝缘性	kΩ

表 1（续）

测试项目指标	单　位
[a] 燃料电池发电系统效率按公式计算 $$\eta_t = \frac{29.8P}{\dot{m}} \times 100\%$$ 其中： η_t——燃料电池发电系统效率，单位为百分比（%）； $\dot{m}$——单位时间氢气消耗量，单位为克每小时（g/h）； P——燃料电池发电系统输出功率，单位为千瓦（kW）。	

6　试验过程及测试方法

6.1　燃料电池发电系统气密性检查

开启实验室通风系统。

燃料电池发电系统进入待机状态，确认氢气通入燃料电池堆。

检查燃料电池发电系统氢气管路及燃料电池堆的氢气密封性。

如果发现漏气，要及时处理。处理后重新进行检查，直至不漏气。

6.2　燃料电池发电系统常温起动性能测试

在 0 ℃～40 ℃环境条件下，进行燃料电池发电系统常温起动性能测试。起动前不允许预热。起动后进入怠速能够稳定 15 s 以上不出现自动停机现象，为起动成功。起动成功后，记录环境温度、环境湿度、进气温度、进气压力、冷却液温度、起动时间，记录起动过程中电池堆输出电流、电池堆输出电压、蓄电池向燃料电池辅助系统供电电流随时间变化的历程。

6.3　燃料电池发电系统工况法性能测试

燃料电池发电系统起动成功后，按表 2 所示的工况连续运行。在各个工况时，分别测取氢气消耗量、电池堆的输出电流和电压、燃料电池发电系统净输出的电流电压；记录进气温度、进气压力、冷却水温度、环境温度和湿度等；在额定工况和过载工况时，记录燃料电池发电系统输出电流和电压随时间变化的历程。

表 2　燃料电池发电系统工况运行条件

工　况　号	工 况 名 称	负　荷　率	稳定时间/min
1	起动后怠速	0	1
2	冷机加载	由制造商给定	3
3	怠速	0	15
4	部分负荷	20%	3
5	部分负荷	40%	3
6	部分负荷	60%	3

表 2（续）

工　况　号	工 况 名 称	负　荷　率	稳定时间/min
7	部分负荷	80%	3
8	额定	100%	30
9	部分负荷	30%	30
10	过载	由制造商给定	3
11	部分负荷	50%	3
12	部分负荷	25%	10
13	部分负荷	10%	3
注：按制造商的要求设定加载速度。			

7　燃料电池发电系统绝缘性测试

在不连接负载系统、支架不连接实验室地线、已加注冷却液和加湿用水、水泵运转的条件下，按照 GB/T 18384.3—2001，分别测试燃料电池发电系统正、负输出端相对于支架的绝缘电阻，记录测试时的温度。

8　质量测量

测量燃料电池发电系统的质量，不包括冷却液、加湿水和冷却系统的散热器及其风机的质量。

9　试验结果整理

a）给出上述表 1 所列测试项目指标，其中氢气消耗量和氢气消耗率取该工况下稳态测试时间段的平均值。

b）按照燃料电池发电系统测得的过载功率与测得燃料电池发电系统质量，计算燃料电池发电系统质量比功率。

c）绘制燃料电池发电系统的输出特性：

——分别绘制燃料电池发电系统的输出电压、功率与电流的关系曲线图；

——绘出燃料电池发电系统氢气消耗率对功率的曲线图；

——绘出燃料电池发电系统效率对功率的曲线图。

d）将第 6 章、第 7 章、第 8 章中所有的数据记入试验报告，试验报告参见附录 A。

e）其他：其他情况说明。

附 录 A
（资料性附录）
试 验 报 告

A.1 概述

根据所做试验，试验报告应提供足够多的正确、清晰和客观的数据用来进行分析和参考。报告应包含各章中所有的数据。报告有三种形式，摘要式、详细式和完整式。每个类型的报告都应包含相同的标题页和内容目录。

A.2 报告内容

A.2.1 标题页

标题页应介绍下列各项信息：

——国家标准代号；

——样品名称、材料组成，规格；

——试样状态调节及测试标准环境；

——试验机型号；

——每次测试的结果以及结果的平均值；

——试验日期、人员。

标题页应包括下列内容：

——报告编号(可选择)；

——报告的类型(摘要式、详细式和完整式)；

——报告的作者；

——试验者；

——报告日期；

——试验的场所；

——试验的名称；

——试验日期和时间；

——试验申请单位。

A.2.2 内容目录

每种类型的报告都应提供一个目录。

A.3 报告类型

A.3.1 摘要式报告

摘要式报告应包括下列各项数据：

——试验的目的；

——试验的种类，仪器和设备；

——所有的试验结果；
——每个试验结果的不确定因素和确定因素；
——摘要性结论。

A.3.2 详细式报告

详细式报告除包含摘要式报告的内容外，还应包括下列各项数据：
——试验操作方式和试验流程图；
——仪器和设备的安排、布置和操作条件的描述；
——仪器设备校准情况；
——用图或表的形式说明试验结果；
——试验结果的讨论分析。

A.3.3 完整式报告

完整式报告除了包含详细内容，还应有原始数据的副本，此外还应包括下列各项：
——试验进行时间；
——用于试验的测量设备的精度；
——试验的环境条件；
——试验者的姓名和资格；
——完整和详细的不确定度分析。

ICS 13.220.20
C 81

中华人民共和国国家标准

GB 28184—2011

消防设备电源监控系统

Power supply monitoring system for fire protection equipments

2011-12-30 发布 2012-08-01 实施

中华人民共和国国家质量监督检验检疫总局
中国国家标准化管理委员会 发布

前　言

本标准的第4章、第6章、第7章内容为强制性的，其余为推荐性的。

本标准按照GB/T 1.1—2009给出的规则起草。

请注意本文件的某些内容可能涉及专利。本文件的发布机构不承担识别这些专利的责任。

本标准由全国消防标准化技术委员会火灾探测与报警分技术委员会(SAC/TC 113/SC 6)归口。

本标准负责起草单位：公安部沈阳消防研究所。

本标准参加起草单位：北京恒业世纪科技股份有限公司、北京原杰电子有限责任公司。

本标准主要起草人：丁宏军、刘程、刘子巍、李惠菁、杨波、丁万君、张学军、郭树林、苏恒、李东海。

本标准为首次发布。

消防设备电源监控系统

1 范围

本标准规定了消防设备电源监控系统的术语和定义、要求、试验方法、检验规则、标志和使用说明书。

本标准适用于在一般工业与民用建筑中安装使用的消防设备电源监控系统,其他环境中安装的消防设备电源监控系统亦可参照本标准。

2 规范性引用文件

下列文件对于本文件的应用是必不可少的。凡是注日期的引用文件,仅注日期的版本适用于本文件。凡是不注日期的引用文件,其最新版本(包括所有的修改单)适用于本文件。

GB/T 156 标准电压

GB/T 9969 工业产品使用说明书 总则

GB 12978 消防电子产品检验规则

GB 16838 消防电子产品 环境试验方法及严酷等级

GB/T 17626.2 电磁兼容 试验和测量技术 静电放电抗扰度试验

GB/T 17626.3 电磁兼容 试验和测量技术 射频电磁场辐射抗扰度试验

GB/T 17626.4 电磁兼容 试验和测量技术 电快速瞬变脉冲群抗扰度试验

GB/T 17626.5 电磁兼容 试验和测量技术 浪涌(冲击)抗扰度试验

GB/T 17626.6 电磁兼容 试验和测量技术 射频场感应的传导骚扰抗扰度

GB/T 17626.11 电磁兼容 试验和测量技术 电压暂降、短时中断和电压变化的抗扰度试验

GB 23757 消防电子产品防护要求

3 术语和定义

下列术语和定义适用于本文件。

3.1

消防设备电源 power supply for fire protection equipments

为各类消防设备供电的交流或直流电源,包括主电源和备用电源。

3.2

消防设备电源监控系统 power supply monitoring system for fire protection equipments

用于监控消防设备电源工作状态,在电源发生过压、欠压、过流、缺相等故障时能发出报警信号的监控系统,由消防设备电源状态监控器、电压传感器、电流传感器、电压/电流传感器等部分或全部设备组成。

4 要求

4.1 总则

消防设备电源监控系统应首先符合 4.2～4.3 的要求,然后按第 5 章规定进行试验,试验结果应符

合第4章的相关要求。

4.2 基本功能

4.2.1 消防设备电源状态监控器

4.2.1.1 消防设备电源状态监控器(以下简称监控器)应能为其连接的部件供电，直流工作电压应符合GB/T 156规定，可优先采用直流24 V。

4.2.1.2 监控器应具有中文功能标注，用文字显示信息时应采用中文。

4.2.1.3 监控器电源应设主电源和备用电源。主电源应采用220 V、50 Hz交流电源并设置过流保护措施，电源输入端应设接线端子。当交流电网供电电压变动幅度在额定电压220 V的85%～110%范围内，频率偏差不超过标准频率50 Hz的±1%时，监控器应能正常工作。

4.2.1.4 监控器的电源部分应具有主电源和备用电源转换功能，并应有主、备电源工作状态指示。当主电源断电时，能自动转换到备用电源；主电源恢复时，能自动转换到主电源；主、备电源的转换不应影响监控器的正常工作。监控器的备用电源在放电至终止电压条件下充电24 h所获得的容量应能提供监控器在正常监视状态下至少工作8 h。

注：正常监视状态指监控器在电源正常供电条件下，无故障报警、自检等操作时所处的工作状态。

4.2.1.5 监控器应能接收并显示其监控的所有消防设备的主电源和备用电源的实时工作状态信息。

4.2.1.6 监控器在下述状况下，应能在100 s内发出故障声、光信号，显示并记录故障的部位、类型和时间：

a) 被监控的消防设备供电中断；
b) 监控器与连接的外部部件间连接线的断路、短路和影响系统功能的接地；
c) 监控器与其分体电源间连接线断路、短路和影响功能的接地；
d) 被监控电源电压值大于额定电压的110%或小于额定电压的85%(仅适用于具有此功能的监控器)；
e) 被监控电源发生缺相、错相、过载等供电异常现象(仅适用于具有此功能的监控器)；
f) 给监控器自身备用电源充电的充电器与备用电源间连接线的断路、短路；
g) 监控器自身主电源欠压。

4.2.1.7 故障声信号应能手动消除，再有故障信号输入时，应能再启动；故障光信号应保持至故障排除。

4.2.1.8 由软件控制实现各项功能的监控器，当程序不能正常运行时，监控器应有单独的故障指示灯指示主程序故障。

4.2.1.9 任一故障均不得影响非故障部分的正常工作。

4.2.1.10 故障排除后，故障信号可自动或手动复位。复位后，监控器应在100 s内重新显示尚存在的故障。

4.2.1.11 监控器应至少能记录999条相关故障信息，并且在监控器断电后保持14 d。记录的相关故障信息可通过监控器或其他辅助设备查询。

4.2.1.12 监控器如具有显示被监控电源的电压值或电流值的功能，其显示误差不应大于5%。

4.2.1.13 监控器采用字母(符)-数字显示时，还应满足下述要求：

a) 应能显示当前中断供电的消防设备总数；
b) 按接收到故障的时间先后顺序连续显示各故障部位，当显示区域不足以显示全部故障部位时，应采用循环方式显示，且应设手动查询按钮，每手动查询一次，只能查询一个故障部位及相关信息；

c) 当采用公用显示器时，应优先显示电源中断供电故障信息，其他故障信息的显示不应影响电源中断供电故障信息的显示，电源中断供电故障信息不应与其他信息交替显示；

d) 被中断供电故障信息覆盖的其他信息等应手动可查。

4.2.1.14 监控器与消防联动控制器或其他消防设备集成在同一箱体内时，可以共用消防联动控制器或其他消防设备的相关指示部件；在公共显示器上显示信息时，不应影响消防联动控制器或其他消防设备原有的信息显示。

4.2.1.15 监控器应具有手动检查其音响器件、面板所有指示灯和显示器的功能。监控器的自检时间超过 1 min 或不能自动停止自检时，不应影响非自检部位的正常工作。

4.2.1.16 建筑内非消防电源监控信息接入监控器时，其显示不应影响消防设备供电电源监控的显示，并且具有与消防设备供电电源监控的显示有明显区别的指示或标识。

4.2.2 电压信号传感器

4.2.2.1 电压信号传感器应能按制造商的规定要求将采集的信号传输至监控器。

4.2.2.2 电压信号传感器工作范围应满足制造商的规定，其输出信号应不大于 12 V。

4.2.2.3 对于能够连续采集电压值的电压信号传感器，其电压采集误差不应大于 5%。

4.2.3 电流信号传感器

4.2.3.1 电流信号传感器应能按制造商的规定要求将采集的信号传输至监控器。

4.2.3.2 电流信号传感器工作范围应满足制造商的规定，其输出信号应不大于 12 V。

4.2.3.3 对于能够连续采集电流值的电流信号传感器，其采集电流误差不应大于 5%。

4.2.4 电压/电流信号传感器

电压/电流信号传感器应同时符合 4.2.2 和 4.2.3 的规定。

4.3 主要部(器)件性能

4.3.1 基本要求

消防设备电源监控系统内各设备的防护性能应符合 GB 23757 的要求，其主要部件应采用符合相关标准的定型产品，同时应符合 4.3.2～4.3.9 相应条款的规定。

4.3.2 指示灯和显示装置

4.3.2.1 指示灯应以颜色标识，故障状态用黄色指示；主电源和备用电源工作正常用绿色指示。

4.3.2.2 指示灯上或靠近的位置上应清楚地使用中文标注功能。

4.3.2.3 在 100 lx～500 lx 环境光线条件下，在正前方 22.5°视角范围内，状态指示灯和电源指示灯应在 3 m 处清晰可见；其他指示灯(器)应在 0.8 m 处清晰可见。

4.3.2.4 采用闪亮方式的指示灯每次点亮时间应不小于 0.25 s，故障指示灯闪动频率应不小于 1 Hz。

4.3.2.5 用一个指示灯(器)显示具体部位的不同状态时，应能明确分辨。

4.3.2.6 在 100 lx～500 lx 环境光线条件下，字母(符)-数字显示器显示的字符应在正前方 22.5°视角内，0.8 m 处可读。

4.3.3 音响器件

4.3.3.1 在正常工作条件下，音响器件在其正前方 1 m 处的声压级(A 计权)应大于 65 dB，小于

115 dB。

4.3.3.2 在85%额定工作电压供电条件下应能发出音响。

4.3.4 接线端子

每一接线端子上都应清晰、牢固地标注编号或符号，相应用途应在有关文件中说明。

4.3.5 开关和按键

开关和按键上或靠近的位置上应清楚地标注其功能。

4.3.6 熔断器

电源线路的熔断器或其他过电流保护器件的额定电流值不应大于产品最大工作电流的2倍，当最大工作电流大于6 A时，熔断器电流值可取其1.5倍，并应在靠近熔断器或其他过电流保护器件处清楚地标注其参数值。

4.3.7 充电器及备用电源

4.3.7.1 电源正极连接导线为红色，负极为黑色或蓝色。

4.3.7.2 充电电流应不大于电池生产企业规定的额定值。

4.3.8 接地

消防设备电源监控系统应有接地保护端子并清晰标注。

4.3.9 外观

4.3.9.1 文字、符号和标志清晰齐全。

4.3.9.2 表面应无腐蚀、涂覆层脱落和起泡现象，应无明显划伤裂痕、毛刺等机械损伤。

4.4 绝缘电阻

消防设备电源监控系统有绝缘要求的外部带电端子与机壳间的绝缘电阻值应不小于20 MΩ；采用220 V交流电源供电的消防设备电源监控系统电源输入端与机壳间的绝缘电阻值应不小于50 MΩ。

4.5 电气强度

采用220 V交流电源供电的消防设备电源监控系统的电源插头与机壳间应能耐受频率为50 Hz、有效值电压为1 250 V交流电压、历时1 min的电气强度试验。试验期间，不应发生击穿现象；试验后，基本功能应与试验前保持一致。

4.6 电磁兼容性能

消防设备电源监控系统及系统内的各设备应能适应表1所规定条件下的各项试验要求。试验期间，应保持正常监视状态；试验后，基本功能应与试验前保持一致。

4.7 电源瞬变耐受性

消防设备电源监控系统的主电源按“通电(9 s)～断电(1 s)”的固定程序连续通断500次。试验期间，应保持正常监视状态；试验后，基本功能应与试验前保持一致。

表 1　电磁兼容性试验条件

<table>
<tr><th>试验名称</th><th colspan="5">试验条件</th></tr>
<tr><td rowspan="2">静电放电抗扰度试验</td><td>放电电压/kV</td><td>放电极性</td><td>放电间隔/s</td><td>每点放电次数</td><td>工作状态</td></tr>
<tr><td>空气放电(外壳为绝缘体):8
接触放电(外壳为导体):6</td><td>正、负</td><td>≥1</td><td>10</td><td>正常监视状态</td></tr>
<tr><td rowspan="2">电快速瞬变脉冲群抗扰度试验</td><td>电压峰值/kV</td><td>重复频率/kHz</td><td>极性</td><td>时间/min</td><td>工作状态</td></tr>
<tr><td>AC 电源线:2×(1±0.1)
其他连接线:1×(1±0.1)</td><td>AC 电源线:2.5×(1±0.2)
其他连接线:5×(1±0.2)</td><td>正、负</td><td>每次 1</td><td>正常监视状态</td></tr>
<tr><td rowspan="2">浪涌(冲击)抗扰度试验</td><td>浪涌(冲击)电压/kV</td><td>极性</td><td>持续时间/ms</td><td>试验次数</td><td>工作状态</td></tr>
<tr><td>AC 电源线(线一线):1×(1±0.1)
AC 电源线(线一地):2×(1±0.1)
其他连接线(线一地):1×(1±0.1)</td><td>正、负</td><td>10(下滑 100%)</td><td>AC 电源线:5
其他连接线:20</td><td>正常监视状态</td></tr>
<tr><td rowspan="2">射频电磁场辐射抗扰度试验</td><td>场强/(V/m)</td><td>频率范围/MHz</td><td>扫描速率/(10 oct/s)</td><td>调制幅度</td><td>工作状态</td></tr>
<tr><td>10</td><td>80～1 000</td><td>≤1.5×10⁻³</td><td>80%(1 kHz,正弦)</td><td>正常监视状态</td></tr>
<tr><td rowspan="2">射频场感应的传导骚扰抗扰度试验</td><td>频率范围/MHz</td><td>电压/dB μV</td><td colspan="2">调制幅度</td><td>工作状态</td></tr>
<tr><td>0.15～80</td><td>140</td><td colspan="2">80%(1 kHz,正弦)</td><td>正常监视状态</td></tr>
<tr><td rowspan="2">电压暂降、短时中断和电压变化的抗扰度试验</td><td>试验时间/ms</td><td colspan="3">试验次数</td><td>工作状态</td></tr>
<tr><td>20(40%供电电压)
10(0 V)</td><td colspan="3">10</td><td>正常监视状态</td></tr>
</table>

表 2　气候环境条件

<table>
<tr><th>试验名称</th><th colspan="4">试验条件</th></tr>
<tr><td rowspan="2">低温(运行)试验</td><td>温度/℃</td><td>持续时间/h</td><td colspan="2">工作状态</td></tr>
<tr><td>0±3</td><td>16</td><td colspan="2">正常监视状态</td></tr>
<tr><td rowspan="2">恒定湿热(运行)试验</td><td>温度/℃</td><td>相对湿度/%</td><td>持续时间/d</td><td>工作状态</td></tr>
<tr><td>40±2</td><td>90～95</td><td>4</td><td>正常监视状态</td></tr>
<tr><td rowspan="2">恒定湿热(耐久)试验</td><td>温度/℃</td><td>相对湿度/%</td><td>持续时间/d</td><td>工作状态</td></tr>
<tr><td>40±2</td><td>90～95</td><td>21</td><td>不通电状态</td></tr>
</table>

4.8　气候环境耐受性

消防设备电源监控系统及系统内的各设备应能耐受表 2 所规定的气候条件下的各项试验。试验期间,处于通电状态的各设备应保持正常监视状态;试验后,应无破坏涂覆和腐蚀现象,基本功能应与试验前保持一致。

4.9 机械环境耐受性

消防设备电源监控系统及系统内的各设备应能耐受表3中所规定的机械环境条件下的各项试验。试验期间，处于通电状态的各设备应保持正常监视状态；试验后，不应有机械损伤和紧固部位松动现象，基本功能应与试验前保持一致。

表3 机械环境条件

<table>
<tr><td>试验名称</td><td colspan="6">试验条件</td></tr>
<tr><td rowspan="2">振动(正弦)(运行)试验</td><td>频率循环范围/Hz</td><td>加速幅值/(m/s²)</td><td>扫频速率/(oct/min)</td><td>每个轴线扫频/次数</td><td>振动方向</td><td>工作状态</td></tr>
<tr><td>10～150</td><td>0.981</td><td>1</td><td>1</td><td>X、Y、Z</td><td>正常监视状态</td></tr>
<tr><td rowspan="2">振动(正弦)(耐久)试验</td><td>频率循环范围/Hz</td><td>加速幅值/(m/s²)</td><td>扫频速率/(oct/min)</td><td>每个轴线扫频/次数</td><td>振动方向</td><td>工作状态</td></tr>
<tr><td>10～150</td><td>4.905</td><td>1</td><td>20</td><td>X、Y、Z</td><td>不通电状态</td></tr>
<tr><td rowspan="2">碰撞试验</td><td colspan="3">碰撞能量/J</td><td colspan="2">碰撞次数</td><td>工作状态</td></tr>
<tr><td colspan="3">0.5±0.04</td><td colspan="2">3</td><td>正常监视状态</td></tr>
</table>

5 试验方法

5.1 总则

5.1.1 试验程序见表4。

5.1.2 试验前，制造商应提供2个试验样品(以下简称试样)及相关附件、负载等，并在试验前予以编号。

5.1.3 试验应在下述大气条件下进行：

——温度：15 ℃～35 ℃；

——湿度：25% RH～75% RH；

——大气压力：86 kPa～106 kPa。

5.1.4 试验数据的容差为±5%。环境条件参数偏差应符合GB 16838要求。

5.1.5 试验前，对试样均应进行外观检查、主要部件检查和防护性能检查，符合要求后方可进行试验。

5.2 监控器基本功能试验

5.2.1 将试样连接两个以上的真实传感器，其他回路可分别连接等效负载，接通电源，使试样处于正常监视状态。

5.2.2 接通试样的主电源，观察并记录试样的工作状态。

5.2.3 断开试样的主电源，按要求观察并记录试样在备用电源供电状态下的工作状态。

5.2.4 观察试样显示所监控的电源的实时工作状态信息，记录试样的工作状态。

5.2.5 模拟各种故障情况，观察并记录试样的工作状态。

5.2.6 操作试样自检机构，观察并记录试样的工作状态。

5.2.7 模拟多种信息共同存在的工作状态，观察并记录试样的工作状态。

5.2.8 检查使用说明书中描述的其他功能。

表 4 试验程序

序号	章条	试验项目	编号	
			1	2
1	5.2	监控器基本功能试验	√	√
2	5.3	电压传感器基本功能试验	√	√
3	5.4	电流传感器基本功能试验	√	√
4	5.5	电压/电流传感器基本功能试验	√	√
5	5.6	绝缘电阻试验		√
6	5.7	电气强度试验		√
7	5.8	射频电磁场辐射抗扰度试验	√	
8	5.9	射频场感应的传导骚扰抗扰度试验	√	
9	5.10	静电放电抗扰度试验	√	
10	5.11	电快速瞬变脉冲群抗扰度试验	√	
11	5.12	浪涌(冲击)抗扰度试验	√	
12	5.13	电压暂降、短时中断和电压变化的抗扰度试验	√	
13	5.14	电源瞬变试验	√	
14	5.15	低温(运行)试验	√	
15	5.16	恒定湿热(运行)试验	√	
16	5.17	恒定湿热(耐久)试验		√
17	5.18	振动(正弦)(运行)试验	√	
18	5.19	振动(正弦)(耐久)试验	√	
19	5.20	碰撞试验		√

5.3 电压传感器基本功能试验

5.3.1 将试样与监控器连接,接通电源,使试样处于正常监视状态。

5.3.2 按制造商提供的工作范围波动标准电压信号,观察并记录试样的输出参数和采集数值。

5.3.3 检查使用说明书中描述的其他功能。

5.4 电流传感器基本功能试验

5.4.1 将试样与监控器连接,接通电源,使试样处于正常监视状态。

5.4.2 按制造商提供的工作范围波动标准电压信号,观察并记录试样的输出参数和采集数值。

5.4.3 检查使用说明书中描述的其他功能。

5.5 电压/电流传感器基本功能试验

5.5.1 将试样与监控器连接,接通电源,使试样处于正常监视状态。

5.5.2 按制造商提供的工作范围波动标准电压/电流信号,观察并记录试样的输出参数和采集数值。

5.5.3 检查使用说明书中描述的其他功能。

5.6 绝缘电阻试验

5.6.1 试验步骤

5.6.1.1 将试样有绝缘要求的外部带电端子短接后，连接到绝缘电阻试验装置的正极输出端，机壳接到绝缘电阻试验装置的负极输出端。

5.6.1.2 施加 500 V±50 V 直流电压，持续 60 s±5 s 后，记录绝缘电阻值。

5.6.1.3 将试样电源插头(或电源接线端子)短接后，连接到绝缘电阻试验装置的正极输出端，机壳接到绝缘电阻试验装置的负极输出端。

5.6.1.4 施加 500 V±50 V 直流电压，持续 60 s±5 s 后，记录绝缘电阻值。

5.6.2 试验设备

采用满足下述技术要求的绝缘电阻试验装置(也可用兆欧表或摇表测试)：

a) 试验电压：500 V±50 V；

b) 测量范围：0 MΩ～500 MΩ；

c) 最小分度：0.1 MΩ；

d) 记时：60 s±5 s。

5.7 电气强度试验

5.7.1 试验步骤

5.7.1.1 试验前，将试样的接地保护元件拆除。

5.7.1.2 通过试验装置，以 100 V/s～500 V/s 的升压速率，对试样的电源线与机壳间施加 50 Hz、1 250 V(有效值电压)的试验电压，持续 60 s±5 s，观察并记录试验中所发生的现象。

5.7.1.3 以 100 V/s～500 V/s 的降压速率使电压降至低于额定电压值，切断试验装置的电压输出。

5.7.1.4 接通试样电源，使其处于正常监视状态。

5.7.1.5 进行基本功能试验，并与试验前的基本功能相比较。

5.7.2 试验设备

采用满足下述条件的试验装置：

a) 试验电压：电压 0 V～1 250 V(有效值)连续可调，频率 50 Hz；

b) 升、降压速率：100 V/s～500 V/s；

c) 计时：60 s±5 s，击穿电流：20 mA。

5.8 射频电磁场辐射抗扰度试验

5.8.1 试验步骤

5.8.1.1 按 GB/T 17626.3 的规定进行试验布置，接通试样电源，使其处于正常监视状态，保持 20 min。

5.8.1.2 按 GB/T 17626.3 规定的试验方法对试样施加表 1 所示条件的电磁干扰试验，观察并记录试样的工作状态。

5.8.1.3 进行基本功能试验，并与试验前的基本功能相比较。

5.8.2 试验设备

采用符合 GB/T 17626.3 相关规定的试验设备。

5.9 射频场感应的传导骚扰抗扰度试验

5.9.1 试验步骤

5.9.1.1 按 GB/T 17626.6 的规定进行试验配置，接通试样电源，使其处于正常监视状态，保持20 min。

5.9.1.2 按 GB/T 17626.6 规定的试验方法对试样施加表 1 所示条件的电磁干扰试验，观察并记录试样的工作状态。

5.9.1.3 进行基本功能试验，并与试验前的基本功能相比较。

5.9.2 试验设备

采用符合 GB/T 17626.6 相关规定的试验设备。

5.10 静电放电抗扰度试验

5.10.1 试验步骤

5.10.1.1 按 GB/T 17626.2 的规定进行试验布置，接通试样电源，使其处于正常监视状态，保持20 min。

5.10.1.2 按 GB/T 17626.2 规定的试验方法对试样及耦合板施加表 1 所示条件的电磁干扰试验，观察并记录试样的工作状态。

5.10.1.3 进行基本功能试验，并与试验前的基本功能相比较。

5.10.2 试验设备

采用符合 GB/T 17626.2 相关规定的试验设备。

5.11 电快速瞬变脉冲群抗扰度试验

5.11.1 试验步骤

5.11.1.1 按 GB/T 17626.4 的规定进行试验配置，接通试样电源，使其处于正常监视状态，保持20 min。

5.11.1.2 按 GB/T 17626.4 规定的试验方法对试样施加表 1 所示条件的电磁干扰试验。试验期间观察并记录试样的工作状态。

5.11.1.3 进行基本功能试验，并与试验前的基本功能相比较。

5.11.2 试验设备

采用符合 GB/T 17626.4 相关规定的试验设备。

5.12 浪涌(冲击)抗扰度试验

5.12.1 试验步骤

5.12.1.1 按 GB/T 17626.5 的规定进行试验配置，接通试样电源，使其处于正常监视状态，保持20 min。

5.12.1.2 按 GB/T 17626.5 规定的试验方法对试样施加表 1 所示条件的电磁干扰试验，观察并记录试样的工作状态。

5.12.1.3 进行基本功能试验，并与试验前的基本功能相比较。

5.12.2 试验设备

采用符合 GB/T 17626.5 相关规定的试验设备。

5.13 电压暂降、短时中断和电压变化的抗扰度试验

5.13.1 试验步骤

5.13.1.1 按正常监视状态要求，将试样与负载连接，连接试样到主电压暂降和中断试验装置上，使其处于正常监视状态。

5.13.1.2 使主电压下滑至供电电压的 40%，持续 20 ms，重复进行 10 次；再将使主电压下滑至 0 V，持续 10 ms，重复进行 10 次，观察并记录试样的工作状态。

5.13.1.3 进行基本功能试验，并与试验前的基本功能相比较。

5.13.2 试验设备

采用符合 GB/T 17626.11 相关规定的试验设备。

5.14 电源瞬变试验

5.14.1 试验步骤

5.14.1.1 按正常监视状态要求，将试样与负载连接，连接试样到电源瞬变试验装置，使其处于正常监视状态。

5.14.1.2 开启试验装置，使试样主电源按“通电(9 s)～断电(1 s)”的固定程序连续通断 500 次，观察并记录试样的工作状态。

5.14.1.3 进行基本功能试验，并与试验前的基本功能相比较。

5.14.2 试验设备

采用能够满足 5.14.1.2 试验条件的试验装置。

5.15 低温(运行)试验

5.15.1 试验步骤

5.15.1.1 将试样在正常大气条件下放置 2 h～4 h。然后按正常监视状态要求，将试样与负载连接，接通电源。

5.15.1.2 调节试验箱温度，使其在 20 ℃±2 ℃温度下保持 30 min±5 min，然后，以不大于 1 ℃/min 的速率降温至 0 ℃±3 ℃。

5.15.1.3 在 0 ℃±3 ℃温度条件下，保持 16 h 后进行基本功能试验。

5.15.1.4 调节试验箱温度，使其以不大于 1 ℃/min 的速率升温至 20 ℃±2 ℃，并保持 30 min±5 min。

5.15.1.5 取出试样，在正常大气条件下放置 1 h～2 h。

5.15.1.6 检查试样表面涂覆情况。

5.15.1.7 进行基本功能试验，并与试验前的基本功能相比较。

5.15.2 试验设备

采用符合 GB 16838 相关规定的试验设备。

5.16 恒定湿热(运行)试验

5.16.1 试验步骤

5.16.1.1 将试样在正常大气的条件下放置 2 h～4 h。然后按正常监视状态要求,将试样与负载连接,接通电源,使其处于正常监视状态。

5.16.1.2 调节试验箱,使温度为 40 ℃±2 ℃,相对湿度 90%～95%(先调节温度,当温度达到稳定后再加湿),保持 4 d 后进行基本功能试验。

5.16.1.3 取出试样,在正常大气条件下,处于正常监视状态 1 h～2 h。

5.16.1.4 检查试样表面涂覆情况。

5.16.1.5 进行基本功能试验,并与试验前的基本功能相比较。

5.16.2 试验设备

采用符合 GB 16838 相关规定的试验设备。

5.17 恒定湿热(耐久)试验

5.17.1 试验步骤

5.17.1.1 在不通电的情况下,将试样置于试验箱内。

5.17.1.2 调节试验箱,使温度为 40 ℃±2 ℃,相对湿度 90%～95%(先调节温度,当温度达到稳定后再加湿),保持 21 d。

5.17.1.3 取出试样,在正常大气条件下,恢复 12 h。

5.17.1.4 检查试样表面涂覆情况。

5.17.1.5 接通电源,连接负载,使其处于正常监视状态。

5.17.1.6 进行基本功能试验,并与试验前的基本功能相比较。

5.17.2 试验设备

采用符合 GB 16838 相关规定的试验设备。

5.18 振动(正弦)(运行)试验

5.18.1 试验步骤

5.18.1.1 将试样按正常安装方式刚性安装,使同方向的重力作用和其使用时一样(重力影响可忽略时除外),试样在上述安装方式下可放于任何高度。接通电源,使试样处于正常监视状态。

5.18.1.2 依次在三个互相垂直的轴线上,在 10 Hz～150 Hz 的频率循环范围内,以 0.981 m/s^2 的加速度幅值,1 oct/min 的扫频速率,各进行 1 次扫频循环。

5.18.1.3 检查试样外观及紧固部位。

5.18.1.4 进行基本功能试验,并与试验前的基本功能相比较。

5.18.2 试验设备

采用符合 GB 16838 相关规定的试验设备(振动台及夹具)。

5.19 振动(正弦)(耐久)试验

5.19.1 试验步骤

5.19.1.1 在不通电的情况下,将试样按正常安装方式刚性安装(重力影响可忽略时除外),试样在上述安装方式下可放于任何高度。

5.19.1.2 依次在三个互相垂直的轴线上，在 10 Hz～150 Hz 的频率循环范围内，以 4.905 m/s^2 的加速度幅值，1 oct/min 的扫频速率，各进行 20 次扫频循环。

5.19.1.3 检查试样外观及紧固部位。

5.19.1.4 接通电源，连接负载，使其处于正常监视状态。

5.19.1.5 进行基本功能试验，并与试验前的基本功能相比较。

5.19.2 试验设备

采用符合 GB 16838 相关规定的试验设备(振动台及夹具)。

5.20 碰撞试验

5.20.1 试验步骤

5.20.1.1 将试样与负载连接，接通电源，使其处于正常监视状态。

5.20.1.2 对试样表面上的每个易损部件施加 3 次能量为 0.5 J±0.04 J 的碰撞。在进行试验时应小心进行，以确保上一组(3 次)碰撞的结果不对后续各组碰撞的结果产生影响，在认为可能产生影响时，应不考虑发现的缺陷，取一新的试样，在同一位置重新进行碰撞试验。观察并记录试样的工作状态。

5.20.1.3 进行基本功能试验，并与试验前的基本功能相比较。

5.20.2 试验设备

采用符合 GB 16838 相关规定的试验设备。

6 检验规则

6.1 产品出厂检验

企业在产品出厂前应对消防设备电源监控系统进行下述试验项目的检验：

a) 基本功能试验；

b) 绝缘电阻试验；

c) 电气强度试验。

6.2 型式检验

6.2.1 型式检验项目为 5.1.5、5.2～5.20 规定的试验项目。检验样品在出厂检验合格的产品中抽取。

6.2.2 有下列情况之一时，应进行型式检验：

a) 新产品或老产品转厂生产时的试制定型；

b) 正式生产后，产品的结构、主要部(器)件或元器件、生产工艺等有较大的改变，可能影响产品性能或正常生产满 4 年；

c) 产品停产 1 年以上，恢复生产；

d) 出厂检验结果与上次型式检验结果差异较大；

e) 发生重大质量事故。

6.2.3 按 GB 12978 中规定的型式检验结果判定方法进行判定。

7 标志和使用说明书

7.1 产品标志

消防设备电源监控系统应有清晰、耐久的产品标志，产品标志应包括以下内容：

a） 产品名称；

b） 执行标准代号；

c） 制造商名称或商标；

d） 型号；

e） 接线柱标注；

f） 主要技术参数(传感器探测范围等)；

g） 制造日期、产品编号、产地和监控器内软件版本号。

7.2 质量检验标志

每套消防设备电源监控系统均应有质量检验合格标志。

7.3 使用说明书

消防设备电源监控系统内各设备应有相应的中文使用说明书,使用说明书的内容应符合GB/T 9969的规定,并与产品性能一致。

ICS 91.140.60
P 40

中华人民共和国国家标准

GB/T 28185—2011

城镇供热用换热机组

Urban heating unit with heat exchanger

2011-12-30 发布　　2012-10-01 实施

中华人民共和国国家质量监督检验检疫总局
中国国家标准化管理委员会　发布

前 言

本标准按照 GB/T 1.1—2009 给出的规则起草。

本标准由中华人民共和国住房和城乡建设部提出。

本标准由全国城镇供热标准化技术委员会(SAC/TC 455)负责归口。

本标准起草单位:中国市政工程华北设计研究总院、城市建设研究院、天津市热电设计院、沈阳太宇机电设备有限公司、大连优力特换热设备制造有限公司、北京硕人时代科技有限公司、丹佛斯公司、天津艾耐尔热能设备有限公司、兰州兰石换热设备有限责任公司、辽阳北方换热设备制造有限公司、山东鲁润热能科技有限公司、北京格尔合力能源科技发展有限公司、天津市津能双鹤热力设备有限公司、哈瓦特换热机组(北京)有限公司、大连九圆热交换设备制造有限公司。

本标准主要起草人:王淮、廖荣平、杨健、黄鸾、邵慧发、信岩、史登峰、吴炜杰、刘毅、董强林、曹瑾、房玉刚、白文玉、何玉立、童文付、朱辉。

城镇供热用换热机组

1 范围

本标准规定了换热机组的术语和定义、型号、一般规定、要求、试验方法、检验规则、标志、使用说明书和产品合格证、标志、包装、运输和贮存要求。

本标准适用于供热(冷)等换热系统中使用的换热机组。

2 规范性引用文件

下列文件对于本文件的应用是必不可少的。凡是注日期的引用文件,仅注日期的版本适用于本文件。凡是不注日期的引用文件,其最新版本(包括所有的修改单)适用于本文件。

GB 151 管壳式换热器

GB/T 700—2006 碳素结构钢

GB/T 706—2006 热轧型钢

GB/T 2887 电子计算机场地通用规范

GB 3096 声环境质量标准

GB 4208 外壳防护等级(IP 代码)

GB/T 5657 离心泵技术条件(Ⅲ类)

GB 7251.1 低压成套开关设备和控制设备 第1部分:型式试验和部分型式试验 成套设备

GB 7251.2 低压成套开关设备和控制设备 第2部分:对母线干线系统(母线槽)的特殊要求

GB 7251.3 低压成套开关设备和控制设备 第3部分:对非专业人员可进入场地的低压成套开关设备和控制设备-配电板的特殊要求

GB 7251.4 低压成套开关设备和控制设备 第4部分:对建筑工地用成套设备(ACS)的特殊要求

GB/T 8163—2008 输送流体用无缝钢管

GB/T 8923—1988 涂装前钢材表面锈蚀等级和除锈等级

GB/T 9112—2010 钢制管法兰 类型与参数

GB/T 9969 工业产品使用说明书 总则

GB/T 12233 通用阀门 铁制截止阀与升降式止回阀

GB/T 12236 石油、化工及相关工业用的钢制旋启式止回阀

GB/T 12237 石油、石化及相关工业用的钢制球阀

GB/T 12238 法兰和对夹连接弹性密封蝶阀

GB/T 12243 弹簧直接载荷式安全阀

GB/T 12459—2005 钢制对焊无缝管件

GB/T 12668.2 调速电气传动系统 第2部分 一般要求 低压交流变频电气传动系统额定值的规定

GB 12706.1 额定电压1 kV(U_m=1.2 kV)到35 kV(U_m=40.5 kV) 挤包绝缘电力电缆及附件 第1部分:额定电压1 kV(U_m=1.2 kV)和3 kV(U_m=3.6 kV) 电缆

GB 12706.2 额定电压1 kV(U_m=1.2 kV)到35 kV(U_m=40.5 kV) 挤包绝缘电力电缆及附

件　第 2 部分：额定电压 6 kV(U_m=7.2 kV)到 30 kV(U_m=36 kV)　电缆

GB 12706.3　额定电压 1 kV(U_m=1.2 kV)到 35 kV(U_m=40.5 kV)　挤包绝缘电力电缆及附件　第 3 部分：额定电压 35 kV(U_m=40.5 kV)　电缆

GB/T 12712　蒸汽供热系统凝结水回收及蒸汽疏水阀技术管理要求

GB/T 13384　机电产品包装通用技术条件

GB/T 14549　电能质量　公用电网谐波

GB 16409　板式换热器

GB 50015　建筑给水排水设计规范

GB 50054　低压配电设计规范

GB 50093　自动化仪表工程施工及验收规范

GB 50169　电气装置安装工程　接地装置施工及验收规范

GB 50174　电子信息系统机房设计规范

GB 50236—2011　现场设备、工业管道焊接工程施工规范

GB 50264　工业设备及管道绝热工程设计规范

CJJ 34　城镇供热管网设计规范

CJ 128　热量表

CJ/T 3047　半即热式换热器

JB/T 8680.2　三相异步电动机技术条件　第 2 部分：Y2-E 系列(IP54)三相异步电动机(机座号 80～280)

3　术语和定义

下列术语和定义适用于本文件。

3.1

换热机组　heat exchanger unit

由换热器、水泵、变频器、过滤器、阀门、电控柜、仪表、控制系统及附属设备等组成，以实现流体间热量交换的整体换热装置。

3.2

一次侧　primary circuit side

指热量或冷量的提供侧。

3.3

二次侧　secondary circuit side

指热量或冷量的接收侧。

3.4

汽-水换热机组　steam-water heat exchanger units

一次侧介质为蒸汽、二次侧介质为水的换热机组。

3.5

水-水换热机组　water-water heat exchanger units

一次侧、二次侧介质均为水的换热机组。

4　型号

4.1　型号编制

产品型号编制方法应符合下列规定：

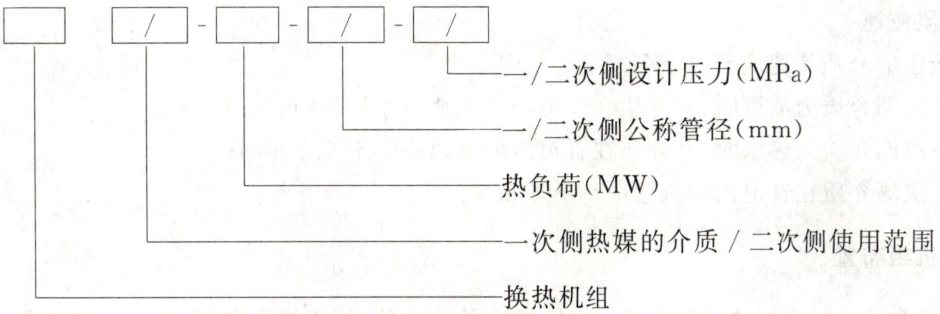

4.2 型号含义

换热机组型号含义如下：

a) 型号中第1位表示换热机组，用“换热器”和“机组”头两个字的汉语拼音大写字头表示。板式换热器机组—“BJ”，管壳式换热器机组—“GJ”，半即热式换热器机组—“JJ”；

b) 第2位表示一次侧热媒的介质和二次侧使用范围。一次侧热媒的介质：热水—“R”，蒸汽—“Q”，冷水—“L”；二次侧使用范围：生活热水系统—“S”，空调系统—“K”，散热器采暖系统—“C”，地板辐射采暖系统—“F”。当二次侧使用范围有两种以上时，字母之间用“·”隔开；

c) 第3位表示额定热负荷(MW)；

d) 第4位表示一、二次侧公称管径(mm)；

e) 第5位表示一、二次侧设计压力(MPa)。

4.3 型号示例

BJ R/C-4.0-100/125-1.6/0.6

表示：板式换热机组，一次侧热媒的介质为高温热水，用于散热器采暖系统，热负荷为4.0 MW，一次侧管径DN 100，二次侧管径DN 125，一次侧设计压力1.6 MPa，二次侧设计压力0.6 MPa。

5 一般规定

5.1 基本参数

5.1.1 换热机组的额定热负荷宜为0.1 MW～7 MW。

5.1.2 换热机组的设计温度和设计压力应符合表1的规定。

表1 换热机组的设计温度和设计压力

项目		设计温度/℃		设计压力/MPa
		供水(汽)	回水	
一次侧	蒸汽	≤350	—	≤1.6
	热水	≤200	—	≤2.5
	空调冷水	≥0	—	≤1.6
二次侧	散热器采暖	≤95	≤70	—
	生活热水	≤60	—	—
	空调热水	60	50	—
	空调冷水	7	12	—
	地板辐射采暖	≤60	—	—

5.1.3 介质流速

换热机组的介质流速应符合下列规定：

a) 一次侧介质为蒸汽时，其介质在管道内的流速应小于 50 m/s；

b) 一次侧介质为热水时，其介质在管道内的流速应小于 2.5 m/s；

c) 二次侧介质在管道内的流速应小于 3 m/s。

5.2 换热机组布置

5.2.1 设备和管路的布置应结构合理、布线规范、检修方便、便于操作和观测，管道接口应流畅、阻力损失小。

5.2.2 换热器的两侧应留出维修空间。

5.2.3 换热器二次侧的入口和出口宜设置带阀门的旁通管道，其管径宜与水泵出口管径相同。

5.2.4 循环水泵电机功率大于 15 kW 的换热机组，在循环水泵的入口和出口应设置 1 个带止回阀的旁通管，其管径宜与循环水泵的出口管径相同。

5.2.5 在水-水换热机组中，一次侧应设置电动调节阀（或分布式变频水泵）和热量表，电动调节阀宜设置在供水管上，热量表宜设置在回水管上。

5.2.6 在汽-水换热机组中，一次侧的蒸汽管上应装设电动调节阀和流量计，电动调节阀的前后应设置阀门，并宜设置带阀门的旁通管道。

5.2.7 换热机组的二次侧宜设置流量计，流量计应安装在二次侧供水管上。补水侧应设置流量计。

5.2.8 在汽-水换热机组中，应设置能连续排水的疏水阀，疏水阀的选型应符合 GB/T 12712 的规定。

5.2.9 采暖系统和空调系统的换热机组补水点宜设置在循环水泵入口处。

5.2.10 换热机组应设置固定的吊装点，吊装点宜设置在机组的底座上，且应按照重心平衡选取吊装位置。

5.2.11 在一次侧的供水管道、二次侧的回水管道上（循环水泵入口处）应设置过滤器。

5.3 控制和测量

5.3.1 换热机组控制系统应由传感器、控制器、执行机构及通信系统组成。换热机组工艺控制流程应符合附录 A 的规定。

5.3.2 传感器应包括温度传感器（或温度变送器）、压力变送器、差压变送器、流量计、热量表、液位开关（或液位传感器）和温度开关。

5.3.3 执行机构应包括电动调节阀、变频器和电磁阀等。

5.3.4 换热机组监控应包括下列采集参数：

——一、二次侧的供、回水温度或蒸汽温度；

——一、二次侧的供、回水压力或蒸汽压力；

——一、二次侧过滤器前后的压差；

——一次侧瞬时热量、瞬时流量、累计热量、累计流量；

——二次侧瞬时流量、累计流量；

——补水流量、补水箱水位；

——循环水泵和补水泵的运行状态、故障状态及频率反馈信号等；

——电动调节阀的阀位反馈信号；

——电量信号采集：电压、电流、电量；

——室外温度。

5.3.5 换热机组报警联锁应符合下列规定：

a） 换热机组控制器应具有超温报警、超压报警、欠压报警功能，报警信号应上传至监控中心；

b） 换热机组控制器应具有对二级网超高压联锁保护、超低压联锁保护、超高温联锁保护；

c） 换热机组控制器应具有断电保护功能；

d） 当系统超过设定压力时应自动泄水；

e） 换热机组控制器应具有水箱液位指示、报警及联锁保护功能；

f） 换热机组控制器宜具有二级网防汽化联锁保护功能。

5.3.6 换热机组温度控制应满足下列规定：

a） 用于采暖的换热机组二次侧的供水温度、回水温度或供回水平均温度应能自动实现气候补偿控制，并能手动设定二次侧的供水温度、回水温度或供回水平均温度的给定值；

b） 用于采暖的水-水换热机组应能限制一次侧回水温度；

c） 用于空调和生活热水的换热机组应能调节一次侧流量控制二次侧供水温度；

d） 可根据时段来自动调整采暖和空调换热机组二次侧的供水温度、回水温度或供回水平均温度；

e） 换热机组温度控制精度不应低于±2 ℃。

5.3.7 换热机组压力控制应满足下列规定：

a） 换热机组应根据二次侧供水压力或供、回水压差调节二次侧流量；并能手动设定二次侧的供水压力或供回水压差；

b） 取压点位置应设置在换热机组的系统最不利用户的供、回水管上或在二次侧进出口管上；

c） 压力或压差控制精度不应低于±10 kPa。

5.3.8 换热机组应具有自动定压补水控制。

5.3.9 生活热水系统的循环水泵应由生活水的温度或时间装置控制泵的启停。

5.3.10 换热机组网络通信应符合下列规定：

a） 换热机组控制器应能实现与监控中心双向数据传输功能；

b） 通信应采用国际标准通用接口及协议；

c） 通信网络宜采用公共网络资源。

5.4 设备及附件

5.4.1 换热器

5.4.1.1 换热器的面积应按式(1)计算。

$$F=\frac{Q_n}{K\times\Delta t_m}\times10^{-3} \qquad \cdots\cdots(1)$$

式中：

F ——换热器的理论计算面积，单位为平方米(m^2)；

Q_n ——设计热负荷，单位为千瓦(kW)；

K ——传热系数，单位为瓦每平方米·度[W/(m^2·℃)]；

Δt_m——换热器的对数平均温差，单位为度(℃)。

5.4.1.2 单一工况下换热器不宜超过 2 台并联运行。

5.4.1.3 板式换热器应符合 GB 16409 的规定。

5.4.1.4 管壳式换热器应符合 GB 151 的规定，管壳式换热器的换热管宜采用强化传热管。

5.4.1.5 半即热式换热器应符合 CJ/T 3047 的规定。

5.4.2 循环水泵

5.4.2.1 循环水泵应符合 GB/T 5657 的规定。

5.4.2.2 循环水泵的进出口应设置软接头，循环水泵应有减振措施。

5.4.2.3 采暖系统和空调系统的循环水泵应采用变频控制，并联运行的循环泵均应设置变频器。变频器应符合5.4.4的规定。

5.4.2.4 采暖系统、空调系统循环水泵的流量应满足所有热用户设计流量之和，按式(2)计算。

$$G=\frac{3.6Q_n}{C_p(t_2-t_1)} \qquad \cdots\cdots(2)$$

式中：

G ——循环水泵流量，单位为吨每小时(t/h)；

t_1 ——二次侧循环水回水温度，单位为度(℃)；

t_2 ——二次侧循环水供水温度，单位为度(℃)；

Q_n ——设计热负荷，单位为千瓦(kW)；

C_p ——二次侧循环水的比热容，单位为千焦每千克·度[kJ/(kg·℃)]。

5.4.2.5 采暖系统、空调系统循环水泵的扬程应满足热力站内设备和管路、二级网和最不利热用户内部系统阻力之和，按式(3)计算。

$$H_0=H_1+H_2+H_3+H_4 \qquad \cdots\cdots(3)$$

式中：

H_0——循环水泵的扬程，单位为千帕(kPa)；

H_1——换热机组二次侧阻力，单位为千帕(kPa)；

H_2——热力站内部管道二次侧阻力，单位为千帕(kPa)；

H_3——二次侧室外管路最不利环路的阻力，单位为千帕(kPa)；

H_4——最不利用户内部系统阻力，单位为千帕(kPa)。

5.4.2.6 生活热水系统的循环水泵应按GB 50015的规定选取。

5.4.2.7 换热机组内的循环水泵不宜超过2台，可不设置备用泵。

5.4.2.8 水泵所配电机应符合JB/T 8680.2的规定，电机应能与水泵的容量配套运行。

5.4.2.9 电机的额定电压应为(380±19)V，电源频率应为(50±0.5)Hz。

5.4.2.10 电机应有密封的接线盒，接线端子应连接每个绕组的末端，电机防护等级为IP54，绕组绝缘为F级，并保护接地。

5.4.3 补水泵

5.4.3.1 采暖系统、空调系统的换热机组应采用补水泵变频自动补水，变频器应符合5.4.4的规定。

5.4.3.2 补水泵应符合GB/T 5657的规定。

5.4.3.3 补水泵的电机应符合5.4.2.8～5.4.2.10的规定。

5.4.3.4 补水泵的流量：采暖系统应为循环水量的4%，空调系统应为循环水量的2%。

5.4.3.5 补水泵的扬程应按式(4)确定。

$$H=H_b+H_x+H_y-h+h_0 \qquad \cdots\cdots(4)$$

式中：

H ——补水泵的扬程，单位为千帕(kPa)；

H_b——系统补水点的压力，单位为千帕(kPa)；

H_x——补水泵的吸入管路阻力，单位为千帕(kPa)；

H_y——补水泵的出水管路阻力，单位为千帕(kPa)；

h ——补水箱最低水位高出系统补水点所产生的静压，单位为千帕(kPa)；

h_0 ——补水泵扬程计算富裕量，单位为千帕(kPa)。h_0可按30 kPa～50 kPa取值。

5.4.3.6 换热机组内的补水泵宜设置1台。

5.4.4 变频器

5.4.4.1 变频器应符合 GB/T 12668.2 的规定。

5.4.4.2 变频器应符合电机容量和负载特性(专用于泵和风机类负载)的规定。

5.4.4.3 变频器宜配置进线谐波滤波器,谐波电压畸变率应满足 GB/T 14549 的规定。

5.4.4.4 变频器的额定值应符合下列规定:

a) 功率因数:$\cos\phi > 0.95$;

b) 频率控制范围:0 Hz~50Hz;

c) 频率精度:0.5%;

d) 过载能力:110%,且不小于 60 s;

e) 防护等级:不低于 IP20。

5.4.4.5 变频器应有下列保护功能:

——过载保护;

——过电压保护;

——瞬间停电保护;

——输出短路保护;

——欠电压保护;

——接地故障保护;

——过电流保护;

——内部温升保护;

——欠相保护。

5.4.4.6 变频器应具有模拟量及数字量的输入输出(I/O)信号,所有模拟量信号应为国际标准信号。

5.4.4.7 用于补水泵的变频器应具有睡眠功能。

5.4.4.8 变频器的操作面板应有下列功能:

——启动、停止;

——参数的设定和修改;

——显示设定点和运行参数;

——显示故障参数并声光报警;

——变频器前的操作面板上应有文字说明。

5.4.5 监控设备、仪器

5.4.5.1 控制器应具有以下功能:

——数据采集、控制调节和参数设置功能;

——人机界面、系统组态功能;

——控制器应具有与监控中心数据双向通信功能;

——日历时钟的功能;

——自动诊断、故障报警和掉电自恢复、不丢失数据功能;

——应具数据存储、数据运算和数据过滤功能;

——控制器的各种输入输出通道应具备可扩展功能。

5.4.5.2 控制器环境应符合下列规定:

——防护等级不应低于 IP20;

——存储温度:−20 ℃~70 ℃;

——运行温度:0 ℃~40 ℃;

——相对湿度：5%～90%(无结露)。

5.4.5.3 温度传感器/变送器应符合下列规定：

——测量误差不应大于±1 ℃；

——防护等级不应低于 IP54；

——温度传感器应能在线拆装。

5.4.5.4 压力变送器应符合下列规定：

——压力测量范围应满足被测参数设计要求，传感器测量精度不应低于±0.5%；

——防护等级不应低于 IP54。

5.4.5.5 热量表和流量计应符合下列规定：

——热量表应符合 CJ 128 的规定；

——热量表和流量计应具有标准信号输出或应具有标准通讯接口及采用标准通讯协议。

5.4.5.6 温度计及压力表应符合下列规定：

a) 温度计精度不应低于 1.5 级，压力表精度不应低于 1.5 级；

b) 安装位置应反映真实测量值，且应易于读取和方便维护；

c) 应按被测参数的误差要求和量程范围选用，最高测量值不应超过仪表上限量程值的 70%。

5.4.5.7 电动调节阀及执行器应符合下列规定：

a) 调节阀应具有对数流量特性或线性流量特性；

b) 电动调节阀应具有手动调节装置；

c) 应按系统的介质类型、温度和压力等级选定阀体材料，满足运行和安全要求；

d) 阀门可调比率不应低于 30，不能满足时应采用多阀并联；

e) 电动调节阀在调节过程中阀权度应不低于 0.3，且应无汽蚀现象发生，阀权度按式(5)计算：

$$H=\frac{\Delta P_k}{\Delta P_s} \quad \cdots\cdots\cdots\cdots (5)$$

式中：

H ——阀权度；

ΔP_k——阀门全开时阀两端的压降，单位为千帕(kPa)；

ΔP_s——阀门全开时换热机组一次侧压降，单位为千帕(kPa)。

f) 蒸汽系统和高温水系统上使用的电动调节阀应具有断电自动关闭的功能；

g) 外壳防护等级不应低于 IP54。

5.4.6 电控柜

5.4.6.1 电控柜应具有与机组控制器相结合实现自动检测、自动控制、声光报警和联锁保护及主动上传报警信号等功能。

5.4.6.2 现场电控柜应符合下列规定：

a) 电控柜应符合 GB 7251.1～GB 7251.4 和 GB 4208 的规定；

b) 柜体防护等级不应低于 IP41；

c) 绝缘电压不应小于 1 000 V；

d) 防尘应采用正压风扇和过滤层；

e) 柜门上应设置变频调速用触摸式手操器，应能调节各种参数，装有电压表、电流表、电机起停/急停控制按钮、信号灯、故障报警灯、电源工作指示灯等；

f) 应根据工艺要求具备本柜控制、机旁就地控制、计算机控制、多地控制选择功能，并应具备无源开关量；

g) 电源、电机起停/急停、故障报警信号触头容量不应小于 5 A(220 V)；

h) 柜内应设置散热与检修照明、门控照明灯、联控排风扇等；

i) 在环境温度 0 ℃～30 ℃，相对湿度 90%下应能正常工作；

j) 现场应有人机界面。

5.4.6.3 电控柜应具有下列保护功能：

——短路保护；

——接地保护；

——过载保护；

——缺相保护；

——报警。

5.4.6.4 电控柜配电系统应符合下列规定：

a) 电控柜系统电压应为 380 V/220 V 且中性点接地的系统，短路电流能力应为 50 kA/s，380 V/50 Hz 相与相之间，220 V/50 Hz 相对中性点之间；

b) 配电系统保护接地型式应采用 TN-S 系统，PE 线不得串接，额定绝缘电压应大于 500 V。换热机组的接地保护装置应符合附录 B 的规定；

c) 电力进线宜采用交流三相四线制，应配置具有隔离功能的三极进线主开关(空气断路器或负荷隔离开关)以及电压表、电流表、电流互感器。根据需要配置三极或单极空气断路器、交流接触器、热继电器、中间继电器、控制按钮、指示信号灯等元器件；

d) 表类测量仪表精度等级不应低于 1.5 级，互感器类测量仪表精度等级不应低于 1.0 级。

5.4.7 电缆

5.4.7.1 电缆应符合 GB 12706.1～GB 12706.3 的规定，控制电缆应采用屏蔽线。

5.4.7.2 电缆铺设应符合 GB 50054 的规定。

5.4.8 阀门

5.4.8.1 水-水换热机组与外界管道接口处使用的关断阀宜选用球阀，球阀应符合 GB/T 12237 的规定。汽-水换热机组一次侧与外界管道接口处使用的关断阀宜选用截止阀，截止阀应符合 GB/T 12233 的规定。

5.4.8.2 水泵及换热器的进出口宜选用蝶阀，蝶阀应符合 GB/T 12238 的规定。

5.4.8.3 换热机组内循环水泵和补水泵的出口应设置止回阀。止回阀宜采用旋启式止回阀，并应符合 GB/T 12236 的规定。

5.4.8.4 换热机组内的二次侧管路上应设置安全阀，安全阀应符合 GB/T 12243 的规定。安全阀应按设计要求确定开启压力和回座压力。

5.4.8.5 在换热机组的低点应设置泄水阀，在换热机组的高点应设置放气阀，泄水阀和放气阀宜选用球阀。

5.4.9 管路附件

5.4.9.1 换热机组内的弯头、异径管、三通应符合 GB/T 12459 的规定。

5.4.9.2 换热机组内的法兰应符合 GB/T 9112 的规定。

5.4.9.3 过滤器前后应安装压力表，并应符合下列规定：

a) 过滤器应能除去大于或等于 2.0 mm 的杂物，且应满足换热器的要求，滤网应使用不锈钢；

b) 过滤器应按介质流向安装，其排污口应朝向便于检修的位置。

5.4.10 材料及连接

5.4.10.1 钢管、钢板、槽钢和法兰、垫片、三通、弯头、异径管等管路附件选用的材料应符合表 2 的规定。

表 2 换热机组管路附件的材料

材料名称	材 质	标 准
钢 板	Q235	GB/T 700—2006
钢 管	20# 或 10# 优质碳素钢	GB/T 8163—2008
法 兰	Q235B	GB/T 9112—2010
弯头、三通、异径接头	10# 或 20# 优质碳素钢	GB/T 12459—2005
槽 钢	Q235	GB/T 706—2006
角 钢	Q235	GB/T 706—2006

5.4.10.2 当采用其他材料加工制造时，其材料的机械性能和防腐蚀性能不得降低要求。

5.4.10.3 除焊接球阀外，管道与设备、阀门的连接应采用法兰连接，其他部分的连接均应采用焊接连接。当二次侧管道的公称直径小于或等于 50 mm 时，可采用螺纹连接。

5.4.10.4 管道的焊接应符合 GB 50236 的规定，所有焊接接头应进行全周长 20% 射线检测或超声波检测无损检验，其质量不得低于 GB 50236—2011 中的Ⅲ级标准。

5.4.10.5 法兰垫片应使用非石棉垫片。

5.4.11 电气设备与仪表

5.4.11.1 电缆敷设应走桥架或穿线管，电力电缆采用多股同芯线时必须采用不开口线鼻子。强电线和弱电线应安装在不同的线槽内。

5.4.11.2 N 线和 PE 线应装于电控柜底部，电控柜的进出线应采用电缆下进下出方式。电控柜内配线应采用汇线槽方式。

5.4.11.3 电缆接线应采用压接方式，柜内强电弱电系统应独立设置。控制电缆端子板应设置防松件，并应采用格栅分开不同电压等级的端子。电缆端子部应有明显的相序标记、接线编号，电线和电缆线等应按照相关规范要求进行分色，电控柜内部元器件的接线应采用双回头线压接，电控柜内塑铜线不得有裸露部分。

5.4.11.4 电控柜内控制用导线应采用多股导线，端部应加不开口接线端子，导线中间不得有接头。带端子号的配线应与原理图相符合，号码应清晰，不褪色。

5.4.11.5 接线端子应有 10% 的备用量，端子排额定电流不应小于 5 A。

5.4.11.6 电控柜内部结构布置应考虑电缆敷设空间及安装电缆头位置。电控柜内配线应排列整齐，捆扎成束或敷于专用阻燃塑料槽内卡在安装架上，配线应留有余量。

5.4.11.7 信号线宜从一侧进入电控柜，信号电缆的屏蔽层应在电控柜内单端接地。

5.4.11.8 电控柜内进风风扇宜安装在下部，出风风扇宜安装在柜体的上部。

5.4.11.9 操作面板不宜安装在靠近电缆和带有线圈的设备附近。

5.4.11.10 电控柜内应有接地汇流排。

5.4.12 底座和支撑结构

底座和支撑结构应有足够的强度和稳定性，换热机组内的管道及底座的预处理应达到 GB/T 8923—1988 中 St3 的规定。外表面应涂敷底漆和面漆各 2 道。

6 技术要求

6.1 外观要求

6.1.1 换热机组表面的漆膜应均匀、平整，不应有气泡、龟裂和剥落等缺陷，电控柜内应干燥、清洁、无杂物。

6.1.2 底座外形尺寸误差应小于5‰，设备定位中心距误差应小于2‰，设备安装螺栓孔与中心线误差应小于2 mm，管道的水平偏差和垂直偏差应小于10 mm。

6.1.3 法兰密封面与接管中心线平面垂直度偏差不应大于法兰外径的1%，且不大于3 mm。

6.1.4 汽、水流向、接管标记及换热机组标志牌应完整、正确。

6.2 严密性

换热机组在设计压力下，系统不得损坏或渗漏。

6.3 压力降

换热机组管路及设备的压力降，在设计条件下一、二次侧均不应大于100 kPa。

6.4 水泵运转

水泵运转时应无杂音和其他异常现象。

6.5 控制系统性能

6.5.1 控制系统应有参数测量功能。应能对温度、压力、流量、热量等参数模拟量进行实时检测，对水泵启停、运行等状态量进行监测，并能完成相应参数的数据处理物理量的上下限比较、数据过滤等。

6.5.2 控制系统应有数据存储功能。应能按设定的时间间隔采集和存储被测参数，储存的历史数据在掉电后不应丢失。

6.5.3 控制系统应有自我诊断、自恢复功能。控制器通电后应自动自检。

6.5.4 控制系统应有日历、时钟显示和密码保护功能。

6.5.5 控制系统应具备现场显示、操作功能。在现场应能通过操作键盘进行功能选取、对参数现场设定、报警设置等。

6.5.6 控制系统应有控制调节功能。控制器应能对热力站和其他现场过程设备进行自动控制和调节，满足对热力站的优化控制功能，应实现按需供热的要求。

6.5.7 控制系统的报警功能应符合下列规定：

a) 控制器应支持数据报警和故障报警；

b) 故障和报警记录应自动保存，掉电不应丢失；

c) 发生报警时，控制器显示屏上应有报警显示和在电控柜内有声或光报警。

6.5.8 控制器应在主动或被动方式下与监控中心进行数据通信。当有数据报警和故障报警时，控制器应能主动将报警信号上传至监控中心。

7 试验方法

7.1 外观检验

检查采用目测和尺寸测量检查，检查结果应符合6.1的规定。

7.2 严密性试验

7.2.1 严密性试验应按一、二次侧单独进行。

7.2.2 换热机组的整机严密性试验介质应采用清洁水，对于使用奥氏体不锈钢制造的换热器，其水中的 Cl^- 离子含量应小于 25 mg/L。

7.2.3 试验压力应按式(6)和式(7)确定，但不应低于 0.6 MPa：

a) 汽-水换热机组：

$$p_T = 1.25p\frac{[\sigma]}{[\sigma]^t} \qquad \cdots\cdots(6)$$

b) 水-水换热机组：

$$p_T = 1.25p \qquad \cdots\cdots(7)$$

式中：

p_T ——试验压力，单位为兆帕(MPa)；

p ——设计压力，单位为兆帕(MPa)；

$[\sigma]$ ——管材在试验温度下的许用应力，单位为兆帕(MPa)；

$[\sigma]^t$ ——管材在设计温度下的许用应力，单位为兆帕(MPa)。

7.2.4 试验的环境温度及试验水的温度不应低于 5 ℃。

7.2.5 换热器及管道内应充满水，待空气排净后，方可关闭放气阀。

7.2.6 系统充满水后先检查系统有无渗漏，无渗漏时对系统缓慢升压，当压力升到试验压力的 50% 时，保持 10 min，再次检查系统有无渗漏，无渗漏时将系统压力升至试验压力，并保持 10 min，然后降至设计压力并保持 30 min 后，带压进行检查，应符合 6.2 的规定。

7.2.7 严密性试验不合格时应进行返修，返修后应重新进行严密性试验。

7.2.8 严密性试验合格后应及时排空换热机组内的积水。

7.2.9 每次严密性试验应有记录，并存档。

7.3 压力降试验

将换热机组放置在测试台或现场，在换热机组的一次侧和二次侧的进出口分别安装压力表，换热机组按设计最大流量运行，读取进出口压力表的差值，应符合 6.3 的规定。

7.4 水泵运转试验

将换热机组放置在测试台上或现场，并接通水、电，按设计最大流量运行 30 min。检查水泵，应符合 6.4 的规定。

7.5 控制系统性能试验

7.5.1 控制系统整机试验可在常温下进行。

7.5.2 在控制器操作面板上读温度、压力等参数，并直接在控制器操作面板上启停补水泵、循环水泵、电磁阀等，增加或减少变频器的频率，增加或减少电动调节阀的开度，应符合 6.5.1 的规定。

7.5.3 让控制器连续运行 2 h 以上，然后断电后重新启动，应符合 6.5.2 的规定。

7.5.4 启动控制器，应符合 6.5.3 的规定。

7.5.5 查看控制器操作面板，应符合 6.5.4 的规定。

7.5.6 直接在控制器操作面板上设定温度、压力等参数的上下限，超压、超温及停电等报警信号，应符合 6.5.5 的规定。

7.5.7 设定供水温度和压力的上限值或下限值，检查系统供水温度和压力，应符合 6.5.6 的规定。

7.5.8 在控制器的操作面板上应显示报警，同时伴有声光报警；以突然断电的方式停止控制器的运行，再开启后，应符合 6.5.7 的规定。

7.5.9 控制器上有与监控中心连接的通讯接口，应符合 6.5.8 的规定。

8 检验规则

8.1 检验分类

产品检验分为出厂检验和型式检验。

8.2 出厂检验

8.2.1 每台机组应经制造厂质量检验部门检验，合格后方可出厂，出厂时应附检验合格报告。

8.2.2 出厂检验项目应符合表 3 的规定。

表 3 检验项目表

序号	检验项目	出厂检验	型式检验	技术要求	试验方法
1	外观	√	√	6.1	7.1
2	严密性	√	√	6.2	7.2
3	压力降	—	√	6.3	7.3
4	水泵运转	√	√	6.4	7.4
5	控制系统性能	—	√	6.5	7.5
注：“√”表示检验。					

8.3 型式检验

8.3.1 凡有下列情况之一者，应进行型式检验：

a) 新产品批量投产前；

b) 产品在设计、工艺、材料上有较大改变，可能对换热机组的热工性能和阻力产生较大影响时；

c) 停产满 1 年再次生产时；

d) 质量监督部门提出要求时。

8.3.2 型式检验项目应符合表 3 的规定。

8.3.3 型式检验的抽样应在出厂检验的合格品中，每年随机抽取不少于 1 台，且不同规格产品不少于 1 台。

8.3.4 检验过程中，如发现任何 1 项指标不合格时，应在同批产品中加倍抽样，复检其不合格项目，若仍不合格，则该批产品为不合格。

9 标志、使用说明书和产品合格证

9.1 标志

9.1.1 换热机组应在明显的位置设置清晰、牢固的金属材料标牌。

9.1.2 标牌应包括以下内容：

——制造厂名称和商标；

——产品名称、型号；
——设计热负荷(MW)；
——一、二次侧设计温度(℃)；
——一、二次侧设计压力(MPa)；
——一、二次侧设计压力降(kPa)；
——一、二次侧设计流量(t/h)；
——一、二次侧接管标记；
——换热面积(m^2)；
——外形尺寸(m)；
——净　重(kg)；
——充水后总重(kg)；
——额定电压(V)；
——额定电功率(kW)；
——出厂编号；
——生产日期。

9.2　使用说明书

9.2.1　每台机组应附产品说明书。

9.2.2　使用说明书应符合 GB/T 9969 的规定，并应包括以下内容：
——制造厂名和商标；
——工作原理和结构；
——技术参数、重量、外形尺寸及外连接口尺寸；
——使用介质和温度；
——主要零部件的材质；
——安装、使用、维护及保养说明，常见故障及排除方法；
——对运行管理人员的要求。

9.3　产品合格证

9.3.1　每台机组应附产品合格证。

9.3.2　产品合格证应包括以下内容：
——制造厂名和出厂日期；
——产品型号；
——执行标准；
——换热器、水泵、阀门、过滤器等设备的产品合格证明；
——出厂检验报告；
——产品编号、合格证号、检验日期、检验员标记。

10　包装、运输和贮存

10.1　包装

10.1.1　换热机组和附件、备件、技术文件(包括使用说明书、合格证、装箱单、产品总装图、产品系统图、电气原理图及接线图、出厂检验文件等)应牢固包装，紧固于箱内。包装箱应符合 GB/T 13384 的有关规定。

10.1.2 热机组内应无残余物，所有管道端口应封闭。法兰、盲板等密封面、各种零件的螺纹部分均应采取涂油防锈措施。

10.1.3 包装箱外面应标明以下内容：

——收货单位地址及名称；

——产品名称及型号；

——外形尺寸(m)；

——总重量(kg)；

——制造厂名及厂址；

——包装日期；

——“向上”、“防潮”等注意事项及标记。

10.2 运输和贮存

10.2.1 产品及其部件在运输过程中应防止剧烈震动，防止日晒、雨淋及化学物品的侵蚀。

10.2.2 产品及其部件应贮存在通风干燥、无易燃烧、无腐蚀性物质的仓库内，临时存放应用防雨布盖严。

附 录 A
（规范性附录）
换热机组工艺控制系统流程示意图

A.1 汽-水换热机组工艺控制流程示意图

汽-水换热机组工艺控制流程示意图见图 A.1，图例含义见表 A.1。

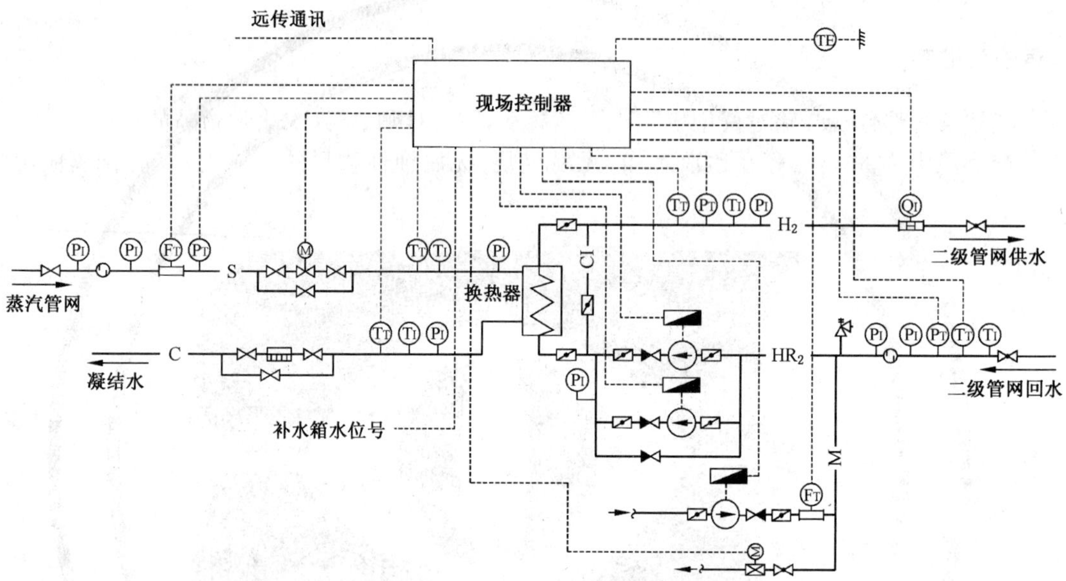

图 A.1 汽-水采暖换热机组工艺控制流程示意图

表 A.1 换热机组工艺控制系统流程示意图图例

图例	名 称	图例	名 称	图例	名 称	图例	名 称
—S—	蒸汽管	—H_1—	一级管网供水管	—H_2—	二级管网供水管	—M—	补水管
—C—	凝结水管	—HR_1—	一级管网回水管	—HR_2—	二级管网回水管	—CI—	循环水管
—DS—	生活热水供水管		疏水阀		截止阀		球阀
	蝶阀		止回阀		安全阀		除污器
	水泵	M	电动调节阀		流量计		热量表
FT	流量变送器	QI	积分仪	TE	室外温度传感器	TT	一体化温度变送器
PT	压力变送器	TI	温度计	PI	压力表		电磁阀
	变频控制柜						

A.2 水-水换热机组工艺控制流程示意图

水-水换热机组工艺控制流程示意图见图 A.2，图例含义见表 A.1。

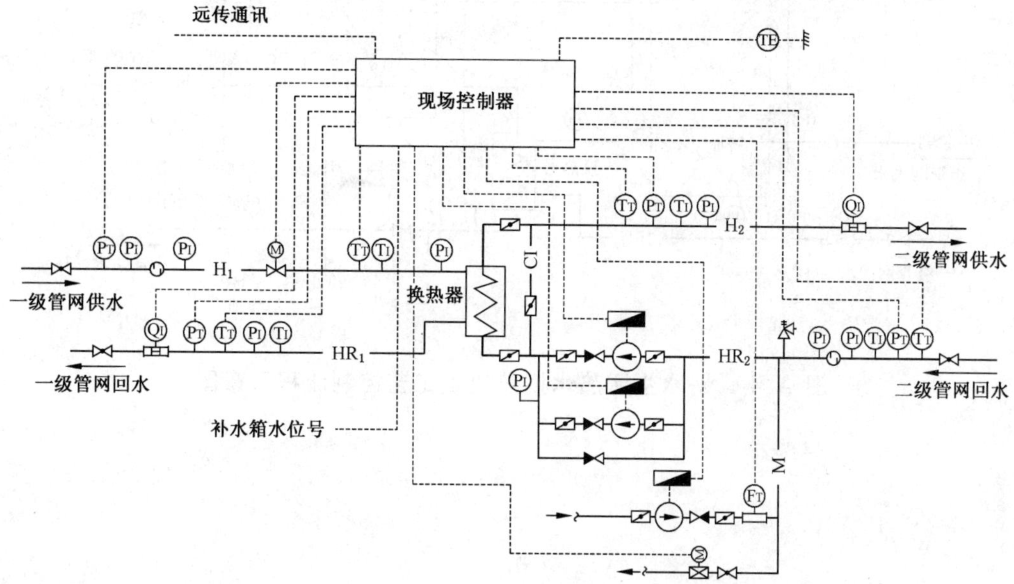

图 A.2 水-水采暖换热机组工艺控制流程示意图

A.3 汽-水生活热水换热机组工艺控制流程示意图

汽-水生活热水换热机组工艺控制流程示意图见图 A.3，图例含义见表 A.1。

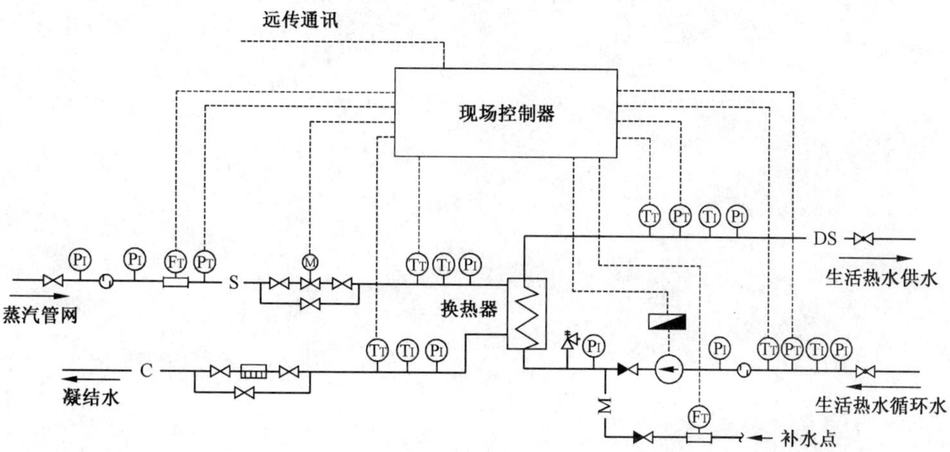

图 A.3 汽-水生活热水换热机组工艺控制流程示意图

A.4 水-水生活热水换热机组工艺控制流程示意图

水-水生活热水换热机组工艺控制流程示意图见图 A.4，图例含义见表 A.1。

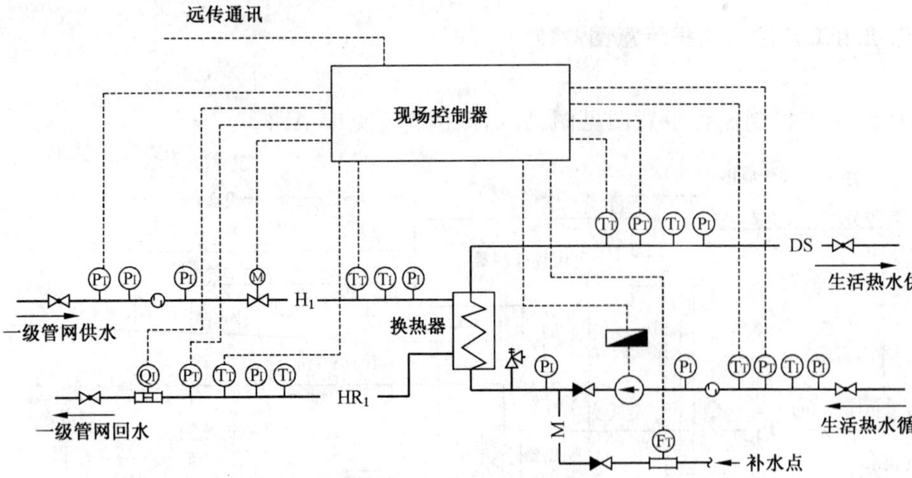

图 A.4 水-水生活热水换热机组工艺控制流程示意图

附 录 B
（规范性附录）
换热机组安装使用条件

B.1 控制环路可能出现的最大资用压差值大于 300 kPa 或大于调节阀的最大关闭压差时，在热力站内的一次侧应设置差压控制器。

B.2 换热机组的搬运应按照制造厂提供的安装使用说明书进行，不应将换热机组上的设备作为应力支点。

B.3 安装过程中应对易损仪表采取保护措施，可将易损仪表拆卸后保管，调试时再安装。

B.4 安装前应核对基础尺寸，无误后方可安装。

B.5 换热机组应有接地保护装置，仪表应与电气分别接地，接地电阻应小于或等于 4 Ω，并应符合 GB 50093、GB 50174 和 GB/T 2887 的规定。

B.5.1 单独热力站的接地应符合图 B.1 的规定。

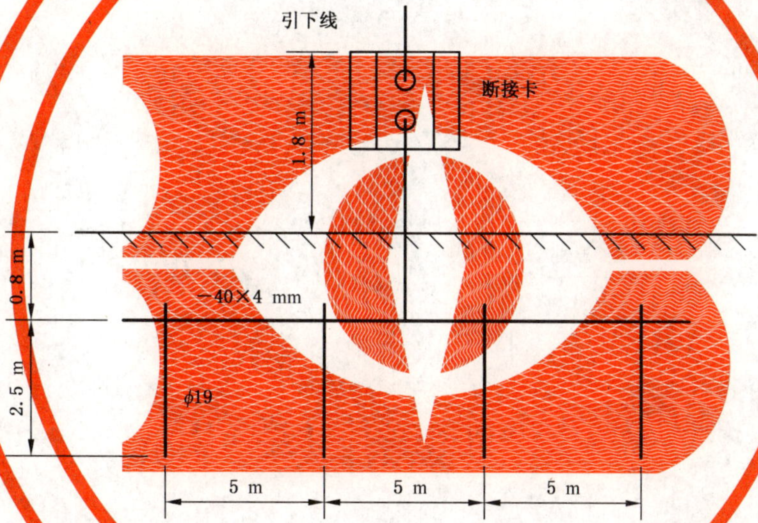

图 B.1 单独热力站接地图

a) 垂直、水平接地体应采用镀锌钢材，其截面应符合 GB 50169 的规定；

b) 距地面 1.8 m 处应设置断接卡，地面以上部分 2 m 内应安装塑料保护管。

B.5.2 热力站可利用建筑物基础内的钢筋做接地装置。

B.6 换热机组的绝热应符合 GB 50264 及下列规定：

a) 换热机组内的换热器和管道均应进行保温；

b) 用于采暖、空调、生活热水的换热机组保温后的外表面温度不应大于 50 ℃，用于制冷的水-水换热机组保温后其外表面不应结露；

c) 换热器的保温外护层应为可拆卸式的结构。

B.7 换热机组内的热媒水和补给水的水质应符合 CJJ 34 的规定。

B.8 热力站内环境温度应为 0 ℃～30 ℃，相对湿度应小于或等于 90%。

B.9 热力站内的配电柜应设置浪涌保护器。

B.10 换热机组在运行前，与之相连的系统应单独进行水压试验，并应已清洗完毕。

B.11 换热机组运行调试阶段，应按说明书的要求定期拆卸清洗过滤器。

B.12 运行人员应严格按照制造厂家提供的操作规程操作。

B.13 热力站运行噪声应符合 GB 3096 的规定。

B.14 换热机组停运后，应采取充水保养措施。

B.15 对需要带电维护的控制器及系统，换热机组停运后不应断电或定期进行通电维护。

ICS 59.120.50
W 95

中华人民共和国国家标准

GB/T 28186—2011/ISO 10457:2002

纺织机械　染整机器　公称速度

Textile machinery—Dyeing and finishing machines—Nominal speeds

(ISO 10457:2002,IDT)

2011-12-30 发布　　2012-09-01 实施

中华人民共和国国家质量监督检验检疫总局
中国国家标准化管理委员会　发布

前　言

本标准按照 GB/T 1.1—2009、GB/T 20000.2—2009 给出的规则起草。

本标准使用翻译法等同采用 ISO 10457:2002《纺织机械　染整机器　公称速度》(英文版)

本标准由中国纺织工业协会提出。

本标准由全国纺织机械与附件标准化技术委员会(SAC/TC 215)归口。

本标准起草单位:太平洋机电(集团)有限公司、绍兴东升数码科技有限公司、邵阳纺织机械有限公司、福建晋江市佶龙机械工业有限公司、无锡纺织机械研究所、张家港市建业印染机械有限公司。

本标准主要起草人:周骏彦、张伯洪、林健、朱建兵、赵基平、张秀丽、王继清。

纺织机械 染整机器 公称速度

1 范围

本标准规定了染整机器公称速度的术语和定义及其系列。

本标准适用于染整机器传动装置的速度选择和联合机的配置。

2 术语和定义

下列术语和定义适用于本文件。

2.1

公称速度 nominal speed

机器的最高机械速度。

2.2

生产速度 production speed

机器输出端的织物速度。

2.3

速差 difference speed

织物局部速度与生产速度之差,用占生产速度的百分比表示。

例如,织物在拉伸/收缩状态下的超喂量。

2.4

织物局部速度 local speed

除机器输出端外任意一点的织物速度。

3 公称速度系列

染整机器公称速度系列应符合表1规定。

表1 公称速度系列

单位为米每分

5	10	20	30	40	50	60	80	100	125	150	200	250	300	400	500	600

ICS 59.120.50
W 95

中华人民共和国国家标准

GB/T 28187—2011/ISO 10458:1993

纺织机械　染整机器 卷绕装置用方轴尺寸

Textile machinery—Dyeing and finishing machines—Square bars for winding devices—Dimensions

(ISO 10458:1993,IDT)

2011-12-30 发布　　2012-09-01 实施

中华人民共和国国家质量监督检验检疫总局
中国国家标准化管理委员会　发布

前　言

本标准按照 GB/T 1.1—2009、GB/T 2000.2—2009 给出的规则起草。

本标准使用翻译法等同采用 ISO 10458:1993《纺织机械　染整机器　卷绕装置用方轴尺寸》(英文版)。

与本标准中规范性引用国际文件有一致性对应关系的我国文件如下：

——GB/T 20038—2005　纺织机械　染整机器　公称宽度的定义和系列[ISO 1505:1993(98), MOD]。

本标准由中国纺织工业协会提出。

本标准由全国纺织机械与附件标准化技术委员会(SAC/TC 215)归口。

本标准起草单位：绍兴东升数码科技有限公司、江苏红旗印染机械有限公司、张家港市建业印染机械有限公司、邵阳纺织机械有限公司、太平洋机电(集团)有限公司、无锡纺织机械研究所。

本标准主要起草人：张伯洪、戴家声、张群益、周骏彦、林健、赵基平、张秀丽。

纺织机械　染整机器
卷绕装置用方轴尺寸

1　范围

本标准规定了与染整机器有关的卷绕装置用方轴的分类和尺寸。

本标准适用于染整机器卷绕装置用方轴。

2　规范性引用文件

下列文件对于本文件的应用是必不可少的。凡是注日期的引用文件，仅注日期的版本适用于本文件。凡是不注日期的引用文件，其最新版本(包括所有的修改单)适用于本文件。

ISO 1505　纺织机械　染整机器　公称宽度的定义和系列(Textile machinery—Widths relating to dyeing and finishing machines—Definitions and range of nominal widths)

3　分类

方轴型式分为A型、B型，见图1。

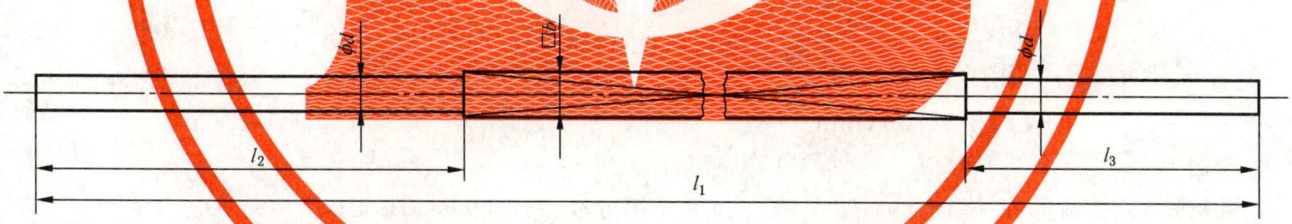

a)　A型

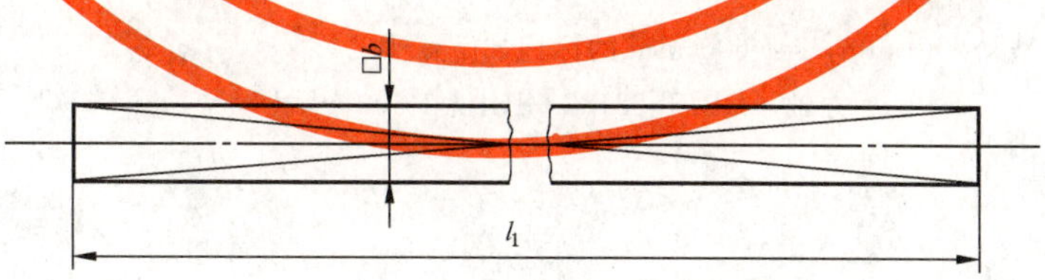

b)　B型

d——两端圆轴直径；

b——方轴截面边长；

l_1——方轴全长；

l_2、l_3——两端圆轴长度。

注1：l_1、l_2 和 l_3 的值根据机器的结构和公称宽度，由供需双方商定。

注2：l_1 的推荐值可在ISO 1505规定的公称宽度系列中选用。

图1　方轴

4 尺寸

方轴尺寸见表1。

表1 方轴尺寸

单位为毫米

b	d[a]
25	20
30	25
40	35
50	45
注：$b>50$，$d>45$ 的尺寸按 10 mm 递增。	
[a] 为推荐值，其他值可由供需双方商定。	

5 标记

卷绕装置用方轴标记依次包括下列项目：

a) 方轴；

b) 本标准编号(即 GB/T 28187)；

c) 方轴的型式(A 或 B)；

d) 尺寸 b，mm；

e) 尺寸 l_1[1)]，mm；

f) 尺寸 l_2[2)]（仅用于 A 型），mm；

g) 尺寸 l_3[2)]（仅用于 A 型），mm。

示例 1：

卷绕装置用方轴，A 型，$b=30$ mm，$l_1=1\ 800$ mm，$l_2=300$ mm，$l_3=200$ mm 的标记如下：

方轴　GB/T 28187—A30×1 800×300×200

示例 2：

卷绕装置用方轴，B 型，$b=40$ mm，$l_1=1\ 600$ mm 的标记如下：

方轴　GB/T 28187—B40×1 600

---

1) 优先选用 ISO 1505 规定的值。

2) 由供需双方商定。

ICS 59.080.30
W 59

中华人民共和国国家标准

GB/T 28188—2011

纺织品　马尾衬布回弹性的测定
环状挂重法

Textiles—Determination of elasticity of horsetail hair interlining—Loop with hanging weight

2011-12-30 发布　　2012-09-01 实施

中华人民共和国国家质量监督检验检疫总局
中国国家标准化管理委员会　发布

前　言

本标准按照 GB/T 1.1—2009 给出的规则起草。

本标准由中国纺织工业协会提出。

本标准由全国纺织品标准化技术委员会基础标准分技术委员会(SAC/TC 209/SC 1)归口。

本标准起草单位:河北华龙马尾衬布有限公司、纺织工业标准化研究所。

本标准主要起草人:滑均凯、郑宇英、彭亚卿。

纺织品　马尾衬布回弹性的测定　环状挂重法

1　范围

本标准规定了采用环状挂重法测定马尾衬布回弹性的方法。

本标准适用于以棉或涤棉纱为经纱、以单根马尾纱为纬纱交织而成的纯棉马尾衬布和涤棉马尾衬布。

本标准也适用于马尾包芯纱衬布。

2　规范性引用文件

下列文件对于本文件的应用是必不可少的。凡是注日期的引用文件，仅注日期的版本适用于本文件。凡是不注日期的引用文件，其最新版本（包括所有的修改单）适用于本文件。

GB/T 3291.3　纺织　纺织材料性能和试验术语　第3部分：通用

GB/T 6529　纺织品　调湿和试验用标准大气

3　术语和定义

GB/T 3291.3界定的术语和定义适用于本文件。为了便于使用，以下重复列出了GB/T 3291.3中的一些术语和定义。

3.1

回弹性　elasticity

材料除去造成变形的外力后，力图恢复其本身原有尺寸和形状的特性。

[GB/T 3291.3—1997，定义2.98]

3.2

急弹性变形　immediate elastic deformation

材料在除去外力后瞬时恢复的变形，即基本上与时间无关的可恢复的变形。

[GB/T 3291.3—1997，定义2.93]

3.3

缓弹性变形　delay elastic deformation

材料在除去外力后，经一定时间回复的变形。

[GB/T 3291.3—1997，定义2.97]

4　原理

将条形试样对弯成环状，开口端夹紧并悬挂于横杆上，下端施加重力作用，使其发生变形。测量去除外力后试样环直径的变化，计算急弹性变形率和缓弹性变形率。

5　装置

5.1　夹持器，用于夹持试样，并可悬挂。

5.2 挂重物，包括挂钩的总质量为 30 g，挂钩杆的直径不超过 3 mm。
5.3 钢尺，分度值为 0.5 mm。
5.4 计时器，分度值为 1 s。

6 调湿与标准大气

6.1 调湿与试验用标准大气采用 GB/T 6529 规定的标准大气。
6.2 应在裁剪试样前按 GB/T 6529 规定的方法和要求对样品进行调湿平衡。

7 取样和试样准备

7.1 选取有代表性样品，样品应平整，不能有影响试验结果的疵点。
7.2 在距布边至少 10 cm 的区域内随机裁取 5 块矩形试样，样品的幅宽方向（即纬纱方向）为试样的长度方向。每块试样的长度为 220 mm，宽度含 40 根马尾纱。两边分别拆去 5 根，使最终试样有效宽度含 30 根马尾纱。
7.3 在试样上标记出夹持线和测量线。距试样两侧 5 mm 处为夹持线，距试样两侧 72 mm 处为试样环短径的测量线，如图 1 所示。

单位为毫米

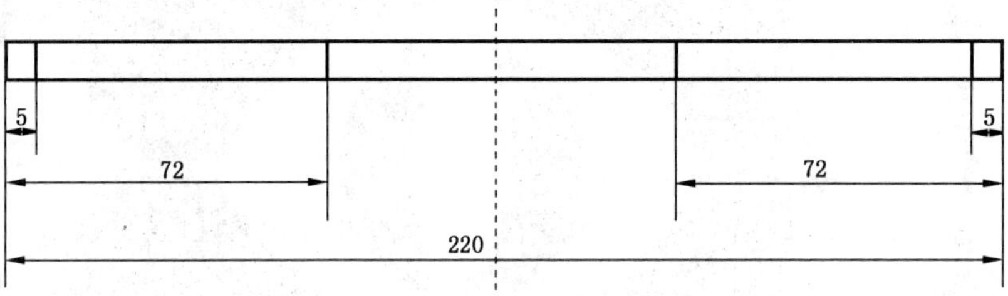

图 1

8 步骤

8.1 将裁好并标记的试样沿长度方向两端对弯，使两侧的夹持线平齐，并用夹持器（5.1）将试样于夹持线处夹好。
8.2 悬挂夹持器，用钢板尺（5.3）测量标记测量线的两点，并记录其距离，作为挂重前试样环的短径 L_b（见图 2）。

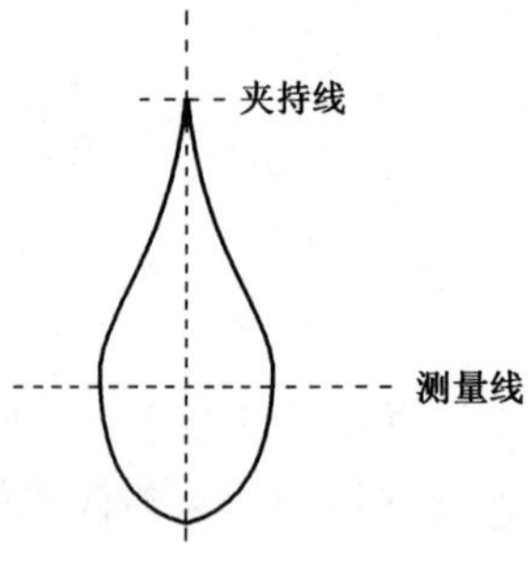

图 2

8.3 将 30 g 挂重物（5.2）悬挂于试样环下端的中心处。应避免挂重物大幅摆动，确保试样除受挂重物的重力作用外不受其他外力影响。此时开始计时。

8.4 悬挂挂重物 30 min 后，测量并记录试样环标记处的短径 L_a。

8.5 将挂重物轻轻取下，立即测量并记录试样环标记处的短径 L_i。

8.6 从取下挂重物时开始计时，试样回复 30 min 后，测量并记录试样环标记处的短径 L_d。

9 计算与结果表示

按式(1)和式(2)分别计算急弹性变形率 D_i(%)和缓弹性变形率 D_d(%)。测定结果以 5 个试样的平均值表示，修约至 0.1%。

$$D_i = \frac{L_i - L_a}{L_b - L_a} \times 100 \quad \cdots\cdots(1)$$

$$D_d = \frac{L_d - L_a}{L_b - L_a} \times 100 \quad \cdots\cdots(2)$$

式中：

L_b——未加挂重物前的试样环标记处的短径，单位为毫米(mm)；

L_a——加上 30 g 挂重物 30 min 后的试样环标记处的短径，单位为毫米(mm)；

L_i——卸除挂重物后立即测量的试样环标记处的短径，单位为毫米(mm)；

L_d——卸除挂重物 30 min 后的试样环标记处的短径，单位为毫米(mm)。

10 报告

试验报告应包括以下内容：

a) 阐明试验是按本标准进行的；

b) 样品的详细描述；

c) 试验日期；

d) 急弹性变形率和缓弹性变形率；

e) 任何偏离本标准的细节及异常现象。

ICS 59.080.01
W 04

中华人民共和国国家标准

GB/T 28189—2011

纺织品 多环芳烃的测定

Textiles—Determination of polycyclic aromatic hydrocarbons

2011-12-30 发布 2012-09-01 实施

中华人民共和国国家质量监督检验检疫总局
中国国家标准化管理委员会 发布

前　言

本标准按照 GB/T 1.1—2009 给出的规则起草。

本标准由中国纺织工业协会提出。

本标准由全国纺织品标准化技术委员会基础标准分技术委员会(SAC/TC 209/SC 1)归口。

本标准起草单位:浙江省检验检疫科学技术研究院、浙江理工大学、中华人民共和国台州出入境检验检疫局。

本标准主要起草人:赵珊红、吴刚、陈海相、王建玲、吴俭俭、阮毅、王力君、郭方龙、茅文良。

纺织品　多环芳烃的测定

警告：使用本标准的人员应有正规实验室工作的实践经验。本标准并未指出所有可能的安全问题。使用者有责任采取适当的安全和健康措施，并保证符合国家有关法规规定的条件。

1　范围

本标准规定了采用配有质量选择检测器的气相色谱仪(GC/MSD)测定纺织品中16种多环芳烃(见附录A)的方法。

本标准适用于各种类型的纺织品。

2　术语和定义

下列术语和定义适用于本文件。

2.1

多环芳烃　polycyclic aromatic hydrocarbons(PAHs)

由两个或两个以上苯环稠合在一起的一系列烃类化合物及其衍生物，环上也可有短的烷基或环烷基取代基。

3　原理

用超声波提取，提取液经硅胶固相萃取柱净化后，浓缩，定容，用配有质量选择检测器的气相色谱仪(GC/MSD)测定，采用选择离子监测模式，外标法定量。

4　试剂和材料

4.1　正己烷：色谱纯。

4.2　丙酮：色谱纯。

4.3　二氯甲烷：色谱纯。

4.4　正己烷＋丙酮(1＋1，体积比)。

4.5　正己烷＋二氯甲烷(3＋2，体积比)。

4.6　16种多环芳烃标准品：纯度≥96%，见附录A。

4.7　标准储备溶液(约1 000 mg/L)：准确称取适量附录A所列16种多环芳烃标准品，用正己烷(4.1)将每种物质配制成浓度约为1 000 mg/L的标准储备溶液。

注：在0 ℃～4 ℃避光保存条件下，标准储备溶液的有效期为12个月。

4.8　混合标准工作溶液(10 mg/L)：准确移取适量标准储备溶液(4.7)，用正己烷(4.1)配制成浓度为10 mg/L的混合标准工作溶液，再根据需要配制成其他浓度的标准工作溶液。

注：在0 ℃～4 ℃避光保存条件下，混合工作溶液的有效期为3个月。

4.9　硅胶固相萃取柱：500 mg/3 mL或相当者。使用前用5 mL正己烷(4.1)预淋洗，使之保持润湿。

4.10　氮气：纯度≥99.99%。

5 仪器和设备

5.1 气相色谱仪:配有质量选择检测器(MSD)。

5.2 可控温的超声波发生器:工作频率为 40 kHz 或 45 kHz,60 ℃时控温精度为±2 ℃。

5.3 恒温水浴真空旋转蒸发仪:控温精度为±2 ℃。

5.4 固相萃取装置。

5.5 氮吹仪。

5.6 分析天平:感量为 0.000 1 g 与 0.01 g。

5.7 提取器:带螺旋盖的离心管,50 mL。

5.8 150 mL 平底烧瓶。

5.9 聚四氟乙烯滤膜:0.45 μm。

6 分析步骤

6.1 样品准备

取有代表性的样品剪碎成约 5 mm×5 mm,混匀。

6.2 提取

准确称取 1 g 上述剪碎样品(6.1),精确至 0.01 g,置于 50 mL 带螺旋盖的离心管(5.7)中,加入 30 mL正己烷+丙酮(4.4)提取液,密封后,在 60 ℃水浴的超声波发生器(5.2)中,超声提取 30 min,冷却至室温后,将提取液完全转移至 150 mL 平底烧瓶(5.8);再用 30 mL 正己烷+丙酮(4.4)重复超声提取一次。合并以上提取溶液,在 35 ℃水浴中减压旋转蒸发至近干(不应蒸干)。加入 2 mL 正己烷(4.1)溶解样液,待净化处理。

6.3 净化和定容

将 6.2 处理后的样液转移至固相萃取柱中(4.9),控制流速为 0.5 滴/s,再加入 5 mL 正己烷洗脱,弃掉以上洗脱液。然后加入 5 mL 正己烷+二氯甲烷(4.5)淋洗,收集淋洗液,在 35 ℃水浴中,用氮吹仪(5.5)缓慢吹至近干,用正己烷定容至 2.0 mL,用 0.45 μm 滤膜(5.9)将样液过滤至小样品瓶中,待气相色谱-质谱分析。

注:无需对每个样品进行净化,可有选择地对有干扰类物质的样品进行净化。

6.4 测定

6.4.1 气相色谱-质谱条件

由于测试结果取决于所使用的仪器,因此不能给出色谱分析的普遍参数,用下列参数已被证明对测试是合适的:

a) 色谱柱:DB-5MS 石英毛细管柱,30 m×0.25 mm(内径)×0.25 μm(膜厚),或相当者;

b) 柱温:50 ℃(0 min)$\xrightarrow{20\ ℃/\text{min}}$250 ℃(0 min)$\xrightarrow{5\ ℃/\text{min}}$310 ℃(5 min);

c) 进样口温度:270 ℃;

d) 质谱接口温度:280 ℃;

e) 四极杆温度:150 ℃;

f) 离子源温度:230 ℃;

g) 电离方式:EI;

h) 电离能量:70 eV;

i) 测定方式:选择离子监测模式;

j) 进样量:1 μL;

k) 进样方式:不分流进样;

l) 载气:氦气(纯度≥99.999%),流量 1.0 mL/min;

m) 溶剂延迟:4 min。

6.4.2 气相色谱-质谱定性及定量分析

根据样液中被测物质含量情况,选定浓度相近的标准工作溶液(4.8)与样液等体积参插进样,标准工作溶液和待测样液中每种多环芳烃的响应值均应在仪器检测线性范围内。必要时对样液进行适当稀释。

注:在上述气相色谱-质谱条件下,16 种多环芳烃的保留时间、定性离子和定量离子及丰度比参见附录 B;16 种多环芳烃的气相色谱-质谱选择离子色谱图参见附录 C。

如果样液与标准工作溶液的选择离子色谱图中,在相同保留时间有色谱峰出现,可根据附录 B 中每种多环芳烃列出的选择离子的种类及其丰度比对其进行确证。

6.4.3 空白试验

除不加试样外,均按上述测定步骤进行。

7 结果计算

样品中多环芳烃含量按式(1)计算,结果表示到小数点后一位。计算结果需将空白值扣除。

$$X_i = \frac{c_i \times A_i \times V \times F}{A_{iS} \times m} \quad \cdots\cdots (1)$$

式中:

X_i ——样品中多环芳烃 i 的含量,单位为毫克每千克(mg/kg);

c_i ——标准工作溶液中多环芳烃 i 的浓度,单位为毫克每升(mg/L);

A_i ——样液中多环芳烃 i 峰面积;

A_{iS} ——标准工作溶液中多环芳烃 i 峰面积;

V ——样液最终定容体积,单位为毫升(mL);

F ——稀释因子;

m ——最终样液代表的试样量,单位为克(g)。

8 测定低限、回收率和精密度

8.1 测定低限

本方法对纺织品中 16 种多环芳烃的测定低限均为 0.1 mg/kg。

8.2 回收率

本方法 16 种多环芳烃的回收率是对色牢度试验用三种标准贴衬织物进行添加回收率试验获得的。几种标准贴衬织物的回收率参见附录 D。

8.3 精密度

在同一实验室，由同一操作者使用相同设备，按相同的测试方法，并在短时间内对同一被测对象相互独立进行的测试获得的两次测试结果的绝对差值不大于这两个测定值的算术平均值的20%。大于这两个测定值的算术平均值的20%的情况不超过5%为前提。

9 试验报告

试验报告至少应给出下述内容：

a） 样品描述；

b） 采用的标准；

c） 试验结果，以16种多环芳烃总量和苯并[a]芘含量分别表示；

d） 试验日期；

e） 任何偏离本标准的细节。

附 录 A
（规范性附录）
16 种多环芳烃清单

表 A.1 16 种多环芳烃清单

序号	中文名称	英文名称	CAS 编号	分子式
1	萘	naphthalene	91-20-3	$C_{10}H_8$
2	苊烯	acenaphthylene	208-96-8	$C_{12}H_8$
3	苊	acenaphthene	83-32-9	$C_{12}H_{10}$
4	芴	fluorene	86-73-7	$C_{13}H_{10}$
5	菲	phenanthrene	85-01-8	$C_{14}H_{10}$
6	蒽	anthracene	120-12-7	$C_{14}H_{10}$
7	荧蒽	fluoranthene	206-44-0	$C_{16}H_{10}$
8	芘	pyrene	129-00-0	$C_{16}H_{10}$
9	苯并[a]蒽	benzo[a]anthracene	56-55-3	$C_{18}H_{12}$
10	䓛	chrysene	218-01-9	$C_{18}H_{12}$
11	苯并[b]荧蒽	benzo[b]fluoranthene	205-99-2	$C_{20}H_{12}$
12	苯并[k]荧蒽	benzo[k]fluoranthene	207-08-9	$C_{20}H_{12}$
13	苯并[a]芘	benzo[a]pyrene	50-32-8	$C_{20}H_{12}$
14	茚并[1,2,3-cd]芘	indeno[1,2,3-cd]pyrene	193-39-5	$C_{22}H_{12}$
15	二苯并[a,h]蒽	dibenzo[a,h]anthracene	53-70-3	$C_{22}H_{12}$
16	苯并[g,h,i]苝	benzo[g,h,i]perylene	191-24-2	$C_{22}H_{14}$

附 录 B
（资料性附录）
16 种多环芳烃保留时间、定性离子和定量离子及丰度比

表 B.1 16 种多环芳烃保留时间、定性离子和定量离子及丰度比

序号	物质名称	保留时间 min	特征碎片离子 amu		丰度比
			定量	定性	
1	萘	4.780	128	102,127,129	100∶7.5∶12.6∶10.9
2	苊烯	6.665	152	76,151,153	100∶7.5∶19.3∶12.9
3	苊	6.877	153	76,152,154	100∶14∶47.9∶95.4
4	芴	7.507	166	139,165,167	100∶7.2∶91.1∶13.2
5	菲	8.674	178	152,176,179	100∶8.6∶18.4∶15.1
6	蒽	8.736	178	152,176,179	100∶7.0∶17.7∶15.3
7	荧蒽	10.126	202	101,200,203	100∶9.4∶19.8∶17.3
8	芘	10.413	202	101,200,203	100∶10.8∶20∶17.3
9	苯并[a]蒽	12.411	228	114,226,229	100∶9.2∶25.6∶19.5
10	䓛	12.480	228	113,226,229	100∶8.6∶28.1∶19.6
11	苯并[b]荧蒽	14.883	252	126,250,253	100∶11∶22.3∶21.6
12	苯并[k]荧蒽	14.953	252	125,250,253	100∶ 11.9∶21.7∶21.8
13	苯并[a]芘	15.696	252	126,250,253	100∶11.8∶22.6∶21.7
14	茚并[1,2,3-cd]芘	18.700	276	138,274,277	100∶17.0∶20.0∶23.7
15	二苯并[a,h]蒽	18.829	278	139,276,279	100∶15.3∶26.6∶24.1
16	苯并[g,h,i]苝	19.371	276	138,274,277	100∶18.5∶20.8∶23.6

附 录 C
（资料性附录）
16 种多环芳烃的气相色谱-质谱选择离子色谱图

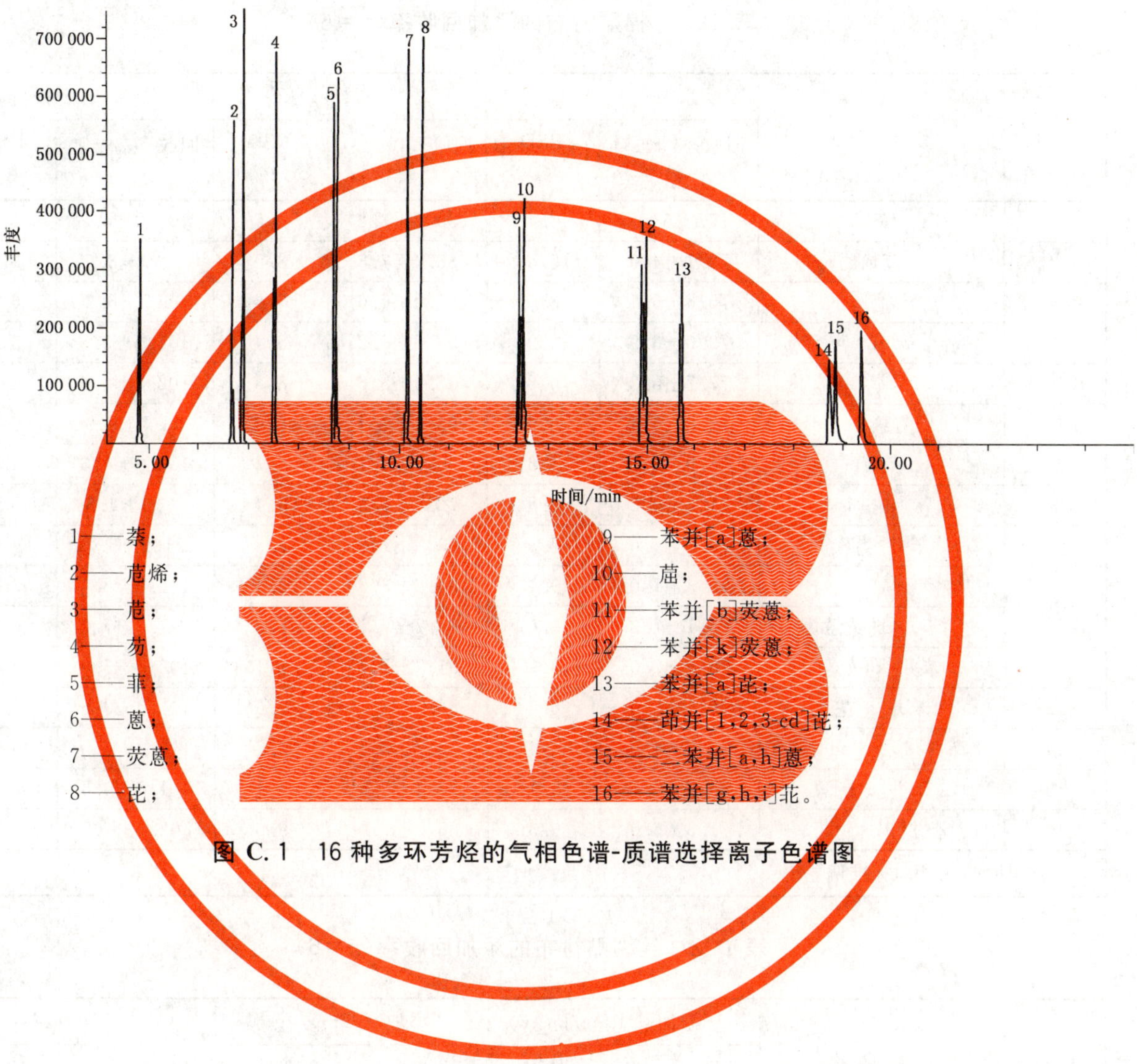

1——萘；
2——苊烯；
3——苊；
4——芴；
5——菲；
6——蒽；
7——荧蒽；
8——芘；
9——苯并[a]蒽；
10——䓛；
11——苯并[b]荧蒽；
12——苯并[k]荧蒽；
13——苯并[a]芘；
14——茚并[1,2,3-cd]芘；
15——二苯并[a,h]蒽；
16——苯并[g,h,i]苝。

图 C.1　16 种多环芳烃的气相色谱-质谱选择离子色谱图

附 录 D
（资料性附录）
16种多环芳烃的添加回收率试验结果

表 D.1 棉贴衬布的添加回收率（n=6）

序号	物质名称	添加 0.1 mg/kg		添加 0.2 mg/kg		添加 1.0 mg/kg	
		回收率($\bar{x}\pm s$) %	RSD %	回收率($\bar{x}\pm s$) %	RSD %	回收率($\bar{x}\pm s$) %	RSD %
1	萘	77±6.5	8.4	90.0±3.2	3.6	100.0±5.8	5.7
2	苊烯	72.1±4.0	5.5	88.0±7.8	8.9	99.0±3.6	3.7
3	苊	75.8±6.4	8.5	85.0±6.6	7.8	95.7±6.2	6.5
4	芴	79.0±3.9	4.9	98.5±9.2	9.4	101.0±3.8	3.8
5	菲	77.7±5.3	6.8	97.5±8.6	8.8	102.0±6.6	6.6
6	蒽	78.8±5.4	6.9	93.4±7.4	8.0	98.7±9.6	9.8
7	荧蒽	78.9±3.6	4.6	90.3±6.1	6.7	104.0±4.3	4.2
8	芘	71.2±6.3	8.8	72.5±6.8	9.4	97.0±4.8	5.0
9	苯并[a]蒽	76.8±5.6	7.3	83.6±7.3	8.8	91.2±8.2	9.0
10	䓛	76.3±7.0	9.1	94.2±3.2	3.4	102.0±3.4	3.4
11	苯并[b]荧蒽	75.1±7.2	9.6	80.7±7.1	8.8	101.0±7.0	6.9
12	苯并[k]荧蒽	78.8±7.0	8.9	91.7±7.4	8.1	102.0±5.8	5.6
13	苯并[a]芘	76.5±6.6	8.6	88.7±8.5	9.6	100.0±3.6	3.6
14	茚并[1,2,3-cd]芘	76.8±4.9	6.4	95.7±3.6	3.7	103.0±6.5	6.3
15	二苯并[a,h]蒽	83.5±7.6	9.1	87.4±8.2	9.4	101.0±6.5	6.5
16	苯并[g,h,i]苝	71.3±6.6	9.3	86.2±7.4	8.6	102.0±7.7	7.6
注：RSD为相对标准偏差。							

表 D.2 丝绸贴衬布的添加回收率（n=6）

序号	物质名称	添加 0.1 mg/kg		添加 0.2 mg/kg		添加 1.0 mg/kg	
		回收率($\bar{x}\pm s$) %	RSD %	回收率($\bar{x}\pm s$) %	RSD %	回收率($\bar{x}\pm s$) %	RSD %
1	萘	70±6.3	9.0	88.5±5.2	5.9	101±2.7	2.7
2	苊烯	75.8±6.2	8.2	96.3±8.2	8.5	98.2±3.9	3.9
3	苊	70.3±6.9	9.8	84.3±5.8	6.9	90±4.6	5.1
4	芴	77±7.2	9.3	97.3±8.3	8.6	78.5±7.3	9.4
5	菲	77.5±7.4	9.5	101.8±9.9	9.8	99.8±3.9	3.9
6	蒽	81.2±7.6	9.4	93.7±7.7	8.2	98.5±9.7	9.9
7	荧蒽	76.2±6.1	8.0	91.3±7.3	8.0	92.7±7.7	8.4
8	芘	70.67±5.5	7.8	76.7±6.0	7.9	88.8±8.8	9.9

表 D.2（续）

序号	物质名称	添加 0.1 mg/kg		添加 0.2 mg/kg		添加 1.0 mg/kg	
		回收率($\bar{x}\pm s$) %	RSD %	回收率($\bar{x}\pm s$) %	RSD %	回收率($\bar{x}\pm s$) %	RSD %
9	苯并[a]蒽	75±7.4	9.9	80.2±5.4	6.7	86.3±5.7	6.6
10	䓛	75.8±6.3	8.3	94.8±3.5	3.7	101±4.0	3.9
11	苯并[b]荧蒽	68±6.4	9.4	79.2±5.5	6.9	100±5.7	5.7
12	苯并[k]荧蒽	81.7±5.0	6.2	94.2±7.2	7.7	103±2.4	2.4
13	苯并[a]芘	78.5±6.5	8.2	88.2±7.5	8.5	99±3.6	3.7
14	茚并[1,2,3-cd]芘	81±6.2	7.6	96.1±3.6	3.8	102±6.4	6.2
15	二苯并[a,h]蒽	86.8±5.5	6.3	77.8±7.0	9.0	100±5.2	5.2
16	苯并[g,h,i]苝	67.9±6.2	9.2	82.4±5.8	7.0	92.7±8.0	8.7

表 D.3　涤纶贴衬布的添加回收率(n=6)

序号	物质名称	添加 0.1 mg/kg		添加 0.2 mg/kg		添加 1.0 mg/kg	
		回收率($\bar{x}\pm s$) %	RSD %	回收率($\bar{x}\pm s$) %	RSD %	回收率($\bar{x}\pm s$) %	RSD %
1	萘	71.7±6.9	9.6	83±7.3	8.8	96.8±5.5	5.70
2	苊烯	76.2±6.8	8.9	95.2±9.1	9.5	100±3.03	3.0
3	苊	67.7±4.8	7.2	86.5±6.2	7.2	92.7±7.7	8.3
4	芴	74.8±5.9	7.9	88.5±7.9	8.9	96.7±9.7	10.0
5	菲	76.5±6.2	8.0	98.5±9.2	9.4	98.5±4.2	4.3
6	蒽	80.2±6.0	7.5	97±7.0	7.2	102.7±4.7	4.6
7	荧蒽	78.5±5.7	7.2	95.3±7.9	8.3	99.8±8.0	8.0
8	芘	72.8±3.6	4.9	89.2±7.7	8.7	93.5±9.2	9.9
9	苯并[a]蒽	73.8±7.2	9.7	77.8±6.3	8.1	92.7±8.8	9.5
10	䓛	78±7.2	9.2	94.7±3.1	3.2	101.5±3.7	3.7
11	苯并[b]荧蒽	75.7±5.9	7.8	82±7.6	9.3	103.8±4.2	4.0
12	苯并[k]荧蒽	80.2±5.5	6.8	98.2±8.8	9.0	101±4.6	4.6
13	苯并[a]芘	74.9±6.4	8.6	85.5±8.4	9.8	100.5±3.3	3.3
14	茚并[1,2,3-cd]芘	80.5±7.1	8.8	99.2±4.1	4.1	102±6.5	6.4
15	二苯并[a,h]蒽	87.3±5.7	7.7	86.7±8.4	9.7	99.5±7.6	7.6
16	苯并[g,h,i]苝	67.8±6.7	9.9	84.7±5.7	6.7	94.7±9.7	10.3

ICS 59.080.01
W 04

中华人民共和国国家标准

GB/T 28190—2011

纺织品　富马酸二甲酯的测定

Textiles—Determination of dimethyl fumarate

2011-12-30 发布　　2012-09-01 实施

中华人民共和国国家质量监督检验检疫总局
中国国家标准化管理委员会　发布

前　言

本标准按照 GB/T 1.1—2009 给出的规则起草。

本标准由中国纺织工业协会提出。

本标准由全国纺织品标准化技术委员会基础标准分技术委员会(SAC/TC 209/SC 1)归口。

本标准起草单位:中华人民共和国深圳出入境检验检疫局、浙江省检验检疫科学技术研究院。

本标准主要起草人:李彬、吴刚、刘丽、赵珊红、任聪、吴景武、陈美容、刘志红、余淑媛、宋保靓。

纺织品　富马酸二甲酯的测定

警告：使用本标准的人员应有正规实验室工作的实践经验。本标准并未指出所有可能的安全问题。使用者有责任采取适当的安全和健康措施，并保证符合国家有关法规规定的条件。

1　范围

本标准规定了采用气相色谱-质谱法(GC-MS)测定纺织品中富马酸二甲酯含量的方法。

本标准适用于各种类型的纺织产品。

2　原理

采用乙酸乙酯对试样中的富马酸二甲酯进行超声提取，提取液经浓缩、定容和过滤后，用气相色谱-质谱法(GC-MS)进行测定和确证，外标法定量。

3　试剂和材料

3.1　除非另有说明，在分析中所用试剂均为分析纯。

3.2　乙酸乙酯：经 5 Å 分子筛脱水处理。5 Å 分子筛放在 500 ℃马福炉中灼烧 2 h，待炉温降至 100 ℃以下，取出放入装有无水硅胶的干燥器中冷却后，以 250 g/500 mL 的比例加入至刚启封的乙酸乙酯中，静置 24 h 后备用。

3.3　富马酸二甲酯标准品(dimethyl fumarate，CAS 登录号 624-49-7)：纯度≥99%。

3.4　标准储备溶液：称取适量的富马酸二甲酯标准品(3.3)，用乙酸乙酯(3.2)配制成浓度为 1 000 mg/L 的标准储备溶液。

注：在 4 ℃冰箱中避光保存条件下，标准储备溶液的有效期为 12 个月。

3.5　标准工作溶液：根据需要，将标准储备溶液用乙酸乙酯(3.2)稀释成适当浓度的标准工作溶液。

注：在 4 ℃冰箱中避光保存条件下，标准工作溶液的有效期为 3 个月。

4　设备和仪器

4.1　气相色谱-质谱联用仪：带 EI 源。

4.2　超声波发生器：工作频率为 40 kHz。

4.3　旋转蒸发仪。

4.4　分析天平，精度 0.000 1 g。

4.5　具塞锥形瓶：100 mL。

4.6　圆底烧瓶：250 mL。

4.7　有机相过滤膜：0.45 μm。

5　分析步骤

5.1　提取

选取代表性样品，剪碎至 5 mm×5 mm 以下，混匀后从中称取 2 g，精确至 0.01 g，置于具塞锥形瓶

(4.5)中，加入 40 mL 乙酸乙酯(3.2)，于常温下在超声波发生器(4.2)中萃取 30 min，将萃取液转移至圆底烧瓶(4.6)，再用 40 mL 乙酸乙酯(3.2)对锥形瓶中样品重复提取 10 min，合并两次萃取液，然后用 20 mL 乙酸乙酯(3.2)洗涤残渣，并入萃取液中。在旋转蒸发仪(4.3)上于(40±2) ℃浓缩至近 1 mL，用氮气吹至近干，然后用乙酸乙酯(3.2)定容至 2.0 mL。溶液经有机相过滤膜(4.7)过滤后，作为样液供气相色谱-质谱测定。

5.2 测定

5.2.1 气相色谱-质谱条件

由于测试结果取决于所使用仪器，因此不可能给出色谱分析的通用参数。设定的参数应保证色谱测定时被测组分与其他组分能够得到有效的分离，下面给出的参数证明是可行的：

a) 色谱柱：DB-WAX 柱，30 m×0.25 mm(i.d.)×0.25 μm，或相当者；

b) 进样口温度：240 ℃；

c) 色谱-质谱接口温度：250 ℃；

d) 进样方式：不分流进样，1 min 后开阀；

e) 载气：氦气，纯度≥99.999%；控制方式：恒流，流速：1.0 mL/min；

f) 柱温：50 ℃(1 min) $\xrightarrow{10\ ℃/min}$ 150 ℃(3 min) $\xrightarrow{20\ ℃/min}$ 245 ℃(5 min)；

g) 进样量：1 μL；

h) 离子源：EI 源；

i) 电离能量：70 eV；

j) 测定方式：选择离子监测模式，定性和定量选择离子的选择参见表 1；

表 1

物质名称	参考保留时间 min	特征碎片离子 amu		丰度比
		定量离子	定性离子	
富马酸二甲酯	11.30	113	113,85,114	100：58：20

k) 四极杆温度：150 ℃；

l) 离子源温度：230 ℃；

m) 溶剂延迟时间：6 min。

5.2.2 气相色谱-质谱分析及阳性结果确证

根据样液中被测物质含量情况，选定浓度相近的标准工作溶液，对标准工作溶液与样液等体积参插进样测定，标准工作溶液和待测样液中富马酸二甲酯的响应值均应在仪器的线性范围内。

如果样液与标准工作溶液的选择离子色谱图中，在相同保留时间有色谱峰出现，则根据表 1 中的特征碎片离子及其丰度比进行确证。

注 1：在上述色谱条件下，富马酸二甲酯标准物的参考保留时间见表 1，气相色谱-质谱选择离子色谱图参见附录 A。

注 2：如果样液的检测响应值超出仪器检测的线性范围，可适当稀释后测定。

5.3 空白试验

除不加试样外，按 5.2 的测定步骤进行。

6 结果计算

试样中富马酸二甲酯的含量按式(1)计算，计算结果表示到小数点后一位。

$$X=\frac{A\times c_s\times V}{A_s\times m} \qquad \cdots\cdots(1)$$

式中：

X ——样品中的富马酸二甲酯含量，单位为毫克每千克(mg/kg)；

A ——试样提取液中富马酸二甲酯的峰面积(扣除空白)；

c_s ——标准工作溶液中富马酸二甲酯的浓度，单位为毫克每升(mg/L)；

V ——试样定容的体积，单位为毫升(mL)；

A_s ——标准工作溶液中富马酸二甲酯的峰面积；

m ——试样的质量，单位为克(g)。

7 测定低限和精密度

7.1 测定低限

本方法的测定低限为 0.1 mg/kg。

7.2 精密度

在同一实验室，由同一操作者使用相同设备，按相同的测试方法，并在短时间内对同一被测对象相互独立进行的测试获得的两次测试结果之差的绝对值不大于这两个测定值的算术平均值的 10%。以大于这两个测定值的算术平均值的 10%的情况不超过 5%为前提。

8 试验报告

试验报告至少应给出下述内容：

a) 样品来源及描述；

b) 采用的仪器和标准；

c) 试验结果；

d) 试验日期；

e) 任何偏离本标准的细节。

附 录 A
（资料性附录）
富马酸二甲酯标准物质的选择离子色谱图和质谱图

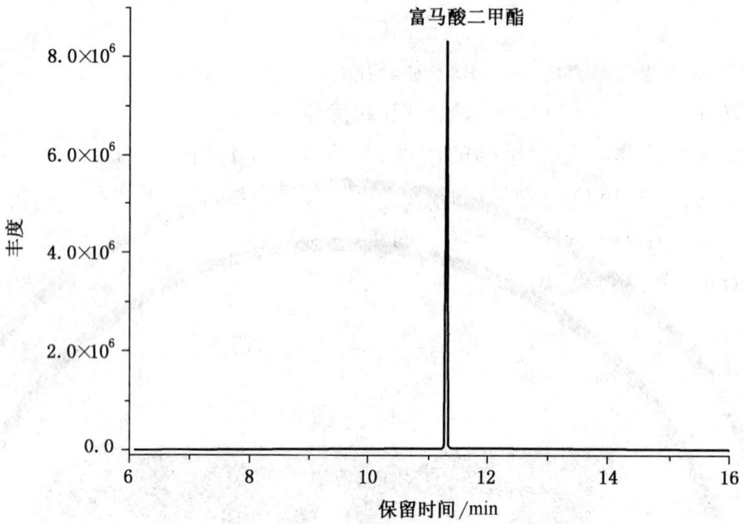

图 A.1 富马酸二甲酯标准物质的气相色谱-质谱选择离子色谱

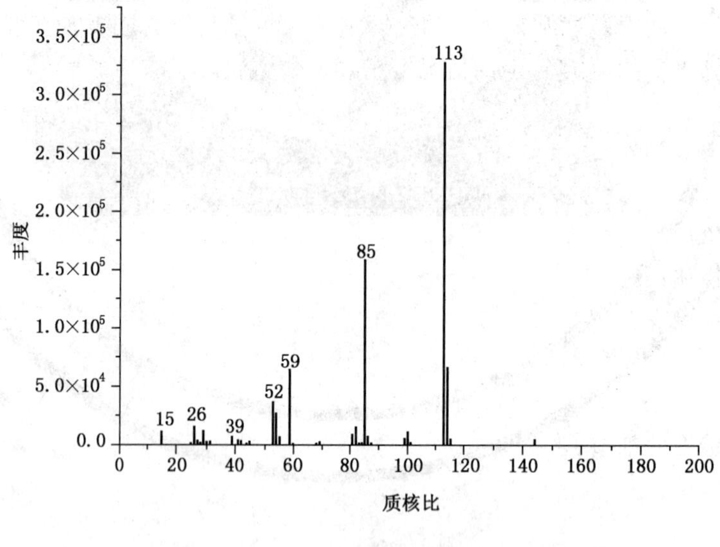

图 A.2 富马酸二甲酯标准物质的质谱图

ICS 71.100.40
G 72

中华人民共和国国家标准

GB/T 28191—2011

表面活性剂　洗涤剂　对酸解稳定的阴离子活性物　痕量的测定

Surface active agents—Detergents—Anionic-active matter stable to acid hydrolysis—Determination of trace amounts

(ISO 2868:1973,MOD)

2011-12-30 发布　　2012-09-01 实施

中华人民共和国国家质量监督检验检疫总局
中国国家标准化管理委员会　发布

前　言

本标准按照 GB/T 1.1—2009 给出的规则起草。

本标准采用重新起草法修改采用 ISO 2868:1973《表面活性剂　洗涤剂　对酸解稳定的阴离子活性物　痕量的测定》。

本标准与 ISO 2868:1973 相比存在技术性差异，这些差异涉及的条款已通过在其外侧页面空白位置的垂直单线（|）进行了标识，附录 A 给出了相应技术差异及其原因的一览表。

本标准由中国轻工业联合会提出。

本标准由全国表面活性剂和洗涤用品标准化技术委员会(SAC/TC 272)归口。

本标准起草单位：中国日用化学工业研究院、山东胜通集团股份有限公司、表面活性剂和洗涤剂行业生产力促进中心。

本标准主要起草人：姚晨之、李晓辉、胡芳华、周炳阳。

表面活性剂 洗涤剂 对酸解稳定的阴离子活性物 痕量的测定

1 范围

本标准规定了存在过量酸回流条件下阴离子活性物水解后，测定洗涤剂中的少量稳定阴离子活性物的方法。

本标准适用于测定烷基酚醚硫酸盐中的环状磺酸盐，脂肪醇醚硫酸盐和硫酸化脂肪醇中的少量磺酸盐。

2 规范性引用文件

下列文件对于本文件的应用是必不可少的。凡是注日期的引用文件，仅注日期的版本适用于本文件。凡是不注日期的引用文件，其最新版本(包括所有的修改单)适用于本文件。

GB/T 5173 表面活性剂和洗涤剂 阴离子活性物的测定 直接两相滴定法(GB/T 5173—1995，ISO 2271:1989，MOD)

3 原理

阴离子活性物在酸性条件下回流水解。

水和三氯甲烷的两相介质中，在酸性混合指示剂存在的情况下，用氯化苄苏鎓(一种阳离子表面活性剂)滴定，测定阴离子活性物含量。

4 试剂

除非另有说明，在分析中仅使用确认为分析纯的试剂和蒸馏水或去离子水或纯度相当的水。

4.1 硫酸溶液，$c\left(\frac{1}{2}H_2SO_4\right)=2$ mol/L。

4.2 酚酞-乙醇溶液，$c(C_{20}H_{14}O_4)=10$ g/L。

4.3 氢氧化钠溶液，$c(NaOH)=10$ mol/L。

4.4 氢氧化钠溶液，$c(NaOH)=1$ mol/L。

4.5 三氯甲烷，$\rho_{20}=1.48$ g/mL，馏程 59.5 ℃～61.5 ℃。

4.6 酸性混合指示剂，按 GB/T 5173 配制及标定。

4.7 氯化苄苏鎓(海明 1622)标准溶液，$c(C_{27}H_{42}ClNO_2\cdot H_2O)=0.004$ mol/L，按 GB/T 5173 配制及标定。

注：GB/T 5173 中列出的其他试剂在活性物滴定过程中会被用到。

5 仪器

5.1 锥形瓶，250 mL，配有锥形磨口玻璃接头。

5.2 回流冷凝器，水冷式，底部有锥型磨口玻璃接头。
5.3 微量滴定管，2 mL 或 5 mL。

6 测定步骤

6.1 试验份

称取含有 0.5 g～2.0 g 待水解阴离子活性物的样品，准确至 0.001 g，置于锥形瓶(5.1)中。

6.2 测定

6.2.1 移取 25.0 mL 硫酸溶液(4.1)至试验份中，再加少许防暴沸的颗粒。
6.2.2 将锥形瓶接于干净的回流冷凝器(5.2)，沸水浴加热并回流 3 h。然后，移去热源，冷却至室温，用不少于 5 mL 的水从上向下洗涤回流冷凝器，拆开锥形瓶，用少许水冲洗玻璃磨口接头，洗涤水收集于锥形瓶中。
6.2.3 滴加 1 滴～2 滴酚酞-乙醇溶液(4.2)，并用约 3 mL 的 10 mol/L 氢氧化钠溶液(4.3)中和。然后改用 1 mol/L 氢氧化钠溶液(4.4)逐滴加入至粉红色刚刚出现，30 s 不消失。
6.2.4 加入 15 mL 三氯甲烷(4.5)和 10 mL 酸性混合指示剂(4.6)至锥形瓶，塞上瓶塞，充分摇动，按 GB/T 5173 所述以氯化苄苏鎓标准溶液(4.7)滴定，记录滴定体积。

7 结果的表示

7.1 计算

不可水解阴离子活性物的含量(X)以质量分数(%)表示，按式(1)计算：

$$X=\frac{V\times T\times M}{10m} \qquad (1)$$

不可水解阴离子活性物的含量(Y)以毫摩尔每克表示，按式(2)计算：

$$Y=\frac{V\times T}{m} \qquad (2)$$

式中：
V ——用于滴定的氯化苄苏鎓溶液体积，单位为毫升(mL)；
T ——氯化苄苏鎓溶液的摩尔浓度，单位为摩尔每升(mol/L)；
M ——不可水解阴离子活性物的相对分子质量；
m ——试样份的质量，单位为克(g)。

7.2 重复性

对同一样品，由同一分析者用同一分析仪器同时或相继两次测定：
a) 当所得结果≥1%时，相对误差不超过 2%；
b) 当所得结果<1%时，绝对误差不超过 0.02%。

7.3 再现性

对同一样品，在两个不同的实验室中测定：
a) 当所得结果≥1%时，相对误差不超过 4%；
b) 当所得结果<1%时，绝对误差不超过 0.04%。

8 试验报告

试验报告应包括下列各项：

a) 样品测试过程中必须的数据信息；

b) 本标准使用的参考方法；

c) 试验结果；

d) 本标准中或规范性引用文件中未包括的或任选的任何操作，以及影响试验结果的异常情况。

附　录　A
（资料性附录）
本标准与 ISO 2868:1973 的技术性差异及信息

表 A.1 给出了本标准与 ISO 2868:1973 的技术性差异及信息。

表 A.1　本标准与 ISO 2868:1973 的技术性差异及信息一览表

本标准章条编号	本标准各章条内容	ISO 章条编号	对应的 ISO 各章条内容	原　　因
1	本方法适用于测定脂肪醇醚硫酸盐和硫酸化脂肪醇中的少量磺酸盐，以及烷基酚醚硫酸盐中的环状磺酸盐	2	本方法适用于测定烷基酚醚硫酸盐中的环状磺酸盐，和硫酸化脂肪醇中的少量磺酸盐	经试验本标准方法也适用于测定脂肪醇醚硫酸盐
2	GB/T 5173　表面活性剂和洗涤剂　阴离子活性物的测定　直接两相滴定法	3	ISO 2271　表面活性剂　洗涤剂　阴离子活性物的测定　直接两相滴定法	GB/T 5173—1995 为等效采用国际标准 ISO 2271:1989
5.3	微量滴定管，2 mL 或 5 mL	—	—	不可水解阴离子活性物含量很低，原 ISO 标准未作规定
6.2.3	滴加 1 滴～2 滴酚酞-乙醇溶液（4.2），并用约 3 mL 的 10 mol/L 氢氧化钠溶液（4.3）中和。然后改用 1 mol/L 氢氧化钠溶液（4.4）逐滴加入至粉红色刚刚出现，30 s 不消失	7.2	加入乙醇以除去中和时生成的大部分无机盐。过滤沉淀的盐，并蒸发滤液至干，以除去乙醇。加水至锥形瓶的残余物中，然后加 15 mL 三氯甲烷和 10 mL混合指示剂溶液，用玻璃塞塞住锥形瓶，并充分摇动	经过对照试验证实，无论采用滤除无机盐步骤还是没有滤除无机盐步骤，试验结果一致
7.2	对同一样品，由同一分析者用同一分析仪器同时或相继两次测定： a）　当所得结果≥1%时，相对误差不超过 2%； b）　当所得结果＜1%时，绝对误差不超过 0.02%	8.2	对同一样品，由同一分析者用同一分析仪器同时或相继两次测定，所得结果之差应不超过平均值的 2%	在水解后的阴离子活性物含量很低时，试验的相对误差难以达到 2%要求
7.3	对同一样品，在两个不同的实验室中测定： a）　当所得结果≥1%时，相对误差不超过 4%； b）　当所得结果＜1%时，绝对误差不超过 0.04%	8.3	对同一样品，在两个不同的实验室中，所得结果之差应不超过平均值的 4%	在水解后的阴离子活性物含量很低时，试验的相对误差难以达到 4%要求

ICS 71.100.40
G 72

中华人民共和国国家标准

GB/T 28192—2011

表面活性剂 洗涤剂 在酸性条件下可水解和不可水解的阴离子活性物的测定

Surface active agents—Detergents—Determination of anionic-active matter hydrolyzable and non-hydrolyzable under acid conditions

(ISO 2870:2009,MOD)

2011-12-30 发布 2012-09-01 实施

中华人民共和国国家质量监督检验检疫总局
中国国家标准化管理委员会 发布

前　言

本标准按照 GB/T 1.1—2009 给出的规则起草。

本标准采用重新起草法修改采用 ISO 2870:2009《表面活性剂　洗涤剂　在酸性条件下可水解和不可水解的阴离子活性物的测定》。

本标准与 ISO 2870:2009 相比存在技术性差异，这些差异涉及的条款已通过在其外侧页面空白位置的垂直单线(|)进行了标识，附录 A 给出了相应技术差异及其原因的一览表。

本标准由中国轻工业联合会提出。

本标准由全国表面活性剂和洗涤用品标准化技术委员会(SAC/TC 272)归口。

本标准起草单位：中国日用化学工业研究院、表面活性剂和洗涤剂行业生产力促进中心。

本标准主要起草人：姚晨之、李晓辉、胡芳华。

表面活性剂 洗涤剂 在酸性条件下可水解和不可水解的阴离子活性物的测定

1 范围

本标准规定了一种洗涤剂中阴离子活性物在酸性条件下可水解和不可水解的测试方法。

本标准适用于活性物种类有烷基硫酸盐、烷基酚醚硫酸盐和脂肪醇醚硫酸盐。

若活性物含量以质量分数表示，则两类表面活性剂的平均相对分子质量必须已知或者预先测定。如果洗涤剂中含有氧化剂，则必须在水解前破坏掉。

2 规范性引用文件

下列文件对于本文件的应用是必不可少的。凡是注日期的引用文件，仅注日期的版本适用于本文件。凡是不注日期的引用文件，其最新版本(包括所有的修改单)适用于本文件。

GB/T 5173 表面活性剂和洗涤剂 阴离子活性物的测定 直接两相滴定法(GB/T 5173—1995，ISO 2271:1989，MOD)

GB/T 13173—2008 表面活性剂 洗涤剂试验方法

3 原理

阴离子活性物在酸性条件下回流水解。

水和三氯甲烷的两相介质中，在酸性混合指示剂存在下，用氯化苄苏鎓(一种阳离子表面活性剂)滴定，测定阴离子活性物含量。

注：若样品中含有氧化剂，水解前应加入亚硫酸钠将其破坏掉。

4 试剂

除非另有说明，在分析中仅使用确认为分析纯的试剂和蒸馏水或去离子水或纯度相当的水。

4.1 硫酸溶液，$c(H_2SO_4)=5$ mol/L。

4.2 亚硫酸钠溶液，$c(Na_2SO_3)=20$ g/L。

4.3 酚酞-乙醇溶液，$c(C_{20}H_{14}O_4)=10$ g/L。

4.4 氢氧化钠溶液，$c(NaOH)=10$ mol/L。

4.5 氢氧化钠溶液，$c(NaOH)=1$ mol/L。

4.6 三氯甲烷，$\rho_{20}=1.48$ g/mL，馏程 59.5 ℃～61.5 ℃。

4.7 酸性混合指示剂，按 GB/T 5173 配制及标定。

4.8 氯化苄苏鎓(海明 1622)标准溶液，$c(C_{27}H_{42}ClNO_2 \cdot H_2O)=0.004$ mol/L，按 GB/T 5173 配制及标定。

注：GB/T 5173 中列出的其他试剂在活性物滴定过程中会被用到。

5 仪器

5.1 锥形瓶,250 mL,带有磨口玻璃塞。
5.2 回流冷凝器,水冷式,底部有锥形磨口接头,与锥形瓶(5.1)相配。
5.3 微量滴定管,2 mL。

6 取样

按照GB/T 13173—2008第4章的规定制备和保存实验用品。

7 测定步骤

7.1 试样溶液A

称取3 mmol～5 mmol的阴离子活性物,准确至0.001 g,用30 mL水溶解。定量转移至100 mL的容量瓶中,稀释至刻度。

7.2 总阴离子活性物的测定

移取10.0 mL试样溶液A置于100 mL容量瓶中,定容至刻度。移取该溶液10.0 mL,按照GB/T 5173所述方法测定总阴离子活性物的含量。

7.3 不可水解阴离子活性物的测定

7.3.1 移取10.0 mL试样溶液A(7.1)置于锥形瓶(5.1)中。用另一移液管移取5.0 mL硫酸溶液(4.1),加入少许防暴沸的颗粒。如果样品中含有氧化剂,应再加入10 mL亚硫酸钠溶液(4.2)。插上干净的回流冷凝器,沸水浴回流3 h。
7.3.2 在回流3 h后,移去热源,冷却至室温,用不少于5 mL的水从上向下洗涤回流冷凝器,拆下锥形瓶,并用少量水冲洗磨砂玻璃接头,将洗涤水收集于锥形瓶中。
7.3.3 滴加1滴～2滴酚酞-乙醇溶液(4.3),并用约4 mL的10 mol/L氢氧化钠溶液(4.4)中和。然后改用1 mol/L氢氧化钠溶液(4.5)逐滴加入至刚刚出现红色,30 s不消失。
7.3.4 加入15 mL三氯甲烷(4.6)和10 mL酸性混合指示剂(4.7)至锥形瓶,塞上瓶塞,充分摇动。按GB/T 5173所述用氯化苄苏鎓标准溶液(4.8)滴定,记录滴定体积。

8 结果的表示

8.1 计算

8.1.1 阴离子活性物

总阴离子活性物 c_1 以mmol/100 g表示,按式(1)计算:

$$c_1 = \frac{V_1 \times c}{m} \times 100 \times 100 \qquad (1)$$

式中:

V_1——滴定总阴离子活性物时耗用氯化苄苏鎓标准溶液的体积,单位为毫升(mL);

c ——氯化苄苏鎓标准溶液的浓度,单位为摩尔每升(mol/L);

m ——试验份质量，单位为克(g)。

8.1.2 酸性条件下不可水解的阴离子活性物

不可水解阴离子活性物 c_2 以 mmol/100 g 表示，按式(2)计算：

$$c_2 = \frac{V_2 \times c}{m} \times 100 \times 100 \qquad \cdots\cdots(2)$$

式中：

V_2——滴定不可水解的阴离子活性物时耗用氯化苄苏鎓标准溶液的体积，单位为毫升(mL)。

8.1.3 酸性条件下可水解的阴离子活性物

可水解阴离子活性物 c_3 以 mmol/100 g 表示，按式(3)计算：

$$c_3 = c_1 - c_2 \qquad \cdots\cdots(3)$$

8.2 精密度

8.2.1 重复性

对同一样品，由同一分析者用同一分析仪器同时或相继两次测定：

a) 当所得结果≥1%时，相对误差不超过 2%；

b) 当所得结果<1%时，绝对误差不超过 0.02%。

8.2.2 再现性

对同一样品，在两个不同的实验室中测定：

a) 当所得结果≥1%时，相对误差不超过 4%；

b) 当所得结果<1%时，绝对误差不超过 0.04%。

9 试验报告

试验报告应包括以下各项：

a) 样品测试过程中必需的数据信息；

b) 本标准使用的参考方法；

c) 试验结果；

d) 本标准中或规范性引用文件中未包括的或任选的任何操作，以及影响试验结果的异常情况。

附　录　A
（资料性附录）
本标准与 ISO 2870:2009 的技术性差异及信息

表 A.1 给出了本标准与 ISO 2870:2009 的技术性差异及信息。

表 A.1　本标准与 ISO 2870:2009 的技术性差异及信息一览表

本标准章条编号	本标准各章条内容	ISO 章条编号	对应的 ISO 各章条内容	原　　因
2	GB/T 5173 表面活性剂和洗涤剂阴离子活性物的测定　直接两相滴定法 GB/T 13173—2008 表面活性剂　洗涤剂试验方法	2	ISO 2271　表面活性剂　洗涤剂　阴离子活性物的测定　直接两相滴定法 ISO 607　表面活性剂和洗涤剂　分样方法 ISO 3696　分析实验室用水　规范及试验方法 EN 14480　表面活性剂　阴离子表面活性剂的测定　电位测量两相滴定法	GB/T 5173—1995 为等效采用国际标准 ISO 2271:1989。GB/T 13173—2008 中第 4 章为等效采用国际标准 ISO 607。 因本标准未采用 EN 14480 有关内容，所以试验用水规格本标准要求等同于 ISO 3696 三级水，ISO 要求为一级水
5.3	微量滴定管，2 mL	—	—	不可水解阴离子活性物含量很低，ISO 标准未作规定
7.2	移取 10 mL 溶液 A 至 100 mL 容量瓶中，定容至刻度。移取该溶液 10 mL，按照 GB/T 5173 中所述方法测定总阴离子活性物含量	7.2	移取 10 mL 溶液 A 至100 mL 容量瓶中，定容至刻度。移取该溶液 10 mL，按照 ISO 2271 或者 EN 14480 中所述方法测定总阴离子活性物含量	GB/T 5173 中未包括EN 14480 中所述方法
7.3.4	加入 15 mL 三氯甲烷(4.6)和 10 mL 酸性混合指示剂(4.7)至锥形瓶，塞上瓶塞，充分摇动。按 GB/T 5173 所述用氯化苄苏鎓标准溶液(4.8)滴定，记录滴定体积	7.3	定量转移锥形瓶中水解后物质至 100 mL 容量瓶，用水稀释至刻度。然后移取10 mL 至具塞量筒，按照 ISO 2271 或 EN 14480 测定其中不可水解阴离子活性物	由前面试验结果可知，水解3 h 后锥形瓶中剩余不可水解的阴离子活性物含量很低，继续稀释 10 倍后测定，测定结果误差较大。且 GB/T 5173 中未包括 EN 14480 中所述方法
8.1.2	计算式(2)	8.1.2	计算式(2)	本标准去掉了稀释的步骤，因此计算公式中常数值不同
8.2.1	对同一样品，由同一分析者用同一分析仪器同时或相继两次测定： a)　当所得结果≥1% 时，相对误差不超过 2%； b)　当所得结果<1% 时，绝对误差不超过 0.02%	8.2.1	对同一样品，由同一分析者用同一分析仪器同时或相继两次测定，所得结果之差应不超过平均值的 2%	在水解后的阴离子活性物含量很低时，试验相对误差难以达到 2%要求

表 A.1（续）

本标准章条编号	本标准各章条内容	ISO 章条编号	对应的 ISO 各章条内容	原　　因
8.2.2	对同一样品，在两个不同的实验室中测定： a）当所得结果≥1%时，相对误差不超过4%； b）当所得结果＜1%时，绝对误差不超过0.04%	8.2.2	对同一样品，在两个不同的实验室中，所得结果之差应不超过平均值的4%	在水解后的阴离子活性物含量很低时，试验相对误差难以达到0.04%要求

ICS 71.100.40
G 72

中华人民共和国国家标准

GB/T 28193—2011

表面活性剂中氯乙酸(盐)残留量的测定

Determination of chloroacetic acid (chloroacetate) contents in surfactants

2011-12-30 发布 2012-09-01 实施

中华人民共和国国家质量监督检验检疫总局
中国国家标准化管理委员会 发布

前　言

本标准按照 GB/T 1.1—2009 给出的规则起草。

本标准由中国轻工业联合会提出。

本标准由全国表面活性剂和洗涤用品标准化技术委员会(SAC/TC 272)归口。

本标准起草单位:中国日用化学工业研究院、广州星业科技发展有限公司、浙江赞宇科技股份有限公司、表面活性剂和洗涤剂行业生产力促进中心。

本标准主要起草人:冯瑜、叶建中、黄亚茹、姚晨之、成晓静、许林寿、夏雄燕、关景才、雷小英。

表面活性剂中氯乙酸(盐)残留量的测定

1 范围

本标准规定了使用液相色谱测定表面活性剂中一氯乙酸(盐)和二氯乙酸(盐)残留量的方法。

本标准适用于以一氯乙酸或一氯乙酸钠为原料生产的表面活性剂,如:醇酚醚羧酸盐、十一烷基咪唑啉羧酸盐、脂肪烷基二甲基甜菜碱、脂肪酰胺丙基二甲基甜菜碱等产品中残留一氯乙酸(盐)和二氯乙酸(盐)含量的测定。当样品中一氯乙酸(盐)和二氯乙酸(盐)含量超过标准工作曲线范围时,需要增加标准溶液的浓度或将样品稀释或减量测定。

2 规范性引用文件

下列文件对于本文件的应用是必不可少的。凡是注日期的引用文件,仅注日期的版本适用于本文件。凡是不注日期的引用文件,其最新版本(包括所有的修改单)适用于本文件。

GB/T 6682 分析实验室用水规格和试验方法

GB/T 13659 强酸性苯乙烯系阳离子交换树脂

3 液相色谱法

3.1 原理

使用反相 C_8 柱子,以10%的乙腈水溶液(每1 000 mL 中加入2.0 mL 正磷酸)为流动相,紫外检测器或二极管阵列检测器,在波长214 nm 处检测产品中残留的一氯乙酸(盐)和二氯乙酸(盐)。

3.2 试剂

3.2.1 水,符合 GB/T 6682 中一级水的要求。

3.2.2 一氯乙酸,分析纯,含量不低于99%。

3.2.3 二氯乙酸,分析纯,含量不低于99%。

3.2.4 乙腈,液相色谱专用。

3.2.5 正磷酸,分析纯。

3.2.6 盐酸溶液,1+1(体积分数),取分析纯的盐酸10 mL 与水(3.2.1)10 mL 混合摇匀。

3.3 仪器

常用实验室仪器和以下各项。

3.3.1 液相色谱仪:带有数据处理系统,配备紫外检测器或者二极管阵列检测器,检测器的基线噪音在254 nm 处不大于 2×10^{-5} AU/s(空池);基线漂移在254 nm 处不大于 1×10^{-3} AU/h(空池、稳定60 min)。

3.3.2 液相色谱柱:C_8 硅胶键合液相色谱柱,250 mm×4.6 mm(内径),固定相粒径5 μm,或相当者,适用 pH 值范围为1～8。

3.3.3 微量注射器,25 μL。

3.3.4 分析天平,感量0.1 mg。

3.3.5 用于流动相脱气的超声波装置。

3.3.6 带真空泵的抽滤装置，滤膜 0.2 μm 或 0.45 μm，样品过滤头 0.2 μm。

3.3.7 容量瓶，100 mL。

3.3.8 烧杯，50 mL。

3.4 程序

3.4.1 色谱条件

a) 流动相：移取水(3.2.1)900 mL 加入正磷酸(3.2.5)2.0 mL，混匀，经抽滤装置(3.3.6)过滤；再加入过滤过的乙腈(3.2.4)100 mL，混匀，此液的 pH 值约为 1.7～2.0。经超声波装置(3.3.5)脱气后使用；

b) 流速：1.0 mL/min；

c) 检测波长：214 nm；

d) 进样量：20 μL。

3.4.2 标准工作曲线

3.4.2.1 标准储备液

分别称取标准物一氯乙酸(3.2.2)和二氯乙酸(3.2.3)各 0.1 g(准确到 0.000 1 g)于 25 mL 烧杯中，加入适量流动相溶解，转移至 100 mL 容量瓶中，用流动相洗涤烧杯，洗涤液一并转入容量瓶中，用流动相定容，摇匀。该溶液即为标准储备液，浓度约 1 mg/mL(一氯乙酸和二氯乙酸)。

标准储备液应放冰箱内于 4 ℃冷藏保存，有效期不超过 7 d。

3.4.2.2 标准溶液

分别移取 0.1 mL、0.5 mL、1.0 mL、1.5 mL、2.0 mL 标准储备液于 5 个 100 mL 容量瓶中，用流动相稀释至刻度，摇匀，即为标准溶液。该标准溶液随用随配，不能贮存。

用 0.2 μm 样品过滤头过滤标准溶液后，注射 20 μL，进行色谱分析。使用适当的测量工具或计算软件，应用附录 B 的公式计算回归曲线的线性相关系数，要求所得相关系数大于 0.999。该曲线即为标准工作曲线。

3.4.3 样品分析

3.4.3.1 烷基聚乙氧基醚羧酸盐(AEC)和烷基咪唑啉羧酸盐样品

称取样品约 5 g～10 g(准确到 0.000 1 g)于 100 mL 烧杯中，用 30 mL 流动相溶解，逐滴加入盐酸溶液(3.2.6)，在 pH 计上调节样品溶液的 pH 值与流动相的 pH 值一致。转移入 100 mL 容量瓶中，用流动相洗涤烧杯，洗涤液一并转入容量瓶中，用流动相定容，摇匀。用 0.2 μm 样品过滤头过滤该样品溶液后，注射 20 μL，进行色谱分析。

3.4.3.2 甜菜碱类样品

样品按附录 A 方法用离子交换柱处理，所得样品溶液用 0.2 μm 样品过滤头过滤，注射 20 μL，进行色谱分析。

注：附录 A 对样品的处理是为了消除试样中某些未知成分对氯乙酸色谱峰的干扰，当不存在此类干扰时，可直接配成溶液测定。

3.4.4 一氯乙酸和二氯乙酸典型色谱图

一氯乙酸和二氯乙酸典型色谱图见图1。

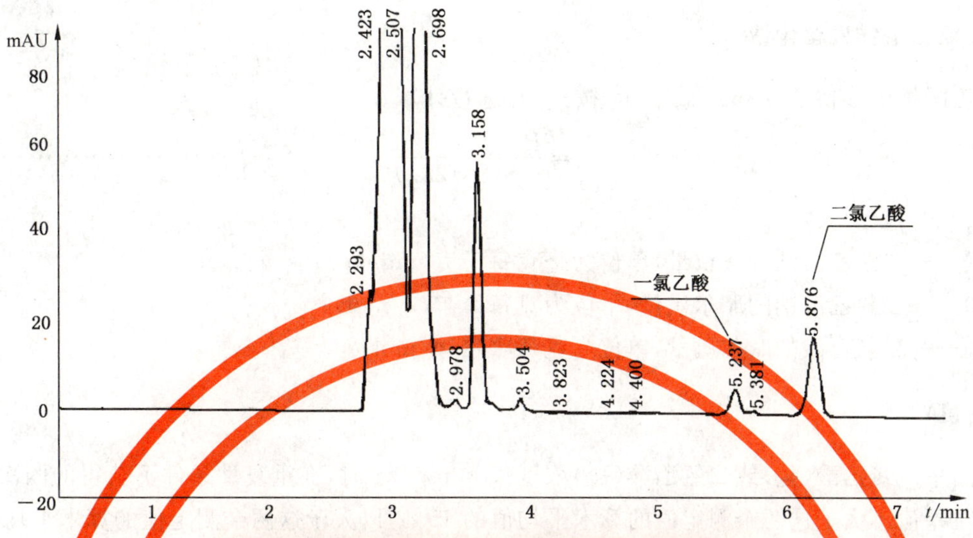

图1 脂肪烷基甜菜碱样品中一氯乙酸和二氯乙酸典型色谱图

3.5 结果计算

3.5.1 一氯乙酸残留含量

一氯乙酸的残留量以mg/kg表示，按式(1)进行计算。

$$X_1=\frac{A\times V}{m} \qquad \cdots\cdots(1)$$

式中：

X_1——一氯乙酸的残留量，单位为毫克每千克(mg/kg)；

A——从工作曲线得到的一氯乙酸浓度，单位为微克每毫升(μg/mL)；

V——样品的定容体积，单位为毫升(mL)；

m——样品质量，单位为克(g)。

3.5.2 一氯乙酸钠残留含量

一氯乙酸钠的残留量以mg/kg表示，按式(2)进行计算。

$$X_2=\frac{A\times V\times 116.5}{m\times 94.5} \qquad \cdots\cdots(2)$$

式中：

X_2——一氯乙酸钠的残留量，单位为毫克每千克(mg/kg)；

116.5——一氯乙酸钠的摩尔质量，单位为克每摩尔(g/mol)；

94.5——一氯乙酸的摩尔质量，单位为克每摩尔(g/mol)。

3.5.3 二氯乙酸残留含量

二氯乙酸的残留量以mg/kg表示，按式(3)进行计算。

$$X_3=\frac{B\times V}{m} \qquad \cdots\cdots(3)$$

式中：

X_3——二氯乙酸的残留量，单位为毫克每千克(mg/kg)；

B ——从工作曲线得到的二氯乙酸浓度，单位为微克每毫升(μg/mL)。

3.5.4 二氯乙酸钠残留含量

二氯乙酸钠的残留量以 mg/kg 表示，按式(4)进行计算。

$$X_4 = \frac{B \times V \times 150.9}{m \times 128.9} \quad \cdots\cdots(4)$$

式中：

X_4 ——二氯乙酸钠的残留量，单位为毫克每千克(mg/kg)；

150.9——二氯乙酸钠的摩尔质量，单位为克每摩尔(g/mol)；

128.9——二氯乙酸的摩尔质量，单位为克每摩尔(g/mol)。

3.6 精密度

当样品中一氯乙酸(盐)或二氯乙酸(盐)浓度＜50 mg/kg 时，在重复性条件下获得的两次独立测试结果的绝对差值不大于这两个测定值的算术平均值的 15%，以大于这两个测定值的算术平均值的 15% 的情况不超过 5%为前提。

当样品中一氯乙酸(盐)或二氯乙酸(盐)浓度≥50 mg/kg 时，在重复性条件下获得的两次独立测试结果的绝对差值不大于这两个测定值的算术平均值的 10%，以大于这两个测定值的算术平均值的 10% 的情况不超过 5%为前提。

4 离子色谱法

4.1 原理

样品适当稀释、经过阴离子交换柱，一氯乙酸和二氯乙酸被吸附，通过流动相将其洗脱，通过电导检测器，测定样品中残留的一氯乙酸(盐)和二氯乙酸(盐)。

4.2 试剂

4.2.1 超纯水，电阻率 18.2 MΩ。

4.2.2 一氯乙酸，分析纯，含量不低于 99%。

4.2.3 二氯乙酸，分析纯，含量不低于 99%。

4.2.4 硫酸，分析纯。

4.2.5 碳酸钠，优级纯。

4.2.6 碳酸氢钠，优级纯。

4.2.7 氢氧化钠，优级纯。

4.3 仪器

4.3.1 离子色谱仪，配置分离柱、保护柱、电导检测器以及可连续再生的抑制器和数据处理软件。

4.3.2 分析天平，感量 0.1 mg。

4.3.3 水相过滤膜，0.45 μm。

4.3.4 容量瓶：100 mL，1 000 mL。

4.3.5 烧杯：25 mL，100 mL。

4.4 程序

4.4.1 色谱条件

4.4.1.1 选择色谱条件

色谱条件选择与所用的仪器有关，可选用下列条件之一或进行适当变更，以便为样品提供合适的分离条件。

4.4.1.2 阴离子交换分析柱，4 mm×250 mm，配备相应的保护柱。

a) 流动相(淋洗液)：3.2 mmol/L 碳酸钠(4.2.5)和 1.0 mmol/L 碳酸氢钠(4.2.6)混合液；

b) 流速：0.70 mL/min；

c) 进样量：20 μL；

d) 积分方式：峰面积；

e) 再生液：50 mmol/L 的硫酸(4.2.4)水溶液。

在上述条件下仪器的检测限(以 3 倍信噪比计)：一氯乙酸 0.012 μg/mL，二氯乙酸 0.032 μg/mL。图 2 为此条件下典型样品示例图。

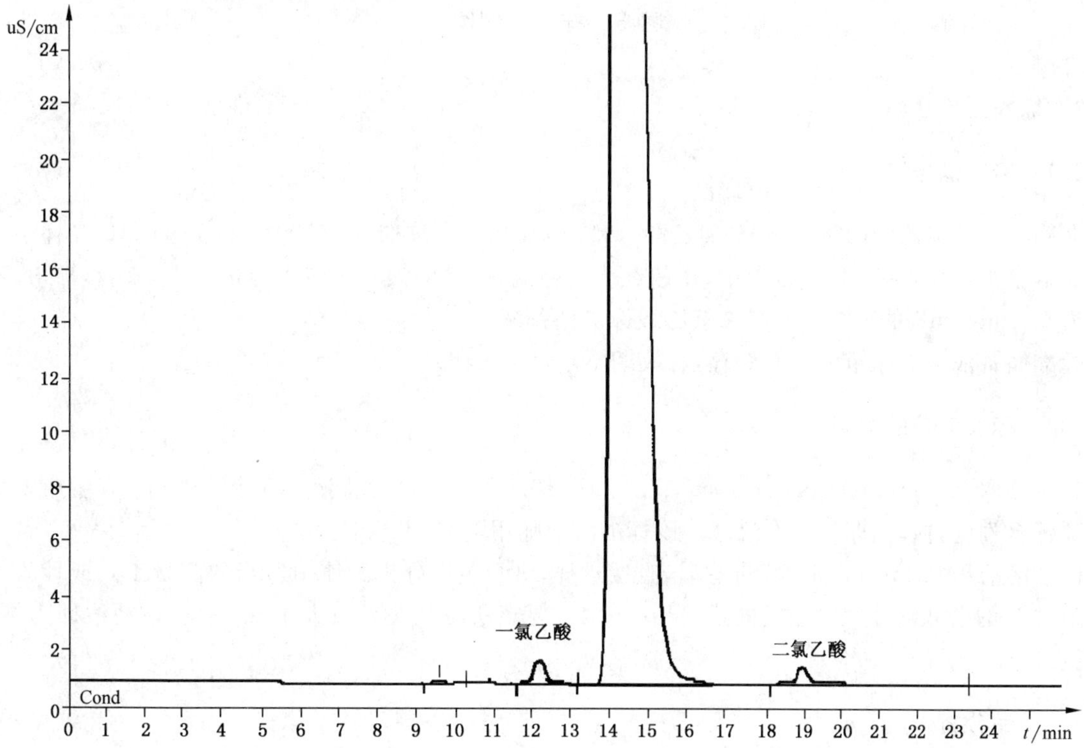

图 2 样品示例图一

4.4.1.3 阴离子交换分析柱，4 mm×250 mm，配备相应的保护柱。

a) 流动相(淋洗液)：15 mmol 氢氧化钠(4.2.7)水溶液；

b) 流速：0.85 mL/min；

c) 进样量：25 μL；

d) 积分方式：峰面积。

在上述条件下仪器的检测限(以 3 倍信噪比计)：一氯乙酸 0.012 μg/mL，二氯乙酸 0.051 μg/mL。图 3 为此条件下典型样品示例图。

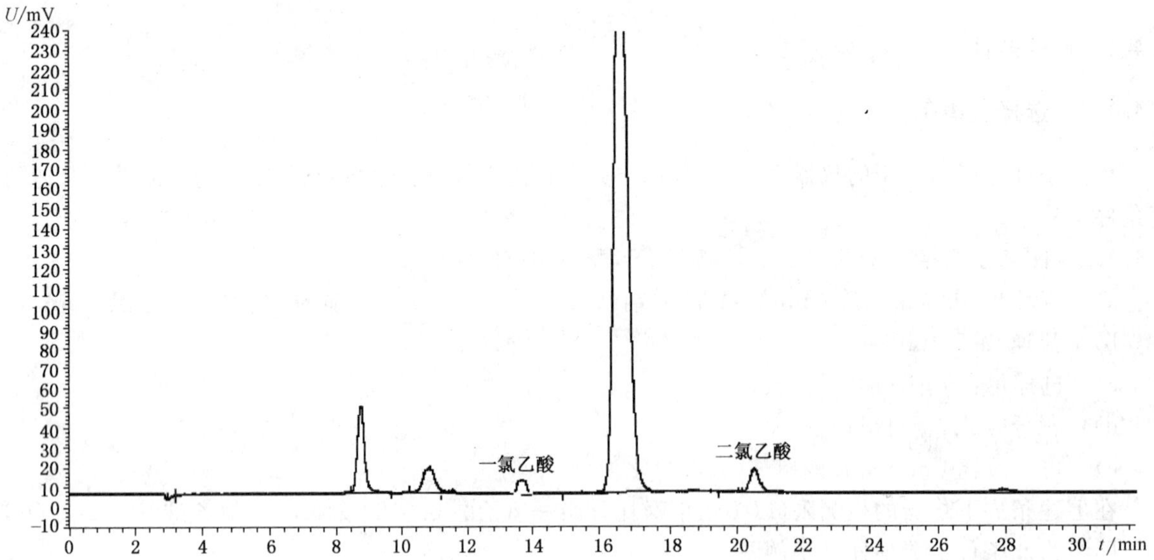

图 3 样品示例图二

4.4.2 标准工作曲线

4.4.2.1 标准储备液

准确称取一氯乙酸(4.2.2)和二氯乙酸(4.2.3)各 0.1 g(称准至 0.000 1 g)于 25 mL 烧杯中,用超纯水溶解于 1 个 1 000 mL 容量瓶中,用超纯水洗涤烧杯,洗涤液一并转入容量瓶中,定容,摇匀。制成浓度为 0.1 mg/mL 的一氯乙酸和二氯乙酸标准储备液。

标准储备液应放冰箱内 4 ℃保存,有效期不超过 7 d。

4.4.2.2 标准溶液的配制

分别移取 0.1 mL、0.5 mL、1.0 mL、5.0 mL、10.0 mL 标准储备液于 5 个 100 mL 容量瓶中,用超纯水稀释至刻度,摇匀,即为标准溶液。该标准溶液随用随配,不能贮存。

标准溶液用 0.45 μm 的滤膜过滤后,直接进样,进行色谱分析。使用适当的测量工具或计算软件,应用附录 B 的公式计算回归曲线的线性相关系数,要求所得相关系数大于 0.999。该曲线即为标准工作曲线。

4.4.3 样品分析

称取样品 1.0 g～5.0 g(准确至 0.000 1 g)于 25 mL 烧杯中,加入适量超纯水溶解后转移至 100 mL 容量瓶中,用超纯水洗涤烧杯,洗涤液一并转入容量瓶中,用超纯水定容,摇匀。样品溶液用 0.45 μm 的滤膜过滤后,直接进样,进行色谱分析。

4.5 结果计算

4.5.1 一氯乙酸残留含量

一氯乙酸的残留量以 mg/kg 表示,按式(5)进行计算。

$$X_5 = \frac{C \times V}{m} \qquad \cdots\cdots (5)$$

式中：

X_5——一氯乙酸的残留量，单位为毫克每千克(mg/kg)；

C ——从工作曲线得到的一氯乙酸浓度，单位为微克每毫升(μg/mL)。

4.5.2 一氯乙酸钠残留含量

一氯乙酸钠的残留量以 mg/kg 表示，按式(6)进行计算。

$$X_6 = \frac{C \times V \times 116.5}{m \times 94.5} \quad \cdots\cdots(6)$$

式中：

X_6——一氯乙酸钠的残留量，单位为毫克每千克(mg/kg)。

4.5.3 二氯乙酸残留含量

二氯乙酸的残留量以 mg/kg 表示，按式(7)进行计算。

$$X_7 = \frac{D \times V}{m} \quad \cdots\cdots(7)$$

式中：

X_7——二氯乙酸的残留量，单位为毫克每千克(mg/kg)；

D ——从工作曲线得到的二氯乙酸浓度，单位为微克每毫升(μg/mL)。

4.5.4 二氯乙酸钠残留含量

二氯乙酸钠的残留量以 mg/kg 表示，按式(8)进行计算。

$$X_8 = \frac{D \times V \times 150.9}{m \times 128.9} \quad \cdots\cdots(8)$$

式中：

X_8——二氯乙酸钠的残留量，单位为毫克每千克(mg/kg)。

4.6 精密度

在重复性条件下获得的两次独立测试结果的绝对差值不大于这两个测定值的算术平均值的 15%，以大于这两个测定值的算术平均值的 15%的情况不超过 5%为前提。

5 测试报告

测试报告应包含下列信息：

a) 所有能反映样品的必要信息；

b) 所用方法；

c) 结果和所用检测程序；

d) 没有按照此标准或标准中参考的其他操作细节，或其他任选的相关操作和所有可能影响结果的附件。

附　录　A
（规范性附录）
甜菜碱样品前处理方法

A.1　原理

应用强酸性阳离子交换树脂将样品中干扰测定的组分除去。

A.2　试剂

A.2.1　水，符合 GB/T 6682 中一级水的要求。
A.2.2　强酸性阳离子交换树脂(GB/T 13659)，氢型，0.3 mm～1.00 mm，001×7 型。
A.2.3　盐酸，分析纯，4 mol/L 溶液。
A.2.4　广泛 pH 试纸。
A.2.5　乙腈溶液，10%（体积分数），移取液相色谱专用乙腈 20 mL 与 180 mL 水(A.2.1)，混合均匀。

A.3　仪器

A.3.1　容量瓶，100 mL。
A.3.2　烧杯，200 mL。
A.3.3　玻璃分析柱，长约 20 cm，外径 2.5 cm，下端收缩带有旋塞或带弹簧夹的橡皮管。

A.4　操作步骤

A.4.1　将阳离子交换树脂(A.2.2)用 3 倍体积的盐酸溶液(A.2.3)浸泡过夜，用水以倾泻法洗涤3 次。再用 3 倍体积的盐酸溶液(A.2.3)浸泡并搅拌 10 min，用水以倾泻法洗涤 3 次。然后倒入柱中，用水洗涤至中性[用广泛 pH 试纸(A.2.4)测定，pH≈7]，放好备用。
A.4.2　在玻璃分析柱下端收缩部分装入少量玻璃棉，将处理好的强酸性阳离子交换树脂装入玻璃分析柱中，高度约 15 cm。设法除去柱中的气泡，先用水(A.2.1)洗涤至中性[用广泛 pH 试纸(A.2.4)测定，pH≈7]，再用 100 mL 乙腈溶液(A.2.5)洗涤。
A.4.3　用 200 mL 的烧杯称量甜菜碱样品约 5 g(精确到 0.000 1 g)，加入约 40 mL 乙腈溶液(A.2.5)，搅拌溶解。
A.4.4　将样品溶液倒入离子交换柱中，控制流出速度为 1 滴/s，流出液直接接入 100 mL 容量瓶中。用适量乙腈溶液(A.2.5)洗涤烧杯，洗涤液加入离子交换柱中，再继续加入乙腈溶液(A.2.5)，直至流出液达到容量瓶刻度停止，摇匀。用 0.2 μm 样品过滤头过滤该样品溶液后，注射 20 μL，进行色谱分析。

附　录　B
（资料性附录）
一元线性回归方程的求法

一组测试结果见表 B.1。

表 B.1　一组测试结果

测试次数	1	2	……	i	……	n
测试变量 x	x_1	x_2	……	x_i	……	x_n
测试结果 y	y_1	y_2	……	y_i	……	y_n

根据表 B.1 采用一元线性回归，又称"最小二乘法"可以拟合得到式(B.1)的线性方程。

$$y = ax + b \qquad \cdots\cdots (B.1)$$

式中：

a ——常数项，直线方程的斜率，按式(B.2)计算获得；

b ——常数项，直线方程的截距，按式(B.3)计算获得。

$$a = \frac{\sum x_i y_i - \frac{1}{n}(\sum x_i)(\sum y_i)}{\sum x_i^2 - \frac{1}{n}(\sum x_i)^2} = \frac{\sum(x_i - \overline{x})(y_i - \overline{y})}{\sum(x_i - \overline{x})^2} \qquad \cdots\cdots (B.2)$$

式中：

x_i——第 i 次试验的测试变量；

y_i——对应于第 i 次试验的测试结果；

n ——试验的测定总次数；

$\overline{x}$ ——n 次试验的测试变量算术平均值，$\overline{x} = \frac{1}{n}\sum x_i$ ；

$\overline{y}$ ——n 次试验的测试结果算术平均值，$\overline{y} = \frac{1}{n}\sum y_i$ 。

$$b = \overline{y} - a\overline{x} \qquad \cdots\cdots (B.3)$$

拟合线性方程的相关系数 γ 按式(B.4)计算：

$$\gamma = \frac{\sum(x_i - \overline{x})(y_i - \overline{y})}{\sqrt{\sum(x_i - \overline{x})^2 \cdot \sum(y_i - \overline{y})^2}} \qquad \cdots\cdots (B.4)$$

ICS 81.040.01
N 64

中华人民共和国国家标准

GB/T 28194—2011

玻璃　双线法线热膨胀系数的测定

Glass—Double liner method for determination thermal coefficient expansion

2011-12-30 发布　　2012-09-01 实施

中华人民共和国国家质量监督检验检疫总局
中国国家标准化管理委员会　发布

前　言

本标准依据 GB/T 1.1—2009 给出的规则起草。

本标准由中国轻工业联合会提出。

本标准由全国玻璃仪器标准化技术委员会(SAC/TC 178)归口。

本标准起草单位:国家轻工业玻璃产品质量监督检测中心。

本标准主要起草人:杨建新、杜玉海、梁叶、袁春梅。

玻璃　双线法线热膨胀系数的测定

1　范围

本标准规定了玻璃双线法线热膨胀系数的测定方法。

本标准适用于测定与参考标准玻璃成分相近的玻璃及其容器的线热膨胀系数。

2　规范性引用文件

下列文件对于本文件的应用是必不可少的。凡是注日期的引用文件，仅注日期的版本适用于本文件。凡是不注日期的引用文件，其最新版本（包括所有的修改单）适用于本文件。

GB/T 16920　玻璃　平均线热膨胀系数的测定

3　原理

本方法是将已知线热膨胀系数的参考标准玻璃与待测线热膨胀系数的玻璃叠烧在一起，拉成细丝。由于两种玻璃线热膨胀系数不同，细丝会出现弯曲，根据细丝的弯曲程度，即可测出待测玻璃的线热膨胀系数。

4　器具

4.1　喷灯，以煤气、液化石油气或天然气为气源，用压缩空气或氧气助燃。

4.2　千分尺及支座，最小分度值为 0.01 mm。

4.3　特制夹子，尺寸大致为长 200 mm、宽 20 mm、厚 1 mm 的钢带制成。为防止烫手应在前端 100 mm 处镶两片绝缘板，见图 1。

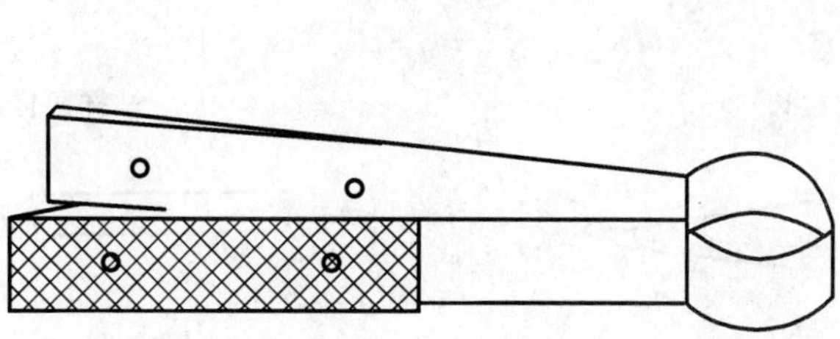

图 1　特制铁夹

4.4　测量用标尺，由 250 mm×300 mm 的玻璃板和玻璃镜各一块组成，镜面上贴有坐标纸，画上横竖坐标线，在横向坐标线距中点相距 100 mm 处的两个点周围各切除宽 3 mm 的圆环，竖向坐标线两侧切去长 60 mm、宽 3 mm 的坐标纸，露出镜面，如图 2 所示。

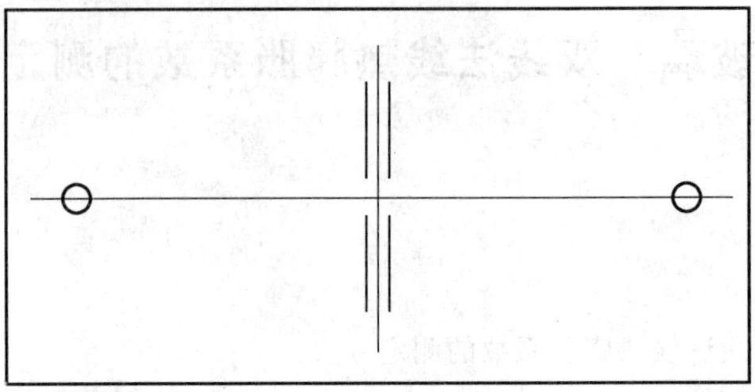

图 2　测量玻璃板

4.5　参考标准玻璃棒：取无缺陷玻璃拔成 ϕ4 mm～ϕ6 mm 的玻璃棒，一次多备用一些。按 GB/T 16920 规定，精确测定试样的平均线热膨胀系数，作为参考标准玻璃。

5　试验步骤

5.1　试样制备

5.1.1　将参考标准玻璃一端烧软，用特制夹子夹扁；再烧软，拉长 20 mm～30 mm；再次烧软，拉去前面尖头，制成宽约 6 mm、长约 20 mm、厚约 1 mm 的铲形。

5.1.2　取一小块被测试样，沾于玻璃棒上，按 5.1.1 做成铲形，要求两个铲形宽度、厚度一致，不得有玻璃缺陷。将两个铲形重叠，烧在一起，不可有气泡，把沾有被测样品的棒端烧掉。

5.1.3　将烧在一起的铲形玻璃拉成直径 0.10 mm～0.14 mm，长约 600 mm 的丝，拉时两手平行。防止玻璃丝扭曲。丝冷却后截断，观察判断丝的弯曲方向。

5.1.4　每个铲形可拉制 5 条～6 条玻璃丝，供选择测试使用。拉丝步骤见图 3。

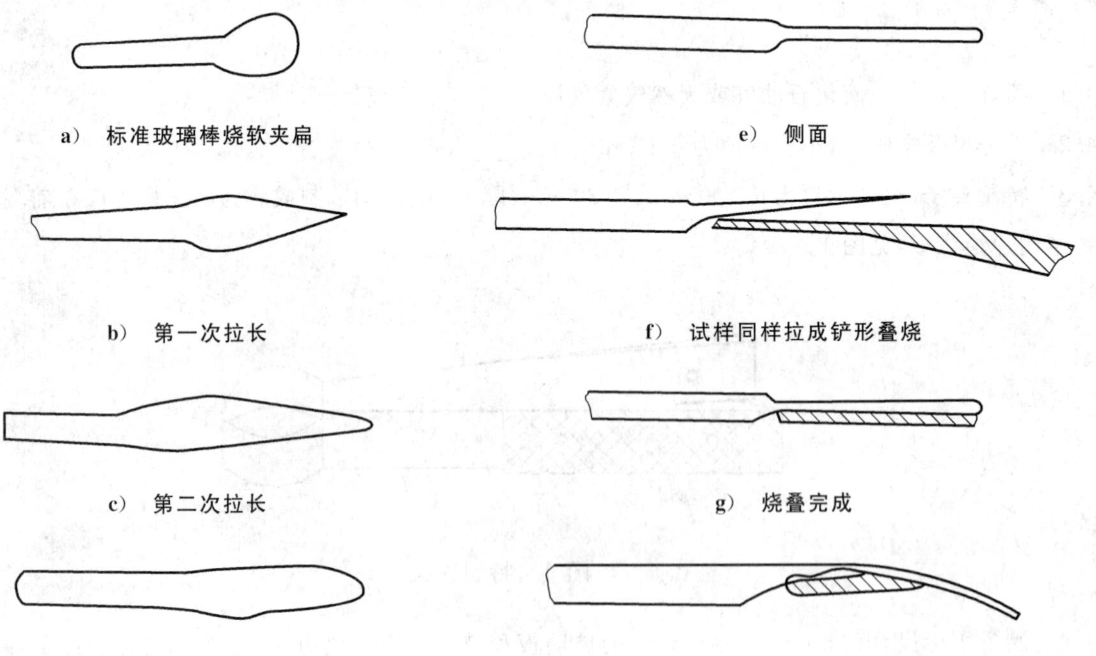

a)　标准玻璃棒烧软夹扁

b)　第一次拉长

c)　第二次拉长

d)　拉掉前面的尖

e)　侧面

f)　试样同样拉成铲形叠烧

g)　烧叠完成

h)　拉丝后可以看出试样的线热膨胀系数比标准玻璃大

图 3　拉丝过程

5.2 测量与计算

5.2.1 玻璃丝冷却后，向膨胀系数较大的一方弯曲，弯曲的程度与两玻璃膨胀系数之差值成正比。如向被测玻璃方向弯，则标准玻璃的 α_0 加上 $\Delta\alpha$，反之则标准玻璃的 α_0 减去 $\Delta\alpha$ 即为被测玻璃的线热膨胀系数。

5.2.2 测量：用千分尺选测丝径在 0.10 mm～0.14 mm 的丝，截取 220 mm～230 mm 长，如弯曲度大，应取长些，在截取的长度内，中点和两端的直径差不应大于 0.02 mm。

5.2.3 把截好的玻璃丝放在玻璃板上，移动玻璃板，使玻璃丝上两点正对镜面坐标纸上距离中点相距 100 mm 处的两个点上，读出中间弯曲高度 h，以毫米计。若弯曲度高，则应多测几次，取平均值，如图 4 所示。

单位为毫米

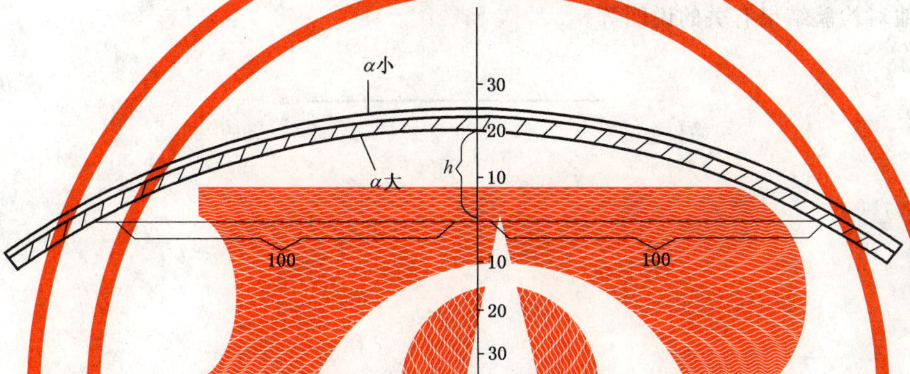

图 4 丝的弯曲度测量

5.3 计算

按式(1)计算被测玻璃的线热膨胀系数。

$$\alpha = \alpha_0 \pm \Delta\alpha \quad \cdots\cdots(1)$$

式中：

α ——被测玻璃的线热膨胀系数；

α_0 ——标准玻璃的线热膨胀系数；

$\Delta\alpha$——标准玻璃与被测玻璃的线热膨胀系数之差。

当 $h \leqslant 20$ mm 时，标准玻璃与被测玻璃的线热膨胀系数之差，见式(2)。

$$\Delta\alpha = 0.14\, hd \times 10^{-6}\,\mathrm{K}^{-1} \quad \cdots\cdots(2)$$

式中：

h ——弯曲高度，单位为毫米(mm)；

d ——丝的直径，单位为毫米(mm)。

当 $h > 20$ mm 时，标准玻璃与被测玻璃的线热膨胀系数之差，见式(3)。

$$\Delta\alpha = \frac{0.14\, hd}{1 + h^2 \times 10^{-4}} \times 10^{-6}\,\mathrm{K}^{-1} \quad \cdots\cdots(3)$$

式中：

h ——弯曲高度，单位为毫米(mm)；

d ——丝的直径，单位为毫米(mm)。

5.4 检验结果

每个样品至少测量三条丝，求平均值，三个数值误差应小于 $0.02\times10^{-6}\,K^{-1}$。为简化计算，可预先计算出各种弯曲和直径的数值，并列成表格，查表即可直接得出结果。

6 检验报告

检验报告应包括如下内容：

a） 样品名称、编号；

b） 送样单位、检验性质；

c） 检验标准名称；

d） 检验结果、报告日期；

e） 其他对检验结果有关的说明等。

ICS 81.040.01
N 64

中华人民共和国国家标准

GB/T 28195—2011

玻璃软化点测试方法

Determination of softening point for glass

(ISO 7884-6:1987,Glass—Viscosity and viscometric fixed points—
Part 6:Determination of softening point,MOD)

2011-12-30 发布　　2012-09-01 实施

中华人民共和国国家质量监督检验检疫总局
中国国家标准化管理委员会　发布

前　言

本标准依据 GB/T 1.1—2009 给出的规则起草。

本标准修改采用 ISO 7884-6:1987《软化点的测定》。

本标准与 ISO 7884-6:1987《软化点的测定》的主要差异是：

——去掉了原文中第 1 章“目的”；

——去掉了原文中第 3 章“参考资料”。

本标准由中国轻工业联合会提出。

本标准由全国玻璃仪器标准化技术委员会(SAC/TC 178)归口。

本标准起草单位：国家轻工业玻璃产品质量监督检测中心。

本标准主要起草人：杜玉海、原苓玉、刘柏军、杨建新、梁叶、袁春梅。

玻璃软化点测试方法

1 范围

本标准规定了玻璃软化点的测试方法。

本标准适用于所有批量生产玻璃软化点的测试。

2 术语和定义

下列术语和定义适用于本文件。

2.1

软化点 softening point

为一近似温度，高于此温度玻璃容易变形。

3 原理

将一根直径为0.65 mm，长为235 mm的圆形玻璃纤维，放置在以(5±1)℃/min升温速度的特制炉子中，对其上部100 mm长度的玻璃纤维进行加热，借自身重力作用，玻璃纤维以每分钟伸长1 mm时的温度即为玻璃软化点。

注：本方法所用设备与纤维伸长粘度计相同。若试样、操作步骤及装置严格符合要求，则测出的软化点重复性会很好，但相应的粘度值会略有差别。

4 仪器

4.1 电炉

在各主要方面，电炉应符合附录A中的规定。在有条件的情况下，可使用相同材料。

4.2 炉台

支撑电炉的一种装置，使玻璃纤维能够挂在电炉下边。此炉台应有水平调整装置。附录A的炉台便于同读数显微镜或望远镜和刻度尺一起使用。

4.3 加热速度控制器

为使电炉的加热速度为(5±1)℃/min，应备有适当的控制器。

注：连续可调的变压器能有效控制加热速度。

4.4 温度测量和指示设备

4.4.1 铂铑$_{10}$-铂(IEC 584-1定义为S型)热电偶或是镍铬-镍铝(镍铬-镍硅)热电偶(IEC 584-1定义为K型)应呈现低热惯性(导线的直径不能超过0.5 mm)。热电偶应放在双孔瓷管中(与附录A要求一致)。

4.4.2 测量热电偶应按附录A中的规定置于炉子的中心部位。测量热电偶应经过校准，并定期检查校准值。

4.4.3 热电偶的电输出可用电位差计在没有电流的情况下测出，也可用灵敏度为1 μV的高阻电子放大器来检测S型热电偶的电输出，或用灵敏度为4 μV的高阻电子放大器来检测K型热电偶的输出。在测试期间，要采取措施使放入冷接点的冰槽保持在0 ℃。若测温设备具有自动冷端补偿，可不使用冰槽。

4.5 纤维伸长测量设备

测量纤维伸长应选用在整个伸长期间能测出纤维端位置的装置，其精确度为0.02 mm。

注：已证明，光学设备或电子设备能有效地测量伸长。对于这些设备来说，适于配备炉台（如用矮的光学工作台）。

4.6 纤维直径测量设备

用最小分度值为0.01 mm的千分尺来测量纤维的直径。

4.7 计时器

应使用精度为1 s的计时设备。

5 试验样品的制备

5.1 纤维样品应符合如下要求：

a) 圆形；

b) 平滑，无孔隙和杂质；

c) 平均直径为0.65 mm±0.1 mm，在纤维的全长范围内，最大直径与最小直径之差不大于0.02 mm；

d) 长度为235 mm±1 mm（不包括顶端球）；

e) 试验过程中玻璃不能发生失透。

5.2 纤维样品的制备：用两根不易熔化的棒（如铂棒、瓷棒或石英玻璃棒）分别连在清洁的试验样品两端，用火焰灼烧样品直至玻璃完全熔化并拉制成玻璃纤维。若样品是长棒形，则可直接用火焰烧制，不必加把手。从拉成的玻璃纤维上截取符合要求的区段，将此区段的一端用火焰烧成一个球，另一端按规定长度截下，若有要求，可对此端用火焰精加工。也可使用任何适当的设备来拉制纤维。

6 操作步骤

6.1 用参考标准玻璃进行校准

选择与试验玻璃软化点接近的参考标准玻璃，测量参考标准玻璃的软化点，对仪器进行校准。计算用参考标准玻璃所测得的软化点的平均值与标准玻璃软化点标准值之间的差值。重复上述试验，求出这两次试验差值的平均值。若平均差值与标准值的偏差大于1 ℃，则将此偏差作为修正值，对测出的试验玻璃软化点需加上或减去此修正值。

6.2 测量

6.2.1 为使电炉的热分布均匀，将电炉加热到比试验玻璃预测的软化点高30 ℃左右，然后降温，使炉温达到低于预测软化点20 ℃左右。调节加热速度控制器使加热速度为(5±1)℃/min，测出此时的控制位置。

6.2.2 重复上述试验，降温并使炉温保持在比预测软化点低 20 ℃的温度上。把纤维插入炉中，将纤维的球端放在炉子的样品支架上。检查纤维是否自由悬挂在炉子中央。必要时，可重新调整炉子的水平，预备好温度测量装置并调好伸长测量装置。

6.2.3 调节炉温控制器，使加热速度为(5±1)℃/min。在炉子加热时观察纤维，当纤维开始以大约 0.1 mm/min 的速度伸长时，记下纤维的长度，精确至 0.02 mm。每隔 1 min 读出纤维长度和炉温，或每隔 0.5 min 读一次长度。连续读出和记录长度、温度，直至每分钟内的伸长为 1.2 mm 或大于 1.2 mm 时为止。当 1 min 内的伸长超过 1.2 mm 时，取出纤维，使炉子冷却至备用状态，以便再次进行测量。

另一种方法是在 0.5 min 或 1 min 时读出长度，在 0.25 min 和 0.75 min 读出温度，连续读出并记录长度和温度，直到每 0.5 min 内的伸长为 0.6 mm 或大于 0.6 mm 时为止。

7 结果的表示

7.1 计算方法

使用任何可靠的方法来测定伸长为 1 mm/min 的温度。下面描述了其中一种方法，将数据画在半对数纸上。电位差计读数或温度读数画在均匀分度的横坐标上，单位时间的伸长率画在半对数纵坐标上，通过这些数据点画一直线，此直线与伸长 1.0 mm/min 这条线的交点即为软化点。若有必要，可按 6.1 中的规定作校准修正。

如果两根纤维所测结果之间的差值大于 2 ℃，则重新备样，重复全部试验。

7.2 精度和准确性

此种方法测出的软化点重复性为 1 ℃。

可用校准操作步骤(6.1)中规定的参考标准玻璃测定软化点，来检查测量结果的准确性。

8 试验报告

试验报告应包括：

a) 样品的种类；
b) 抽样方法；
c) 试验样品的数量；
d) 制备方法；
e) 所用软化点仪器的类型；
f) 计算方法(7.1)；
g) 加入的校正值；
h) 软化点温度，单位为摄氏度，为两次试验的平均值；
i) 在试验中和试验后观察到的玻璃的任何变化。

附 录 A
（规范性附录）
软化点炉的结构

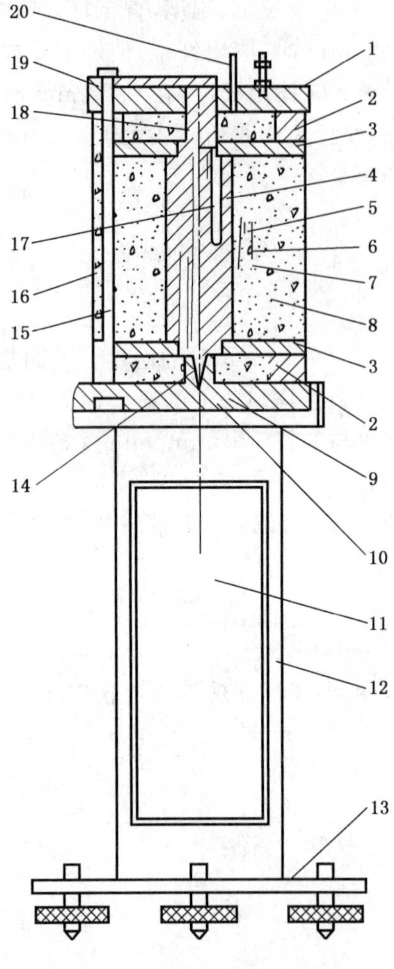

图 A.1 软化点炉结构图

软化点炉结构各部分名称和要求：

1——炉顶：厚度为 12.7 mm，直径为 100 mm，中心有一直径为 12.7 mm 的孔。在 82.5 mm 的圆周上有三个直径为 5.6 mm 的孔，它们之间相距 120°，用来装入连接杆。在适当的位置上有两个小孔用来放置热电偶导线；还有两个接线柱，接线柱附近有使加热导线穿入的小孔。材料为纤维增强水泥，数量为 1。

2——隔离圈：厚度为 12.7 mm，外径为 94 mm，内径为 70 mm，上面有一个直径为 5.6 mm 的孔用来装连接杆。材料为纤维增强水泥，数量为 2。

3——连接板：厚度为 6.5 mm，直径为 94 mm，中心有一个 19 mm 的孔。在 51 mm 的圆周上，间隔 60°有 6 个 19 mm 的孔。还有一个 5.6 mm 的孔用来装连接杆。材料为纤维增强水泥数量为 1。

4——炉芯：高 95 mm，直径为 29 mm。在两端各有一厚 6.5 mm，直径为 19 mm 的台，中心有一个 5.6 mm 的孔。在尽可能靠近中心孔的地方从两端对称地钻两个孔，深度为 47.5 mm，孔的直径为3.2 mm～5.6 mm。材料为镍，数量为 1。

5——芯套:用双层厚度的云母片制造。

6——线圈:用 No.20 的镍铬合金 V 导线(电阻约为 12 Ω)绕在炉芯上,总长为 82 mm。

7——三氧化二铝涂层。

8——隔热层:由硅藻土或同等材料组成。

9——炉底:厚度为 12.7 mm,直径为 115 mm。中心有一直径为 12.7 mm 的孔,从顶端算起,此孔的深度为 6.4 mm,超过 6.4 mm 之后,此孔的直径为 5.6 mm,贯穿整个炉底。在 82.5 mm 的圆周上,间隔 120°钻有三个安装连接杆的孔,这三个孔径为 12.7 mm,孔深 6.4 mm,超过 64 mm之后这三个孔以 5.6 mm 的直径贯穿整个炉底。在圆周为 105 mm 的地方有三个 5.6 mm的孔。材料为纤维增强水泥,数量为 1。

10——平板:厚度为 10 mm,直径为 115 mm。紧紧地固定在下部工作室上(如焊接在上面)。上面有三个孔为装配炉底的边缘孔。中心有一个直径为 5.6 mm 的孔。材料为钢,数量为 1。

11——玻璃样品:长(235±1.0)mm,不包括顶部球。直径为(0.65±0.10)mm,其均匀度为 0.02 mm。

12——下部工作室:包括一个 200 mm 长,直径为 80 mm 的圆柱体,上面有一个 60 mm×150 mm 的平板玻璃窗,材料为镀锌钢或适当的不锈钢,数量为 1。

13——底盘:厚度为 80 mm,直径为 150 mm。紧紧地固定在下部舵室上(如焊在上面)。在 135 mm 的圆周上有三个调水平螺钉。材料为钢,数量为 1。

14——圆柱体:高 19 mm,外径为 12.7 mm,内径为 3.2 mm,如图 A.1 所示,其顶端有一锥形孔。材料为纤维增强水泥,数量为 1。

15——连接杆:4 mm×153 mm,两端有螺纹,材料为钢,数量为 3。

16——炉壳:内径 95 mm,长 122 mm。焊接而成。材料为镀锌钢板,最好选用不锈钢板,数量为 1。

17——双孔陶瓷管:直径为 3 mm~5 mm(先插入 3 mm~4 mm,以便将热电偶与炉芯隔离开来)。材料为瓷,数量为 1。

18——圆柱体:高 19 mm,外径 12.7 mm,内径 3.2 mm,底端与热电偶导线分离,如图 A.1 所示。材料为纤维增强水泥,数量为 1。

19——纤维支撑架:60 mm×12 mm×3 mm,在其中心线上距一端 6.4 mm 处有一个 0.8 mm 的孔,另一端有一个 6.4 mm 的孔,两孔中心距为 40.4 mm。材料为黄铜,数量为 1。纤维支架固定在某一个连接杆上,不要让支架碰到炉子的上盖(离开 2 mm~3 mm),这样炉芯的热膨胀变化就不会传到支架上。

20——热电偶导线。

ICS 81.040.01
N 64

中华人民共和国国家标准

GB/T 28196—2011

玻璃退火点和应变点测试方法

Determination of annealing point and strain point for glass

(ISO 7884-7:1987,MOD)

2011-12-30 发布　　2012-09-01 实施

中华人民共和国国家质量监督检验检疫总局
中国国家标准化管理委员会　发布

前　言

本标准依据 GB/T 1.1—2009 给出的规则起草。

本标准修改采用 ISO 7884-7:1987《用弯梁法测定玻璃的退火点和应变点》。与 ISO 7884-7:1987 的主要差异是：

——去掉了原文中第 1 章“目的”；

——去掉了原文中第 3 章“参考资料”。

本标准由中国轻工业联合会提出。

本标准由全国玻璃仪器标准化技术委员会(SAC/TC 178)归口。

本标准起草单位:国家轻工业玻璃产品质量监督检测中心。

本标准主要起草人:杜玉海、袁春梅、原苓玉、刘柏军、杨建新。

玻璃退火点和应变点测试方法

1 范围

本标准规定了用弯梁法测定玻璃退火点和应变点的试验方法。

本标准适用于所有批量生产的玻璃，在样品制备和试验过程中玻璃不能发生失透现象。

2 术语和定义

下列术语和定义适用于本文件。

2.1

退火范围　annealing range

工业上能以规定的速度消除玻璃制品中应力的温度范围。

为对玻璃进行比较，可假定退火范围为相应于退火点 Q_{f_3} 和应变点 Q_{f_4} 之间的温度。此范围对应 10^{13} dPa·s 附近及稍高于 10^{13} dPa·s 的粘度。

2.2

退火点　annealing point

能在数分钟内基本消除玻璃内部应力的温度。

按本方法的要求进行试验时，测定时的降温速度为(4±1)℃/min，使用具有适当放大率的伸长计测量试样横梁中点粘滞挠曲速度。公式(1)给出了在退火点处理想的额定挠曲速率 $\frac{df}{dt}$，单位为毫米/秒：

$$\left(\frac{\mathrm{d}f}{\mathrm{d}t}\right)_{\mathrm{a}}=\frac{44.5\times10^{-12}\,l_{\mathrm{s}}^{3}\times m}{I_{\mathrm{c}}} \qquad (1)$$

式中：

l_s——支梁跨度，单位为毫米(mm)；

m——中点负载，单位为克(g)；

I_c——试验支梁的横截面转动惯量，单位为厘米^4(cm^4)。

注：式(1)所规定的退火点的挠曲速率 $\frac{df}{dt}$，相当于约为 $10^{13.2}$ dPa·s 的粘度。dPa·s 是 decipascal-seconds 的缩写，是粘度单位，1 Pa·s=10 dPa·s。

2.3

应变点　strain point

能在数小时内基本消除玻璃内部应力的温度。应变点由退火点数据外推确定，应变点也是粘滞挠曲速度为退火粘滞挠曲速度 0.031 6 倍时的温度。

注：这一外推的挠曲速率大约相当于 $10^{14.7}$ dPa·s 的粘度。

3 原理

通过测量一个有简单负载的玻璃支梁中点的粘滞挠曲速率来测定退火点。应变点基本上由外推法确定。

用已知退火点和应变点的参考标准玻璃校准仪器后，按以下规定的步骤得出退火点和应变点。

4 仪器

4.1 电炉

炉子应该用能维持适当温度的合适的合金电阻丝线圈进行电加热。

在试样横梁长度范围内和沿炉子轴线从未挠曲的横梁平面到低于 13 mm 处的温度不超过 2 ℃。

4.2 温度测量和指示仪器

4.2.1 用氧化铝绝缘的铂铑$_{10}$-铂(IC 584-1S 型)热电偶或镍铬-镍铝(镍铬-镍硅)热电偶(IC 584-1K 型)，要有低热惯性直径不大于 0.5 mm。炉内的导线应有足够的长度(就沿线的热传导而言)。

4.2.2 控制热电偶应尽可能靠近炉子线圈以获得迅速的响应。测量热电偶的热接点应放在接近于炉子轴线的试样附近 5 mm 之内。

4.2.3 热电偶的电输出可用电位差计在电流为零的情况下测定，也可用灵敏度为 1 μV 的高阻电子放大器来检测 S 型热电偶(IEC 584-1)的输出，或用灵敏度为 4 μV 的高阻电子放大器来检测 K 型热电偶(IEC 584-1)的输出，在整个试验过程中，要采取措施使放冷接点的冰槽保持在 0 ℃，若温度测量仪器具有自动冷端补偿，可不使用冰浴。

4.3 电炉控制设备

电炉控制设备应能使电炉空载工作，并能控制加热速率，对一些非常硬的玻璃，还应使冷却速度不大于 5 ℃/min，可使用程序控制设备，也可使用手动连续可调的变压器。

4.4 样品支架和负载杆

用一陶瓷支撑架支撑试样，用一根陶瓷负载杆来给试样加负载。支撑架和负载杆材料的热膨胀特性应非常相似，这样，负载杆在冷却期间，由于热膨胀差别所引起的移动为最小值。适当的支撑架为一种矩形氧化铝管[1]。在氧化铝管的边壁上可以开槽以确定样品的位置。这些槽的支撑面应平滑并位于垂直于炉体轴线的平面上。一旦试样横梁开始挠曲时，这些支撑表面的内边缘限定了支撑跨度。我们建议，支撑跨度为 50 mm 左右为宜。可以用单晶兰宝石杆在一端用火焰弯曲成钩状而得到一种合适的负载杆。

4.5 测量试样中点挠曲的伸长计

观测横梁中点挠曲速度的设备至少在 2.5 mm 范围内能可靠地进行指示。伸长计的刻度能直接读到 25 μm，精确至 2.5 μm。伸长计的精度为：对于任何长度变化来说，指示误差不应超过±5 μm。为确保这样的精确度，伸长计应预先进行校准。为此，可使用一种线性可变差动变压器(LVDT)，也可使用任何能按要求可靠地读测量长度变化的设备(光学仪器、电学仪器或其他仪器)。

4.6 千分尺

用最小分度值为 0.01 mm 的千分尺来测量试样的尺寸。

---

1) 适合制作支撑台和负载杆的材料为透明石英，若使用温度超过 900 ℃时，建议不使用透明石英。

5 制备

5.1 样品的制备

5.1.1 参考标准玻璃样品

选择一块参考标准玻璃，其退火点接近于被测玻璃的预计退火点。

试样可用火焰拉制并研磨成实心圆柱体，或用金刚砂轮切割并研磨成矩形柱体。在 50 mm 的支撑跨度内，沿试样长度的任何尺寸的不均匀性不应超过 2%。其横截面的转动惯量应在 2 mm^4～10 mm^4 之间。

制备一些(至少两块)具有不同横截面转动惯量的样品(按附录 A 进行计算)，但这些转动惯量都应在以上给出的界限之内。

5.1.2 试验样品

按 5.1.1 方法制备被测玻璃样品时注意，参考标准玻璃横梁的横截面转动惯量包括了被测玻璃横梁的横截面转动惯量的各个有关值。

5.2 调节负载部件

根据待测的所有支梁的横截面转动惯量的平均值，从图 1 的图解中可以决定最佳负载。选择一个砝码，使得负载部件[包括负载杆：线性可变差动变压器(LVDT)的铁芯钩、夹具和砝码]的总质量接近于最佳负载值。

无论是校准还是试验测量都要始终使用这一负载质量 m。

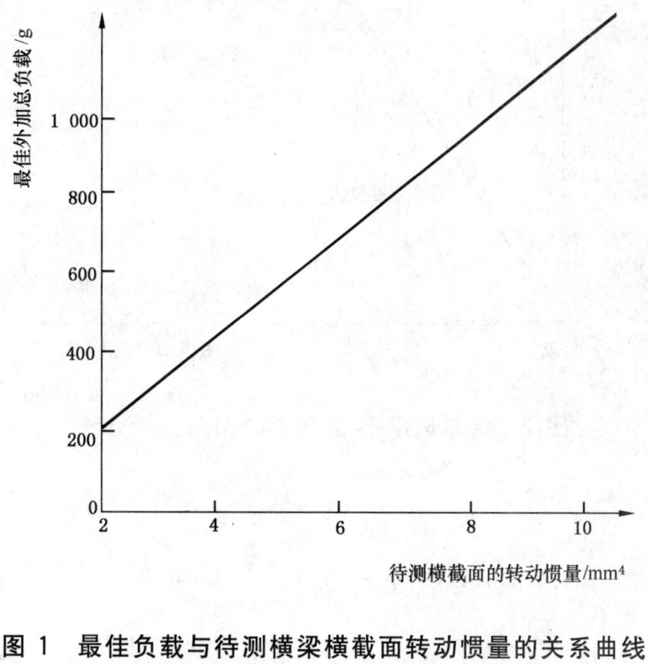

图 1 最佳负载与待测横梁横截面转动惯量的关系曲线

6 操作步骤

6.1 试验的准备

6.1.1 将炉温调节在至少比估测退火点低 25 ℃的温度上，取出上炉盖，将试样横梁放在支撑台槽口上，小心地把负载杆与试样连接起来并用长卡钳使试样处于中心位置，盖上炉盖。

6.1.2 按5.2选择砝码，把它挂在线性可变差动变压器(LVDT)铁芯末端的钩子上。

6.1.3 将伸长计的位置调至测量范围的最低端。然后以适当的速率升温(最好为5 ℃/min)，当试样中点挠曲速度达到式(2)要求时，停止加热并以4 ℃/min±1 ℃/min的速率冷却，重新调节伸长计到它量程的最低端。

$$\left(\frac{\mathrm{d}f}{\mathrm{d}t}\right)_{\mathrm{e}}=\frac{7\times10^{-10}\,l_{\mathrm{s}}^{3}\times m}{I_{\mathrm{c}}} \quad \cdots\cdots(2)$$

式中符号的定义见式(1)的解释。

注：此挠曲速度(相当于10^{12} dPa·s的粘度)保证能消除以下的热历史。

6.1.4 开始冷却降温后，立即交替地每隔30 s读取一次伸长计和电位计的读数，这样，可得到每一分钟间隔内的伸长计和电位计读数，连续读数，直至温度比退火点低10 ℃为止。一般在伸长计读数比退火点要求的挠曲速度小三分之一时达到此温度。如果在试验过程中伸长计数读数超出量程范围，应使用垂直调零螺丝钉重新调节到量程最低端。总的支梁挠曲度不会超过10 mm。

6.1.5 取每一分钟间隔内的伸长计读数变化作为在这一分钟中点记录的温度处的中点挠曲速度。在适当的坐标纸上画出中点挠曲速度(用对数表示)与相应温度的关系曲线，其横坐标为线性刻度(大约400 mm)，纵坐标为对数刻度，为3个十进组(大约250 mm～300 mm)。关系曲线基本上应为线性，画一条直线到所测定的点上，如图2所示。

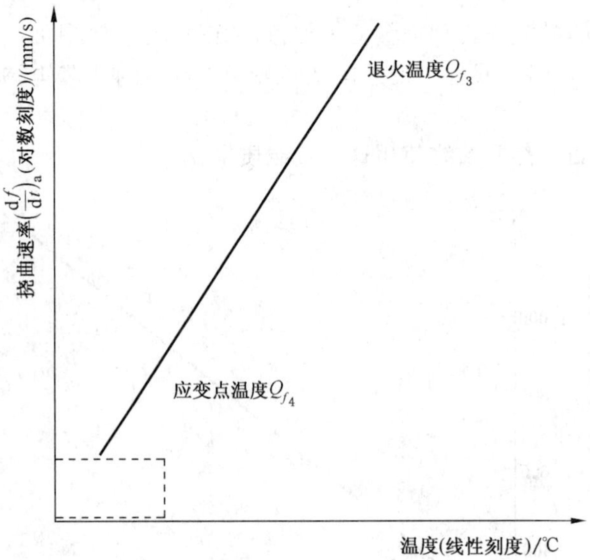

图2 挠曲速度-温度数据的图解分析方法

6.2 校准

每一根标准玻璃横梁(按5.1.1的方法制备)应按6.1.1～6.1.4要求进行测试，并参照6.1.5和图2画出数据。

根据参考标准玻璃的已知退火点，可以从每根玻璃支梁的图2曲线得出相应的中点挠曲速率$\left(\frac{\mathrm{d}f}{\mathrm{d}t}\right)_{\mathrm{a}}$。

画出一张如图3那样的线性曲线图，画上每根参考标准玻璃支梁相对丁I/I_{c}值(按附录A的要求计算得出)的中点挠曲速率值$\left(\frac{\mathrm{d}f}{\mathrm{d}t}\right)_{\mathrm{a}}$。

这就是用来进行试验测量的校准曲线。我们建议应根据使用的范围，对仪器进行周期性的校准。

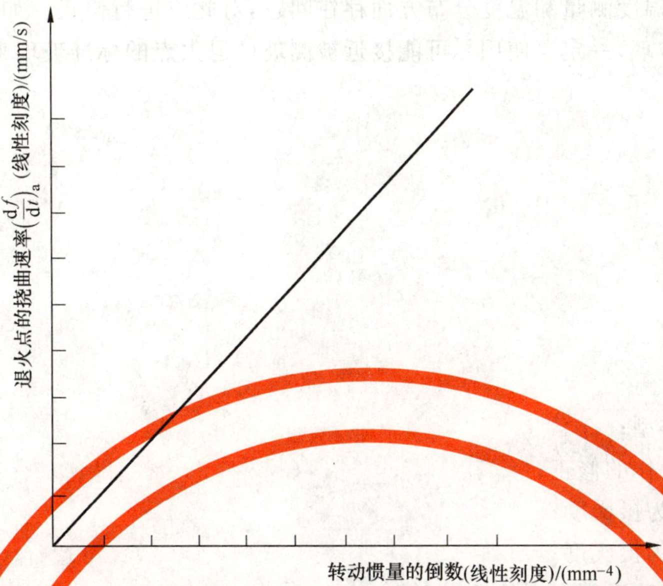

图 3 参考标准玻璃试验横梁的挠曲速度对转动惯量倒数的图解标准曲线

6.3 试验测量

待测玻璃支梁(按 5.1.2 制备)按 6.1.1～6.1.4 要求进行测试，并参照 6.1.5 和图 2 画出数据。

7 结果的表示

7.1 计算退火点

根据待测支梁的已知尺寸，按附录 A 的要求计算转动惯量 I_c。

根据$\frac{l}{I_c}$值，按 6.2 画出的图 3 校准曲线上找到相应的待测支梁在退火点处的中点挠曲速率$\left(\frac{df}{dt}\right)_a$。

根据此根支梁，按 6.1.5 画出图 2 数据线上的 $\lg\left(\frac{df}{dt}\right)_a$ 值，在横坐标上找到相应的温度值，即待测玻璃的退火点 Q_{f_3}。

7.2 计算应变点

用公式(3)计算被测横梁在应变点处的中点挠曲速率$\left(\frac{df}{dt}\right)_s$

$$\left(\frac{df}{dt}\right)_s=\frac{(df/dt)_a}{31.6} \qquad \cdots\cdots(3)$$

将此根支梁在图 2 数据线上的直线间更低温度处外推。

根据外推数据点的 $\lg\left(\frac{df}{dt}\right)_s$ 值，在横轴上找到相应温度值，即被测玻璃的应变点 Q_{f_4}。

7.3 精度和准确性

一般说来，本方法测出的退火点与参考标准玻璃值相差±2 ℃(标准偏差)。可对仪器作严格的试验：用一块参考标准玻璃进行校准，然后基于此校准来测量其他的参考标准玻璃。如果其他参考标准玻璃的测定值与它们的鉴定证书值相差小于 2 ℃，则认为执行过程正确无误。如果误差随退火点温度升高而增大，则有可能是温度测量和温度分布方面存在问题，对此应进行修正。如果对上述情况的修正未完成之前要测定未知玻璃，一定要使用尽可能接近被测玻璃退火点的标准玻璃来进行校准。

8 试验报告

试验报告应包括：

a） 样本的种类；

b） 抽样方法；

c） 试样的数量；

d） 制备方法；

e） 所用仪器的类型；

f） 校准标准和所作的修正；

g） 退火点，单位为摄氏度；

h） 应变点，单位为摄氏度；

i） 在试验中和试验后观察到的任何变化。

附 录 A
（规范性附录）
不同横截面转动惯量的计算方法

不同横截面转动惯量的计算方法见图 A.1～图 A.4。

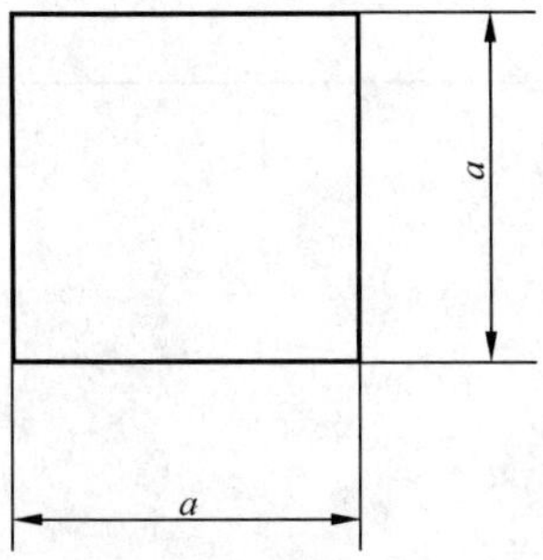

注：正方形横截面转动惯量 $I_c = a^4/12$。

图 A.1 正方形

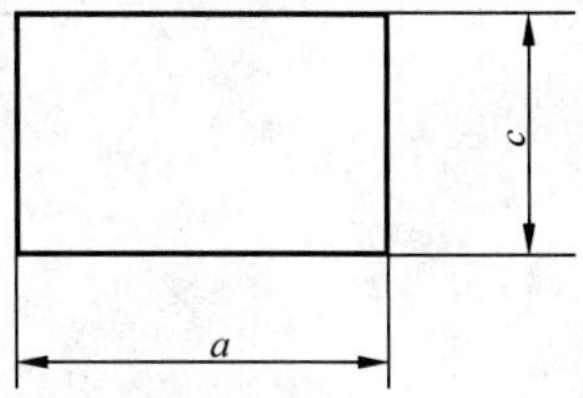

注：长方形横截面转动惯量 $I_c = bc^3/12$。

图 A.2 长方形

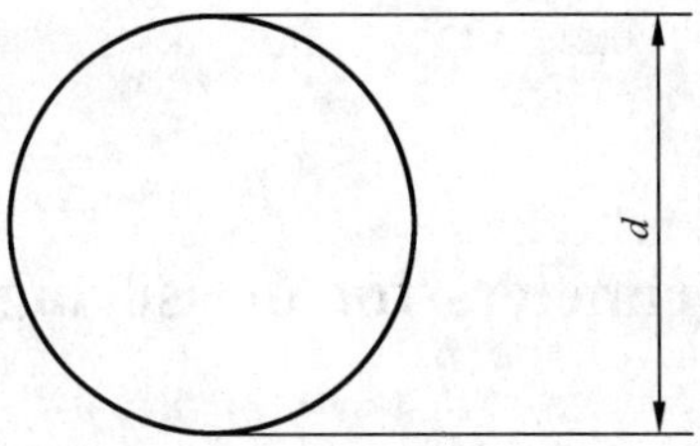

注：圆形横截面转动惯量 $I_c = \pi d^4/64$。

图 A.3 圆形

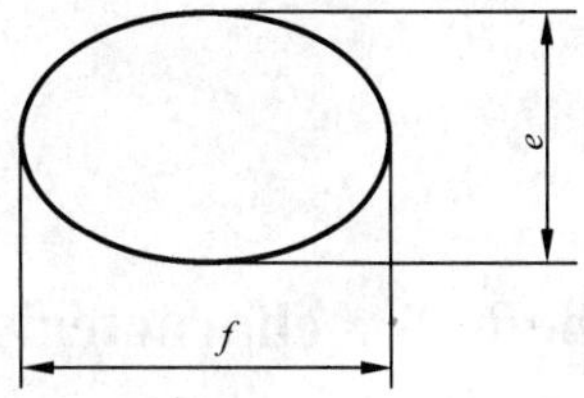

注：椭圆形横截面转动惯量 $I_c = \pi fe^3/64$。

图 A.4 椭圆形

ICS 17.180.30
K 70

中华人民共和国国家标准

GB/T 28197—2011

测量光源颜色用三刺激值色度计的表征方法

Methods for characterising tristimulus colorimeters for measuring the colour of light

(CIE 179-2007,MOD)

2011-12-30 发布　　2012-09-01 实施

中华人民共和国国家质量监督检验检疫总局
中国国家标准化管理委员会　发布

前　言

本标准依据 GB/T 1.1—2009 和 GB/T 20000.2—2009 规定编写。

本标准使用重新起草法修改采用 CIE 179—2007《测量光源颜色用三刺激值色度计的表征方法》。

本标准与 CIE 179—2007 相比在结构上有较多调整，附录 A 中列出了本标准与 CIE 179—2007 的章条编号对照一览表。

本标准由中国轻工业联合会提出。

本标准由全国照明电器标准化技术委员会光辐射测量分技术委员会(SAC/TC 224/SC 3)归口。

本标准起草单位：杭州远方光电信息股份有限公司、中国测试技术研究院、杭州市质量技术监督局检测院、广东产品质量监督检验研究院、中国计量学院、公安部交通管理科学研究所。

本标准主要起草人：潘建根、苏红雨、钱枫、李自力、金尚忠、王军华。

引　言

本标准旨在为测量光源颜色用的三刺激值色度计提供客观的性能评价方法。在三刺激值色度计性能参数中，有些可以通过数值定量表示，有些却不能定量表示，只能定性描述。

本标准给出了一些测量误差的来源。

本标准可作为三刺激值色度计的潜在用户、用户和制造商说明或评价仪器质量的指南。

本标准中列举的各项性能参数也可作为制造商改进色度计仪器的指南。

测量光源颜色用三刺激值色度计的表征方法

1 范围

本标准规定了测量光源色品坐标用的三刺激值色度计的性能表征方法。

本标准适用于各种提供照度或亮度值的测量光源颜色用三刺激值色度计，具有内置光源、用于测量反射和透射材料颜色的色度仪器不在本标准范围之内。

2 规范性引用文件

下列文件对于本文件的应用是必不可少的。凡是注日期的引用文件，仅注日期的版本适用于本文件。凡是不注日期的引用文件，其最新版本(包括所有的修改单)适用于本文件。

JJF 1059—1999 测量不确定度评定与表示

CIE 15—2004 色度学(Colorimetry)

CIE 17.4—1987 国际照明词汇(International lighting vocabulary)

CIE 69—1987 照度计和亮度计的表征方法(Methods of characterising illuminance meters and luminance meters)

3 术语和定义

CIE 17.4—1987 界定的以及下列术语和定义适用于本文件。

3.1

(光辐射的)探测器 detector (of optical radiation)

将入射光辐射转化为可测量物理效应(通常为电学量)的装置。

3.2

色度探头 colorimeter head

色度计的感光接受部分，包括探测器和用于修正探测器的光谱、空间响应的装置。

注：典型的色度探头包含几个独立的探测器和相应的滤色片，例如，一个探测器和滤色片组合起来可与一个色度函数相匹配。

3.3

色度探头的光轴 optical axis of the colorimeter head

在照度测量输入光学系统中：垂直于色度探头入射窗口表面且通过其中心点的轴。

在亮度测量输入光学系统中：通过入射视场的中心轴。

3.4

三刺激值色度计 tristimulus colorimeter

使用多个宽带输入通道来测量颜色刺激的三刺激值的仪器。

3.5

(探测器的)响应度　responsivity (of a detector) [s]

探测器输出 Y 除以探测器输入 X[1)]。

$$s = Y/X \qquad (1)$$

注：如果在没有输入时探测器的输出是 Y_0，而在探测器的输入为 X 时其输出为 Y_t，则响应度为 $s=(Y_t-Y_0)/X$。

3.6

光谱响应度　spectral responsivity

3.6.1

(探测器的)绝对光谱响应度　absolute spectral responsivity (of a detector) [$s(\lambda)$]

探测器的输出 $\mathrm{d}Y(\lambda)$ 除以波长间隔 $\mathrm{d}\lambda$ 上的单色探测器输入 $\mathrm{d}X_e(\lambda)=X_{e,\lambda}(\lambda)\mathrm{d}\lambda$，为波长 λ 的函数。

$$s(\lambda) = \mathrm{d}Y(\lambda)/\mathrm{d}X_e(\lambda) \qquad (2)$$

3.6.2

(探测器的)相对光谱响应度　relative spectral responsivity (of a detector) [$s_r(\lambda)$]

探测器在波长 λ 处的光谱响应度 $s(\lambda)$ 与给定参照值 s_m 之比。

$$s_r(\lambda) = s(\lambda)/s_m \qquad (3)$$

注：给定的参照值 s_m 可以是 $s(\lambda)$ 的平均值、最大值或任选值。可采用

$$s_m = \frac{\int_{\lambda_1}^{\lambda_n} s(\lambda)\mathrm{d}\lambda}{\lambda_n - \lambda_1} \qquad (4)$$

式中

λ_1 和 λ_n——进行归一化的波长极限。

3.7

限制孔径　limiting aperture

限制辐射进入的孔径。

在照度测量色度计中：从孔径所在平面起，距离平方反比定律有效。

3.8

(色度探头的)接收区域　acceptance area (of a colorimeter head)

色度探头上对入射辐射产生响应的区域。

4　可量化性能参数的表征方法

4.1　光谱响应度

4.1.1　相对光谱响应度

应在总波长范围内，以不大于 5 nm 的间隔进行测量并用表格形式报告色度探头中各通道的相对光谱响应度。至少应使其中一个通道的光谱响应度明显不为零，且任何情况下，必须给出 380 nm～780 nm的值。光谱响应度的数值至少应给出小数点后三位。表格中也可给出目标响应度 $\bar{x}(\lambda)$、$\bar{y}(\lambda)$、$\bar{z}(\lambda)$ 的值。宜提供相对光谱响应度曲线。

为了比较实际函数和目标函数，对于所选的定标光源，色度计的相对光谱响应度可用归一化光谱响应度 $s_i^*(\lambda)$ 的方式表示，如式(5)：

---

1)　此处 X 和 Y 所指的不是三刺激值，而是光学输入信号和相应的(电学)输出信号。

$$s_i^*(\lambda)=\frac{\int_0^{\infty} S_\lambda \cdot \bar{t}_i(\lambda)\cdot \mathrm{d}\lambda}{\int_0^{\infty} S_\lambda \cdot s_{i,\mathrm{r}}(\lambda)\cdot \mathrm{d}\lambda}\cdot s_{i,\mathrm{r}}(\lambda) \qquad \cdots\cdots(5)$$

式中：

$\bar{t}_i(\lambda)$ ——各通道的色匹配函数，其中 $i=1$ 表示 X 通道，$i=2$ 表示 Y 通道，$i=3$ 表示 Z 通道。在本标准中，下标 i 均代表色度计的通道，$i=1,2,3$ 分别表示 X、Y、Z 通道；

$s_{i,\mathrm{r}}(\lambda)$——相对光谱响应度；

注：响应度 $s_{\mathrm{x,r}}(\lambda)$ 由长波部分 $s_{\mathrm{xl,r}}(\lambda)$ 和短波部分 $s_{\mathrm{xs,r}}(\lambda)$ 组成，根据 $s_{\mathrm{x,r}}(\lambda)=s_{\mathrm{xl,r}}(\lambda)+\alpha s_{\mathrm{z,r}}(\lambda)$，后者可近似为 $s_{\mathrm{z,r}}(\lambda)$ 的 α 部分。生产商应该给出 α 的值或按照式(D.2)计算。

S_λ ——定标光源的光谱功率分布(通常是 CIE 标准照明体 A[2])。

4.1.2 光谱失配系数

色度计的各个色度通道与相应的色匹配函数之间的光谱失配大小由光谱失配系数来表征，使用符号 $f'_{1,\mathrm{x}}$，$f'_{1,\mathrm{y}}$，$f'_{1,\mathrm{z}}$ 或简化符号 $f'_{1,i}$。

采用式(5)中定义的 $s_i^*(\lambda)$，光谱失配系数的表达式为式(6)：

$$f'_{1,i}=\frac{\int_0^{\infty}\left|s_i^*(\lambda)-\bar{t}_i(\lambda)\right|\cdot \mathrm{d}\lambda}{\int_0^{\infty}\bar{t}_i(\lambda)\cdot \mathrm{d}\lambda}\cdot 100\% \qquad \cdots\cdots(6)$$

$f'_{1,i}$ 的值等于 0%，表示与目标函数完全匹配。需要强调的是，应针对三刺激色度计各输出通道的匹配进行计算，不需要计算各输入通道(即光电探测器的输出)。

对于任一类型的色度计，宜给出典型光谱图形以便用户选择规格以及制造商控制和改进仪器性能。

4.1.3 光谱失配修正因子

如果被测光源和定标光源的光谱功率分布以及各输出通道的相对光谱响应度已知，则可用各通道的输出乘以适当的光谱失配修正因子 $F_{i,\mathrm{TC}}$ 对各通道的输出进行修正，$F_{i,\mathrm{TC}}$ 的计算表达式为式(7)：

$$F_{i,\mathrm{TC}}=\frac{\int S_{\lambda,\mathrm{T}}(\lambda)\cdot \bar{t}_i(\lambda)\cdot \mathrm{d}\lambda}{\int S_{\lambda,\mathrm{C}}(\lambda)\cdot \bar{t}_i(\lambda)\cdot \mathrm{d}\lambda}\Bigg/\frac{\int S_{\lambda,\mathrm{T}}(\lambda)\cdot s_{i,\mathrm{r}}(\lambda)\cdot \mathrm{d}\lambda}{\int S_{\lambda,\mathrm{C}}(\lambda)\cdot s_{i,\mathrm{r}}(\lambda)\cdot \mathrm{d}\lambda} \qquad \cdots\cdots(7)$$

式中：

$S_{\lambda,\mathrm{T}}$ ——被测光源的光谱功率分布；

$S_{\lambda,\mathrm{C}}$ ——定标光源的光谱功率分布；

$\bar{t}_i(\lambda)$ ——各通道的色匹配函数($i=1$、2、3 分别代表 X、Y、Z 通道)；

$s_{i,\mathrm{r}}(\lambda)$——相对光谱响应度($i=1$、2、3 分别代表 X、Y、Z 通道)。

如果色度计的相对光谱响应度随时间变化，光谱失配修正因子也将随之改变。如果光谱变化很慢，可在相对较长的一段时间内使用光谱失配修正因子。如果色度计非常不稳定，宜采用光谱功率分布与测试样品相似的标准光源经常定标。

4.2 紫外响应误差

三刺激值色度计应仅在 380 nm～780 nm 波段内灵敏(在 360 nm～380 nm 和 780 nm～830 nm 的扩展范围内，Z 通道的色匹配函数低于其最大值的 0.3%，其他通道低于 0.1%)。如果被测光源含有紫外辐射，且一个或多个输入通道对该紫外辐射给出了输出信号，则将在三刺激值中产生附加误差。

2) 如果 $s_i^*(\lambda)$ 仅用于计算光谱失配系数，可采用称之为 CIE 照明体 E 的等能照明体作为校准光源，但应注明。

各个色度通道的紫外响应度大小由紫外响应误差来表征，使用符号 $f'_{UV,x}$、$f'_{UV,y}$、$f'_{UV,z}$或简化符号 $f'_{UV,i}$。色度计说明书中应注明紫外响应误差。

单个输出通道的紫外响应误差定义如式(8)：

$$f_{UV,i}=\left|\frac{Y_i(UV)}{Y_i}-u_{o,i}\right|\cdot 100\% \qquad \cdots\cdots(8)$$

式中：

$Y_i(UV)$——探头在给定紫外光源、加上特定紫外滤色片的照射下，i 输出通道的三刺激值；

Y_i ——探头在相同的光源、不加滤色片的照射下，i 通道的三刺激值；

$u_{0,i}$ ——给定的色匹配函数下计算出的比值，如式(9)：

$$u_{0,j}=\frac{\int_0^{\infty}S_{\lambda,u}\cdot\tau(\lambda)\cdot\overline{t_i}(\lambda)\cdot d\lambda}{\int_0^{\infty}S_{\lambda,u}\cdot\overline{t_i}(\lambda)\cdot d\lambda} \qquad \cdots\cdots(9)$$

式中：

$S_{\lambda,u}$ ——被测光源的光谱功率分布；

$\tau(\lambda)$ ——特定紫外滤色片的光谱透射率；

$\overline{t_i}(\lambda)$——各通道的色匹配函数。

应使用光谱分布相对较宽、在波长 300 nm～400 nm 范围上具有显著分布的光源来照射色度探头以测量紫外响应。可能需要使用紫外滤色片(在波长小于 400 nm 处透射)以确保仅有紫外辐射用于测试。滤色片和任何辅助光学系统(不属于色度计的组成部分)应不发射荧光。不加滤色片时，色度探头上辐照度所产生的信号至少应是最小可分辨信号的 1 000 倍。

附录 B 推荐了测量紫外响应误差用的光源和滤色片的数据。

4.3 红外响应误差

各个色度通道的红外响应度大小由红外响应误差来表征，使用符号 $f'_{IR,x}$、$f'_{IR,y}$、$f'_{IR,z}$或 $f'_{IR,i}$。

红外响应误差可采用与紫外响应误差类似的定义方法，如式(10)：

$$f_{IR,i}=\left|\frac{Y_i(IR)}{Y_i}-r_{0i}\right|\cdot 100\% \qquad \cdots\cdots(10)$$

式中：

$Y_i(IR)$——探头在指定红外光源：设置为 CIE 照明体 A 的卤钨白炽灯、加上特定红外滤色片的照射下，i 通道的三刺激值；

Y_i ——探头在相同的光源、不加滤色片的照射下，i 通道的三刺激值；

$r_{0,j}$ ——给定的色匹配函数下计算出的比值，如式(11)：

$$r_{0,j}=\frac{\int_0^{\infty}S_{\lambda,r}\cdot\tau(\lambda)\cdot\overline{t_i}(\lambda)\cdot d\lambda}{\int_0^{\infty}S_{\lambda,r}\cdot\overline{t_i}(\lambda)\cdot d\lambda} \qquad \cdots\cdots(11)$$

式中：

$S_{\lambda,r}$ ——被测光源的光谱功率分布(设置为 CIE A 光源的钨卤白炽灯)；

$\tau(\lambda)$ ——红外滤色片的光谱透射率，该滤色片应在波长大于 700 nm 处具有显著的光谱透过率；

$\overline{t_i}(\lambda)$ ——各通道的色匹配函数。

不加滤色片时，色度探头上辐照度所产生的信号至少应是最小可分辨信号的 1 000 倍。

附录 B 推荐了测量红外响应误差用的滤色片的数据。

4.4 方向响应误差

方向响应误差表征色度探头方向响应与其指定形式之间的偏差(例如:对用在照度测量几何中的三刺激色度计,方向响应误差表征了方向响应与理想余弦定律之间的偏差)。符号为 $f'_{2,x}$、$f'_{2,y}$、$f'_{2,z}$或$f'_{2,i}$。

方向响应误差的测量和计算参见 CIE 69—1987 的 3.4。Y 通道提供亮度值的"亮度型"三刺激值色度计的方向响应表征步骤参见 CIE 69—1987 的 3.4.2.3L 和 3.4.2.4L。Y 通道提供照度值的"照度型"色度计的方向响应表征步骤参见 CIE 69—1987 的 3.4.1.3E。

色度计的每一个输出通道的方向响应误差均应确定,并注明最差通道的值。

4.5 线性误差

线性误差是指随输入照度或亮度的改变,色度计的响应度与其标称响应度之间的差异。符号为$f'_{3,x}$、$f'_{3,y}$、$f'_{3,z}$或 $f_{3,i}$。

线性误差的测量和计算参见 CIE 69—1987 的 4.1。

4.6 显示单元误差

显示单元误差是指色度计的模拟或数字的显示单元偏离线性的大小。符号为 $f'_{4,x}$、$f'_{4,y}$、$f'_{4,z}$或 $f'_{4,i}$。

三刺激值色度计通常为数字显示。显示单元误差的测量和计算参见 CIE 69—1987 的 4.2。

4.7 疲劳

疲劳是指在长期恒定辐照下,色度计的响应度发生可逆的瞬态变化。符号为 $f'_{5,x}$、$f'_{5,y}$、$f'_{5,z}$或 $f'_{5,i}$。

该性能参数的测量计算参见 CIE 69—1987 的 4.3。

4.8 温度依赖误差

温度依赖误差是指环境温度变化对色度计响应度的影响。符号为 $f'_{6,x}$、$f'_{6,y}$、$f'_{6,z}$或 $f'_{6,i}$。

根据预期的应用领域,推荐在 15 ℃、40 ℃或 50 ℃下进行测量和表征,参见 CIE 69—1987 的 4.4。

4.9 调制误差

调制误差是指由不同频率的调制辐射所引起的色度计响应度的误差。符号为 $f'_{7,x}$、$f'_{7,y}$、$f'_{7,z}$或 $f'_{7,i}$。

相关的测量和表征参见 CIE 69—1987 的 4.5。

注:现代光源和其他待测人造光源(例如显示屏)通常以短时重复脉冲发光,视觉响应等于瞳孔接收到的平均亮度(即塔尔波特定律)。然而,许多色度探测器并不是这样评价光源的。因此,应考察色度计在低频、高频和脉冲调制辐射下遵守塔耳波特定律的程度。

4.10 偏振误差

偏振误差是指由偏振辐射所引起的色度计响应度的误差。符号为 $f'_{8,x}$、$f'_{8,y}$、$f'_{8,z}$或 $f'_{8,i}$。

确定偏振误差的方法参见 CIE 69—1987 的 3.5。

4.11 空间不均匀性误差

空间不均匀性误差是指由辐射的不均匀分布所引起的色度计响应度的误差。符号为 $f'_{9,x}$、$f'_{9,y}$、$f'_{9,z}$或 $f'_{9,i}$。

空间不均匀性误差的确定参见 CIE 69—1987 的 3.6。

4.12 量程切换误差

量程切换误差是指由显示单元或放大器的量程设置不能精确调节所产生的误差。符号为 $f'_{10,x}$、$f'_{10,y}$、$f'_{10,z}$或 $f'_{10,i}$。

量程切换误差的确定参见 CIE 69—1987 的 4.6。

5 非量化性能项目

5.1 零点漂移

如果零点受温度变化或其他因素的影响而改变，将引起测量误差或带来零点设定不便。零点读数宜自动调节或极少需要调节。因为最大的零点漂移发生在仪器预热过程中，所以应在说明书中注明仪器开启后 15 min、30 min 或 60 min 的零点漂移率，或注明说明书给出的零点漂移可在仪器在预热多长时间后使用，可使用给定的零点漂移。也可通过使仪器持续开启以获取最大稳定性。

5.2 受冲击、振动、温度、海拔、湿度和光辐射影响的敏感性

耐冲击性由一定时期内、一定频率下的最大加速度表示。可通过在共振频率下做相似的试验以测试耐振动性。仪器应能承受正常搬运而不会损坏，还应能忍受正常的运输。

应注明不对仪器造成永久性损坏的最高储存温度、最低储存温度及工作温度。宜在均匀稳定的温度中保存仪器，尤其是使用真空光电阴极管的仪器。真空光电阴极管达到其最佳稳定度前需进行老炼。老炼时间可能需要一年。

注：高温、温度变化或温度不稳定，可能改变阴极管的光谱响应和绝对响应。

某些仪器可能会受气压(快速)变化的影响。若仪器在非正常气压下贮存或操作时性能会受到影响(例如，光电倍增管仪器在高海拔处可能产生击穿现象)，则制造商应给出详细信息。光电倍增管对磁场敏感，定标与测量之间的磁场变化可能引起额外的测量误差。

如果仪器可能长期或偶尔遭遇潮湿，仪器应具有抗潮湿的能力。

为保护仪器免受损害，应指明可耐受的最强光辐射。

5.3 电压变化

在设备中必须使用稳压以减小线路电压变化的影响。说明书应给出定标因子随线路电压或电池电压变化时的变化百分比。应给出当线路电压变化±5%或电池电压变化±10%时，在色度计读数中所引起的预期误差百分比。

注：定标受线路或电池电压影响，光电倍增管对供电电压尤其敏感。

5.4 接收区域和平面

为正确使用色度计(例如确定入射孔径是否充满辐射)，用户应能够识别出测量所用的接收区域和平面。强烈推荐在色度计外壳上标明测量平面的位置，以便于测量与该平面相关的距离。

5.5 相对光谱响应度随时间的变化(老炼)

对于相对光谱响应度，制造商应推荐一个复定标的时间周期以使相对光谱响应度保持在其容差范围内。当使用光谱失配修正因子来修正特定光源的测量误差时，应给出修正因子在一年内的预期可靠性；也可给出修正因子在一个更长周期上的预期可靠性。

注：检查相对光谱响应度是否发生变化的一个简单方法是：在稳定光源下，测量窄带滤色片和截止滤色片下的透射率。三刺激值的变化超出指定的限度即表明光谱响应度需复定标。

5.6 响应时间

色度计的响应时间太长或太短，都可能导致测量误差。色度计应测量交流供电的光源在其频率周期(或周期的整数倍)内的平均刺激值，或在远大于一个周期的时间内取平均。如果被测光源不稳定，色度计宜在远大于一个光源变化周期的时间内对量值取平均。有些情况下，操作者最好能够控制响应速度。对于逐步增加或减少的辐射，应指出响应的时间常数。

6 其他性能项目

以下项目影响色度计的辅助功能，但不影响测量不确定度。

6.1 使用方便性

下述方面可提高色度计的使用方便性：

——带夜视功能的读数器，但必须避免对探测器产生杂散光；

——以开关或机械装置切换量程而无须其他附件；

——具有浮点十进制的自动量程；

——配置方便和稳定的安装配件。

6.2 多功能性

下述方面可提高色度计的多功能性：

——具有使色度计在规定几何条件下测量表面颜色的附件，但应确保附件更换简单，且不影响仪器的主要功能(如光源的测量)；

——在不损失测量精度的条件下，具有不同的视场和放大倍数；

——色度计重新设置后，读数器可自动切换。

7 校准和测量

7.1 步骤

测量光源颜色用三刺激值色度计的实现方案见附录C，校准和测量原理见附录D。

应采用光谱功率分布与CIE 15—2004中规定的CIE标准照明体A相同的白炽灯或亮度标准作为参考标准，使用CIE 69—1987规定的照度或亮度测量几何条件来校准色度计。参考标准(标准光源)的光谱功率分布(包括不确定度)应以表格形式给出，且应溯源于国家计量标准。若色度计仅用于测量限定范围的光源，可采用相对光谱功率分布由标定的CIE A光源模拟器导出的、与待测光源的光谱功率分布最接近的光源来校准该色度计。

参考标准和色度探头的光轴应机械对准，二者应分别与合适的电源相连接，且应在测量开始前达到热平衡。被测光源也应在正确的工作电流或电压下预热一段适当的时间。

为了计算平均值和标准差，至少应对色度计的各个输出通道记录10组读数。如果色度计具有3个(或4个)独立的光电探测器，每个探测器前具有光学滤色片来匹配色匹配函数，则应同时读取各个通道的读数。如果色度计仅有一个探测器且探测器前面的滤色片可变，则应在最短的时间内读取每一组的3个(或4个)读数。

注： 如果色度计仅用于测量白炽光源，且不进行光谱失配修正，则可使用详细光谱功率分布未知但色品坐标(或X、Y、Z值)已知(溯源于国家计量基准)的光源进行校准。

制造商应注明仪器校准的推荐频率。在运输中仪器的校准可能会改变，因此用户宜维持自己的校准标准。至少可在刚收到校准过的仪器及其之后定期地测量稳定的测试对象，以确保仪器的校准不会因自然老化或偶然错误操作而变化。在仪器送去校准前后均应测量稳定的测试对象以记录用户实验室的测量可靠性。

7.2 不确定度

色度计校准的不确定度包括多种因素：有些因素由校准所用的仪器引起，另一些因素与校准用标准光源及其操作有关。标准光源的不确定度值应由其校准证书获得，并且应在色度计校准证书的不确定度分量中注明。所用仪器的校准证书应提供各分量的合成不确定度，并以扩展不确定度的形式给出。

与色度计校准有关的不确定度来源包括：

a） 标准光源的老化；

b） 标准光源的电学参量测量中的不确定度，以及标准光源位置调整的不确定度；

c） 杂散辐射；

d） 由标准光源的辐射发热而造成色度计的温度变化；

e） 目前尚未提及，但确实在校准过程中存在的周围环境对色度计的其他影响。

色度计的校准证书应注明所有分量的合成不确定度、扩展不确定度，不确定度的计算应按照 JJF 1059—1999 进行。如果由生产商进行校准，则校准证书还应注明所用参考标准的来源、其不确定度和溯源途径。

探测器的响应度（包括绝对响应度和光谱响应度）可能随入射辐射的入射角和温度而改变。因此，应在垂直入射下进行校准，对于恒温探测器应注明校准时探测器的温度。

附录 E 列举了一种计算校准不确定度的方法。

附 录 A
（资料性附录）
本标准与 CIE 179—2007 的章条编号对照情况

本标准与 CIE 179—2007 相比在结构上有较多调整，具体章条编号对照情况见表 A.1。

表 A.1 本标准与 CIE 179—2007 的章条编号对照情况表

本标准章条编号	对应的 CIE 179—2007 章条编号
引言	Summary
1	1
2	8
3	3.1
4	3.2,5
5	6
6	7
7	4.2,4.3
附录 A	—
附录 B	5.2,5.3 的部分
附录 C	2
附录 D	4.1
附录 E	附录

附 录 B
（资料性附录）
用于测量光谱响应度的标准灯和滤色片的数据

B.1 用于测量紫外响应度的标准灯和滤色片

B.1.1 推荐的标准灯的相对光谱分布数据

推荐的标准灯的相对光谱分布如图 B.1 所示。

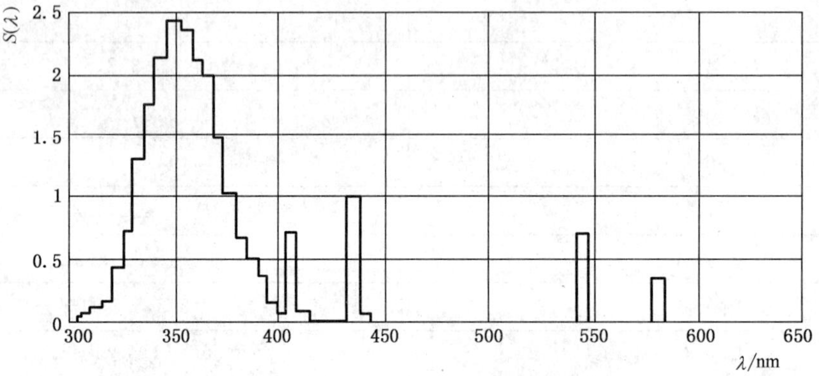

图 B.1 推荐的标准灯的相对光谱分布

B.1.2 推荐的滤色片的光谱透射率数据

推荐的滤色片的光谱透射率如图 B.2 所示。

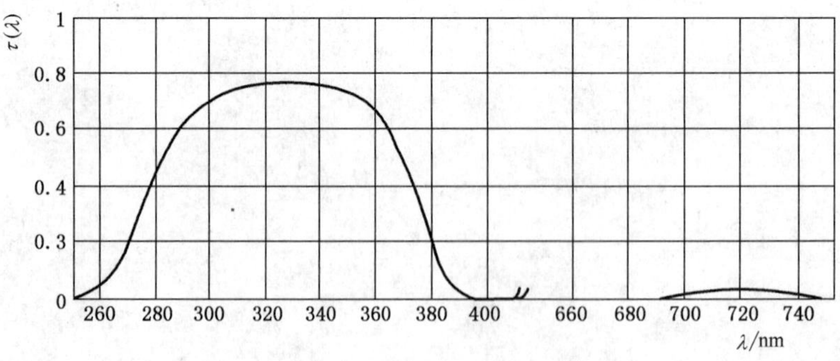

图 B.2 推荐的滤色片的光谱透射率数据

B.2 用于测量红外响应度的滤色片

推荐的测量红外响应度的滤色片光谱透射率如图 B.3 所示。

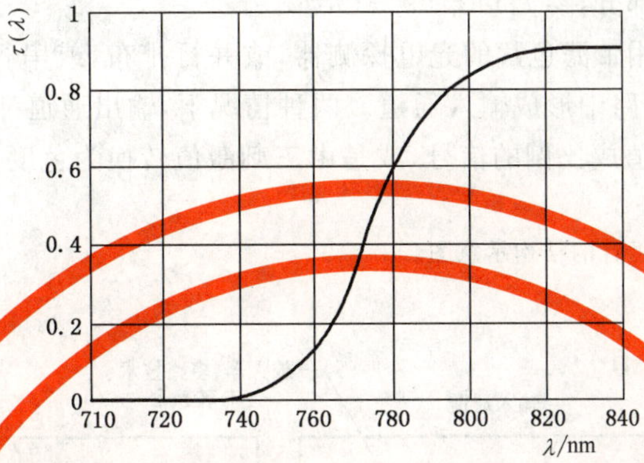

图 B.3 推荐的滤色片的光谱透射率数据

附 录 C
（资料性附录）
测量光源颜色用三刺激值色度计的实现方案

根据 Y 刺激值测量的是亮度还是照度，可将测量光源用三刺激值色度计分为两种基本类型，二者的不同仅在于输入光学系统部分，参见 CIE 69—1987。

两种类型的色度计均使用带滤色片的光电探测器，或并行排布，或串行排布，光辐射相继通过光谱修正滤色片，在仪器的电子线路中形成输入通道。两种情况下，输出通道都给仪器显示单元提供输入信号，可以是与 X、Y、Z 三刺激值成比例的信号，或是由三刺激值转换为色度参数的信号。

示例：

图 C.1 为典型的照度测量色度计的结构示意图。

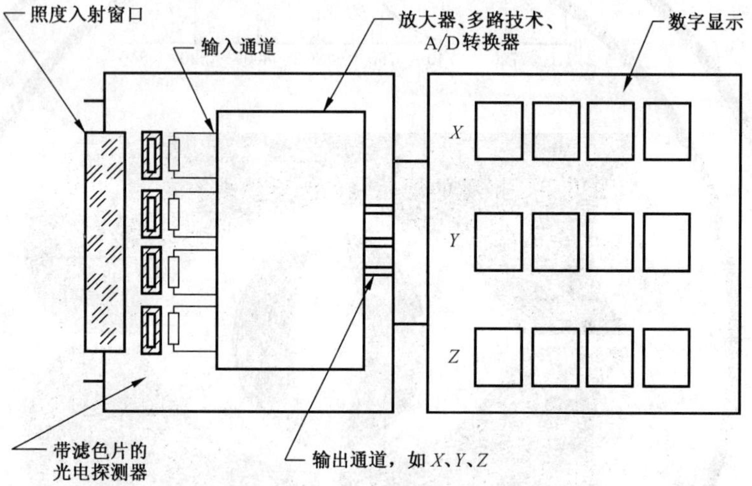

图 C.1 测量光源用三刺激值色度计的示意图

其中绘出了四个输入通道是表示 X 通道具有两个独立部分。该示意图未给出色度探头接收区域位置，但它应在说明测量探头时明确标出。

注： 上述仅是示意，不可作为色度计的光学设计指南。

附 录 D
（资料性附录）
校准和测量原理

三刺激值 X、Y、Z 和相关的色品坐标(x、y、z)可由色匹配函数$\bar{x}(\lambda)$、$\bar{y}(\lambda)$、$\bar{z}(\lambda)$和光源的相对光谱功率分布 $S(\lambda)$根据式(D.1)计算得出：

$$X=k\int_{\lambda_1}^{\lambda_2}S(\lambda)\cdot\bar{x}(\lambda)\cdot d\lambda \qquad x=X/(X+Y+Z)$$
$$Y=k\int_{\lambda_1}^{\lambda_2}S(\lambda)\cdot\bar{y}(\lambda)\cdot d\lambda \qquad y=Y/(X+Y+Z) \qquad \cdots\cdots(D.1)$$
$$Z=k\int_{\lambda_1}^{\lambda_2}S(\lambda)\cdot\bar{z}(\lambda)\cdot d\lambda \qquad z-1-x-y$$

色匹配函数$\bar{x}(\lambda)$在波长 $\lambda=504$ nm 时取局部最小值，以该点为界将$\bar{x}(\lambda)$分成短波部分$\bar{x}_s(\lambda)$和长波部分 $x_l(\lambda)$，即$\bar{x}(\lambda)=\bar{x}_s(\lambda)+\bar{x}_l(\lambda)$。有时色度计中有一个具有独立定标因子的附加通道与 $x_s(\lambda)$部分相对应，如图 C.1 所示。而有时 $x_s(\lambda)$部分被省略，以 Z 通道的光电流 V_z 的一部分 α 作为丢失的光电流 V_{XS}。

对于三通道 x_l、y、z(X 通道不含短波部分)的三刺激值探头的校准，用 CIE 标准照明体 A，即色温 $T_A=2\,856$ K 的普朗克分布 $P(\lambda,T_A)$代替式(5)中的光谱功率分布 $S(\lambda)$；采用波长间隔 1 nm 利用式(D.2)计算色品坐标 $G=\{x_A,y_A,z_A\}$和 α 值。

$$\{x_A,y_A,z_A\}=\{0.447\,58;0.407\,45;0.144\,97\}$$

$$\alpha_A=\frac{\int_{360}^{504}P(\lambda,T_A)\cdot\bar{x}(\lambda)\cdot d\lambda}{\int_{360}^{830}P(\lambda,T_A)\cdot\bar{z}(\lambda)\cdot d\lambda}=0.151\,20 \qquad \cdots\cdots(D.2)$$

用 CIE 照明体 A 照射三刺激值探头，测量光电流 V_{xl}、V_y、V_z。光电流乘以校准因子 c_{xl}、c_y、c_z得到三刺激值 X_l、Y、Z，X 通道的总灵敏度由 $X=X_l+\alpha Z$ 给出。定标因子 c_{xl}、c_y、c_z的赋值由式(D.3)得出：

$$\begin{bmatrix}V_{xl}c_{xl}+\alpha V_z c_z\\ V_y c_y\\ V_z c_z\end{bmatrix}=\begin{bmatrix}x_A\\ y_A\\ 1-x_A-y_A\end{bmatrix}\cdot\frac{E_A}{y_A} \qquad \cdots\cdots(D.3)$$

此处色品坐标乘以因子$\frac{E_A}{y_A}$得到校准因子，因为照度 E_A 直接表示照度值，所以 Y 通道起照度计作用。

附 录 E
（资料性附录）
校准不确定度

E.1 总体讨论

此处列举一个四通道色度计，其中 Y 通道报告的是光源亮度值。使用亮度为 L_A 的 CIE 标准 A 光源校准色度计，产生 4 个信号 V_{xs}、V_{xl}、V_y 和 V_z，其中 X 通道以波长 504 nm 为界分为两部分。CIE A 光源相应的色品坐标是 x_{As}、x_{Al}、y_A 和 z_A。校准光源的三刺激值由式(E.1)给出：

$$\begin{pmatrix} X_s \\ X_l \\ Y \\ Z \end{pmatrix} = \begin{pmatrix} V_{xs}c_{xs} \\ V_{xl}c_{xl} \\ V_y c_y \\ V_z c_z \end{pmatrix} = \begin{pmatrix} x_{As} \\ x_{Al} \\ y_A \\ z_A \end{pmatrix} \cdot \frac{L_A}{y_A} \qquad \text{(E.1)}$$

因此，期望的校准系数可由式(E.2)求出：

$$\begin{pmatrix} c_{xs} \\ c_{xl} \\ c_y \\ c_z \end{pmatrix} = \begin{pmatrix} x_{As}/V_{xs} \\ x_{Al}/V_{xl} \\ y_A/V_y \\ z_A/V_z \end{pmatrix} \cdot \frac{L_A}{y_A} \qquad \text{(E.2)}$$

定标值对测量电压的敏感度矩阵 Q 由式(E.3)给出：

$$Q = \begin{bmatrix} -x_{As}/V_{xs}^2 & 0 & 0 & 0 \\ 0 & -x_{Al}/V_{xl}^2 & 0 & 0 \\ 0 & 0 & -y_A/V_y^2 & 0 \\ 0 & 0 & 0 & -z_A/V_z^2 \end{bmatrix} \cdot \frac{L_A}{y_A} \qquad \text{(E.3)}$$

定标值的方差和协方差由 4×4 的矩阵给出，如式(E.4)：

$$U_c = Q \cdot U_m \cdot Q^T \qquad \text{(E.4)}$$

式中：

U_m——测量校准电压的方差与协方差变换矩阵。

报告给出的亮度值的不确定度必须包括光源亮度的不确定度，该不确定度以积分形式加到由校准常量计算出的 Y 值不确定度上。

信号 V_{xs}、V_{xl}、V_y 和 V_z 的值是多次重复测量中得出的平均值，并计算出标准偏差和相关系数。如果光电流中的噪声源自于光源的波动，那么光电流之间具有显著的相关性。每一个光电流都与照度完全相关。光电流中也会包括由放大器噪声引起的随机成分。将测量中的所有因素相加，建立起输入方差与协方差矩阵。

位于矩阵 U_m 对角线上的方差的平方根给出了校准因子的标准不确定度，同时矩阵的其他元素包含了协方差 $u(c_i, c_j) \equiv r(c_i, c_j) \cdot u(c_i) \cdot u(c_j)$ 且表示出输出量之间的相关系数 $r(c_i, c_j)$。

应该注意的是，即使对不相关的输入量、输出量之间的相关也会随着与输入照度有关的标准不确定度的增加而增加。

E.2 颜色测量

没有估算不确定度的测量是不完整的。对于三刺激值测量不确定度的估算，不像用三刺激值色度计采用带滤色片的探测器积分测量三刺激值那样直接了当。即那些影响光谱响应度的不确定度因素增大了三刺激值 X、Y、Z 中的相关性。尤其是参考光源绝对输出中的噪声，在光谱响应中导致随机但是相关的漂移。因此，相应的不确定度分量 $u(X)$、$u(Y)$、$u(Z)$ 是相关的，并且对于 X 和 Y 中相应的不确定度应该使用完整表达式。通常光电流标准偏差中仅有很小的部分是由光源波动引起的，且相关性减小或可忽略不计。以 x 色品坐标的不确定度计算为例，不确定度可由式(E.5)给出：

$$\begin{aligned} u_{\mathrm{c}}^{2}(x) = & \left(\frac{\partial x}{\partial X}^{2}\right) u^{2}(X) + \left(\frac{\partial y}{\partial Y}^{2}\right) u^{2}(Y) + \left(\frac{\partial z}{\partial Z}^{2}\right) u^{2}(Z) \\ & + 2r_{\mathrm{XY}} \frac{\partial x}{\partial X} \frac{\partial x}{\partial Y} u(X) u(Y) \\ & + 2r_{\mathrm{XZ}} \frac{\partial x}{\partial X} \frac{\partial x}{\partial Z} u(X) u(Z) \\ & + 2r_{\mathrm{YZ}} \frac{\partial x}{\partial Y} \frac{\partial x}{\partial Z} u(Y) u(Z) \end{aligned} \quad \cdots\cdots\cdots\cdots (\text{E.5})$$

对于正比于光谱信号的随机噪声，X 和 Y 响应之间的相关系数可由式(E.6)给出：

$$r_{\mathrm{XY}} = \frac{\sum E_i^2 \bar{x}_i \bar{y}_i}{\sqrt{\sum E_i^2 \bar{x}_i^2 \cdot \sum E_i^2 \bar{y}_i^2}} \quad \cdots\cdots\cdots\cdots (\text{E.6})$$

式中：

i 下标表示波长 i，E_i 是定标光源的光谱辐照度。

相似的表达式可用于 r_{XY} 和 r_{YZ}。对于等能光源，E_i 可以用平均辐照度 E 来替代，通过三刺激值函数的列表值，三个相关系数分别是 0.760 2、0.254 9 和 0.081 7。对 CIE A 光源，对应的相关系数分别是 0.826、0.071 和 0.069。在临近光谱轨迹的点，相关系数都接近相同。

注意三刺激值色度计的不确定度成分并不是都相关的。例如，带有独立放大器的三通道系统的电噪声、各个通道的相对光谱灵敏度与对应色匹配函数的匹配程度等都是不相关的。

ICS 29.020
K 65

中华人民共和国国家标准

GB/T 28198—2011

窗用动力通风器

Ventilator for windows

2011-12-30 发布　　2012-09-01 实施

中华人民共和国国家质量监督检验检疫总局
中国国家标准化管理委员会　发布

前言

本标准按照 GB/T 1.1—2009 给出的规则起草。

本标准由中国轻工业联合会提出。

本标准由全国家用电器标准化技术委员会(SAC/TC 46)归口。

本标准起草单位:广州威凯检测技术研究院、佛山市质量计量监督检验中心、上海出入境检验检疫局机电产品检测技术中心、上海开捷门窗幕墙工程有限公司、广东美的环境电器制造有限公司、广东正野电器有限公司、广州市住邦建材发展有限公司、丝吉利娅奥彼窗门五金(北京)有限公司。

本标准主要起草人:陈汉桂、张兆芝、徐胜、王攀、许家友、刘艳萍、孙明冬、吴献策、王雨生、刘慧。

窗用动力通风器

1 范围

本标准规定了家用和类似用途的窗用动力通风器的术语和定义、产品分类、技术要求、试验方法、检验规则及标志、包装、运输、贮存。

本标准适用于非动力驱动的窗用自然通风器的相关要求。

本标准不适用于橱窗式排风扇、隔墙式排风扇及风管连接的排风扇。

本标准所包含的窗用动力通风器的安全要求，应符合本标准表4、表5的相关规定。

2 规范性引用文件

下列文件对于本文件的应用是必不可少的。凡是注日期的引用文件，仅注日期的版本适用于本文件。凡是不注日期的引用文件，其最新版本（包括所有的修改单）适用于本文件。

GB/T 191 包装储运图示标志

GB 1002 家用和类似用途单相插头插座 型式、基本参数和尺寸

GB 1003 家用和类似用途三相插头插座 型式、基本参数和尺寸

GB 2099.1 家用和类似用途插头插座 第1部分：通用要求

GB/T 2423.3 电工电子产品环境试验 第2部分：试验方法 试验Cab：恒定湿热试验

GB/T 2423.17—2008 电工电子产品环境试验 第2部分：试验方法 试验Ka：盐雾

GB/T 2828.1—2003 技术抽样检验程序 第1部分：按接收质量限(AQL)检索的逐批检验抽样计划

GB/T 2829—2002 周期检验计数抽样程序及表（适用于对过程稳定性的检验）

GB/T 2900.29—2008 电工术语 家用和类似用途电器

GB/T 3667.1—2005 交流电动机电容器 第1部分：总则 性能、试验和定额 安全要求 安装和运行导则

GB/T 3667.2—2008 交流电动机电容器 第2部分：电动机起动电容器

GB/T 4214.1—2000 声学 家用电器及类似用途器具噪声的测试方法式 第1部分：通用要求

GB 4706.1—2005 家用和类似用途电器的安全 第1部分 通用要求

GB 4706.27—2008 家用和类似用途电器的安全 第2部分：风扇的特殊要求

GB/T 5023.5 额定电压450/750 V及以下聚氯乙烯绝缘电缆 第5部分：软电缆（软线）

GB/T 5089—2008 交流电风扇电动机通用技术条件

GB 5296.2 消费品使用说明 第2部分：家用和类似用途电器

GB/T 7106—2008 建筑外门窗气密、水密、抗风压性能分级及检测方法

GB 9816—2008 热熔断体的要求和应用导则

GB 15092.1 器具开关 第1部分：通用要求

GB 15092.2 器具开关 第2部分：软线开关的特殊要求

GB 19606—2004 家用和类似用途电器噪声限值

GB/T 19889.10—2006 声学 建筑和建筑构件隔声测量 第10部分：小建筑构件空气声隔声的实验室测量

JZ/T 20　空气分布器性能试验方法

3　术语和定义

GB/T 2900.29—2008、GB/T 7106—2008 界定的以及下列术语和定义适用于本文件。

3.1

窗用动力通风器　ventilator for window

通过自身附加的动力装置(如电动叶轮等)实现室内外空气交换的窗用通风装置。

3.2

窗用自然通风器　passive ventilator for window

依靠室内外温差、风压等实现室内外空气交换的窗用通风装置。

4　产品分类

4.1　形式

4.1.1　按通风器的通风形式可分为：

a)　单向式(只有一种气流方向输送状态)；

b)　过滤式(对输送的气流有过滤作用)；

c)　双向式(具有强迫进气、排气或非动力排气)。

4.1.2　按驱动方式可分为

4.1.2.1　自然通风器

不需任何动力只靠空气自然对流达到通风换气作用，当通风器不工作时，可靠人工手动机构的动作能遮闭阻隔外界气流流经通风器。

4.1.2.2　动力通风器

设备一端靠电动机动力作强迫进气，另一端为动力排出风，达到通风换气作用，当通风器不工作时，可依靠通风器上附设的电动机构的遮闭动作以阻隔外界气流流经通风器。

4.2　按通风量分

按条形通风器每米(其他通风器每件)开启状态下最大的通风量分级，详见表 1。

5　技术要求

5.1　使用环境

5.1.1　环境空气温度不超过＋40 ℃；

5.1.2　环境空气相对湿度不超过 90％(温度为＋25 ℃)；

5.1.3　海拔高度不超过 1 000 m。

5.2　通风量

自然通风器在 10 Pa 压差下、动力通风器在 0 Pa 下，条形通风器每米(其他形式通风器每件)开启状态下的通风量(V)应符合表 1 的规定，但容许有－10％的允差(允差上限不作规定)。

表 1 通风器通风量分级表

单位为立方米每小时

分级	1	2	3	4	5	6	7	8
风量值	$30\leqslant V<40$	$40\leqslant V<50$	$50\leqslant V<60$	$60\leqslant V<70$	$70\leqslant V<80$	$80\leqslant V<90$	$90\leqslant V<100$	$V\geqslant 100$
注：第 8 级应在分级后注明≥100 m³/h 的具体值。								

5.3 输入功率

动力通风器必须有由制造商确定的输入功率，并标注在铭牌上。

5.4 外形尺寸偏差

通风器外形尺寸允许偏差按表 2 的规定。

表 2 通风器外形尺寸允许偏差

单位为毫米

项目	高度、宽度、长度		对角线尺寸之差	相邻构建同一平面	相邻构件装配间隙
	≤2 000	>2 000			
偏差值	±2.0	±2.5	≤2.5	≤0.3	≤0.2

5.5 噪声

动力通风器在额定电压、额定频率和最高转速档位运转时，其工作最大噪声 A 计权声声压级应不大于表 3 的限定值。

表 3 动力通风器噪声限定值

单位为立方米每小时

风量值	$V<50$	$50\leqslant V<100$
噪声	37 dB	38 dB
注：风量值大于 100 m³/h 的动力通风器的噪声值由制造商标注在铭牌上，并按标称值考核。		

5.6 启动

动力通风器应能在实际使用中可能出现的所有正常电压条件下启动。是否合格通过在 0.85 倍和 1.06 倍额定电压下、在动力通风器的最低转速挡启动通风器各 3 次来检验。

5.7 隔声性能

5.7.1 无隔声功能的通风器

a) 关闭状态下，通风器小构件的计权规范化声压级差应不小于 25 dB；
b) 开启状态下，通风器小构件的计权规范化声压级差应不小于 20 dB。

5.7.2 有隔声功能的通风器

开启、关闭状态下，通风器小构件的计权规范化声压级差应不小于 33 dB。

5.8 气密性能

关闭状态下，通风器的单位缝长空气渗透量(q_1)应不大于 2.5 $m^3/(m\cdot h)$，或单位面积空气渗透量(q_2)应不大于 7.5 $m^3/(m\cdot h)$。

5.9 水密性能

关闭状态下，通风器的水密性能(ΔP)应不小于 100 Pa；开启状态下，室内没有明显可视水珠。

5.10 抗风压性能

通风器的抗风压性能(P_3)应大于 1.0 kPa。

5.11 调速

5.11.1 调速比

通风器的调速比是在额定电压和额定频率下运转时，其最低转速档位的转速与最高转速档位的转速之比。

$$调速比=\frac{最低转速档位的转速}{最高转速档位的转速}\times 100\%$$

通风器的调速比为：对于电容式电机驱动的应不大于 70%，对于罩极式电动机驱动的应不大于 80%。

5.11.2 调速器

具有调速功能的通风器，其调速器应符合下列要求：

a) 各调速档位应能使通风器连续可靠运转；

b) 相邻两个转速档位的转速差应尽可能相近；

c) 调速开关应满足通风器型式检验的要求；

d) 操作灵活，不得发生两个操作档位同时接通现象；

e) 有电源断开档位；

f) 功率在 2 W 以上的照明灯等应有单独的电源开关。

5.12 一般结构

5.12.1 通风器使用的电容器、琴键开关、器具开关、电源线和插头应分别符合 GB/T 3667.1、GB 15092.1、GB 15092.2、GB/T 5023.5、GB 1002、GB 1003、GB 2099.1 的要求，其他通用器件和紧固件等应符合国家有关标准的相应的规定，并能满足型式试验的要求；其易损件应便于更换。

5.12.2 动力通风器叶轮应平衡良好，牢固可靠，在各转速挡运转时应无明显的振动。

5.12.3 动力通风器及自然通风器都应有消音、隔音和防止回风装置；防回风装置手动操作灵活，密封好；防回风装置，在电源开关置于接通电源时，其活动档板必须同时开启，断电后应能关闭。

5.12.4 通风器应能方便拆卸和安装，装配牢固可靠。

5.13 外观

5.13.1 电镀件的镀层应光滑细密，色泽均匀，不应有斑点、针孔、气泡和脱落；有机涂敷件的表面涂膜应平整光滑、色泽均匀、涂层牢固，其主要表面应无明显流漆、皱纹和脱落等影响外观的缺陷。

5.13.2 塑料制件的主要表面应光滑、色泽均匀，不应有明显的斑痕、划痕及凹缩。

5.13.3 电镀件经盐雾试验后，主要表面上的镀层的金属锈点和锈迹，每平方分米不多于 2 个；非主要表面上每平方分米不多于 4 个，每个锈点、锈迹的面积均不得大于 1 mm^2；当试件表面积小于 1 dm^2 时，则不允许出现锈点、锈迹。

5.13.4 有机涂敷件经湿热试验后，主要表面上的气泡每平方分米不多于4个，非主要表面上每平方分米不多于8个，气泡直径不大于1 mm，试件的边缘、角落、小孔处不应出现严重的涂层脱落。

注：通风器的主要表面为其出风面及其左、右、下四个方向看到的表面。

5.13.5 通风器的铭牌和装饰板应经久耐用，经型式检验后，不得变形、脱落；其图案与字迹仍应清楚。

5.14 寿命

5.14.1 通风器经5 000 h长期运行后应能运转。

5.14.2 防回风机构经5 000次动作后，不应有损坏零件及失灵现象。

5.14.3 通风器的开关，在额定电压和额定频率下，接入其控制的通风器电路中或接入模拟通风器最大负载时的等效电路中进行试验，经10 000次操作后，仍应能正常使用。

5.15 质量保证

在用户遵守制造厂规定的保管和使用条件下，从出售日期起12个月内，通风器如因制造不良而发生损坏不能正常工作时，制造厂应负责免费为用户更换、修理，但以制造厂发货日期起不超过24个月为限。订货方如另有要求时，可在双方合同中另行规定。

6 试验方法

6.1 试验用的仪器仪表

除另有规定外，试验用的仪器仪表应符合如下规定。

6.1.1 用于型式试验的频率表、电压表、电流表、功率表的准确度不低于0.5级，出厂试验时可用1.0级。

6.1.2 测量固体表面温度的仪表，其允许误差在±1 ℃以内；其他温度测量仪表，其允许误差在±0.5 ℃以内。

6.1.3 测量时间的仪表，其精度在0.1 s以内。

6.1.4 测量转速的仪表，应为非接触式，其精度为±1 r/min。

6.1.5 测量环境气压的仪表，其精度在±200 Pa以内。

6.1.6 测量湿度的仪表，其准确度在1%以内。

6.1.7 压力测量仪表的允许基本误差为被测量值的±1%以内，但当被测量值小于100 Pa时，仪表的允许基本误差为±0.4 Pa以内。

6.2 试验电压和频率

除另有规定外，试验应在额定电压、额定频率下进行，试验电源的电压波动和频率波动应不超过其额定值的±1%，但在读取功率、电流数值时必须为额定电压值和额定频率值。

6.3 一般检查

6.3.1 用肉眼检查电镀件、涂敷件、塑料件、铭牌、说明书和包装、标志。

6.3.2 检查通风器的电动机、开关、电容器、电源线、插头及其他通用器件和紧固件执行国家有关标准的情况。

6.3.3 用准确度为0.5 mm的量具测量通风器的外形尺寸（宽度、高度、长度）；相邻构建同一平面、相邻构件装配间隙的测量工具用0.02 mm精度游标卡尺测量。

6.3.4 接通电源使通风器运转，检查运转时叶轮是否平衡良好、牢固可靠，有无明显振动。

6.3.5 动力通风器在关闭电源后，检查防回风装置是否能自动封闭、动作可靠，有无明显漏风情况。

6.3.6 对于自然通风器在手动打开和手动关闭情况时，检查防回风装置是否打开或封闭良好、动作可靠灵活，有无明显漏风情况。

6.4 转速测量和调速比检查

通风器在额定电压、额定频率状态下运转测试。

6.4.1 转速测量

6.4.1.1 最高转速档位的转速测量

通风器在最高转速挡位运转 1 h 后，进行最高转速档位的转速测量。

6.4.1.2 最低转速挡位的转速测量

紧接着最高转速挡位的转速测量后，在最低转速挡位运转 1 h，进行最低转速挡位的转速测量。

6.4.1.3 调速比的检查

按 6.4.1.1 及 6.4.1.2 测定的转速值，计算被试电风扇的调速比，其值应符合本标准的规定。

6.5 风量试验

通风器的风量试验，按 JZ/T 20 中规定的方法进行。

6.6 输入功率试验

输入功率在风量试验时同时进行，应在额定电压、额定频率、电动机在热稳定工作状态下测定。试验时通风器应处于额定工作状态，其功率不包括通风器所附有的可拆开的用电器件。

6.7 启动试验

通风器在启动试验开始时应处于室温状态下，按使用说明书规定的安装方位布置。试验电压按 5.6 的要求，从静止状态开始启动，每次启动后，电机停止一会儿，达到静止状态再启动。试验应符合 5.6 的规定。

6.8 噪声试验

取条式动力通风器 1 m(其他动力通风器一件)，水平放置在半消声室中央、出风口中心位置离地面 1.5 m 高的位置，进风口和出风口均处于自由空间，在额定电压、额定频率下运行 10 min 后进行测试，测取其离出风口中心位置水平方向 1 m 处的声压级。测试仪器、环境背景噪声、频率范围按照 GB/T 4214.1—2000 的要求。

6.9 隔声性能试验

取条形通风器 1 m(其他通风器一件)，按 GB/T 19889.10—2006 中的方法进行。

6.10 气密性能试验

通风器在关闭状态下，按 GB/T 7106—2008 中的方法进行。

6.11 水密性能试验

通风器在关闭状态下，按 GB/T 7106—2008 中的方法进行，开启状态下，在自然光线下，距测试件 400 mm～500 mm 处视检。

6.12 抗风压试验

通风器的抗风压性能,按GB/T 7106—2008中的方法进行。

6.13 铭牌耐久性检查

型式试验后,视检铭牌有无脱落,字迹是否清楚。

6.14 电镀件盐雾试验

按GB/T 2423.17规定的方法进行,时间为24 h。

6.15 湿热试验

按GB/T 2423.3规定的方法进行,时间为48 h。

6.16 长期运转试验

通风器按使用说明书规定的安装方位布置,进风口和出风口均处于自由空间,在额定电压、额定频率下运转连续5 000 h(允许在试验过程中停转注入一次润滑油)仍能运转。进行长期运转试验的通风器可不进行其他型式试验。

6.17 防回风遮隔机构动作寿命试验

试验计数时,防回风装置机构以关—开—关为一次。试验后应能符合本标准要求。

6.17.1 自然通风器可用机械方法重复操作。

6.17.2 动力通风器可以反复通电方法重复操作。试验时,应使活动板完全到位打开,然后切断电源,同时并应注意避免电动机构过热。

6.18 开关分合试验

开关(含调速开关)接入符合本标准5.14.3规定的电路中进行分合试验,每次操作为关—开(含调速开关的逐挡置于各转速挡位)—关。每分钟操作速度不大于12次,经10 000次分合试验后,应符合5.14.3的规定。

7 检验规则

7.1 检验分类

通风器的检验分为出厂检验和型式试验。

7.2 出厂检验

7.2.1 出厂检验即产品交货时需进行的试验,也称交收试验。每台通风器须经出厂检验合格后方能出厂,出厂检验的项目、技术要求和试验方法按表4的规定。

表 4　出厂检验项目

序号	试验项目	本标准所属条文编号		GB 4706.27 所属章条	出厂检验时采用的简化办法
		技术要求	试验方法		
1	电气强度试验			13	按 GB 4706.1—2005 附录 A 中 A.2 的要求进行
2	输入功率测定	5.3	6.6	10	允许在自由空间测试
3	接地电阻			27	按 GB 4706.1—2005 附录 A 中 A.1 的要求进行
4	防回风遮隔机构张合试验	5.12.3	6.3.6		
5	产品标志检查	5.13.5 8.1	6.3.1	7	
6	电镀件、涂敷件、塑料件外观检查	5.13.1 5.13.2 5.13.3	6.3.1		

7.2.2　订货方对产品质量有疑问时，有权在型式检验项目内增加交收试验项目。此时，抽样检查方法应采用 GB/T 2828.1。抽样方案和增加的试验项目，由生产厂和订货方共同商定。

7.2.3　若订货方和厂方在选择出厂检验抽样方案类型时发生争议则按本规定即采用 GB/T 2828.1 的正常检查二次抽样方案，判别水平Ⅰ，合格质量水平（AQL）为：对 A 类不合格，AQL=2.5，B 类不合格，AQL=4，C 类不合格，AQL=6.5。

7.3　型式试验

7.3.1　型式试验应在下列情况之一时进行：

a）新产品试制定型鉴定；

b）设计、工艺或材料有重大改变；

c）不经常生产的产品，间隔 1 年以上再生产时；

d）成批或大量生产的产品进行定期抽试，每年至少一次；

e）出厂检验结果与上次型式试验的结果有较大差异时。

7.3.2　型式试验的内容，包括本标准第 5、6、8 章的内容及 GB 4706.27 的内容。试验项目、技术要求和不合格类别按表 5 的规定。

表 5　型式试验项目

序号	试 验 项 目	本标准所属条文		GB 4706.27 所属章条	不合格类别
		技术要求	试验方法		
1	包装检查	8.2	6.3.1	—	C
2	标志(性能部分)	8.1	6.3.1	—	C
3	电镀件、涂敷件、塑料件外观检查	5.13.1 5.13.2 5.13.3	6.3.1	—	C

表 5（续）

序号	试 验 项 目	本标准所属条文		GB 4706.27 所属章条	不合格类别
		技术要求	试验方法		
4	外形尺寸检查	5.4	6.3.3	—	C
5	启动试验	5.6	6.6	—	B
6	隔声性能试验	5.7	6.9	—	B
7	气密性能试验	5.8	6.10	—	C
8	水密性能试验	5.9	6.11	—	C
9	抗风压试验	5.10	6.12	—	C
10	防回风遮隔机构张合试验	5.12.3	6.3.6	—	B
11	风量试验	5.2	6.5	—	A
12	转速测量及调速比检查	5.11	6.4	—	C
13	噪声试验	5.5	6.8	—	A
14	使用元器件情况检查	5.12.1	6.3.2	—	C
15	叶轮、遮隔机构的结构及动作检查	5.12.2	6.3.4	—	C
16	铭牌耐久性检查	5.13.4	6.13	—	C
17	铭牌、标志(安全部分)	—	—	7	*
18	对触及带电部件的防护	—	—	8	*
19	输入功率和电流	5.3	6.6	10	*
20	发热	—	—	11	*
21	工作温度下的泄漏电流和电气强度	—	—	13	*
22	瞬态过电压	—	—	14	*
23	耐潮湿	—	—	15	*
24	泄漏电流和电气强度	—	—	16	*
25	变压器和相关电路的过载保护	—	—	17	*
26	机械危险	—	—	20	*
27	机械强度	—	—	21	*
28	结构	—	—	22	*
29	内部布线	—	—	23	*
30	元件	—	—	24	*
31	电源连接和外部软线	—	—	25	*
32	外部导线用接线端子	—	—	26	*
33	接地措施	—	—	27	*
34	螺钉和连接	—	—	28	*
35	爬电距离、电气间隙、穿通绝缘距离	—	—	29	*
36	开关(含调速开关)分合试验	5.14.3	6.18	—	—

表5（续）

序号	试验项目	本标准所属条文		GB 4706.27 所属章条	不合格类别
		技术要求	试验方法		
37	防回风遮隔机构动作寿命试验	5.14.2	6.17	—	C
38	长期运转试验	5.14.1	6.16	—	C
39	非正常工作	—	—	19	*
40	耐热和耐燃	—	—	30	*
41	防锈	—	—	31	*
42	辐射、毒性和类似危险	—	—	32	*
43	电镀件盐雾试验	5.12.2	6.14	—	C
44	涂敷件湿热试验	5.13.4	6.15	—	C

注1：产品型式检验基本按表5的顺序进行，如果某试验项目的试验结果与进行该项试验的顺序无关，则表5所列的试验顺序可以更动；

注2：表中不合格类别中带“*”号者为产品的安全要求，所检项目均应符合标准的相关要求，如出现一台项不符合，则判该批产品不合格；

注3：对明确安装在2.3 m以上的通风器，表5中第27项“机械危险”不适用；

注4：按7.3.1规定的c、d、e三种情况下进行型式试验时，可免做表5中的非正常工作和长期运转试验。

7.3.3　对本标准7.3.1中a、b、c三种情况下进行的型式检验，样本大小不少于4台，其中2台兼做（或另抽2台做）安全要求试验。在型式检验中，如有任何一台样品不符合本标准中的任一条要求时，则应从该批产品中抽取加倍数量的样品，进行不合格条及与该条试验结果有关条文要求的重复试验，重复试验合格，则判该批产品符合本标准要求；如重复试验仍有任何一台样品不符合任一条的要求时，则判该批产品不合格。

7.3.4　对于本标准7.3.1中d)情况下进行的型式检验，其抽样采用GB/T 2829中的二次抽样，判别水平Ⅰ，样本大小、不合格质量水平及其判定见表6。其中第一样本中的2台兼做（或另抽2台做）安全要求试验。

表6

二次抽样	样品大小	不合格质量水平		
		A类不合格 RQL=30	B类不合格 RQL=50	C类不合格 RQL=65
第一样本	$n_1=4$	$Ac_1=0$，$Re_1=2$	$Ac_1=0$，$Re_1=3$	$Ac_1=1$，$Re_1=3$
第二样本	$n_2=4$	$Ac_2=1$，$Re_2=2$	$Ac_2=3$，$Re_2=4$	$Ac_2=4$，$Re_2=5$

8　标志、包装、运输、贮存

8.1　标志

8.1.1　产品标志

产品上应有耐久性的铭牌，并标出以下各项：

a） 制造厂名称；

b） 产品名称、型号、规格；

c） 商标；

d） 制造日期（或编号）或生产批号；

e） 产品的主要工作参数：额定电压流、额定频率及额定输入功率；

f） 标称风量；

g） 噪声值。

8.1.2 包装箱标志

a） 制造厂全名和地址；

b） 产品名称、型号、规格；

c） 牌号及商标；

d） 产品数量及颜色（单件包装可不标数量）；

e） 包装箱毛重：kg；

f） 包装箱外形尺寸：（长×宽×高）mm；

g） 注意事项标记："小心轻放"、"切勿受潮"、"向上"、"堆码极限"等文字或符号；

h） 生产日期（或编号）或生产批号；

i） 产品执行标准。

8.2 包装

8.2.1 通风器的包装应能有效地保护产品。

8.2.2 包装箱内应有：

a） 全套通风器（散装例外）；

b） 使用（安装）说明书；

c） 产品合格证；

d） 装箱单（有附件、备件时）；

e） 电气线路图或接线图（允许标在产品上或说明书中）。

8.2.3 使用说明书

使用说明书应符合 GB 5296.2 消费品使用说明　家用和类似用途电器的使用说明的要求，并至少有如下内容：

a） 对于不带防护网罩的通风器，应规定产品安装在离地面 2.3 m 以上；

b） 安装时，必须注意避免气体从敞开的气道或其他的明火设备回流进室内；

c） 产品执行标准等。

8.3 运输

运输过程中，严禁雨淋、受潮和剧烈碰撞。

8.4 贮存

通风器应贮存在温度低于 40 ℃、通风良好的仓库内，其周围应无腐蚀性气体。

附 录 A
（资料性附录）
产品型号命名方法

通风器的型号命名，可使用下述方法：

□-□-□-□

- 设计代号：用顺序数字表示，第一次设计可省略
- 主参数：通风量
- 功能代号：G 表示有隔声功能，W 表示无隔声功能
- 名称代号：
  - JDQ—— 进气动力通风器；
  - PDQ—— 排气动力通风器；
  - ZDQ—— 进、排气可转换动力通风器；
  - SDQ—— 双向送风动力通风器

ICS 97.100.10
Y 63

中华人民共和国国家标准

GB/T 28199—2011

电热油汀

Oil-filled radiator

2011-12-30 发布　　2012-09-01 实施

中华人民共和国国家质量监督检验检疫总局
中国国家标准化管理委员会　发布

前　言

本标准按照GB/T 1.1—2009给出的规则起草。

请注意本文件的某些内容可能涉及专利。本文件的发布机构不承担识别这些专利的责任。

本标准由中国轻工业联合会提出。

本标准由全国家用电器标准化技术委员(SAC/TC 46)归口。

本标准负责起草单位:先锋电器集团有限公司、宁波先锋电器制造有限公司、广东美的环境电器制造有限公司、中国家用电器研究院。

本标准参加起草单位:深圳市联创实业有限公司、艾美特电器(深圳)有限公司、宁波市产品质量监督检验研究院、中国电器科学研究院、浙江省质量技术监督检测研究院、广州威凯检测技术研究院。

本标准主要起草人:朱永国、方庆朕、马德军、聂勇、陈牛、罗理珍、鲍俊、徐艳容、赵奇、苏涛、陈永华。

电 热 油 汀

1 范围

本标准规定了家用和类似用途电热油汀(以下简称为“油汀”)的术语和定义、分类、要求、试验方法、检验规则和标志、包装、运输、贮存。

本标准适用于单相器具额定电压不超过250 V,其他器具额定电压不超过480 V,在家庭和类似场所使用的油汀,它们可以是便携式、固定式、驻立式的各类油汀。

本标准不适用于:

——装在建筑物结构内的油汀;

——专为工业用途而设计的油汀:

——打算使用在经常产生腐蚀性或爆炸性气体(如灰尘、蒸汽或瓦斯气体)特殊环境场所的油汀。

注:除油汀外的其他充液式散热器可参照本标准。

2 规范性引用文件

下列文件对于本文件的应用是必不可少的。凡是注日期的引用文件,仅注日期的版本适用于本文件。凡是不注日期的引用文件,其最新版本(包括所有的修改单)适用于本文件。

GB/T 191 包装储运图示标志

GB/T 1019—2008 家用和类似用途电器包装通则

GB/T 2421 电工电子产品环境试验 概述和指南

GB/T 2423.17 电工电子产品环境试验 第2部分:试验方法 试验Ka:盐雾

GB/T 2828.1 计数抽样检验程序 第1部分:按接收质量限(AQL)检索的逐批检验抽样计划

GB/T 4214.1 声学 家用电器及类似用途器具噪声测试方法 第1部分:通用要求

GB 4706.1 家用和类似用途电器的安全 第1部分:通用要求

GB 4706.23 家用和类似用途电器的安全 第2部分:室内加热器的特殊要求

GB 5296.2 消费品使用说明 第2部分:家用和类似用途电器

GB/T 15470—2002 家用直接作用式房间电加热器 性能测试方法

GB/T 21097.1—2007 家用和类似用途电器的安全使用年限和再生利用通则

QB/T 3901—1999 家用电器产品型号命名通则

3 术语和定义

GB 4706.1、GB 4706.23、GB/T 15470界定的相关术语和定义以及下列术语和定义适用于本文件。

3.1

电热油汀 oil-filled radiator

通过电热元件将密封在散热片内腔的导热油加热后,再由散热片和/或其外壳将热量散发出去的一种充液式散热器。

注:导热油是用于间接传递热量的一类热稳定性较好的专用油品。

3.2

稳定状态 steady state

油汀达到最高温度后温度不再上升，保持热平衡状态。

4 分类和型号命名

4.1 产品分类

4.1.1 按调节装置分：

——不可调节型油汀；

——功率可调型油汀；

——温度可调型油汀。

4.1.2 按安装方式分：

——便携式油汀；

——固定式油汀；

——驻立式油汀。

5 要求

5.1 总则

油汀应符合 GB 4706.23 和本标准的要求，并按照规定程序批准的图样和技术文件制造。

5.2 外观

5.2.1 电镀件表面应光滑细密、色泽均匀，不得有斑点、剥落、露底、针孔、鼓泡、明显的花斑和划伤等缺陷。经过耐腐蚀试验后其表面、边缘及棱角部位不应出现直径 2 mm 以上的锈蚀点。

5.2.2 涂漆(塑)件表面漆膜必须平整光亮、色泽均匀、漆(塑)层牢固、附着力强，其主要表面无明显的流漆(塑)、斑痕、橘皮、底漆外露、裂纹和剥落等影响外观的缺陷。

5.2.3 塑料件表面应光滑，色泽均匀，不应有明显的斑痕、划痕及凹陷。

5.2.4 油汀的铭牌和装饰板应经久耐用，经耐久性试验后不得变形、脱落，其图案与字迹仍可清晰可辨。

5.3 电源线的长度

带插头电源线的油汀，其电源线长度应不小于 1.5 m。

5.4 启动

对带有电动机的油汀，在 0.85 倍额定电压下，电动机应能正常启动。

5.5 表面温度

5.5.1 散热面为平面或近似平面的油汀，表面最高温度应不小于 90 ℃，平均温度应不小于 80 ℃，表面最大温差应不大于 20 K。

5.5.2 散热面为片状组合或近似片状组合的油汀，组合片表面最高温度应不小于 110 ℃，平均温度应不小于 100 ℃。同时，上、中、下表面最大温差不得大于 20 K，各组合片之间的最大温差不得大于 20 K。

5.6 升温时间

在稳定状态条件下油汀获得90%表面最高温度所需的时间应不大于30 min。

5.7 对流温升

油汀的对流温升应符合表1的规定。

表1 对流温升

额定功率 P W	温升 K
700≤P<1 000	≥3.5
1 000≤P<1 500	≥5.0
1 500≤P<2 000	≥6.5
P≥2 000	≥8.0
注：小于700 W的油汀，本标准暂不考虑。	

5.8 有效功率

油汀的有效功率值应不小于50%额定输入功率。

5.9 防冻结性能

装有防冻结装置的加热器，在环境温度为(7±3)℃时，加热器的防冻结装置应能正常工作。

5.10 冲击电流

带有正温度系数发热元件的油汀的冲击电流不能超过稳定状态值的2倍。

5.11 噪声

凡带有电动机的油汀，其噪声测试值(声功率级)应不大于55 dB(A)。

注：电动机为实现强制通风功能的电动机。

5.12 密封性能

油汀的壳体应密封，试验后用过滤纸检查油汀表面过滤纸不应有油渍。

5.13 耐久性

油汀的耐久性应不低于3 000 h，试验后应能正常使用，且油汀的功率衰减应不高于10%。同时，试验后油汀的密封性能应符合5.12的要求。

5.14 安全使用年限

制造商应以自我声明的方式，按照GB/T 21097系列标准中相应特殊标准的要求表明油汀的安全使用年限。

6 试验方法

6.1 试验条件

除非另有规定，否则应在下列条件下进行试验。

6.1.1 电源电压

试验用的电源频率和电压波动不超过额定值的±1%。

油汀在稳定条件下，在给出额定输入功率的电压下通电，如油汀上标有输入功率范围，这个电压就是给出此范围平均值的电压。

注：装有 PTC 和厚膜电阻等具有正温度系数特性的电热元件的油汀，在额定电压下或额定电压范围平均值的情况下通电。

6.1.2 试验室

本标准 5.2、5.3、5.4、5.5、5.6、5.10、5.12 的试验在环境温度保持在(23±2)℃，在无强制对流的室内进行。

本标准 5.7、5.8、5.9 的试验在热损耗可调的“气候试验室”内进行，附录 A 提供了样式。

6.1.3 试验用的仪器、仪表

6.1.3.1 电工仪表中的电能表、电压表、功率表等，其准确度用于型式试验时应不低于 0.5 级，用于例行试验时应不低于 1.0 级。

6.1.3.2 测量温度用仪表，其精度不低于 0.5 K。

6.1.3.3 测量时间用仪表，其精度不低于所测时间的 1%。

6.1.3.4 测量长度用仪表，其精度不低于 1 mm。

6.1.3.5 测量湿度用仪表，其准确度为±1%。

6.2 外观检查

通过视检来确定油汀是否符合本标准 5.2 的规定。

部件的耐腐蚀能力按 GB/T 2423.17—2008 规定的 24 h 盐雾试验。

6.3 电源线的长度测量

测量软线或软线保护装置进入油汀的那一点到进入插头的那一点之间的距离。

应以米(m)为单位进行表示，化整到最近似的 10 mm。

6.4 启动试验

带电动机的油汀应在 0.85 倍额定电压下进行 3 次启动试验。油汀在开始试验时应处于室温状态下。每次试验都应在油汀准备开始正常工作的条件下进行，每次试验后，应使电动机停止到静止状态后再启动。

测试期间电源电压下降不应超过 1%。

6.5 表面温度的测定

6.5.1 油汀应放在由两块互成直角有壁板和一块底板构成的测试角中，该测试角应由涂有无光黑漆的、厚约 20 mm 的胶合板制成。具体放置方法如下：

——通常放置于地板上的油汀，应如正常使用一样放置，并以其散热侧面距一壁板 300 mm，并远离另一壁板放置。油汀散热侧面见图 1。

——通常固定到壁上的油汀，应如正常使用一样固定到一壁板上，并且尽量靠近另一壁板和底板，安装说明书另有规定的除外。

6.5.2 油汀的散热面为平面或近似平面的，如图 2 所示，将油汀散热面纵中心线分为 4 个等分，然后将热电偶布置在每个等分的中心点上。应分别测试油汀的两个平面散热面。由使用者调整的控制器应调至最大位置，其他附加加热功能不应工作。对加热器进行通电工作，同时用温度测量记录仪测量并记录从室温升至温度稳定状态的升温曲线（如图 4 所示）和温度值。确定在稳定状态建立时各被测表面的最高温度，以同一面记录的温度的算术平均值得出各被测表面的平均温度，再以同一面最高温度和最低温度之差计算出各被测表面的最大温差。

6.5.3 油汀的散热面为片状组合的或近似片状组合的，如图 3 所示，将热电偶放置在油汀的第一个组合片、最后一个组合片和中间组合片的上、下凹点及其中间位置。

中间组合片的选择按以下原则进行：

——如果散热片的构成数量为奇数的，则用散热片的片数减去 1 后再除以 2，得出中间组合片所在的位置；

——如果散热片的构成数量为偶数的，则直接用散热片的片数除以 2，可得出中间组合片所在的位置。

由使用者调整的控制器应调至最大位置，其他附加加热功能不应工作。对加热器进行通电工作，同时用温度测量记录仪测量并记录从室温升至温度稳定状态的升温曲线（如图 4 所示）和温度值。确定在稳定状态建立时各被测组合片表面的最高温度、平均温度，通过各被测组合片的平均温度之差计算出各组合片之间的最大温差。同时，计算各被测组合片的所有上凹点平均温度、中间点平均温度和下凹点平均温度，再通过上凹点平均温度、中间点平均温度和下凹点平均温度之差得出上、中、下表示的最大温差。

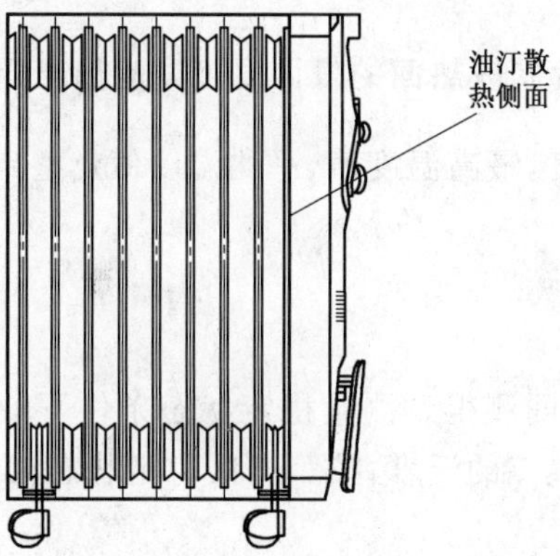

图 1 油汀散热侧面示意图

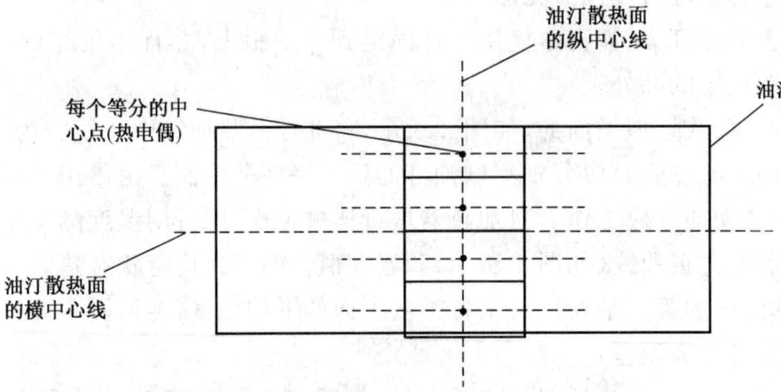

图 2 平面散热面的表面温度试验热电偶分布图

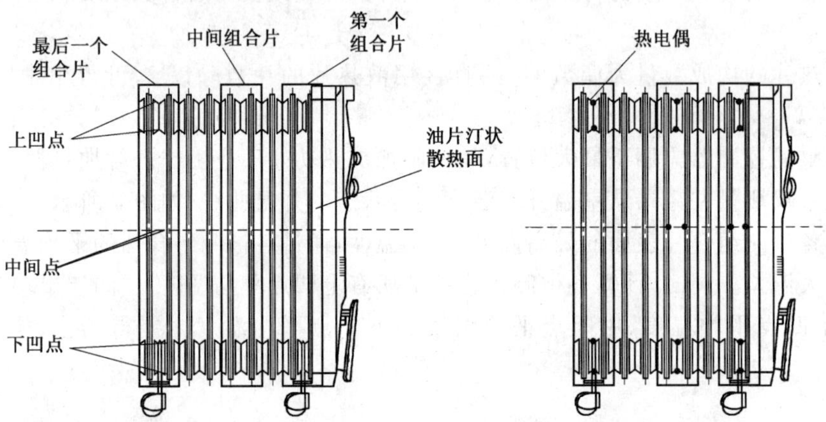

图 3 片状散热面的表面温度试验热电偶分布图

6.5.4 当稳定状态建立时测量温度,最高温度值、平均温度值化整到最近似的 1 ℃,最大温差值化整至最近似的 1 K。

6.6 升温时间的测定

油汀的升温时间在 6.5 试验期间测得。测量稳定状态条件下油汀获得 90% 表面最高温度所需的时间,如图 4 所示。油汀表面之最热点的温度,按第一次稳定状态时获得的温度作参考,升温时间近似到分钟(min)表示。

注:测试方法和测试点同 6.5 的规定。

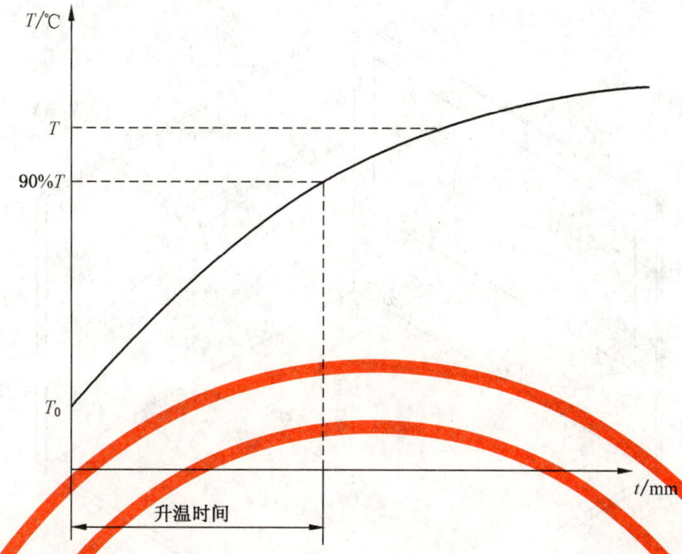

说明：

T ——稳定状态时的表面温度；

T_0——热电偶初始温度；

t ——升温时间。

图 4 升温曲线

6.7 对流温升的测定

在附录 A 规定的气候实验室内进行。冷冻室温度保持在(15±2)℃，实验室初始温度设定为(15±2)℃，相对湿度不超过 85%。在试验期间实验室停止与冷冻室交换空气。

如图 5 所示，按照使用说明书的要求将油汀放置在与外墙邻近的墙边或安装在此墙上，油汀的中心距外墙 2 000 mm，使带有环境温度控制器的油汀的边靠近外墙。

由使用者调整的控制器应调至最大位置。

如图 5 所示，将附录 A 中的薄壁黑球放置在距外墙 2 000 mm，距地面 1 200 mm 处。调整薄壁黑球到油汀的距离，使薄壁黑球中心点与油汀中心点之间的连接直线在水平面的投影距离为 1 500 mm。

注 1：油汀中心点是恰好包络油汀的最小矩形 6 面体的中心点。

试验期间应尽量避免让热风直接吹到薄壁黑球上。对于使用中因结构不能调节出风方向的，则不加限制。

对油汀进行通电工作，同时用温度测量记录仪测量并记录从室温升至温度稳定状态的升温曲线，如图 4 所示。记录在稳定状态建立时的测量温度。

当稳定状态建立时测量温度。油汀的对流温升可通过薄壁黑球中央的热电偶的稳定状态温度和热电偶初始温度之差进行计算。对流温升值化整到最近似的 0.1 K。

注 2：在 60 min 内，温升相差不超过 2 K，则可认为已达到稳定状态。

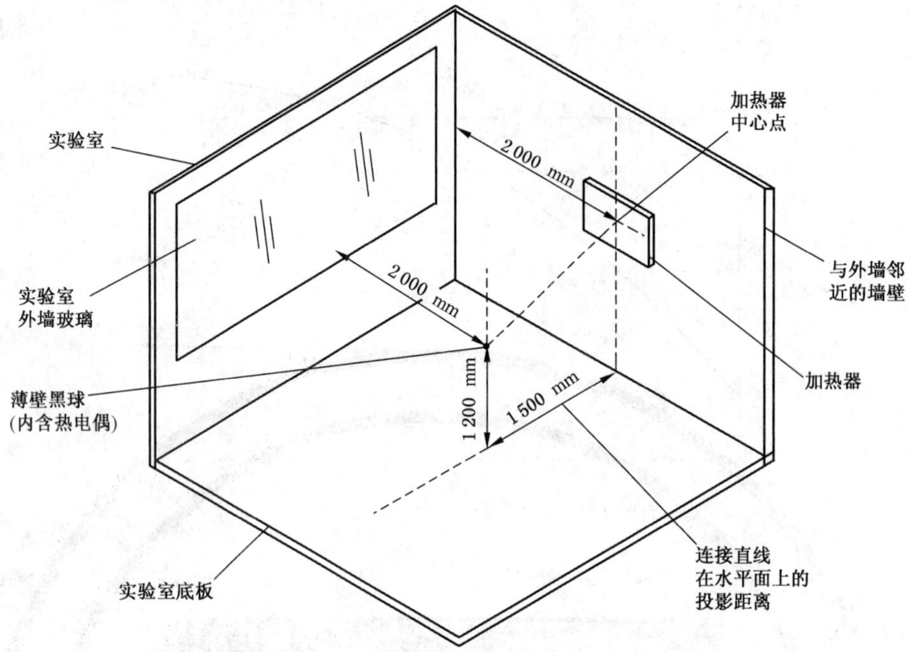

图 5 周围空气的温升测试示意图

6.8 有效功率的测定

油汀的有效功率按照 6.7 的试验条件和定置方法进行测定。试验期间任何环境温度控制器均应短路。油汀运行直至稳定状态确定，测定控温器 10 个连续完整工作循环期间或 2 h 内(取两者中较短时间者)的耗能。有效功率可用试验所用的时间除耗能求出。

6.9 防冻结性能试验

对装有防冻结装置的油汀，应测定防冻结温度，确认是否符合本标准 5.9 的要求。

将油汀放在气候实验室(附录 A)内。

在高能量比下测量实验室内的温度。高能量比可在改变冷冻室的温度而不改变环境温度控制器设置的情况下获得。在平均室内温度在 5 个连续波动期间或 2 h 内(取两者中较短时间者)稳定时进行实验室内温度的测量。

把环境温度控制器调至使实验室温度在 20 ℃～25 ℃之间，在能量比为(80±5)%的情况下进行平均室内温度的测量。如果由于气候实验室容量的原因不能达到此能量比，则尽量使用最高的能量比。

气候实验室冷冻间的温度应保持在油汀按上述规定的、在高能量比下试验时所获得的值。然后启动防冻结装置并在稳定状态时测定环境温度。

注：如果环境温度控制器在此条件下不会循环，则要降低冷冻室的温度。

确定防冻结装置的工作温度范围。

6.10 冲击电流试验

将油汀按正常使用状态或说明书规定的要求放置在实验室内，在额定电压条件下，使用能实时记录电流变化的仪器，如具有存储功能的记忆型示波器等，对油汀进行工作电流测试，读取从油汀通电至稳定状态期间的电流最大值。试验中电源电压跌落的幅度不超过 2 V。

6.11 噪声试验

噪声试验方法见附录 B。

6.12 密封性能试验

将油汀温度调节装置短路，在正常散热和 1.15 倍额定功率的条件下，通电 1 h 后用过滤纸检查油汀表面，应符合 5.12 的要求。

6.13 耐久性试验

在(20±5)℃环境温度下，油汀在 1.2 倍额定电压下通电 280 h。带有电动机的油汀，其电动机按额定电压单独供电。油汀应每天关两次，每次不少于 15 min。两次间隔时间 15 min。关闭时间不应计入油汀的耐久性试验时间。试验时，先将电压稳定在额定电压，接通油汀。然后按照 50 V/min 的速率慢慢将电压升至试验电压。

如果对上述试验的结果有疑问，则应采用下述试验方法。

油汀在额定电压和额定频率下，在环境温度为(20±5)℃的试验室内进行，通电 2 h，断电 1 h，累计通电时间为 3 000 h，有风扇和转动机构的均处于工作状态，并允许添加润滑油脂，经试验后油汀应符合 5.13 的规定。

在试验前应测量并记录油汀的输入功率，试验结束时也应测量并记录油汀的输入功率。输入功率的测量应在环境温度(25±1)℃，相对湿度 48%～52%，大气压力为 86 kPa～106 kPa 的实验室内进行。在测量输入功率前油汀应在 GB/T 2421—2008 中 5.3 规定的正常试验大气条件下存放 24 h。测量时，应不使油汀受到非正常通风、日光辐射或产生误差的其他因素影响。

油汀额定输入功率衰减率按式(1)来计算：

$$\Delta P=\frac{P_1-P_2}{P_1}\times 100\% \qquad (1)$$

式中：

ΔP ——额定输入功率衰减率，%；

P_1 ——试验前的功率值，单位为瓦(W)；

P_2 ——试验后的功率值，单位为瓦(W)。

6.14 安全使用年限

验证方法正在制定中。

7 检验规则

7.1 每台油汀均应经制造商质量管理部门检验合格后方能出厂，同时附上合格证、说明书，并在油汀本体上标明出厂日期。

7.2 检验分类

检验分为例行检验和型式检验。

7.2.1 例行检验

即在生产过程的末端对产品进行的 100% 的检验，例行检验项目全部合格方可出厂。试验可以在装配好的整机上进行，如果后面的生产过程不会影响到检测结果，可以在生产期间的恰当阶段进行。例行检验的项目至少应包括表 2 规定。

表 2　例行检验项目

序号	检 验 项 目	序号	检 验 项 目
1	外观	6	包装
2	电源线的长度测量	7	电气强度试验
3	启动	8	输入功率测试
4	冲击电流	9	接地电阻测试
5	标志和说明	—	—

例行检验的方法可参照 GB 4706.23 和本标准，结合生产状况以及产品认证的需要由企业自行规定。

7.2.2　型式检验

7.2.2.1　型式检验应在下列情况之一时进行：

a）试制的新产品；

b）设计、工艺或所用的材料有重大改变时；

c）不经常生产的产品，当再次生产时；

d）对成批或大量生产的产品进行定期抽试，每年至少一次。

7.2.2.2　检验项目

GB 4706.23 和本标准规定的所有项目。

7.3　交货时，是否进行抽样检验以及抽样检验的方法等由企业结合客户要求自行确定。如有争议，则采用 GB/T 2828.1 的正常检查二次抽样方案，判别水平Ⅰ，接收质量限（AQL）为：C 类不合格，AQL＝6.5。

8　标志、包装、运输、贮存

8.1　标志

油汀的铭牌及安全注意事项应齐全并易于观察，并应符合 GB 4706.23 和 GB 5296.2 规定。油汀本体上应标明产品的生产日期或生产批号。

8.2　使用说明书

每台油汀应有使用说明书。使用说明书的编写应符合 GB 5296.2 的要求，其内容除要符合 GB 4706.23 的规定外，还应包含下述内容：

a）保养；

b）说明书应明示安全使用年限。

8.3　包装

8.3.1　油汀的包装应有可靠的防潮防尘措施，保证产品的绝缘性能、金属保护层及各种零件不致损坏。

8.3.2　装有产品的包装箱，应经受 GB/T 1019—2008 中 A.4，跌落高度按流通条件 2 的跌落试验，并应符合 GB/T 1019—2008 中 4.2.4.2 的要求。

8.3.3　油汀的包装箱标志应包括下述内容，其包装储运图示标志应符合 GB/T 191—2008 的要求。

a）产品名称、型号、规格；

b）牌号或商标；

c） 包装箱毛重，kg；

d） 包装件外型尺寸　长×宽×高，mm；

e） 注意事项及标记“小心轻放”、“切勿受潮”、“向上”等字样或符号；

f） 堆码；

g） 生产日期或批号；

h） 制造商名称和地址；

i） 产品执行标准。

8.3.4 包装箱内应有全套油汀、产品合格证、使用（包括安装）说明书、装箱清单等，且附件应与装箱清单一致。

8.4 运输

8.4.1 运输过程中应防止剧烈振动、挤压、雨淋及化学物品侵蚀。

8.4.2 搬运必须轻拿轻放、按堆码层次要求整齐堆放，严禁滚动和抛掷。

8.5 贮存

8.5.1 成品必须贮存在干燥通风，周围无腐蚀性气体的仓库。

8.5.2 油汀应按型号分类存放，堆码的高度应不大于包装箱上标明的堆码高度。

附 录 A
（规范性附录）
气候实验室

气候实验室是由一个模拟室内温度的实验室和一个模拟室外温度的冷冻室构成，并以图 A.1 所示的视为外墙的壁板隔开上述实验室。

通过改变冷冻室温度而产生实验室所要求的热量，实验室体积为 3 600 mm（长）× 3 500 mm（宽）×2 400 mm（高），冷冻室体积为 1 000 mm（长）×3 500 mm（宽）×2 400 mm（高）。

在外墙有一个 3 m×1.5 m，传热系数约为 2.80 W/(m^2 · K)的玻璃窗，窗下护墙的高度为 0.8 m，外墙除玻璃窗外的其他部分及其他壁板、地板和天花板，传热系数均约为 0.25 W/(m^2 · K)。

来自冷冻室的冷空气通过玻璃窗之上两个对称的出气口提供给实验室，空气通过置于玻璃窗上方的管道回流到冷冻室，试验室排气孔定位于距离地面不超过 0.4 m 的外墙对面的墙壁上。

冷冻室和实验室之间空气交换大约每小时一个实验室之容积。

冷冻室应能通过外墙产生热耗至少 1 000 W。

当环境温度控温器按 6.9 调节时，气候实验室周围的温度与实验室平均温度相差不得超过 2 ℃。

按说明书要求将油汀放置于外墙邻近的墙边，油汀的中心距外墙 2 m，使带有环境温度控温器的油汀的边靠近外墙。除试验中的电器外，任何热源均不得置于实验室内。

使用一个置于直径约 10 cm 的薄壁黑球中央的热电偶来测量实验室温度，此球应放置在距外墙 2 m，距地面 1.2 m 处。记录仪表应放置于实验室外。

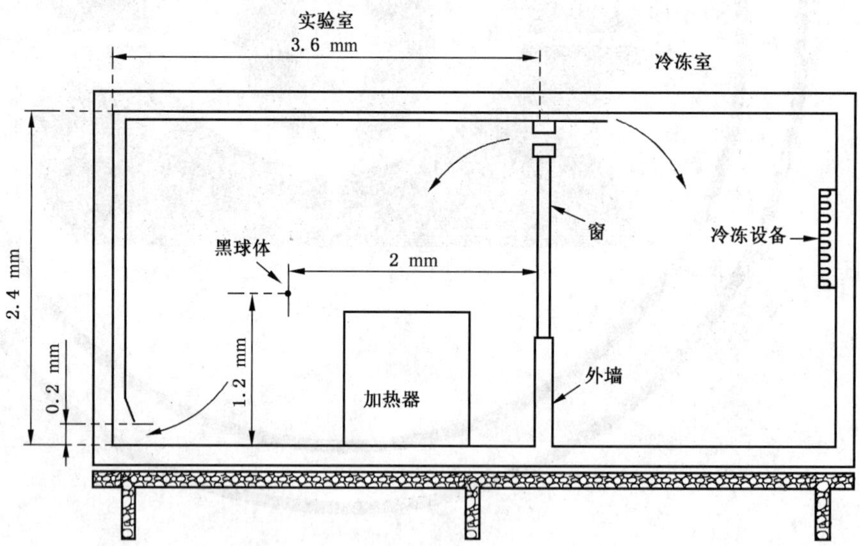

图 A.1 气候实验室图例

附　录　B
（规范性附录）
油汀噪声测试方法

B.1　测试方法与声学环境

油汀噪声的测试方法与声学环境应符合 GB/T 4214.1—2000 第 4 章的要求。

B.2　测量仪器

测量仪器应符合 GB/T 4214.1—2000 第 5 章的要求。

B.3　被测油汀的运行与定置

B.3.1　试验条件

B.3.1.1　油汀的配备应符合 GB/T 4214.1—2000 中 6.1.1 和 6.1.2 的要求。

B.3.1.2　安装有空气过滤器的油汀，应清洁空气过滤器。

B.3.1.3　带有导风装置的油汀，其导风装置应处于不工作状态，且导风装置处于对气流阻碍最为有利的位置，可同时正常工作且不会改变油汀声辐射的其他功能部件均应工作。

B.3.1.4　在测量噪声前，油汀应按 B.3.1.1 进行配备，并且其电动机在最高转速挡运行至少 2 h。在运行期间，如果油汀安装有空气过滤器，可以取去空气过滤器。如果在运行期间过滤器保持在油汀上，则在运行完成后，应清洁或更新过滤器。在运行期间，油汀可在不加热的条件下或在最低挡位下进行，除非电动机必须在加热时才能工作。

B.3.1.5　电源

B.3.1.5.1　应符合 GB/T 4214.1—2000 中 6.2.1 的要求，但带交流/直流电动机(组)的油汀应以容差为±1%的额定电压供电。

B.3.1.5.2　如果加热不会明显影响油汀的噪声发射，可在不加热的条件下进行。如果油汀在加热的条件下进行噪声测量，则应特别关注温升对测试室声学行为产生的可能影响。

B.3.1.6　环境条件

环境条件应符合 GB/T 4214.1—2000 中 6.3 的要求。

B.3.2　测试期间油汀的加载和运转

B.3.2.1　应符合 GB/T 4214.1—2000 中 6.4.1 和 6.4.4 的要求。

B.3.2.2　按制造商的使用说明将油汀调整至产生最大噪声的正常工作状态。

B.3.3　油汀的定位和安装

B.3.3.1　应符合 GB/T 4214.1—2000 中 6.5.1 和 6.5.5 的要求。

B.3.3.2　应符合 GB/T 4214.1—2000 中 6.5.4 的要求，但壁挂式油汀的最低边离地面的高度为 0.25 m。

B.4 声压级的测量

B.4.1 应符合 GB/T 4214.1—2000 中 7.2、7.3 和 7.4 的要求。

B.4.2 反射面上方近似自由场中的传声器的布置和测量表面。

B.4.2.1 应符合 GB/T 4214.1—2000 中 7.1.3 和 7.1.5 的要求。

B.4.2.2 应符合 GB/T 4214.1—2000 中 7.1.1 的要求，但该测量表面是针对基准体一边长超过0.5 m 的器具。该尺寸的台式器具应放置在地面上。该测量表面不针对壁挂式器具。

B.4.2.3 应符合 GB/T 4214.1—2000 中 7.1.2 的要求，但该测量表面是针对基准体一边长超过 0.5 m 的壁挂式器具。器具的定置按 B.3.3.4 进行。

B.4.2.4 应符合 GB/T 4214.1—2000 中 7.1.4 的要求，但基准体每一边长不超过 0.5 m。该尺寸的台式器具应放置在地面上。该测量表示不针对壁挂式器具。

B.5 声压级和声功率级计算

室内加热器声压级和声功率级的计算应符合 GB/T 4214.1—2000 第 8 章的要求。

附　录　C
（资料性附录）
产品型号命名方法

C.1　型号编制原则及组成

按 QB/T 3901—1999 规定的原则进行编制。

油汀型号应由下列几个要素组成：

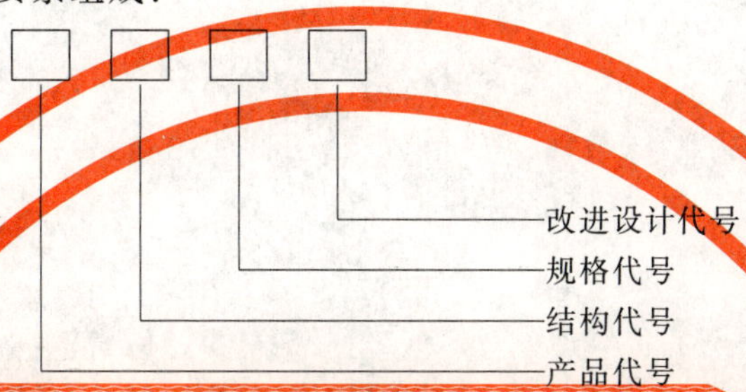

注：产品代号必须放在第一位，其他要素的放置顺序由制造商自行规定。在产品代号之后可加连接符。

C.2　产品代号

产品代号应以大写拼音字母来表示，具体由制造商自行规定。

C.3　规格代号

规格代号可以是功率、片数、特殊功能等技术参数的代号或相互组合的代号，可以用大写拼音字母或阿拉伯数字表示，具体由制造商自行规定。

C.4　设计改进序号

设计改进序号用大写拼音字母或阿拉伯数字表示，具体由制造商自行规定。

ICS 97.140
Y 81

中华人民共和国国家标准

GB/T 28200—2011

钢制储物柜(架)技术要求及试验方法

Technical requirements and test methods of steeliness storage units (rack)

2011-12-30 发布 2012-09-01 实施

中华人民共和国国家质量监督检验检疫总局
中国国家标准化管理委员会 发布

前　言

本标准按 GB/T 1.1—2009 给出的规则起草。

请注意本文件的某些内容可能涉及专利。本文件的发布机构不承担识别这些专利的责任。

本标准由中国轻工业联合会提出。

本标准由全国家具标准化技术委员会(SAC/TC 480)归口。

本标准起草单位:浙江省家具与五金研究所、厦门谊瑞货架有限公司、浙江华辰家具有限公司、上海市质量监督检验技术研究院、国家办公用品设备质量监督检验中心。

本标准主要起草人:汤玉训、梁米加、许俊、潘水华、袁学松、江俊、李刚、张泓、吴婷桦。

钢制储物柜(架)技术要求及试验方法

1 范围

本标准规定了钢制储物柜(架)产品的术语和定义、产品分类、要求、试验方法、检验规则以及使用说明、包装、运输、贮存。

本标准适用于以钢材为主要材料制成、每层载重量不大于500 kg的储物柜(架)类产品。

本标准不适用于具有冷藏、保鲜、高低温可调节等功能或类似用途的货柜类产品。

2 规范性引用文件

下列文件对于本文件的应用是必不可少的。凡是注日期的引用文件,仅注日期的版本适用于本文件。凡是不注日期的引用文件,其最新版本(包括所有的修改单)适用于本文件。

GB/T 1732　漆膜耐冲击测定法

GB/T 2828.1　计数抽样检验程序　第1部分:按接收质量限(AQL)检索的逐批检验抽样计划

GB/T 3325—2008　金属家具通用技术条件

GB/T 4893.1　家具表面耐冷液测定法

GB/T 4893.2　家具表面耐湿热测定法

GB/T 4893.3　家具表面耐干热测定法

GB/T 4893.4　家具表面漆膜附着力交叉切割测定法

GB/T 4893.7　家具表面漆膜耐冷热温差测定法

GB/T 4893.8　家具表面漆膜耐磨性测定法

GB/T 4893.9　家具表面漆膜抗冲击测定法

GB 5296.6　消费品使用说明　第6部分:家具

GB/T 6739—2006　色漆和清漆　铅笔法测定漆膜硬度

GB/T 9286　色漆和清漆　漆膜的划格试验

GB/T 9754　色漆和清漆　不含金属颜料的色漆漆膜的20°、60°和85°镜面光泽的测定

GB/T 10357.5　家具力学性能试验　第5部分:柜类强度和耐久性

GB/T 13667.1—2003　钢制书架通用技术条件

GB/T 17657—1999　人造板及饰面人造板理化性能试验方法

QB/T 3814—1999　轻工产品金属镀层和化学处理层的外观质量测试方法

QB/T 3826—1999　轻工产品金属镀层和化学处理层的耐腐蚀试验方法　中性盐雾试验(NSS)法

3 术语和定义

下列术语和定义适用于本文件。

3.1

钢制储物柜(架)　steeliness storage units (rack)

超市、商店、办公室、实验室、展示厅、居室等场所使用的一件或一组钢制的用于存放物品的柜或架类产品,产品主要部件见图1。

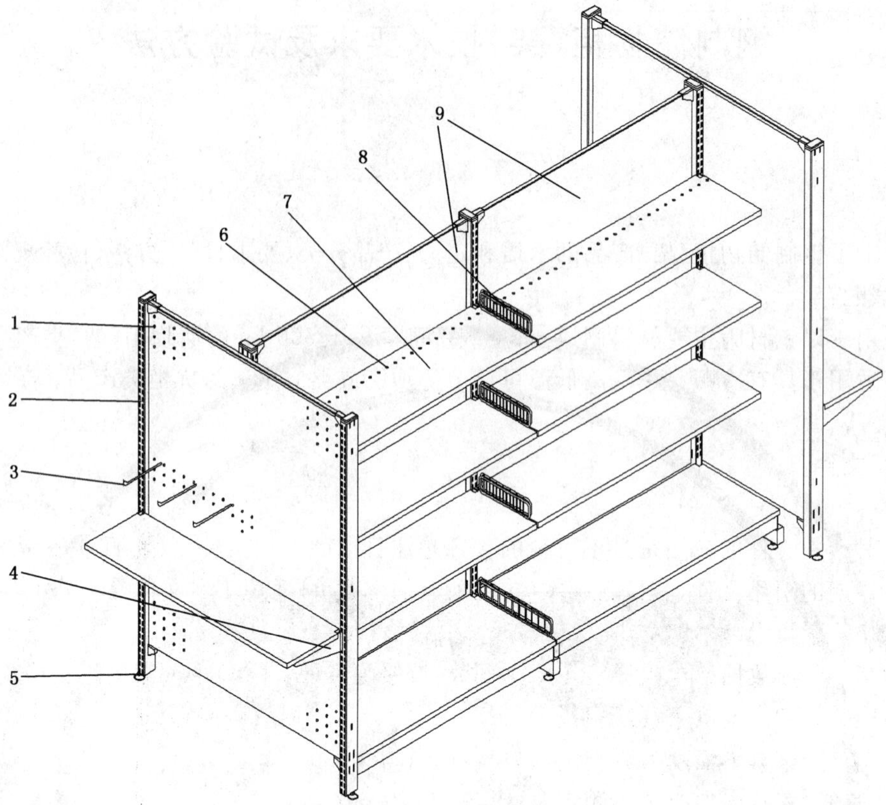

说明：

1,6——多功能孔；

2——立柱；

3——挂具；

4——托臂；

5——脚垫；

7——层板

8——隔板；

9——主构件。

图1　产品部件

3.2

多功能孔　multifunctional hole

产品上用于安装挂钩、挂杆或隔离栏的孔。

4　产品分类

4.1　产品按承载性能可分为轻型储物柜(架)(即每层承重150 kg以下)和中型储物柜(架)(即每层承重150 kg～500 kg)。

4.2　产品按结构形式可分为单柱支撑型储物柜(架)和多柱支撑型储物柜(架)。

4.3　产品按用途可分为：药品柜(架)、标本柜(架)、工具柜(架)、展示柜(架)、日常储物柜(架)、超市货柜(架)、仓储货柜(架)等，参见附录A。

5 要求

以下项目除5.1、5.2、5.4.3为一般项目，5.3按GB/T 3325—2008中4.3的要求分类外，其余均为基本项目。

5.1 尺寸与尺寸极限偏差

5.1.1 产品外形尺寸极限允许偏差为±3 mm。

5.1.2 产品开孔尺寸允许偏差±0.2 mm。开孔尺寸参见附录B规定。

5.2 形状与位置公差

5.2.1 产品的形状与位置公差应符合GB/T 3325—2008中4.2的要求。

5.2.2 使用状态下相邻两部件之间允许位置偏差应符合表1规定。

表1 外形及并列使用时外形尺寸偏差

单位为毫米

序号	项目		规格	允许值
1	主构件并列使用时，相邻两部件之间允许位置偏差	高低偏差	高度≤1 800，可视面	≤2
2			高度>1 800，可视面	≤3
3			不可视面	≤5
4		水平方向偏差	高度≤1 800，可视面	≤2
5			高度>1 800，可视面	≤3
6			不可视面	≤5
7	挂具/托臂整排配挂允许位置偏差	相邻两挂具末端高低偏差	挂具长度≤100	≤2
8			100<挂具长度≤600	≤总长的2.5%
9			挂具长度>600	≤20

5.3 外观要求

产品的外观要求应符合GB/T 3325—2008中4.3的要求。

5.4 装配、安装及安全要求

5.4.1 产品安装后不应有影响使用性能的明显变形。

5.4.2 相同规格的零部件应具有互换性。

5.4.3 活动部件应启闭或旋转灵活。

5.4.4 升降调节功能应有锁定装置。

5.4.5 应在产品使用说明中明示额定载荷，中型储物柜(架)还应在产品显要位置明示额定载荷，见表2。

表 2　额定载荷

项　目	说　　明
额定载荷	载荷均匀分布时，每层可以承载的重量
总额定载荷	层数，产品总体可以承载的物品重量

5.5　漆膜理化性能

产品表面涂层/覆面材料理化性能应符合表 3 的规定。

表 3　产品表面涂层/覆面材料理化性能

分类	项目	技术要求	试验方法
金属喷漆(塑)涂层	硬度	≥H	GB/T 6739—2006
	冲击强度	冲击高度 400 mm，应无剥落、裂纹、皱纹	GB/T 1732
金属喷漆(塑)涂层	耐腐蚀	100 h 内，观察在溶剂中样板上划道两侧 3 mm以外，应无气泡产生	GB/T 13667.1—2003 中 7.3.3.7
		100 h 后，检查划道两侧 3 mm 以外，应无锈迹、剥落、起皱、变色和失光等现象	
	附着力	不低于 2 级(以多数相同值作为评定结果)	GB/T 9286
	光泽度	无光≤14	GB/T 9754 (60°法)
		14＜半光(亚光)≤50	
		50＜平光(半亚光)≤85	
		高光＞85	
金属电镀层	粗糙度	Ra≤1.25 μm	QB/T 3814—1999 中 3.2
	抗盐雾	18 h，1.5 mm 以下锈点≤20 点/dm^2，其中≥1.0 mm 锈点不超过 5 点(距离边缘棱角 2 mm 以内的不计)	QB/T 3826—1999
木制件表面涂层/覆面材料	耐液	10%碳酸钠和 30%乙酸，24 h。无明显的变色、鼓泡、皱纹等	GB/T 4893.1
	附着力	每组割痕包括 11 条长 35 mm，间距 2 mm 的平行割痕，2 组不低于 3 级	GB/T 4893.4
	耐湿热	70 ℃　20 min　不低于 3 级	GB/T 4893.2
	耐干热	70 ℃　20 min　不低于 3 级	GB/T 4893.3
	耐冷热温差	温度 40 ℃±2 ℃，相对湿度 98%～99%，以及−20 ℃±2 ℃，3 周期。 无鼓泡、裂缝和明显失光	GB/T 4893.7
	冲击强度	冲击高度 50 mm　不低于 3 级	GB/T 4893.9
	耐香烟灼烧	应无脱落状黑斑、裂纹、鼓泡现象	GB/T 17657—1999 中 4.40
	耐磨	1 000 r　不低于 3 级	GB/T 4893.8

5.6 力学性能

5.6.1 产品稳定性

5.6.1.1 空载稳定性

按照6.5.1.1试验，产品不应产生倾倒现象。

5.6.1.2 加载稳定性

按照6.5.1.2试验，产品不应产生倾倒现象，活动部件不应自动开启。

5.6.2 额定承载变形限量

按照6.5.2试验，变形量应符合表4要求。

表4 承载变形

检验项目	要求
平行度 mm/m	≤2
立柱垂直度 mm/m	≤4
搁板前后倾斜角 δ_1 (°)	+1 −2
搁板左右倾斜角 δ_2 (°)	±2
搁板挠度 %	0.35

5.6.3 产品承载性能

5.6.3.1 均布载荷强度

按照6.5.3.1试验，产品应平稳，无自然晃动，各零部件无断裂、开裂、损坏现象，移动脚轮运动灵活，试验后产品无明显变形；变形量应符合表4要求。

5.6.3.2 集中载荷强度

按照6.5.3.2试验，产品无明显变形和其他异常现象。

5.6.4 产品搁板及活动部件强度和耐久性

产品的搁板、拉门、移门、翻门、推拉构件按照6.5.4试验，不应开裂和断裂，固定部件、零件不应出现松动，任何零部件不得有严重影响使用功能的磨损或变形，活动零部件的工作应能灵活自如。

6 试验方法

6.1 主要尺寸与尺寸极限偏差

用示值为 1 mm 的相应测量范围的钢卷尺测量试样的尺寸，用误差不大于 0.05 mm 的卡尺测量开孔尺寸，取三次测量所得的平均值。产品实测值与标识值的差值即为尺寸偏差。

6.2 形状与位置公差

产品的形状与位置公差应按 GB/T 3325—2008 中 5.3 的要求进行试验。

6.3 外观、装配、安装、安全要求检验

在自然光和光照度 300 lx～600 lx 范围内的近似自然光（如 40 W 日光灯），视距为 700 mm～1 000 mm，由三人共同检验，以多数相同结论为评定值。

6.4 漆膜理化性能试验

漆膜理化性能测定按表 3 中的规定进行。

6.5 力学性能试验

6.5.1 产品稳定性试验

6.5.1.1 空载稳定性试验

在坚实水平面上把产品安装调好，将产品上半部分的柜门开启至 90°角，抽屉和可拉出的搁板全部拉出，可翻转的翻板开启到最大水平位置，此时观察产品情况。

6.5.1.2 加载稳定性试验

在坚实水平面上把产品安装调好，用挡块围住产品基座或脚，在空载状态下，用 60 N 水平力加在产品最高一层储物承载件最易产生倾翻的位置上，此时观察产品情况。

6.5.2 额定承载变形限量测定

6.5.2.1 额定承载后平行度的测定（适用于多柱支撑型储物架）

在坚实水平面上把产品安装调好，用精度不大于 0.5 mm 的钢尺进行测定，在一立柱外侧面任意位置标出测量点 a_1 和 a_3（a_1 和 a_3 需间隔 1 m，不足 1 m 的按最大高度测量），并在另一立柱对应位置标出测量点 a_2 和 a_4，如图 2 所示，加规定载荷后 5 min，测出 a_1、a_2 的水平距离 L_1，a_3、a_4 的水平距离 L_2，精确到 0.5 mm。按式(1)计算，则两立柱的平行度 ΔL 为：

$$\Delta L = |L_1 - L_2| \qquad (1)$$

式中：

ΔL ——两立柱的平行度，单位为毫米(mm)；

L_1、L_2——两立柱间的距离，单位为毫米(mm)。

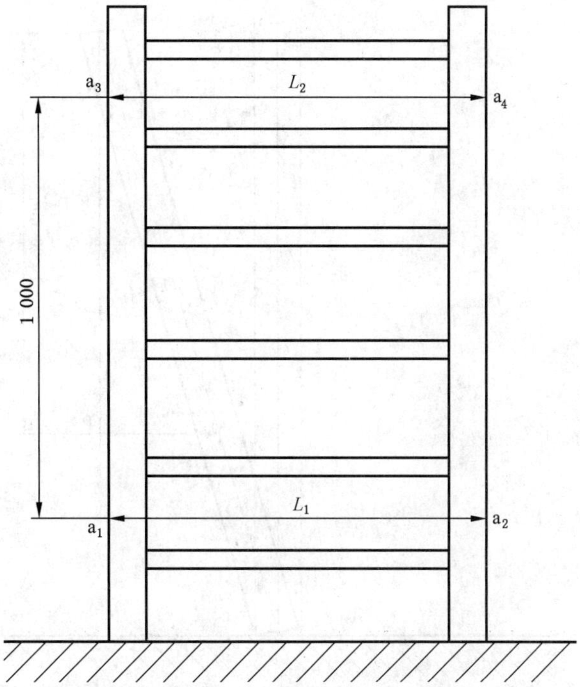

图 2 两立柱平行度测定示意图

6.5.2.2 额定承载后立柱垂直度的测定

在坚实水平面上把产品安装调好，在立柱上画出中线 cd，并在中线顶点 c 上挂一悬垂线 ck，用精度不大于 0.5 mm 的钢尺测量悬垂线 cf 线段为 1 000 mm 的偏离值 N_0，如图 3 所示，加规定载荷后 5 min，测量偏离值 N_1，按式(2)计算，则垂直度 ΔN 为：

$$\Delta N = |N_0 - N_1| \qquad (2)$$

式中：

ΔN ——立柱对支撑面垂直度，单位为毫米(mm)；

N_0 ——立柱承载前的偏离值，单位为毫米(mm)；

N_1 ——立柱承载后的偏离值，单位为毫米(mm)。

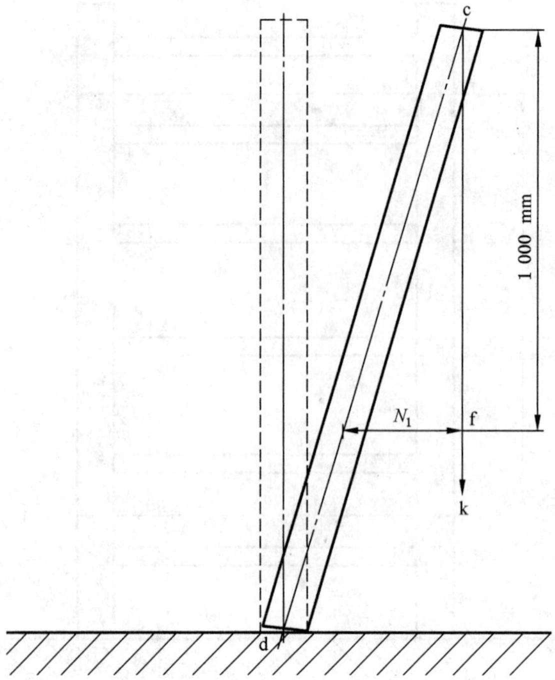

图 3 立柱垂直度测定示意图

6.5.2.3 搁板前后倾斜角 δ_1 的测定

加额定载荷后 5 min,用精度为 2′的角度尺测出搁板与立柱 P 面的夹角 β_1,如图 4 所示,测量任意三点取最大值,按式(3)计算,则搁板前后倾斜角 δ_1 为:

$$\delta_1 = 90° - \beta_1 \quad \cdots\cdots\cdots\cdots (3)$$

式中:

δ_1——搁板前后倾斜角,单位为度(°);

β_1——搁板与立柱 P 面的夹角,单位为度(°)。

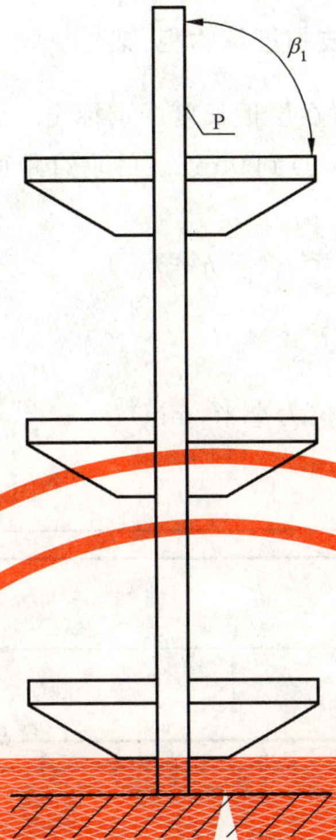

图4 搁板前后倾斜角测定示意图

6.5.2.4 搁板左右倾斜角 δ_2 的测定(适用于多柱支撑型储物柜、架)

加额定载荷后 5 min,用精度为 2′的角度尺测出搁板与立柱 E 面的夹角 β_2,如图 5 所示,测量三点取最大值,按式(4)计算,则搁板左右倾斜角 δ_2 为:

$$\delta_2 = 90^\circ - \beta_2 \qquad \cdots\cdots(4)$$

式中:

δ_2——搁板左右倾斜角,单位为度(°);

β_2——搁板与立柱 E 面的夹角,单位为度(°)。

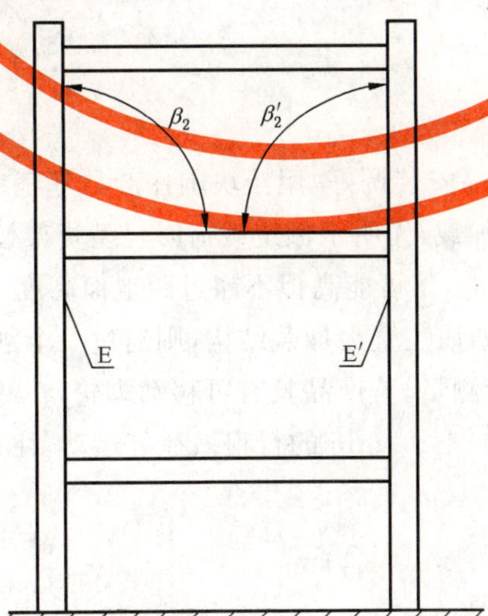

图5 搁板左右倾斜角测定示意图

6.5.2.5 搁板挠度测定(适用于多柱支撑型储物柜、架)

在坚实水平面上将产品安装调好，在层板长度中点标出c点，如图6所示，加额定载荷后5 min，用精度不大于0.5 mm的钢尺进行测出c点到ab连线的垂直距离cc′值h_1，测量三点取最大值，按式(5)计算，则层板最大挠度h为：

$$h = h_1 / L \qquad (5)$$

式中：

h——层板最大挠度，%；

h_1——额定承载时的层板挠度，单位为毫米(mm)；

L——层板的长度，单位为毫米(mm)。

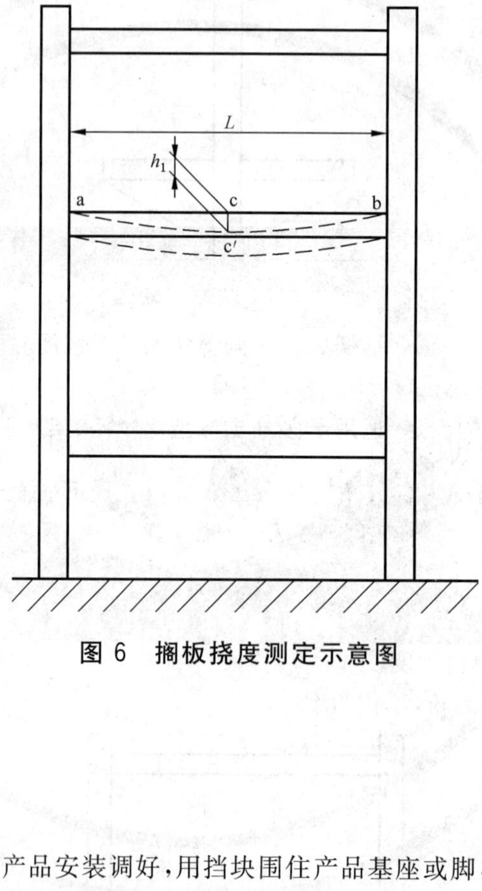

图6 搁板挠度测定示意图

6.5.3 产品承载性能试验

6.5.3.1 均布载荷强度试验

步骤1：在坚实水平面上将产品安装调好，用挡块围住产品基座或脚，按照明示额定载荷的1.5倍，由下向上在产品各储物部位均匀加载，无明示额定载荷时轻型货架按附录C要求加载。

步骤2：在试件侧面的中心线上，尽可能高但不超过距地面高度1 600 mm的位置沿X轴和Z轴方向水平加载450 N的力各10次，如该位置无加载结构，则通过一个刚性杆件加力。然后静置2 h。卸载载荷至额定载荷，按照6.5.2进行测量，若产品具有可移动脚轮，在卸载载荷至额定载荷后，还应以每分钟(10±2)次的速率，使产品在(600±20)mm的行程做往复运动，往复一个循环为一次，试验500次，再测量。并观察产品情况。

6.5.3.2 集中载荷强度试验

在坚实水平面上将产品安装调好，在产品每个承载部件最易破坏的地方通过直径100 mm，厚度15 mm的轻质刚性加载块按照明示额定载荷的三分之一的力垂直向下加载，无明示额定载荷时轻型货架按附录C要求加载，由下向上在产品各储物部位加载，观察产品情况。

6.5.4 产品搁板及活动部件强度和耐久性试验

产品的搁板、拉门、移门、翻门、推拉构件强度和耐久性应按 GB/T 10357.5 三级试验水平的要求进行试验。

7 检验规则

7.1 检验分类

产品检验分型式检验和出厂检验。

7.2 出厂检验

7.2.1 出厂检验项目

出厂检验项目为本标准的 5.1,5.2,5.3,5.4,5.6.1.1。

7.2.2 出厂检验抽样和组批规则

出厂检验应进行全数检验。因批量大,进行全数检验有困难的可实行抽样检验。抽样方法依据 GB/T 2828.1 的规定,采用正常检验,一次抽样方案,一般检验水平Ⅱ,接收质量限(AQL)为 6.5,其样本量及判定数值按表 5 进行。

表 5 出厂检验抽样方案

单位为件

本批次产品总数	样本量	接收数(Ac)	拒收数(Re)
26～50	8	1	2
51～90	13	2	3
91～150	20	3	4
151～280	32	5	6
281～500	50	7	8
501～1 200	80	10	11
1 201～3 200	125	14	15
注：26 件以下为全数检验。			

7.3 型式检验

7.3.1 型式检验时机

有下列情况之一,应进行型式检验：

a) 正式生产时,应定期进行检验,检验周期一般为一年；

b) 原辅材料及其生产工艺发生较大变化时；

c) 产品长期停产后,恢复生产时；

d) 新产品或老产品的试制定型鉴定；

e) 质量监督机构提出型式检验要求时。

7.3.2 型式检验项目

本标准规定的全部项目。

7.3.3 型式检验抽样规则

在一个检验周期内，从近期生产的产品中随机抽取 2 件样品，1 件送检，1 件封存。

7.3.4 型式检验程序

检验程序应遵循尽量不影响余下检验项目正确性的原则。

7.3.5 检验结果判定

基本项目全部合格，一般项目不合格项不超过 4 项，判定该产品为合格品。达不到合格品要求的为不合格。

7.3.6 复检规则

产品经型式检验为不合格的，可对封存的备用样品进行复检。对不合格项目及因试件损坏未检项目进行检验，按 7.3.5 的规定进行评定，并在检验结果中注明“复检”。

8 使用说明、包装、运输、贮存

8.1 使用说明

产品使用说明应符合 GB 5296.6 的规定，内容至少应包括：

a) 产品名称、规格型号、执行标准编号和等级；
b) 产品主要原、辅材料名称、使用部位；
c) 有害物质限量的控制指标；
d) 安全性能指标；
e) 产品安装和调整技术要求、注意事项；
f) 产品使用方法、注意事项；
g) 产品故障分析和排除、保养方法。
h) 生产者中文名称和地址；
i) 产品额定载荷。

8.2 包装

产品应加以包装，防止磕碰、划伤和污损。

8.3 运输、贮存

产品在运输和贮存过程中应平整堆放，加以必要的防护，防止污染、受潮、曝晒。

贮存时应按类别、规格、等级分别堆放。

附　录　A
（资料性附录）
产品分类示意图

A.1　药品柜(架)(见图 A.1)

a)

b)

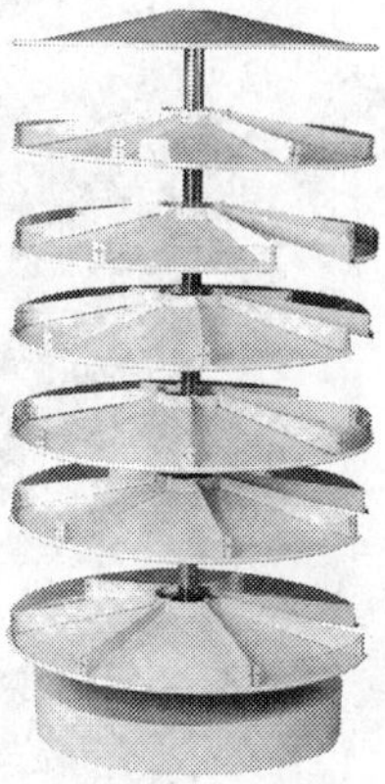

c)

图 A.1

A.2　标本柜(架)(见图 A.2)

a)

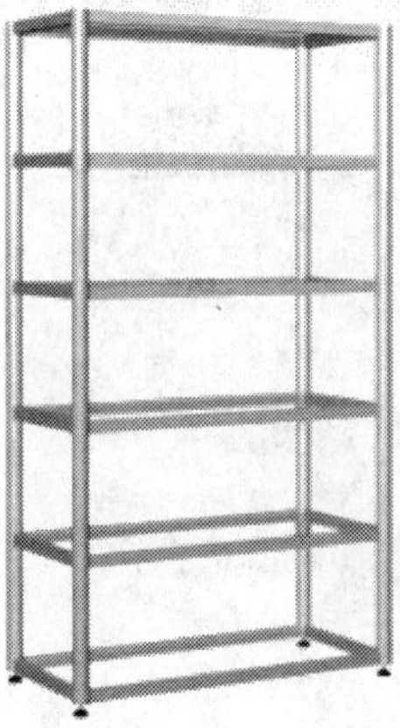

b)

图 A.2

A.3 工具柜(架)(见图 A.3)

a)

b)

图 A.3

A.4 展示柜(架)(见图 A.4)

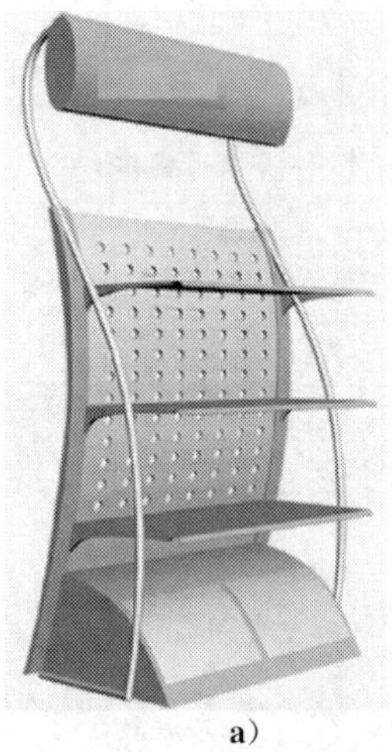

a)

b)

图 A.4

A.5 日常储物柜(架)(见图 A.5)

a)　　b)

图 A.5

A.6 超市货柜(架)(见图 A.6)

a)　　b)

图 A.6

A.7 仓储货柜(架)(见图 A.7)

a)

b)

图 A.7

附　录　B
（资料性附录）
产品开孔尺寸

B.1　产品立柱插接孔开孔尺寸应符合表 B.1 规定。

表 B.1　立柱插接孔开孔尺寸

单位为毫米

序号	立柱壁厚	开孔直径	中心距
1	1.2	12.7,13.5,14.3	25.4
2	1.5	12.7,13.5,14.3	25.4
3	2.5	12.7,13.5,14.3	25.4
4	2.0	12.7,13.5,14.3	25.4
5	2.0	20	40
6	3.0	12.7	25.4
7	3.0	25.4	50.8

B.2　产品多功能孔的孔径为 ϕ4.8 mm、ϕ6.0 mm、ϕ6.4 mm，横向、纵向孔间距为 25.4 mm。

附 录 C
（规范性附录）
无明示的产品一般承载要求

表 C.1 产品一般承载要求

单位为牛顿

类 别	每层额定载荷	每层集中载荷
超市货柜(架)	≥600	200
药品柜(架)	≥400	150
食品柜(架)	≥600	100
储物柜(架)	≥600	200
标本柜(架)	≥500	200
移动式货架	≥600(锁定状态)	150
	滑轮往复疲劳试验，自重与总额定载荷之和的1.3倍	—

ICS 71.100.40
Y 43

中华人民共和国国家标准

GB/T 28201—2011

合成洗衣粉生产能耗评定规范

Assessment code for energy consumption of laundry powders manufacture

2011-12-30 发布 2012-09-01 实施

中华人民共和国国家质量监督检验检疫总局
中国国家标准化管理委员会 发布

前　言

本标准按照 GB/T 1.1—2009 给出的规则起草。

本标准由中国轻工业联合会提出。

本标准由全国表面活性剂和洗涤用品标准化技术委员会(SAC/TC 272)归口。

本标准起草单位:表面活性剂和洗涤剂行业生产力促进中心、广州立白企业集团有限公司、中国日用化学工业研究院、国家洗涤用品质量监督检验中心(太原)。

本标准主要起草人:姚晨之、李晓辉、吴兴君、周西勇。

合成洗衣粉生产能耗评定规范

1 范围

本标准规定了合成洗衣粉的生产能耗分级、能耗计算、能耗评定要求和评定方法。

本标准适用于家用合成洗衣粉的生产制造，不适用于宾馆、饭店以及工业用途的粉状洗涤剂。

2 规范性引用文件

下列文件对于本文件的应用是必不可少的。凡是注日期的引用文件，仅注日期的版本适用于本文件。凡是不注日期的引用文件，其最新版本(包括所有的修改单)适用于本文件。

GB/T 2589—2008 综合能耗计算通则

GB 17167 用能单位能源计量器具配备和管理通则

3 术语和定义

下列术语和定义适用于本文件。

3.1

耗能工质 energy-consumed medium

在生产过程中所消耗的不作为原料使用、也不进入产品，在生产或制取时需要直接消耗能源的工作物质。

3.2

综合能耗 comprehensive energy consumption

统计报告期内，企业主要生产系统、辅助生产系统和附属生产系统实际消耗的各种能源实物量，按规定的计算方法和单位折算后的总和，以千克(kg)标准煤表示。

3.3

生产能耗 manufacture energy consumption

企业用于产品生产过程的能源消耗，来自主要生产系统和辅助生产系统，包括：产品生产和工业性作业、生产产品的辅助材料、生产工艺过程、新技术研究、新产品试制、科学试验、修理过程、劳动保护、仓库和运输过程中使用的能源。

3.4

单位产量综合能耗 comprehensive energy consumption for unit output value

统计报告期内，企业因生产产品的综合能耗与同期该合格产品产量的比值。

3.5

单位产量生产能耗 manufacture energy consumption for unit ouput value

统计报告期内，企业因生产产品的生产能耗与同期该合格产品产量的比值。

4 企业能耗分级

表1为各类洗衣粉生产企业的能耗等级要求。

表1 洗衣粉生产企业的能耗等级要求

单位为千克标准煤每吨

项目	等级[a]		
	一级	二级	三级
单位产量综合能耗	≤68	>68且≤85	>85且≤120
单位产量生产能耗	≤65	>65且≤80	>80且≤110
[a] 能源消耗等级指标达不到三级要求的不列入等级。			

5 生产能耗计算

5.1 能源种类

综合能耗计算的能源种类包括一次能源、二次能源和耗能工质，具体品种见GB/T 2589—2008中的附录A、附录B。各种能源不应重计、漏计，能源计量应符合GB 17167的规定。

5.2 计算范围

能耗的计算范围为由原料复配成型为洗衣粉并包装出厂的生产活动过程中实际消耗的各种能源，包括主要生产系统、辅助生产系统、附属生产系统以及用作原料的能源。

注：生产企业通过自己生产加工原料供制备洗衣粉使用，其原料加工过程的能源消耗不计入洗衣粉能耗中。

能耗及耗能工质在企业内部贮存、转换及分配供应(包括外销)中的损耗，也应计入综合能耗。

5.3 各种能源折算标准煤的原则

a) 计算综合能耗时，各种能源折算为一次能源的单位为标准煤当量。

b) 生产企业实际消耗的燃料能源应以其低(位)发热量为计算基础折算为标准煤量。低(位)发热量等于29 307 kJ的燃料，称为1 kg标准煤(1 kgce)。

c) 生产企业外购的能源和耗能工质(如蒸汽)，其能源折算系数可参照国家统计局公布的数据。当无法获得各种燃料能源的低(位)发热量实测值和单位耗能工质的耗能量时，采用GB/T 2589—2008附录A和附录B中折算系数。

d) 生产企业自产的能源和耗能工质(如压缩空气)所消耗的能源，其能源折算系数可根据实际投入产出自行计算。

5.4 计算方式

5.4.1 综合能耗(或生产能耗)的计算按式(1)计算：

$$E=\sum_{n}(e_i \times p_i) \qquad \cdots\cdots(1)$$

式中：

E ——综合能耗(或生产能耗)；

n ——消耗的能源品种数；

e_i ——生产和服务活动中消耗的第 i 种能源实物量；

p_i ——第 i 种能源的折算系数，按能量的当量值或能源等价值折算。

5.4.2 单位产量综合能耗(或生产能耗)按式(2)计算：

$$e_g = E/G \qquad \cdots\cdots(2)$$

式中：

e_g ——单位产量综合能耗(或生产能耗)；

G ——统计报告期内产出的总产量。

6 生产能耗评定要求和评定方法

6.1 生产能耗评定要求

生产能耗计算范围为与合成洗衣粉生产制造过程中直接相关的能耗，来自主要生产系统和辅助生产系统，具体涉及的活动有：产品生产和工业性作业、生产产品的辅助材料、生产工艺过程、新技术研究、新产品试制、科学试验、修理过程、劳动保护、仓库和运输过程、生产中产生的废物处理等过程中使用的能源。

主要生产系统的能耗量评定应以实测为准，辅助生产系统的能耗量评定可采取实测，或依据设备功率计算或其他适合的方式进行。

注：对于除生产洗衣粉外尚生产其他产品的企业，当新技术研究、新产品试制、科学试验、修理过程、劳动保护、仓库和运输、生产中产生的废物处理等辅助生产过程的能耗无法分别计量时，可按从业人员比例、产品占用库房的面积、单位产品运输成本等其他适合的方式对能耗进行分摊。

6.2 生产区域内生活能耗评定要求

生产区域内生活能耗，如食堂、厂区职工浴室等作为合成洗衣粉生产的附属生产系统能耗。除生产洗衣粉外还生产多品种产品的企业，按不同岗位的从业人员比例分摊生产区域内生活能耗。

6.3 能耗等级评定

根据式(2)计算生产企业的单位产量综合能耗和生产能耗，并评定企业能耗等级。

当不同生产企业间实施能耗比较时，在计算综合能耗或生产能耗中，各类能源的折算系数应一致。对于 GB/T 2589—2008 附录 A 中折标煤系数有范围的，取最低值，电力系数以当量值计算。

ICS 97.140
Y 80

中华人民共和国国家标准

GB/T 28202—2011

家具工业术语

Furniture industry terminology

2011-12-30 发布　　　　2012-09-01 实施

中华人民共和国国家质量监督检验检疫总局
中国国家标准化管理委员会　发布

前　言

本标准按照 GB/T 1.1—2009 给出的规则起草。

本标准由中国轻工业联合会提出。

本标准由全国家具标准化技术委员会(SAC/TC 480)归口。

本标准负责起草单位:南京林业大学、福建诚丰家具(中国)有限公司、厦门市建潘卫厨有限公司、浙江圣奥家具制造有限公司、深圳市华源轩家具股份有限公司、江苏亚振家具有限公司、江苏省家具家饰产品设计工程技术研究中心。

本标准参加起草单位:上海市质量监督检验技术研究院、国家家具产品质量监督检验中心(广东)、中山市红木家具工程技术研究开发中心、中山市太兴家具制造有限公司、中山市鸿发家具有限公司、中山市红古轩家具有限公司。

本标准主要起草人:吴智慧、徐伟、陈于书、刘敏、关惠元、邹媛媛、熊先青、祁忆青、罗菊芬、海凌超、曹新民、许俊、邬瑞东、常乐。

家具工业术语

1 范围

本标准规定了家具工业领域内广泛使用的术语。

本标准中术语的说明，包括术语的中文名称、常用名称（即位于中文名称后括号内的内容）、英文名称、解释等。

本标准适用于各类家具。

2 术语

2.1 家具类型术语

2.1.1

木家具 wooden furniture

主要零部件中装饰件、配件除外，其余采用木材、人造板等木质材料制成的家具。

2.1.1.1

实木类家具 solid wood type furniture

以实木锯材或实木板材（如指接材、集成材等）为基材制作的、表面经（或未经）涂饰处理的家具；或在此类基材上采用实木单板或薄木（木皮）贴面后，再进行涂饰处理的家具。

2.1.1.1.1

全实木家具 all solid wood furniture

所有木质零部件（镜子托板、压条、五件配件除外）均采用实木锯材或实木板材制作的家具。

2.1.1.1.2

实木家具 solid wood furniture

基材采用实木锯材或实木板材制作，表面没有覆面处理的家具。

2.1.1.1.3

实木贴面家具 wood veneer laminated solid wood furniture

基材采用实木锯材或实木板材制作、并在表面覆贴实木单板或薄木（木皮）的家具。

2.1.1.1.4

实木锯材类家具 natural wood furniture

采用实木锯材为基材制作的家具。

2.1.1.1.5

实木板材类家具 glue-laminated wood furniture

采用指接材、集成材等实木板材为基材制作的家具。

2.1.1.1.6

深色名贵硬木家具 dark rare hardwood furniture

注重传统工艺，采用深色名贵硬木（产于热带、亚热带地区且心材和边材区别明显，心材花纹美丽、抗蛀、耐腐，多为散孔材或半环孔材的一类木材）锯材加工制成的一类实木工艺家具的统称，包括主要部件由深色名贵硬木锯材制成的家具和采用深色名贵硬木包覆的家具。

2.1.1.1.7

红木家具　Hongmu furniture

源于我国不同的地区，在区域性家具(红木)文化概念的基础上，针对一类深色名贵硬木家具产品的一种约定俗成(或历史形成)的家具商品名称。也是当今生产企业、经销商、消费者对部分中国传统硬木家具的一种习惯性称呼。

2.1.1.2

人造板类家具　wood-based panel type furniture

以纤维板、刨花板、胶合板、细木工板、层积材等人造板(包括素板和饰面人造板)为基材制作的家具。

2.1.1.2.1

纤维板家具　fiberboard furniture

基材采用纤维板制作的家具。

2.1.1.2.2

刨花板家具　particleboard furniture

基材采用刨花板制作的家具。

2.1.1.2.3

细木工板家具　blockboard furniture

基材采用细木工板制作的家具。

2.1.1.2.4

多层胶合板家具　plywood furniture

基材采用多层胶合板制作的家具。

2.1.1.2.5

层积材家具　laminated veneer lumber furniture

基材采用层积材制作的家具。

注：层积材术语见本标准2.4.2.6。

2.1.1.3

综合类木家具　multiple wooden material furniture

板木家具　wood and wood-based panel hybrid furniture; panel-wooden furniture

基材采用实木和人造板等为主要材料混合制作的家具，通常是指产品框架及主要部分采用实木制作，而其他板件或板面等部分采用饰面人造板制作的家具，也称实木和人造板结合的家具。

2.1.2

金属家具　metal furniture

以金属管材、板材等其他型材为主组成的构架或构件，配以木材、人造板、皮革、纺织面料、塑料、玻璃、石材等辅助材料制作零部件的家具，或全部由金属材料制作的家具。

2.1.3

塑料家具　plastic furniture

全部由塑料材料制作的家具，或以塑料板材、管材、异型材等为主组成的构架或构件，配以金属、皮革、纺织面料等辅助材料制作的家具。

2.1.4

软体家具　upholstered furniture

以钢丝、弹簧、绷带、泡沫塑料、乳胶海绵、棕丝等为弹性填充材料，以纺织布料、皮革等软质面层材料包覆制成的家具，主要包括沙发、床垫等。

2.1.5

竹家具 bamboo furniture

主要零部件由原竹或竹质材料制成的家具。

2.1.5.1

原竹家具 bamboo-culm furniture; original bamboo furniture

圆竹家具

以竹竿为主组成构架或构件，辅以竹片、竹条、竹篾编织而成的家具。

2.1.5.2

竹集成材家具 bamboo glue-laminated lumber furniture; bamboo glulam furniture

以竹集成材为基材制成的家具。

2.1.5.3

竹重组材家具 bamboo parallel strand lumber furniture

重组竹家具

以竹重组材(重组竹或重竹)为基材制成的家具。

2.1.5.4

竹编板家具 woven mat plybamboo furniture; bamboo weaving panel furniture

竹胶板家具

以竹编胶合板(竹席胶合板)为基材制成的家具。

2.1.5.5

竹材弯曲胶合家具 curved laminated bamboo furniture

利用竹片、竹单板、竹薄木等材料，通过多层弯曲胶合工艺制成的一类家具。

2.1.6

藤家具 rattan furniture

用藤材包制或以藤为主要材料制成的家具。

2.1.6.1

藤皮家具 rattan peel furniture

以藤条为骨架，外表以藤皮为主要原料制成的家具。

2.1.6.2

藤芯家具 rattan core furniture

外表以藤芯为主要原料的家具。

2.1.6.3

原藤条家具 rattan bar furniture

藤材外表不需特殊处理，用原藤条直接加工成的家具。

2.1.6.4

磨皮藤条家具 grinding skin rattan furniture

采用磨去了表面蜡质层后的磨皮藤条制成的家具。

2.1.6.5

塑料藤家具 plastic rattan furniture; imitate rattan furniture

塑胶仿藤家具

采用以聚氯乙烯(PVC)、聚乙烯(PE)、聚丙烯(PP)、聚苯乙烯(PS)等塑料的仿真藤条为主要原料的家具。

2.1.7

柳编家具 wickerwork furniture; willow furniture

主要用柳条、桑条、槐树条等编制而成的家具。

2.1.8

草编家具　straw plaited furniture;straw furniture;grass furniture

主要用稻草、麦杆、水草(水葫芦)、蒲草、芦苇草、玉米皮等编制而成的家具。

2.1.9

玻璃家具　glass furniture

以玻璃部件、构件为主或全部由玻璃部件、构件组成的家具。

2.1.10

石材家具　stone furniture

以大理石、花岗岩、人造石材等为主要构件,或全部由大理石、花岗岩、人造石材等制成的家具。

2.1.11

漆艺家具　lacquer art furniture

以漆为主要材料,通过髹漆、描绘、镶嵌、刻填、磨绘、彰髹(起纹)、堆塑、雕漆等漆艺髹饰工艺进行表面装饰的家具。

2.1.12

框式家具　frame-type furniture

以框架为主体结构的家具。

2.1.13

板式家具　panel-type furniture

以木质人造板为基材,以板件和五金件接合为主体结构的家具。

2.1.14

曲木家具　bentwood furniture;curved laminated wood furniture

弯曲木家具

主要零部件采用木材或木质人造材料弯曲成型或模压成型工艺制造的家具。

2.1.14.1

实木弯曲家具　bentwood furniture

以实木方材弯曲构件为主制成的家具。

2.1.14.2

薄板弯曲胶合家具　curved laminated wood furniture

以多层薄板弯曲胶合构件为主制成的家具。

2.1.15

车木家具　turned wood furniture

以车削或旋制木质零件为主,通过一定接合方式制成的家具。

2.1.16

组合家具　combination furniture;unit furniture

由可独立使用的单体组成的家具。

2.1.17

成套家具　complete set furniture

套装家具

按室内使用功能而配置的整套家具。

2.1.18

非拆装家具　non-disassembly furniture

固装式家具

主体结构为不可拆装的家具。

2.1.19

可拆装家具　knock-down furniture；KD furniture

拆装式家具

零部件之间采用可拆装接合的家具。

2.1.20

折叠家具　folding furniture

折叠式家具

采用翻转或折合连接结构而形成的可收展或叠放以改变形状的家具。

2.1.21

墙体家具　build-in furniture or fitment

嵌固式家具

固定式家具

嵌入或紧固于建筑物或交通工具内(如地板、天花板或墙壁上)且不可再换位的家具。

2.1.22

移动家具　mobile furniture；free-style furniture

自由式家具

可根据需要任意搬动或推移和变换位置放置的家具。

2.1.23

悬挂家具　hanging furniture；wall-mounted furniture

壁挂式家具

顶挂式家具

用连接件挂靠或安放在墙面上或天花板下的家具。

2.1.24

民用家具　household furniture

家用家具

供住宅卧室、客厅、餐厅、厨房、书房、卫生间、门厅等地点使用的家具。

2.1.24.1

客厅家具　living room furniture

起居室家具

用于客厅的家具，主要有沙发、茶几、电视柜或视听柜或厅柜等。

2.1.24.2

卧室家具　bedroom furniture

卧房家具

用于卧室的家具，主要有床、床头柜、衣柜、梳妆台、梳妆凳等。

2.1.24.3

餐厅家具　dining room furniture

用于餐厅的家具，主要有餐桌、餐椅、餐具柜等。

2.1.24.4

书房家具　study room furniture

用于书房供人读书学习时使用的家具，主要有书桌、椅子、书柜等。

2.1.24.5

厨房家具　kitchen furniture

厨房中用于膳食制作、具有存放及储藏功能的一系列厨柜及厨柜内专用配件。

2.1.24.6

儿童家具　children's furniture

设计或预定供 3～14 岁儿童使用的家具，主要有学习用家具（桌、椅、凳）和休息用家具（床、衣柜、收纳用具等）。

2.1.24.7

婴幼儿家具　infant (or baby) furniture

供年龄在 36 个月以内的婴幼儿使用的家具。

2.1.24.8

卫浴家具　bathroom furniture；showerroom furniture；washroom furniture

卫生间、浴室中用于台盆支撑、具有存放及储藏功能的系列柜（台）、架类，在此基础上配置台盆、梳妆镜、镜灯等辅助设施的统称。

2.1.25

办公家具　office furniture

供机关、团体、企业、事业、公共娱乐等单位办公场所使用的家具。

2.1.26

宾馆家具　hotel furniture

酒店家具

在宾馆、旅馆、酒店、饭店等公共场所中供顾客住宿、餐饮和休闲等使用的各类家具。

2.1.27

学校家具　school furniture

校用家具

供教室、课堂等场所使用的课桌、椅凳，以及学生公寓、食堂等场所使用的家具。

2.1.27.1

学生公寓多功能家具　multi-functional student dorm furniture

学生公寓家具

双层组合床

集睡眠、贮物和学习等功能于一体的家具，通常是包含床、衣柜、书架和写字-电脑桌于一体的家具。

2.1.27.2

教室用家具　classroom furniture

教学家具

供教室、课堂等场所使用的课桌椅、讲台（演讲台）、幻灯机柜（架）、电视机柜（架）等家具。

2.1.28

实验室家具　laboratory furniture

供实验室试验操作使用和放置仪器、材料的家具。

2.1.29

图书馆家具　library furniture

供图书馆储藏、陈列、阅览使用的书架、书柜、资料柜及阅览桌椅等家具。

2.1.30

医用家具　hospital furniture

医疗家具

供医院、诊所、疗养院等场所使用的家具。

2.1.31

商用家具　business furniture；commercial furniture

商业家具

供商店、商场、博览厅、展览馆、服务行业等场所使用的家具。

2.1.32

影剧院家具　theatre furniture

供影院、剧院、会堂、礼堂、报告厅、体育馆等场所使用的家具。

2.1.33

交通家具　traffic furniture；transport furniture

供飞机、列车、汽车、船舶等交通工具，或车站、码头、机场等场所使用的家具。

2.1.34

户外家具　outdoor furniture

供户外休闲、交谈、娱乐等场所使用的家具。

2.1.34.1

商用户外家具　commercial outdoor furniture

在公众出入场所（如饭店、露天游泳池、沙滩、度假和休闲场所等）的非私人用的户外家具。

2.1.34.2

家用户外家具　household outdoor furniture

庭院家具

在无公众出入场所（如花园、阳台、凉亭等）的私人用的户外家具。

2.1.34.3

野营用户外家具　camping furniture

用于野营、旅行的可拆卸或折叠的轻便的户外家具。

2.1.35

公共场所家具　public furniture

公共家具

在影剧院、礼堂、报告厅、体育馆、车站、码头、机场等公共场所供大众使用的家具，主要是座椅类家具。

2.2　家具品种术语

2.2.1

柜类家具　cabinets；closets；cupboards

橱柜类家具

主要用于贮存或陈放各类物品的封闭或半封闭型的家具。

2.2.1.1

大衣柜　wardrobe

柜内挂衣空间高度不小于 1 400 mm，深度不小于 530 mm，用于挂大衣或存放衣物的柜子。

2.2.1.2

小衣柜　chest

柜内挂衣空间高度不小于 900 mm，深度不小于 530 mm，外形总高不大于 1 200 mm，用于挂短衣或叠放衣物的柜子。

2.2.1.3

床头柜　night stand;bedside table;bed stand

床边柜

紧靠床头两侧放置,用于存放零物且高度一般不大于 700 mm 的柜子。

2.2.1.4

床前柜　bed-foot cabinet;bed-foot stool;bedside cabinet;bedside stool

床前凳

在空间较大的卧室中,在床尾处摆放的一个与床体高度相近的长形矮柜(或长形凳子),主要用于主人坐着换衣物和被褥、衣物等的放置。

2.2.1.5

书柜　bookcase;book cabinet

放置书籍和刊物等的柜子。

2.2.1.6

文件柜　filing cabinet

放置文件、资料的柜子。

2.2.1.7

陈设柜　glass cabinet;glass case

陈列工艺品或存放物品的柜子。

2.2.1.8

展示柜　display cabinet

在商场或展厅中展示物品的柜子。

2.2.1.9

电视柜　TV cabinet;TV bench

影视柜

放置影视器材及存放物品的多功能柜子。

2.2.1.10

厅柜　entertainment wall unit

由一个单体或多个不同功能单体组合而成的具有贮存、展示、陈放和装饰等功能的柜架类家具。

2.2.1.11

间厅柜　entertainment dividing unit

用于分隔室内空间,且具有展示、陈列、收纳或贮藏等多种功能为一体的柜子。

2.2.1.12

壁柜　built-in wardrobe;wall cabinet;wall chest;closet

室内具有隔断、收纳、贮藏等功能,并与墙壁结合而成一体的落地组合柜子。

2.2.1.13

玄关柜　entrance hall cabinet;entrance hall counter;lobby cabinet

门厅柜

置于室内入户处,集隔断、收纳或展示等多种功能为一体的柜子。

2.2.1.14

鞋柜　shoes cabinet;shoes storage

贮藏或存放鞋子的柜子。

2.2.1.15

行李柜 luggage cabinet

在宾馆客房中用于放置行李箱包及存放物品的低矮柜子。

2.2.1.16

浴室柜 bathroom cabinet

面盆柜

置于浴室、卫生间内承托台盆并可放置洗涤用品或梳妆用品的柜子。

2.2.1.17

厨柜 kitchen cabinet

厨房中用于膳食制作、具有存放及储藏功能的一系列柜子，包括底柜、吊柜、角柜及其他独立厨柜如高柜、半高柜等。

2.2.1.18

整体厨柜 kitchen cabinet; integrated kitchen

整体厨房

厨房中将所需功能一体化的柜子，一般包含炉台、洗菜池、操作台、储存空间以及其他厨房配件及电器等。

2.2.1.19

餐边柜 sideboard; buffet; kitchen cupboard; kitchen cabinet

配餐柜

放置食品、餐具等的柜子。

2.2.1.20

茶水柜 tea cabinet

用于放置茶具、咖啡具等器皿的柜子。

2.2.1.21

地柜 base cabinet; base unit; low cabinet; low unit

矮柜

高度小于 900 mm，具有陈列或贮存功能，且台面可以摆放物品或供人操作的矮型柜子。

2.2.1.22

吊柜 top hanging unit

仅与天花板支撑连接的柜。

2.2.1.23

挂柜 wall-, panel-and screen-hanging unit

通过墙体、板或屏风支撑连接的柜。

2.2.1.24

角柜 corner cabinet

转角柜

至于室内墙角或边角部位的柜子。

2.2.1.25

箱柜 dress case; dress box

一种矮型、常为长方形并带有盖子的用于容纳物件，也可供人坐的柜子。

2.2.2

床类家具 beds

卧具类家具

供人卧、躺及睡眠休息用的家具。

2.2.2.1

双人床　double bed

宽度大于 1 200 mm 的床。

2.2.2.2

单人床　single bed

宽度不大于 1 200 mm，但也不小于 800 mm 的床。

2.2.2.3

双层床　bunk bed

在高度方向上有上下两层铺面的床或下层为衣柜、书架、写字-电脑桌等功能于一体的床。

2.2.2.4

儿童床　children's bed; child cot; baby crib

供婴儿、儿童用的小床，有固定式和伸长式。

2.2.2.5

重叠床　overlapping bed; trundle bed; truckle bed

在主床的下面存放一个尺寸稍小、形状相同，且可移动的矮床，用时可拉出。

2.2.2.6

折叠床　folding bed

独立放置的，铺面和框架均可折叠的床类产品。

2.2.2.7

折叠翻靠床 foldaway bed

采用翻转或折合连接结构固定在墙上或其他物体上，使床铺面可至少沿一个水平轴转动或折叠的床类产品。

2.2.2.8

多功能床　multi-functional bed

根据使用要求折起、收展、伸缩和组合等，以满足睡眠之外的休闲需要的床。

2.2.2.9

按摩床　massage bed

采用机械与微电脑控制，对人体各部位作相应的振动按摩，能促进血液循环、消除肌肉酸痛、解除疲劳、调节催眠，并达到保健功效的床。

2.2.2.10

榻床　couch-bed

只有床身，上面没有任何装置或构件的卧具。

2.2.2.11

罗汉床　arhat bed

床上后背及左右三面安装围子的卧具。

2.2.2.12

架子床　frame bed; shelf bed

床上有立柱，柱间安装围子，柱上承装顶子的卧具。

2.2.2.13

拔步床　babu-bed

踏步床

一种形体庞大的架子床，在床前设有围廊和台阶，犹如一个具有前堂后室的大床。

2.2.2.14

沙发床　sofa bed;couch;divan

具有沙发和床两种功能的家具。

2.2.2.15

软体床　upholstered furniture bed

软床

主体框架(如:床屏或床架)采用布艺、皮革等包覆软质材料制成的床具。

2.2.2.16

床垫　mattress

软床垫

以弹性材料或其他材料为内芯材料,表面罩有纺织面料或其他材料制成的软体卧具。

2.2.2.16.1

弹簧软床垫　spring mattress

以弹簧及软质衬垫物为内芯材料,表面罩有织物面料或软席等其他材料制成的卧具。

2.2.2.16.2

棕纤维弹性床垫　palm fiber elastic mattress

以棕纤维弹性材料为床垫内芯(芯料),表面罩有面料或其他材料制成的卧具。

2.2.2.16.3

充水床垫　water bed

在水袋中充满水、能用电自动加温、软硬可调、易于清洗的卧具。

2.2.2.16.4

充气床垫　air bed;pneumatic bed

在非透气性弹力气胎中充气时作为床,放气后便于携带的一种卧具。

2.2.2.16.5

乳胶床垫　emulsion mattress

以天然或合成的乳胶材料为床垫内芯(芯料),表面罩有面料或其他材料制成的卧具。

2.2.2.16.6

泡沫床垫　foam mattress

以泡沫塑料和特殊的海绵材料为床垫内芯(芯料),表面罩有面料或其他材料制成的卧具。

2.2.3

桌几类家具　desks;tables

凭倚类家具

供人凭倚或伏案工作,并可贮存或陈放物品的家具。

2.2.3.1

餐桌　dining table

供人们餐饮时使用的桌子,常分为方桌、圆桌、椭圆桌、折叠桌等,并与餐椅配套使用。

2.2.3.2

办公桌　office table;desk;work table;writing table

写字台

供书写、办公、阅读时使用的桌子,现代办公桌下部通常带有抽屉、键盘架、柜体、电脑台等功能部件,也有办公自动化设施的存放和安装。

2.2.3.2.1

班台　executive table;manager table

供高层管理人员办公用的大尺度的办公桌。

2.2.3.2.2

职员桌 official table; staff table

供普通员工办公用的小尺度的办公桌。

2.2.3.3

课桌 school table; student table; desk

在教室中用于听课、书写和阅读的桌子，根据不同年龄段的使用者常分为大、中、小学校及托幼机构的课桌。

2.2.3.4

会议桌 conference table; meeting table

在会议室或洽谈室中供开会或洽谈时使用的桌子，有不同的规格和组合形式，现代大型会议桌还具有升降视频和麦克风等视听设备。

2.2.3.5

讲台 podium; speech table; report table

在教室、会议室、演讲室或报告厅中供教师、演讲者、报告者等使用的桌子，有不同的规格和功能形式，有些讲台还具有升降视频、演示和麦克风等视听设备。

2.2.3.6

接待台 reception table; front desk

接待桌

在宾馆、酒店、办公楼、写字楼等公共楼宇的大堂、门厅中用于接待来宾，并兼具办公、结算等功能的桌台。

2.2.3.7

梳妆台 dressing table; dresser

梳妆桌

供人们生活中整理仪容、梳妆时使用的桌台，台面上常设有梳妆镜，并可分为立式梳妆台和坐式梳妆台(常与梳妆凳配套使用)。

2.2.3.8

折叠桌 drop-leaf table; folding table; flap table

采用翻转、折合、收放等结构形式可改变桌面大小的桌子。

2.2.3.9

伸缩桌 drawing table; extendable table

采用推拉、伸缩、收展等结构形成可改变桌面大小的桌子。

2.2.3.10

茶几 tea table; coffee table; side table; end table

在起居室、客厅、接待室等场所中与沙发或扶手椅配套使用的小型桌台，放在沙发或扶手椅前的一般较为低矮，放在沙发或扶手椅中间或两侧的则较高，一般与扶手高平齐。

2.2.3.11

花几 flower stand; ornament stand; telephone stand

主要用于放置盆花、盆景或装饰工艺品、电话等的小桌。

2.2.3.12

炕几 short-legged table; kang table

炕桌

在炕上或床上使用的矮型小桌。

2.2.3.13

琴几 musical instrument table

琴桌

专供弹琴者演奏时使用的低矮、窄长的小桌。

2.2.3.14

条案 long narrow table

条桌

主要用于陈设物品或写字作画的高型窄长的桌子。

2.2.3.15

吧台 bar table

是酒吧、餐厅、旅馆等一些娱乐休闲服务场所向客人提供酒水及其他服务的工作区域和总服务台，也是高度一般为 1 000 mm～1 200 mm，内层可起贮藏、陈列等作用的柜台。

2.2.3.16

实验台 laboratory bench；work table；test table

由框架、腿等支撑结构和操作工作台面构成的家具。

2.2.4

椅凳及沙发类家具 seating furniture

坐具类家具

供人坐倚工作或休息的家具。

2.2.4.1

沙发 sofa

一种使用软质材料、木质材料或金属材料制成，具有弹性软包，且有靠背、扶手的坐具。

2.2.4.1.1

木扶手沙发 wooden arms sofa；show-wood sofa

露木沙发

出木沙发

表面露出木制扶手的沙发。

2.2.4.1.2

全包沙发 upholstered sofa

表面不显露框架或扶手的沙发。

2.2.4.1.3

普通沙发 regular sofa；ordinary sofa

只具备坐具功能的沙发。

2.2.4.1.4

多功能沙发 multi-functional sofa

多用沙发

除具有坐具功能外，还兼有如睡床等其他功能的多用沙发。

2.2.4.1.5

弹簧沙发 springs sofa

座面主要弹性材料使用各种形式弹簧构成的弹簧芯制成的沙发。

2.2.4.1.6

弹性绷带沙发 elastic webbing sofa

座面主要弹性材料使用各种弹性绷带材料制成的沙发。

2.2.4.1.7

海绵沙发　foam sofa

座面主要弹性材料使用泡沫塑料制成的沙发。

2.2.4.1.8

棕纤维沙发　palm fiber sofa

座面主要弹性材料使用棕纤维弹性材料制成的沙发。

2.2.4.1.9

混合型弹性沙发　hybrid elastic sofa

座面主要弹性材料使用各种形式弹簧构成的弹簧芯、弹性绷带、泡沫塑料及棕纤维等多种弹性材料制成的沙发。

2.2.4.1.10

皮革沙发　leather sofa

产品的外表(除座面底部外)使用天然动物皮革、人造革包覆的沙发。

2.2.4.1.11

全皮沙发　full leather sofa

真皮沙发

产品的外表(除座面底部外)均使用天然动物皮革包覆的沙发。

2.2.4.1.12

皮沙发　leather sofa

产品外表的座面、靠背前面及上沿面、扶手内侧面及上沿面部位(硬质材料扶手除外)均使用天然动物皮革包覆,其他外表部位(除座面底部外)可以使用人造革包覆的沙发。

2.2.4.1.13

人造革沙发　artificial leather sofa;synthetic leather sofa

人造皮沙发

合成皮沙发

产品的主要外表(除座面底部外)使用人造革包覆的沙发。

2.2.4.1.14

布艺沙发　cloth sofa;fabric sofa

产品的外表使用毛料、麻料、棉料、化纤或混纺等纺织面料包覆的沙发。

2.2.4.1.15

布革沙发　fabric and leather sofa

产品的外表使用纺织面料与天然动物皮革或人造革等包覆(部位不论)的沙发。

2.2.4.1.16

单人沙发　single-seat sofa

供一人坐倚休息的沙发。

2.2.4.1.17

双人沙发　double-seat sofa;loveseat sofa

供两人坐倚休息的沙发。

2.2.4.1.18

三人沙发　three-seat sofa

供三人坐倚休息的沙发。

2.2.4.1.19

多人沙发　multi-seat sofa

供多人坐倚休息的沙发。

2.2.4.1.20

组合沙发 combination sofa;unit sofa

由多个单体产品组合而成的沙发。

2.2.4.1.21

无扶手沙发 armless sofa

由靠背、坐面构成,但没有扶手的沙发。

2.2.4.1.22

整体沙发 entirety sofa

将坐面、靠背、扶手做成一个整体,采用全包软垫做法,脚架露在外面。

2.2.4.1.23

无腿沙发 floor sofa

落地沙发

不具有脚架或腿的形式而能够直接放置在地面上的一类沙发。

2.2.4.1.24

智能按摩沙发 intelligent massage sofa

内置电动按摩系统,可对人体颈、背、腰、腿、脚、手臂等部位有按摩和保健作用的沙发。

2.2.4.1.25

充气沙发 air sofa;pneumatic sofa

以气体代替普通沙发内部材料,在非透气性弹力气胎中充气形成的沙发。

2.2.4.2

椅 chair

靠背椅

有靠背的坐具。

2.2.4.2.1

扶手椅 armchair

有扶手的椅子。

2.2.4.2.2

圈椅 round-backed armchair

靠背搭脑与扶手由一条圆滑、流畅形似罗圈且顺势滑至前方的曲线构成C形椅圈的椅子。

2.2.4.2.3

折叠椅 folding chair

可折叠的椅子,常为腿足相交可以折叠的椅子。

2.2.4.2.4

转椅 rotary chair;swivel chair

座面可水平方向转动的椅子,通常还能调节高度。

2.2.4.2.5

沙发椅 sofa chair;couch;lounge chair

座面、靠背及扶手具有弹性软包,且形似沙发的椅子。

2.2.4.2.6

温莎椅 Windsor chair

靠背、扶手支撑以及椅腿框架由细长的纺锤状车木构件构成,并与马鞍状木座面组成的椅子。

2.2.4.2.7

摇椅 rocking chair

具有前后有摇摆功能的椅子。

2.2.4.2.8

躺椅 recliner;reclining chair

一种座面较长的、可供人躺靠的椅子,也有由一把椅子与一只凳子组成的分体式配套椅。

2.2.4.2.9

办公椅 office chair

供室内工作使用的单人座椅。

2.2.4.2.10

课椅 school chair;student chair

在教室中用于听课、书写和阅读,并可与课桌配套使用的椅子,根据不同年龄段的使用者常分为大、中、小学校及托幼机构的课椅。

2.2.4.2.11

吧椅 bar chair

在酒吧、餐厅、旅馆等一些娱乐休闲服务场所与吧台配套使用的高型椅子,一般常带有踏脚。

2.2.4.2.12

儿童椅 children's chair;children's high chair

通常供6个月至3岁儿童使用的椅子,用于支承儿童,能凭借儿童自身的调整保持在座位上,常带有胯带等安全保护装置。

2.2.4.3

凳 bench;stool

无靠背、无扶手的坐具。

2.2.4.3.1

圆凳 round stool;circular stool

座面为圆形的凳子。

2.2.4.3.2

方凳 square stool

座面为方形或长方形的凳子。

2.2.4.3.3

长凳 bench

条凳

座面为狭长形的凳子。

2.2.4.3.4

折叠凳 folding stool

可折叠的凳子,常为腿足相交可折叠的凳子。

2.2.4.3.5

吧凳 bar stool

在酒吧、餐厅、旅馆等一些娱乐休闲服务场所与吧台配套使用的高型凳子,一般常带有踏脚。

2.2.4.3.6

脚凳 footstool;ottoman;cripple

搁脚凳

在沙发或椅子前面用于搁脚的凳子,可分为圆脚凳、方脚凳等。

2.2.5

支架类家具 stand furniture

架类家具

主要用于搁置、支承或陈列各类物品的家具。

2.2.5.1

书架 book shelves

期刊架

放置书籍、期刊、文件资料用的高型架子，一般没有门或不封闭或四面透空，但有数层搁板。

2.2.5.2

花架 flower stand

放置花卉盆景用的架子。

2.2.5.3

衣帽架 clothes stand; clothes tree; clothes-rack

搭挂衣服、帽子等物品的架子，式样有竖式和横式，竖式衣架是在竖立的柱杆上搭挂衣物，横式衣架是在横杆上搭挂衣物。

2.2.5.4

盆架 basin rack

用来承托洗脸盆类的架子，有三足、四足、五足、六足等不同形制，传统的盆架常带有洗面巾挂架。

2.2.5.5

灯架 lamp bracket; lamp holder

灯台

用于承托照明或装饰灯具的架子。

2.2.5.6

屏风 screen; folding screen

用于室内分隔空间、挡风、遮蔽视线及装饰等功能的立式平面家具，有时还起装饰用的可移动的一组片状用具。

2.2.5.7

座屏 screen with pedestal

具有特制底座的屏风。

2.2.5.8

折屏 folding screen

用铰链连接多个屏扇，并可折叠、收展的多扇屏风。

2.3 家具零部件术语

2.3.1

构件 element; part; unit; component

组件

一种最基本、最简单的结构单元。

2.3.1.1

杆件 post; column; rod

宽度尺寸小于厚度尺寸的两倍，而长度为其断面尺寸的许多倍的长形、柱杆状构件，是家具中最简单的构件，其长度上可为直线形或曲线形，断面上可为方形、圆形、椭圆形、不规则形、变断面形等。

2.3.1.2

板件 panels

宽度尺寸为厚度尺寸的两倍及以上，而长度为其断面尺寸的许多倍的板状构件。

2.3.1.2.1

整拼板　match board;jointing board

拼板

由数块实木窄板、短板通过一定的拼接方法拼合成所需幅面尺寸的实木拼板构件。

2.3.1.2.2

素面板　un-faced panel;undecorated panel

素板

由未经饰(贴)面处理的木质人造板基材直接裁切而成的板式构件。

2.3.1.2.3

覆面板　faced panel; overlaid panel;decorative panel

贴面板

饰面板

由贴面材料和芯层材料胶压制成所需幅面尺寸的板式构件,主要有实心板和空芯板两种。

2.3.1.2.4

框嵌板　framed panel;fielded panel

采用裁口或槽口方法将各种成型薄板材、拼板或玻璃、镜子装嵌于木框内所构成的板式构件。

2.3.1.3

木框　frame

木框架

由四根及以上的方材按一定的接合方式纵横围合而成,可有一根至多根中档(撑档)或没有中档,常见的主要有门框、窗框、镜框、框架及脚架等。

2.3.1.4

箱框　box;case

由四块及以上的板件按一定的接合方式围合而成箱体或柜体,中部可设有中板。

2.3.2

部件　part;component;unit

在家具中实现某个动作或功能的零件组合。

2.3.2.1

旁板　side

侧板

箱体或柜体两侧的垂直板件。

2.3.2.2

隔板　vertical dividing partition

中隔板

箱体或柜体内部分隔空间的垂直板件。

2.3.2.3

搁板　shelf

层板

箱体或柜体内部分隔空间的水平板件,用于分层陈放物品。

2.3.2.4

顶板　top

顶帽

箱体或柜体顶部连接旁板,且高于视平线(大于 1 500 mm)的水平板件。

2.3.2.5

面板　top

台板

台面板

箱体或柜体、桌子顶部低于视平线的水平板件。

2.3.2.6

底板　bottom；baseboard

封闭箱体或柜体底部的水平板件。

2.3.2.7

背板　back

封闭箱体或柜体背面的板件，也有加固柜体的作用。

2.3.2.8

柜门　door

在柜体立面具有启闭功能的活动部件，是柜体立面的重要组成部分和主要围护构件。

2.3.2.8.1

开门　pivoted door

绕垂直轴线转动而启闭的门，有单开门、双开门和三开门等。

2.3.2.8.2

翻门 flap

翻板

绕水平轴线转动而启闭的门。

2.3.2.8.3

移门　sliding door

推拉门

沿滑道横向移动而开闭的门。

2.3.2.8.4

卷门　roll front；shutter door；flexible door

沿着导向轨道滑动而卷曲开闭并置入柜体的帘状移门。

2.3.2.8.5

折叠门　folding door

沿轨道移动并折叠于柜体一边的折叠状移门。

2.3.2.9

脚架 base；under frame

由脚与望板（或横档）、或全部由板件构成的用于支撑家具主体的（落地或着地）部件。

2.3.2.10

脚盘　base；pedestal

底盘

由脚架与底板相连后构成的部件。

2.3.2.11

抽屉　drawer

抽斗

在家具中可灵活抽出或推入的盛放物品的匣形部件。

2.3.2.12

座面　seat panel

座面板

在椅凳类家具中与人体臀部接触并支承人体的水平部件。

2.3.2.13

靠背　chair back;seat back

在椅类家具中与人体背部接触并使人体躯干(或腰椎、背部)得到支撑或倚靠的直立或略向后倾斜的部件。

2.3.2.14

扶手　arm

椅类家具两侧与靠背、座面相连,用于支撑人体手臂以减轻两肩、背部和上肢肌肉疲劳的部件。

2.3.3

零件　part;element;detail;component

家具中不能拆分的单个组件。

2.3.3.1

立挺　stile

立柱

框架两边呈直立或纵向的零件。

2.3.3.2

帽头　top or bottom rail

框架上、下两端呈水平或横向的零件。

2.3.3.3

竖档　mullion;middle stile

框架中间呈直立或纵向的零件。

2.3.3.4

横档　middle rail

框架中间呈水平或横向的零件。

2.3.3.5

装板　inserting panel

嵌板

装嵌在框架内槽口中的薄板零件。

2.3.3.6

腿 leg

直接支撑面板(或顶板)、座面等的着地零件。

2.3.3.7

脚　leg;foot

家具底部支承主体的落地零件。

2.3.3.8

望板　apron;skirting board

与脚(或腿)和面板(或底板)连接的水平板件。

2.3.3.9

拉档　cross rail

望板下面连接脚与脚(或腿与腿)的横档。

2.3.3.10

屉面板 drawer front

抽屉的面板或前板。

2.3.3.11

屉旁板 drawer side

抽屉两侧的侧板。

2.3.3.12

屉后板 drawer back

抽屉的背板或后板。

2.3.3.13

屉底板 drawer bottom

抽屉的底板。

2.3.3.14

屉托档 drawer rail

在尺寸较大抽屉的底部加设的拉撑档。

2.3.3.15

塞角 block;corner block

用于加固角部强度的零件。

2.3.3.16

挂衣棍 clothes rail

柜内用于悬挂衣物的杆状零件。

2.4 家具材料术语

2.4.1

实木 solid wood

由原木中加工得到的天然木材类板方材，主要包括实木锯材、实木板材等。

2.4.1.1

实木锯材 lumber;sawn timber;sawed timber

由原木经纵向、横向锯解后所得到的各种规格的板材或方材。

2.4.1.2

实木板材 solid wood match board;solid wood jointing board

实木拼板

由实木锯材通过二次加工形成的实木类材料，常由数块实木板条(窄板、短板)通过一定拼接方法拼合而成的实木拼板，主要有指接材、集成材等。

2.4.1.2.1

指接材 finger-jointed lumber

将木材纹理平行的实木板条(窄板、短板)在长度或宽度上分别经指形榫胶拼而成一定幅面的实木拼板。

2.4.1.2.2

集成材 glue-laminated wood;Glulam

胶合木

将木材纹理平行的实木板条(窄板、短板)在长度或宽度上分别经胶合接长或拼宽(有的还需在厚度上胶合层积)形成一定规格和形状的板方材。

2.4.1.3

阔叶材　hardwood; broad-leaved wood; pored wood

由被子植物如杨树、白蜡树、榆树、桉树等生产的木材。因其材质较硬，难加工，故又称硬材；又因其具有导管(即横切面具有管孔)，故也称有孔材。

2.4.1.4

针叶材　softwood; needle-leaved wood; coniferous wood; non-pored wood

由裸子植物如松、杉、柏木、落叶松等生产的木材。因其木质轻软，易于加工，故又称软材；又因其不具导管(即横切面不具管孔)，故也称为无孔材。

2.4.1.5

径切板　quartersawn timber; quartered timber; vertical grain timber

直纹板

沿原木断面半径方向锯切加工而成的锯材，其宽材面与年轮所成夹角均不小于45°，其材面呈平行直线状纹理。

2.4.1.6

弦切板　plainsawn timber; flat-sawn timber; ripple grain timber

山纹板

沿原木断面年轮切线方向锯切加工而成的锯材，其宽材面与年轮所成夹角均小于45°，其材面呈山峰状纹理。

2.4.1.7

气干材　air-dried lumber; air-seasoned lumber; yard dried lumber

未干燥材在大气中放置一定时间，通过自然干燥，其含水率与其所在环境的大气条件(温度、湿度)达到或接近平衡的木材。

2.4.1.8

窑干材　kiln-dried lumber; kiln-seasoned lumber; oven dried lumber

烘干材

在干燥窑内经过人工控制干燥介质的条件而干燥后达到规定含水率的木材。

2.4.2

人造板　wood-based panel; bio-based panel

以木材或非木材植物为主要原料，加工成各种材料单元，施加(或不施加)胶粘剂和其他添加剂，组坯胶合而成的板材或成型制品，主要包括胶合板、刨花板、纤维板及其表面装饰板等产品。

2.4.2.1

胶合板　plywood (PW)

由单板构成的多层材料，通常按相邻层单板的纹理方向大致垂直组坯胶合而成板材。

2.4.2.1.1

普通胶合板　regular plywood

普通用途的胶合板。

2.4.2.1.2

特种胶合板　special plywood

具有某种特殊性能，适用于特殊用途的胶合板。如难燃胶合板等。

2.4.2.1.3

多层胶合板　multi-layer plywood

由五层或五层以上单板组坯压制成的胶合板。

2.4.2.1.4

成型胶合板　molded plywood;formed plywood

异型胶合板

用涂胶单板依一定要求组成板坯,并在特定形状的模具内热压(或冷压)而成的非平面状胶合板。

2.4.2.2

刨花板　particleboard (PB);chipboard

碎料板

将木材或非木材植物原料加工成刨花(或碎料),施加胶粘剂(和其他添加剂),组坯成型并经热压而成的一类人造板材。

2.4.2.2.1

单层结构刨花板　single-layer particleboard

在板厚度方向上粗细刨花基本呈均匀分布的刨花板。

2.4.2.2.2

三层结构刨花板　three-layer particleboard

在板厚度方向上呈现出三个由粗细刨花形成的层次,由两个细刨花表层和一个粗刨花芯层构成的刨花板。

2.4.2.2.3

多层结构刨花板　multi-layer particleboard

在板厚度方向上呈现出五个或五个以上由粗细刨花形成的层次,芯层刨花最粗,依次向外各层刨花由粗变细的刨花板。

2.4.2.2.4

渐变结构刨花板　graduated particleboard

在板厚度方向上没有明显的层次界限,刨花尺寸由中心层向外由粗到细呈逐渐变化的刨花板。

2.4.2.2.5

定向刨花板　oriented strand board (OSB)

窄长薄平刨花(strand)施加胶粘剂后,在同一层内按同一方向排列铺装成型,再经热压而成的刨花板。其外层排列方向与板长或板宽平行。

2.4.2.2.6

空芯刨花板　hollow-core particleboard;extruded tubular particleboard

将原料加工成刨花(或碎料),经干燥、施胶后,加入安装有金属排管的挤压机中经加热连续冲挤成的一类空芯板材。

2.4.2.2.7

功能刨花板　functional particleboard

具有阻燃、防腐、防虫、耐候、抗静电、隔热保温、吸音等特殊功能的刨花板。

2.4.2.3

纤维板　fiberboard

密度板

将木材或其他植物纤维原料分离成纤维,利用纤维之间的交织及其自身固有的粘结物质,或者施加胶粘剂,在加热和(或)加压条件下,制成的厚度 1.5 mm 或以上的板材。根据生产工艺不同,一般分为湿法纤维板(以水为成型介质)和干法纤维板(以空气为成型介质)两大类。

2.4.2.3.1

高密度纤维板　high density fiberboard (HDF)

密度大于 850 kg/m^3 的干法纤维板。

2.4.2.3.2

中密度纤维板　medium density fiberboard (MDF)

密度在 650 kg/m^3～850 kg/m^3 之间的干法纤维板。

2.4.2.3.3

低密度纤维板　low density fiberboard (LDF)

密度在 550 kg/m^3～650 kg/m^3 之间的干法纤维板。

2.4.2.3.4

超低密度纤维板　ultra low density fiberboard (ULDF)

密度小于 550 kg/m^3 的干法纤维板。

2.4.2.4

细木工板　blockboard

由木条或木块组成板芯，两面与单板或胶合板组坯胶合而成的一种人造板。

2.4.2.5

空芯板　hollow core panel;sandwich plywood

由薄而强度高的覆面材料(如胶合板、薄型纤维板、树脂浸渍纸高压层压装饰板等)与密度低的芯层材料(如格状、网状、波状、蜂窝状等结构)胶合而成的空心复合结构板材。

2.4.2.6

单板层积材　laminated veneer lumber (LVL)

多层整幅(或经拼接的)单板按顺纹为主组坯胶合而成的板方材。

2.4.2.7

重组装饰材　multilaminar decorative lumber (MDL)

以普通树种木材的单板为主要原材料，采用单板调色、层积、模压胶合成型等技术制造而成的一种具有天然珍贵树种木材的质感、花纹、颜色等特性或其他艺术图案的新型木质装饰板方材。

2.4.3

金属材料　metal material

由金属元素或以金属元素为主构成的具有金属特性的材料的统称，可分为铁金属和非铁金属两类，铁金属(又称黑色金属)，包括铁和钢；非铁金属(又称有色金属)，主要有金、银、铜、铝、铅、锡及其合金等，应用于家具制造的金属材料通常是由两种或两种以上的金属所组成的合金，主要有铁、钢、铝合金、黄铜等。

2.4.3.1

铁　iron metal

主要由铁元素和碳元素组成的合金，根据含碳量标准可分为铸铁、锻铁。

2.4.3.2

钢　steel

含碳量在 0.03%～2%之间的铁碳合金，强度大而富弹性，制造家具常用的钢材主要有碳素钢(碳钢)、合金钢和特殊钢等。

2.4.3.3

铝　aluminum

主要由铝元素及其与其他合金元素制成的材料，常为银白色，质轻、延展性好、可塑性强，主要有铝板和铝合金等。

2.4.3.4

铜　copper

主要由铜元素及其与其他合金元素制成的材料，主要有纯铜材(紫铜)和铜合金等，铜材是家具中框架结构、高级五金件和装饰件的主要材料。

2.4.4

塑料 plastic

以高聚物为主要成分，并在加工为成品的某阶段可流动成型的材料。通常是以合成树脂或天然树脂为主要原料，加入或不加入添加剂，在一定温度压力下，经混炼、塑化、成型，且在常温下保持制品形状不变的高分子有机材料。

2.4.4.1

聚氯乙烯塑料 polyvinyl chloride plastic；PVC plastic

由氯乙烯的聚合物或由氯乙烯与其他单体组成的共聚物制得的塑料，共聚物中氯乙烯的质量占绝大多数。

2.4.4.2

聚乙烯塑料 polyethylene[polyethene] plastic；PE plastic

由乙烯聚合或由乙烯与其他单体的共聚物制得的塑料，共聚物中乙烯的质量占绝大多数。

2.4.4.3

聚丙烯塑料 polypropylene[polypropene] plastic；PP plastic

由丙烯的聚合物或丙烯与其他单体的共聚物制得的塑料，共聚物中丙烯质量占绝大多数。

2.4.4.4

聚苯乙烯塑料 polystyrene plastic；PS plastic

由苯乙烯聚合物或苯乙烯与其他单体组成的共聚物制得的塑料，共聚物中苯乙烯质量占绝大多数。

2.4.4.5

聚甲基丙烯酸甲酯 polymethyl methacrylate plastic；PMMA plastic

有机玻璃

基本上由甲基丙烯酸甲酯（MMA）自身为单体构成的聚合物所得到的丙烯酸酯塑料。常称为亚克力或压克力，由英文 acrylics（丙烯酸类化学品的通称）音译而来，是透光率最高的一种塑料。

2.4.4.6

丙烯晴-丁二烯-苯乙烯塑料 acrylonitrile-butadiene-styrene plastic；ABS plastic

由丙烯晴、丁二烯和苯乙烯制得的三元共聚物和（或）其聚合物与共聚物的共混物而制得的塑料。

2.4.4.7

聚酰胺塑料 polyamide plastic；PA plastic

由分子链重复结构单元基本上是酰胺型的聚合物制得的塑料，俗称尼龙（nylon）。

2.4.4.8

玻璃纤维增强塑料 fiber reinforced plastic (FRP)；glass reinforced plastic (GRP)

纤维强化塑料

组分中含有高强度玻璃纤维，使某些力学性能比原来树脂有较大提高的塑料。一般指用玻璃纤维增强不饱和聚脂、环氧树脂与酚醛树脂基体等而制成的复合塑料，常称为玻璃钢。

2.4.4.9

泡沫塑料 cellular plastic；foamed plastic；expanded plastic

发泡塑料

整体内因存在大最相互连通或不连通的小孔穴而降低了密度的塑料。通常以聚醚树脂或聚酯树脂为主要原料，与甲苯二异氰酸酯、水、催化剂、发泡剂、匀泡剂等，按一定比例混合搅拌均匀并发泡制成聚氨酯泡沫塑料。

2.4.5

竹材 bamboo

竹类植物木质化茎干部分。有时泛指竹的茎、枝和地下茎的木质化部分。

2.4.5.1

原竹 bamboo-culm；round bamboo；raw bamboo

圆竹

竹子经采伐、截根和去除枝梢后保持形圆、中空、有节的竹竿。

2.4.5.2

竹材人造板 bamboo-based panel

以竹材为原料，经过一系列的机械和化学加工，在一定温度和压力下，借助胶粘剂或竹材自身的结合力的作用，压制而成的板状材料。

2.4.5.3

竹集成材 bamboo glue-laminated lumber；bamboo glulam

通过将竹材加工成一定规格的矩形条状竹片，再进行防腐、防霉、防蛀、干燥、涂胶等工艺处理，经组坯胶合而成的竹质板方材。

2.4.5.3.1

竹质竖拼板 face-glued bamboo glulam；vertical grain bamboo glulam

竹质径面板

将条状竹片竖立排列以使其宽面(弦面)相互胶拼而制成的集成材。

2.4.5.3.2

竹质横拼板 edge-glued bamboo glulam；ripple grain bamboo glulam

竹质弦面板

将条状竹片横平排列以使其窄边(径面)相互胶拼而制成的集成材。

2.4.5.3.3

竹质立芯板 sandwich bamboo glulam

以竹质竖拼板为芯层、竹质横拼板为上下表层，按相邻层纹理交错原则组坯，经复合胶压而制成的集成材。

2.4.5.3.4

竹质横芯板 multi-ply bamboo glulam

以三层竹质横拼板为芯层和上下表层，按相邻层纹理交错原则组坯，经复合胶压而制成的集成材。

2.4.5.3.5

混拼竹方 square bamboo glulam

以竹质竖拼板、竹质横拼板经混合组坯、多层或多方向复合胶压而制成的方形集成材。

2.4.5.4

竹重组材 bamboo parallel strand lumber；bamboo PSL；reconsolidated bamboo

重组竹

将竹材疏解成通长的、相互交联并保持纤维原有排列方向的疏松网状纤维束，再经干燥、施胶、组坯，并通过具有一定断面形状和尺寸的模具成型胶压而成的板方材。

2.4.5.5

竹编胶合板 woven mat plybamboo

竹席胶合板

将竹材加工成竹片或竹篾，并相互交错编织成竹席，再经组坯胶压而成的竹材多层胶合板。

2.4.6

藤材 rattan

藤类植物(一般指棕榈藤植物)木质化的茎干。

2.4.6.1

原藤条　raw cane;rattan

藤茎

表面不需特殊处理的藤材,即为去鞘藤茎。

2.4.6.2

磨皮藤条　grinding cane;rattan

磨去了表层蜡质层后的藤茎。

2.4.6.3

藤芯　rattan core

藤茎去掉藤皮后的部分,根据形状有圆芯、半圆芯(扁芯)、扁平芯、方芯和三角芯等。

2.4.6.4

藤皮　rattan peel

割取藤茎表皮有光泽的部分,再经加工而成的柔软性薄型材料。

2.4.7

玻璃　glass

以石英砂、石灰石等硅酸盐类原料为主,在高温下熔融、成型并经急冷而制成的一种透明、不透气但并一定硬度的物料。

2.4.7.1

普通玻璃　regular glass

没有经过特殊工艺处理过的玻璃。

2.4.7.2

平板玻璃　flat glass;whitening glass

净白玻璃

具有透光、透视性,但质地脆,易击碎的一类玻璃,根据成型方法分为引拉法玻璃(普通平板玻璃)和浮法玻璃等。

2.4.7.3

钢化玻璃　tempered glass;toughened glass

强化玻璃

经热处理工艺后的玻璃。其特点是在玻璃表面形成压应力层,机械强度和耐热冲击强度得到提高,并具有特殊的碎片状态。常分为平面钢化玻璃和曲面钢化玻璃。

2.4.7.4

半钢化玻璃　heat strengthened glass

通过控制加热和冷却过程,在玻璃表面引入永久压应力层,使玻璃的机械强度和耐热冲击性能提高,并具有特定的碎片状态的玻璃制品。

2.4.7.5

夹层玻璃　laminated glass

由一层玻璃与一层或多层玻璃、塑料等材料夹中间层而成的玻璃制品。

2.4.7.6

热弯玻璃　heat bent glass

平板玻璃在曲面坯体上靠自重或加配重等方法加热成型的曲面玻璃。

2.4.7.7

压花玻璃　patterned glass

能使光线产生漫射,形成透光但不透明(有模糊感),同时还有一定的艺术装饰效果的一类玻璃,常分为无色、有色和彩色等几种，或单面轧花和双面轧花两种。

2.4.7.8

碎花玻璃　broken pattern glass

具有破碎状花纹或夹芯，有装饰效果，能透光但不透明的一类玻璃。

2.4.7.9

磨砂玻璃　frosted glass

喷砂玻璃

将普通平板玻璃研磨成粗糙表面，或磨出（或喷砂）制出图案（或花样），具有透光但不透明效果的一类玻璃。

2.4.7.10

雕刻玻璃　engraved glass

刻花玻璃

在玻璃上直接雕刻出各种图案，具有艺术装饰效果的一类玻璃，可分为人工雕刻和电脑雕刻两种。

2.4.7.11

彩绘玻璃　painted glass

用特殊颜料直接着墨于玻璃上，或在玻璃上喷绘出各种图案，然后再加上色彩制成的一类玻璃。

2.4.7.12

镭射玻璃　laser sculptured glass

在玻璃表面复合高稳定性的光学结构材料层（感光层），并利用激光刻划出任意的几何光栅或全息光栅，再镀涂保护层后所制成了一类玻璃，在光线照射下能形成衍射的彩色光谱。

2.4.7.13

贴膜玻璃　film mounted glass

贴有有机玻薄膜的一类玻璃制品。

2.4.7.14

镀膜玻璃　coated glass

在玻璃上镀一层金属及金属氧化物或有机物薄膜，以降低透光率和控制光的入射量，具良好透光、单向透视、节能控光及装饰性能的一类玻璃。

2.4.7.15

银镜玻璃　silver mirror glass

镜面玻璃

将玻璃经镀银、镀铝等镀膜加工后成为具有很高反光率（达到92%）的照面镜子（镜片）。

2.4.8

石材　stone

以天然岩石为主要原材料经加工制作并用于建筑、装饰、碑石、工艺品或路面等用途的材料，包括天然石材和人造石材。

2.4.8.1

天然石材　natural stone

经选择和加工成的特殊尺寸或形状的天然岩石，按照材质主要分为大理石、花岗石、石灰石、砂岩、板石等，按照用途主要分为天然建筑石材和天然装饰石材等。

注：天然石材在加工期间便用水泥或合成树脂密封石材的天然空隙和裂纹，未改变石材材质内部结构，仍属于天然石材范畴。

2.4.8.1.1

大理石 marble

云石

以大理岩为代表的一类石材，包括结晶的碳酸盐类岩石和质地较软的其他变质岩类石材。

2.4.8.1.2

花岗石 granite

麻石

以花岗岩为代表的一类石材，包括岩浆岩和各种硅酸盐类变质岩石材。

2.4.8.1.3

石灰石 limestone

主要由方解石、白云石或两者混合化学沉积形成的石灰化类石材。

2.4.8.1.4

砂岩 sandstone

矿物成分以石英和长石为主，含有岩屑和其他副矿物机械沉积岩类石材。

2.4.8.1.5

板石 slatestone

易沿流片理产生的劈理面裂开成薄片的一类变质岩类石材。

2.4.8.2

人造石材 artificial stone

人造石

合成石

以各种树脂或其他胶结材料为胶粘剂，配以天然石粉、玻璃粉等无机填料，以及适量添加剂，经搅拌混合、成型固化制成的具有天然石材色泽及纹理的板材。

2.4.8.2.1

树脂型人造石材 resin-type artificial stone

以不饱和聚酯树脂、环氧树脂等合成树脂为胶粘剂，与天然石碴、石粉或其他无机填料按一定的比例配合，再加入催化剂、固化剂、颜料等添加剂，经混合搅拌、固化成型、脱模烘干、表面抛光等工序加工而成，可仿制出各种天然石材花纹。

2.4.8.2.2

水泥型人造石材 cement-type artificial stone

将各种水泥与砂、石碴、碎石等粗细骨料混合后浇铸成型、加压养护、磨平抛光制成，典型产品为水磨石。

2.4.8.2.3

复合型人造石材 compound artificial stone

用无机胶凝材料（如水泥）将碎石、石粉等骨料胶接成型硬化后，再浸渍在有聚合能力的聚合树脂单体化合物中聚合制成。

2.4.8.2.4

烧结型人造石材 sintered artificial stone

用与制造陶瓷的相似工艺，将石英粉、长石粉、辉绿岩粉、方解石粉、赤铁矿粉和高岭土混合制坯和高温烧结而成。

2.4.9

木塑复合材料 wood plastic composites（WPC）

以木材或其他植物纤维为原料较高的纤维单元与热塑性树脂及添加剂充分混合后，经挤压、模压、热压等加工而成的一类复合材料。

2.4.10

贴面材料　overlay；overlaid materials

饰面材料

覆面材料

覆贴于家具及其零部件表面起保护和装饰作用的一层薄型材料，可分为软质贴面材料和硬质贴面材料。

2.4.10.1

软质贴面材料　flexible overlaid materials

软质覆面材料

可卷曲且柔软性较强、厚度较薄的片状软质覆面材料，如聚氯乙烯(PVC)塑料薄膜、皮革、人造革、织物等。

2.4.10.2

硬质贴面材料　rigid overlaid materials

硬质覆面材料

刚度大于或等于 0.1 N·m、厚度小于 2 mm 的片状硬质覆面材料，如木质装饰单板、天然薄木、人造薄木、塑料贴面板(高压装饰板)、金属薄板等。

2.4.10.3

薄木　wood veneer；decorative veneer

装饰单板

木皮

用刨切、旋切和锯切方法加工而成的用于表面装饰的单板。

2.4.10.3.1

天然薄木　natural wood veneer

由天然树种的木方直接制得的薄木。

2.4.10.3.2

重组装饰薄木　artificial wood veneer；reconstituted decorative veneer

人造薄木

以旋切或刨切单板为主要原料，采用单板调色、层积、胶合成型制成木方，再经刨切、旋切或锯切制成的薄木。

2.4.10.3.3

集成薄木　laminated wood veneer；edge-jointed veneer

将板材或小方材等按设计的图案拼接胶合成木方后，再刨制成的薄木。

2.4.10.4

装饰纸　printed decorative paper

一种通过图象复制或人工方法模拟出各种树种的木纹或其他装饰图案，并采用印刷辊筒和配色技术将这些木纹或图案在原纸上印刷出来而制成的一种表面装饰材料。

2.4.10.5

预油漆纸　finish foll；finished decorative paper

将印刷有木纹或其他装饰图案的原纸，经树脂浸渍、干燥和表层油漆涂饰等工序加工制成的一种纸质表面装饰材料。

2.4.10.6

浸渍胶膜纸　resin impregnated paper;resin soaked paper

树脂浸渍纸

由专用纸浸渍氨基树脂或酚醛树脂,并干燥到一定程度,经热压可相互粘合或覆贴在人造板表面的浸渍纸。

2.4.10.7

热固性树脂浸渍纸高压装饰层积板　high-pressure laminates(HPL)

塑料贴面板

高压装饰板

防火板

用氨基树脂(主要是三聚氰胺树脂)浸渍的表层纸、装饰纸和用酚醛树脂浸渍的底层纸,层积后在高压下热压而成的一种装饰材料。

2.4.10.8

塑料薄膜　plastic overlay;plastic film

以各种合成树脂为主要原料(加入或不加入添加剂)制成的一种塑料片材,其表面压印有模拟木材的色泽和纹理、导管沟槽等各种花纹图案等,常用主要有聚氯乙烯(PVC)薄膜等。

2.4.10.9

转印薄膜　transfer film;heat transfer film

热转印膜

由塑料薄膜衬纸及装饰木纹印刷层、表面保护层、底色层、脱模层、热熔胶层等构成的一种转印膜,可通过高温硅酮橡胶辊将转印膜上的装饰木纹印刷层转印到部件表面而形成装饰层。

2.4.10.10

金属箔　metallic foil

具有仿金、仿银等装饰效果、厚度为0.015 mm～0.2 mm的金箔、铝箔等饰面材料。

2.4.11

封边材料　edging materials;edge banding materials

封边条

用于家具板式部件边部封边处理,并对侧边起保护和装饰作用的条状或卷装薄型材料,一般要求与贴面材料协调一致,常用有木条、薄板条、薄木条、三聚氰胺树脂装饰板条、塑料条(如PVC塑料条、ABS条)等。

2.4.12

胶粘剂　adhesive;glue

在一定条件下,通过粘合作用将被粘物结合在一起的物质。

2.4.13

涂料　coating material;coating;paint

涂布于物体表面能够干结成坚韧保护膜的物料的总称,是一种有机高分子胶体混合物的溶液或粉末,可对家具表面起到保护和装饰的作用。

2.4.13.1

硝基涂料　nitrocellulose coating;NC coating

硝基漆

以由硝酸和硫酸的混合物与纤维素酯化反应制得的硝酸纤维素为主要成膜物质的一类涂料。

2.4.13.2

聚氨酯涂料　polyurethane coating；PU coating

聚氨酯漆

以由多异氰酸酯与含活性氢的化合物反应而成的聚氨(基甲酸)酯树脂为主要成膜物质的一类涂料。

2.4.13.3

聚酯涂料　polyester coating；PE coating；unsaturated polyester coating；UPE coating

聚酯漆

以不饱和聚酯树脂为基础的一种独具特点的高级涂料，常用的主要有非气干型(又称隔氧型)和气干型两类。

2.4.13.3.1

隔氧型聚酯涂料　air-isolated curing polyester coating

隔氧型聚酯漆

蜡型聚酯漆

膜型聚酯漆

不饱和聚酯树脂与苯乙烯溶剂的聚合反应会受到空气中氧的阻聚作用而在空气中不能彻底干燥，因而需要隔氧施工的一类聚酯涂料，主要采用浮蜡法(蜡型)和覆膜法(膜型)来隔离空气，使其干燥固化成膜。

2.4.13.3.2

气干型聚酯涂料　air curing polyester coating

气干型聚酯漆

不需隔氧而使不饱和聚酯漆在空气中就能正常直接气干固化成膜的一类聚酯涂料，常采用喷涂方法施工。

2.4.13.4

醇酸涂料　alkyd coating

以由多元酸、脂肪酸(或植物油)与多元醇缩聚制得的醇酸树脂为主要成膜物质的一类涂料。

2.4.13.5

酸固化涂料　acid curing coating；AC coating

酸固化漆

由氨基树脂和不干性醇酸树脂等混合而成并需要在加入酸性固化剂后才可成膜的一类涂料。

2.4.13.6

紫外光固化涂料　ultraviolet coating；UV coating

光固化漆

光敏涂料

光敏漆

涂层必须在紫外线照射下才能固化的一类涂料，主要有不饱和聚酯树脂、丙烯酸环氧树脂、丙烯酸聚氨基甲酸酯树脂等类型。

2.4.13.7

水性涂料　water-based coating

水性漆

以水为分散介质的一类涂料，一般可分为水乳型和水溶性，其中常用为水乳型。

2.4.13.8

溶剂型涂料　solvent coating;solvent type coatings

涂料中含有挥发性有机溶剂,涂于家具表面后,溶剂挥发形成漆膜。

2.4.13.9

无溶剂型涂料　solvent-free coating

涂料组成中没有挥发性溶剂和稀释剂,涂料成膜时无溶剂等的挥发。

2.4.13.10

粉末涂料　powder coating;powder paint

不含挥发性溶剂和稀释剂,呈100%固体粉末状的涂料,只有经静电喷涂或流化床浸涂,以及加热烘烤熔融后固化,才可形成平整光亮的永久性涂膜,主要有热塑性和热固性两大类。

2.4.13.11

大漆　Chinese lacquer;raw lacquer

生漆

中国漆

从漆树韧皮部割口流出的一种乳状液体,是主要由漆酚、漆酶、树胶质和水等组成的天然树脂类涂料。主要用于高级硬木(红木类)家具、漆器工艺品等的表面涂饰。从漆树韧皮部割制采集的汁液经滤去杂质后就是生漆,生漆很少直接使用;生漆经低温脱水和加工处理后即为熟漆或精制漆,常用的精制漆主要有广漆。

2.4.13.11.1

提庄漆　rubbed lacquer;rough refining lacquer

揩光漆

由天然生漆经过净滤和氧化聚合脱去部分水分所制成的半精制漆(或半熟漆、半生漆)。其为固体含量不小于70%的黄棕色粘稠液体,适用于揩光(揩青)、揩擦。

2.4.13.11.2

推光漆　pushing lacquer

退光漆

由优质生漆经过脱水和精制加工而成的精制漆。一般固体含量要达到95%以上,适用于罩光髹涂。其漆膜透明,经推光后光亮如镜、色彩鲜艳,保光性好。其中,加入含铁物质(俗称黑料,如氢氧化铁)的可制成黑推光漆(或黑光漆);不加黑料的可制成红推光漆(或朱光漆、透明退光漆)。

2.4.13.11.3

广漆　gold lacquer;ningpo lacquer

赛霞漆

笼罩漆

由生漆与桐油或与亚麻油经脱水聚合精制而成的油性大漆。适用于罩光髹涂。其漆膜为红褐色,光亮透明、鲜艳丰满。其中,由生漆与亚麻油、松节油等精制而成的漆也称为朱合漆或绵漆;由生漆与亚麻油、顺丁烯二酸酐树脂等精制而成的漆也称为透明金漆。

2.4.13.11.4

彩漆　colour lacquer

在透明精制漆的基础上加入颜料调配制成的各种颜色的彩色漆。

2.4.13.12

腰果漆　cashew lacquer

采用腰果壳榨出的汁液(主要成分为腰果酚,也称槚如酚)为主要原料,与苯酚、甲醛等有机化合物经缩聚后与溶剂调配成的漆,是一种化学合成的气干型漆。由于腰果酚的化学结构与天然生漆中的漆酚结构相似，加之腰果漆的许多理化性能与生漆相似，所以有些地区也称其为“合成大漆”。

2.4.13.13

植物涂料　plant coating; vegetable oil coating

植物油漆

由天然植物油经加热精制熬炼制得的一种不含苯、甲苯、二甲苯、甲醛等有毒成分的渗透型木器涂料。

2.4.14

包覆材料　soft-pack materials; cover materials

用于软体家具、软垫的包覆，以及家具表面的覆盖的软质材料，主要有纤维织物和皮革两大类。

2.4.14.1

纤维织物　fiber fabrics; cloth

布料

由天然动植物纤维、人造纤维、合成纤维等编织或编结而成的、用于软体家具包覆的蒙面材料，主要有毛料、麻料、棉料、化纤或混纺等纺织布料。

2.4.14.2

皮革　leather

具有动物皮质效果的、用于软体家具包覆的蒙面材料，主要有天然皮革、再生皮革、人造皮革等。

2.4.14.2.1

天然皮革　natural leather

真皮

以牛、羊、猪、马、鹿或某些其他动物的原皮(生皮)为原料，经过一系列化学处理和机械加工制成的具有使用性能的皮革。主要有头层皮和二层皮，其中，头层皮又分为全青皮(粒面皮)和半青皮(修面皮、压花皮、裂纹皮等)。

2.4.14.2.2

再生皮革　recycled leather

再生皮

将各种动物真皮下脚料粉碎后，调配交联纤维、树脂与其他助剂混合加工制成的皮革，其特点是皮身一般较厚、皮边缘较整齐、强度较差，其纵切面纤维组织均匀一致，可辨认出混合纤维的凝固效果。

2.4.14.2.3

人造皮革　synthetic leather; artificial leather

合成皮革

人造皮

以各种纤维织物为基材(底基)，经浸渍合成树脂，再经干法涂覆或经后处理加工制成的、具有类似于皮革结构和物理力学性能的布基树脂复合材料，根据其表面树脂的类型可分为PVC人造革和PU人造革等。

2.4.15

五金配件　hardware; fittings

五金件

能满足家具的造型与结构要求，在家具中起连接、活动、紧固、支承和装饰等功能作用的金属制件。

2.4.15.1

铰链　hinge

家具中能使柜门、翻门(翻板)实现开启和关闭，或能使零部件之间实现折叠的活动联接件。可分为明铰链、暗铰链、门头铰、玻璃门铰等。

2.4.15.1.1

明铰链　rolled hinge

合页

安装时合页的销钉部分外露于家具表面,门绕着销钉作回转运动而实现开启与关闭。

2.4.15.1.2

暗铰链　concealed hinge

安装时隐藏于家具内部而不外露,门没有固定的回转中心,而是靠连杆机构转动实现开启与关闭,主要有杯状暗铰链、百叶暗铰链、翻板门铰、折叠门铰等。

2.4.15.1.3

门头铰　pivot hinge

安装在柜门的上下两端与柜体的顶底结合处,使用时也不外露,可使门的上下两端绕铰链上的销轴回转而实现开启与关闭,主要有片状门头铰、弯角片状门头铰、套管门头铰等。

2.4.15.1.4

玻璃门铰　glass door hing

专用于玻璃门安装、启闭的一类铰链,可分为玻璃门暗铰链、玻璃门头铰等两种形式。

2.4.15.2

连接件　connector;fitting

是拆装式家具中各种部件之间的紧固构件,具有多次拆装性能的特点,可分为偏心式、螺旋式、挂钩式等。

2.4.15.2.1

偏心式连接件　eccentric connector

由偏心锁杯、连接拉杆、胀塞、装饰盖等组成的连接件,常通过偏心锁杯与连接拉杆钩挂形成连接。

2.4.15.2.2

螺旋式连接件　screw connector

由各种螺栓或螺钉与各种形式的螺母配合的连接件。

2.4.15.2.3

钩挂式连接件 hook type connector;bracket connector

由钩挂螺钉与连接片或两块连接片之间相互挂扣、钩拉或插扎所形成的连接件。

2.4.15.3

抽屉导轨　drawer runners;drawer guide

主要用于使抽屉(含键盘搁板等)推拉灵活方便,不产生歪斜或倾翻的导向支承件,按安装位置可分为托底式、侧板式、槽口式、搁板式等,按拉伸形式可分为两节轨和三节轨,先进的抽屉滑轨具有轻柔的缓冲(阻尼)技术和自动关闭技术等。

2.4.15.4

移门导轨　sliding door guide

主要用于使各种移门、折叠门等滑动开启的导向支承件,一般由滑动槽、导向槽、滚轮和导向配件等组成。

2.4.15.5

翻门吊撑 flap stay;flap fittings

牵筋

主要用于翻门(或翻板),使翻门绕轴旋转,最后被控制或固定在水平位置,以作搁板或台面等使用的支承件。

2.4.15.6

桌面拉伸导轨　extension table guide

位于桌(台)面之下,使桌(台)面可实现推拉、伸缩、收展等功能的导向支承件。

2.4.15.7

转盘　revolving table bearing

位于转台和桌面之间,用于支撑转台并可转动的机构或部件。

2.4.15.8

背板连接件　rear panel connector;back panel fastener

背板扣件

用于柜体背板的安装和固定的紧固连接件。

2.4.15.9

拉手　handle;knob

安装于家具的柜门或抽屉面板上,使其完成启、闭、移、拉等功能要求,并具有装饰作用的配件。

2.4.15.10

锁　lock

主要用于门或抽屉等部件的固定,使门或抽屉能够关闭和锁住,不致于被随便碰开的配件,家具上最常用的是普通锁,有抽屉锁和柜门锁之分,办公家具(如写字台)中的一组抽屉常用整套联动锁(连杆锁或转杆锁)。

2.4.15.11

门吸 door catche

主要用于柜门的定位,使柜门关闭后不致于自开,但又能保证柜门能被轻轻拉开的配件。

2.4.15.12

关门阻尼器　door damper

可以直接插入门边孔或插入安装支架,用于缓冲门的关闭,达到静音关门的效果。

2.4.15.13

搁板撑　shelf supports

层板销

主要用于柜类轻型搁板的支承和固定的支撑件,主要有活动搁板销(套筒销)、固定搁板销、搁板销轨、搁板夹等种类。

2.4.15.14

挂衣棍承座　rail supports

主要用于衣柜内挂衣横管的支承和固定的支撑件,有侧向型(固定在衣柜的旁板上)、吊挂型(固定在衣柜顶板或搁板上)和提升架式等种类。

2.4.15.15

拉篮　extensions basket

主要用于在厨柜、衣柜等柜类家具中存放物品的金属拉伸部件,常可全拉伸,并带自闭功能和内置阻尼。

2.4.15.16

转篮　corncr revolving basket

主要用于在厨柜家具(通常在厨柜转角处)中存放物品的金属旋转部件,并附带旋转机构及制动器或阻尼装置,便于储存和拿取物品,能最大限度利用厨柜的转角部分空间。

2.4.15.17

吊码　hanger

主要用于将吊柜安装在墙体上的一种吊挂式或挂钩式的金属构件，一般有隐(暗)藏式和明装式两种类型。

2.4.15.18

滚轮　castor

安装在家具的底部，可使家具向各个方向移动的活动支承件。

2.4.15.19

转脚　rotary feet；swivel feet

安装在家具的底部，可使家具向各个方向转动的活动支承件。

2.4.15.20

脚套　feet pad

脚垫

套于或安装于各种家具腿脚的底部，减少其与地面的直接接触和磨损，同时增加家具的装饰作用。

2.4.15.21

支脚　table base；table frame

桌架

适用于桌台类家具的快装式金属桌架支撑系统或结构支承部件，用于承受家具的重量，通常含有高度调整装置，用于调整家具的高度与水平。

2.4.15.22

液晶屏支架　swivel arm for falt screen

平板显示器旋转臂

在办公家具中专门用于支撑液晶显示屏，并可灵活调节方向、前后或高度的金属支撑臂架。

2.4.15.23

线槽　cable trunking；cable trough；cable outlet

线盒

办公家具(如办公桌、电脑桌、屏风)中用于各种电器走线而特别设计的五金配件。

2.5　木质家具加工术语

2.5.1

木材特性　wood properties

与木材物理力学性能相关的常用名词。

2.5.1.1

树种　wood species；tree species

树木品种的名称。

2.5.1.2

原木　log

树干按规定长度锯截成的圆木段。

2.5.1.3

板材　board；lumber

宽度尺寸为厚度尺寸的两倍以上者。

2.5.1.4

方材 square lumber

宽度尺寸小于厚度尺寸的两倍者。

2.5.1.5

材面 lumber surface

凡经纵向、横向锯割出的锯材任何一面。

2.5.1.5.1

横切面 cross (or transverse) section

与树干主轴或木纹相垂直的切面,即树干的端面或横断面。

2.5.1.5.2

径切面 radial section

顺着树干轴向,通过髓心与木射线平行或与年轮垂直的切面。

2.5.1.5.3

弦切面 tangential section

没有通过髓心的树干纵切面。

2.5.1.6

木材构造 wood structure;wood macrostructure and microstructure

用肉眼、放大镜、光学显微镜或电子显微镜下所观察到的木材各类细胞的组成和形态,分宏观构造和显微构造。

2.5.1.7

边材 sapwood

位于树干外侧靠近树皮部分的木材,一般含有生活细胞和储藏物质(如淀粉等),边材树种是指心边材颜色无明显差别,木材通体颜色均一者。

2.5.1.8

心材 heartwood

在木材横切面上,靠近髓心部分,材色较深,一般水分较少的木材,由边材演化而成,心材树种是心材和边材区别明显的树种。

2.5.1.9

生长轮 growth ring

树木形成层在每个生长周期所形成并在树干横切面上所看到的围绕着髓心的同心圆环,有些热带树木终年生长不停,因而没有明晰的年轮,但可能还有生长轮可见,在温带地区,树木的生长轮就是年轮。

2.5.1.10

年轮 annual (or year) ring

在一年中温带和寒带树木形成层分生所形成的一层木材。

2.5.1.11

早材 earlywood

在一个树木生长轮内生长季节早期所形成的靠近髓心方向的木材。

2.5.1.12

晚材 latewood

在一个树木生长轮内生长季节晚期所形成的靠近树皮方向的木材。

2.5.1.13

纹理　wood grain

木材表面的天然花纹，是木材体内轴向分子（如木纤维、管胞、导管）排列方向的表现形式，可分为直纹理、斜纹理、螺旋纹理、波形纹理和交错纹理等类型。

2.5.1.14

花纹　wood figure

木材的各种组织和构造特征经加工在纵切面上所综合形成的图案，如带状花纹、波形纹、鸟眼花纹、泡状花纹和卷曲花纹等。

2.5.1.15

密度　density；air-dry density

单位体积木材的质量。常用气干密度，即木材在一定的大气状态下达到平衡含水率时的质量与体积比，一般指含水率在12%时的木材密度值。

2.5.1.16

含水率　moisture content（MC）

木材中的水分质量占木材质量的百分数。木材含水率分为相对含水率和绝对含水率。相对含水率（relative moisture content）是木材所含水分的质量占木材和所含水分总质量的百分率，木材绝对含水率（absolute moisture content）是木材所含水分质量占木材绝干质量的百分率。

2.5.1.17

平衡含水率　equilibrium moisture content（EMC）

在一定的温度和湿度条件下，木材中的水分与空气中的水分不再进行交换而达到稳定状态时的含水率。

2.5.1.18

纤维饱和点　fiber saturation point（FSP）

木材细胞腔中自由水蒸发完毕而细胞壁中吸着水达到最大状态时的含水率，一般是各种木材物理力学性质的转折点。

2.5.1.19

吸湿性　hygroscopicity；absorptivity；adsorptivity

木材随周围气候状态（温度、相对湿度或水蒸汽相对压力）的变化，由空气中吸收水分或向空气中蒸发水分的性质，前者为吸湿，后者为解吸。

2.5.1.20

吸湿滞后　adsorption hysteresis

在同样空气状态下，木材吸湿平衡含水率低于解吸平衡含水率的现象。

2.5.1.21

吸水性　water-absorbing capacity

木材浸渍于水中吸收水分的现象。

2.5.1.22

声学性　acoustical properties

木材的声物理性质，如木材的传声、吸音、透声和共振性能。

2.5.1.23

热学性　thermal properties

木材的热物理性质，如木材的热膨胀、热容量、导热性能等。

2.5.1.24

电学性　electrical properties

木材在直流电或交流电电场下作用下所呈现的材料特性，如木材的导电性、木材的介电性质、木材的功率因数等。

2.5.1.25

渗透性　permeability

流体在压力差(内力和外力)的作用下，进出和通过木材的性质。

2.5.1.26

湿胀性　swelling

木材从空气中吸收水分(吸湿)而引起尺寸和体积的膨胀的性质。

2.5.1.27

干缩性　shrinkage

木材向空气中蒸发水分(解吸)而引起尺寸和体积的收缩的性质。

2.5.1.28

尺寸稳定性　dimensional stability

在温度或湿度有变化的环境中，木材保持其原有尺寸和形状的能力。

2.5.1.29

各向异性　anisotropy

异向性

木材在纵向、径向和弦向三个不同方向上具有明显不同的物理力学性质的特性，是在树木生长过程中形成的天然属性。

2.5.1.30

变异性　variability

因树种、树株、树干的不同部位及立地条件、造林和营林措施等的不同，而引起的木材外部形态、构造、化学成分和性质上的差异。

2.5.2

木材缺陷　defects

呈现在木材上会降低其质量、影响其使用价值的各种缺点，通常分为节子、变色、腐朽、蛀孔、裂纹、树干形状缺陷、木材构造缺陷、伤疤、加工缺陷、干燥缺陷等十大类。

2.5.2.1

节子　knot

包含在树干或主枝木质部中的枝条部分，可分为表面节和隐生节，或活节、死节和漏节等。

2.5.2.1.1

隐生节　overgrown protruding knot

没有暴露在原木表面的节子，可通过过渡生长的迹象来发现表面隆起，或由损伤引起的色斑。

2.5.2.1.2

表面节　flush knot

暴露在木材表面上的节子。

2.5.2.1.3

活节　live knot;lntergrown knot

节子年轮与周围木材紧密连生，质地坚硬，构造正常，由树木的活枝条形成的节子。

2.5.2.1.4

死节　dead knot;encased knot

节子年轮与周围木材脱离或部分脱离，由树木的枯死枝条所形成的节子。

2.5.2.1.5

漏节　seriously decayed knot

节子不仅本身已腐朽，而且深入树干内部，引起内部材质腐朽，常成为树干内部腐朽的外部特征。

2.5.2.2

变色　stain;discolouration

因受某些真菌侵入及其分泌色素作用，形成木材天然材色的改变。

2.5.2.2.1

心材变色　fungal heartwood stain

木材在变色真菌和腐朽真菌的作用下心材区产生不正常的变色及条纹或条斑，但硬度并不降低。

2.5.2.2.2

边材变色　fungal sap stain

在木材变色真菌的影响下，原木或锯材的边材部分出现的变色，可分为青变和边材色斑。

2.5.2.3

腐朽　rot;decay

木材由于木腐菌的侵入分解，使细胞壁受到破坏，木材色泽异常，结构及物理、力学、化学性质等发生变化，最后使木材变得松软易碎，可分为边材腐朽和心材腐朽。

2.5.2.3.1

边材腐朽　sap rot

边材呈不正常的黄棕色或粉棕色，多发生在过熟林被采伐的针叶树，而对阔叶树边材变色则像大理石的花纹。

2.5.2.3.2

心材腐朽　heartwood rot

产生在活立木的心材部分(包括弧状、环状等形态腐朽)，多数心材腐朽在树木伐倒后不会继续发展。

2.5.2.3.3

初腐　decay

木材明显变色，材质尚未明显变化的初期腐朽阶段。

2.5.2.4

蛀孔　insect-hole;worm-hole;borer-hole

虫眼

各种木材害虫蛀蚀木材所造成的各种大小、深浅不同的沟槽或孔洞。

2.5.2.5

裂纹　shake

木材纤维沿纹理方向发生分离所形成的裂隙，按裂纹在木材上的位置分为端裂和纵裂。

2.5.2.5.1

端裂　end shake;heart or ring shake

在木材一个或两个端面上所发生的开裂，端裂可分为径裂(沿半径方向开裂)和环裂(沿年轮方向开裂)。

2.5.2.5.2

纵裂　side shake

在原木的材身或材身与端面同时出现的裂纹，纵裂按形成方式分为冻裂(震击裂)和干裂，按穿透原木的深度分为浅裂、深裂和贯通裂、炸裂。

2.5.2.6

树干形状缺陷　trunk shape defects

干形缺陷

木材在生长过程所产生的树干的变形或异常现象。

2.5.2.6.1

弯曲　curvature

由于树干变形使原木纵轴偏离两端面中心连接的直线所产生的缺陷。

2.5.2.6.2

尖削　tapering

因原木两端直径相差悬殊，其粗度从大头至小头逐渐减小的程度。

2.5.2.6.3

树瘤　cancer

因真菌或细菌的作用，在活树表面产生的局部凸起，多呈球状。

2.5.2.6.4

根部肥大　root swelling; buttress

树干基部直径方向上明显增大，按树干基部的形状可分为大兜和凹兜。

2.5.2.6.5

椭圆体　ovality

原木横断面的长径与短径有明显不同。

2.5.2.7

木材构造缺陷　wood structure defects

木材在生长过程所产生的内部构造的变化或异常现象。

2.5.2.7.1

扭转纹　slope of grain

原木材身木纤维排列与树干纵轴方向不一致，形成的呈螺旋状纹理，主要有斜纹、乱纹、涡纹等。

2.5.2.7.2

应力木　reaction wood

在倾斜或弯曲的树干、树枝部分因拉伸或压缩所形成的一种非正常结构和性质特征的木材，针叶树材的应力木称为应压木，阔叶树材的应力木称为应拉木。

2.5.2.7.3

双心木　double or multiple pith

原木的一端有两个或多个髓心并伴随独立的年轮系统，而外部被一个共同的年轮系统所包围，其特点是横截面多呈椭圆形。

2.5.2.7.4

偏心材　eccentric pith

树木的髓心明显偏离树干的中轴。

2.5.2.7.5

伪心材　false heartwood

因某种外部因素的影响，心材颜色变深且不均匀，形状多样，不规则，主要有圆形、星形、铲状等，常见于心材结构不规则的阔叶树。

2.5.2.7.6

内含边材 heart sapwood

心材中几个相邻的年轮具有与边材外观和性质接近的木材。

2.5.2.7.7

髓心材 pith wood

含有髓心或靠近髓心部位的木材，其强度低、易开裂。

2.5.2.7.8

树脂囊 resin-pocket；pitch pocket；gum-pocket

在针叶材年轮中间充满树脂的条状槽沟或弧状裂隙。

2.5.2.8

伤疤 scar

树木在生长过程中遭受任何伤害，如机械损伤、火烧或病虫危害等所形成的伤愈痕迹。

2.5.2.8.1

机械损伤 mechanical damage

在调查、采伐、运输、归楞、造材等再加工过程中，原木因各种工具或机械造成的损伤。

2.5.2.8.2

烧伤 char

木材表层被火烧焦所造成的损伤。

2.5.2.8.3

鸟眼 bird-hole

因鸟类啄食所形成的孔洞。

2.5.2.8.4

夹皮 inbark

树木受伤后继续生长，将受伤部分的树皮和纤维全部或部分包入树干而形成的，伴有径向或条状的凹陷，可分为内夹皮和外夹皮。

2.5.2.8.5

偏枯 scar

树木在生长过程中，树干局部受创伤或烧伤后，因表层木质枯死裸露而形成，常伴有树脂漏、变色或腐朽。

2.5.2.8.6

树包 knob

树干局部明显凸起，木纤维卷曲增厚。

2.5.2.8.7

寄生植物伤 damage caused by parasitic plants

木材表层由于寄生、附生植物的作用形成的凹陷或凸起。

2.5.2.8.8

夹杂异物 alien inclusion

木材内部因侵入非木质的外界物体(石头、电线、钉子、金属碎片等)形成局部隆起或呈现皱褶或孔洞等损伤。

2.5.2.9

加工缺陷 processing defects

在锯解等机械加工过程中所造成的木材表面的损伤，主要有缺棱、锯口偏斜、锯痕、波纹、毛刺等。

2.5.2.9.1

缺棱 short edge；waney edge；wane；lack of edge

在锯材(板方材)上有残留的原木表面部的现象，根据未着锯部位不同可分为钝棱和锐棱。

2.5.2.9.2

锯口偏斜　saw-cut defects

因锯割不当造成的材面不平或偏斜的现象。

2.5.2.9.3

木毛　burr

木材表面尚未完全分离的成束或成片的木纤维。

2.5.2.9.4

锯痕　sawing mark

锯齿在锯割表面留下的瓦棱状痕迹。

2.5.2.9.5

波纹　ripple;dimple

旋转刀具在加工表面留下有规律的波状纹刀痕。

2.5.2.9.6

啃头　dent;depression

铣削、刨削加工时,刀具撕裂木纤维留下的局部凹陷。

2.5.2.10

干燥缺陷　drying defects

木材在干燥过程中及干燥以后的保管、使用过程中,经常会发生干裂、变形、翘曲、皱缩、干燥不均匀、生霉、炭化、变色等干燥缺陷,主要原因是木材构造上的干缩差异及干燥不当引起的不均匀收缩。

2.5.2.10.1

干裂　drying checks;crack;cracking

由于木材干燥不均而产生裂纹现象,可出现在干燥的不同阶段、木材的不同部位,常有端裂(径裂、轮裂)、劈裂、表裂和内裂(蜂窝裂)等。

2.5.2.10.2

端裂　end check

干燥时木材端面沿径向或年轮方向发生的裂纹,包括径裂和轮裂等。

2.5.2.10.3

径裂　cross shake;radial shake

干燥时在木材端面沿径向发生的辐射状裂纹。

2.5.2.10.4

轮裂　ring shake;ring crack

干燥时在木材端面沿年轮方向发生的环状或弧状裂纹。

2.5.2.10.5

劈裂　split

干燥时木材端裂延伸至木材两材面的裂纹。

2.5.2.10.6

表裂　surface check

干燥时木材表层因拉应力超过木材横纹拉伸极限强度发生的裂纹。

2.5.2.10.7

内裂　internal check;honeycomb;hollow horning

蜂窝裂

干燥后期或干后存放期间在木材内部产生的裂纹。

2.5.2.10.8

变形　distortion

在木材干燥和保管过程中所产生的形状改变。

2.5.2.10.9

翘曲 warp;buckle

木材干燥时由于材质不均、弦向和径向干缩不一致而造成各种反翘和弯曲现象的总称,主要有横弯、顺弯、翘弯、扭曲等。

2.5.2.10.10

横弯 crook;spring

干燥时在与材面平行的平面上,材边(侧边)沿锯材长度方向的横向弯曲。

2.5.2.10.11

顺弯 bow;bowing

干燥时锯材的材面沿长度方向呈弓形或翘形的弯曲。

2.5.2.10.12

翘弯 cup;cupping

干燥时锯材沿材宽方向呈瓦形的弯曲。

2.5.2.10.13

扭弯 twist;twisting

干燥时锯材沿材长方向呈螺旋状弯曲;或材面的一角向对角方向翘起,四角不在同一平面上的弯曲。

2.5.2.10.14

菱形变形 diamonding

方材干燥时因生长轮(年轮)方向的收缩大而使断面变成菱形。

2.5.2.10.15

表面硬化 case hardening

干燥前期在木材表层产生的拉伸残余变形。

2.5.2.10.16

皱缩 collapse;crimp

干燥时木材表面上呈现的皱褶状凹陷,常伴随有内裂。它是木材干燥时受高压或伴随高温介质处理,使木材细胞溃陷所引起的一种不正常和不规则的收缩现象,被认为是一种严重的干燥缺陷。

2.5.2.10.17

变色 discoloration

干燥时木材在高温、高湿或烟气长期作用下发生的棕红色或褐色变色。

2.5.2.10.18

炭化 char;carbonization

在木材干燥过程中,由于温度太高而使木材内部或表面发生不同程度的炭化现象,炭化通常使木材的强度降低、颜色变深。

2.5.2.10.19

生霉 moldy;mouldy

由于干燥窑或板材料库内温度低、湿度大、气流速度缓慢使霉菌大量繁殖而造成的霉变现象。

2.5.2.10.20

降等 degrade

木材在干燥时因产生缺陷而使质量等级降低。

2.5.2.10.21

过干 overdrying

木材干燥时间过长,使终含水率低于要求含水率很多。

2.5.3

接合方式　joints

将两个及以上构件或零、部件连接为一体的工艺方法，主要有榫接合、钉接合、木螺钉接合、胶接合和连接件接合等。

2.5.3.1

胶接合　bonded joints；glued joints

主要用胶粘剂来胶合家具的主要材料或构件而制成零部件或制品的一类接合方式，如方材胶合、贴面、封边等。

2.5.3.2

钉接合　nailed joints

利用钉子穿透被紧固件钉入持钉件而将二者连接起来，有铁钉、竹钉、木钉。

2.5.3.3

木螺钉接合　screwed joints

利用木螺钉穿透被紧固件拧入持钉件而将两者连接的方法，属于可拆卸连接。

2.5.3.4

连接件接合　hardware joints；fitting joints

利用特制的并可多次拆装的构件，将家具的零部件装配成部件或产品的接合方式。

2.5.3.5

榫接合　mortise and tenon joints

榫卯接合

由榫头嵌(插)入榫眼(或榫孔、榫沟、卯孔)所组成的接合。

2.5.3.5.1

榫头基本形状　tenon configuration

主要有直角榫、燕尾榫、指榫、椭圆榫(长圆榫)、圆棒榫和圆片榫等，前四种为整体榫，后两种为插入榫。

榫头基本形状如表1所示。

表1　榫头的基本形状

序号	术语名称	图解	英文名称	各地常用名称
1	直角榫	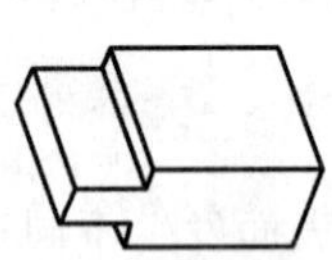	rectangular tenon	直榫
2	燕尾榫	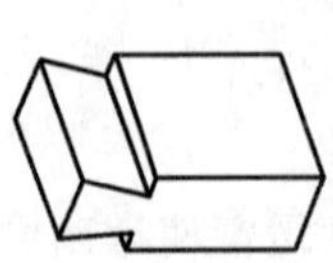	dovetail tenon	鸠燕榫；大头榫；斜头榫
3	指形榫		finger tenon	指榫；齿形榫；齿榫

表 1（续）

序号	术语名称	图解	英文名称	各地常用名称
4	椭圆榫	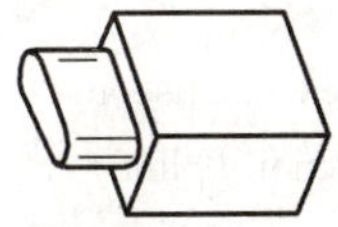	ellipse tenon	长圆榫
5	圆棒榫		dowel	圆榫
6	圆片榫	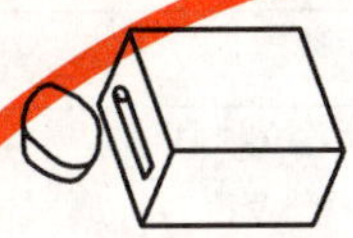	oval;biscuit	片榫

2.5.3.5.2

榫接合基本形式　types of mortise and tenon joints

按榫眼(孔)的深度和侧开程度主要有闭口不贯通榫、闭口贯通榫、开口贯通榫、开口不贯通榫、半闭口不贯通榫等；按榫头肩颊切削形式主要有包肩榫、双肩斜角暗榫、翘皮割角榫、明燕尾榫、半隐燕尾榫、全隐燕尾榫、插入榫等。

榫接合基本形式如表 2 所示。

表 2　榫接合的基本形式

序号	术语名称	图解	英文名称	各地常用名称
1	按榫眼(孔)的深度和侧开程度分			
1a	闭口不贯通榫		mortise and tenon (blind)	闭口暗榫;闭口半榫
1b	闭口贯通榫	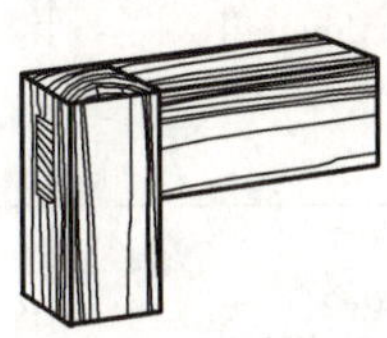	mortise and tenon (through)	闭口透榫
1c	开口贯通榫	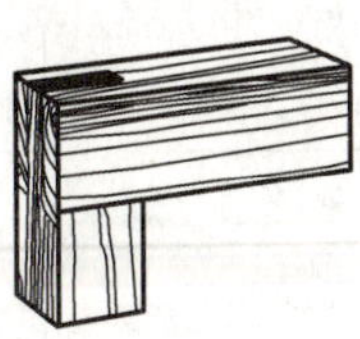	open mortise and tenon (through)	透榫;开口夹榫;开口透榫

表 2（续）

序号	术语名称	图解	英文名称	各地常用名称
1d	开口不贯通榫	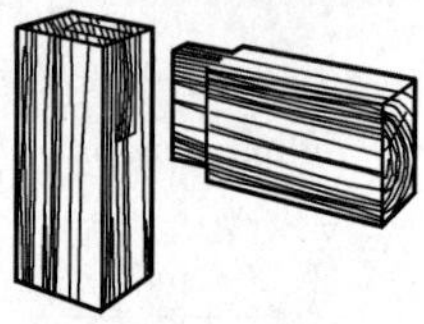	open mortise and tenon (blind)	开口暗榫；开口暗夹榫
1f	半闭口不贯通榫	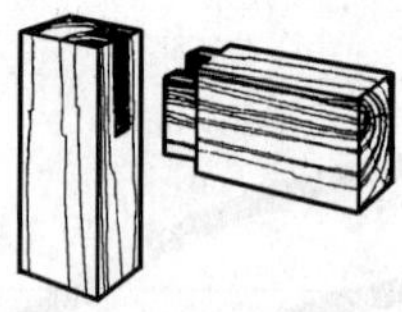	haunched tenon	闭口不通榫
2	按榫头肩颊切削形式分			
2a	插入榫	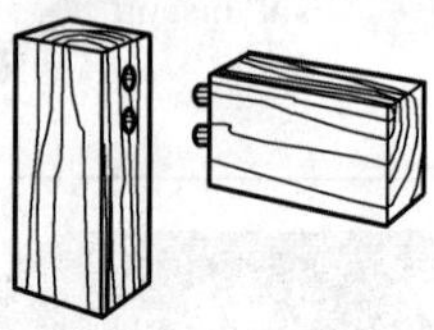	insert-tenon joint (dowel joint; oval or biscuit joint)	
2b	包肩榫		arrow-shoulders with blind mortise and tenon	包肩夹角榫；半斜角包肩接合；插肩榫；抱肩榫
2c	双肩斜角暗榫	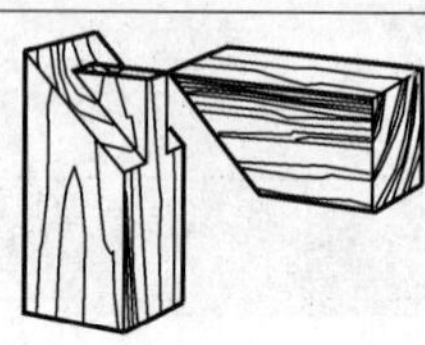	miter with blind mortise and tenon	斜角暗榫
2d	翘皮割角榫	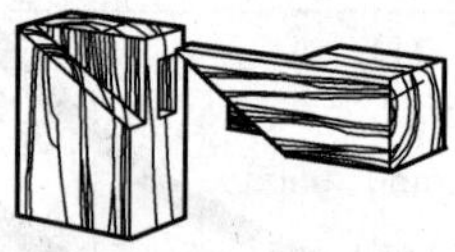	mitered mortise and tenon joint	插皮角榫；单肩斜角榫
2e	明燕尾榫	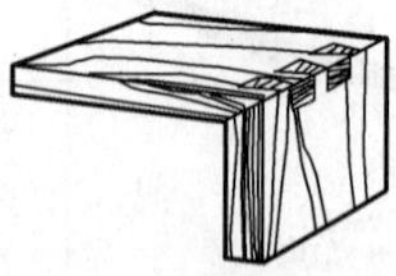	through dovetail	
2f	半隐燕尾榫		half-blind dovetail; multiple dovetail	
2g	全隐燕尾榫		full blind dovetail	

2.5.3.6

拼接　match boarding; edge joint; edge-grain joint

将数块窄板通过侧边拼合制成所需要宽度的板件的拼接方法，主要有平口拼、企口拼、搭口拼、齿形拼、穿条拼、插入榫拼、明螺钉拼、暗螺钉拼、穿带拼、嵌端拼、嵌条拼和吊带拼等。

拼板构成的拼接方法如表 3 所示。

表 3　拼板构成的拼接方法

序号	术语名称	图解	英文名称	各地常用名称
1	平口拼	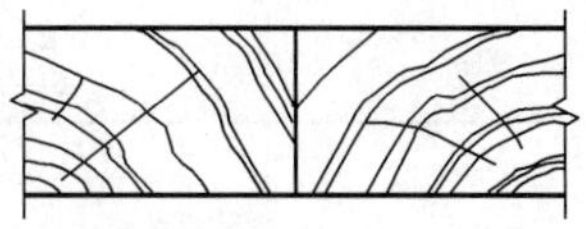	plain joint	平拼
2	企口拼	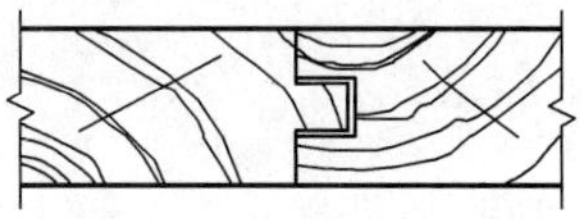	tongue-and-groove joint	凹凸拼
3	搭口拼	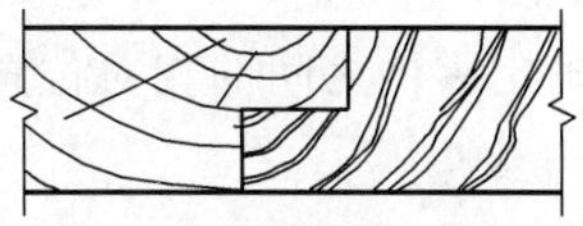	rabbet joint; lapped joint	裁口拼
4	齿形拼		finger joint	指形拼； 齿榫接合
5	穿条拼	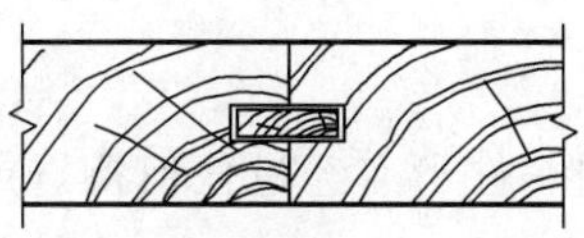	spline joint	横条拼
6	插入榫拼	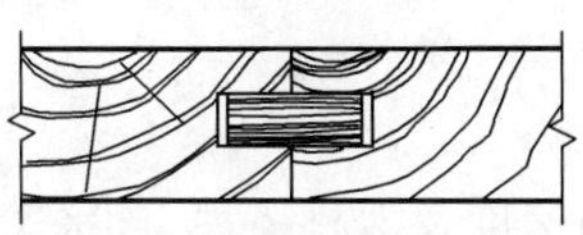	dowel joint	
7	明螺钉拼	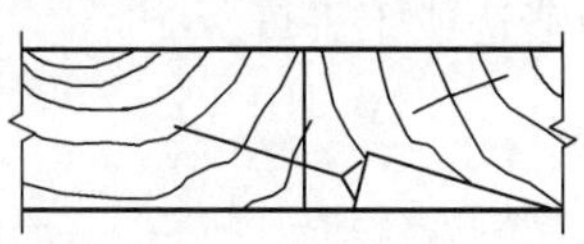	open-screw joint	螺丝拼板
8	暗螺钉拼	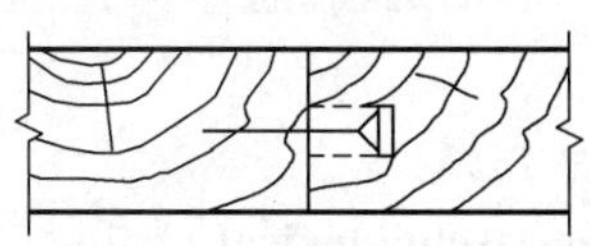	conceal-screw joint	螺丝扎肉
9	穿带拼	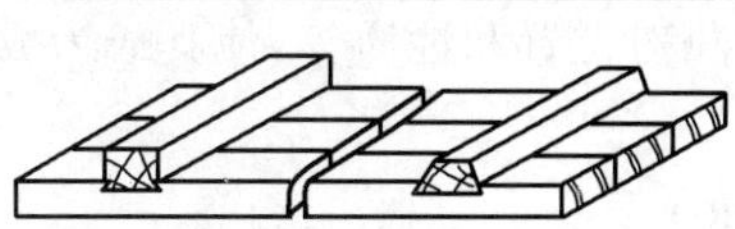	cogged joint; notched joint	
10	嵌端拼	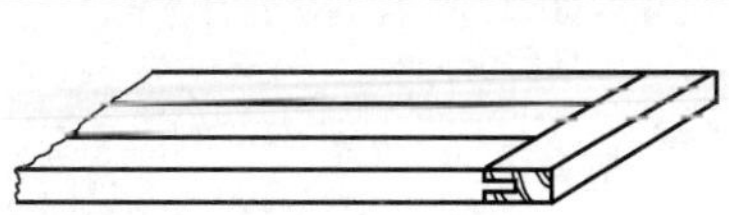	end-tongue and edge-groove joint	

表 3（续）

序号	术语名称	图解	英文名称	各地常用名称
11	嵌条拼	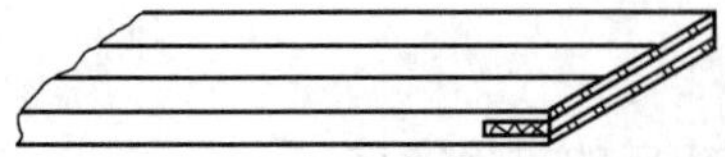	spline joint in end	
12	吊带拼	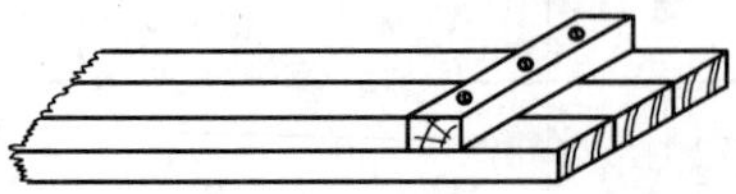	rail joint;brace joint	

2.5.4

加工基础　processing basis

加工过程中所牵涉的有关主要的基本概念和基本知识。

2.5.4.1

加工基准　reference point;datum point;benchmark

用于确定刀具与被加工零件的位置或在产品中确定零件之间的相对位置的点、线、面，可分为设计基准和工艺基准两大类。

2.5.4.2

加工精度　machining accuracy

零件在加工之后所得到的尺寸、形状和位置等几何参数的实际数值与图纸上规定的理论数值相符合的程度。

2.5.4.3

互换性　interchangeability

在一批产品(包括零件、部件、构件)中，任取其中一件不需经过任何挑选或修整，就能够与另一产品在尺寸、功能上能够彼此相互替换的性能。

2.5.4.4

表面粗糙度　surface roughness

在加工过程中，由于受加工机床、切削刀具、切削速度及木材树种、含水率、纹理方向、切削方向等各种因素的影响，在加工表面上所留下的各种微观加工痕迹或不平度。

2.5.4.5

生产过程　production process

把原材料转变为成品的全部过程。一般包括原材料的运输、仓库保管、生产技术准备、机械加工制造、装饰、装配、检验和包装等。

2.5.4.6

工艺过程　technical process;technological process;technological chain

通过各种加工设备改变原材料的形状、尺寸、相对位置和性质等，使其成为成品或半成品的过程。

2.5.4.7

工艺规程　process rule;processing specification

规定生产中合理加工工艺和加工方法的技术文件，如工艺卡、检验卡等。

2.5.4.8

工段　workshop section;working section

一组连续加工(流水作业)的工序的简称；或工厂车间车间内按生产过程划分的基层生产组织或生

产管理单位。

2.5.4.9

工序　stages of production; process step; working operation

一个(或一组)工人在同一个工作位置对同一个或同时对几个工件连续完成的工艺过程的某一部分操作。它是工艺过程的基本组成部分,也是生产计划的基本单元,还是生产管理的主要对象。

2.5.4.10

锯路　saw kerf

用锯具分割木材时产生的缝隙。

2.5.4.11

毛料　blank; stock; rough lumber

板材经锯截后得到的具有一定尺寸的工件。

2.5.4.12

净料　dressed timber; dimension stock

毛料经切削加工后,达到规定尺寸的工件。

2.5.4.13

加工余量　allowance; machining allowance

将毛料加工成形状、尺寸和表面质量等方面符合设计要求的零件时,所切去的一部分材料的尺寸大小,即毛料尺寸与零件尺寸之差。

2.5.4.14

单包镶　frame covered with plywood on one size face; one size frame covering

木框一面有覆面材料包覆的空芯板。

2.5.4.15

双包镶　hollow core panel

木框两面都有覆面材料包覆的空芯板。

2.5.4.16

32 mm 系统　32 mm system

以 32 mm 为孔间距的模数,通过模数化、标准化的“接口”来构筑家具的一种结构与制造体系,其以柜类旁板为核心,在旁板上的预钻孔包括结构孔和系统孔两类。

2.5.5

加工工艺　wood processing

将木材及木质材料通过各种机械设备加工成零件、部件和产品的工艺与技术总和。

2.5.5.1

制材　sawmilling; converting; conversion

将原木进行纵向锯解和横向截断成锯材或成材的过程,目前木家具生产企业一般都不设制材工段或车间,而是直接购进锯材或成材。

2.5.5.2

木材干燥　seasoning; wood drying

使木材含水率达到一定技术要求的处理过程。

2.5.5.2.1

大气干燥　air seasoning; air drying

气干

将木材堆放在空旷场地或通风棚舍下利用大气热能蒸发木材中的水分进行干燥的过程。

2.5.5.2.2

干燥窑干燥 artificial drying;artificial seasoning;kiln drying; kiln seasoning

人工干燥

窑干

在干燥室(或干燥窑)内用人工控制干燥介质的条件对木材进行对流加热干燥的过程。

2.5.5.3

木材热处理 wood heat treatment;wood thermal modification;wood carbonization

木材热改性

木材炭化

在保护介质(如水蒸气、植物油)作用下,采用高温(一般温度为160 ℃～250 ℃)对木材进行短期热解处理来改变木材组织结构从而改善木材的尺寸稳定性、耐久性和颜色等性能的加工方法。

2.5.5.4

木材防腐 wood preservation;wood protection

木材保存

采用各种化学的、物理的或生物的方法处理木材,防止菌、虫、卵生钻孔动物等对木材的侵害和破坏,延长木材使用寿命的技术。

2.5.5.5

木材熏蒸 wood fumigation

有控制地应用有毒气体(熏蒸剂)对木材中的害虫及其虫卵的毒杀处理。

2.5.5.6

选料 wood selection

按照产品质量要求,对原料的树种、材质、等级、规格、含水率、纹理和色泽等进行选择和合理搭配的过程。

2.5.5.7

配料 rough cutting;break-down

按照产品零部件尺寸规格和质量要求,将板材锯割成各种规格和形状的毛料的加工过程。

2.5.5.7.1

单一配料 rough cutting for only one

将单一产品中的某一种规格零部件毛料配齐后,再逐一配备其他零部件毛料的方法。

2.5.5.7.2

综合配料 rough cutting for variety

将一种或几种产品中各零部件的规格尺寸分类,统一考虑用材,一次综合配齐多种规格零部件毛料的方法。

2.5.5.8

锯割 sawing

裁板

开料

用锯具分割木材或板材的过程。

2.5.5.8.1

横截 cross-cut;cross cutting;cross sawing

将木材或板材按照零件的长度尺寸及质量要求横向截断成短料。

2.5.5.8.2

纵解　rip-cut；rip sawing；rip cutting；ripping

将木材或板材按照零件的宽度或厚度尺寸纵向剖分成板条。

2.5.5.8.3

截端　end cutting；cut-off sawing

锯截去零、部件规定长度以外的多余端头部分。

2.5.5.9

毛料加工　blank processing

将毛料进行基准面加工和相对面加工而成为合乎规格尺寸要求的净料的加工过程。

2.5.5.9.1

基准面加工　benchmark planing

基准加工

将毛料的一个或两个面精确加工后作为后续工序加工时的定位基准的过程。

2.5.5.9.2

相对面加工　dimension planing

规格尺寸加工

在加工出基准面之后对毛料的其余表面进行加工，使之成为具有规格尺寸和形状的净料的过程。

2.5.5.10

净料加工　dressed timber processing

将净料进一步加工出各种接合用的榫头、榫眼、连接孔或铣出各种线型、型面以及进行表面砂光等，使之成为符合要求的零件的加工过程。

2.5.5.10.1

开榫　tenon making

在工件端头加工规定的榫舌。

2.5.5.10.2

打眼　mortise making

在工件上加工规定的榫眼，如直角榫眼、椭圆榫眼等。

2.5.5.10.3

钻孔　drilling hole；boring

在工件上钻削规定的圆孔。

2.5.5.10.4

平面刨削　planing

利用刨具对木制零、部件表面进行平面加工。

2.5.5.10.5

成型铣削　shaping；moulding

利用成型铣刀对零、部件表面进行铣削加工。

2.5.5.10.6

仿型铣削　profiling；copying milling

靠模铣削

利用样模和仿型铣刀将工件加工成与样模相同的复杂形状的铣削过程。

2.5.5.10.7

车削　turning；lathe work

旋制

利用车刀对旋转工件进行切削加工而形成回转体零件的过程。

2.5.5.10.8

仿型车削　rotary copying; copying turning

沿回转靠模，利用车刀对旋转工件进行车削加工而形成与靠模轮廓相同的零件的过程。

2.5.5.10.9

镂铣　routing

雕刻

利用上轴端铣刀对工件的边部或表面进行铣削图案或雕刻线型的加工过程。

2.5.5.10.10

砂光　sanding

磨光

利用砂带或砂纸对工件表面进行砂磨处理，使工件尺寸正确、表面光洁的加工过程。

2.5.5.11

齐边　edge cleaning

将板式工件进行边部切削加工成要求的规格尺寸和线型的过程，主要有锯边和铣边两种。

2.5.5.12

贴面　facing; overlay; surface decoration; lamination

饰面

覆面

为了美化制品表面和提高其表面的功能性，利用饰面材料对零部件表面进行的饰面或贴面装饰加工。

2.5.5.12.1

薄木贴面　veneer overlaying

在人造板等基材表面用薄木进行贴面加工的过程。

2.5.5.12.2

印刷装饰纸贴面　printed decorative paper overlaying

在人造板等基材表面上贴上一层印刷有木纹或图案的装饰纸，然后也可再用树脂涂料进行涂饰的过程。

2.5.5.12.3

树脂浸渍纸贴面　resin impregnated paper overlaying

在人造板等基材表面上用树脂浸渍纸（又称浸渍胶膜纸）进行热压胶贴的过程。

2.5.5.12.4

高压装饰板贴面　high-pressure laminates overlaying

在人造板等基材表面上用热固性树脂浸渍纸高压装饰层积板（或高压装饰板，俗称防火板）进行贴面的过程。

2.5.5.12.5

塑料薄膜贴面　plastic film overlaying

在人造板等基材表面上用聚氯乙烯（PVC）、聚乙烯等塑料薄膜进行贴面的过程。

2.5.5.12.6

其他材料贴面　other overlaying

在基材表面上采用如纺织品、金属薄板、刨切竹片、纺织布料、皮革等贴面材料进行贴面的过程。

2.5.5.13

真空覆膜　vacuum film mulching; soft-forming facing

异型面贴面

软成型贴面

对于各种不同规格的异型部件，利用一侧抽真空，另一侧用压缩空气加压的方式完成聚氯乙烯

(PVC)等柔性饰面材料的覆贴。

2.5.5.14

镶边　edge piping; band; edging; purfle

板件侧边用木质、铝合金、塑料或塑钢等材料的镶边条进行镶贴的工艺过程。

2.5.5.15

封边　edge banding; edge treatment

板件侧边用各种封边条或其他条状材料进行封闭处理的工艺过程。

2.5.5.16

软成型封边　soft-forming edge banding

对板件的边部型面或异型边进行成型封边处理的加工方法。

2.5.5.17

后成型封边　post-forming edge banding

包边

用规格尺寸大于板面尺寸的饰面材料饰面后，再根据板件边缘形状压弯包住侧边，使板面与板边形成无接缝产品的封边方法。

2.5.5.18

方材胶合　solid wood gluing and laminating

集成材加工

实木方材在长度上、宽度上、厚度上胶接。

2.5.5.19

弯曲成型　bending

通过锯制弯曲和加压弯曲的方法制成弯曲部件或曲线零部件的工艺。

2.5.5.19.1

方材弯曲　solid wood bending

将实木方材软化后在弯曲力矩作用下弯曲成所要求的曲线形状并使其干燥定型的加工方法。

2.5.5.19.2

弯曲胶合　veneer laminated bending; veneer curve gluing

将一叠涂过胶的薄板按要求配成一定厚度的板坯，然后放在特定的模具中加压弯曲、胶合成型制得曲线形零部件的方法。

2.5.5.19.3

锯制弯曲　curve sawing; sweep-sawing; copy-sawing

用细木工带锯或线锯将板方材通过划线后锯割成曲线形的毛料，再经铣削而成零部件的方法。

2.5.5.19.4

锯口弯曲　kerf-gluing; incision-gluing

在毛料的纵向或横向锯出若干锯口，然后涂胶(有的需要插入薄板或填块)加压弯曲胶合制成曲线形零部件的方法。

2.5.5.19.5

V 形槽折叠弯曲　V-shaped incision joint

在贴面板上锯出若干个 V 形或 U 形槽口，经涂胶、折叠、胶压制成家具柜体或盒状箱体的方法。

2.5.5.19.6

模压成型　mould pressing

将碎料或纤维经施胶后在模具中一次模压制成各种成型的零部件或制品的方法。

2.5.5.20

组框　frame clamping

按照技术要求用一定工具或机械设备对零件进行拼装成框的过程。

2.5.5.21

装配 assembling;assembly

按照设计图纸和技术文件规定的结构和工艺,使用手工工具或机械设备,将零件接合成部件或将零部件接合成制品的过程。

2.6 金属家具加工术语

2.6.1

金属材料形式 metal material classification

为满足金属家具零部件的形态要求,钢材、铝材、铜材或合金等金属材料所具有的规格形状的种类,一般可分为管、板、型和丝四大类。

2.6.1.1

管材 tube;pipe

具有中空截面的长条金属材料,按生产方法可分为无缝管、焊管,按断面形状可分为圆管、方管、矩形管、椭圆管、三角管、菱形管、八角管、半圆管及其他异型管等。

2.6.1.2

板材 sheet metal

一种宽厚比和表面积都很大的扁平金属材料,按厚度不同分薄板(厚度小于 4 mm)、中板(厚度为 4 mm～25 mm)和厚板(厚度大于 25 mm)三种。

2.6.1.3

型材 section bar;structural section metal

一种具有一定截面形状和尺寸的实心长条金属材料,其中钢材按断面形状可分为圆钢、方钢、扁钢、六角钢和角钢、工字钢、槽钢和异型钢等。

2.6.1.4

带材 strip;strip steel

由板材加工成的一种宽厚比较大的扁平金属材料。

2.6.1.5

线材 wire stock;wire rod

直径在 6.5 mm～9.0 mm 的小圆钢。

2.6.1.6

丝材 wire

线材经再一次冷加工后的产品,按形状不同分圆钢丝、扁形钢丝和三角形钢丝等。

2.6.2

结构形式 structure and joint

将两个及以上金属构件或零、部件连接为一体的接合形式,主要有焊接合、铆接合、螺纹接合和销接合等。

2.6.2.1

焊接合 weld joint

通过焊接的方法使两个金属工件连接成一体的结构。

注:焊接术语,2.6.3.23。

2.6.2.2

铆接合 rivet joint

通过铆接的方法使两个或两个以上工件连接成一体的结构。

注:铆接术语,2.6.3.24。

2.6.2.3

螺纹接合 screw joint;screw connection

通过具有螺纹的螺钉或螺栓与螺母使两个或两个以上工件的固定的连接结构。

2.6.2.4

销接合 pin joint;pin connection

用于两个工件的牢靠固定、或可拆卸分离的连接结构。

2.6.2.5

挂接 hook joint

用于悬挂式或拆装式产品的勾挂式连接结构。

2.6.2.6

咬缝 seaming;folded joint

锁接

将薄板的边缘相互折转扣合压紧的连接结构。

2.6.2.7

胀接 expanding joint

利用管子或管扳变形来达到紧固和密封的连接结构。

2.6.2.8

固定式结构 stationary structure

产品中各个构件之间通过焊接或铆接的形式使之固定地连接在一起的结构。

2.6.2.9

拆装式结构 assembly-disassembly structure

将产品分成几个大部件,部件之间用螺栓、螺钉、螺母等可拆装连接件接合并有紧固装置的结构。

2.6.2.10

套叠式结构 overlap structure

叠摞式结构

产品结构具有套叠(或叠摞)放置的功能,可减少占地面积、便于包装运输。

2.6.2.11

折叠式结构 foldable structure;deployable structure

利用平面连杆机构的原理,主要部件通过铆钉、铰链、销轴和转轴等五金件连接的结构。

2.6.2.12

插接式结构 pinboard construction

利用金属管材制作,将小管套入大管的内孔,或采用专用的金属、塑料插接头(如二通、三通、四通等)连接固定的结构。

2.6.2.13

悬挂式结构 mounted structure

利用专门的金属构件,将小型柜体或撑板悬挂在墙体、隔板或框架上的结构,可充分利用空间。

2.6.3

加工工艺 metal processing

将金属材料通过各种机械设备加工成零件、部件和产品的工艺与技术总和。

2.6.3.1

截断 cutting off;parting off;parting

下料

将板材或型材进行加工成所需形状和尺寸的坯料或工件的过程。根据原材料断面形状和用途,主要有割切、锯切、剪切、车切、冲切等方法。

2.6.3.1.1

割切　cutting

利用割刀刃口将板材或型材切断的加工方法。

2.6.3.1.2

锯切　sawing

利用有齿锯片或砂轮锯片将板材或型材切断的加工方法。

2.6.3.1.3

剪切　shearing

剪裁

通过两剪刃的相对运动，将板材或型材切断的加工方法。

2.6.3.1.4

车切　turning cutting

利用普通金属切削车床或特制专用车床上的切刀，将板材或型材切断的加工方法。主要用于对切口有特殊要求的场合。

2.6.3.1.5

冲切　blanking; punching; punching shear

冲裁

利用冲床上配备的模具和刀具，将板材或型材切断(或相互分离)的加工方法。冲裁后，若封闭曲线以内部分为制件时，即为落料，反之即为冲孔。

2.6.3.2

弯形　bending

将坯料弯成所需形状的加工方法。

2.6.3.2.1

热弯　hot bending

将坯料在热状态下弯曲成形的方法。

2.6.3.2.2

冷弯　cold bending

将坯料在常温状态下弯曲成形的方法，包括压弯、滚弯、冲弯和手工弯曲等。

2.6.3.2.3

压弯　press bending; arching

顶弯

用模具或压弯设备将坯料弯成所需形状的加工方法。

2.6.3.2.4

拉弯　stretch beading; tensile bending

将坯料在受拉状态下沿模具弯曲成形的方法。

2.6.3.2.5

滚弯　roll bending

通过旋转辊轴使坯料弯曲成形的方法。

2.6.3.3

弯管　pipe bending; tube bending

将管材弯曲成形的加工方法。通常采用手工设备或弯管机将管材弯曲成一定弧度或角度。

2.6.3.4

缩口　necking; tapered pipe

缩管

将管件或空心制件的端部或局部加压，使其径向尺寸缩小的加工方法。

2.6.3.5

扩口　flaring

将管件或空心制件的端部径向尺寸扩大的加工方法。

2.6.3.6

胀形　bulging

板料或空心坯料在双向拉应力作用下，使其产生塑性变形取得所需制件的成形方法。

2.6.3.7

拔缘　side bending

利用放边或收边使板料边缘弯曲的方法。

2.6.3.7.1

放边　release side

使工件单边延伸变薄而弯曲成形的方法。

2.6.3.7.2

收边　shrinking side

使工件单边起皱收缩而弯曲成形的方法。

2.6.3.8

钣边　flanging; edge curling

翻边

将板件边缘或管件（或空心制件）的口部进行弯折或翻扩的加工方法。

2.6.3.8.1

卷边　curling; crimping

将工件边缘卷成圆弧的加工方法。

2.6.3.8.2

折边　hemming; folding

将件边缘压扁成叠边或压弯成一定几何形状的加工方法。

2.6.3.9

冷作　cold work

在基本不改变材料断面特征的情况下，将金属板材、型材等加工成各种制品的方法。

2.6.3.10

滚压　rolling

轧制

用滚压工具或轧辊对金属坯料或工件施加压力，使其产生塑性变形，从而将坯料成形或滚光工件表面的加工方法。

2.6.3.11

冲压　stamping

利用冲床上的冲模施加压力，使板料分离或成形而得到制件的加工方法。

2.6.3.12

冲孔　punching

用冲模（冲头）在工件或板料上冲切孔的方法。

2.6.3.13

钻孔 drilling

用钻头在实体材料上加工孔的方法。

2.6.3.14

铣槽 groove-milling

在工件上铣削长形槽口的方法。

2.6.3.15

铣螺纹 threading

在工件上车铣螺纹的方法。

2.6.3.16

冲扁 flating

在冲床上将工件端头冲压成扁形的方法。

2.6.3.17

锉削 filing

用锉刀对工件进行切削加工或削平的方法。

2.6.3.18

磨削 grinding;sanding

用磨具以较高的线速度对工件表面进行加工的方法。

2.6.3.19

铸造 foundry;casting

熔炼金属,制造铸型,并将熔融金属浇注铸型,凝固后获得的具有一定形状、尺寸和性能的金属零件毛坯的成形方法。

2.6.3.20

锻造 forging

在加压设备及工(模)具的作用下,使坯料、铸锭产生局部或全部的塑性变形,以获得一定几何形状、尺寸和质量的锻件的加工方法。

2.6.3.21

织网 netting

将钢丝通过织网机的螺旋槽口制得螺旋簧,再一根根相互啮合而制成钢丝网的工艺。

2.6.3.22

热处理 heat treatment

将固态金属或合金在一定介质中加热、保温和冷却,以改变其整体或表面组织,从而获得所需要性能的加工方法。

2.6.3.23

焊接 welding

通过加热、加压或两者并用,并且用或不用填充材料,使两个金属工件产生原子间结合而连接成一体的加工工艺,分为溶焊、压焊和钎焊三大类。

2.6.3.23.1

熔焊 fusion welding

在焊接过程中,将被焊工件接口在高温等的作用下加热至熔化状态,并加入(或不加入)填充金属,而不加压力就能形成焊缝的焊接方法。熔焊一般分为:气焊、手工(焊条)电弧焊、气体保护焊等。

2.6.3.23.2

压焊　pressure welding

在焊接过程中,必须对焊件施加压力(加热或不加热),以完成焊接的方法。主要包括热压焊、冷压焊、扩散焊、气压焊及锻焊等,其共同特点是在焊接过程中施加压力而不加填充材料。

2.6.3.23.3

钎焊　soldering;brazing

使用比工件熔点低的金属材料作钎料,将工件和钎料加热到高于钎料熔点、低于工件熔点的温度,利用液态钎料润湿工件,填充接口间隙并与工件相互扩散实现连接焊件的方法。根据焊接温度的不同,通常分为软钎焊(温度低于450 ℃)和硬钎焊(温度高于450 ℃)两大类。

2.6.3.24

铆接　riveting

使用铆钉连接两个或两个以上工件的一种连接方法,分为活动铆接、固定铆接等。

2.6.3.25

表面装饰处理　metal surface treatment; metal decoration

改善金属工件表面层的力学、物理或化学性能的加工方法,主要包括除锈、磷化、氧化、涂漆、喷塑、电镀等。

2.6.3.25.1

去油处理　clear away oil;oil cleaning

在表面装饰前,对金属构件表面的油脂类垢污进行清除处理。

2.6.3.25.2

除锈处理　clear away rust;rust cleaning;rust removal

对金属构件表面的锈蚀、氧化皮等进行清除处理。

2.6.3.25.3

磷化处理　bonderizing;phosphating

用磷酸和磷酸盐溶液处理金属家具的零部件,从而得到磷酸盐覆盖层(磷化膜)的过程。

2.6.3.25.4

氧化处理　oxidation

通过电解氧化反应使金属表面与氧或氧化剂作用形成一层保护性的氧化膜,起到装饰、耐磨、耐腐蚀性能的处理方法。

2.6.3.25.5

钝化处理　passivation

在金属表面磷化处理后有时需再进一步用铬酸酐或重铬酸钾的稀水溶液作为钝化剂进行钝化处理,以提高磷化膜的防腐蚀性。

2.6.3.25.6

电泳涂装　electro-coating

利用外加电场使悬浮于电泳液中的颜料和树脂等微粒定向迁移并沉积于电极之一的基底表层的涂装方法。主要用于底漆的涂布。

2.6.3.25.7

自沉积涂装　chemical-phoretic coating

利用化学能将成膜物覆盖在铁制品表面形成涂层的方法。

2.6.3.25.8

粉末涂装　powder coating

采用静电喷涂的方法使粉末涂料沉积在被涂件上,再在固化炉中熔融流平形成均匀的漆膜;或利用流化床法使加热的被涂件浸入浮动的粉末涂料而涂上均匀的涂层,再加热烘烤熔融固化形成平整光亮的漆膜。前者为粉末静电涂装(electrostatic powder spraying),又称为喷塑;后者为粉末流化床涂装(fluidized-bed powder coating)。

2.6.3.25.9

电镀　electroplating

利用电解工艺,将金属或合金沉积在制件表面,形成均匀、致密、结合力良好、不生锈的金属镀层的表面处理方法。

2.6.4

金属加工缺陷　processing defect of metal

金属家具及其零部件经过加工处理后在其表面或接合部位等出现的问题。

2.6.4.1

裂缝　crack

金属材料的局部缝隙。

2.6.4.2

接疤　scab

管材表面出现的带钢接长处的焊疤。

2.6.4.3

错位　staggered joint

材料中工件偏离规定对接位置。

2.6.4.4

压痕　depression

工件表面出现的凸凹压印。

2.6.4.5

划痕　scoring

工件表面产生细、长凹痕。

2.6.4.6

毛刺　burr

工件边沿不规则的微小突起部分。

2.6.4.7

快口　sharp edge

工件加工后未经修磨处理,边缘粗糙锋利的突出部位。

2.6.4.8

皱纹　puckering

工件弯曲时表面形成不规则的波纹。

2.6.4.9

锈蚀　rusty corrosion

金属表面因生锈产生的腐蚀现象。

2.6.4.10

焊接缺陷　weld defect

焊接过程中在焊接接头中产生的金属不连续、不致密或连接不良的现象。常见缺陷有气孔、夹渣、焊瘤、飞溅、咬边、漏焊、未焊透、焊穿、焊接裂纹等。

2.6.4.10.1

气孔 blowhole

在焊接时,熔池中的气泡在凝固时未能逸出而遗留在焊缝里所形成的空穴。

2.6.4.10.2

夹渣 slag;inclusion

遗留在焊缝里的熔渣或杂质。

2.6.4.10.3

焊瘤 weld bead

因焊接工艺及操作不当而在焊缝表面形成的金属瘤或疙瘩。

2.6.4.10.4

飞溅 spatter

焊接时金属溶液溅落在工件上形成的颗粒。

2.6.4.10.5

咬边 undercut

焊接时由于过热使焊缝两侧的被焊工件过烧而在焊缝边缘留下的凹陷或沟槽。

2.6.4.10.6

漏焊 missing weld

规定焊接的部位有一部分或全部未焊的现象。

2.6.4.10.7

未焊透 incomplete fusion;lack of penetration

焊接时焊缝未被熔化或接头根部未完全熔透而留下间隙的现象。

2.6.4.10.8

未焊满 inadequate welding;sunken welding

焊接后在焊缝表面或焊缝背面形成的低于被焊工件表面的局部低洼部分,或由于填充金属不足,在焊缝表面形成的连续或断续的沟槽。

2.6.4.10.9

焊穿 burn-through

焊接时过热形成的局部穿孔。

2.6.4.10.10

焊接裂纹 welding crack

在焊接应力及其他致脆因素共同作用下,焊接接头中局部地区的金属原子结合力遭到破坏而形成的新界面所产生的缝隙。按裂纹形成的条件分为热裂纹、冷裂纹、再热裂纹和层状撕裂等四类。

2.7 软体家具加工术语

2.7.1

弹簧 spring

利用金属材料的弹性和结构特点,使变形与载荷之间保持规定关系的一种弹性元件,是构成软体家具软垫结构的重要元件。

2.7.1.1

螺旋弹簧 spiral spring

具有螺旋形状的弹簧,可分为中凹形螺旋弹簧、圆柱形螺旋弹簧、宝塔形螺旋弹簧、拉簧、穿簧等。

2.7.1.1.1

中凹形弹簧　concave spring;waist drum spring

腰鼓簧

由一根钢丝绕成的两端为大螺旋圈、越往中部螺旋圈越小的螺旋弹簧，外形像腰鼓或沙漏，具有两头大、中间小的形状。

2.7.1.1.2

圆柱形弹簧　cylindrical spring

柱形簧

由一根钢丝绕成圆柱状螺旋圈的螺旋弹簧，使用时通常将其分别独立缝制于无纺布袋内。

2.7.1.1.3

宝塔形弹簧　pagoda shape spring;conical spring;trumpet spring

塔簧

由一根钢丝绕成的一端为大螺旋圈、另一端为小螺旋圈的螺旋弹簧，外形呈圆锥形，具有一头大、一头小形状。

2.7.1.1.4

螺旋拉簧　tension spring;extension spring

拉簧

用钢丝绕制成的起拉紧作用的线状圆柱螺旋弹簧，一般由直径为 2 mm 的钢丝绕制成外径为 12 mm 的长管形螺旋弹簧。

2.7.1.1.5

螺旋穿簧　helical coiler

穿簧

用钢丝绕制成的起连接作用的细圆柱螺旋弹簧，一般由直径为 1.2 mm～1.6 mm 的钢丝绕制成圈径比被穿弹簧的钢丝直径略大(其间隙在 2 mm 内)的一种螺旋弹簧。

2.7.1.2

蛇形弹簧　zigzag spring;snake spring

蛇簧

一般采用直径为 3 mm～3.5 mm 的钢丝弯曲制成呈连续 S 形或蛇形的弹簧。

2.7.1.3

袋装弹簧　packaged spring;package cloth spring;bag-type spring

布袋簧

外面罩有面料的圆柱形弹簧。

2.7.1.4

连续型弹簧　continuous spring

由一根或数根钢丝绕制成连锁形结构的弹簧。

2.7.2　一般术语

2.7.2.1

面料　coated fabrics or leathers

包覆在沙发、床垫等软体家具或软包件外表面的纤维织物(纺织布料)或皮革材料。

2.7.2.2

复合面料　opbond

绗缝层

将织物(或皮革)面料与泡沫塑料、絮用纤维、无纺布等材料绗缝在一起的复合体。

2.7.2.3

弹簧芯　spring unit

中凹形弹簧、连续型弹簧、袋装式弹簧，由螺旋穿簧或其他材料将弹簧连接组成的弹性整体。

2.7.2.4

铺垫料　insulator

介于复合面料与弹簧芯之间的衬垫材料，包括泡沫塑料、塑网、麻毡（布）、棕纤维垫、化纤（棉）毡、椰丝垫等各种材料。

2.7.2.5

棕丝垫　palm fiber elastic core material

由天然棕丝和天然胶为主要原料制成的棕纤维弹性软垫料。

2.7.2.6

护角　edge protector

为了增加床垫四个边角的承受力，防止床垫在长期使用过程中边角处塌陷或变型，固定在弹簧芯四角的结构材料。

2.7.2.7

围边钢丝　edge wire-steel

用于弹簧软床垫软边处将床垫周边弹簧包扎连接在一起，起固定和连接弹簧作用的边框钢丝。

2.7.2.8

弹簧覆盖率　spring covering percentage

床垫（或沙发、坐垫）上所用弹簧的最大截面面积总和与床垫（或沙发、坐垫）实测面积的百分比值。

2.7.2.9

围边　edge; border

沙发（的座面、靠背、扶手）或床垫的周边部分。

2.7.2.10

嵌线　inserting line

面料缝合时夹入的线条。

2.7.2.11

缝边　tap edge

将沙发（的座面、靠背、扶手）或床垫表面的复合面料与周边复合材料、拉链之间缝合在一起并呈线状的边条。

2.7.2.12

压缩量　compression amount; quantity of compression; height loss

在沙发座面（或水平放置的床垫垫面）上的一个检测位置上，通过圆形垫块的中心施加垂直向下的力，引起沙发座面（或床垫）表面沿受力方向的位移量。

2.7.2.13

背松动量　relaxing amount of back

在力学耐久性试验前，沙发处于原始自由状态时，测得的背后面中心线与基面之间的角度，经耐久性试验后，在保载条件下，在同一测量部位测得的角度，其差值为背松动量。

2.7.2.14

扶手松动量　relaxing amount of armrest

在力学耐久性试验前，沙发处于原始自由状态时，在两个扶手前沿任选同一水平线上的两固定点之间测得的距离，经耐久性试验后，在保载条件下，在同原两个固定点之间再次测定的距离，其差值为扶手松动量。

2.7.2.15

背剩余松动量　residual relaxing amount of back

力学耐久性试验后，在卸载条件下，在背后面中心线与基面再次测得的角度，与耐久性试验前原始自由状态时测得的角度，其差值为背剩余松动量。

2.7.2.16

扶手剩余松动量　residual relaxing amount of armrest

力学耐久性试验后，在卸载条件下，原两个固定点之间再次测得的距离，与耐久性试验前原始自由状态时测得的距离，其差值为扶手剩余松动量。

2.7.3　制作工艺

2.7.3.1

框架制作　framing;skeleton framing

制框

把加工好的内框架材料通过钉接合（或五金连接件接合）组装成框架，有的部位封板，然后进行打磨处理。

2.7.3.2

钉绷带　nail bandage

在座面、靠背、扶手等部位钉制绷带，以形成弹簧等弹性材料的铺垫基底。

2.7.3.3

固定弹簧　attachment spring

将弹簧固定于基底，并将弹簧之间绑扎以形成一个整体。

2.7.3.4

钉麻布　nail sackcloth

在弹簧结构中用麻布覆盖弹簧，并为铺料提供基底；在非弹簧结构中用麻布覆盖绷带，钉压边条。

2.7.3.5

海绵切割　foam cutting

一般先在海绵上按样板划线，然后用长刀或海绵切割锯、切割机（如海绵平切机、海绵纵切机、海绵线切机等）割）对海棉进行切割加工成要求的规格尺寸。

2.7.3.6

贴海绵　foam sticking

在钉好内架的接触面上粘结切割好的海绵。

2.7.3.7

面料裁剪　fabric cutting

通过对面料的排样和采用手工或机械将面料裁剪成所需要的规格尺寸。

2.7.3.8

面料缝纫　fabric sewing

按面料或复合面料的要求，将有些面料块及衬垫材料缝合在一起，必要时还要加入嵌线。

2.7.3.9

沙发包蒙　fabric covering

扪面

将缝制好的面料或复合面料对贴好海绵的沙发框架包覆形成软体表面的过程。

2.7.3.10

卷制弹簧 roll up spring;coil spring

采用自动卷簧机将弹簧钢丝卷绕制成要求形状的弹簧的成形工艺。

2.7.3.11

机器穿簧 spiral spring fastening

将弹簧床垫中相邻的螺旋弹簧的上下圈分别纵横交错地连接成整体弹簧芯的工序。

2.7.3.12

打围边钢 edge wire-steel fastening

扣边框

用气动夹码枪将弯折成型后的围边钢丝跟弹簧芯周围的每只弹簧的上下圈接触处扣扎牢固的工序。

2.7.3.13

床垫包蒙 fabric covering

绷面

将绗缝层(复合面料)套在打好铺垫层的床芯上,并用扣布枪将绗缝层上的衬布固定在床芯上的工序。

2.8 家具表面涂饰与装饰术语

2.8.1 一般术语

2.8.1.1

涂饰 finishing

油漆

涂装

按一定的工艺操作规程将涂料涂布在家具表面上形成一层漆膜的装饰方法。

2.8.1.2

涂层 coating

一道涂覆所得到的一层连续膜,是为了防护,绝缘,装饰等目的,涂布于木材、金属、塑料等基体上的塑料薄层。

2.8.1.3

漆膜 paint film

涂覆一道或多道涂层所形成的连续膜,一般包括底漆层、中间涂层和面漆层。涂膜体现涂料配套使用的效果。

2.8.1.4

样板 sample board

色板

涂饰规范的实物标准。

2.8.1.5

腻子 filler or putty

填孔剂

用涂料或胶粘剂、体质颜料等配制成的填补表面凹陷的带色糊状物。

2.8.1.6

水色 water stain

染料的水溶液。

2.8.1.7

酒色 alcohol stain

含有着色物质的虫胶醇溶液。

2.8.1.8

油色 oil stain

含有着色物质的油性溶液。

2.8.1.9

底漆 base coating；undercoat；sealer；primer

工件表面起到遮盖、着色、封闭和防锈等作用的底层涂料，一般有封闭底漆和中层底漆之分。

2.8.1.10

面漆 top coating

覆盖于底漆表面的涂料，具有一定厚度、光泽。

2.8.1.11

清漆 natural clear lacquer or clear coating

不含着色颜料和体质颜料的透明涂料，作透明装饰。

2.8.1.12

色漆 colored paint or pigmented coating

含有着色颜料和体质颜料的不透明涂料，具有各种色调，作不透明装饰。

2.8.1.13

有色透明漆 colored clear coating

由清漆和染料调配而成的具有各种色调的透明涂料，作透明装饰。

2.8.1.14

透明涂饰 clear painting

用透明涂料（清漆或有色透明漆）涂饰家具表面的方法。

2.8.1.15

不透明涂饰 opaque painting

采用含有颜料的不透明涂料（或色漆）涂饰家具表面的方法。

2.8.1.16

直接印刷涂饰 simulated grain；wood grain printing；direct print painting

模拟印刷

在工件表面上直接印刷或仿真涂饰类似木材或大理石等的颜色、花纹和图案的工艺。

2.8.1.17

热膜转印涂饰 film transfer painting

在工件表面上用薄膜（或箔）进行高温转印或烫印出类似木材或大理石等的颜色、花纹和图案的工艺。

2.8.1.18

封闭涂饰 closed finishing

闭孔涂饰

填孔涂饰

用填孔剂（或腻子）将木材表面的导管孔全部填满填实填牢，并具有厚涂膜的涂饰方法。

注：填孔术语，2.8.2.9。

2.8.1.19

半开放涂饰　partly-opened finishing

半显孔涂饰

半填孔涂饰

用填孔剂(或腻子)将木材表面的管孔适当填充但不填满填实,表面木纹呈现半开孔状的涂饰方法。

2.8.1.20

开放涂饰　opened finishing

显孔涂饰

不填孔涂饰

不使用填孔剂(或腻子)将木材表面的管孔填没,以保持表面木纹自然开孔状的涂饰方法。

2.8.1.21

亮光涂饰　bright finishing;glossy finishing

高光涂饰

采用亮光面漆涂饰和对漆膜进行砂磨、抛光后,使漆膜厚实丰满、明亮如镜,并具有高光泽效果(一般漆膜光泽度在70%以上)的涂饰方法。

2.8.1.22

半亚光涂饰　semi matte finishing;semi-gloss finishing

半光涂饰

使用不同光泽的面漆,并结合相应材质、颜色、被涂物的形状、涂膜厚度等因素,可形成半光泽漆膜效果(一般漆膜光泽度在30%～70%之间)的涂饰方法。

2.8.1.23

亚光涂饰　matte finishing;flatness finishing

平光涂饰

采用消光(或亚光)面漆和其他涂饰工艺,使漆膜只具有较低的光泽效果(一般漆膜光泽度在30%以下)的涂饰方法。按是否填孔可分为填孔亚光、半显孔亚光和显孔亚光三种。

2.8.1.24

表面干燥　surface drying

表干

涂层表面干到不沾灰土或手指轻触不沾手的状态。

2.8.1.25

实际干燥　hard drying

实干

手指按压漆膜不留痕迹,可进行打磨和抛光等修整工作的状态。

2.8.1.26

完全干燥　completely drird

全干

漆膜达到硬度稳定,保护和装饰性能达到标准要求状态。

2.8.1.27

涂层均匀　uniform coating

涂层无明显厚薄差异。

2.8.1.28

流平性　flowability

涂饰后涂料自动流展成平滑表面的性能。

2.8.1.29

漆膜平整　smooth coating

漆膜表面光滑，无明显杂质或丝路痕等缺陷。

2.8.1.30

颜色均匀　uniform color

表面颜色无明显深、浅差异。

2.8.1.31

颜色清晰　transparent stain

透明涂层的颜色清澈，能显现木孔和纹理。

2.8.1.32

颜色浑浊　muddy stain

透明涂层的颜色不能清晰的显现木材的纹理。

2.8.1.33

粘度　viscosity

是液体分子间相互作用而产生阻碍其分子间相对运动能力的量度。

2.8.1.34

结皮　skinning

油性涂料表面固结成的膜。

2.8.2　涂饰工艺

2.8.2.1

砂光　dry sanding

采用砂纸、砂带等对木材表面进行砂磨，去除表面粗糙不平度，使表面平整光洁的过程。

2.8.2.2

除木毛　raised grain removing

去除浮现在木材表面的木纤维束的过程。

2.8.2.3

除树脂　gum removing

去除某些木材含有的树脂等物质的过程。

2.8.2.4

除油渍　degreasing；oil removing；smears removing

去除粘附在工件表面上的各种胶质和油脂、油污等脏物的过程。

2.8.2.5

除锈　derusting；rust removing

去除金属表面的锈蚀物的过程。

2.8.2.6

酸洗　pickling

用酸液洗去工件表面锈蚀物和轧皮的过程。

2.8.2.7

漂白　bleaching

脱色

采用化学方法除去木材表面天然色素或加工过程中产生的污染变色，以消除表面色斑和不均匀色调的操作过程。

2.8.2.8

嵌补 filling

用腻子将木材表面上的虫眼、钉孔、裂缝、榫缝以及逆纹切削形成的凹坑和树节旁的局部凹凸不平等孔缝或缺陷填补平整的操作。

2.8.2.9

填孔 hore filling

涂老粉

将涂料、颜料、溶剂等调配成的膏状填孔剂填平木材表面的导管槽，使被涂饰面变得平滑，原有木纹更为明显。

2.8.2.10

染色 dyeing

使木材或薄木染上表里一致的颜色，使一般木材具有珍贵树种的颜色或人们喜爱的颜色的方法。

2.8.2.11

着色 staining

按样板要求，用颜料、染料配制成溶液涂覆于工件表面，使产品外观呈现某种色调，或是使木材的天然颜色更加鲜明的方法。

2.8.2.11.1

底着色 base staining

基础着色

在漆膜底部着色，即直接在木材白坯表面上着色或在最初几道工序进行着色的方法。

2.8.2.11.2

面着色 topcoat staining；topcoat coloring

面漆着色

在透明面漆中加入染色物质或采用有色透明面漆，在涂饰面漆的同时进行漆膜着色的方法。

2.8.2.12

修色 color matching；stain remedying

补色

消除涂饰表面的颜色差异、颜色缺损，或对色泽不均匀处进行调整的方法。

2.8.2.13

涂封闭底漆 sealering；sealer painting；first coating

用于封闭基材白坯的第一遍漆（或头道底漆）的涂饰过程。

2.8.2.14

涂底漆 undercoating；primer painting；priming

涂中层底漆

用于（一遍或几遍）中层底漆的涂饰过程。

2.8.2.15

涂面漆 topcoating

用于形成表层漆膜的最后几遍漆的涂饰过程。

2.8.2.16

涂层干燥 coating curing

涂层固化

涂层由液态向固体变化形成漆膜的物理化学过程。

2.8.2.16.1

自然干燥　air curing

湿涂层暴露于常温空气中,自然发生干燥固化的过程。

2.8.2.16.2

加热干燥　heating curing;stoving

加热使湿涂层发生干燥固化的过程。常用蒸汽、热水等热源加热的空气作介质,以对流加热方式干燥涂层。

2.8.2.16.3

红外线干燥　infrared drying

利用红外线辐射源使湿涂层发生干燥和固化的过程。

2.8.2.16.4

紫外线干燥　ultra-violet curing;UV-curing

紫外光固化

利用紫外线照射使光敏涂料的湿涂层发生干燥和固化的过程。

2.8.2.17

砂磨　sloppy sanding

用砂纸或砂带除去其漆膜表面上的粗糙不平度,使漆膜表面平整光滑。

2.8.2.18

抛光　polishing

打腊

用抛光材料(砂蜡)擦磨漆膜表面,进一步消除经磨光后留下的表面细微不平度,提高其表面光洁度,直至光亮如镜。

2.8.2.19

整修　remedying

用涂料修补涂饰后的缺陷。

2.8.3　涂饰方法

2.8.3.1

刮涂　shaving;knife coating

用各种刮刀将腻子、填孔着色剂、填平漆等嵌补于工件表面的各种孔洞和缝隙中,或将工件表面的管孔和不平处全面刮涂填平饰的底层填平。

2.8.3.2

刷涂　brushing;brush coating

用漆刷将涂料涂刷于工件表面,形成一层薄而均匀的涂层。

2.8.3.3

揩涂　tamponing

用软性材料(棉球或棉花团、竹丝、刨花、海绵等)捏成各种形状蘸上涂料揩擦涂于工件表面,经多次揩擦,而逐渐累积成连续漆膜的一种方法。

2.8.3.4

喷涂　spraying

利用压缩空气及喷枪使液体涂料雾化并喷射到工件表面上形成涂层的方法。

2.8.3.4.1

空气喷涂　air spraying

气压喷涂

利用压缩空气从喷枪的空气喷嘴高速喷出时形成的真空负压区，将涂料抽吸出来并雾化后喷射到工件表面上，形成连续完整涂层的方法。

2.8.3.4.2

无气喷涂　airless spraying；high-pressure airless spraying

高压无气喷涂

借助高压泵使涂料从喷枪喷嘴喷出而分散雾化成极细的涂料微粒喷射到工件表面形成涂层的方法。

2.8.3.4.3

静电喷涂　electrostatic spraying

借助高压电场的作用，使喷枪喷出的涂料雾化得更细并带电荷，通过静电的引力而沉积在导电（或不导电但接地）的被涂工件表面上形成涂层的涂装方法。

2.8.3.5

淋涂　curtaining；curtain coating

涂料从淋漆机头中呈幕帘状连续流下，涂覆于快速移动的工件表面而形成涂层的方法。

2.8.3.6

辊涂　roller coating

涂料通过辊筒部分或全部转涂到工件表面上而形成一定厚度的连续涂层的方法。

2.8.3.7

抽涂　pull coating

将呈细长外形的被涂工件通过抽涂机进行涂装的方法。

2.8.3.8

浸涂　dipping coating

将工件浸没于涂料中并经短时间浸泡后，再将工件从涂料中取出，此时工件表面就会粘附涂料的涂饰方法。

2.8.4　涂饰缺陷

2.8.4.1

横砂痕　cross-grain sanding mark

非顺纹砂磨的痕迹。

2.8.4.2

穿心眼　sinking

木材表面漏填的局部管孔，会导致漆膜上产生小孔。

2.8.4.3

色花　colour lacking uniformity

着色面颜色不均匀。

2.8.4.4

渗色　stain bleeding

底漆的颜色透过面漆沾污表层，或渗透到面漆使面漆变色的现象。

2.8.4.5

浮色　floating colour；flooding

几种着色颜料配成的色漆，因搅拌不均使漆膜产生色花。

2.8.4.6

变色　discoloration

漆膜因老化或接触化学物质改变原来颜色。

2.8.4.7

过楞　run-off

涂料超过楞边，结集在相邻表面。

2.8.4.8

刷痕　brushing mark

涂层干燥后残留的涂刷痕迹。

2.8.4.9

流挂　sagging or running

涂料沿立面淌下结成的流泪或挂帘等不规则形状。

2.8.4.10

刷毛　bristle

粘附在漆膜表面上的排笔毛或漆刷毛。

2.8.4.11

发白　blushing

泛白

漆膜呈现浑浊或乳白色。

2.8.4.12

桔皮　orange peel

漆膜表面呈现桔皮状的纹样。

2.8.4.13

皱皮　wrinkling

涂层干后收缩成很多弯曲的棱背。

2.8.4.14

露底　exposing undercoat

漏白

色漆未能均匀遮盖底层的漆膜颜色。

2.8.4.15

咬底　lifting

发笑

因底层漆膜受强溶剂面漆的浸蚀，使漆膜膨胀鼓起。

2.8.4.16

起筋　streak

揩涂时漆膜表面呈现的丝路印痕。

2.8.4.17

粒子　nib

漆膜表面粘附颗粒状杂物。

2.8.4.18

沉陷 sinking

涂料渗入管孔，使漆膜表面出现孔、槽状不平整。

2.8.4.19

缩孔 pitting

漆膜表面呈大小不等的圆形凹陷。

2.8.4.20

胀边 fatty edge

漆膜周边结成条状增厚部分。

2.8.4.21

针孔 pinhole

砂眼

漆膜表面出现透底的针状小孔。

2.8.4.22

鼓泡 blister

气泡

漆膜干后出现大小不等的突起圆泡，产生于被涂表面与漆膜之间，或两层漆膜之间。

2.8.4.23

磨白 sanding through the finish

白楞

局部漆膜被磨尽后显露木材。

2.8.4.24

擦穿 rubbing through the finish

抛光时磨损局部面漆，显露底漆。

2.8.4.25

油白 greasy gloss

由于底层油性物质的影响，漆膜水磨抛光后出现的白雾。

2.8.4.26

雾光 fog gloss

光泽不够明亮，略呈雾状。

2.8.4.27

失光 loss of gloss

有光涂料成膜后没有(或丧失)光泽。

2.8.4.28

倒光 loss of gloss

涂层刚固化时有光泽，随后出现光泽减退的现象。

2.8.4.29

回粘 after-tack

涂料干燥成膜后，有时出现发粘现象。

2.8.4.30

层间剥离 exfoliation between layers

脱皮

面漆与底漆间的分离。

2.8.4.31

裂纹　craze

龟裂

漆膜在老化过程中出现的各种裂缝。

2.8.5　漆膜性能

2.8.5.1

光泽　gloss

漆膜表面反射出的亮光。

2.8.5.2

硬度　hardness

干燥后的漆膜表面,对作用其上的另一更硬的物体所表现的阻力。

2.8.5.3

漆膜厚度　dry film thickness

漆膜完全干燥后的厚度。

2.8.5.4

冲击强度　impact strength;impact resistance

漆膜在外加冲击作用下保待完好无损的能力。

2.8.5.5

柔韧性　flexibility

漆膜抗弯曲或适应基体变形的能力。

2.8.5.6

附着力　adherence

漆膜在涂饰表面粘附的牢度。

2.8.5.7

遮盖力　hiding power;covering power

色漆涂成均匀的薄膜后,其漆膜遮盖被涂表面底色的能力。

2.8.5.8

耐磨性　wear resistance;abrasive resistance

漆膜抗机械磨损的能力。

2.8.5.9

耐干热性　heat resistance

漆膜经高温热作用而保持其表面性能稳定的能力。

2.8.5.10

耐湿热性　humidity resistance

漆膜在特定热环境作用下而保持其表面性能稳定的能力。

2.8.5.11

耐冷热循环性　resistance to heat and cold cycle

耐冷热温差性

漆膜在特定冷、热温度循环变化环境作用下而保持其表面性能稳定的能力。

2.8.5.12

耐液性　liquidity resistance;solvent resistance; chemical resistance

漆膜经酸、碱、盐类物质或溶剂渗透和熔解作用而保持其表面性能稳定的能力。

2.8.5.13

保色性　color retention

漆膜抵御外界环境,保持原有色彩的能力。

2.8.5.14

保光性　light fastness;retention of gloss

漆膜能长久抵抗光作用而保持其表面原有光泽和色泽的能力。

2.8.5.15

耐候性　weathering resistance

漆膜经受气侯环境变化而保持其表面性能稳定的能力。

2.8.5.16

耐老化性　ageing resistance

漆膜在环境因素作用下而不发生老化的能力。

2.8.5.17

防锈性　anti-rusting

漆膜防止基体金属及其合金材料或制件锈蚀的能力。

2.8.5.18

耐压痕性　print resistance

漆膜抵抗外力使其表面压陷的能力。

2.8.5.19

耐划伤性　scratch resistance

漆膜经受各种坚硬尖锐物体的刮擦作用而不发生损伤的能力。

2.8.5.20

耐龟裂性　cracking resistance

漆膜受湿、热等作用而保持其表面不发生细微裂纹的能力。

2.8.5.21

耐香烟灼烧性　resistance to cigarette burns

漆膜表面承受香烟灼烧的能力。

2.8.5.22

清漆透明度　varnish transparency

清漆透光的程度。

2.8.6　特种装饰

2.8.6.1

雕刻　carving

利用手工刻凿刀或机械铣刀在构件表面切削加工出具有装饰或雕塑效果的图案纹样的方法,可分为浮雕、透雕、圆雕、线雕等。

2.8.6.1.1

浮雕　relief carving

凸雕

在木材表面上雕刻好象浮起的形状或凸起的图形的方法,可分为浅浮雕、中浮雕和深浮雕。

2.8.6.1.2

透雕　through carving

在板上雕去图案花纹或把图案花纹以外的部分雕去的方法,可分为阴透雕和阳透雕。

2.8.6.1.3

圆雕　solid carving; body carving

立体雕

在柱形构件外表面进行浮雕的方法。

2.8.6.1.4

线雕　curve groove carving

在平板表面上加工出曲直线状沟槽来表现文字或图案的一种雕刻方法。

2.8.6.2

镶嵌　inlay

在部件表面加工出一定的凹形，然后用木块、兽骨、金属、岩石、龟甲、贝壳等装饰物嵌入的一种装饰方法。

2.8.6.3

压花　emboss; embossing; mould pressing

模压

在一定温度、压力、木材含水率等条件下，用金属成型模具对木材等材料表面进行热压制造出具有浮雕效果的零部件的加工方法。

2.8.6.4

烙花　hot drawing; pyrograph

烫绘

用赤热金属对木材施以强热(高于 150 ℃)，使木材变成黄棕色或深棕色的一定花纹图案的一种装饰方法。

2.8.6.5

绘画　lacquer painting

彩绘

用油性颜料在家具表面徒手绘制，或采用磨漆画工艺对家具表面进行装饰的方法。

2.8.6.6

贴金　cover with gold leaf; prettify and bronzing

用油漆将极薄的金箔包覆或贴于浮雕花纹或特殊装饰面上以形成经久不褪、闪闪发光的金膜的方法。

2.9　家具性能质量术语

2.9.1

功能尺寸　product functional dimension

家具产品的功能尺寸，包括产品外形上的长、宽、高(或宽、深、高)以及满足使用要求的主要功能尺寸。

2.9.2

尺寸极限偏差　overall dimension limit deviation

产品外形上的长、宽、高(或宽、深、高)等实测值与产品图样上规定的相应尺寸的允许偏差。

2.9.3

形位公差　shape and position tolerance; geometrical tolerances

产品及零部件上的形状和位置公差，主要包括翘曲度、底脚平稳性、平整度、邻边垂直度、位差度、下垂度、摆动度、水平偏差、圆度等。

2.9.3.1

翘曲度　warping degree

产品或部件表面上的整体平整程度。

2.9.3.2

底脚平稳性　foot stability

产品底脚着地时的一致性程度。

2.9.3.3

平整度　level degree

产品或部件表面在 0 mm～150 mm 范围内的局部的平整程度。

2.9.3.4

位差度　place difference degree

产品中的门与框架、门与门、门与抽屉、抽屉与框架、抽屉与抽屉相邻表面间的距离偏差。

2.9.3.5

邻边垂直度　vertical degree of adjoining side

产品(部件)为矩形时的不矩程度。

2.9.3.6

抽屉下垂度　droop degree

抽屉面水平边的自由下垂的程度。

2.9.3.7

抽屉摆动度　swing degree;oscillation degree

抽屉两侧边左右摆动的程度。

2.9.3.8

分缝　gap

门(或抽屉)与框架之间的间隙。

2.9.3.9

水平偏差　plane deviation

产品中应水平的平面与水平地面的平行程度。

2.9.3.10

平行度　parallel degree

家具产品中平行部位或部件的平行程度。

2.9.3.11

圆度　circular degree

产品圆管弯曲处由局部挤压或拉伸产生的变形程度。

2.9.3.12

外形对称度　symmetry;symmetrical degree

家具产品(如沙发)或对称部位或部件的对称程度。

2.9.4

外观要求　appearance specification

木制件、人造板件、金属件、五金件、玻璃件、软包件等的外观质量、表面处理、加工要求等。

2.9.4.1

用料要求　material requirement

对产品用料的要求,如质地、色泽、允许表面缺陷、密度、含水率等的要求。

2.9.4.2

木工要求　woodworking requirement

对产品木材机械加工的技术要求，如尺寸精度、粗糙度、接合、封边、贴面等的要求。

2.9.4.3

软包件要求　soft package requirement

对产品软包处理的技术要求，如包覆面料拼接图案、绒毛方向、色泽、外露泡钉、软面嵌线等的要求。

2.9.4.4

涂饰要求　finishing requirement

对木制件、金属件等涂饰表面漆膜层的外观状态的质量要求。

2.9.5

理化性能　physical and chemical performance requirements

对木制件、金属件等装饰表面的漆膜、软硬质覆面的物理和化学性能的要求。

2.9.5.1

木制件表面漆膜理化性能　physical and chemical performance requirements of paint film

一般包括耐液性、耐湿热性、耐干热性、附着力、耐冷热温差性、耐磨性、抗冲击性、耐香烟灼烧性、厚度、光泽度等几个方面的要求。

2.9.5.2

木制件软硬质覆面理化性能　physical and chemical performance requirements of overlay

一般包括耐冷热循环性、耐干热性、耐划痕、耐液性、耐磨性、抗冲击性、耐香烟灼烧性、耐光色牢度、表面胶合强度(覆面材料剥离强度)等几个方面的要求。

2.9.5.3

金属件表面烘漆喷塑涂层理化性能　physical and chemical performance requirements of baking or stoving finish

一般包括硬度、冲击强度、耐腐蚀、附着力、光泽度等几个方面的要求。

2.9.5.4

金属件表面电镀层理化性能　physical and chemical performance requirements of plating layer

一般包括附着力(结合力)、粗糙度、抗盐雾、铬层厚度、氧化膜厚度等方面的要求。

2.9.5.5

软包复合面料理化性能　physical and chemical performance requirements of topbond

一般包括面料克重、面料耐干摩擦色牢度、泡沫塑料密度等的要求。

2.9.5.6

软包铺垫料理化性能　physical and chemical performance requirements of insulator

一般包括塑料泡沫回弹性能、拉伸强度、棕纤维垫料密度、含水率、压缩永久变形率、强度等。

2.9.6

力学性能　mechanical properties

家具在正常或非正常使用情况下的强度、耐久性和稳定性。

2.9.6.1

载荷　load

家具结构所支承物体的重量，也可把它称为作用于家具上的力。

2.9.6.1.1

恒载荷　dead load; constant load

家具制成后不再改变的载荷，即家具本身的重量。

2.9.6.1.2

活载荷　live load;changing load

家具在使用过程中所接受的大小或方向有可能随时改变的外加载荷,即可能出现在家具上的人和物的重量以及其他作用力。

2.9.6.1.3

静载荷　static load

逐渐作用于家具上达到最大值并随后一直保持最大值的载荷,常使家具处于静力平衡或产生蠕动变形。

2.9.6.1.4

冲击载荷　impact load

在很短时间内突然作用于家具上并产生冲击力的载荷,会使家具发生冲击破坏和瞬间变形。

2.9.6.1.5

重复载荷　repeated load;cyclic load

循环载荷

周期性间断循环或重复作用于家具上的载荷,常会使家具发生疲劳破坏和周期性变形。

2.9.6.2

强度试验　strength test

模拟家具在人们正常使用和习惯性的误用情况下可能经受到的载荷的试验。

2.9.6.2.1

静载荷试验　static load test

检验家具在可能遇到的重载荷条件下所具有的强度。

2.9.6.2.2

耐久性试验　repeated load test

检验家具在重复使用、重复加载条件下所具有的强度。

2.9.6.2.3

冲击试验　impact load test

检验家具在可能遇到的冲击载荷条件下所具有的强度。

2.9.6.2.4

稳定性试验　stability test

检验家具在外加载荷作用下所具有的抵抗倾翻的能力。

2.9.6.3

试验水平　test level

根据家具产品在预定使用条件下的正常使用频数,或可能出现的误用程度,按加载大小与加载次数多少将强度和耐久性试验水平分为五级。

2.9.6.3.1

一级水平　test level Ⅰ

不经常使用、小心使用、不可能出现误用的家具,如供陈设古玩、小摆件等的架类家具。

2.9.6.3.2

二级水平　test level Ⅱ

轻载使用、误用可能性很小的家具,如高级旅馆家具、高级办公家具等。

2.9.6.3.3

三级水平　test level Ⅲ

中载使用、比较频繁使用、比较易于出现误用的家具,如一般卧房家具、一般办公家具、旅馆家具等。

2.9.6.3.4

四级水平　test level Ⅳ

重载使用、频繁使用、经常出现误用的家具，如旅馆门厅家具、饭厅家具和某些公共场所家具。

2.9.6.3.5

五级水平　test level Ⅴ

使用极频繁、经常超载使用和误用的家具，如候车室、影剧院家具等。

2.9.7

环保性能　environmental performance;limit of harmful substances

有害物质限量

各类家具产品中有害物质限量的要求，主要包括甲醛释放量、挥发性有机化合物(VOC)释放量、总挥发性有机化合物(TVOC)释放量、重金属含量、天然放射性核素等的要求。

2.9.7.1

甲醛释放量　formaldehyde release;formaldehyde emission

在标准规定条件下，通过某种测试方法，按照一定形式(如单位面积或承载率)和时间要求，测得产品(或原材料)向外界散发甲醛(HCHO)气体的含量。

2.9.7.2

挥发性有机化合物(VOC)释放量　volatile organic compounds (VOC) emission

在标准规定条件下，通过某种测试方法，按照一定形式(如单位面积或承载率)和时间要求，测得产品(或原材料)向外界散发苯、甲苯及二甲苯等的含量。

注：挥发性有机化合物是指在101.3 kPa标准大气压下，任何初沸点低于或等于250℃的有机化合物。其英文缩写为VOC。

2.9.7.3

总挥发性有机化合物(TVOC)释放量　total volatile organic compounds (TVOC) emission

在标准规定条件下，通过某种测试方法，按照一定形式(如单位面积或承载率)和时间要求，测得产品(或原材料)向外界散发挥发性有机物(TVOC)的总的含量。

2.9.7.4

重金属含量　heavy metal content

在标准规定条件下，通过某种测试方法，测得产品(或原材料)中可溶性元素(或可迁移元素)如铅、镉、铬、汞、镍、锑、钴、钡、砷、硒等重金属的浓度。

2.9.7.5

天然放射性核素　radionuclide

产品(或原材料)中天然存在的能自发地放出射线的一些核素。具有天然放射性的核素主要有镭-226、钍-232和钾-40等。通常以各种核素的放射性比活度为测定指标。

注：放射性比活度(specific activity)是物质中的某种核素放射性活度与该物质的质量之比值。

2.9.7.6

可分解有害芳香胺染料　colourants with harmful aromatic amines;banned azo colourants

禁用偶氮染料

与人体直接接触的纺织品(或皮革和毛皮的产品)中能裂解释放出一种或多种对人体有(或可能有)致癌性的芳香胺(具有偶氮基的胺类)的染料。目前常见的有害(或禁用)芳香胺主要有23种。

2.9.7.7

禁用阻燃剂　banned flame retardants;limited flame retardants

禁用阻燃整理剂

与人体直接接触的纺织品中含有对人体有(或可能有)毒性、致癌性、致变异性、或对皮肤有刺激性的一类阻燃剂。目前常见的禁用或限用阻燃剂主要有三-(2,3-二溴丙基)-膦酸酯(TRIS)、三-(氮环丙基)-膦化氧(TEPA)、多溴联苯(PBB)、五溴联苯醚(pentaBDE)和八溴联苯醚(octaBDE)等17种阻燃剂。

2.9.7.8

邻苯二甲酸酯　phthalates

邻苯二甲酸盐

酞酸酯

是一类能起到软化作用的化学化合物,主要用作塑料增塑剂,广泛存在于塑料制品、含聚氯乙烯(PVC)材料的纺织产品,以及涂层、塑料溶胶印花、弹性泡沫塑料和塑料配件等产品中。如果其含量超标,会对人体健康产生很大危害。目前常见的禁用或限用的邻苯二甲酸酯主要有邻苯二甲酸二异丁酯(DIBP)、邻苯二甲酸二丁酯(DBP)、邻苯二甲酸丁基苄基酯(BBP)、邻苯二甲酸二(2-乙基)己酯(DEHP)、邻苯二甲酸二异壬酯(DINP)、邻苯二甲酸二辛酯(DNOP)、邻苯二甲酸二异癸酯(DIDP)等13种。

2.9.8

卫生性能　sanitation requirement;hygienic performance

对软体家具等产品中包覆及铺垫料的用料、气味、霉变、虫蛀、细菌等的要求。

2.9.8.1

异常气味　abnormal odor

软体家具等产品中散发出的霉味、高沸程石油味(如汽油、煤油味等)、鱼腥味(含未洗净动物纤维膻味、臊味等)、芳香烃气味、香味(用于消除或覆盖原辅材料气味的香味或香水味)等类型气味。

2.9.8.2

抗菌性能　anliltarterial activity

软体家具等产品所具有的抑制细菌繁殖的性能。

2.9.9

安全性能　safety performance;security

家具的安全性要求,其主要目的是减少对家具使用人发生意外事故(或伤害)的危险性。

2.9.10

阻燃性能　flame retardant;fire retardant

家具抑制、减缓或终止火焰传播的性能。

2.9.11

认证　certification

由公正性的第三方对产品、过程或服务满足规定要求给出书面证明的程序。

2.9.11.1

质量认证　quality certification

依据产品标准和相应技术要求,经认证机构确认并通过颁发认证证书和认证标志来证明某一产品符合相应标准和相应技术要求的活动。

2.9.11.2

安全认证　safety certification

由第三方认证机构证实某一产品符合特定的安全标准或规范性文件的活动。

2.9.11.3

环境认证　environment certification;ecolabelling certification

环境标志认证

由第三方认证机构证实某一产品符合特定的环境标志产品技术标准或规范性文件的活动。

2.9.11.4

质量管理体系认证 quality management systems(QMS)certification

依据国际标准化组织颁发的质量管理体系国际标准(ISO 9000),经过认证机构对企业的质量体系进行审核,并以发认证证书的形式,证明企业的质量体系和质量保证能力符合相应要求,授予合格证书并予以注册的全部活动。

2.9.11.5

环境管理体系认证 environmental management systems(EMS) certification

依据国际标准化组织颁发的环境管理体系国际标准(ISO 14000),经过第三方认证机构对企业的环境管理体系进行审核及认证评定,确认企业的环境管理体系的符合性及有效性,并颁发证书与标志的活动。

2.9.11.6

森林认证 FSC certification;forest certification

是森林可持续经营认证的简称;也是一种运用市场机制来促进森林可持续经营,实现生态、社会和经济目标的工具。由独立的第三方依据森林管理委员会(Forest Stewardship Council,简称 FSC)所制定的一系列原则和标准,按照规定的程序,对森林经营绩效进行评估,以证明森林达到可持续经营的要求,并颁发证书与标志的活动。通常包括森林经营认证(FM)和产销监管链认证(COC)两种类型。这两类认证覆盖了木材产品生产的全过程。

2.9.11.6.1

森林经营认证 forest management(FM)

是通过对森林经营单位的森林经营活动进行评估,以证明森林是否实现了可持续经营。

2.9.11.6.2

产销监管链认证 chain of custody(COC)

是对木材加工企业的各个生产环节,即从加工、制造、运输、储存、销售直至最终消费者的整个监管链进行评估,以证明木材产品的原料来源。

参 考 文 献

[1] GB/T 155—2006 原木缺陷

[2] GB/T 2035—2008 塑料术语及其定义

[3] GB/T 3324—2008 木家具通用技术条件

[4] GB/T 3325—2008 金属家具通用技术条件

[5] GB 6566—2010 建筑材料放射性核素限量

[6] GB/T 13667.1—2003 钢制书架通用技术条件

[7] GB/T 13668—2003 钢制书柜、资料柜通用技术条件

[8] GB/T 13890—2008 天然石材术语

[9] GB/T 14532—2008 办公家具 木制柜、架

[10] GB/T 16799—2008 家具用皮革

[11] GB/T 17592—2006 纺织品 禁用偶氮染料的测定

[12] GB/T 18259—2009 人造板及其表面装饰术语

[13] GB 18581—2009 室内装饰装修材料溶剂型木器涂料中有害物质限量

[14] GB/T 18885—2009 生态纺织品技术要求

[15] GB 19601—2004 染料产品中23种有害芳香胺的限量及测定

[16] GB/T 19942—2005 皮革和毛皮 化学试验 禁用偶氮染料的测定

[17] GB/T 20388—2006 纺织品 邻苯二甲酸酯的测定

[18] GB 20400—2006 皮革和毛皮 有害物质限量

[19] GB/T 20944.1～20944.2—2007 纺织品 抗菌性能的评价

[20] GB/T 22793.1—2008 家具 儿童高椅 第1部分:安全要求

[21] GB/T 22793.2—2008 家具 儿童高椅 第2部分:试验方法

[22] GB/T 24279—2009 纺织品 禁/限用阻燃剂的测定

[23] GB 24430.1—2009 家用双层床安全 第1部分:要求

[24] GB 24820—2009 实验室家具通用技术条件

[25] GB/T 24821—2009 餐桌餐椅

[26] JG/T 219—2007 住宅厨房家具及厨房设备模数系列

[27] HJ/T 303—2006 环境标志产品技术要求 家具

[28] HJ 507—2009 环境标志产品技术要求 皮革和合成革

[29] QB/T 1951.1—2010 木家具 质量检验及质量评定

[30] QB/T 1952.1—2003 软体家具 沙发

[31] QB/T 1952.2—2004 软体家具 弹簧软床垫

[32] QB/T 2280—2007 办公椅

[33] QB/T 2385—2008 深色名贵硬木家具

[34] SN/T 2419—2010 进出口家具检验规程

[35] QB/T 2530—2001 木制柜

[36] QB/T 2531—2001 厨房家具

[37] QB/T 2600—2003 棕纤维弹性床垫

[38] QB/T 2603—2003 木制宾馆家具

[39] QB/T 2741—2005 学生公寓多功能家具

[40] 金属家具制造编写组.金属家具制造.北京:轻工业出版社,1986.

［41］ 李忠.英汉家具工业词汇.北京:科学技术出版社,1987.
［42］ 吴智慧.木质家具制造工艺学.北京:中国林业出版社,2004.
［43］ 吴智慧.室内与家具设计-家具设计.北京:中国林业出版社,2005.
［44］ 吴智慧.家具质量管理与控制.北京:中国林业出版社,2007.
［45］ 吴智慧 徐伟.软体家具制造工艺.北京:中国林业出版社,2008.
［46］ 胡景初 李敏秀.家具设计辞典.北京:中国林业出版社,2009.
［47］ 吴智慧,李吉庆,袁哲.竹家具制造工艺.北京:中国林业出版社,2009.

索　引

汉语拼音索引

C

G

H

J

K

N

P

Q

R

S

T

V

W

X

英 文 索 引

A

B

C

D

E

F

G

H

I

J

K

L

M

P

Q

R

S

T

U

V

W

Y

Z